高等学校适用教材

大学物理简明教程

主　编　付　静
副主编　姜广军
参　编　李　丹　黄　丹
主　审　余　虹

机械工业出版社

本书依据教育部现行的《理工科类大学物理课程教学基本要求》(2010年版)，结合应用型本科高校转型发展定位和人才培养目标要求编写而成。在“努力突出基本概念和基本原理、适当弱化数学推导、加强应用、轻装简约”的指导思想下，本书致力于优化内容组织，突出物理思想方法和处理问题的方法。在例题选择上强调基础性内容，在习题编写上增加题型，力求贴近实际，着重提高教学实效，力争使教材兼具基础性、科学性和实用性。

本书主要内容包括质点运动学，质点动力学，刚体的转动，机械振动和机械波，气体动理论，热力学基础，静电场，稳恒磁场，电磁感应、电磁场和电磁波，波动光学，量子物理基础共十一章。

本书为高校应用型本科各工科专业70~110学时的大学物理课程的教学用书，也可作为非全日制本科生的自学教材和参考书。

图书在版编目（CIP）数据

大学物理简明教程/付静主编．—北京：机械工业出版社，2021.1 (2024.11重印)
高等学校适用教材
ISBN 978-7-111-67350-7

Ⅰ.①大… Ⅱ.①付… Ⅲ.①物理学-高等学校-教材 Ⅳ.①O4

中国版本图书馆CIP数据核字（2021）第017664号

机械工业出版社（北京市百万庄大街22号　邮政编码100037）
策划编辑：李永联　责任编辑：李永联
责任校对：刘雅娜　封面设计：马精明
责任印制：张　博
北京建宏印刷有限公司印刷
2024年11月第1版第5次印刷
184mm×260mm·20印张·531千字
标准书号：ISBN 978-7-111-67350-7
定价：59.00元

电话服务
客服电话：010-88361066
010-88379833
010-68326294

网络服务
机　工　官　网：www.cmpbook.com
机　工　官　博：weibo.com/cmp1952
金　　书　　网：www.golden-book.com
机工教育服务网：www.cmpedu.com

前 言

物理学是自然科学的基础学科，也是新技术诞生的源泉，甚至可以说，早期的物理学发展史便是世界科技发展史。物理学在发展进程中，无时无刻不在汲取丰富的哲学营养，因而才具有旺盛的生命力。在物理学发展遇到困难，特别是经典物理学遇到前所未有的挑战时，正是哲学的灵魂和科学家们创新性的思维使物理学天空重现明朗。科学的发展、科技的进步无不与物理学理论的创新息息相关：上至火箭、“神舟”飞天，下到地矿、石油钻探，大至浩瀚宇宙探秘，小到基本粒子研究，凡此种种，它们都只不过是物理学天空中的凡辰小斗，其中的物理思想无处不在，物理规律无所不及。总之，离开物理学，人类那些美好的愿望与期待将是永远的遐想。正因为如此，才有了与之相匹配的“大学物理学”课程的恰当定位，即通过物理学教学，着力培养学生科学的自然观、宇宙观和辩证唯物主义的世界观，培养学生的探索、创新意识和创新精神，培养学生科学的思维、思辨能力，使他们渐进地掌握科学的思维方法和研究方法，并最终促进学生实现自主学习、自觉思考、自我完善、自行超越的终极目标。这也是作者经常提倡的“教思想”“教方法”“练内功”“强技能”的基本内涵。

我们充分注意到，随着我国高等教育的发展，全国高等学校本科教育迎来转型发展。应用型本科高校如何迈向一流？这是当前正在转型的地方本科院校普遍关注的话题。与学校转型和应用型人才培养息息相关的配套教材建设至关重要。为此我们编写了本书。

本书的指导思想：以教育部《关于“十二五”普通高等教育本科教材建设的若干意见》为指导，注重教材在引导育人方向中的辅助功能，充分发挥教材在提高人才培养质量中的基础性作用。以学以致用为原则，力求通过教学实践，达到培养学生的创新素质和创新能力的目的。

本书的特点：依据教育部现行的《理工科类大学物理课程教学基本要求》（2010 年版），针对民办普通高等学校学生的特点，在内容的编写上力争突出基本概念和基本原理，适当弱化数学推导，加强应用，轻装简约，摈弃冗长烦琐。在编写风格上加强趣味性，强调知识的思维逻辑，力求贴近学生、贴近实际，便于教学，有利于引发学生思考和助推学生创新能力培养。具体表现在以下几个方面：

1. 在坚持把握思想性、科学性和系统性的同时，适当简化理论讲解，强调基础内容的理解，在理论推导和问题探讨方面不盲目攀高；例题和习题偏简易和易理解，突出对基础内容的理解和掌握；考虑到应用型本科院校大学物理课程学时有限，本书的篇幅适中。

2. 注重理论知识的现实应用，尽可能做到削枝强干、突出重点、应用为先。根据书中内容，在每章开头都配有主要内容概述，提出实际问题与处理方法，同时根据需要，结合理论阐述提出参考或知识扩展，体现学以致用的原则，避免理论与实际脱钩，大大增强理论应用的针对性和时效性。

3. 在概念表述以及理论解读、剖析的过程中，充分关注大学生在这一时期的认知水平和心理发展特点，力求做到知识点组织合理、文字简练、语句通顺、形象生动，突出物理思想和方法的教学，在学知识的同时，培养学生处理问题的能力，使学生学得进、记得住、用得上。

本书由付静任主编，姜广军任副主编。本书的编写人员（均为吉林建筑科技学院教师）分工如下：黄丹编写第一、二、三章、附录；付静编写第四、九、十、十一章；姜广军编写第五、六章；李丹编写第七、八章。

让我们感到十分荣幸的是，我们邀请到了大连理工大学的余虹教授，她担任本书的主审，并提出了许多宝贵的意见和建议。我们对余虹教授的辛勤付出表示感谢。

由于编者水平有限，不妥和不足之处难免，恳请读者批评指正。

编者

2020 年 11 月

目　录

力学是物理学中最古老和发展最完美的学科。它起源于公元前4世纪古希腊亚里士多德关于力产生运动的说法，以及我国《墨经》中关于杠杆原理的论述等。但其成为一门科学则始于17世纪伽利略论述惯性运动，继而牛顿提出了力学三个运动定律。以牛顿运动定律为基础的力学理论称为牛顿力学或经典力学。它所研究的对象是物体的机械运动。宏观物体之间（或物体内各部分之间）其相对位置的改变称为机械运动。经典力学曾被人们誉为完美普遍的理论而兴盛了约三百年。直至20世纪初才发现它在高速和微观领域的局限性，并被相对论和量子力学所取代，但在一般技术领域，如建筑、机械制造、航天器等中，经典力学仍然是必不可少的重要的基础理论。在经典力学中，通常将力学分为运动学、动力学和静力学。本章研究质点运动学。

质点运动学研究质点在空间的位置随时间变化的关系，并不追究运动发生的原因。描述质点的运动量有：位置矢量、位移、速度、加速度，即用这些物理量来确定质点的空间位置和描述质点空间位置怎样随时间变化。本章主要内容是学习在直角坐标系、自然坐标系以及平面极坐标系中如何定量描述这些运动量，最后介绍质点的相对运动规律。

第一章　质点运动学

第一节　质点　参考系　坐标系

一、质点与理想化模型

运动学研究的对象——物体，通常有大小、有形状，运动情况也各不相同。比如地球在绕太阳公转的同时，还绕自身的轴转动（自转）；手榴弹在飞行过程中，在绕自身固定轴转动的同时，整体又在做一个抛物线运动，如图1-1所示。

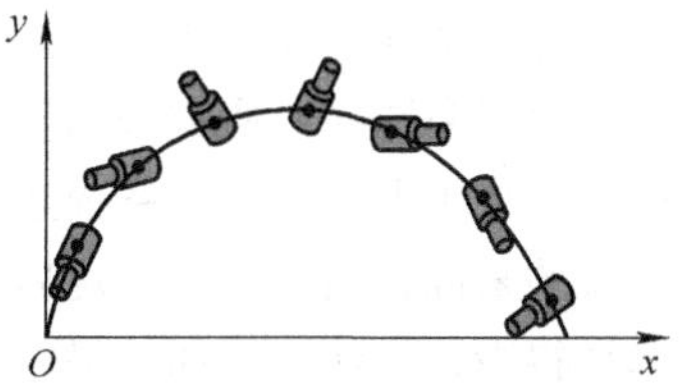

图　1-1

物体的大小和形状对运动有影响，但是，如果在某些运动中这种影响可以忽略不计，就可以把物体抽象成一个只有质量的几何点，这样的点叫作**质点**。虽然采用这种方法得到的对物体运动的描述是近似的，但是，由于它抓住了主要因素（物体的质量），忽略了次要因素（物体的大小和形状），所以用该方法能简单快速地得出结果，然后对该近似结果进行修正。这就是科学研究和工程技术中常用的一种重要方法——**理想化模型**。例如：刚体、弹簧振子、理想气体、点电荷、黑体等都是为研究问题方便而抽象出来的理想化模型。

需要注意的是，一个物体能否被看成质点不是由物体的大小和形状决定的，而是要视研究问题的需要而定。比如，当研究地球绕太阳的公转时，由于地球到太阳的平均距离约为地球半径的10^4倍，地球上各点相对太阳的运动可以认为是相同的，因此可以把地球看成是质点。但在研究地球的自转时，就不能再把地球看成质点了。

即使所研究的物体不能被抽象成一个质点，仍可以把整个物体看成由许多质点组成的系统（质点系），以研究每一个质点的运动为基础，仍可得出整个物体的运动规律。因此研究质点的运动是研究物体运动的基础。

二、运动的绝对性和相对性

众所周知，运动是物质的固有属性和存在方式，自然界所有物体都在不停地运动，这叫作运动的**绝对性**。例如，地球就在自转的同时绕太阳公转，太阳又相对于银河系中心以大约 $250\text{km}\cdot\text{s}^{-1}$的速率运动。总之，绝对不运动的物体是不存在的。

然而运动又是相对的，因为我们所研究的物体的运动都是在一定的环境和特定的条件下的运动。例如，当我们说一列火车开动了，这显然是指火车相对于地面而言的，这就是运动的**相对性**。因此离开特定的环境、特定的条件谈论运动没有任何意义，正如恩格斯所说："单个物体的运动是不存在的，只有在相对的意义下才可以谈运动。"

三、参考系

运动是绝对的，但运动的描述却是相对的。因此，在确定研究对象的位置时，必须先选定一个标准物体（或相对静止的几个物体）作为基准，那么这个被选作标准的物体或物体群就称为**参考系**。

同一物体的运动，如果我们所选的参考系不同，对其运动的描述就会不同。例如，在匀速直线运动的车厢中自由下落的物体相对于车厢是做直线运动；相对于地面，却是做抛物线运动；相对于其他物体，其运动的描述可能更为复杂。这一事例充分说明了运动的描述是相对的。

从运动学的角度讲，参考系的选择是任意的，通常以对问题的研究最方便、最简单为原则。一般情况下，当我们研究地面附近物体的运动时，通常选择地球作为参考系。

四、坐标系

要想定量的描述质点的运动，就必须在参考系上建立适当的坐标系。坐标系的种类有很多，例如：直角坐标系、自然坐标系、平面极坐标系、柱坐标系和球面坐标系等，本章分别介绍在前三个坐标系中如何描述质点的运动。而选取何种坐标系描述质点的运动，要视具体运动情况，以方便为原则来选择。通常采用直角坐标系描述质点的直线运动，采用自然坐标系描述质点的曲线运动，采用平面极坐标系描述质点的平面圆周运动。

总的来说，当参考系选定后，无论选择何种坐标系，质点的运动性质都不会改变。但是坐标系选择得当，可使计算和结果表达简化。

第二节　在直角坐标系中质点运动的描述

讨论质点的运动，无非是讨论质点某时刻的位置、位置的变化、位置变化的快慢情况等。描述质点运动的物理量主要有位置矢量、位移、速度、加速度，即用这些物理量来确定质点的空间位置和描述质点空间位置怎样随时间变化，其中描述质点运动状态的物理量是位置矢量和速度，描述质点运动状态变化的物理量是位移和加速度。

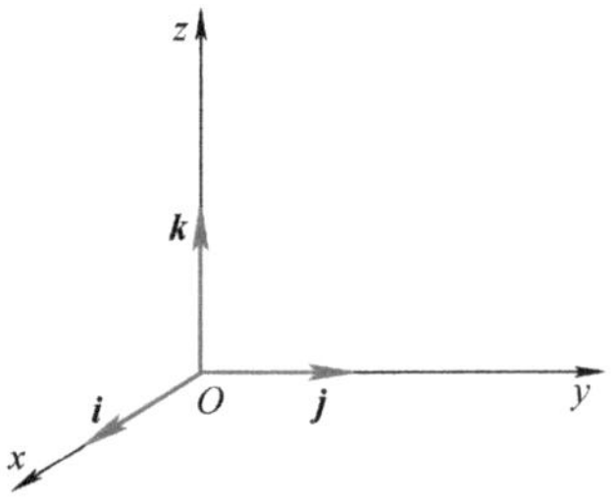

图 1-2　直角坐标系

直角坐标系也称笛卡儿坐标系，是最常见的坐标系。坐标系由三条共点且互相垂直的射线组成，如图 1-2 所示。三条射线的交点 O 称为坐标系的原点，每一条射线分别称为坐标系的

x、y、z 坐标轴，三个坐标轴的正方向分别由三个单位矢量 $\boldsymbol{i}$、$\boldsymbol{j}$、$\boldsymbol{k}$ 表示，并且三者方向符合右手螺旋规则。如果质点局限于在一个平面内运动，通常用二维直角坐标系来定量地描述其运动情况；如果质点局限于做直线运动，通常用一维直角坐标系来定量地描述其运动情况。

一、位置矢量

如图 1-3 所示，在空间选取任一点 O 为坐标原点，建立 $Oxyz$ 直角坐标系。图中点 P 在该直角坐标系中的位置可由 P 点的三个坐标 x、y、z 来确定，或者用从原点 O 指向 P 点的有向线段 $\overrightarrow{OP}$ 来表示，记为 $\boldsymbol{r}$，矢量 $\boldsymbol{r}$ 称为 P 点的**位置矢量**（简称**位矢**），位矢的大小等于 O、P 两点间的距离，记为 $|\boldsymbol{r}|$。

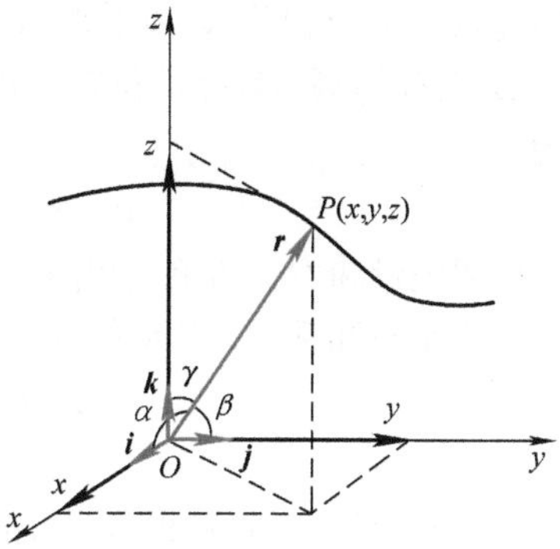

图 1-3　位矢

在直角坐标系中，位矢 $\boldsymbol{r}$ 可以表示成

$$\boldsymbol{r} = x\boldsymbol{i} + y\boldsymbol{j} + z\boldsymbol{k} \tag{1-1}$$

x、y、z 称为 $\boldsymbol{r}$ 在三个坐标轴方向的分量，是代数量，可正可负；而 $x\boldsymbol{i}$、$y\boldsymbol{j}$、$z\boldsymbol{k}$ 是对应的分矢量。

位矢 $\boldsymbol{r}$ 的大小为

$$|\boldsymbol{r}| = r = \sqrt{x^2 + y^2 + z^2} \tag{1-2}$$

位矢的方向由方向余弦确定，即

$$\cos\alpha = \frac{x}{r},\quad \cos\beta = \frac{y}{r},\quad \cos\gamma = \frac{z}{r}$$

有

$$\cos^2\alpha + \cos^2\beta + \cos^2\gamma = 1 \tag{1-3}$$

质点的运动是质点的空间位置随时间变化的过程。这时质点的坐标 x、y、z 和位矢 $\boldsymbol{r}$ 都是时间 t 的函数。表示运动过程的函数式称为**运动方程**，可以写成

$$x = x(t),\ y = y(t),\ z = z(t) \tag{1-4a}$$

或

$$\boldsymbol{r} = \boldsymbol{r}(t) = x(t)\boldsymbol{i} + y(t)\boldsymbol{j} + z(t)\boldsymbol{k} \tag{1-4b}$$

运动方程包含了质点的所有运动信息，如果已知某质点的运动方程，就能确定它在任一时刻的位置，速度和加速度，甚至可以知道它在一段时间内的轨迹。质点运动学的主要任务之一，正是根据各种问题的具体条件，求解质点的运动方程，从而掌握质点的运动规律。

式（1-4a）也是质点运动轨迹的参数方程，从中消去 t 便得到**轨迹方程**

$$f(x,y,z) = 0$$

如果质点的轨道是一条直线，则其运动称为直线运动；如果质点的轨道是一曲线，则其运动称为曲线运动。

例 1-1　已知某质点的运动方程为 $\boldsymbol{r}(t) = x(t)\boldsymbol{i} + y(t)\boldsymbol{j}$，其中 $x(t) = 3\sin\dfrac{\pi}{6}t$，$y(t) = 3\cos\dfrac{\pi}{6}t$，式中 t 以 s 计，x、y 以 m 计，求质点的轨迹方程。

解：从 x、y 两式中消去 t 后，得轨迹方程为 $x^2 + y^2 = 9$。

这表明，质点是在 $z = 0$ 的平面内，做以原点为圆心、半径为 3m 的圆周运动。

二、位移

如图 1-4 所示，质点沿 PQ 曲线运动，在 t_1 时刻，质点位于 P 点，经过 Δt 时间间隔到 t_2 时刻，质点位于 Q 点，质点的位置矢量由 $\boldsymbol{r}_1$ 变为 $\boldsymbol{r}_2$，其大小和方向均发生了变化。可用从起点 P 指向终点 Q 的有向线段 $\overrightarrow{PQ}$ 来表示这种变化，记为 $\Delta\boldsymbol{r}$，称为质点在 Δt 时间间隔内发生的位置变化，称为**位移**，即位移的定义式为

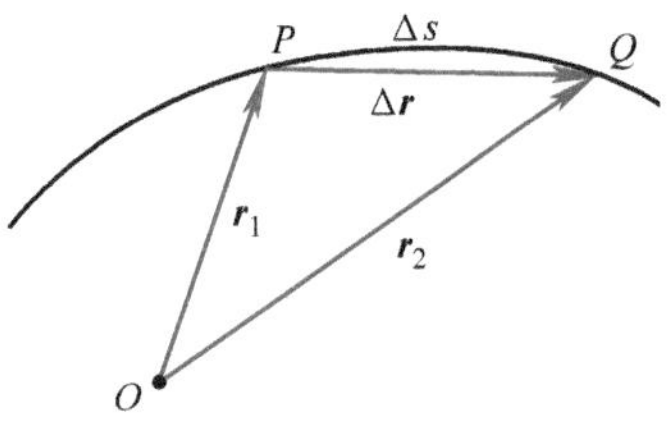

图 1-4 位移

$$\Delta\boldsymbol{r}=\boldsymbol{r}_2-\boldsymbol{r}_1 \tag{1-5}$$

位置矢量和位移的单位相同，在国际单位中均为米，符号为 m。

在直角坐标系中，位移的计算式为

$$\begin{aligned}\Delta\boldsymbol{r}&=(x_2-x_1)\boldsymbol{i}+(y_2-y_1)\boldsymbol{j}+(z_2-z_1)\boldsymbol{k}\\&=\Delta x\boldsymbol{i}+\Delta y\boldsymbol{j}+\Delta z\boldsymbol{k}\end{aligned} \tag{1-6}$$

注意：位移 $\Delta\boldsymbol{r}$ 和路程 Δs 是两个完全不同的概念。由图 1-4 可知，二者大小并不相等。路程 Δs 是标量，等于实际路径的长度。位移 $\Delta\boldsymbol{r}$ 是矢量，是由起点指向终点的有向线段。当时间间隔 $\Delta t\to 0$ 时，二者大小相等，即 $|\mathrm{d}\boldsymbol{r}|=\mathrm{d}s$。

另外，注意区分 $|\Delta\boldsymbol{r}|$ 和 Δr。$|\Delta\boldsymbol{r}|=|\boldsymbol{r}_2-\boldsymbol{r}_1|$，是位移的大小，$\Delta r=|\boldsymbol{r}_2|-|\boldsymbol{r}_1|$ 称为位矢大小的增量，二者不相等，即使 $\Delta t\to 0$，仍有 $|\mathrm{d}\boldsymbol{r}|\neq\mathrm{d}r$。

三、速度

质点运动时，其位置随时间的变化而变化，位置变化的快慢用物理量——速度来描述。

1. 速度

（1）平均速度　单位时间间隔内质点所发生的位移称为**平均速度**。如果在 Δt 时间间隔内质点发生的位移是 $\Delta\boldsymbol{r}$，则平均速度的定义式可表示为

$$\bar{\boldsymbol{v}}=\frac{\Delta\boldsymbol{r}}{\Delta t} \tag{1-7}$$

其大小 $v=|\Delta\boldsymbol{r}|/\Delta t$，方向与 $\Delta\boldsymbol{r}$ 方向一致。

显然，用平均速度描述物体的运动是比较粗糙的。因为在 Δt 时间内，质点各个时刻的运动情况不一定相同，质点的运动可以时快时慢，方向也可以不断改变，平均速度不能反应质点运动的真实细节。如果我们要精确地知道质点在某一时刻或某一位置的实际运动情况，应使 Δt 尽量小，即 $\Delta t\to 0$，用平均速度的极限值——**瞬时速度**（简称**速度**）来描述。

（2）瞬时速度　质点在某时刻或某位置的瞬时速度，等于该时刻附近 Δt 趋近于零时平均速度的极限值，数学表达式为

$$\boldsymbol{v}=\lim_{\Delta t\to 0}\frac{\Delta\boldsymbol{r}}{\Delta t}=\frac{\mathrm{d}\boldsymbol{r}}{\mathrm{d}t} \tag{1-8}$$

可见**速度等于位矢对时间的一阶导数**。速度的方向沿该点运动轨迹的切线方向。与平均速度不同，瞬时速度精确地给出了 t 时刻质点运动的快慢程度（速度的大小 $|\boldsymbol{v}|$）以及运动的方向。

在直角坐标系中，结合式（1-1）可知，速度可表示为

$$\boldsymbol{v}=\frac{\mathrm{d}\boldsymbol{r}}{\mathrm{d}t}=\frac{\mathrm{d}x}{\mathrm{d}t}\boldsymbol{i}+\frac{\mathrm{d}y}{\mathrm{d}t}\boldsymbol{j}+\frac{\mathrm{d}z}{\mathrm{d}t}\boldsymbol{k}=v_x\boldsymbol{i}+v_y\boldsymbol{j}+v_z\boldsymbol{k} \tag{1-9}$$

式中

$$v_x = \frac{dx}{dt},\ v_y = \frac{dy}{dt},\ v_z = \frac{dz}{dt}$$

分别称为速度在 x、y、z 三个坐标轴方向上的分量值。通常用式（1-9）计算直角坐标系中质点运动的速度。

2. 速率

（1）平均速率　如果质点在 Δt 时间间隔内所经历路程（弧长）为 Δs，且不考虑质点运动的方向因素，则可以定义在这段时间间隔内质点的平均速率

$$\bar{v} = \frac{\Delta s}{\Delta t} \tag{1-10}$$

平均速率与平均速度不能等同看待，例如在某一段时间内，质点环行了一个闭合路径，显然质点的位移等于零，平均速度也为零，而质点的平均速率不等于零。

平均速率只能粗略反映出质点在某一时间间隔内运动的快慢程度。如果要精确地知道质点在某一时刻或某一位置质点运动的快慢，应使 Δt 尽量减小，即 $\Delta t \to 0$，用平均速率的极限值——瞬时速率来描述。

（2）瞬时速率　当时间间隔趋于零时，平均速率的极限就称为 t 时刻的瞬时速率

$$v = \lim_{\Delta t \to 0} \frac{\Delta s}{\Delta t} = \frac{ds}{dt} \tag{1-11}$$

瞬时速率精确地给出了 t 时刻质点运动的快慢。由于弧长 $ds > 0$，所以速率（即速度的大小）总是正值。当 $\Delta t \to 0$ 时，$|d\boldsymbol{r}| = ds$，可见，$|\boldsymbol{v}| = |d\boldsymbol{r}/dt| = ds/dt = v$，即**瞬时速率就是瞬时速度的大小**。

速度和速率单位相同，在国际单位制中为米每秒，符号为 $m \cdot s^{-1}$。

四、加速度

在变速运动中，物体的速度是随时间变化的。这个变化可以是速度大小的变化，也可以是速度方向的变化，一般情况下，速度的方向和大小都在变化。加速度就是描述质点的速度（大小和方向）随时间变化快慢的物理量。

1. 平均加速度

如图 1-5 所示，质点做曲线运动，t 时刻质点运动到 P 点，速度为 $\boldsymbol{v}_1$，经过 Δt 时间，即在 $t + \Delta t$ 时刻，质点运动到 Q 点，速度为 $\boldsymbol{v}_2$，则在此时间间隔内的平均加速度定义为

$$\bar{\boldsymbol{a}} = \frac{\Delta \boldsymbol{v}}{\Delta t} \tag{1-12}$$

式中，$\Delta \boldsymbol{v} = \boldsymbol{v}_2 - \boldsymbol{v}_1$，三者方向关系如图 1-5 所示。平均加速度 $\bar{\boldsymbol{a}}$ 的方向与 $\Delta \boldsymbol{v}$ 的方向一致。

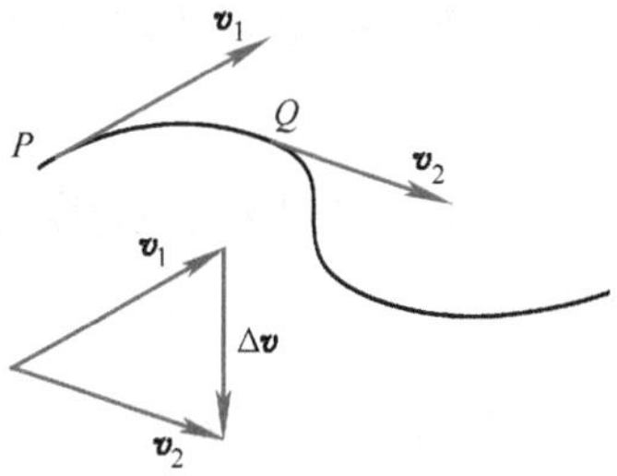

图 1-5　平均加速度

与平均速度类似，平均加速度只能粗略地反映 Δt 这段时间间隔内速度的变化情况，为了精确地描述质点在某一时刻（或某一位置处）的速度变化情况，需引入瞬时加速度。

2. 瞬时加速度

质点在某时刻或某位置处的瞬时加速度，等于该时刻附近 Δt 趋近于零时平均加速度的极限值，数学表达式为

$$\boldsymbol{a}=\lim_{\Delta t\to 0}\frac{\Delta \boldsymbol{v}}{\Delta t}=\frac{\mathrm{d}\boldsymbol{v}}{\mathrm{d}t}=\frac{\mathrm{d}^2\boldsymbol{r}}{\mathrm{d}t^2} \tag{1-13}$$

可见，**加速度等于速度对时间的一阶导数，或位矢对时间的二阶导数**。对于一般的曲线运动，加速度和速度不在同一方向上，而是与速度增量方向一致，所以加速度的方向总是指向曲线凹陷的一侧。

在直角坐标系中，考虑到速度表达式，加速度的计算式为

$$\boldsymbol{a}=\frac{\mathrm{d}\boldsymbol{v}}{\mathrm{d}t}=\frac{\mathrm{d}v_x}{\mathrm{d}t}\boldsymbol{i}+\frac{\mathrm{d}v_y}{\mathrm{d}t}\boldsymbol{j}+\frac{\mathrm{d}v_z}{\mathrm{d}t}\boldsymbol{k}=a_x\boldsymbol{i}+a_y\boldsymbol{j}+a_z\boldsymbol{k} \tag{1-14}$$

同样，a_x、a_y、a_z 分别称为加速度在 x、y、z 三个坐标轴方向上的分量值。在国际单位制中，加速度的单位为米每二次方秒，符号表示为 $\mathrm{m\cdot s^{-2}}$。

五、匀变速直线运动

当物体做直线运动时，位矢、速度和加速度只有两个可能的方向：沿参考方向的正向，或反向。这类问题中矢量的方向只需用相应物理量数值的正负即可表示：物理量为正值，矢量沿参考方向的正向，物理量为负值，矢量沿参考方向的反向。

已知一个质点沿直线运动，加速度 a 为一恒量，初始时刻位置为 x_0，速度为 v_0。讨论任意时刻的速度和位置。

建一维直角坐标系 Ox。把整个质点运动过程无限分割成很多小份——微分过程。设质点在 t 时刻的速度为 v，位置坐标为 x，再设经过 $\mathrm{d}t$ 时间后速度的增量为 $\mathrm{d}v$，位置坐标的增量为 $\mathrm{d}x$，如图 1-6 所示。

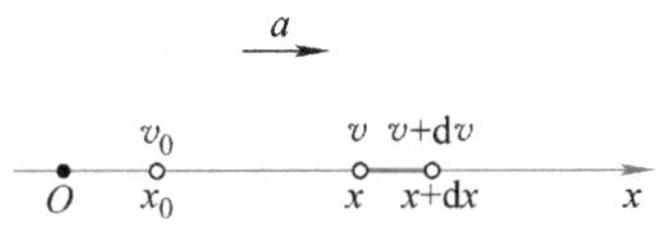

图 1-6

由加速度的定义，有

$$a=\frac{\mathrm{d}v}{\mathrm{d}t}$$

$$\mathrm{d}v=a\mathrm{d}t$$

上式表明，在 t 到 $t+\mathrm{d}t$ 这段微小时间内，速度的增量 $\mathrm{d}v$ 与加速度 a 和微小时间 $\mathrm{d}t$ 的关系。由于这段趋于零的时间段的选取具有一般性，所以上式对其他微小时间段（或微小位移段）同样成立。考虑初始时刻到任意时刻 t 的所有间隔，对上式求和（即求积分），得定积分

$$\int_{v_0}^{v}\mathrm{d}v=\int_0^t a\mathrm{d}t$$

上式中 $t=0$ 时刻对应速度为 v_0，任意时刻 t 对应速度为 v。由于 a 为常量，积分后得 $v-v_0=at$，即

$$v=v_0+at$$

由速度的定义，有

$$v=\frac{\mathrm{d}x}{\mathrm{d}t}$$

$$\mathrm{d}x=v\mathrm{d}t=(v_0+at)\mathrm{d}t$$

同样，对上式求积分，有

$$\int_{x_0}^{x}\mathrm{d}x=\int_0^t(v_0+at)\mathrm{d}t$$

上式中 $t=0$ 时刻对应初始位置为 x_0，任意时刻 t 对应位置为 x。积分后得

$$x-x_0=v_0t+\frac{1}{2}at^2$$

即

$$x = x_0 + v_0 t + \frac{1}{2}at^2$$

上述讨论的结果即为中学阶段学习的匀变速直线运动的规律，可见，这个运动仅仅是质点运动的一种特殊情况。一般情况下，如果质点运动的加速度不是常量而是一个变量，则在求积分运算时，加速度值 a 不能提到积分号外，而是作为变量参与积分运算。

例 1-2　已知 $\boldsymbol{r} = b\sin\omega t\boldsymbol{i} + d\cos\omega t\boldsymbol{j}$，质点做二维平面运动，其中 b、d、ω 为常量。求任意时刻的速度、加速度和轨迹方程。

解：根据式（1-9），任意时刻质点的速度为

$$\boldsymbol{v} = \frac{\mathrm{d}\boldsymbol{r}}{\mathrm{d}t} = b\omega\cos\omega t\boldsymbol{i} - d\omega\sin\omega t\boldsymbol{j}$$

根据式（1-14），任意时刻质点的加速度为

$$\boldsymbol{a} = \frac{\mathrm{d}\boldsymbol{v}}{\mathrm{d}t} = -b\omega^2\sin\omega t\,\boldsymbol{i} - d\omega^2\cos\omega t\,\boldsymbol{j}$$

根据已知的运动方程，得

$$x = b\sin\omega t,\quad y = d\cos\omega t$$

联立上两式，消去时间 t，得轨迹方程为

$$\frac{x^2}{b^2} + \frac{y^2}{d^2} = 1$$

轨迹为椭圆。

例 1-3　一质点的运动方程分量式为 $x = 2t$，$y = 19 - 2t^2$，单位为米。（1）求 $t = 1\mathrm{s}$ 时的速度和加速度；（2）何时速度矢量与位置矢量垂直？（3）求轨迹方程。

解：（1）根据式（1-1），有

$$\boldsymbol{r} = x\boldsymbol{i} + y\boldsymbol{j} = 2t\boldsymbol{i} + (19 - 2t^2)\boldsymbol{j}$$

根据式（1-9），任意时刻质点的速度为

$$\boldsymbol{v} = \frac{\mathrm{d}\boldsymbol{r}}{\mathrm{d}t} = 2\boldsymbol{i} - 4t\boldsymbol{j}$$

根据式（1-14），任意时刻质点的加速度为

$$\boldsymbol{a} = \frac{\mathrm{d}\boldsymbol{v}}{\mathrm{d}t} = -4\boldsymbol{j}$$

将 $t = 1\mathrm{s}$ 代入上述公式中，得

$$\boldsymbol{v}_1 = 2\boldsymbol{i} - 4\boldsymbol{j}$$

$$\boldsymbol{a}_1 = -4\boldsymbol{j}$$

（2）速度 $\boldsymbol{v}$ 与位置矢量 $\boldsymbol{r}$ 垂直，二者夹角为 90°，有 $\boldsymbol{r}\cdot\boldsymbol{v} = 0$。

将 $\boldsymbol{r} = 2t\boldsymbol{i} + (19 - 2t^2)\boldsymbol{j}$，$\boldsymbol{v} = 2\boldsymbol{i} - 4t\boldsymbol{j}$ 代入上式中，考虑到 $\boldsymbol{i}\cdot\boldsymbol{j} = 0$，$\boldsymbol{i}\cdot\boldsymbol{i} = 1$，$\boldsymbol{j}\cdot\boldsymbol{j} = 1$，得

$$4t + (19 - 2t^2)(-4t) = 0$$

解方程得：$t = 0$，± 3，取 0s，3s。

（3）根据已知的运动方程有

$$x = 2t,\quad y = 19 - 2t^2$$

联立上两式，消去时间 t，得轨迹方程

$$x^2 + 2y - 38 = 0$$

例 1-4　求行人在路灯下行走时，人影头顶的移动速度和身影增长的速度。如图 1-7 所示，

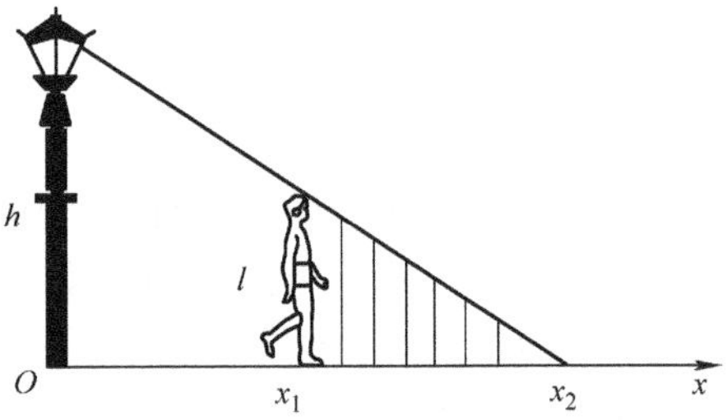

图 1-7

设路灯高 h，行人高 l，行人行走的速度 v_0。

解：建立如图 1-7 所示的一维坐标系。

由图中的几何关系可知 $\dfrac{l}{h}=\dfrac{x_2-x_1}{x_2}$，

$$x_2 l = hx_2 - hx_1,\ x_2=\frac{h}{h-l}x_1$$

注意 x_2-x_1 为身影的长度。

设行人头部影子顶端的速度值为 v_1，有

$$v_1=\frac{\mathrm{d}x_2}{\mathrm{d}t}=\frac{h}{h-l}\frac{\mathrm{d}x_1}{\mathrm{d}t}=\frac{h}{h-l}v_0$$

其中行人行走的速度为

$$v_0=\frac{\mathrm{d}x_1}{\mathrm{d}t}$$

行人身影增长的速度为 v_2

$$v_2=\frac{\mathrm{d}(x_2-x_1)}{\mathrm{d}t}=\frac{\mathrm{d}x_2}{\mathrm{d}t}-\frac{\mathrm{d}x_1}{\mathrm{d}t}=\frac{h}{h-l}v_0-v_0=\frac{l}{h-l}v_0$$

也可理解为行人头的影子的速度与行人行走的速度的差。可见，身影增长的速度比人走的速度要快！

第三节 在自然坐标系中质点运动的描述

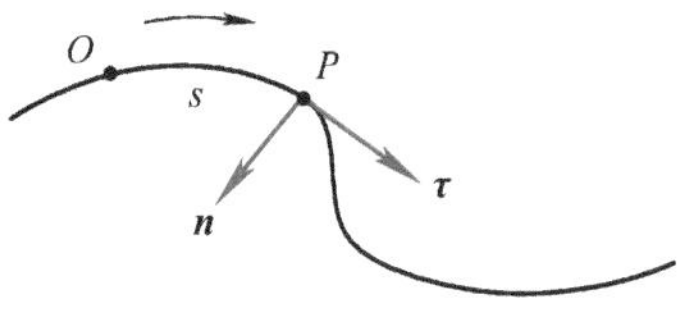

图 1-8 自然坐标系

当质点的运动轨迹为已知时，在运动轨迹上任取一点 O 作为坐标原点，质点任意时刻 t 所在的位置为 P，以轨迹切向的单位矢量 $\boldsymbol{\tau}$ 和法向的单位矢量 $\boldsymbol{n}$ 作为其独立的坐标方向，这样的坐标系称为**自然坐标系**，如图 1-8 所示。由于坐标系固定在运动的质点上，所以在质点运动过程中，坐标系将随质点一起运动。用自然坐标系来描述一般曲线运动是很方便的。

一、位置

用质点所在的位置 P 距离坐标原点 O 的轨道长度 s 来确定质点任意时刻 t 的位置，s 称为自然坐标。规定 O 点某一侧 s 为正，另一侧为负。

在质点运动过程中，坐标 s 随时间而变，运动方程可表示为

$$s=s(t) \tag{1-15}$$

二、位置变化

质点沿轨迹运动，任意时刻 t 的位置坐标为 s，经过 Δt 时间，位置坐标为 $s+\Delta s$，用 Δs 表示质点在 Δt 时间内的位置变化。如果 $\Delta t\to 0$，时间间隔用 $\mathrm{d}t$ 表示，对应的位置变化用 $\mathrm{d}s$ 表示，并由此来定义平均速率和瞬时速率（简称速率）。

三、速度

质点沿某一轨迹运动，质点在某一时刻的速率为

$$v=\frac{\mathrm{d}s}{\mathrm{d}t}$$

由于速度$\boldsymbol{v}$方向与轨迹曲线相切，所以在自然坐标系中，速度的表达式可写为

$$\boldsymbol{v}=v\boldsymbol{\tau} \tag{1-16}$$

因为速度$\boldsymbol{v}$沿切线方向，所以在自然坐标系中，通常只用速率来描述质点运动的快慢。

四、加速度

在自然坐标系中，速度矢量的表达式为$\boldsymbol{v}=v\boldsymbol{\tau}$。由加速度的定义式得

$$\boldsymbol{a}=\frac{\mathrm{d}(v\boldsymbol{\tau})}{\mathrm{d}t}=\frac{\mathrm{d}v}{\mathrm{d}t}\boldsymbol{\tau}+v\frac{\mathrm{d}\boldsymbol{\tau}}{\mathrm{d}t} \tag{1-17}$$

上式把加速度分解为两项相加，第一项的方向沿切线方向，大小为速率 v 随时间的变化率，称为**切向加速度**，用符号 $\boldsymbol{a}_\tau$ 表示，表达式为

$$\boldsymbol{a}_\tau=\frac{\mathrm{d}v}{\mathrm{d}t}\boldsymbol{\tau} \tag{1-18}$$

它**反映了速度大小随时间变化的快慢**。

上式中第二项的意义如何？

如图 1-9 所示，质点沿某一轨迹运动，某一时刻位于位置 1，速度为$\boldsymbol{v}$，切向和法向的单位矢量分别为 $\boldsymbol{\tau}_1$ 和 $\boldsymbol{n}_1$。经过 $\mathrm{d}t$ 时间，质点运动到位置 2，速度为$\boldsymbol{v}+\mathrm{d}\boldsymbol{v}$，切向和法向的单位矢量分别为 $\boldsymbol{\tau}_2$ 和 $\boldsymbol{n}_2$。设这一过程中，速度方向转过的角度为 $\mathrm{d}\theta$。

$\mathrm{d}t$ 时间内切向单位矢量 $\boldsymbol{\tau}$ 的增量 $\mathrm{d}\boldsymbol{\tau}$ 为

$$\mathrm{d}\boldsymbol{\tau}=\boldsymbol{\tau}_2-\boldsymbol{\tau}_1$$

三个单位矢量的方向如图 1-9 所示。在 $\mathrm{d}t$ 时间内，$\boldsymbol{\tau}$ 的方向转过 $\mathrm{d}\theta$ 角。由于时间趋于零，$\mathrm{d}\theta$ 很小，$\mathrm{d}\boldsymbol{\tau}$ 的大小等于 $\boldsymbol{\tau}_1$ 的大小乘 $\mathrm{d}\theta$，即有 $|\mathrm{d}\boldsymbol{\tau}|=1\cdot\mathrm{d}\theta=\mathrm{d}\theta$。同样，$\mathrm{d}\boldsymbol{\tau}$ 的方向垂直于 $\boldsymbol{\tau}_1$ 的方向，即沿法向 $\boldsymbol{n}_1$ 的方向。考虑一般情况，有 $\mathrm{d}\boldsymbol{\tau}=\mathrm{d}\theta\boldsymbol{n}$。代入第二项，有

$$v\frac{\mathrm{d}\boldsymbol{\tau}}{\mathrm{d}t}=v\frac{\mathrm{d}\theta}{\mathrm{d}t}\boldsymbol{n}$$

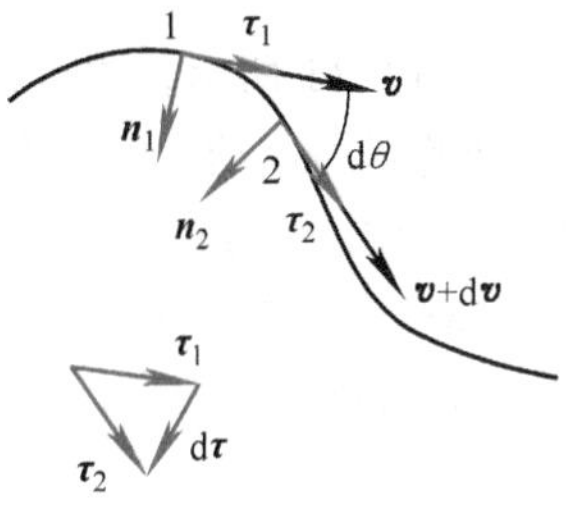

图 1-9

可见，加速度的第二项分量的方向沿法线方向，大小为 $v\mathrm{d}\theta/\mathrm{d}t$，称为**法向加速度**，用符号 $\boldsymbol{a}_n$，即

$$\boldsymbol{a}_n=v\frac{\mathrm{d}\theta}{\mathrm{d}t}\boldsymbol{n}$$

进一步讨论上式。设 $\mathrm{d}t$ 时间内质点的路程为 $\mathrm{d}s$，也就是位置 1 到位置 2 的轨迹长度。

$$\boldsymbol{a}_n=v\frac{\mathrm{d}\theta}{\mathrm{d}t}\boldsymbol{n}=v\frac{\mathrm{d}\theta}{\mathrm{d}s}\cdot\frac{\mathrm{d}s}{\mathrm{d}t}\boldsymbol{n}=v^2\frac{\mathrm{d}\theta}{\mathrm{d}s}\boldsymbol{n}$$

定义式中 $\mathrm{d}\theta/\mathrm{d}s$ 为位置 1 处轨迹曲线的**曲率**，$\mathrm{d}s/\mathrm{d}\theta$ 为该处曲线的**曲率半径**，用 ρ 表示，则法向加速度可表示为

$$\boldsymbol{a}_n=\frac{v^2}{\rho}\boldsymbol{n} \tag{1-19}$$

由式（1-17）的第二项还可知，法向加速度 $\boldsymbol{a}_n$ **反映了速度方向变化的快慢**。

为处理问题和运算方便起见，在自然坐标系中讨论质点某一时刻的加速度问题，通常是将加速度分解为切向加速度和法向加速度，分别求解后再合成，得到质点的加速度，即

$$\boldsymbol{a}=\frac{\mathrm{d}v}{\mathrm{d}t}\boldsymbol{\tau}+\frac{v^2}{\rho}\boldsymbol{n}=\boldsymbol{a}_\tau+\boldsymbol{a}_n$$

在后续的质点动力学内容中，我们可以对质点进行受力分析，对各力沿切向和法向两个方向进行分解，求出这两个方向上的合力 $\boldsymbol{F}_\tau$ 和 $\boldsymbol{F}_n$，然后再由牛顿第二定律求出切向加速度 $\boldsymbol{a}_\tau$ 和法向加速度 $\boldsymbol{a}_n$，进一步可得出质点的加速度 $\boldsymbol{a}$。

第四节　在平面极坐标系中质点运动的描述

如图 1-10 所示，在质点运动的平面内任取一个参考点 O 为坐标原点，以 Ox 轴为参考方向，把坐标原点与质点所在位置 P 的距离 r 称为极径，OP 与参考方向 Ox 轴的夹角为 θ，称为极角 θ。这样，质点在平面内的位置就可以用坐标（r，θ）来唯一确定，这种坐标系称为**平面极坐标系**。

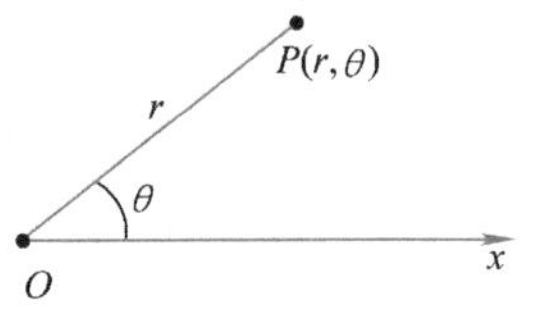

图　1-10

当质点做一般平面运动时，r 和 θ 都随时间而变，可以用 r 和 θ 的变化量，以及 OP 方向与 Ox 参考方向来描述质点的位置变化、速度以及加速度等运动情况，由于描述方法相对复杂，此处略去相应的描述。

质点运动中还有一种比较简单的曲线运动形式——圆周运动。当质点在做以参考点 O 为圆心的圆周运动时，极径 r 的大小始终是一个不变的量，质点的位置只与极角 θ 有关。此时，用一组角量描述质点的运动更为便捷。

例如，刚体做定轴转动时，刚体上的每一个质元都在绕轴做圆周运动。这样的运动就可以采用角量来描述。

一、角坐标

如图 1-11 所示，质点做以参考点 O 为圆心、沿逆时针方向运动的圆周运动，由于半径 r 已确定，所以质点的位置可用 θ 角唯一确定。当 $\theta=0$ 时，质点在圆周轨迹与 x 轴的交点处；当 $\theta=\pi/2$ 时，质点在圆周轨迹的最高点处。在质点运动的过程中，θ 角随时间而变，其运动方程可表示为

$$\theta=\theta(t) \tag{1-20}$$

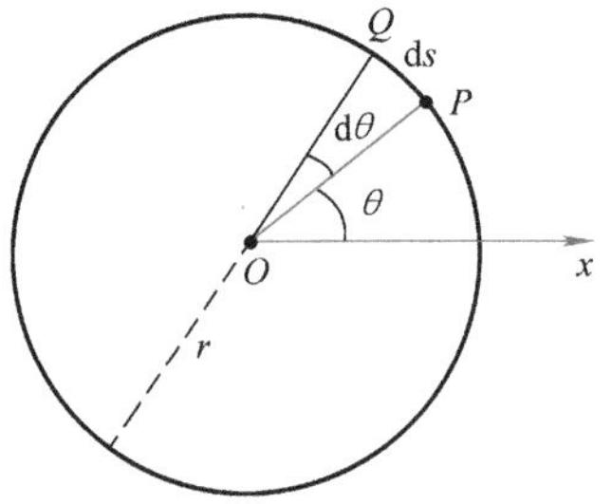

图　1-11

二、角位移

如图 1-11 所示，如果在时刻 t，质点在位置 P 处，角坐标为 θ，经过微小时间 $\mathrm{d}t$，质点运动到 Q 处。设 $\mathrm{d}t$ 时间内角坐标的增量为 $\mathrm{d}\theta$，称为该时间间隔内的**角位移**。如果是 Δt 时间间隔，对应的角位移通常用 $\Delta\theta$ 表示。

角位移反映了质点在相应时间内位置的变化情况，角坐标和角位移单位相同，均为弧度，符号为 rad。

三、角速度

在 Δt 时间间隔内，产生的角位移是 $\Delta\theta$，$\Delta\theta$ 与 Δt 的比值称为**平均角速度**，表达式为

$$\overline{\omega}=\frac{\Delta\theta}{\Delta t}$$

平均角速度表示质点在单位时间内产生的角位移，用来描述质点在圆周运动过程中其位置变化的快慢。

如前面引入速度的方法一样，在 $\Delta t\to0$ 时，我们也可以引入**瞬时角速度**（简称**角速度**）的定义，即

$$\omega=\lim_{\Delta t\to0}\frac{\Delta\theta}{\Delta t}=\frac{\mathrm{d}\theta}{\mathrm{d}t}\tag{1-21}$$

上式也可以理解为：如果 $\mathrm{d}t$ 时间内角位移为 $\mathrm{d}\theta$，$\mathrm{d}\theta$ 与 $\mathrm{d}t$ 的比值定义为角速度。

角速度反映了质点的角坐标随时间变化的快慢程度。平均角速度和角速度单位都为弧度每秒，记为 $\mathrm{rad}\cdot\mathrm{s}^{-1}$。

四、角加速度

一般情况下，质点做圆周运动时的角速度也是随时间而变化的。设在 Δt 时间间隔内，角速度的增量是 $\Delta\omega$，$\Delta\omega$ 与 Δt 的比值称为**平均角加速度**，表达式为

$$\bar{\beta}=\frac{\Delta\omega}{\Delta t}$$

平均角加速度描述质点在圆周运动过程中某段时间内其角速度变化的快慢。

我们也可以引入**瞬时角加速度**（简称**角加速度**）的定义，即

$$\beta=\lim_{\Delta t\to0}\frac{\Delta\omega}{\Delta t}=\frac{\mathrm{d}\omega}{\mathrm{d}t}\tag{1-22}$$

同样，上式也可以理解为：如果 $\mathrm{d}t$ 时间内角速度增量为 $\mathrm{d}\omega$，则 $\mathrm{d}\omega$ 与 $\mathrm{d}t$ 的比值定义为角加速度。

角加速度反映了质点的角速度随时间变化的快慢程度，单位为 $\mathrm{rad}\cdot\mathrm{s}^{-2}$。

需要说明的是，圆周运动的角量描述中提到的四个物理量——角坐标、角位移、角速度、角加速度，本应表达为矢量形式，但这里我们只讲它们的大小问题，略去有关方向的描述。

五、线量与角量关系

在上述质点圆周运动的描述中采用的四个物理量我们称为角量，在直角坐标系和自然坐标系中描述质点的物理量，如速度、加速度、切向加速度等，我们称为线量，两者间存在着联系。

如图 1-11 所示，质点做圆周运动，t 时刻运动到位置 P 处，经过微小时间 $\mathrm{d}t$ 后运动到 Q 处。设 $\mathrm{d}t$ 时间内角位移为 $\mathrm{d}\theta$，路程为弧长 $\mathrm{d}s$，有 $\mathrm{d}s=r\mathrm{d}\theta$。

由速率的定义式，得

$$v=\frac{\mathrm{d}s}{\mathrm{d}t}=r\frac{\mathrm{d}\theta}{\mathrm{d}t}=r\omega\tag{1-23}$$

上式是速度值与角速度值的关系式。

由切向加速度表达式，得

$$a_\tau=\frac{\mathrm{d}v}{\mathrm{d}t}=r\frac{\mathrm{d}\omega}{\mathrm{d}t}=r\beta\tag{1-24}$$

上式是切向加速度值与角加速度值的关系式。

由法向加速度表达式，得

$$a_n=\frac{v^2}{\rho}=\frac{v^2}{r}=r\omega^2\tag{1-25}$$

式中，圆的曲率半径等于圆的半径，即 $\rho=r$。

线量与角量的关系可以用表 1-1 总结如下：

表 1-1 线量与角量关系对照表

线量	角量	线量与角量的关系
位置 s	角位置 θ	$s=r\theta$
路程 Δs	角位移 $\Delta\theta=\theta(t+\Delta t)-\theta(t)$	$\Delta s=r\Delta\theta$
速度 $\boldsymbol{v}=v\boldsymbol{\tau}=\frac{\mathrm{d}s}{\mathrm{d}t}\boldsymbol{\tau}$	角速度 $\omega=\frac{\mathrm{d}\theta}{\mathrm{d}t}$	$v=r\omega$
加速度：$\boldsymbol{a}=\boldsymbol{a}_\tau+\boldsymbol{a}_n=\frac{\mathrm{d}v}{\mathrm{d}t}\boldsymbol{\tau}+\frac{v^2}{r}\boldsymbol{n}$	角加速度 $\beta=\frac{\mathrm{d}\omega}{\mathrm{d}t}$	$a_\tau=r\beta$ $a_n=r\omega^2$

六、匀变速圆周运动

质点做匀变速圆周运动，即角加速度β为一恒量。设$t=0$时刻位置坐标为θ_0，角速度为ω_0，任意时刻t的位置坐标为θ，角速度为ω。仿照质点做匀变速直线运动的处理方法，利用角速度和角加速度做定义式，计算可得质点做匀变速圆周运动时在任意时刻t的位置坐标θ值和角速度ω值，结果为

$$\omega=\omega_0+\beta t,\ \theta-\theta_0=\omega_0 t+\frac{1}{2}\beta t^2$$

此处，与大家在中学阶段熟悉的质点直线运动的规律类似。

第五节 运动学中的两类问题

一、由已知的运动方程求速度和加速度

在已知质点的运动方程的情况下，可以求出质点在任意时刻的速度和加速度，处理这类问题主要是运用求导的方法。

例 1-5 已知一质点的运动方程为$\boldsymbol{r}=3t\boldsymbol{i}-4t^2\boldsymbol{j}$，式中$\boldsymbol{r}$以 m 计，$t$以 s 计，求任意时刻的速度、加速度及轨迹方程。

解：(1) 求任意时刻的速度

把已知的运动方程$\boldsymbol{r}$表达式代入速度定义式中，得

$$\boldsymbol{v}=\frac{\mathrm{d}\boldsymbol{r}}{\mathrm{d}t}=3\boldsymbol{i}-8t\boldsymbol{j}$$

(2) 求任意时刻的加速度

把上述求出的速度表达式代入加速度定义式中，得

$$\boldsymbol{a}=\frac{\mathrm{d}\boldsymbol{v}}{\mathrm{d}t}=-8\boldsymbol{j}$$

(3) 求轨迹方程

将运动方程写成分量式：$x=3t$，$y=-4t^2$

消去变量t，得轨迹方程

$$4x^2+9y=0$$

轨迹为顶点在原点的抛物线方程。

例 1-6 一质点沿半径 1m 的圆周运动，它通过的弧长s按$s=t+2t^2$的规律变化。问它在 2s

时的速率、切向加速度大小和法向加速度大小各是多少？

解：(1) 求速率

由速率定义式，有

$$v=\frac{ds}{dt}=1+4t$$

将 $t=2s$ 代入上式，得 2s 时的速率为

$$v_2=(1+4\times2)\mathrm{m}\cdot\mathrm{s}^{-1}=9\mathrm{m}\cdot\mathrm{s}^{-1}$$

(2) 求切向加速度大小

由切向加速度的表达式，得

$$a_\tau=\frac{dv}{dt}=4\mathrm{m}\cdot\mathrm{s}^{-2}$$

可见，切向加速度为一常量。

(3) 求法向加速度大小

由法向加速度的表达式，得

$$a_n=\frac{v^2}{r}=\frac{(1+4t)^2}{r}$$

将 $t=2s$ 代入上式，得 2s 时的法向加速度大小为

$$a_{n2}=\frac{(1+4\times2)^2}{r}=81\mathrm{m}\cdot\mathrm{s}^{-2}$$

二、已知加速度和初始条件，求速度和运动方程

在已知质点运动的加速度变化规律和初始时的位置和速度的情况下，求质点在任意时刻的速度和运动方程等，处理这类问题要用积分的方法。

例 1-7 一质点沿 Ox 轴运动，其加速度与速度成正比，比例系数为 k，加速度的方向与运动方向相反。设初始坐标为 x_0，初始速度为 v_0，试求质点的速度表达式及运动方程。

解：(1) 求速度

由已知条件可得加速度 $a=-kv$，考虑到加速度的定义式，有

$$dv=a\,dt=-kv\,dt$$

分离变量得

$$\frac{dv}{v}=-k\,dt$$

对上式求定积分，变量的上下限为初始时到任意时刻的值，即

$$\int_{v_0}^{v}\frac{dv}{v}=\int_0^t(-k)\,dt$$

有

$$\ln\frac{v}{v_0}=-kt$$

进一步得 t 时刻的速度表达式为

$$v=v_0e^{-kt}$$

(2) 求运动方程

由速度定义式可得 $dx=v\,dt$，将速度表达式代入并求定积分

$$\int_{x_0}^{x}dx=\int_0^t v_0e^{-kt}\,dt$$

得任意时刻的位置坐标为

$$x = x_0 + \frac{v_0}{k}(1 - e^{-kt})$$

例 1-8 一质点从静止开始做圆周运动，角加速度$\beta=(2+3t)\,\mathrm{rad\cdot s^{-2}}$，圆周半径$r=0.1\mathrm{m}$。求：(1) 质点的角速度；(2) $t=2\mathrm{s}$时质点的法向加速度大小、切向加速度大小和总加速度的大小。

解：(1) 求质点的角速度

由角加速度的定义式得$\mathrm{d}\omega=\beta\mathrm{d}t$，代入$\beta$值，考虑到初始时质点处于静止状态，对表达式求定积分，有

$$\int_0^{\omega}\mathrm{d}\omega = \int_0^t \beta\mathrm{d}t = \int_0^t (2+3t)\,\mathrm{d}t$$

结果为

$$\omega = 2t + \frac{3}{2}t^2$$

(2) 求法向加速度大小、切向加速度大小和总加速度大小

法向加速度大小为

$$a_n = \omega^2 r = \left(2t + \frac{3}{2}t^2\right)^2 r$$

将$r=0.1\mathrm{m}$、$t=2\mathrm{s}$代入，得$t=2\mathrm{s}$时的法向加速度大小为$10\mathrm{m\cdot s^{-2}}$。

切向加速度大小为

$$a_\tau = \beta r = r\frac{\mathrm{d}\omega}{\mathrm{d}t} = r(2+3t)$$

代入已知数据得$t=2\mathrm{s}$时的切向加速度大小为$0.8\mathrm{m\cdot s^{-2}}$。

$t=2\mathrm{s}$时总加速度的大小为

$$a = \sqrt{a_\tau^{\ 2} + a_n^{\ 2}} = \sqrt{0.8^2 + 10^2}\,\mathrm{m\cdot s^{-2}} = 10.03\mathrm{m\cdot s^{-2}}$$

第六节 相对运动

选取不同的参考系，描述运动的结果是不同的，这反映了运动描述的相对性。下面我们研究同一质点在有相对运动的两个参考系中的位矢、速度和加速度之间的关系。

当我们研究船上物体的运动时，一方面既要知道该物体对于河岸的运动，另一方面又要知道该物体相对于船的运动。为此，我们就把河岸（即地面）定义为**静止参考系**，而把船定义为运动参考系。但是，当我们研究宇宙飞船的发射时，则把太阳作为静止参考系而把地球作为**运动参考系**。这就是说，“静止参考系”“运动参考系”的称谓都是相对的。在一般情况下，研究地面上物体的运动，把地面作为静止参考系比较方便。

定义了静止参考系和运动参考系之后，我们称物体相对于静止参考系的运动为**绝对运动**，称物体相对于运动参考系的运动为**相对运动**，运动参考系相对于静止参考系的运动称为**牵连运动**。

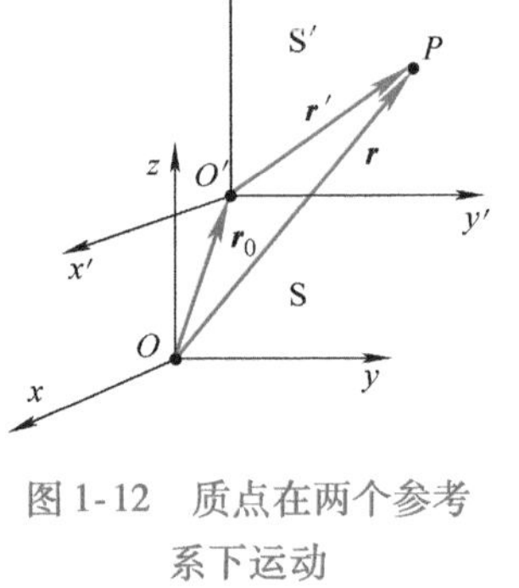

图 1-12 质点在两个参考系下运动

如图 1-12 所示，设 $Oxyz$ 为静止参考系 S，$O'x'y'z'$为运动参考系 S′。质点 P 在空间运动，某一时刻质点 P 在 S 系中的位矢为 $\boldsymbol{r}$（称为绝对位矢），质点在 S′系中的位矢为 $\boldsymbol{r}'$（称为相对位矢），运

动坐标系坐标原点 O' 相对于静止坐标系坐标原点 O 的位矢为 $\boldsymbol{r}_0$（称为牵连位矢），由矢量的三角形法则可知 $\boldsymbol{r}$、$\boldsymbol{r}'$、$\boldsymbol{r}_0$ 之间有如下关系

$$\boldsymbol{r}=\boldsymbol{r}_0+\boldsymbol{r}' \tag{1-26}$$

即绝对位矢 $\boldsymbol{r}$ 等于牵连位矢 $\boldsymbol{r}_0$ 与相对位矢 $\boldsymbol{r}'$ 的矢量和。

若质点 P 在运动过程中，则 $\boldsymbol{r}$、$\boldsymbol{r}_0$、$\boldsymbol{r}'$ 也发生变化，式（1-26）两端对 t 求导，得

$$\frac{\mathrm{d}\boldsymbol{r}}{\mathrm{d}t}=\frac{\mathrm{d}\boldsymbol{r}_0}{\mathrm{d}t}+\frac{\mathrm{d}\boldsymbol{r}'}{\mathrm{d}t}$$

$$\boldsymbol{v}=\boldsymbol{v}_0+\boldsymbol{v}' \tag{1-27}$$

即绝对速度 $\boldsymbol{v}$ 等于牵连速度 $\boldsymbol{v}_0$ 与相对速度 $\boldsymbol{v}'$ 的矢量和，该式称为伽利略速度变换式。

同理，我们将上式两边对时间再次求导，可得

$$\boldsymbol{a}=\boldsymbol{a}_0+\boldsymbol{a}' \tag{1-28}$$

即绝对加速度 $\boldsymbol{a}$ 等于牵连加速度 $\boldsymbol{a}_0$ 与相对加速度 $\boldsymbol{a}'$ 的矢量和。

需要说明的是，以上三式所表示的位矢、速度和加速度的合成法则只有在物体的运动速度远小于光速时才成立。当物体的运动速度可与光速相比时，上述三式不再成立，此时遵循的是相对论时空坐标、速度和加速度的变换法则。

例 1-9　如图 1-13 所示，汽车自左向右以相对地面的速度 $\boldsymbol{v}_{车对地}$ 行驶，雨滴对地的速度为 $\boldsymbol{u}$，$\boldsymbol{u}$ 斜向右，与垂直于地面的方向成 θ 角。问当汽车相对地面的速度多大时，雨滴恰好以相对车垂直的速度落到车上，不至于淋到车中货物？

解：选取大地为静止参考系，运动的汽车为运动参考系，雨滴为运动物体。

由前面的速度变换关系可知：

$$\boldsymbol{u}=\boldsymbol{v}_{车对地}+\boldsymbol{v}_{雨对车}$$

矢量关系图如图 1-13 所示。

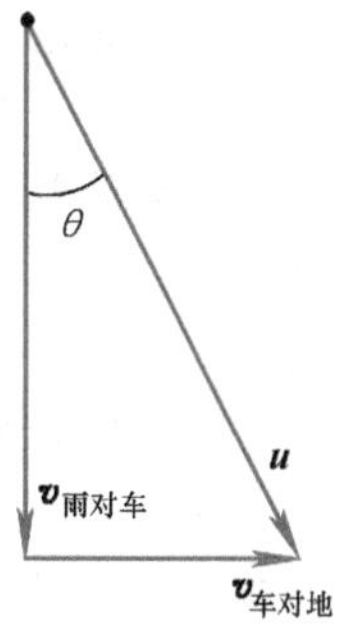

图　1-13

可见，$v_{雨对车}=u\cos\theta$，$v_{车对地}=u\sin\theta$

因此，当汽车相对地面的速度为 $u\sin\theta$ 运动时，雨滴恰好相对于车以 $u\cos\theta$ 的速度垂直落到车上。

本章提要

一、直角坐标系下质点运动状态的描述

1. 位置矢量：描述质点在空间的位置。

$$\boldsymbol{r}=x\boldsymbol{i}+y\boldsymbol{j}+z\boldsymbol{k}$$

2. 位移：描述质点位置的改变。

$$\Delta\boldsymbol{r}=\boldsymbol{r}_2-\boldsymbol{r}_1=\Delta x\boldsymbol{i}+\Delta y\boldsymbol{j}+\Delta z\boldsymbol{k}$$

3. 速度：描述质点运动的快慢。

$$\boldsymbol{v}=\frac{\mathrm{d}\boldsymbol{r}}{\mathrm{d}t}=\frac{\mathrm{d}x}{\mathrm{d}t}\boldsymbol{i}+\frac{\mathrm{d}y}{\mathrm{d}t}\boldsymbol{j}+\frac{\mathrm{d}z}{\mathrm{d}t}\boldsymbol{k}=v_x\boldsymbol{i}+v_y\boldsymbol{j}+v_z\boldsymbol{k}$$

4. 加速度：描述质点速度变化的快慢。

$$\boldsymbol{a}=\frac{\mathrm{d}\boldsymbol{v}}{\mathrm{d}t}=\frac{\mathrm{d}v_x}{\mathrm{d}t}\boldsymbol{i}+\frac{\mathrm{d}v_y}{\mathrm{d}t}\boldsymbol{j}+\frac{\mathrm{d}v_z}{\mathrm{d}t}\boldsymbol{k}=a_x\boldsymbol{i}+a_y\boldsymbol{j}+a_z\boldsymbol{k}$$

二、自然坐标系下质点运动状态的描述

1. 位置：s

2. 位置变化：Δs

3. 速度：$\boldsymbol{v}=v\boldsymbol{\tau}=\dfrac{\mathrm{d}s}{\mathrm{d}t}\boldsymbol{\tau}$

4. 加速度 $\boldsymbol{a}=a_\tau\boldsymbol{\tau}+a_n\boldsymbol{n}=\dfrac{\mathrm{d}v}{\mathrm{d}t}\boldsymbol{\tau}+\dfrac{v^2}{\rho}\boldsymbol{n}$

三、极坐标系下圆周运动的角量描述

1. 角坐标：θ

2. 角位移大小：$\Delta\theta$

3. 角速度大小：$\omega=\dfrac{\mathrm{d}\theta}{\mathrm{d}t}$

4. 角加速度大小：$\beta=\dfrac{\mathrm{d}\omega}{\mathrm{d}t}$

5. 线量与角量的关系：$s=r\theta$，$v=r\omega$，$a_\tau=r\beta$，$a_n=\dfrac{v^2}{r}=r\omega^2$。

四、相对运动

一个质点，在静止参考系中运动的速度称为绝对速度，在运动参考系中运动的速度称为相对速度，运动参考系相对于静止参考系运动的速度称为牵连速度。绝对速度等于牵连速度和相对速度的矢量和，即有

$$\boldsymbol{v}=\boldsymbol{v}_0+\boldsymbol{v}'$$

同样，绝对加速度 $\boldsymbol{a}$ 等于牵连加速度 $\boldsymbol{a}_0$ 与相对加速度 $\boldsymbol{a}'$ 的矢量和，即

$$\boldsymbol{a}=\boldsymbol{a}_0+\boldsymbol{a}'$$

五、研究质点运动的两类问题

1. 已知质点的运动学方程 $\boldsymbol{r}=\boldsymbol{r}(t)=x(t)\boldsymbol{i}+y(t)\boldsymbol{j}+z(t)\boldsymbol{k}$，可以求质点的速度和加速度，这一类问题可以通过对运动学方程求时间导数而得到。

2. 已知质点的加速度或速度，可以求质点的运动学方程，这一类问题可以利用初始条件，通过对加速度或速度求时间积分得到。

思考与练习（一）

一、单项选择题

1-1. 一运动质点在某瞬时位于矢径 $\boldsymbol{r}(x,y)$ 的端点处，其速度大小（　　）。

(A) $\dfrac{\mathrm{d}r}{\mathrm{d}t}$　　(B) $\dfrac{\mathrm{d}\boldsymbol{r}}{\mathrm{d}t}$　　(C) $\dfrac{\mathrm{d}|\boldsymbol{r}|}{\mathrm{d}t}$　　(D) $\sqrt{\left(\dfrac{\mathrm{d}x}{\mathrm{d}t}\right)^2+\left(\dfrac{\mathrm{d}y}{\mathrm{d}t}\right)^2}$

1-2. 一质点沿半径为 R 的圆周做匀速率运动，每 t 秒转一圈，在 $2t$ 时间间隔中，其平均速度大小和平均速率大小分别为（　　）。

(A) $\dfrac{2\pi R}{t}$，$\dfrac{2\pi R}{t}$　　(B) 0，$\dfrac{2\pi R}{t}$　　(C) 0，0　　(D) $\dfrac{2\pi R}{t}$，0

1-3. 一质点在平面上运动，已知质点的位置矢量表示式为 $\boldsymbol{r}=at^2\boldsymbol{i}+bt^2\boldsymbol{j}$（$a$、$b$ 为常数），则该质点做（　　）。

(A) 匀速直线运动　　(B) 变加速直线运动

（C）匀变速直线运动　　　　　　　　　（D）一般曲线运动

1-4. 质点沿 AB 做曲线运动，速率逐渐减小，选择题 1-4 图中哪一种情况正确表示了质点在 C 处的加速度（　　）。

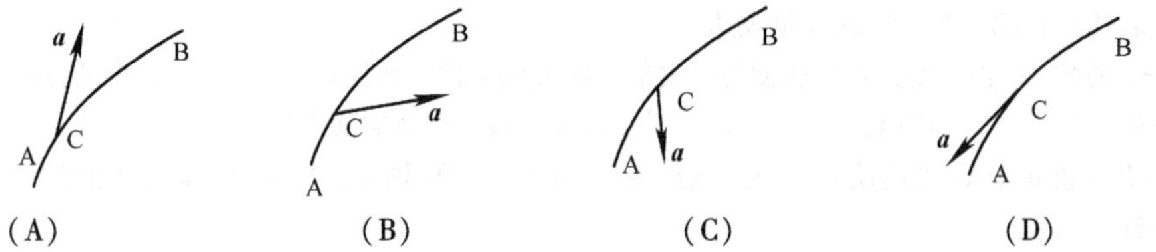

选择题 1-4 图

1-5. 一质点在平面上做一般曲线运动，其瞬时速度为$\boldsymbol{v}$，瞬时速率为 v，某一段时间内的平均速度为$\bar{\boldsymbol{v}}$，平均速率为 $\bar{v}$，它们之间的关系正确的是（　　）。

（A）$|\boldsymbol{v}|=v$，$|\bar{\boldsymbol{v}}|=\bar{v}$　　　　（B）$|\boldsymbol{v}|\neq v$，$|\bar{\boldsymbol{v}}|=\bar{v}$

（C）$|\boldsymbol{v}|\neq v$，$|\bar{\boldsymbol{v}}|\neq\bar{v}$　　　　（D）$|\boldsymbol{v}|=v$，$|\bar{\boldsymbol{v}}|\neq\bar{v}$

1-6. 质点做曲线运动，$\boldsymbol{r}$ 表示位置矢量，$\boldsymbol{v}$表示速度，$\boldsymbol{a}$ 表示加速度，s 表示路程，a_τ 表示切向加速度。下列表达式中，正确的是（　　）。

（A）$\frac{\mathrm{d}v}{\mathrm{d}t}=a$　　（B）$\frac{\mathrm{d}r}{\mathrm{d}t}=v$　　（C）$\frac{\mathrm{d}s}{\mathrm{d}t}=v$　　（D）$\left|\frac{\mathrm{d}\boldsymbol{v}}{\mathrm{d}t}\right|=a_\tau$

二、填空题

1-1. 质点在平面直角坐标系中的坐标为 $x=2\mathrm{m}$，$y=3\mathrm{m}$，用 $\boldsymbol{r}$ 表示质点的位置矢量，则 $\boldsymbol{r}=$________。

1-2. 一个人站在做匀速直线运动的车上，竖直向上抛出一个钢球，车上的观察者看到钢球的轨迹是________，站在地面上的另一个观察者看到钢球的轨迹却是________。

1-3. 一质点的运动方程是 $x=R\cos\omega t$，$y=R\sin\omega t$，$z=a$，其中 R、ω 和 a 都是不变量。问此质点在空间沿怎样的轨迹运动________。

1-4. 在三维直角坐标系中表示质点的运动速度矢量，表达式可以写成________；在自然坐标系中，速度矢量表达式写成________。

1-5. 在 xy 平面内有一运动的质点，其运动方程为 $\boldsymbol{r}=10\cos5t\boldsymbol{i}+10\sin5t\boldsymbol{j}$，则 t 时刻其速度$\boldsymbol{v}=$________，其切向加速度的大小 $a_\tau=$________，该质点运动的轨迹方程为________。

1-6. 一质点以 $\pi\mathrm{m}\cdot\mathrm{s}^{-1}$的匀速率做半径为 5m 的圆周运动，则该质点在 5s 内位移的大小是________，经过的路程是________。

1-7. 一质点沿 x 方向运动，其加速度随时间的变化关系为 $a=(3+2t)(\mathrm{m}\cdot\mathrm{s}^{-2})$，如果初始时刻质点的速度$\boldsymbol{v}_0$ 为 $5\mathrm{m}\cdot\mathrm{s}^{-1}$，则当 t 为 3s 时，质点的速度大小 $v=$________。

三、问答题

1-1. 回答下列问题：

（1）$\Delta\boldsymbol{r}$ 和 Δr 有何区别？$\frac{\mathrm{d}\boldsymbol{v}}{\mathrm{d}t}$和$\frac{\mathrm{d}v}{\mathrm{d}t}$有何区别？

（2）路程和位移有何区别？速度和速率有何区别？

1-2. 一物体以恒定速率 v_1 向东运行，当它刚到达距出发点为 d 的一点时，立即以恒定的速率 v_2 往回运动并回到原处。试问全程的平均速度和平均速率各是多少？

1-3. 在以下几种运动中，质点的切向加速度、法向加速度以及加速度哪些为零哪些不为零？

（1）匀速直线运动；（2）匀速曲线运动；（3）变速直线运动；（4）变速曲线运动。

1-4. 已知一质点的运动方程为 $x=2t$，$y=2-t^2$，式中 t 以 s 计，x 和 y 以 m 计。（1）计算并以图示质点的运动轨迹；（2）求出 $t=1\mathrm{s}$ 到 $t=2\mathrm{s}$ 这段时间质点的平均速度；（3）求质点的速度表达式；（4）求质点的加速度表达式。

1-5. 质点在 Oxy 平面内运动，其运动方程为 $\boldsymbol{r}=a\cos\omega t\boldsymbol{i}+b\sin\omega t\boldsymbol{j}$，其中 a、b、ω 均为大于零的常数。试求质点在任意时刻的速度、加速度及轨迹方程。

1-6. 质点的运动方程为 $x=-10t+30t^2$ 和 $y=15t-20t^2$，式中 x、y 以 m 计，t 以 s 计。试求：(1) 初速度的矢量表达式；(2) 加速度的矢量表达式。

1-7. 一质点沿 Ox 轴运动，其加速度与速度的二次方成正比，比例系数为 k，加速度的方向与运动方向相反。设初始坐标为 x_0，初始速度为 v_0，试求质点的速度表达式及运动方程。

1-8. 一开始静止于 x_0 处的质点，以加速度 $a=-k/x^2$ 沿 Ox 轴负方向运动，k 为正值常量。求质点的速度与其坐标间的关系。

1-9. 一小球沿斜面向上运动，其运动方程为 $s=5+4t-t^2$，式中 s 以 m 计，t 以 s 计。试求：(1) 小球运动到最高点的时刻；(2) 从 $t=0$ 到小球运动到最高点这段时间内的位移大小。

1-10. 一质点做半径为 $R=3\text{m}$ 的圆周运动。初速度为零，角加速度随时间变化为 $\beta=4t^2-5t$。求质点任意时刻的速率和法向加速度的大小。

1-11. 一质点沿着一圆周运动，其运动方程为 $s=5-2t+t^2\,(\text{m})$。若 $t=2\text{s}$ 时，其法向加速度 $a_n=0.5\text{m}\cdot\text{s}^{-2}$。试求：(1) 圆周半径；(2) $t=3\text{s}$ 时的速度、切向加速度、法向加速度及总加速度的大小。

1-12. 一质点沿半径为 0.10m 的圆周运动，其角位置 θ（以 rad 计）可用 $\theta=2+4t^3$ 表示，式中 t 以 s 计。问：(1) 质点在 $t=2\text{s}$ 时的法向加速度和切向加速度是多少？(2) 当切向加速度的大小和法向加速度的大小相等时，θ 的值为多少？

上一章讨论了质点的运动以及质点运动状态的变化，但并未涉及运动状态变化的原因。实际上，运动是物质本身的属性，而运动又是千差万别的。物体如何运动则取决于物体之间的相互作用，研究物体之间的相互作用，以及由于这种相互作用所引起的物体运动状态变化的规律，则是动力学的任务。

本章在经典力学范畴主要学习两个方面的内容：一是讨论质点的运动规律，如牛顿运动三定律，以及质点在力的作用下的时间累积效应（动量定理）和空间累积效应（动能定理）；二是在此基础上讨论质点系的运动规律，如动量守恒定律、功能原理、机械能守恒定律、质心运动定理，以及角动量定理和角动量守恒定律，最后讨论知识的部分应用。

第二章　质点动力学

第一节　牛顿运动定律

牛顿（Isaac Newton，1642—1727），出生于伽利略（Galileo Galilei，1564—1642）过世的同一年。他承前启后，将开普勒（Johannes Kepler，1571—1630）和伽利略的研究融合在一起。18 岁进入剑桥大学学习，在大学高年级就完成了棱镜色散实验。1665 年获学士学位，1668 年获硕士学位，1672 年入选英国皇家学会。1687 年将自己长达 20 年的研究成果总结为一本名为 *Philosophiae Naturalis Principia Mathematica*（拉丁文）（自然哲学的数学原理）的书籍出版，首次公布了他所创立的三大运动定律，这也被称为是经典力学的基础理论。1703 年当选皇家学会会长，并连任 5 届。1704 年名著 *OPTICS* 出版。1727 年 3 月 20 日牛顿病逝，终年 85 岁。

图 2-1　牛顿

一、牛顿第一定律

在牛顿之前，按照希腊哲学家亚里士多德（Aristotle，公元前 384—公元前 322）的说法，物体的自然状态是静止的，而物体要想运动，则必须有外力给它施加作用。17 世纪意大利物理学家伽利略完成了著名的斜面加速度实验：如图 2-2所示，在倾角相同条件下，斜面越光滑，小球行进得越远；当斜面变为平面，并且想象平面绝对光滑时，小球将以恒定不变的速度永远运动下去。牛顿以此为基础总结出了第一条运动定律。

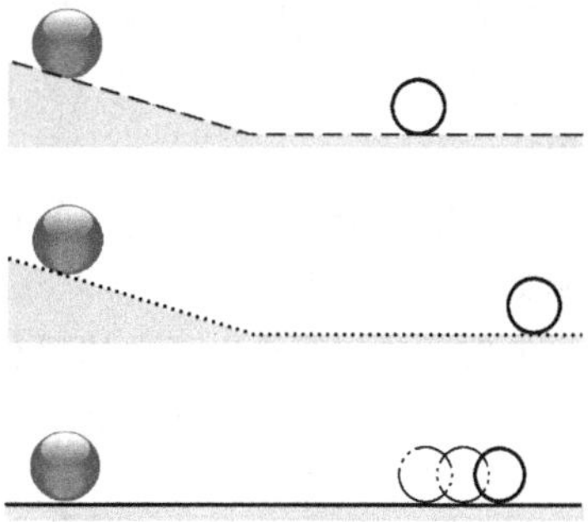

图 2-2　牛顿第一定律

任何物体都将保持静止或匀速直线运动，直到其他物体的作用迫使它改变这种状态为止，这就是**牛顿第一定律**。物体的这种保持原有运动状态的特性称之为**惯性**。任何物体在任何状态下都具有惯性，**惯性是物体的固有属性**，牛顿第一定律又称为**惯性定律**。

图2-3为一辆冲出铁轨的火车。它冲出铁轨导致事故，原因可能有很多，但其中重要的一点是它具有很大的惯性，所以短时间的制动不足以改变其运动状态。

要想改变物体的运动状态必须施以力。力是物体间的相互作用。一个物体完全不受力和所受到的力矢量和为零，这是两种完全不同的概念，但是它们使物体所产生的运动效果是相同的。其实，在自然界中完全不受力的物体是不存在的，因此牛顿第一定律不能直接用实验来验证。正因为如此，牛顿第一定律可以理解为是建立在想象基础上的理想定律。

图 2-3

第一定律也定义了一种特殊的参考系。我们已经知道，要描述一个物体的运动必须要明确相对于某个参考系而言。如果在一个参考系中，物体不受任何外力作用或者所受到的外力矢量和为零时，物体相对这个参考系保持静止或匀速直线运动状态，这种参考系就称为**惯性系**。同样，如果另外的一个参考系相对惯性系保持静止或匀速直线运动，它也是惯性系。而如果参考系相对于一个惯性系做变速运动，这个参考系则称为**非惯性系**。可见，严格的惯性系是不存在的。平时讨论问题时，可以将地面参考系近似看成是一个惯性系。

二、牛顿第二定律

如果说牛顿第一定律给出了力的概念，那么，牛顿通过第二定律给出了作用力与物体运动状态变化的定量关系。

物体动量对时间的变化率等于物体所受到的合外力，即

$$\boldsymbol{F}=\frac{\mathrm{d}\boldsymbol{p}}{\mathrm{d}t}=\frac{\mathrm{d}(m\boldsymbol{v})}{\mathrm{d}t} \tag{2-1a}$$

这是**牛顿第二定律**最原始的表述形式。这里的“**动量**”定义为$\boldsymbol{p}=m\boldsymbol{v}$（牛顿称其为运动量），由于考虑了物体的惯性，所以它比速度更能全面反映物体的运动状态。动量$\boldsymbol{p}$的方向与速度$\boldsymbol{v}$的方向一致。动量的单位为千克米每秒，符号为$\mathrm{kg\cdot m\cdot s^{-1}}$。

当$v \ll c$（c为光速）时，m为常量（否则，$m=m_0/\sqrt{1-v^2/c^2}$），此时，上式变为

$$\boldsymbol{F}=m\frac{\mathrm{d}\boldsymbol{v}}{\mathrm{d}t}=m\boldsymbol{a} \tag{2-1b}$$

这就是我们中学时熟知的**牛顿第二定律**的表述形式，即**物体受到外力作用时，它所获得的加速度与合外力成正比，与物体的质量成反比**，加速度的方向与合外力的方向相同。它告诉我们，经典力学中的质量是不变量，或者说，在经典力学框架下，我们所选取的研究物体的质量一定是**确定量**。相比之下，式（2-1a）更具普遍意义，而式（2-1b）只有在宏观低速情形下才适用。

牛顿第二定律是经典力学的核心，有非常广泛的应用。在经典力学中很多定理和规律都与牛顿第二定律密不可分。

牛顿第二定律给出了力的量化定义，在普遍情况下，作用于物体上的合外力的大小等于质点动量的变化率，其方向与动量变化的方向相同；在经典力学中，作用在物体上的合外力的大小与物体的质量及在该合外力作用下物体所具有的加速度均成正比，合外力的方向与加速度的方向相同。

在理解和应用牛顿第二定律时要注意以下问题：

1）牛顿第二定律是矢量式，只有在具体坐标系下才可以进行量化运算。它在不同的坐标系下，可以写成各种不同的分量形式，例如

直角坐标系：$\boldsymbol{F}=F_x\boldsymbol{i}+F_y\boldsymbol{j}+F_z\boldsymbol{k}$

其中，F_x、F_y、F_z分别表示物体在相应坐标轴方向上的合外力，均是代数量。

$$\begin{cases}F_x=ma_x\\F_y=ma_y\\F_z=ma_z\end{cases}\tag{2-2}$$

自然坐标系：$\boldsymbol{F}=F_\tau\boldsymbol{\tau}+F_n\boldsymbol{n}$

$$\begin{cases}F_\tau=ma_\tau\\F_n=ma_n\end{cases}\tag{2-3}$$

在某一方向上的合外力只与该方向上的加速度分量有关，表明力的某一方向分量只能改变物体在该运动方向的运动状态。

2）如果一个质点受到多个力的作用，$\boldsymbol{F}$ 应理解为多个力的合力。

3）该定律只适用于质点。如果物体不能被视为质点，而是由多个质点组成的质点系统（质点系），由于力具有可叠加性，上述表示在形式上依然成立，只是质量指的是质点系的总质量，而加速度则指质点系质心的加速度。

4）该定律具有瞬时性。某一时刻物体所具有的加速度和质量的乘积等于这一时刻物体所受到的合外力。并且物体的质量越大，物体所获得的加速度就越小，越不容易改变物体的运动状态。因此，牛顿第二定律也给出了质量是物体惯性大小的量度。

5）与牛顿第一定律一样，牛顿第二定律也只适用于惯性系。所以牛顿第二定律也给出了质量是物体惯性大小的量度，这里的质量也称惯性质量。

三、牛顿第三定律

通过日常观察我们会发现，当一个物体给另一个物体施加作用力时，前者同时也会受到后者施加给它的作用力。牛顿将这一规律总结为第三定律。

当两物体相互作用时，它们施加给对方的作用力总是大小相等并沿着同一直线的相反方向，这就是**牛顿第三定律**。

我们将这两个力分别称为作用力 $\boldsymbol{F}$ 和反作用力 $\boldsymbol{F}'$，即

$$\boldsymbol{F}=-\boldsymbol{F}'\tag{2-4}$$

对于牛顿第三定律，必须注意如下几点：

1）作用力与反作用力总是成对出现，且作用力和反作用力之间的关系是一一对应的。

2）作用力与反作用力是分别作用在两个物体上，因此不是一对平衡力。

3）作用力和反作用力一定是属于同一性质的力。如果作用力是万有引力，那么反作用力也一定是万有引力；作用力是摩擦力，反作用力也一定是摩擦力；作用力是弹力，反作用力也一定是弹力。

四、牛顿三定律的理论地位及其相互关系

牛顿第一定律是基础，给出了一个特殊参考系——惯性系、惯性以及力的概念。在此基础上，牛顿第二定律则进一步指出力与惯性质量和加速度之间关系的数量化量度。与此同时，也给

出了物体运动惯性大小的数量化量度，即不同物体受到同样力的作用，质量小的物体运动状态更容易改变（加速度更大），它是三个定律的核心，也是研究经典动力学问题的基础。第三定律则进一步回答了力的本质，即物体间的作用具有相互性，互以对方为存在前提。

以牛顿为代表的经典力学的成熟，伽利略、开普勒功不可没。伽利略关于落体实验，驳斥了亚里士多德的说法：重物下落快，轻物下落慢。不妨做下面的想象性实验：先设想将它们捆起来，慢的物体拖拽快的物体，快的物体同时拖拽慢的物体，速度应介于两个物体单独下落的速度之间；而将二者捆起来后总质量变大了，又会得到混合物体的速度更大，两个结论相互矛盾。爱因斯坦（Albert Einstein，1879—1955）就曾说：“伽利略的发现以及他所用的科学推理方法是人类思想史上最伟大的成就之一，他提出的理想实验方法在近代科学研究中起着非常重要的作用，不愧被人们称为近代科学之父”。

而牛顿，借鉴前人（代表性人物是培根、笛卡儿）的成果，又成功地结合了归纳法、演绎法，从一般到特殊，再从特殊到一般，总结出三大运动定律，这便是科学的研究方法。

五、牛顿运动定律的应用

牛顿运动定律的解题步骤：选定某个惯性系→确定研究对象，对其进行受力分析→建立合适的坐标系，列出分量式方程，如有需要，列出补充方程→求解并做必要的讨论。

例 2-1 如图 2-4 所示，一根细绳跨过定滑轮，细绳两端各挂一质量为 m_1 和 m_2 的物体，且 $m_1 > m_2$。若不计绳和滑轮的质量和各处的摩擦，求物体从静止被释放后的加速度和绳中张力。

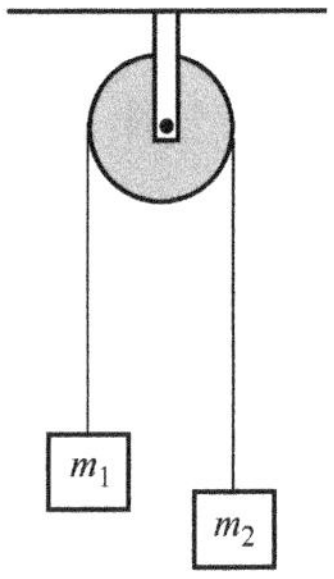

图 2-4

解：分别以 m_1 和 m_2 为研究对象进行受力分析，建立一维直角坐标系，并选运动方向为正，如图 2-5 所示，图中 $m\boldsymbol{g}$ 为重力。考虑到 $\boldsymbol{F}_{1T}$ 与 $\boldsymbol{F}_{2T}$ 大小相等，即 $F_{1T} = F_{2T} = F_T$，由牛顿第二定律分量式方程可得

$$m_1 g - F_T = m_1 a$$
$$F_T - m_2 g = m_2 a$$

求得 $a = \dfrac{m_1 - m_2}{m_1 + m_2} g$；$F_T = \dfrac{2m_1 m_2}{m_1 + m_2} g$

注意：正因为不考虑细绳和滑轮质量，才使得绳中各处张力相等，其大小都等于 F_T，也等于 m_1、m_2 受到绳的拉力的大小。

例 2-2 设计合理的物理模型，据此估算高台跳水池的深度。

解：设跳台高 $h = 10\text{m}$，运动员质量 m 假设不超过 50kg，水的阻力系数 $b = 0.05$，水的密度 $\rho = 1.0 \times 10^3 \text{kg} \cdot \text{m}^{-3}$，在垂直于运动方向的平面内，运动员身体的截面积 $A = 0.08\text{m}^2$。设运动员在水中所受阻力的大小 $F = b\rho A v^2/2$，并假设运动员入水前为自由落体运动，落到水面时 $v_0 = \sqrt{2gh} = 14.0\text{m} \cdot \text{s}^{-1}$，以水面处为原点，竖直向下为坐标轴正向。考虑到人的密度与水的密度接近，这样，运动员入水后所受浮力与重力近似相等。因此，由牛顿第二定律分量式便有

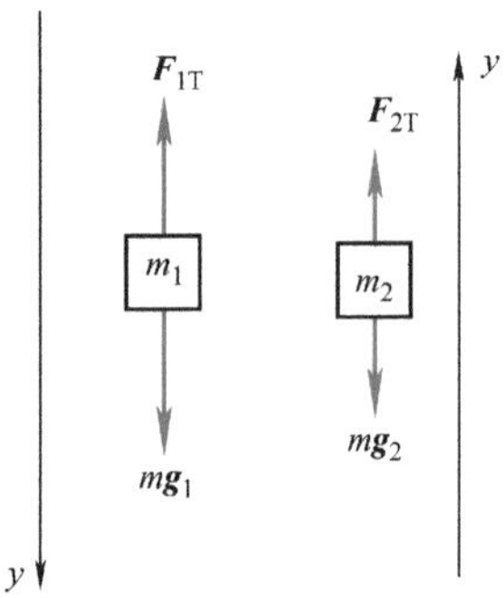

图 2-5

$$F = m\frac{dv}{dt} = m\frac{dv}{dy}\frac{dy}{dt} = mv\frac{dv}{dy} = -kv^2\text{，其中 } k = \frac{1}{2}b\rho A$$

即

$$\frac{dv}{v} = -\frac{k}{m}dy$$

两边积分，并考虑到初始条件 $y = 0$，$v = v_0$，有

$$-\frac{k}{m}\int_0^y \mathrm{d}y = \int_{v_0}^{v}\frac{\mathrm{d}v}{v} \quad 得\ y = \frac{m}{k}\ln\frac{v_0}{v}$$

如果运动员在 $v=2.0\mathrm{m\cdot s^{-1}}$ 的安全速度时反身，可得水池深度 $y=4.86\mathrm{m}$。

注意：在求解过程中，由于 $F=m\frac{\mathrm{d}v}{\mathrm{d}t}$ 不显含 y，所以我们用到分式变换，即分子和分母同乘 $\mathrm{d}y$，使等式中出现未知变量。以后还会经常采用这种方法解决此类问题。

例 2-3　如图 2-6 所示，长为 l 的轻绳一端系一质量为 m 的小球，另一端固定于 O 点，小球在铅直面内做圆周运动。开始时小球处在最低点，速率为 v_0，试求小球在任意位置时的速率和绳中张力。

解：以小球为研究对象，任意时刻或任意位置小球的速率为 v，所受重力、绳的拉力大小分别为 mg、F_T，方向如图 2-6 所示，图中 mg 为重力。对于圆周运动，显然建立自然坐标系更为合适，由牛顿第二定律分量式便有

切向：　$$-mg\sin\theta = ma_\tau = m\frac{\mathrm{d}v}{\mathrm{d}t} \qquad (1)$$

法向：　$$F_T - mg\cos\theta = ma_n = m\frac{v^2}{l} \qquad (2)$$

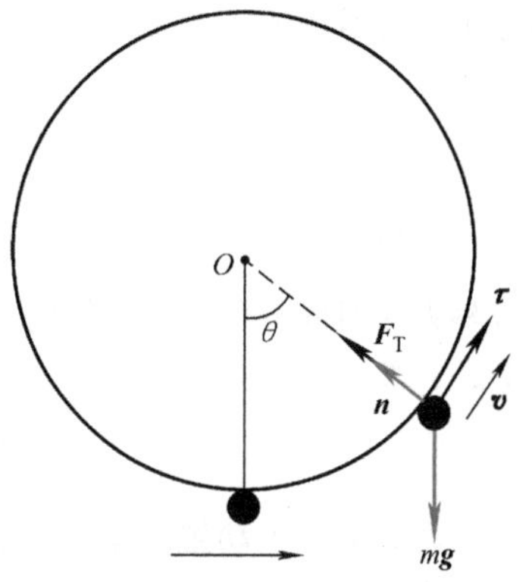

图　2-6

式（1）中有三个变量，显然，不可以分离变量积分求解，同上题采用的方法一样，不妨引入中间变量 θ，使

$$\frac{\mathrm{d}v}{\mathrm{d}t}=\frac{\mathrm{d}v}{\mathrm{d}\theta}\frac{\mathrm{d}\theta}{\mathrm{d}t}=\omega\frac{\mathrm{d}v}{\mathrm{d}\theta}=\frac{v}{l}\frac{\mathrm{d}v}{\mathrm{d}\theta}$$

于是，式（1）可改写成　$v\mathrm{d}v = -gl\sin\theta\mathrm{d}\theta$

考虑初始条件，将上式积分得　$$\int_{v_0}^{v} v\mathrm{d}v = \int_0^{\theta}(-gl\sin\theta)\mathrm{d}\theta$$

解得

$$v=\sqrt{v_0^2+2gl(\cos\theta-1)}$$

将上式代入式（2），即得绳的拉力

$$F_T = m\left(\frac{v_0^2}{l}-2g+3g\cos\theta\right)$$

如果本题只求速率，用机械能守恒定律求解更为方便。

第二节　动量定理　动量守恒定律

牛顿第二定律反映了力的瞬时作用规律。本节我们将从牛顿第二定律出发，讨论力的时间积累效应，即单个质点和质点系的动量定理，并进一步讨论质点系的动量守恒定律。

一、冲量——力对时间的积累

1. 恒力的冲量

一物体在 t_0 至 t 的时间间隔内受恒力 $\boldsymbol{F}$ 作用，在该时间间隔内力 $\boldsymbol{F}$ 的冲量定义为

$$\boldsymbol{I}=\boldsymbol{F}(t-t_0)=\boldsymbol{F}\Delta t \qquad (2\text{-}5)$$

2. 变力的冲量

如果物体受力 $\boldsymbol{F}$ 的大小和方向都随时间或空间变化，我们可以取足够短的时间间隔 $\mathrm{d}t$，在此间隔内，力 $\boldsymbol{F}$ 的大小和方向均来不及变化，认为是恒力。这样，可借助式（2-5）将其冲量写

出：$\mathrm{d}\boldsymbol{I}=\boldsymbol{F}\mathrm{d}t$，$\mathrm{d}\boldsymbol{I}$ 称为力 $\boldsymbol{F}$ 在该时间间隔内的元冲量。如果该力是连续变化的，在 t_1 至 t_2 有限时间间隔内，物体受到的**总冲量**就可以写为

$$\boldsymbol{I}=\int_{t_1}^{t_2}\boldsymbol{F}\mathrm{d}t=\int_{t_1}^{t_2}\boldsymbol{F}(t)\mathrm{d}t \tag{2-6}$$

上述这种**以恒代变**方法是处理一切变量连续累加问题的基本方法和手段，也就是第一章中的微分和积分思想，今后还会经常遇到。在式（2-6）中，$\boldsymbol{F}$ 既可以代表一个力，也可以代表多个力的合力。

3. 冲量的直角坐标表示

在直角坐标系中，$\boldsymbol{F}=F_x\boldsymbol{i}+F_y\boldsymbol{j}+F_z\boldsymbol{k}$，相应地，冲量在三个坐标轴方向的分量就可以写成

$$I_x=\int_{t_1}^{t_2}F_x\mathrm{d}t,I_y=\int_{t_1}^{t_2}F_y\mathrm{d}t,I_z=\int_{t_1}^{t_2}F_z\mathrm{d}t$$

冲量是**过程量**（表示力对时间的积累），也是**矢量**，其方向与力的方向相同。冲量的单位是牛顿米，符号为 N · s。

二、质点的动量定理

牛顿第二定律的原始表述形式反映了力的瞬时作用效果，即 $\boldsymbol{F}=\dfrac{\mathrm{d}(m\boldsymbol{v})}{\mathrm{d}t}$。如果我们进一步深入考察力对时间的积累，只需将上式两端同时乘以 $\mathrm{d}t$，并做积分，就可以得到质点动量定理的积分形式，即

$$\boldsymbol{I}=\int_{t_1}^{t_2}\boldsymbol{F}\mathrm{d}t=m\boldsymbol{v}-m\boldsymbol{v}_0=\boldsymbol{p}-\boldsymbol{p}_0 \tag{2-7}$$

这就是**质点的动量定理：质点受到合外力的冲量，等于质点动量的增量**。

在直角坐标系下，动量定理的分量式为

$$\begin{cases}I_x=mv_x-mv_{0x}\\I_y=mv_y-mv_{0y}\\I_z=mv_z-mv_{0z}\end{cases} \tag{2-8}$$

可见，某一方向上的冲量只改变该方向的动量，而不影响沿其他方向的运动状态。

由动量定理可以看出，**在动量改变量相同的情况下，作用时间越短，作用力就越大**。小鸟撞飞机就是如此。**反之，要想减小作用力，必须延长作用时间**。图 2-7 是汽车内的安全气囊，就是为了使得汽车在发生严重碰撞的情况下，延长人体与车体的相互作用时间，从而达到减小相互作用力的效果，减小由于撞击而对人体造成的伤害。另外，跳伞员从高空着陆时，正确动作是顺势屈膝，同样是为了延长人体与地面的相互作用时间，从而减小地面给人体的作用力。

图 2-7

由动量定理还可以看出，**在作用力已知的情况下，作用时间越长，质点的动量改变量就越大**。例如大家熟悉的掷铅球、掷标枪等项目，就是在力量近似不变的情况下，通过增加力的作用时间来实现远距离投掷的。

三、质点系的动量定理

如果研究的对象是多个质点，则称为**质点系**。一个不能抽象为质点的物体也可认为是由多个（直至无限个）质点组成。

与一个质点不同，当以质点系为研究对象时，力有内力和外力之分。在质点系中，所有质点受到的来自系统以外的力统称为**外力**，而质点系内部各质点间的相互作用力称为**内力**。由牛顿第三定律可知，质点系内质点间相互作用的内力必定是成对出现的，且每对作用内力的方向都必然在两质点连线的方向。

最简单的是两个质点组成的系统。设 $\boldsymbol{F}_1$、$\boldsymbol{F}_2$ 分别是质点 m_1、m_2 受到的系统外力，而 $\boldsymbol{f}_{12}$、$\boldsymbol{f}_{21}$ 是它们之间相互作用的内力，将两个质点分别应用动量定理可得

$$\int_{t_1}^{t_2}(\boldsymbol{F}_1+\boldsymbol{f}_{12})\mathrm{d}t = m_1\boldsymbol{v}_1 - m_1\boldsymbol{v}_{10}$$

$$\int_{t_1}^{t_2}(\boldsymbol{F}_2+\boldsymbol{f}_{21})\mathrm{d}t = m_2\boldsymbol{v}_2 - m_2\boldsymbol{v}_{20}$$

将上述两式两端相加，并考虑到 $\boldsymbol{f}_{12} = -\boldsymbol{f}_{21}$，得

$$\int_{t_1}^{t_2}(\boldsymbol{F}_1+\boldsymbol{F}_2)\mathrm{d}t = (m_1\boldsymbol{v}_1 + m_2\boldsymbol{v}_2) - (m_1\boldsymbol{v}_{10} + m_2\boldsymbol{v}_{20})$$

也就是质点系统所有内力的矢量和为零，将这一结论推广至由多个质点组成的系统，并将其写成一般形式，得

$$\int_{t_1}^{t_2}\sum_i \boldsymbol{F}_i\mathrm{d}t = \sum_i m_i\boldsymbol{v}_i - \sum_i m_i\boldsymbol{v}_{i0} \tag{2-9}$$

质点系的动量定理：质点系受到的合外力冲量，等于该质点系总动量的增量。在直角坐标系中，其分量式与质点动量定理分量式形式相同。

几点说明：

1）由推导过程不难看出，内力可以改变质点系内各质点的动量，而对系统总动量的改变无贡献。

2）和牛顿第一、二定律一样，动量定理只适用于惯性参考系。

3）在处理具体问题时，一定要建立具体坐标系，利用动量定理分量式进行量化运算。

四、动量守恒定律

由式（2-9）可知，如果系统所受合外力为零，系统动量的增量亦为零，则系统总动量保持不变，即

$$\sum_i m_i\boldsymbol{v}_i = \text{常矢量} \tag{2-10}$$

动量守恒定律：系统所受合外力为零，系统总动量将保持不变。

需要指出：

1）守恒指整个系统而非某个质点；

2）系统初、末态动量均针对事先选定的某一惯性系；

3）系统外力不为零，但较内力比很小，动量近似守恒；

4）系统外力不为零，但某一方向外力为零，如 $F_x=0$，$\sum m_i v_{ix} = $ 常量，即该方向动量守恒；

5）动量守恒定律比牛顿第二定律适用范围更广，它是自然界三大基本守恒定律之一。近代

的各种科学研究均表明，在自然界，大到宇宙天体，小到质子、中子等微观粒子间的相互作用都遵守动量守恒定律。

例2-4 一钢球质量是m，沿与水平方向成α角与钢板相碰，之后，以相同角度被弹回，速率v不变。如果碰撞时间为Δt，求钢板受到的作用力（平均冲力）。

解：如图2-8所示，由于钢球比钢板的信息丰富，所以应选钢球为研究对象。建立直角坐标系，利用动量定理分量式可得

$$x：\overline{F}_x\Delta t = mv_x - mv_{0x} = 2mv\cos\alpha$$

$$y：\overline{F}_y\Delta t = mv_y - mv_{0y} = 0$$

钢球在水平方向的受力大小$\overline{F}_x = 2mv\cos\alpha/\Delta t$，其方向与$x$轴同向，由牛顿第三定律可知，钢板受力$\overline{F}'_x = -\overline{F}_x = -2mv\cos\alpha/\Delta t$。

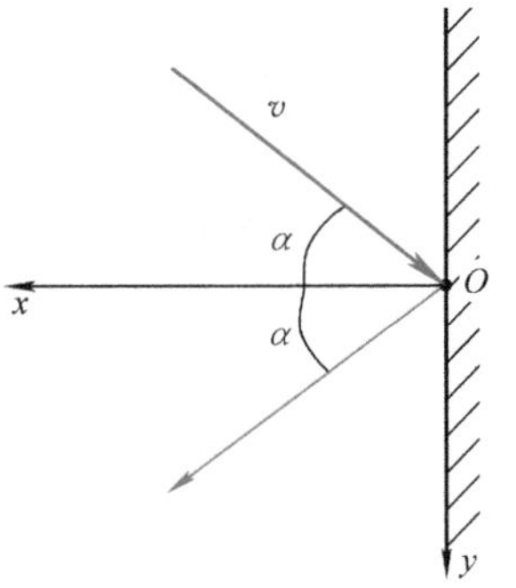

图 2-8

例2-5 质量为m的物体，初速度为零，在外力$F=kx$作用下从原点起沿x轴正向运动。求物体从原点运动到坐标为x_0的点的过程中所受的外力冲量。

解：该题中力随位置坐标变化，直接用变力冲量定义求解显然很麻烦，可以先借助牛顿第二定律将速度求出，再用质点动量定理间接求出力的冲量。

$$kx = m\frac{\mathrm{d}v}{\mathrm{d}t} = m\frac{\mathrm{d}v}{\mathrm{d}x}\frac{\mathrm{d}x}{\mathrm{d}t} = mv\frac{\mathrm{d}v}{\mathrm{d}x}$$

$$\int_0^v v\mathrm{d}v = \frac{k}{m}\int_0^{x_0} x\mathrm{d}x$$

解得$v=\sqrt{\frac{k}{m}}x_0$，再由动量定理得$I=\Delta(mv)=\sqrt{mk}x_0$。

第三节 功 动能定理

问题：如图2-9所示。在举重比赛中，运动员需将杠铃举起，保持正确姿势持续一段时间才算成功。人提水在水平面上平稳行走，发生一段位移，如此种种。虽然都有力**持续**作用于物体，但物体的运动速度或动量却没有发生变化，如何体现力对空间的**有效**积累效果？

图 2-9

一、功和功率

1. 恒力做功

在力学中，功的最基本的定义就是恒力做功。如图2-10所示，一物体在从a点运动至b点的过程中，受到恒力$\boldsymbol{F}$的作用，发生的位移为$\Delta\boldsymbol{r}$，$\boldsymbol{F}$与$\Delta\boldsymbol{r}$的夹角为θ，则恒力$\boldsymbol{F}$所做的功定义为：**力在位移方向的投影与该物体位移大小的乘积**。若用W表示功，则有

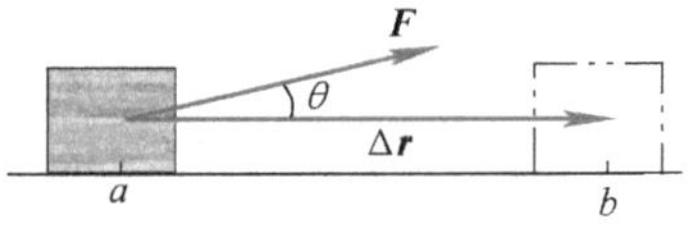

图 2-10

$$W = F|\Delta\boldsymbol{r}|\cos\theta \tag{2-11}$$

按矢量标积的定义，上式可写为

$$W = \boldsymbol{F}\cdot\Delta\boldsymbol{r} \tag{2-12}$$

即恒力的功等于力与质点位移的标积。

功是标量，它只有大小，没有方向，功的正负由 θ 角决定。当 $\theta > \frac{\pi}{2}$ 时，功为负值，我们说某力做负功，或说克服某力做功；当 $\theta < \frac{\pi}{2}$ 时，功为正值，则说某力做正功；当 $\theta = \frac{\pi}{2}$ 时，功值为零，而该力不做功。和冲量一样，功也是过程量，是力对空间的积累；功是相对量，与参考系的选取有关。只有力和位移在对方方向上投影不为零时，力才做功。因此，本节开始提出的举起杠铃后持续一段时间以及提水行走一段距离两个问题中，支持力和拉力都没有做功，因为在力的方向上都没有发生有效位移。

2. 变力做功

如果物体受到变力作用或做曲线运动，那么上面所讨论是恒力做功的计算公式就不能直接套用。但如果我们将运动的轨迹曲线分割成许许多多足够小的元位移 d$\boldsymbol{r}$，使得每一段元位移 d$\boldsymbol{r}$ 中，作用在质点上的力 $\boldsymbol{F}$ 都能看成恒力，如图 2-11 所示，则力 $\boldsymbol{F}$ 在这段元位移上所做的元功为

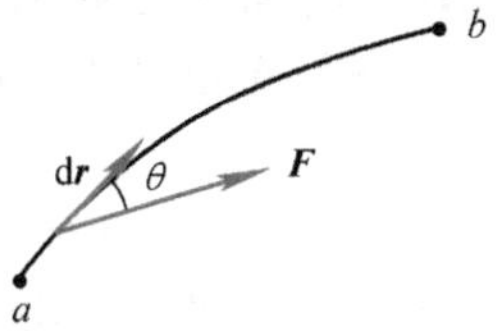

图　2-11

$$\mathrm{d}W = \boldsymbol{F} \cdot \mathrm{d}\boldsymbol{r}$$

在质点由 a 点运动到 b 点的过程中，力 $\boldsymbol{F}$ 在这段轨道上所做的总功就等于所有各小段上元功的代数和，对连续量而言，以积分取代求和，即

$$W = \int_a^b \boldsymbol{F} \cdot \mathrm{d}\boldsymbol{r} \tag{2-13}$$

这是功的基本表达式，只有在具体坐标系下才可以进行量值计算。在不同的坐标系中，功可以写成各种不同的分量形式，例如，

1）直角坐标系：

$$\boldsymbol{F} = F_x \boldsymbol{i} + F_y \boldsymbol{j} + F_z \boldsymbol{k}$$

$$\mathrm{d}\boldsymbol{r} = \mathrm{d}x \boldsymbol{i} + \mathrm{d}y \boldsymbol{j} + \mathrm{d}z \boldsymbol{k}$$

$$W = \int_a^b \boldsymbol{F} \cdot \mathrm{d}\boldsymbol{r} = \int_{x_a}^{x_b} F_x \mathrm{d}x + \int_{y_a}^{y_b} F_y \mathrm{d}y + \int_{z_a}^{z_b} F_z \mathrm{d}z \tag{2-14a}$$

式中，x、y、z、F_x、F_y、F_z 均为代数量，做功多少及正负完全由这些物理量和物体的始末位置坐标共同确定。

2）自然坐标系：由于法向力与位移始终相互垂直，即 d$\boldsymbol{r}$ = d$s\boldsymbol{\tau}$，则有

$$W = \int_{s_a}^{s_b} F_\tau \mathrm{d}s \tag{2-14b}$$

即只有切向力做功而法向力不做功。

3. 合力做功

在式（2-13）中，如果力 $\boldsymbol{F}$ 是多个力的合力，即 $\boldsymbol{F} = \boldsymbol{F}_1 + \boldsymbol{F}_2 + \cdots + \boldsymbol{F}_n$，做功为

$$W = \int_a^b \boldsymbol{F} \cdot \mathrm{d}\boldsymbol{r} = \int_a^b (\boldsymbol{F}_1 + \boldsymbol{F}_2 + \cdots + \boldsymbol{F}_n) \cdot \mathrm{d}\boldsymbol{r} = \int_a^b \boldsymbol{F}_1 \cdot \mathrm{d}\boldsymbol{r} + \int_a^b \boldsymbol{F}_2 \cdot \mathrm{d}\boldsymbol{r} + \cdots + \int_a^b \boldsymbol{F}_n \cdot \mathrm{d}\boldsymbol{r}$$

即

$$W = W_1 + W_2 + \cdots + W_n \tag{2-15}$$

即合力做的功等于各分力做功的代数和。而对功求代数和要比对力求矢量和要方便许多。

4. 功率

单位时间内力所做的功称为功率。设 Δt 时间内做功 ΔW，则这段时间的平均功率为

$$\overline{P}=\frac{\Delta W}{\Delta t}$$

平均功率只能反映力做功的平均效率，如果将时间间隔取的足够小，那么，平均功率的极限就可以准确地反映 t 时刻力做功的真实效率，故瞬时功率为

$$P=\lim_{\Delta t\to 0}\frac{\Delta W}{\Delta t}=\frac{\mathrm{d}W}{\mathrm{d}t}$$

又根据 $\frac{\mathrm{d}W}{\mathrm{d}t}=\frac{\boldsymbol{F}\cdot\mathrm{d}\boldsymbol{r}}{\mathrm{d}t}=\boldsymbol{F}\cdot\frac{\mathrm{d}\boldsymbol{r}}{\mathrm{d}t}=\boldsymbol{F}\cdot\boldsymbol{v}$，则功率可表示为

$$P=\boldsymbol{F}\cdot\boldsymbol{v} \tag{2-16}$$

即瞬时功率等于力和速度的标积（或称作点乘积）。

在国际单位制中，功的单位是焦耳（J），功率的单位是焦耳每秒（$\mathrm{J}\cdot\mathrm{s}^{-1}$），称为瓦特（W）。

例 2-6 质量为 $m=2\mathrm{kg}$ 的物体，受大小 $F=6t$(SI) 的力的作用，力的方向沿 Ox 轴方向，从原点由静止出发，沿 Ox 轴做直线运动。求在头 2s 时间内做的功及 $t=2\mathrm{s}$ 时的瞬时功率。

解：由于力是时间的函数，无法直接进行积分，需要统一变量，要么统一成 x，要么统一成 t。由牛顿第二定律可知

$$F=6t=m\frac{\mathrm{d}v}{\mathrm{d}t}$$

移项并积分

$$\int_0^v \mathrm{d}v=\int_0^t 3t\mathrm{d}t$$

得 $v=\frac{3}{2}t^2$。由式（2-13）得

$$W=\int\boldsymbol{F}\cdot\mathrm{d}\boldsymbol{r}=\int Fv\mathrm{d}t=\int_{t_1}^{t_2}Fv\mathrm{d}t=\int_0^2 9t^3\mathrm{d}t=36\mathrm{J}$$

由式（2-16）得功率为

$$P=\boldsymbol{F}\cdot\boldsymbol{v}=F\cdot v=6t\cdot\frac{3}{2}t^2\bigg|_{t=2}=72\mathrm{W}$$

例 2-7 一质点沿如图 2-12 所示的路径运动，求力 $\boldsymbol{F}=(4-2y)\boldsymbol{i}$(SI) 对该质点所做的功。(1) 沿 ODC；(2) 沿 OBC。

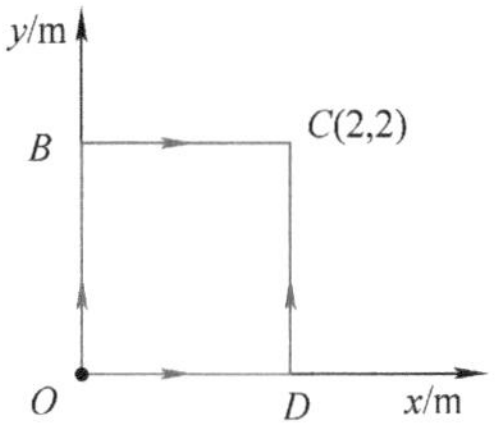

图 2-12

解：(1) 质点由 O 至 D，$y=0$；由 D 至 C，力与位移始终垂直，力做功为零，所以

$$W=\int_0^D F_x\mathrm{d}x=\int_0^2(4-2y)\mathrm{d}x=8\mathrm{J}$$

(2) 同理，质点由 O 至 B，力做功为零；由 B 至 C，$y=2$，所以

$$W=\int_B^C F_x\mathrm{d}x=\int_0^2(4-2y)\mathrm{d}x=0$$

二、动能定理

1. 动能

随着我们对机械运动研究的不断深入，先后引入了位移 $\boldsymbol{r}$、速度 $\boldsymbol{v}$、动量 $m\boldsymbol{v}$，用以描述物体的运动状态。其实，人们在考察力的空间积累效果时发现，应该还有一个用于描述物体运动状态的物理量。这一设想最早由莱布尼兹提出，他用 mv^2（活力）作为度量，后由科里奥利改正为

$mv^2/2$，而笛卡儿则提出统一用 $m\boldsymbol{v}$加以度量。两人为此有长达 50 年的争论。后来恩格斯提出："两种量度是从不同角度来量度运动的，都需要"。现在，从牛顿第二定律表述不难得出，必须存在 1/2 这个系数。**定义 $E_k = mv^2/2$ 为物体的动能**，它是物体机械运动状态的一种量度，它是状态量、相对量和标量。

2. 质点的动能定理

力对时间的积累直接导致质点动量的改变。那么，力对空间的积累效果如何？依据牛顿第二定律切向分量式

$$F_\tau = ma_\tau = m\frac{dv}{dt} = m\frac{dv}{ds}\frac{ds}{dt} = mv\frac{dv}{ds}$$

两端同乘 ds，并积分得

$$W = E_k - E_{k0} = \frac{1}{2}mv^2 - \frac{1}{2}mv_0^2 \tag{2-17}$$

质点的动能定理：合外力对质点所做的功，等于质点动能的增量。

另外，依据牛顿第二定律的矢量式同样也可推导出此结果

$$\boldsymbol{F} = \frac{d\boldsymbol{p}}{dt} = m\frac{d\boldsymbol{v}}{dt}$$

$$W = \int_a^b m\frac{d\boldsymbol{v}}{dt}\cdot d\boldsymbol{r} = \int_a^b m\boldsymbol{v}\cdot d\boldsymbol{v}$$

而$\boldsymbol{v}\cdot d\boldsymbol{v} = d(\boldsymbol{v}\cdot\boldsymbol{v})/2 = d(v^2)/2 = v dv$，将此结果代入上式积分即可得到质点的动能定理

$$W = \int_a^b \boldsymbol{F}\cdot d\boldsymbol{r} = \int_a^b mv dv = \frac{1}{2}mv_b^2 - \frac{1}{2}mv_a^2 \tag{2-18}$$

由质点的动能定理不难看出，功是动能变化的量度，而动能反映了物体做功本领的大小。它是继位矢、速度、动量之后，又一个反映物体运动状态的物理量。功与动能在本质上虽然不同，但在量值上可以转换，这样，可以通过计算动能的增量来判断做功的多少，使计算大大简化。

3. 质点系的动能定理

对于由多个质点组成的质点系统，将每个质点逐一运用动能定理并求和，考虑到系统外力和系统内力做功，可将式（2-17）推广后得

$$W_{外} + W_{内} = E_k - E_{k0} \tag{2-19}$$

质点系的动能定理：质点系外力与质点系内力做功的代数和等于质点系总动能的增量。注意：**虽然内力的持续作用不能改变系统的总动量，但却可以改变系统的总动能。**

例 2-8　一质量为 10kg 的物体沿 x 轴无摩擦地滑动，$t=0$ 时物体静止于原点。(1) 若物体在力 $F=3+4t$(N) 的作用下运动了 3s，力的方向与物体运动方向一致，它的速度增为多大？(2) 物体在力 $F=3+4x$(N) 的作用下运动了 3m，力的方向与物体运动方向一致，它的速度增为多大？

解：(1) 由动量定理 $\int_0^t F dt = mv$，得

$$v = \frac{1}{m}\int_0^t F dt = \frac{1}{10}\int_0^3 (3+4t) dt = \frac{1}{10}(3t+2t^2)\Big|_0^3 = 2.7\text{m}\cdot\text{s}^{-1}$$

(2) 由动能定理 $\int_0^x F dx = mv^2/2$，得

$$v = \sqrt{\frac{2\int_0^x F dx}{m}} = \sqrt{\frac{\int_0^3 (3+4x) dx}{5}} = \sqrt{\frac{(3x+2x^2)\Big|_0^3}{5}} = 2.3\text{m}\cdot\text{s}^{-1}$$

第四节 保守力 势能 机械能守恒定律

通过上一节的学习我们知道，功是一个过程量，即如果力作用在物体上使物体经历一个运动过程——从初始位置运动到终止位置时，力对物体做功的大小除了与物体的初始位置及终止位置有关外，还与物体的具体运动路径有关。但是，自然界也存在一类力，其做功与路径无关，这类力称为保守力。

一、保守力做功的特点

1. 重力做功

如图2-13所示，一质量为 m 的物体由 a 点经任意路径运动到 b 点，在此过程中，重力做的功可直接由恒力做功定义直接求出

$$W = m\boldsymbol{g}\cdot\Delta\boldsymbol{r} = mg\cos\theta\,|\Delta\boldsymbol{r}| = mgh = mgy_a - mgy_b \tag{2-20a}$$

用功的坐标表示，也可以得到同样的结果

$$W = \int_{x_a}^{x_b} F_x\mathrm{d}x + \int_{y_a}^{y_b} F_y\mathrm{d}y = \int_{y_a}^{y_b}(-mg)\mathrm{d}y = -mg(y_b - y_a) = mgy_a - mgy_b \tag{2-20b}$$

上式表明，重力做的功只与质点的始、末位置有关，而与所经过的路径无关。

2. 弹力做功

如图2-14所示，如果取力的平衡点为坐标原点，由胡克定律可知，物体在任意位置所受的弹力为

$$F_y = -k(y + l_0)$$

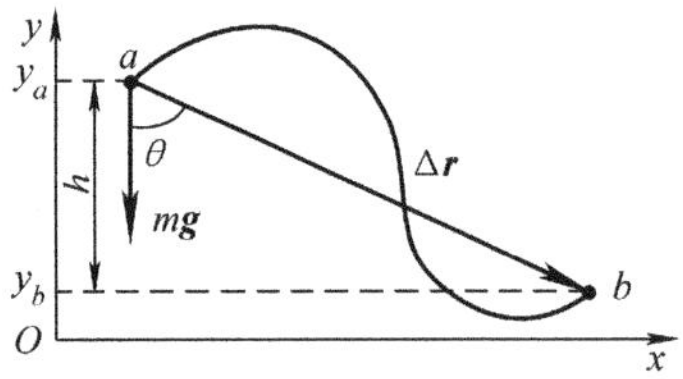

图 2-13

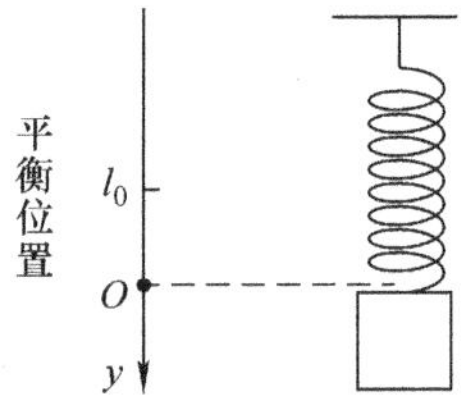

图 2-14

l_0 为弹簧自然伸长量。弹簧下悬挂的重物经任意路径由 a 至 b，弹力所做的功为

$$W = \int_{y_a}^{y_b} F_y\mathrm{d}y = \frac{1}{2}ky_a^2 - \frac{1}{2}ky_b^2 - kl_0(y_b - y_a) \tag{2-21a}$$

如果选弹簧原长时重物质心位置为坐标原点，则 $F_y = -ky$，即有

$$W = \int_{y_a}^{y_b}(-ky)\mathrm{d}y = \frac{1}{2}ky_a^2 - \frac{1}{2}ky_b^2 \tag{2-21b}$$

这说明弹力做的功只与始、末位置有关，而与弹簧的中间形变过程无关。比较式（2-21a）和式（2-21b）不难看出，选择弹簧自然伸长处为坐标原点，弹力做功的结果更简单。这也是计算弹性势能时，为什么要选择弹簧自然伸长处为零势能点的原因。

3. 万有引力做功

如图2-15所示，一质量为 m' 的质点静止，另一质量为 m 的质点在 m' 的引力作用下沿路径 L 由 a 点运动至 b 点。不论 m 运动至何处，其所受到的 m' 的引力 $\boldsymbol{F}$ 总是指向 m'。以 m'

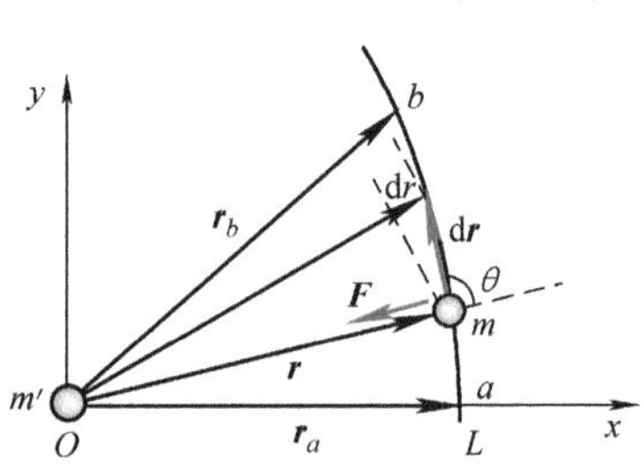

图 2-15

为原点建立坐标系，质量为 m 的质点所受到的万有引力可写为

$$\boldsymbol{F} = -G\frac{m'm}{r^2}\boldsymbol{r}_0 \quad 或 \quad \boldsymbol{F} = -G\frac{m'm}{r^3}\boldsymbol{r}$$（$\boldsymbol{r}_0$ 为由 m'指向 m 的单位矢量）

在这一过程中，引力所做的功为

$$W = \int_a^b \boldsymbol{F}\cdot\mathrm{d}\boldsymbol{r} = \int_a^b\left(-G\frac{m'm}{r^2}\boldsymbol{r}_0\right)\cdot\mathrm{d}\boldsymbol{r} = -G\int_a^b\frac{m'm}{r^2}|\boldsymbol{r}_0|\cdot|\mathrm{d}\boldsymbol{r}|\cos\theta$$

而 $|\mathrm{d}\boldsymbol{r}|\cos\theta = \mathrm{d}r$ 是位矢大小的增量，所以

$$W = -Gm'm\int_{r_a}^{r_b} r^{-2}\mathrm{d}r = -Gm'm\left(\frac{1}{r_a}-\frac{1}{r_b}\right)$$

$$W = \left(-G\frac{m'm}{r_a}\right)-\left(-G\frac{m'm}{r_b}\right) \tag{2-22}$$

这说明，引力做的功也只与始、末位置有关，而与具体的路径无关。另外，$\mathrm{d}(\boldsymbol{r}\cdot\boldsymbol{r}) = \boldsymbol{r}\cdot\mathrm{d}\boldsymbol{r}+\mathrm{d}\boldsymbol{r}\cdot\boldsymbol{r} = 2\boldsymbol{r}\cdot\mathrm{d}\boldsymbol{r} = \mathrm{d}(r^2) = 2r\mathrm{d}r$，所以 $\boldsymbol{r}\cdot\mathrm{d}\boldsymbol{r} = r\mathrm{d}r$，借助这一结论，同样可以得出式（2-22）的结果。

综上所述，重力、弹力、万有引力做功的特点是，它们的**做功都只与物体的始、末位置有关，而与具体路径无关**。或者说，当在这些力作用下的物体沿任意闭合路径绕行一周时，它们做的功均为零。在物理学中，除了这些力之外，静电力、分子力等也具有这种特性。我们把具有这种特性的力统称为**保守力**。保守力做功的特点可以用下面的数学表达式来定义，即

$$\oint_l \boldsymbol{F}_{保}\cdot\mathrm{d}\boldsymbol{r} = 0 \tag{2-23}$$

沿任意闭合路径运行一周，保守力做功等于零。如果某力做功与路径有关，或该力沿任意闭合路径的功值不等于零，则称这种力为**非保守力**，例如摩擦力、爆炸力等。

二、势能

更普遍地，若将包括式（2-20）、式（2-21）、式（2-22）在内的保守力做功的结果统一用始末位置状态的单值函数来表示，这一关于位置状态的单值函数称为系统在该点的**势能**，用 E_p 表示，它是描述质点系内各质点间相对位置以及做功本领大小的又一个物理量。于是，以上三式均可统一表示为

$$\int_a^b \boldsymbol{F}_{保}\cdot\mathrm{d}\boldsymbol{r} = E_{\mathrm{p}a} - E_{\mathrm{p}b} \tag{2-24}$$

即保守力做的功，等于相应势能的减少（或势能增量的负值）。如果保守力做正功，必将以消耗系统的势能为代价。图 2-16 是利用水的重力势能进行发电的水力发电站。

图　2-16

由式（2-24）不难看出，保守力场中 a 点的势能为

$$E_{\mathrm{p}a} = \int_a^b \boldsymbol{F}_{保}\cdot\mathrm{d}\boldsymbol{r} + E_{\mathrm{p}b}$$

可以看出，某一保守力场中 a 点的势能 $E_{\mathrm{p}a}$ 是个相对量，它和 b 点势能 $E_{\mathrm{p}b}$ 取值息息相关。既然是相对量，可把 b 点选作势能参考点，且为使势能表达式有最简单的形式，则令 $E_{\mathrm{p}b} = 0$，得

$$E_{pa} = \int_a^{(0)} \boldsymbol{F}_{保} \cdot \mathrm{d}\boldsymbol{r} \tag{2-25}$$

式（2-25）表明：**质点在 a 点的势能，等于把质点从 a 点沿任意路径移至势能零点该保守力所做的功**。

值得注意的是，势能属于由质点系所构成的某个系统，并不单独属于哪个质点，因为力是相互的，位移是相对的，只是为了叙述方便，才简称为某一质点的势能。势能的多少是指相对零势能点而言的。而势能零点的选取，应以方便计算、表达式简单为原则，具体说明如下：

重力势能零点可选在 b 点，即 $y_b=0$，则重力势能为

$$E_{pa} = mgy_a \tag{2-26}$$

弹性势能零点选在弹簧自然伸长处（否则，由 2-21a 可知，弹性势能表达式极为繁琐），即 $y_b=0$，则弹性势能为

$$E_{pa} = \frac{1}{2}kx_a^2 \tag{2-27}$$

引力势能零点需设在无穷远点，即 $r_b=\infty$，则引力势能为

$$E_{pa} = -G\frac{m'm}{r_a} \tag{2-28}$$

有关势能的几点讨论：

1）势能是相对量，其值与零势能参考点的选择有关。

2）势能函数的形式与保守力的性质密切相关，对应于一种保守力的函数就可引进一种相关的势能函数。因此，势能函数的形式就不可能像动能那样有统一的表示式。

3）势能是以保守力形式相互作用的物体系统所共有。例如，式（2-28）所表示的实际上是 m、m'相互作用的结果；式（2-27）所表示的则是物块与弹簧相互作用的结果。在平常的叙述中，说某物块具有多少势能，这只是一种简便叙述，不能认为势能是某一物体所有。

4）由于势能是属于相互以保守力作用的系统所共有，因此式（2-24）的物理意义可解释为：一对保守力的功等于相关势能增量的负值。因此，**当保守力做正功时，系统势能减少；保守力做负功时，系统势能增加**。

例 2-9 如图 2-17 所示，两粒子间为引力，引力大小随他们的距离的三次方成反比，$F_r = kr^{-3}$，设 $r\to\infty$处势能为零。求两粒子间相距为 a 时的势能。

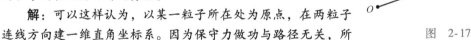

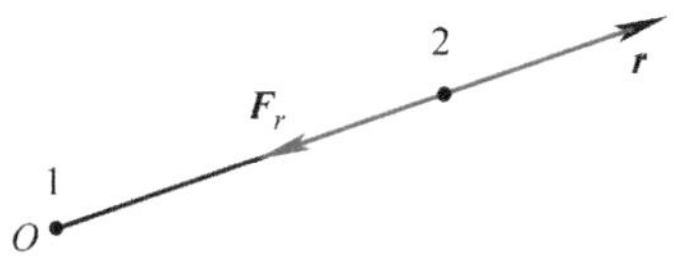

图 2-17

解：可以这样认为，以某一粒子所在处为原点，在两粒子连线方向建一维直角坐标系。因为保守力做功与路径无关，所以积分可沿 Or 轴。由题给条件可知，当粒子相距无穷远时引力为零，所以势能零点已选在无穷远处。利用功的直角坐标表示可得

$$E_{pa} = \int_a^{\infty}(-kr^{-3})\mathrm{d}r = \left.\frac{k}{2r^2}\right|_a^{\infty} = -2ka^{-2}$$

势能为负值，意味着要将另一粒子从 a 移至势能零点，该引力做负功。

三、保守力与势能的微分关系

式（2-24）称为力与势能的积分关系，可改写成

$$-\Delta E_p = \int_a^b \boldsymbol{F}\cdot \mathrm{d}\boldsymbol{r}$$

如果 b 点无限靠近 a 点，则

$$-\mathrm{d}E_p = \boldsymbol{F}\cdot\mathrm{d}\boldsymbol{r} = F\cos\theta|\mathrm{d}\boldsymbol{r}| = F\cos\theta\mathrm{d}r$$

$F\cos\theta = F_r$，称为力在 $\boldsymbol{r}$ 方向上的分量

$$F_r = -\frac{\mathrm{d}E_p}{\mathrm{d}r}$$

质点在某点 a 所受的力在任意方向的分量，等于该点势能沿此方向增量（方向导数）的负值。

因为万有引力势能只是 r 的函数，力只沿径向，记为 F_r，所以 $\boldsymbol{F}\cdot\mathrm{d}\boldsymbol{r} = F_r\mathrm{d}r$，称引力径向分量做功，而横向分量（力为零）做功为零，因此，只有位移 $|\mathrm{d}\boldsymbol{r}|$ 的径向分量 $\mathrm{d}r$ 是有效位移。若已知势能分布，则可求万有引力

$$F_r = -\frac{\mathrm{d}(-Gm'm/r)}{\mathrm{d}r} = -G\frac{m'm}{r^2}$$

同理，弹力和重力分别为

$$F_x = -\frac{\mathrm{d}(kx^2/2)}{\mathrm{d}x} = -kx$$

$$F_y = -\frac{\mathrm{d}(mgy)}{\mathrm{d}y} = -mg$$

更一般地，在直角坐标系中

$$\boldsymbol{F} = F_x\boldsymbol{i} + F_y\boldsymbol{j} + F_z\boldsymbol{k} = \left(-\frac{\partial E_p}{\partial x}\boldsymbol{i}\right) + \left(-\frac{\partial E_p}{\partial y}\boldsymbol{j}\right) + \left(-\frac{\partial E_p}{\partial z}\boldsymbol{k}\right) \tag{2-29}$$

因此，从数学意义上讲，对于保守力，求力和势能是互为逆运算过程。上述讨论力与势能关系的方法，在静电场一章中还将用到，请予以关注。

四、质点系的功能原理

在质点系中，内力可以分为保守内力和非保守内力。于是，内力的功也可以分为两部分，即保守内力做的功和非保守内力做的功，现分别用 $W_{内保}$ 和 $W_{内非}$ 表示。如果再用 $W_{外}$ 表示质点系外力做的功，用 E_k 表示质点系的总动能，则式（2-19）可表示为

$$W_{外} + W_{内非} + W_{内保} = E_k - E_{k0} \tag{2-30}$$

根据保守内力做功等于该系统势能增量的负值，即有 $W_{内保} = -\Delta E_p = -(E_p - E_{p0})$（式中 E_p 表示系统内各种势能之总和），故式（2-30）又可进一步表示成

$$W_{外} + W_{内非} = (E_k - E_{k0}) + (E_p - E_{p0}) \tag{2-31}$$

将质点系某一状态的动能与势能总和统称为这一状态的**机械能** E，即 $E = E_k + E_p$，则有

$$W_{外} + W_{内非} = E - E_0 \tag{2-32}$$

这就是质点系的**功能原理**的数学表达式，即**系统外力与系统非保守内力做功的代数和等于系统机械能的增量**。

由于势能的大小与零势能点的选择有关，因此在运用功能原理解题时，应先指明系统的范围，并确定势能零点。

五、机械能守恒定律

由式（2-32）不难看出，**当外力与非保守内力做功的代数和为零时，系统机械能保持不变**。这一结论称为**机械能守恒定律**，即

$$E = E_0 \tag{2-33a}$$

$$E_k + E_p = E_{k0} + E_{p0} \tag{2-33b}$$

$$E_k - E_{k0} = E_{p0} - E_p \tag{2-33c}$$

从式（2-33c）可以看出在这种情况下，动能的增加量等于势能的减小量，或者说系统内部动能和势能相互转化，而机械能总量始终保持不变，而能量的转化正是通过保守内力做功来实现的。也就是说，**一种能量在增加或减少的同时，必然伴随着等值的其他形式能量的减少或增加，能量不能消失，也不能创造，只能从一种形式转化成另一种形式**，这就是**能量转换与守恒定律**。

如图 2-18 所示，在蹦极运动中，如果考虑空气的阻力和绳子的摩擦力做功，那么机械能不守恒。同样也正是因为这些力做功，才使得人初始所具有的势能被逐渐释放，经过几次的弹起落下之后便会停止，否则人所具有的机械能会不停地由重力势能转化为动能再由动能转化为重力势能，人便会不停地弹起落下，再弹起再落下，不能停下来，所以在这个过程中人的机械能不守恒。但是如果将绳子、空气等均考虑在内，人所减小的机械能通过摩擦生热变成了绳子和空气的内能，那么总的能量仍然是守恒的。可见能量守恒相比机械能守恒来说更广泛，是自然界的普遍规律之一。

图 2-18　蹦极

例 2-10　质量为 m' 的物体在光滑水平面上与一弹簧相连，如图 2-19 所示，弹簧的劲度系数为 k，今有一质量为 m 的小球以水平速率 v_0 与 m' 相碰，求：（1）碰撞后小球以速率 v_1 弹回，弹簧的最大压缩量；（2）如果碰撞后小球和物体粘在一起，情况又如何？

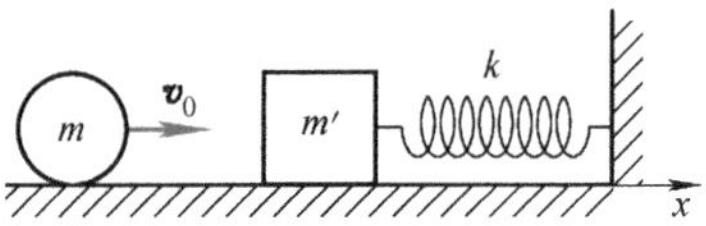

图　2-19

解：（1）运动分两个阶段，第一阶段——碰撞阶段，m 和 m' 组成的系统动量守恒，以小球运动方向为正方向，有

$$mv_0 = m'v_{m'} + (-mv_1)$$

第二阶段——弹簧压缩阶段，m' 和弹簧组成的系统机械能守恒，设弹簧被压缩 Δx，则有

$$\frac{1}{2}m'v_{m'}^2 = \frac{1}{2}k(\Delta x)^2$$

联立两个方程解得

$$\Delta x = \sqrt{\frac{m'}{k}} \cdot \frac{m}{m'}(v_0 + v_1)$$

（2）如果球和物体粘在一起，球和物体碰撞过程中系统动量守恒，它们相碰后以相同的速度 v 运动，在运动过程中机械能仍守恒

$$mv_0 = (m + m')v$$

$$\frac{1}{2}(m + m')v^2 = \frac{1}{2}k(\Delta x)^2$$

得 $\Delta x = mv_0 / \sqrt{k(m + m')}$。

第五节　角动量　角动量守恒定律

前面讨论质点的运动时，用速度 $\boldsymbol{v}$ 来描述质点的运动状态。当产生机械运动量的传递和转移时，又引进动量 $\boldsymbol{p}$ 来描述质点的运动状态，并进而导出动量守恒定律。然而，讨论质点绕空间某定点转动时，仅仅用 $\boldsymbol{v}$、$\boldsymbol{p}$ 来描述状态是不够的。本节将引进描述机械运动的又一个物理量——

角动量。角动量是从动力学角度描述质点或质点系转动状态的物理量。和动量一样，角动量也是由于它的守恒性而被发现的。例如，天文观察表明，地球在围绕太阳转动的过程中，在近日点附近转动速度较快，而在远日点附近转动速度较慢。对于这一点，如果运用角动量概念及其守恒定律就很容易说明。

为了研究质点绕空间固定点的转动问题，必须引入对固定点的力矩的概念，因此，我们首先介绍角动量和力矩的概念，然后进一步讨论质点系的角动量定理和角动量守恒定律。

一、质点的角动量

与质点运动时的动量类似，角动量是物体“转动运动量”的量度，是与物体的一定转动状态相联系的物理量。这里我们先引入运动质点对某一固定点的角动量。

如图 2-20 所示，一个质量为 m 的质点，以速度 $\boldsymbol{v}$ 运动，其相对于固定点 O 的矢径为 $\boldsymbol{r}$。我们把**质点相对于 O 点的矢径 $\boldsymbol{r}$ 与质点的动量 $m\boldsymbol{v}$ 的矢积定义为该时刻质点相对于 O 点的角动量，用 $\boldsymbol{L}$ 表示**，即

$$\boldsymbol{L}=\boldsymbol{r}\times m\boldsymbol{v} \tag{2-34}$$

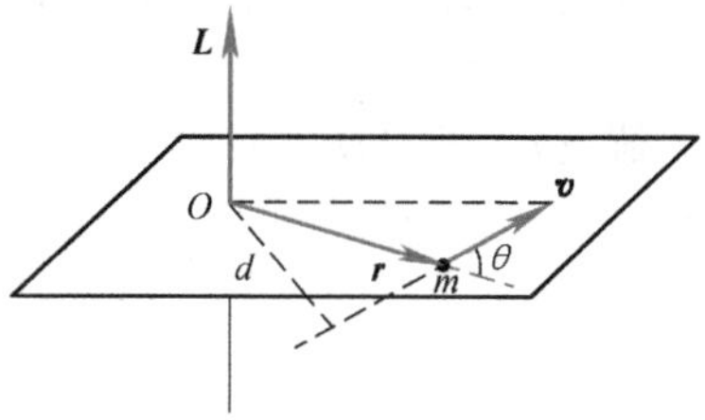

图 2-20　质点的角动量

可见角动量是矢量，其大小为

$$L=rmv\sin\theta=mvd$$

θ 为 $\boldsymbol{r}$ 和 $m\boldsymbol{v}$ 间的夹角。当质点以角速度 ω 做圆周运动时，$\theta=\pi/2$，这时质点对圆心 O 点的角动量大小为

$$L=rmv=mr^2\omega \tag{2-35}$$

由矢积的定义可知，角动量 $\boldsymbol{L}$ 的方向垂直于 $\boldsymbol{r}$ 和 $m\boldsymbol{v}$ 所组成的平面，其**方向可用右手螺旋法则确定：伸出右手，四指指向 $\boldsymbol{r}$ 的方向，沿小于 180 度角转向 $\boldsymbol{v}$ 的方向，这时大拇指所指的方向就是角动量的方向**。图 2-20 中所示的角动量方向垂直平面向上。角动量的单位是 $\mathrm{kg\cdot m^2\cdot s^{-1}}$。

由定义可见，角动量既反映了质点所在方位，也反映了质点运动的快慢和运动方向，是能够更全面反映转动状态的物理量。从形式来看，也可将角动量看成是动量对给定点 O 取矩，所以角动量又叫**动量矩**。

几点说明：

1）角动量 $\boldsymbol{L}$ 与 $\boldsymbol{r}$、m、$\boldsymbol{v}$ 和 θ 角均有关；

2）角动量 $\boldsymbol{L}$ 与动量 $\boldsymbol{p}$ 有关，但二者也有区别。比如：匀速直线运动和匀速率圆周运动。如图 2-21a 所示的动量保持不变，对 O 点的角动量也保持不变。但图 2-21b 所示的动量变化始终沿切线方向，对 O 点的角动量保持不变。

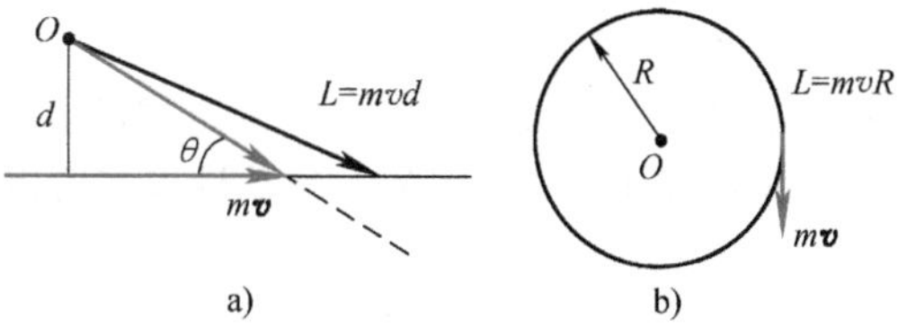

图 2-21　角动量和动量关系

二、角动量定理

1. 力矩

为了定量地描述引起质点角动量变化的原因，必须引入力矩的概念。我们先引入力对某固定点的力矩。

如图 2-22 所示，设有一作用力 $\boldsymbol{F}$ 作用在 A 点，A 点相对给定点 O 的位置矢量为 $\boldsymbol{r}$。$\boldsymbol{r}$ 和 $\boldsymbol{F}$ 可以确定一平面 S，定义力 $\boldsymbol{F}$ 对 O 点的力矩为

$$\boldsymbol{M}=\boldsymbol{r}\times\boldsymbol{F} \tag{2-36}$$

力矩是矢量，其大小为 $M=rF\sin\theta=Fd$，其中，θ 是位矢 $\boldsymbol{r}$ 与力 $\boldsymbol{F}$ 正方向间小于 π 的夹角。d 是 O 点到力的作用线的垂直距离，称为力臂，增大力臂可以达到省力的目的。力矩的方向垂直于 $\boldsymbol{r}$ 和 $\boldsymbol{F}$ 确定的平面，由右手螺旋法则确定。

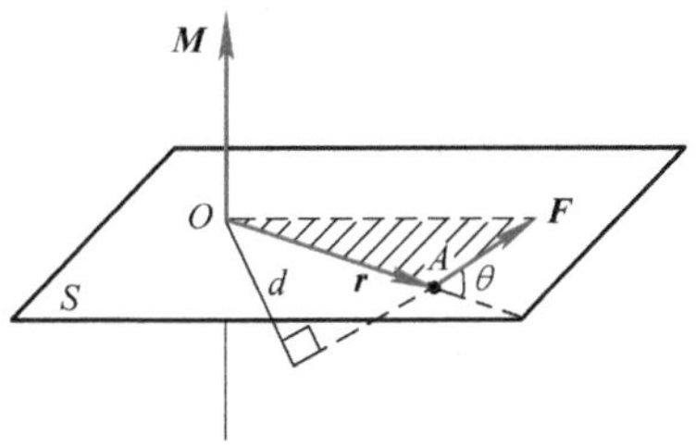

图 2-22

力矩为零有两种情况：一是力 $\boldsymbol{F}$ 等于零；二是力 $\boldsymbol{F}$ 的作用线与矢径 $\boldsymbol{r}$ 共线（即力 $\boldsymbol{F}$ 的作用线穿过 O 点），此时 $\sin\theta=0$。如果一个物体所受的力始终指向（或背离）某一固定点，这种力称为**有心力**，这固定点叫做**力心**。显然有心力 $\boldsymbol{F}$ 与矢径 $\boldsymbol{r}$ 是共线的。因此，**有心力对力心的力矩恒为零**。

在国际单位制中，力矩的单位是牛［顿］米（N·m）。

2. 质点的角动量定理

假设 t 时刻某质点 m 的速度为$\boldsymbol{v}$，对 O 点的角动量为 $\boldsymbol{L}=\boldsymbol{r}\times m\boldsymbol{v}$，等式两端同时对时间求一阶导数

$$\frac{\mathrm{d}\boldsymbol{L}}{\mathrm{d}t}=\frac{\mathrm{d}}{\mathrm{d}t}(\boldsymbol{r}\times m\boldsymbol{v})=\boldsymbol{r}\times\frac{\mathrm{d}(m\boldsymbol{v})}{\mathrm{d}t}+\frac{\mathrm{d}\boldsymbol{r}}{\mathrm{d}t}\times(m\boldsymbol{v})$$

由于$\frac{\mathrm{d}\boldsymbol{r}}{\mathrm{d}t}\times(m\boldsymbol{v})=\boldsymbol{v}\times(m\boldsymbol{v})=0$，$\frac{\mathrm{d}(m\boldsymbol{v})}{\mathrm{d}t}=\boldsymbol{F}$，并且 $\boldsymbol{M}=\boldsymbol{r}\times\boldsymbol{F}$，上式变为

$$\boldsymbol{M}=\frac{\mathrm{d}\boldsymbol{L}}{\mathrm{d}t} \tag{2-37a}$$

上式说明，**作用在质点上的力矩等于质点角动量对时间的变化率。这就是质点角动量定理的微分形式**。其将上式变形

$$\boldsymbol{M}\mathrm{d}t=\mathrm{d}\boldsymbol{L}$$

外力矩与时间的乘积 $\boldsymbol{M}\mathrm{d}t$ 称为质点受到的元冲量矩，将元冲量矩在某段时间间隔内进行积分，得**质点角动量定理的积分形式**为

$$\int_{t_0}^{t}\boldsymbol{M}\mathrm{d}t=\boldsymbol{L}-\boldsymbol{L}_0 \tag{2-37b}$$

质点的角动量定理：质点在某段时间内受到的相对于 O 点的冲量矩，等于该段时间质点对同一点角动量的增量。

3. 质点系角动量定理

将质点系中所有质点应用角动量定理的微分式，将等式两端进行叠加，并且由于求和对象与求导对象不相干，故可以先对角动量求和后再对时间求导数，因此

$$\sum_i\boldsymbol{r}_i\times\boldsymbol{F}'_i=\sum_i\frac{\mathrm{d}\boldsymbol{L}_i}{\mathrm{d}t}=\frac{\mathrm{d}(\sum_i\boldsymbol{L}_i)}{\mathrm{d}t}=\frac{\mathrm{d}\boldsymbol{L}}{\mathrm{d}t}$$

式中的 $\boldsymbol{F}'_i$ 是第 i 个质点所受到的力的矢量和，对于质点系而言，有内力和外力之分。由于系统内力矩之和等于零，并以 $\boldsymbol{F}_i$ 表示第 i 个质点所受的外力，所以

$$\sum_i\boldsymbol{r}_i\times\boldsymbol{F}'_i=\sum_i\boldsymbol{r}_i\times\boldsymbol{F}_i=\boldsymbol{M}$$

即

$$\boldsymbol{M}=\frac{\mathrm{d}\boldsymbol{L}}{\mathrm{d}t}$$

等式两端同乘 dt 并积分，得

$$\int_{t_0}^{t}\boldsymbol{M}\mathrm{d}t=\boldsymbol{L}-\boldsymbol{L}_0 \tag{2-38}$$

质点系的角动量定理：质点系在某段时间内受到相对于 O 点的合外力的冲量矩，等于该段时间内质点系对同一点角动量的增量。请读者注意：外力矩的方向一定与角动量增量的方向一致。角动量定理只适用于惯性系。

三、角动量守恒定律

根据质点的角动量定理可知，若 $\boldsymbol{M}=0$，则

$$\boldsymbol{L}=\boldsymbol{r}\times m\boldsymbol{v}=\text{常矢量} \tag{2-39}$$

即若质点对某一点的合外力矩为零，则质点对该点的角动量保持不变，这就是**质点的角动量守恒定律**。如果质点所受外力对某固定点的力矩不为零，但力矩在某一轴的分量为零（力的作用线与轴平行或与轴相交），则质点对该轴的角动量守恒。

同理，根据质点系角动量定理可知，若质点系对某一点的合外力矩为零，则质点系对该点的角动量保持不变，这就是质点系的角动量守恒定律，它的表达式与式（2-39）一样。

在研究天体运动和微观粒子运动时，常遇到角动量守恒的问题。例如，地球和其他行星绕太阳的转动，太阳可看作不动，而地球和行星所受太阳的引力是有心力（力心在太阳），因此地球、行星对太阳的角动量守恒。又如带电微观粒子射到质量较大的原子核附近时，粒子所受到的原子核的电场力就是有心力（力心在原子核心），所以微观粒子在与原子核碰撞的过程中对力心的角动量守恒。

动量守恒定律、能量转换与守恒定律和角动量守恒定律是整个物理学大厦的基石。它们不仅在低速、宏观领域中成立，而且在高速、微观领域中依然成立（虽然存在差异）。这些守恒定律是比牛顿运动定律更基本的规律。

例 2-11 如果质点在 $\boldsymbol{r}=-3.5\boldsymbol{i}+1.4\boldsymbol{j}(\mathrm{m})$ 的位置时的速度 $\boldsymbol{v}=-2.5\boldsymbol{i}-6.3\boldsymbol{j}(\mathrm{m\cdot s^{-1}})$，求此质点对坐标原点的角动量。已知质点的质量为 4.0kg。

解：根据质点的角动量定义可得

$$\begin{aligned}\boldsymbol{L}&=\boldsymbol{r}\times m\boldsymbol{v}\\&=(-3.5\boldsymbol{i}+1.4\boldsymbol{j})\mathrm{m\cdot s^{-1}}\times m(-2.5\boldsymbol{i}-6.3\boldsymbol{j})\mathrm{m\cdot s^{-1}}\\&=102.2\boldsymbol{k}\mathrm{kg\cdot m^2\cdot s^{-1}}\end{aligned}$$

*第六节 质心 质心运动定理

牛顿第二定律只适用于质点，对多个质点组成的系统，我们已从力对时间的累积角度进行了推广，得到质点系的动量定理和动量守恒定律。

但实际上，我们在研究一个系统运动时，常常关注的是“整体”的运动情况，包括其运动的趋势和特征，这种运动趋势和特征可以通过一个特殊点的运动反映出来。换句话说，这个点的运动可以代表整个质点系的整体运动情况。因此，当我们只关心质点系的整体运动趋势和运动特征时，只研究和讨论这个特殊点的运动即可，这样，可使问题大大简化。

一、质心

当一个系统既有整体的运动，又有各部间的相对转动时，我们可用一个特殊点的运动清晰地描绘出质点系统的运动状态和趋势，这个点便是质点系的质心。由质点系的动量定理得

$$\sum_i \boldsymbol{F}_i\mathrm{d}t=\mathrm{d}\left(\sum_i m_i\boldsymbol{v}_i\right)$$

等式两端同时除以 $\mathrm{d}t$ 得

$$\sum_i \boldsymbol{F}_i=\frac{\mathrm{d}}{\mathrm{d}t}\sum_i m_i\boldsymbol{v}_i=\frac{\mathrm{d}^2}{\mathrm{d}t^2}\sum_i m_i\boldsymbol{r}_i$$

以 m 表示系统总质量，上式可改写成

$$\sum_i \boldsymbol{F}_i = M\frac{\mathrm{d}^2}{\mathrm{d}t^2}\sum_i \frac{m_i \boldsymbol{r}_i}{m} \tag{2-40}$$

位置对质量分布求平均值（位置对质量的加权平均），可得

$$\boldsymbol{r}_C = \frac{\sum_i m_i r_i}{m} \tag{2-41}$$

式中，$\boldsymbol{r}_C$ 描述了与质点系有关的某点 C 的位置，称为质点系质心 C 所在点对坐标原点的位矢。其分量式为

$$\begin{cases} x_C = \dfrac{\sum_i m_i x_i}{m} \\ y_C = \dfrac{\sum_i m_i y_i}{m} \\ z_C = \dfrac{\sum_i m_i z_i}{m} \end{cases} \tag{2-42}$$

如果质量连续分布

$$\begin{cases} x_C = \displaystyle\int_{(V)} x\frac{\mathrm{d}m}{m} \\ y_C = \displaystyle\int_{(V)} y\frac{\mathrm{d}m}{m} \\ z_C = \displaystyle\int_{(V)} z\frac{\mathrm{d}m}{m} \end{cases} \tag{2-43}$$

式中，(V) 表示积分遍及整个质点系。分别将式（2-43）对时间求导，还可得到系统质心 C 的速度分量

$$\begin{cases} v_{xC} = \dfrac{\mathrm{d}x_C}{\mathrm{d}t} \\ v_{yC} = \dfrac{\mathrm{d}y_C}{\mathrm{d}t} \\ v_{zC} = \dfrac{\mathrm{d}z_C}{\mathrm{d}t} \end{cases}$$

质心位置矢量 $\boldsymbol{r}_C$ 与参考系选取有关，但对于不发生形变的物体而言，其质心相对物体本身的位置固定不变。对于规则的物体，质心位置容易判断和计算，而不规则物体的质心位置可以测量。

二、质心运动定理

在式（2-40）中，$\boldsymbol{F} = \sum_i \boldsymbol{F}_i$ 表示系统所受的合外力，等号右端中有

$$\boldsymbol{a}_C = \frac{\mathrm{d}\boldsymbol{v}_C}{\mathrm{d}t} = \frac{\mathrm{d}^2\boldsymbol{r}_C}{\mathrm{d}t^2}$$

表示系统质心的加速度。式（2-40）又可写成更简洁的形式

$$\boldsymbol{F} = m\boldsymbol{a}_C \tag{2-44}$$

这便是质点系的**质心运动定理**。质点系的运动等效于一个点（质心）的运动。质心运动定理在形式上与牛顿第二定律相同。

特别地，如果想进一步探究各部分质点的运动，最简单的方法是引入质心参考系（略），利用参考系变换便可得到全部质点的运动规律。

如图 2-23 所示，芭蕾舞演员在跳跃的时候，看起来身体轻盈，像不受重力一样浮在空中。实际上演员的质心位置仍然满足重力作用下的抛体运动模式，只不过随着演员的跳跃，提高了质心的位置，使得头顶看起来几乎在一条直线上。

图 2-23 芭蕾舞

*第七节 质量流动与火箭飞行原理

经典力学中质量是不变量，即研究对象的质量不变，但是，许多运动系统内部存在质量的相对流动，例如拉链、落链、雨滴凝结与火箭飞行等问题。如果选择系统的其中一部分为研究对象——我们称其为运动主体（简称主体），那么，这个主体的运动规律如何？我们以飞行的火箭为例，依据质点系动量定理，经数学上合理的演绎，最终得出适合主体的动力学和运动学规律。

一、主体的动力学方程

将整个火箭系统（包括即将喷出的气体）看作一个质点系，这个质点系满足质点系动量定理。但是，随着火箭飞行，箭体内所携带的燃料就要燃烧消耗，变成气体喷出，继而对火箭产生反推力。这部分燃料一开始是随着火箭一起具有相同的速度在空间飞行的，一旦它变为气体脱离箭体后就不再具有与火箭相同的运动状态了，而我们要讨论火箭的运动情况，通常指的是箭体部分的运动。这样，整个质点系又可以分为两部分，一部分为箭体与其中剩余的燃料，这部分的运动情况才是我们通常所说的火箭的运动情况，我们称其为主体部分。另一部分是变为气体喷出的那部分燃料。这里要注意：主体部分的质量不断发生着变化。或者说，在质点系统中存在质量的流动，虽然整个质点系统的总质量没有变，但是，如果单独考虑主体部分，它的质量却是变化的。所以我们要研究的主体部分的运动情况实际上是一个变质量系统的运动问题，而经典力学中质量应为不变的量。

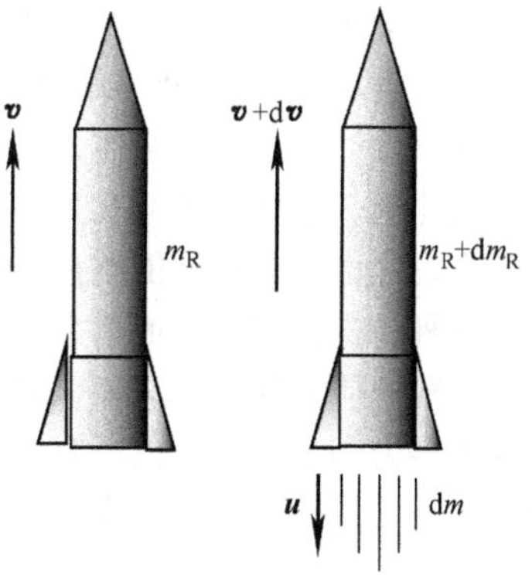

图 2-24 火箭喷射

如图 2-24 所示，以地面为参考系，选火箭整体为研究对象，t 时刻火箭整体的质量为 m_R，速度为$\boldsymbol{v}$，$t+dt$ 时刻，火箭喷出的气体质量是 dm，其相对火箭主体的速度是 $\boldsymbol{u}$，此时，火箭主体质量变为 m_R-dm，速度变为$\boldsymbol{v}+d\boldsymbol{v}$，在此过程中，整体动量的增量

$$d\boldsymbol{p}=[(m_R-dm)(\boldsymbol{v}+d\boldsymbol{v})+dm(\boldsymbol{v}+d\boldsymbol{v}+\boldsymbol{u})]-m_R\boldsymbol{v}=m_R d\boldsymbol{v}+\boldsymbol{u}dm=m_R d\boldsymbol{v}-\boldsymbol{u}dm_R$$

由此可得火箭主体 t 时刻所受外力

$$\boldsymbol{F}=\frac{d\boldsymbol{p}}{dt}=m_R\frac{d\boldsymbol{v}}{dt}-\boldsymbol{u}\frac{dm_R}{dt}$$

因为 $dm_R=-dm$，统一成 m_R 后，上式变为

$$\boldsymbol{F}+\boldsymbol{u}\frac{\mathrm{d}m_{\mathrm{R}}}{\mathrm{d}t}=m_{\mathrm{R}}\frac{\mathrm{d}\boldsymbol{v}}{\mathrm{d}t} \tag{2-45}$$

式（2-45）称为变质量系的动力学方程，是处理一切质量流动（变质量系）问题的基本方程。若以前进方向为坐标轴正向，上面矢量式可写成分量形式

$$F_y+u_y\frac{\mathrm{d}m_{\mathrm{R}}}{\mathrm{d}t}=m_{\mathrm{R}}\frac{\mathrm{d}v_y}{\mathrm{d}t}$$

其中，F_y、u_y、v_y 均为代数量，第二项具有力的量纲，所以这也应该是一种作用力，并且由于 $u_y<0$，$\mathrm{d}m_{\mathrm{R}}<0$，该力方向与运动方向相同，称为发动机的推力。

实际上，**上述演绎过程是以质量不变的大系统为研究对象，转而得出适合变质量子系统的动力学规律。因此，在处理实际问题时就可以直接选择系统中质量变化的某一子系统，大大简化求解过程。**

二、重力场中火箭的速度

在重力场中，选运动方向为正方向，由动力学方程式（2-45）得

$$-m_{\mathrm{R}}g-u\frac{\mathrm{d}m_{\mathrm{R}}}{\mathrm{d}t}=m_{\mathrm{R}}\frac{\mathrm{d}v}{\mathrm{d}t}$$

两端同时除以 m_{R}，同时乘以 $\mathrm{d}t$，上式变为

$$\mathrm{d}v=-g\mathrm{d}t-u\frac{\mathrm{d}m_{\mathrm{R}}}{m_{\mathrm{R}}}$$

以 m_{R0}、m_{R} 分别表示初始时刻和 t 时刻主体的质量，对上式两端积分，可得重力场中火箭主体在任意时刻的速度

$$v=-u\int_{m_{\mathrm{R0}}}^{m_{\mathrm{R}}}\frac{\mathrm{d}m_{\mathrm{R}}}{m_{\mathrm{R}}}-g\int_0^t\mathrm{d}t=u\ln\frac{m_{\mathrm{R0}}}{m_{\mathrm{R}}}-gt \tag{2-46}$$

式中，$m_{\mathrm{R0}}/m_{\mathrm{R}}$ 称为质量比，可见，增大速度的关键在于 $u\ln(m_{\mathrm{R0}}/m_{\mathrm{R}})$，即增大喷出的气流相对于箭体的运动速度 u，并使燃料尽可能多地燃烧，以增大质量比。正是由于该项的存在，才使火箭得以提速，它是在 1903 年由俄国人齐奥尔科夫斯基最早提出的。原则上只要能找到合适的燃料，并且设计出合理的箭体，就可以使火箭达到理想的飞行速度。并且因为火箭可以同时携带燃料和氧化剂，这样，即使在真空环境的自由空间中飞行时，火箭的发动机同样可以燃烧燃料，正常工作，这也正是火箭能够在外层空间飞行的原因。100 多年来，为了提升火箭的速度，人们尝试了各种各样的方法，而增大质量比又必须要考虑箭体的结构和箭体可负载的最大质量。目前，单级火箭的质量比最高只能做到 15。这样在实际发射中，由静止发射的单级火箭的末速度，如果考虑重力和空气阻力的影响，最终只能达到 $7\mathrm{km}\cdot\mathrm{s}^{-1}$，小于第一宇宙速度，不能实现将物体送入太空的目的。所以，现在一般采用多级火箭分级工作的技术来实现。

*第八节　宇宙速度

1687 年，牛顿在所出版的著作《自然哲学的数学原理》中指出抛体运动的轨迹与抛体的初速度有关。这是人类第一次给出了发射人造卫星的理论依据。可是直到 1957 年，苏联才第一次成功地将世界上第一颗人造地球卫星送入预定轨道，使得理论成为现实。

一、卫星　第一宇宙速度

卫星绕近地轨道运行所需的最小发射速度就是第一宇宙速度。设无限远处为势能零点，卫

星在地面发射时，它的机械能为

$$E_1=\frac{1}{2}mv_0^2+\left(-G\frac{m'm}{R}\right)$$

到达轨道后机械能变为

$$E_2=\frac{1}{2}mv^2+\left(-G\frac{m'm}{r}\right)$$

绕地球做圆周运动

$$G\frac{m'm}{r^2}=m\frac{v^2}{r}$$

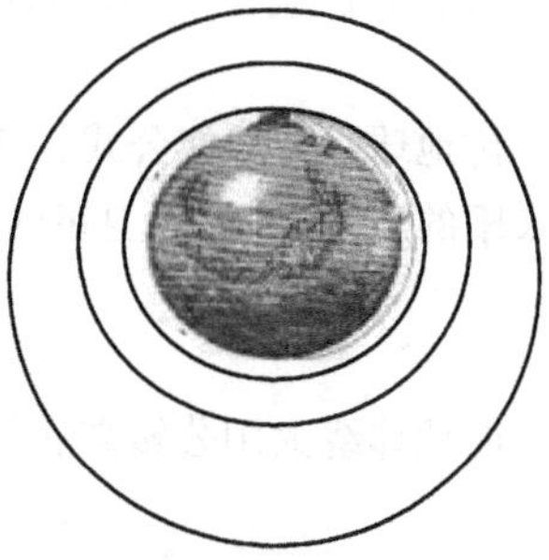

图　2-25

联立求解，得

$$v_0=\sqrt{\frac{2Gm'}{R}-G\frac{m'}{r}} \tag{2-47}$$

轨道半径越大，所需的发射速度越大，当卫星做近地轨道运行，即 $r\approx R$ 时，可得在地面上发射人造地球卫星所需达到的最小速度 v_1 为

$$v_1=\sqrt{\frac{Gm'}{R}}=\sqrt{\frac{Gm'}{R^2}R}=\sqrt{gR}=7.9\times10^3\,\mathrm{m\cdot s^{-1}} \tag{2-48}$$

这个速度通常称为**第一宇宙速度**。

二、行星　第二宇宙速度

脱离地球绕太阳运行所需的卫星最小发射速度称为**第二宇宙速度**。忽略阻力，以地球为参考系，脱离地球引力，相当于 $r=\infty$，卫星势能为零，而且消耗了全部动能

$$\frac{1}{2}mv_2^2-G\frac{m'm}{R}=0$$

$$v_2=\sqrt{2gR}=11.2\times10^3\,\mathrm{m\cdot s^{-1}} \tag{2-49}$$

第二宇宙速度等于第一宇宙速度的$\sqrt{2}$倍。

三、飞出太阳系　第三宇宙速度

如果我们继续增加卫星从地球表面发射的速度，使之不仅能脱离地球引力，而且还能脱离太阳引力，这时所需的最小速度称为**第三宇宙速度**，用 v_3 来表示。

我们做以下近似处理：不考虑其他星体引力；脱离地球引力之前只受地球引力作用；脱离太阳引力前只受太阳引力作用。

要使卫星脱离太阳系的束缚，必须先脱离地球引力的束缚，然后再有足够的能量脱离太阳系的束缚。

考虑脱离地球引力范围的情况。利用机械能守恒定律，有

$$\frac{1}{2}mv_3^2-G\frac{m_\mathrm{E}m}{R}=\frac{1}{2}mv_\mathrm{E}'^2$$

其中，v_E' 是卫星相对于地球的速度；m_E 是地球的质量；m 是卫星的质量；R 是地球的半径。

脱离地球引力场后，卫星要利用动能 $mv_\mathrm{E}'^2/2$ 实现飞出太阳系，可见这个动能要足够大才行。

为了求 v_E'，我们以太阳为参考系。卫星脱离太阳引力后，近似认为与地球在同一圆轨道上绕太阳飞行，即卫星与太阳的距离近似为地球与太阳的距离 R_S。

设卫星相对于太阳的速度为$\boldsymbol{v}'_\mathrm{S}$，地球相对于太阳的速度为$\boldsymbol{v}_\mathrm{E}$，考虑到卫星相对于地球的速

度是 v'_E，并假设卫星和地球相对于太阳沿同一方向运动，利用伽利略速度变换式，可得

$$v'_S = v'_E + v_E$$

仿地球引力势能公式，有卫星在太阳引力作用下绕太阳飞行的引力势能为 $-Gm_S m/R_S$（m_S 为太阳的质量）。此时卫星的动能为 $mv'^2_S/2$，故卫星要脱离太阳引力作用，其机械能至少是

$$\frac{1}{2}mv'^2_S - G\frac{m_S m}{R_S} = 0$$

而地球绕太阳公转需满足

$$G\frac{m_S m_E}{R_S^2} = m_E\frac{v_E^2}{R_S} \tag{2-50}$$

已知 $m_S = 1.99\times10^{30}\,\mathrm{kg}$，$R_S = 1.50\times10^{11}\,\mathrm{m}$，代入之前的方程中，可以求出 $v'_E = 12.3\times10^3\,\mathrm{m\cdot s^{-1}}$。

进一步可求出第三宇宙速度

$$v_3 = 16.7\times10^3\,\mathrm{m\cdot s^{-1}} \tag{2-51}$$

本章提要

一、牛顿运动定律

1. 牛顿第一定律：力是物体状态变化的原因，定义了惯性、力和惯性系等概念。
2. 牛顿第二定律：$\boldsymbol{F} = \frac{\mathrm{d}\boldsymbol{p}}{\mathrm{d}t} = \frac{\mathrm{d}(m\boldsymbol{v})}{\mathrm{d}t}$，当 m 不变时，$\boldsymbol{F} = m\frac{\mathrm{d}\boldsymbol{v}}{\mathrm{d}t} = m\boldsymbol{a}$。
3. 牛顿第三定律：给出作用力 $\boldsymbol{F}$ 和反作用力 $\boldsymbol{F}'$ 之间的关系，即：$\boldsymbol{F} = -\boldsymbol{F}'$。
4. 应用牛顿运动定律解题的步骤：隔离物体、受力分析、建立坐标系、列方程求解。

二、动量　动量守恒

1. 动量：$\boldsymbol{p} = m\boldsymbol{v}$。
2. 冲量：$\boldsymbol{I} = \int_{t_1}^{t_2}\boldsymbol{F}\mathrm{d}t = \int_{t_1}^{t_2}\boldsymbol{F}(t)\mathrm{d}t$。
3. 动量定理：$\int_{t_1}^{t_2}\boldsymbol{F}\mathrm{d}t = \boldsymbol{p} - \boldsymbol{p}_0$。
4. 动量守恒定律：如果系统所受合外力为零，系统总动量保持不变，即 $\sum_i m_i\boldsymbol{v}_i =$ 常矢量。

三、动能　动能定理

1. 动能：$E_k = \frac{1}{2}mv^2$。
2. 功：$W = \int_a^b \boldsymbol{F}\cdot\mathrm{d}\boldsymbol{r}$。
3. 功率：$P = \lim\limits_{\Delta t\to0}\frac{\Delta W}{\Delta t} = \frac{\mathrm{d}W}{\mathrm{d}t}$。
4. 动能定理：$W_{外} + W_{内} = E_k - E_{k0}$。

四、势能　机械能转化及守恒定律

1. 保守力：做功与路径无关的力，包括：重力、弹力、万有引力和静电场力等。保守力做功的特点：$\oint_l \boldsymbol{F}_{保}\cdot\mathrm{d}\boldsymbol{r} = 0$。

2. 势能：(1) 重力势能　$E_{pa} = mgy_a$；

(2) 弹性势能　$E_{pa}=\frac{1}{2}kx_a^2$;

(3) 万有引力势能 $E_{pa}=-G\frac{m'm}{r_a}$。

3. 保守力做功与势能的关系: $\int_a^b \boldsymbol{F}_{保}\cdot d\boldsymbol{r}=E_{pa}-E_{pb}=-\Delta E_p$。

4. 功能原理: $W_{外}+W_{内非}=E-E_0$。

5. 机械能守恒定律: 当外力与非保守内力做功的代数和为零时，系统机械能保持不变，即 $E=E_0$ 或 $E_k+E_p=E_{k0}+E_{p0}$。

五、角动量和角动量定理

1. 力对固定点 O 的力矩: $\boldsymbol{M}=\boldsymbol{r}\times\boldsymbol{F}$。

2. 质点对固定点 O 的角动量: $\boldsymbol{L}=\boldsymbol{r}\times m\boldsymbol{v}$。

3. 角动量定理: $\int_{t_0}^t \boldsymbol{M}dt=\boldsymbol{L}-\boldsymbol{L}_0$。

4. 角动量守恒定律: 若 $\boldsymbol{M}=0$，则 $\boldsymbol{L}=\boldsymbol{r}\times m\boldsymbol{v}=$ 常矢量。

思考与练习（二）

一、单项选择题

2-1. 对功的概念有以下几种说法:(　　)。

(1) 保守力做正功时，系统内相应的势能增加。

(2) 质点运动经一闭合路径，保守力对质点做的功为零。

(3) 作用力与反作用力大小相等、方向相反，所以两者所做功的代数和必为零。

在上述说法中:

(A) (1)、(2) 是正确的　　(B) (2)、(3) 是正确的

(C) 只有 (2) 是正确的　　(D) 只有 (3) 是正确的

2-2. 对质点系有以下几种说法:

(1) 质点系总动量的改变与内力无关;

(2) 质点系总动能的改变与内力无关;

(3) 质点系机械能的改变与保守内力无关。

下列对上述说法判断正确的是 (　　)。

(A) 只有 (1) 是正确的　　(B) (1)、(2) 是正确的

(C) (1)、(3) 是正确的　　(D) (2)、(3) 是正解的

2-3. 如选择题2-3图所示，质量分别为 m_1 和 m_2 的物体A和B置于光滑桌面上，A和B之间连有一轻弹簧，另有质量为 m_1 和 m_2 的物体C和D分别置于物体A与B之上，且物体A和C、B和D之间的摩擦因数均不为零。首先用外力沿水平方向相向推压A和B，使弹簧被压缩，然后撤掉外力，则在A和B弹开的过程中，对A、B、C、D以及弹簧组成的系统有 (　　)。

(A) 动量守恒，机械能守恒　　(B) 动量不守恒，机械能守恒

(C) 动量不守恒，机械能不守恒　(D) 动量守恒，机械能不一定守恒

2-4. 如选择题2-4图所示，子弹射入放在水平光滑地面上静止的木块后穿出，以地面为参考系，下列说法中正确的是 (　　)。

(A) 子弹减少的动能转变为木块的动能

(B) 子弹－木块系统的机械能守恒

(C) 子弹动能的减少等于子弹克服木块阻力所做的功

(D) 子弹克服木块阻力所做的功等于这一过程中产生的热

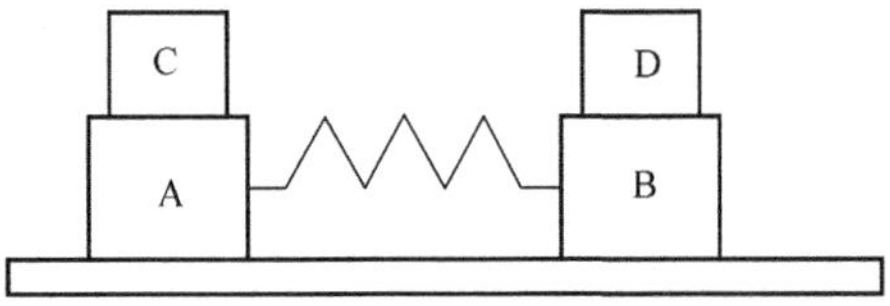

选择题 2-3 图

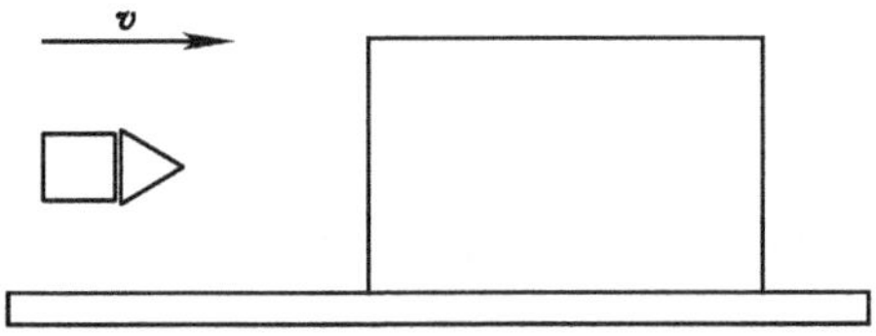

选择题 2-4 图

二、填空题

2-1. 某质点在力 $\boldsymbol{F}=(4+5x)\boldsymbol{i}$(SI) 的作用下沿 x 轴做直线运动。在从 $x=0$ 移动到 $x=10\text{m}$ 的过程中，力 $\boldsymbol{F}$ 所做功为________。

2-2. 质量为 m 的物体在水平面上做直线运动，当速度为 v 时仅在摩擦力作用下开始做匀减速运动，经过距离 s 后速度减为零，则物体加速度的大小为________，物体与水平面间的摩擦因数为________。

2-3. 在光滑的水平面内有两个物体 A 和 B，已知 $m_A=2m_B$。(a) 物体 A 以一定的动能 E_k 与静止的物体 B 发生完全弹性碰撞，则碰撞后两物体的总动能为________；(b) 物体 A 以一定的动能 E_k 与静止的物体 B 发生完全非弹性碰撞，则碰撞后两物体的总动能为________。

2-4. 保守内力做功的特点是：________。

2-5. 一圆锥摆的摆球质量为 m，在水平面内以速率 v 做半径为 R 的圆周运动，当摆球运动半周时，所受重力冲量的大小为________，动量变化的大小为________。

三、问答题

2-1. 力是维持物体运动的原因吗？作用力和反作用力有什么特点？一枚鸡蛋碰到石头上，鸡蛋碎了，是因为鸡蛋受到的力更大一些吗？

2-2. 当物体所受到的合外力为零时，一定处于静止状态吗？为什么？

2-3. 质量和速率都相同的物体动量一定相同么？为什么？

2-4. 一个人在船上用鼓风机正对帆鼓风，船是前进，还是后退？

2-5. 跳伞员为什么要选择松软草地或沙滩着陆？

2-6. 物体动量发生了变化，它的动能是否一定发生变化？根据质点系的动量定理，我们是否可以做这样的设想：把系统无限扩大，这样，所有的力都将变成系统内力，于是得到整个宇宙的总动量是不变量？

2-7. 一个人从大船上容易跳上岸，而从小船上不容易跳上岸，请解释其原因。

2-8. 单独谈某个物体的势能有没有意义，为什么？保守内力做正功，其相应的势能如何变化？

2-9. 内力的持续作用能否改变系统的总动量和总动能？为什么？

2-10. 一质量为 m 的物体在力 $F=kt^2$ 的作用下，由静止开始沿直线运动。试求物体的运动学方程。

2-11. 质量为 m 的物体在空中某处由静止开始下落，物体受到的空气阻力与速率成正比，即空气阻力大小 $F=kv$，k 是比例常量。求物体运动随时间变化的规律。

2-12. 质量为 $m=10\text{kg}$ 的质点受力 $F=30+40t$ 的作用，且力的方向不变。在 $t=0$ 时，质点以 $v_0=10\text{m}\cdot\text{s}^{-1}$开始做直线运动。求：(1) 0~2s 内力的冲量；(2) $t=2\text{s}$ 时质点的速率。

2-13. 一个吊车底板上放一质量为 10kg 的物体，若吊车底板加速上升，加速度为 $a=3+5t$，求：(1) 2s内吊车底板给物体冲量的大小；(2) 2s 内动量的增量。

2-14. 在 28 天里，月球沿半径为 $4.0\times10^8\text{m}$ 的圆轨道绕地球运行一周。月球的质量为 $7.35\times10^{22}\text{kg}$，地球的半径为 $6.37\times10^3\text{km}$。求在地球参考系中观察时，在 14 天里，月球动量增量的大小。

2-15. 一架飞机在空中以 $300\text{m}\cdot\text{s}^{-1}$的速度水平匀速飞行，而一只质量为 0.3kg 的小鸟以 $4\text{m}\cdot\text{s}^{-1}$的速率相向飞来，不幸相撞，相撞时间约为 3ms，问鸟与飞机间的平均作用力有多大？

2-16. 空中有一气球，下连一个绳梯，它们的总质量为 m'。在绳梯上站一质量为 m 的人，初始时，气球和人均相对地面静止，当人以相对于绳梯为 u 的速度向上爬时，求气球的速度。

2-17. 质量为 m 的人站在质量为 m'的车上，地面光滑，初始时人与车均相对地面静止。然后，人以相对于车为 u 的速度从车的一端走向另一端，求在人走的过程中，车对地的速度？

2-18. 向北发射一枚质量 $m=50\text{kg}$ 的炮弹，达最高点时速率为 $200\text{m}\cdot\text{s}^{-1}$，爆炸成三块弹片。第一块的质量 $m_1=25\text{kg}$，以 $400\text{m}\cdot\text{s}^{-1}$的水平速度向北飞行；第二块的质量 $m_2=15\text{kg}$，以 $200\text{m}\cdot\text{s}^{-1}$的水平速率向东飞行。求第三块的速度。

2-19. 质量 $m=2\text{kg}$ 的质点在力 $\boldsymbol{F}=12t\boldsymbol{i}$(SI)的作用下，从静止出发沿 x 轴正向做直线运动，求前 3s 内该力所做的功。

2-20. 质点的质量 $m=0.5\text{kg}$，在 Oxy 平面内运动，其运动学方程为 $x=5t$(SI)，$y=0.5t^2$(SI)。求从 $t=1\text{s}$ 到 2s 这段时间内，外力所做的功。

2-21. 一方向不变、大小按 $F=5t^2$(SI)变化的力，作用在原先静止、质量为 5kg 的物体上，求：(1) 前3s 内力所做的功；(2) $t=3\text{s}$ 时物体的动能；(3) $t=3\text{s}$ 时力的功率。

2-22. 有人从 10m 深的井中提水，开始时桶中装有 10kg 的水。由于水桶漏水，每升高 1m 漏水 0.2kg，求水桶匀速地从井中提到井口过程中，人所做的功。

2-23. 设两个粒子之间相互作用力是排斥力，其大小与粒子间距离 r 的函数关系为 $F=k/r^3$，k 为正值常量，试求这两个粒子相距为 r 时的势能。(设相互作用力为零的地方势能为零。)

2-24. 质量为 m 的小球，在力 $F=-kx$ 作用下运动，已知 $x=A\cos\omega t$，其中 $\omega^2=\dfrac{k}{m}$，k、A 均为常数。求在 $t=0$ 到 $t=\dfrac{\pi}{2\omega}$过程中小球的动量和动能的增量。

2-25. 如问答题 2-25 图所示，摆长为 l、摆锤质量为 m，开始时摆与铅直线间的夹角为 θ，在竖直线上距悬点 x 处有一小钉，摆可以绕此小钉运动。问 x 至少为何值时才能使摆以钉子为中心绕一完整的圆周？

2-26. 如问答题 2-26 图所示，一质量为2kg 的物体在竖直平面内由 A 点沿一半径为1m 的1/4 圆弧轨道滑到 B 点，又经过一段水平距离 $BC=3\text{m}$ 后停止。设物体滑至 B 点时速率为 $4\text{m}\cdot\text{s}^{-1}$，摩擦因数处处相同。(1) 在物体从 A 点滑到 B 点和从 B 点滑到 C 点过程中，摩擦力各做功多少？(2) 求摩擦因数。

2-27. 如问答题 2-27 图所示，在一倾角为 θ 的光滑斜面下端安置一个未被压缩的轻弹簧，其劲度系数为 k。斜面上有一质量为 m 的木块，它到弹簧上端的距离为 l。将木块由静止开始释放，求：(1) 木块刚接触弹簧时的速率；(2) 弹簧的最大压缩量。

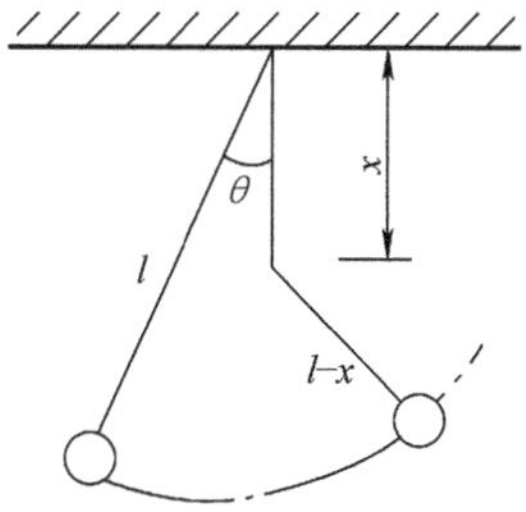

问答题 2-25 图

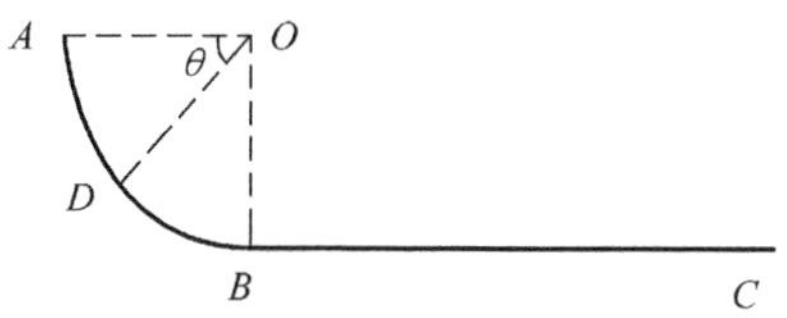

问答题 2-26 图

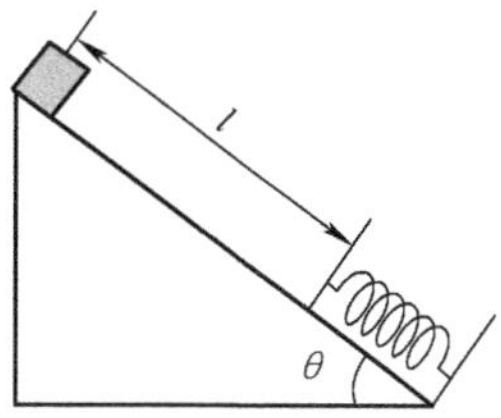

问答题 2-27 图

2-28. 如问答题 2-28 图所示，质量为 m、速度为 v 的钢球，射向质量为 m'的靶，靶中心有一小孔，内有劲度系数为 k 的弹簧，此靶最初处于静止状态，但可在水平面上做无摩擦滑动。求钢球射入靶内弹簧的最大压缩量。

2-29. 质量为 m 的弹丸 A，穿过如问答题 2-29 图所示的摆锤 B 后，速率由 v 减少到$\dfrac{v}{2}$。已知摆锤的质量是 m'，摆线的长度为 l，如果摆锤能在垂直平面内完成一个完整的圆周运动，那么弹丸速率 v 的最小值应为多少?

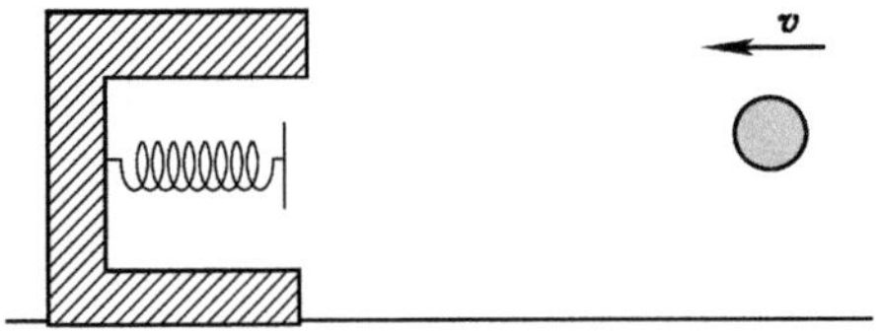

问答题 2-28 图

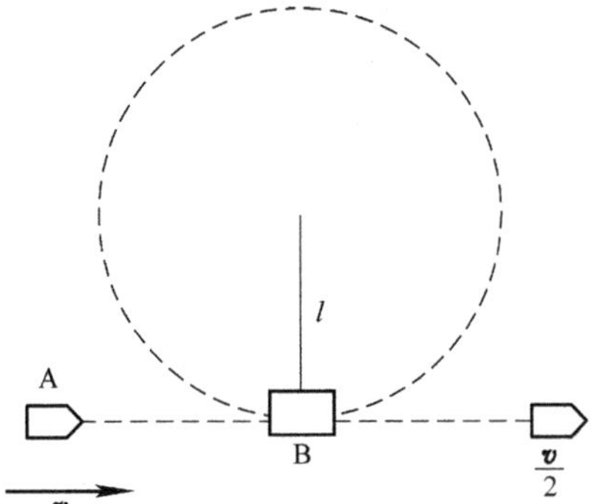

问答题 2-29 图

前面已经讨论了质点和质点系运动的一般规律，如牛顿运动定律、动量守恒定律、角动量守恒定律、机械能守恒定律等。上述定理和定律都是对质点提出的，同时应用于质点和离散型质点系的情形。然而，在实际问题中，有许多情况下物体不能再看作质点，如要考察车轮滚动、电动机转子的转动、炮弹自旋等问题，物体的形状、大小就不能再忽略。此时，物体就只能看成是由无限多个连续质点组成的质点系。

本章将先介绍“刚体”这一特殊的质点系，然后从质点运动的知识出发，介绍和分析刚体转动的规律，重点讨论刚体的定轴转动，包括刚体定轴转动的动力学方程和动能定理、刚体定轴转动的角动量定理和角动量守恒定律，从而为研究更复杂的机械运动奠定基础。

第三章 刚体的转动

第一节 刚体 刚体定轴转动的描述

一、刚体

一般情况下，任何物体在受到外力作用时，都会产生不同程度的形变。但是，许多常见的固态物体在外力的作用下其形变很小，可以忽略不计。为了研究问题方便，我们就可以认为该物体的大小、形状在外力作用下均没有变化。在物理学中，我们把**这种在运动中和受力作用后，形状和大小不变，而且内部各点的相对位置也不变的物体称为刚体**。刚体是实际物体（固体）的一种抽象，是一种**理想化模型**。由于物体都是大量质点组成的质点系，因此刚体又可以定义为：各质点间的距离均保持不变的质点系。

二、刚体的基本运动

刚体的运动一般是比较复杂的，而平动和转动是刚体的两种基本运动方式，任何复杂的运动都可以看作是平动和转动的合成。

1. 刚体的平动

在运动过程中，若刚体内部任意两质元间的连线在各个时刻的位置都和初始时刻的位置保持平行，这样的运动称为刚体的平动。不难证明，刚体在平动过程中的任意一段时间内，所有质元的运动轨迹和位移都是相同的，并且在任意时刻，各个质元均具有相同的速度和加速度。因此，当刚体做平动时，我们可以选取刚体中任一质元的运动来表示整个刚体的运动。由此，刚体的平动可以视为质点的运动。

2. 刚体的转动

若刚体上各个质元都绕同一直线做圆周运动，这样的运动称作刚体的转动，这条直线称为转轴。在刚体转动过程中，若转轴的方向或位置随时间变化，这样的运动称为**刚体的非定轴转动**，该转轴称为转动瞬轴。如陀螺的旋进、车轮的滚动等。若转轴固定不动，既不改变方向又不发生位移，这样的转动称为**刚体的定轴转动**，该转轴称为固定轴。如门绕门轴的转动、电机转子的转动等。本章主要介绍刚体定轴转动的一些基本规律。

三、刚体定轴转动的描述

图3-1 刚体的定轴转动

为了研究刚体的定轴转动（见图3-1），可定义：垂直于固定轴的平面为转动平面。显然，转动平面不止一个，而有无数多个。如果以某转动平面与转轴的交点为原点，则该转动平面上的所有质元都绕着这个原点做圆周运动。下面就讨论怎样来描述刚体的定轴转动。

1. 角位置、角位移、角速度、角加速度

刚体定轴转动的基本特征是，轴上所有点都保持不动，轴外所有点都在定轴平面内做圆周运动，且同一时间间隔内转过的角度都一样。所以，我们可以采用类似质点做圆周运动时的角位移、角速度、角加速度的定义方法来定义绕定轴转动刚体的角位移、角速度、角加速度。

在刚体上任取一个转动平面，以该转动平面与转轴的交点为原点，在该平面内做一射线 Ox 为参考方向（或称极轴），如图3-2 所示，P 是刚体上任选的一个质元，任意时刻，P 相对于参考方向的**角位置为** θ。显然，θ 是一个随时间变化的量，可以唯一地确定某时刻质元 P 的位置

$$\theta=\theta(t) \tag{3-1}$$

经过无限小的时间间隔 $\mathrm{d}t$，质元发生无限小**角位移** $\mathrm{d}\boldsymbol{\theta}$。它是矢量，其方向用右手法则来判定，四指沿着刚体的转动方向，大拇指的指向就为该矢量的方向，如图3-2 所示，该角位移矢量 $\mathrm{d}\boldsymbol{\theta}$ 的方向竖直向上。可以看出，刚体上任意一个质元的角位移均为 $\mathrm{d}\boldsymbol{\theta}$。角位置和角位移的单位是弧度，符号为 rad。

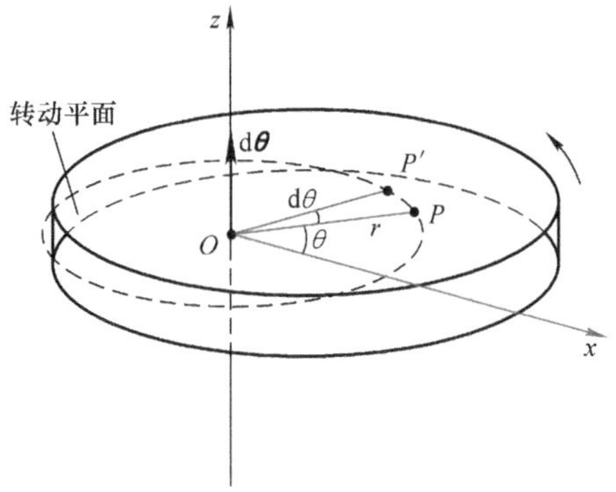

图 3-2

角速度的定义为**单位时间内发生的角位移，它反映了刚体转动的快慢**。而**角加速度**则**反映了角速度变化的快慢**，即角速度对时间的变化率。其定义式分别为

$$\boldsymbol{\omega}=\frac{\mathrm{d}\boldsymbol{\theta}}{\mathrm{d}t} \tag{3-2}$$

$$\boldsymbol{\beta}=\frac{\mathrm{d}\boldsymbol{\omega}}{\mathrm{d}t}=\frac{\mathrm{d}^2\boldsymbol{\theta}}{\mathrm{d}t^2} \tag{3-3}$$

二者的单位分别是 $\mathrm{rad}\cdot\mathrm{s}^{-1}$和 $\mathrm{rad}\cdot\mathrm{s}^{-2}$。

可以看出，当刚体定轴转动时，角位移、角速度和角加速度的方向只有两种可能的取向，要么与转轴正方向相同，要么相反。这与质点做一维直线运动相类似，当规定转轴正方向以后，便可用正、负号来表示这些矢量的方向。为研究问题方便，一般选取与转动方向符合右旋关系的方向为转轴正方向。

2. 角量与线量的关系

当刚体绕固定轴转动时，尽管刚体上各质元的角位移、角速度和角加速度均相同，但由于各质元做圆周运动的半径不一定相同，因此各质元的速度和加速度大小也不一定相同。

由前面所学质点圆周运动的知识可知，刚体定轴转动的角速度和角加速度确定后，刚体内任一质元的速度和加速度也就可以完全确定。若刚体上某质元 $\mathrm{d}m_i$ 到转轴的距离为 r_i，则该质元的线速度为

$$v_i = \omega r_i \tag{3-4}$$

切向加速度和法向加速度分别为

$$a_{\tau i} = \beta r_i \tag{3-5}$$

$$a_{ni} = \omega^2 r_i \tag{3-6}$$

由此可见，尽管刚体是一个复杂的质点系，但引入角量后，刚体定轴转动的描述就显得十分简单。刚体上各质元的角量（即角位移、角速度、角加速度）相同，而各质元的线量（即线位移、线速度、线加速度）大小与质元到转轴的距离成正比。

第二节 力矩 转动定律

为什么房间的门把手不装在靠近门轴一侧？在用杠杆撬重物时，总是将支点尽量靠近物体，而且在操作时，总是使作用力的方向尽可能与杠杆垂直？骑变速自行车上坡行驶时，总是把链条与大轮盘啮合在一起？可见，力不是使转动系统的转动状态发生变化的唯一动因。

实际上，要想让一个物体的转动状态发生改变，不仅与力的大小有关，还与力的作用点和作用方向有关。

一、力矩

第二章介绍了力对给定点的力矩，如图 3-3 所示，我们知道力 $\boldsymbol{F}$ 对 O 点的力矩为

$$\boldsymbol{M} = \boldsymbol{r} \times \boldsymbol{F} \tag{3-7}$$

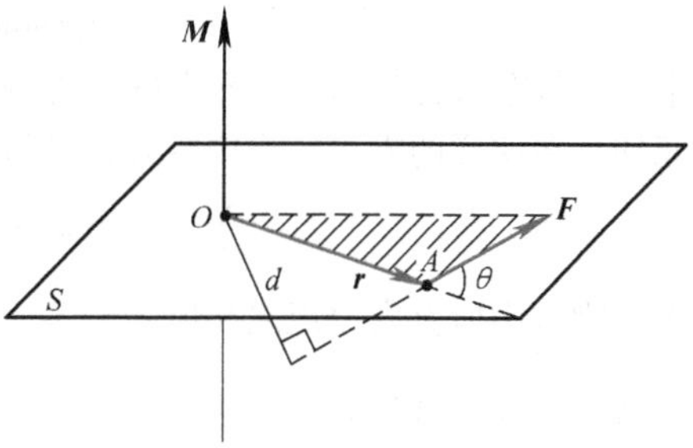

图 3-3

力矩是矢量，其大小为 $M = rF\sin\theta = Fd$；力矩的方向垂直于 $\boldsymbol{r}$ 和 $\boldsymbol{F}$ 确定的平面，由右手螺旋法则确定：伸出右手，四指指向 $\boldsymbol{r}$ 的方向，小于 180°角转向 $\boldsymbol{F}$ 的方向，这时大拇指所指的方向就是力矩的方向。

1. 力对给定轴的力矩

在某一给定的直角坐标系下，根据矢量矢积的表示方法，力矩还可以写成

$$\boldsymbol{M} = \boldsymbol{r} \times \boldsymbol{F} = M_x\boldsymbol{i} + M_y\boldsymbol{j} + M_z\boldsymbol{k} \tag{3-8}$$

M_x、M_y、M_z 分别称为 $\boldsymbol{M}$ 在 x、y、z 轴上的分量，$M_x\boldsymbol{i}$、$M_y\boldsymbol{j}$、$M_z\boldsymbol{k}$ 称为对应方向的分矢量或对三个轴的力矩。

从式（3-8）不难看出，**只要力不与转轴平行、且相应的力臂不等于零（即力的作用线不通过转轴），就能产生对轴的力矩**。对于定轴转动问题，若设转轴方向沿 z 轴，力矩只可能有两种取向，与 z 轴同向或反向，这样，用正负号即可表示力矩的方向。$M>0$ 表示与 z 轴同向，$M<0$ 表示与 z 轴反向。

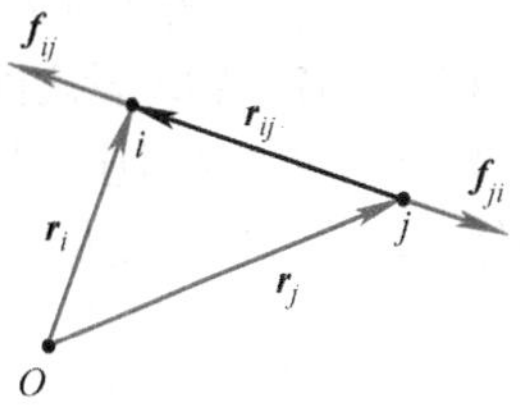

图 3-4

2. 质点系的内力矩

对于质点系而言，内力总是成对出现，并且大小相等方向相反。以图 3-4 所示的两个质点组成的系统为例

$$\boldsymbol{M}_i + \boldsymbol{M}_j = \boldsymbol{r}_i \times \boldsymbol{f}_{ij} + \boldsymbol{r}_j \times \boldsymbol{f}_{ji} = \boldsymbol{r}_i \times \boldsymbol{f}_{ij} - \boldsymbol{r}_j \times \boldsymbol{f}_{ij} = (\boldsymbol{r}_i - \boldsymbol{r}_j) \times \boldsymbol{f}_{ij} = \boldsymbol{r}_{ij} \times \boldsymbol{f}_{ij} = 0$$

式中，$\boldsymbol{r}_{ij}$是第 i 个质点相对于第 j 个质点的位矢，它的方向当然和$\boldsymbol{f}_{ij}$在同一直线上，所以，一对内力矩之和为零也可以这样理解：由于力臂相等，而力的方向相反，使得一对内力对 O 点的力

矩代数和等于零。因此，**对质点系而言，所有内力矩之和恒等于零。**

由于刚体是一种特殊的质点系，故刚体内质点间的作用力对转轴的合内力矩亦应为零。

二、刚体定轴转动的转动定律

力是使物体平动状态发生改变的原因，而力矩是使物体转动状态发生改变的原因。

刚体做定轴转动，刚体上每一点都绕着转轴做圆周运动，如图3-5所示。在刚体上任取一质元Δm_i，假设其所受到的内力和为$\boldsymbol{f}_i$，外力和为$\boldsymbol{F}_i$，并且假设$\boldsymbol{f}_i$和$\boldsymbol{F}_i$均在转动平面内，它们与矢径$\boldsymbol{r}_i$的夹角分别为θ_i和φ_i。设刚体绕轴转动的角速度和角加速度分别为ω和β。由牛顿第二定律可得

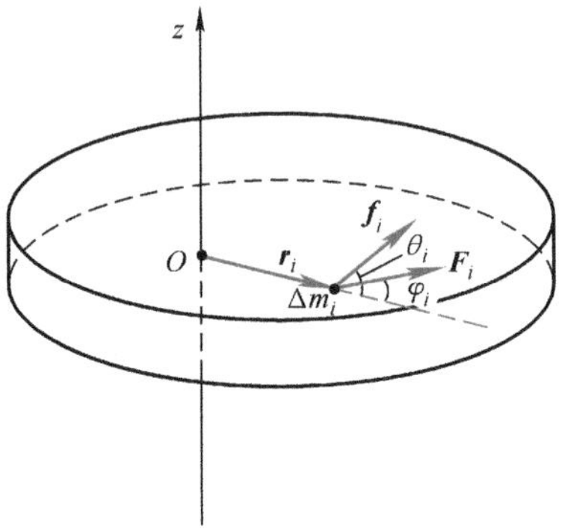

图 3-5

$$\boldsymbol{F}_i+\boldsymbol{f}_i=\Delta m_i\boldsymbol{a}_i$$

采用自然坐标系表示，可得质元的法向和切向方程，由于向心力的作用线穿过转轴，其力矩为零，所以法向方程我们不考虑，只讨论切向分量，则上式的切向分量式为

$$F_i\sin\varphi_i+f_i\sin\theta_i=\Delta m_i a_{i\tau}$$

等式两端同乘以r_i得

$$F_i r_i\sin\varphi_i+f_i r_i\sin\theta_i=\Delta m_i r_i^2\beta$$

式中，等号左边为作用在质元上的内力矩和外力矩之和。由于刚体由很多这样的质元组成，每个质元均存在这样的方程，将这些方程进行叠加求和，得

$$\sum_i F_i r_i\sin\varphi_i+\sum_i f_i r_i\sin\theta_i=\sum_i(\Delta m_i r_i^2)\beta$$

考虑到刚体中所有内力矩之和恒等于零，有$\sum_i f_i r_i\sin\theta_i=0$，式中左边就只剩一项，就是外力矩的代数和，称为合外力矩，用M表示。而等式右边的$\sum_i(\Delta m_i r_i^2)$与刚体的运动及所受的外力无关，仅由各质元相对于转轴的分布所决定，用J表示，称为刚体对该转轴的转动惯量，即$J=\sum_i\Delta m_i r_i^2$，则上式可以写成

$$M=J\beta \tag{3-9}$$

刚体定轴转动定律：对某一转轴，作用于刚体上的合外力矩等于刚体对该轴的转动惯量与角加速度的乘积。

这一定律是解决刚体定轴转动问题的基本定律，其地位与质点动力学中的牛顿第二定律$\boldsymbol{F}=m\boldsymbol{a}$相当，各个物理量之间具有一一对应的关系，其中力矩$M$对应力$\boldsymbol{F}$，角加速度$\beta$对应加速度$\boldsymbol{a}$，转动惯量$J$则对应质量$m$。它反映了力矩与角加速度之间的瞬时因果关系，可见，力矩是使刚体转动状态发生变化的直接动因。式（3-9）中各量均需对同一刚体、同一转轴而言。

三、转动惯量

由式（3-9）可知，当用相同的外力矩作用于两个转动惯量大小不同的刚体时，转动惯量大的刚体获得的角加速度小，这说明刚体转动惯量越大，其越难改变转动状态。因此，**转动惯量是描述刚体转动惯性大小的物理量**。下面就来讨论如何计算刚体的转动惯量。

根据转动惯量的定义式，刚体对某一转轴的转动惯量等于组成刚体的各质点的质量与各质点到转轴距离的二次方的乘积之和。

如果是单个质点绕定轴转动，则其转动惯量为

$$J = mr^2 \tag{3-10}$$

如果是质量分散分布的质点组成的质点系绕定轴转动，其转动惯量为

$$J = \sum_i \Delta m_i r_i^2 \tag{3-11}$$

如果是质量连续分布的刚体绕定轴转动，其转动惯量为

$$J = \int_V r^2 \mathrm{d}m \tag{3-12}$$

以上各式中的 r 均应理解成质点（或质元）到转轴的距离。转动惯量的单位是千克每二次方米，符号为 $\mathrm{kg \cdot m^2}$。

在实际应用中，如果刚体的质量分布均匀，质元的质量 $\mathrm{d}m$ 可用质量密度表示，质量为线分布，$\mathrm{d}m = \lambda \mathrm{d}l$；质量为面分布，$\mathrm{d}m = \sigma \mathrm{d}s$；质量为体分布，$\mathrm{d}m = \rho \mathrm{d}v$。这里 λ、σ、ρ 分别为质量的线密度、面密度和体密度，$\mathrm{d}l$、$\mathrm{d}s$、$\mathrm{d}v$ 分别为线元、面元和体积元。

例 3-1　如图 3-6 所示，求在下列情况下质量为 m，长为 l 的匀质细棒的转动惯量：(1) 转轴通过棒的中心并与棒垂直，如图 3-6a 所示；(2) 转轴通过棒的一端并与棒垂直，如图 3-6b 所示；(3) 转轴距棒中心为 d，并与棒垂直，如图 3-6c 所示。

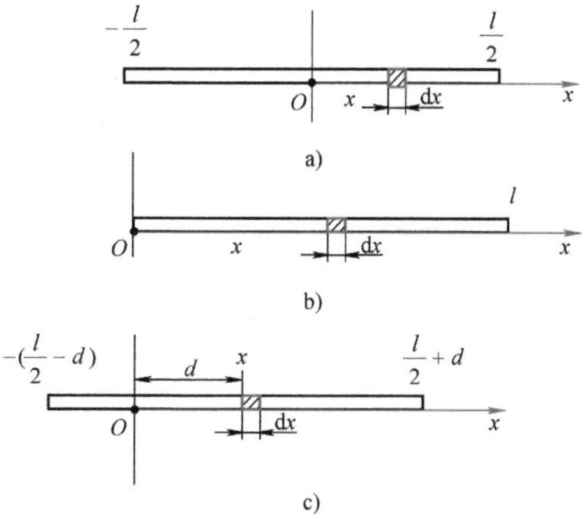

图　3-6

解：刚体的质量连续分布，属于线分布。取转轴与刚体相交处为坐标原点 O，在刚体上任意位置 x 处取线元 $\mathrm{d}x$，棒的线质量密度 $\lambda = m/l$，根据定义式 (3-12) 有

$$(1)\ J = \int_m x^2 \mathrm{d}m = \lambda \int_{-\frac{l}{2}}^{\frac{l}{2}} x^2 \mathrm{d}x = \frac{1}{12} ml^2$$

$$(2)\ J = \int_m x^2 \mathrm{d}m = \lambda \int_0^l x^2 \mathrm{d}x = \frac{1}{3} ml^2$$

$$(3)\ J = \int_m x^2 \mathrm{d}m = \lambda \int_{-(\frac{l}{2}-d)}^{\frac{l}{2}+d} x^2 \mathrm{d}x = \frac{1}{12} ml^2 + md^2$$

讨论：当 (3) 中 $d=0$ 时，也就是转轴通过棒的中心时，我们称其为质心轴，(3) 的结果与 (1) 的结果一致，即棒绕质心轴的转动惯量 $J_C = ml^2/12$；而当 $d = l/2$ 时，(3) 的结果又与 (2) 的结果一致，即棒绕其一端的转动惯量 $J = ml^2/3$。综上所述，(3) 中结论可以进一步引申，表示为

$$J = J_C + md^2 \tag{3-13}$$

式中，m 为刚体的总质量；d 为两平行轴间的垂直距离。式 (3-13) 称为转动惯量的**平行轴定理**。当变换转轴位置时，利用该定理可以很方便地求出转动惯量，避免复杂的重复计算。

对于几何形状规则、质量分布均匀的刚体，都可用类似的计算方法求出其转动惯量。进一步的计算表明，刚体的转动惯量其大小与三个因素有关：

1）**刚体的总质量**；

2）**刚体的质量对轴的分布**，质量分布离轴越远，转动惯量越大；

3）**转轴的位置**，质量分布均匀的物体，其对中心轴的转动惯量最小。

上述计算方法只适用于有规则几何图形的刚体。对于几何形状不规则的刚体的转动惯量可

用实验方法测定。表 3-1 中给出了一些质量分布均匀、具有简单几何形状的刚体对于不同轴的转动惯量。

表 3-1　常见形状刚体的转动惯量

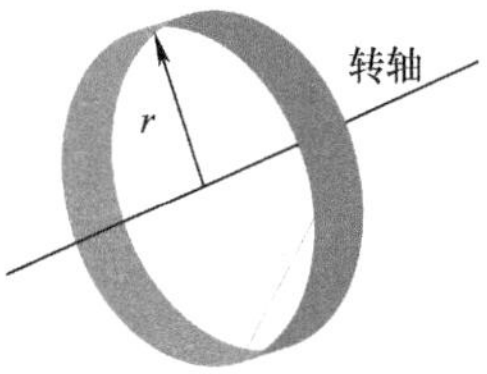 $J=mr^2$	圆环 转轴过中心并 与环面垂直	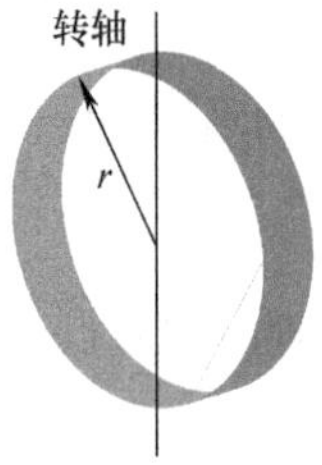 $J=\frac{1}{2}mr^2$	圆环 转轴沿直径
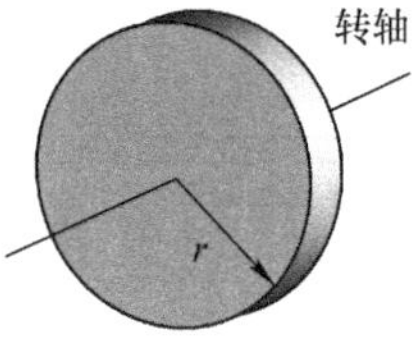 $J=\frac{1}{2}mr^2$	圆盘 转轴过中心并 与盘面垂直	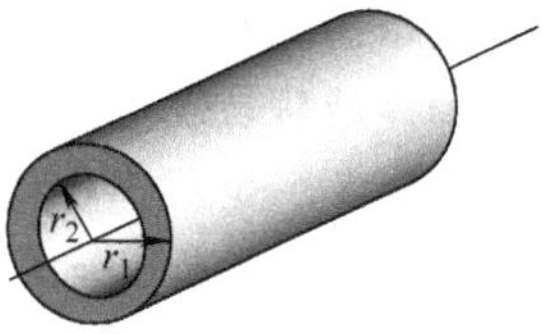 $J=\frac{m}{2}(r_1^2+r_2^2)$	圆筒 转轴沿几何轴
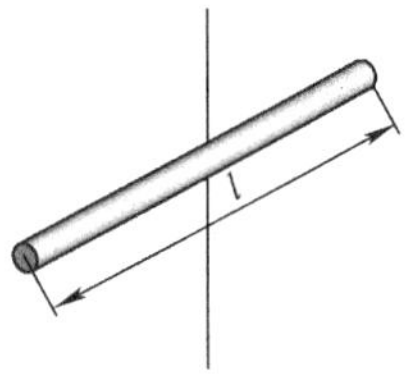 $J=\frac{1}{12}ml^2$	细棒 转轴过中心并 与棒垂直	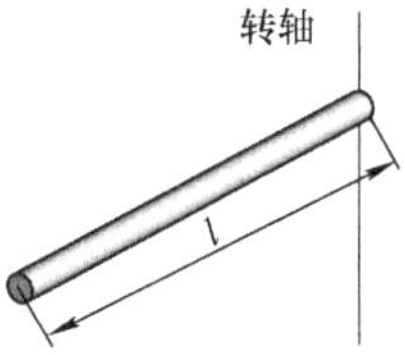 $J=\frac{1}{3}ml^2$	细棒 转轴过端点并 与棒垂直
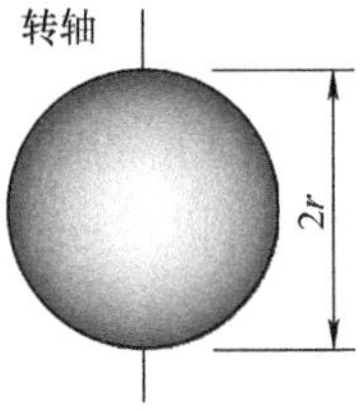 $J=\frac{2}{5}mr^2$	球体 转轴沿直径	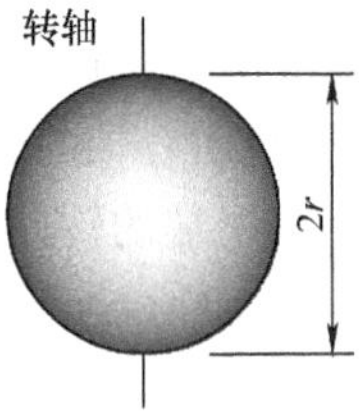 $J=\frac{2}{3}mr^2$	球壳 转轴沿直径

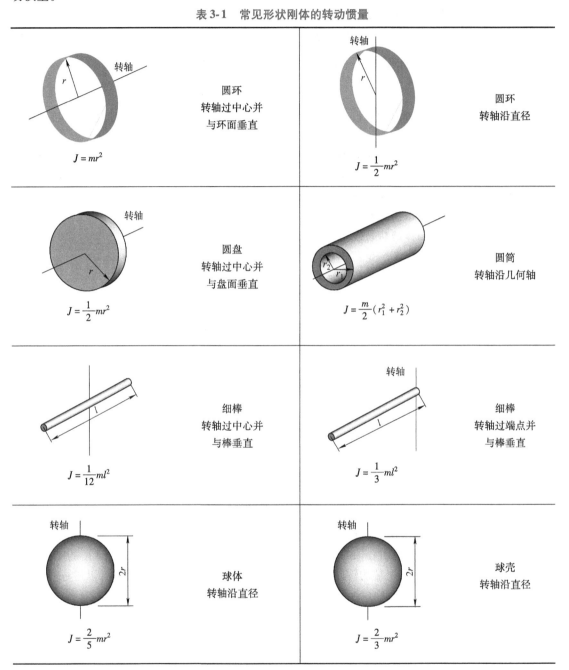

四、转动定律的应用

运用刚体定轴转动定律结合牛顿运动定律，可以讨论许多有关转动的动力学问题。值得注意的是，由于角加速度具有瞬时性，所以刚体定轴转动定律和牛顿第二定律意义都是瞬时方程，它只能确定某一时刻刚体所受力矩与其角加速度之间的关系。

例 3-2　如图 3-7a 所示，一轻绳跨过定滑轮，其两端分别悬挂质量为 m_1 和 m_2 的物体，且 $m_2 > m_1$。滑轮（可视为匀质圆盘）半径为 R，质量为 m_3，绳不可伸长，绳与滑轮没有相对滑动，忽略轴处摩擦。求物体的加速度和各段绳中的张力。

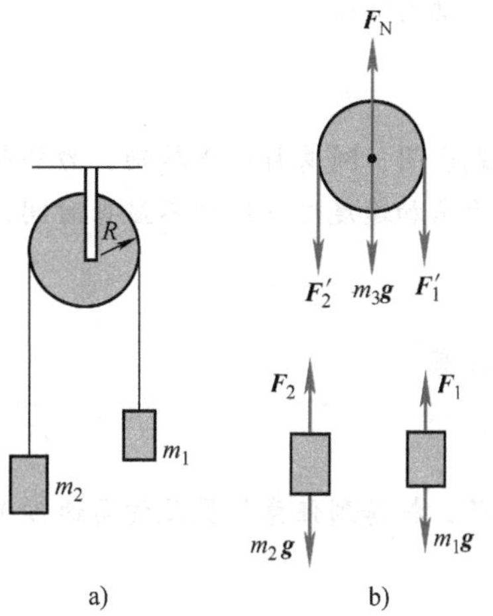

图　3-7

解：受力分析如图 3-7b 所示，由于滑轮质量不能忽略，所以滑轮两边绳子对滑轮拉力大小 F'_1 与 F'_2 不相等，但绳子质量不计，固有 $F_1 = F'_1$，$F_2 = F'_2$。因绳子不能伸长，故两物体加速度相等。设物体的运动方向为正，根据牛顿第二定律，对 m_1 和 m_2 分别有

$$F_1 - m_1 g = m_1 a \tag{1}$$

$$m_2 g - F_2 = m_2 a \tag{2}$$

取逆时针方向为转动正方向，即转轴方向垂直纸面向外。考虑到滑轮的重力 $m_3\boldsymbol{g}$ 和转轴的支持力 $\boldsymbol{F}_N$ 通过转轴，对转轴均不产生力矩，根据转动定律，对 m_3 有

$$F'_2 R - F'_1 R = J\beta \tag{3}$$

因绳子无滑动，物体的加速度与滑轮边缘的切向加速度相等，即

$$a = R\beta \tag{4}$$

滑轮转动惯量

$$J = \frac{1}{2} m_3 R^2 \tag{5}$$

联立以上各式可解得

$$\begin{cases} a = \dfrac{(m_2 - m_1)g}{m_1 + m_2 + \dfrac{1}{2}m_3} \\[2ex] F_1 = \dfrac{m_1\left(2m_2 + \dfrac{1}{2}m_3\right)g}{m_1 + m_2 + \dfrac{1}{2}m_3} \\[2ex] F_2 = \dfrac{m_2\left(2m_1 + \dfrac{1}{2}m_3\right)g}{m_1 + m_2 + \dfrac{1}{2}m_3} \end{cases}$$

如果滑轮质量可以忽略，则上述结果中涉及 m_3 的所有因子全部为零，这和例题 2-1 中的结果相同。

例 3-3　如图 3-8 所示，质量为 m、长为 l 的细杆可绕光滑水平轴 O 在竖直平面内转动。若使杆从水平位置静止释放，求杆转到任意位置时的角加速度和角速度及质心处的速度。

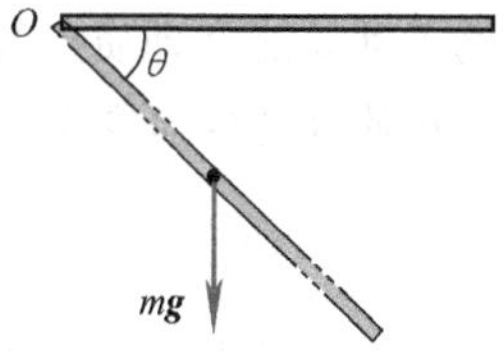

图　3-8

解：轴的支撑力对轴不产生力矩，重力矩便是杆受到的外力矩。细杆沿顺时针方向转动，规定转轴正方向垂直纸面向里，有

$$M = mg\frac{l}{2}\sin\left(\frac{\pi}{2} - \theta\right) = mg\frac{l}{2}\cos\theta$$

由转动定律得

$$\beta=\frac{M}{J}=\frac{3g\cos\theta}{2l}$$

上式表明，随着杆向下转动，力矩越来越小，角加速度与其同步减小。

由于角加速度这一结果不显含时间，所以用分式变换将其改写

$$\beta=\frac{\mathrm{d}\omega}{\mathrm{d}t}=\frac{\mathrm{d}\omega}{\mathrm{d}\theta}\frac{\mathrm{d}\theta}{\mathrm{d}t}=\omega\frac{\mathrm{d}\omega}{\mathrm{d}\theta}$$

因此有

$$\int_0^\omega\omega\mathrm{d}\omega=\frac{3g}{2l}\int_0^\theta\cos\theta\mathrm{d}\theta$$

于是，杆转到任意位置处的角速度为

$$\omega=\sqrt{\frac{3g}{l}\sin\theta}$$

此时，质心处的线速度为

$$v=\frac{l}{2}\omega=\frac{1}{2}\sqrt{3gl\sin\theta}$$

转到竖直位置时其角速度和质心处线速度均达到最大值。

第三节　刚体定轴转动的功能关系

一、转动动能

刚体绕定轴转动时的动能称为转动动能。设刚体以角速度 ω 绕定轴转动，其中每一质元都在各自转动平面内以角速度 ω 做圆周运动。假设刚体上某一质元的质量为 Δm_i，该质元相对于转轴的位置矢量为 $\boldsymbol{r}_i$，它的线速度为 $v_i=r_i\omega$，则该质元的动能为 $\Delta m_iv_i^2/2=\Delta m_i(r_i\omega)^2/2$，整个刚体的总动能等于所有质元的动能之和，即

$$E_{\mathrm{k}}=\sum_i\frac{1}{2}\Delta m_i(r_i\omega)^2=\frac{1}{2}(\sum_i\Delta m_ir_i^2)\omega^2$$

由于 $J=\sum_i\Delta m_ir_i^2$，所以上式可以写成

$$E_{\mathrm{k}}=\frac{1}{2}J\omega^2 \tag{3-14}$$

这说明：**刚体绕定轴转动时的转动动能等于刚体的转动惯量与角速度二次方乘积的一半**。与物体的平动动能（即质点的动能）$mv^2/2$ 相比较，两者形式上十分相似，其中转动惯量与质量相对应，角速度与线速度相对应。由于转动惯量与轴的位置有关，因此转动动能也与轴的位置有关。

二、力矩的功

与力对质点做功相类似，刚体在力矩的作用下发生转动时，刚体有角位移，我们就说力矩做了功。力矩做功的实质仍然是力做功。

如图 3-9 所示，在转动平面内，力 $\boldsymbol{F}$ 作用于质点 P 上，质点发生位移 $\mathrm{d}\boldsymbol{r}$，此时根据上一章的定义可知，力对该质点所做的元功为

$$\mathrm{d}W=\boldsymbol{F}\cdot\mathrm{d}\boldsymbol{r}=F_\tau\,\mathrm{d}s=F\sin\varphi r\mathrm{d}\theta$$

其中 $M=F\sin\varphi r$，这样，元功也可以写成

$$dW=Md\theta$$

表明力矩所做的元功等于力矩和角位移的乘积。力对刚体做的功也可以看成是力矩对刚体所做的功，二者是等价的。

类比力做功的定义，恒力矩做的功为

$$W=M\Delta\theta \tag{3-15}$$

变力矩做的功为

$$W=\int dW=\int_{\theta_0}^{\theta}Md\theta \tag{3-16}$$

力矩的功率为

$$P=\frac{dW}{dt}=M\frac{d\theta}{dt}=M\omega \tag{3-17}$$

当输出功率一定时，力矩与角速度成反比。

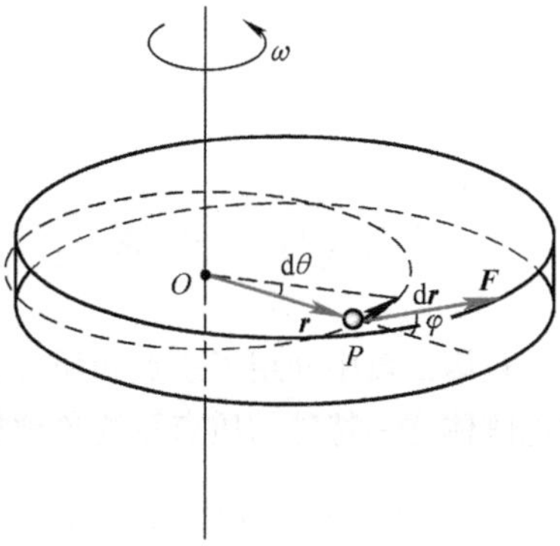

图　3-9

三、刚体定轴转动的动能定理

力对质点做功能改变质点的动能，由于力矩做功与力做功等价，所以力矩对刚体做功同样能改变刚体转动的动能。

设刚体所受合外力矩为 M，刚体的角位置在从 θ_0 转动到 θ 的过程中，根据定义，力矩对刚体所做的功为

$$W=\int_{\theta_0}^{\theta}Md\theta=\int_{\omega_0}^{\omega}J\omega d\omega=\frac{1}{2}J\omega^2-\frac{1}{2}J\omega_0^2 \tag{3-18}$$

此式表明：**合外力矩对定轴转动刚体所做的功等于刚体转动动能的增量**。这就是**刚体定轴转动时的动能定理**。

例 3-4　如图 3-10 所示，一质量为 m、长为 l 的均匀细棒 OA，可绕固定点 O 在竖直平面内转动。今使棒从水平位置开始自由下摆，求棒摆到与水平位置成 30°角时中心点 C 和端点 A 的速度。

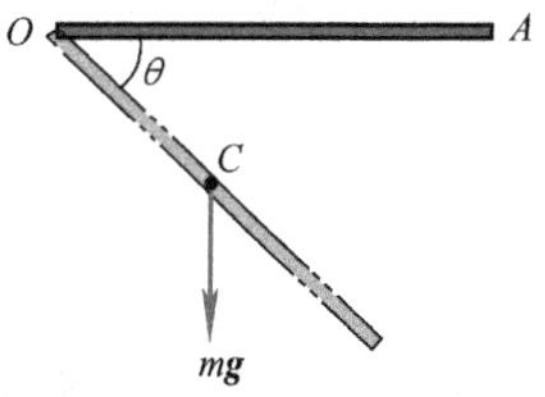

图　3-10

解：棒受力如图 3-10 所示，其中重力 mg 对 O 轴力矩的大小等于 $mg\cdot(l/2)\cdot\cos\theta$，轴的支持力对 O 轴的力矩为零。由转动动能定理，有

$$\int_0^{\frac{\pi}{6}}mg\frac{l}{2}\cos\theta d\theta=\frac{1}{2}J\omega^2-\frac{1}{2}J\omega_0^2=\frac{1}{2}J\omega^2 \tag{1}$$

等式左边的积分为重力矩的功，即

$$W=\int_0^{\frac{\pi}{6}}mg\frac{l}{2}\cos\theta d\theta=\frac{l}{4}mg=-mg(h_{C末}-h_{C初})$$

式中，h_C 表示质心相对重力势能零点的高度。这说明，重力矩所做的功也等于棒的质心 C 的重力势能增量的负值。可以证明：刚体的重力势能等于将刚体的全部质量都集中在质心处时所具有的重力势能，而与刚体的方位无关。

将 $W=mgl/4$ 及 $J=ml^2/3$ 代入式（1），得

$$\omega=\sqrt{\frac{3g}{2l}}$$

则中心点 C 和端点 A 的速度分别为

$$v_C = \omega \frac{l}{2} = \frac{1}{4}\sqrt{6gl} \tag{2}$$

$$v_A = \omega l = \frac{1}{2}\sqrt{6gl} \tag{3}$$

第四节　刚体定轴转动的角动量定理和角动量守恒定律

在第二章中介绍了质点和质点系的角动量、角动量定理和角动量守恒定律，本节我们再来讨论刚体这一特殊的质点系的角动量、角动量定理和角动量守恒定律。

一、刚体对轴的角动量

刚体定轴转动时对轴的角动量就是刚体上各质元对该轴的角动量之和。设刚体上某质元的质量为 Δm_i，其到轴的距离为 r_i，转动的角速度为 ω，则该质元对转轴的角动量大小为

$$L_i = \Delta m_i r_i^2 \omega \tag{3-19}$$

方向沿转轴方向。由于刚体上各质元都在各自的转动平面以相同的角速度做圆周运动，且各质元对转轴的角动量方向都相同，于是可把上式对组成刚体的所有质元求和，得

$$L = \sum_i L_i = \sum_i (\Delta m_i r_i^2 \omega) = (\sum_i \Delta m_i r_i^2)\omega = J\omega$$

$$L = J\omega \tag{3-20}$$

式（3-20）就是这个**刚体对轴的角动量，即刚体对某定轴的角动量等于刚体对该轴的转动惯量与角速度的乘积，方向沿该转动轴，并与这时转动的角速度方向相同**。

二、刚体定轴转动的角动量定理

在经典力学中，对于给定的转轴，刚体的转动惯量为常量。由转动定律，有

$$M = J\beta = J\frac{\mathrm{d}\omega}{\mathrm{d}t} = \frac{\mathrm{d}(J\omega)}{\mathrm{d}t} = \frac{\mathrm{d}L}{\mathrm{d}t}$$

$$M = \frac{\mathrm{d}L}{\mathrm{d}t} \tag{3-21}$$

式（3-21）说明，**定轴转动的刚体所受的合外力矩等于此时刚体角动量对时间的变化率**。这就是刚体定轴转动的**角动量定理的微分形式**。

设 t_0 时刻刚体的角速度为 ω_0，角动量为 L_0，t 时刻刚体的角速度为 ω，角动量为 L。把式（3-20）分离变量并积分，可得

$$\int_{t_0}^{t} M\mathrm{d}t = \int_{L_0}^{L} \mathrm{d}L = L - L_0 = J\omega - J\omega_0 \tag{3-22}$$

上式说明，**定轴转动的刚体所受合外力矩的冲量矩等于刚体在这段时间内对该轴的角动量的增量**，它是**刚体定轴转动的角动量定理的积分形式**。由于在定轴转动中刚体的转动惯量保持不变，所以力矩的持续作用仅仅改变刚体转动的角速度。

三、刚体定轴转动的角动量守恒定律

由式（3-22）可知，若 $M=0$，即刚体所受的外力矩为零，则有

$$J\omega = J\omega_0$$

上式表明，**当外力对某轴的力矩之和为零时，该刚体对同一轴的角动量守恒**，这就是**刚体定轴转

动的角动量守恒定律。

在推导式（3-21）时，我们强调了转动惯量在转动过程中是不变的，但是我们可以证明，当转动的物体不能视为刚体，即物体的转动惯量不是常数时，只要物体的各部分以同一角速度 ω 绕该轴转动，式（3-21）依然成立。其积分式（3-22）相应地变为

$$\int_{t_0}^{t} M\mathrm{d}t = J\omega - J_0\omega_0$$

若刚体所受的合外力矩为零，即 $M=0$，则有

$$J\omega = J_0\omega_0 \tag{3-23}$$

就是说，**若外力对某轴的力矩之和为零，则该物体对同一轴的角动量守恒。这就是对轴的角动量守恒定律。**

对轴的角动量守恒定律在生产、生活和科技活动中的应用极广。现仅从两方面做一些原理上的说明。

1）对于定轴转动的刚体，在转动过程中，若转动惯量 J 始终保持不变，只要满足合外力矩等于零，则刚体转动的角速度也就保持不变，即原来静止的保持静止，原来做匀角速度转动的仍做匀角速度转动。例如，在飞机、火箭、轮船上用作定向装置的回转仪就是利用这一原理制成的。

如图 3-11 所示，回转仪由内外两个环组成支架，这两个环可分别绕相互垂直的两个轴转动。这样，中心的陀螺在高速转动时，所受的外力均通过转轴，外力矩为零，所以角动量守恒，也就是转轴的方向始终保持不变，即使支架发生转动或其他变化，都不会影响转轴的方向。所以常在军事上被用来作为定向装置，并且这种定向性还不会受到地磁场和其他磁场的影响。在航行时，只要将飞行方向与回转仪的自转轴方向核定，自动驾驶仪就会立即确定现在航行方向与预定方向间的偏离，从而及时纠正航行。

2）对于定轴转动的非刚性物体，其上各质元对转轴的距离可以改变，即转动惯量 J 是可变的。当满足合外力矩等于零时，物体对轴的角动量守恒，即 $J\omega=$ 常矢量。这时 ω 与 J 成反比，即 J 增加时，ω 就变小；J 减少时，ω 就增大。例如，花样滑冰运动员和芭蕾舞演员在做旋转运动时，对竖直轴而言，没有外力矩作用，系统对竖直轴的角动量守恒，如图 3-12 所示，收紧双臂，质量分布靠近转轴，转动惯量 J 变小，旋转角速度增大；伸展双臂，质量分布远离转轴，转动惯量 J 增加，旋转角速度减小。

如果研究对象是相互关联的质点、刚体所组成的物体组，也可推得，当物体组对某一定轴的合外力矩等于零时，整个物体组对该轴的角动量守恒。这时有

$$\sum J\omega + \sum rmv\sin\varphi = \text{常数} \tag{3-24}$$

图　3-11

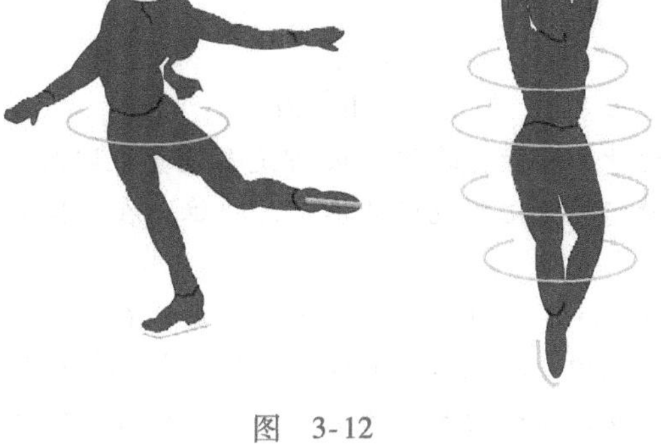

图　3-12

这个式子在求解有关力学题时常常用到。

为便于读者对刚体的定轴转动有一个较系统的理解，表 3-2 列出了质点平动和刚体定轴转动的一些重要公式。

表 3-2 质点平动与刚体定轴转动的动力学规律对照表

质 点	刚体（定轴转动）
力 $\boldsymbol{F}$，质量 m	力矩 $\boldsymbol{M}=\boldsymbol{r}\times\boldsymbol{F}$，转动惯量 $J=\int_m r^2\mathrm{d}m$
牛顿第二定律 $\boldsymbol{F}=m\boldsymbol{a}$	转动定律 $\boldsymbol{M}=J\boldsymbol{\beta}$
动量 $\boldsymbol{p}=m\boldsymbol{v}$，冲量 $\boldsymbol{I}=\int\boldsymbol{F}\mathrm{d}t$	角动量 $\boldsymbol{L}=J\boldsymbol{\omega}$，冲量矩为 $\int\boldsymbol{M}\mathrm{d}t$
动量定理 $\int_{t_0}^{t}\boldsymbol{F}\mathrm{d}t=m\boldsymbol{v}-m\boldsymbol{v}_0$	角动量定理 $\int_{t_0}^{t}\boldsymbol{M}\mathrm{d}t=J\boldsymbol{\omega}-J\boldsymbol{\omega}_0$
动量守恒定律 $\sum\boldsymbol{F}_i=0$，$\sum m\boldsymbol{v}_i=$ 常矢量	角动量守恒定律 $\boldsymbol{M}=0$，$\sum J_i\omega_i=$ 常矢量
平动动能 $E_\mathrm{k}=\frac{1}{2}mv^2$	转动动能 $E_\mathrm{k}=\frac{1}{2}J\omega^2$
力的功 $W=\int_a^b\boldsymbol{F}\cdot\mathrm{d}\boldsymbol{r}$	力矩的功 $W=\int_{\theta_0}^{\theta}M\mathrm{d}\theta$
动能定理 $W=\frac{1}{2}mv^2-\frac{1}{2}mv_0^2$	动能定理 $W=\frac{1}{2}J\omega^2-\frac{1}{2}J\omega_0^2$

例 3-5 利用角动量守恒定律推导开普勒行星第二定律：行星对太阳的位矢在相等的时间内扫过的面积相同。

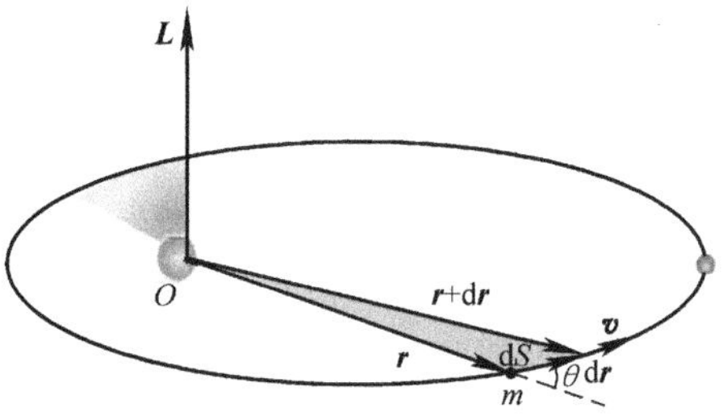

图 3-13

解：如图 3-13 所示，设以太阳中心为坐标原点，行星因为受到太阳引力的作用而发生运动，引力方向始终指向圆心，属于有心力，所以力矩为零，行星对原点的角动量 $\boldsymbol{L}$ 保持不变，有

$$L=rmv\sin\theta=mr\frac{|\mathrm{d}\boldsymbol{r}|}{\mathrm{d}t}\sin\theta$$

由于时间间隔很短，所以可以近似认为 $r|\mathrm{d}\boldsymbol{r}|\sin\theta$ 等于阴影部分三角形的面积，也就是位矢扫过的面积的两倍，设阴影部分面积为 $\mathrm{d}S$，有

$$L=2m\frac{\mathrm{d}S}{\mathrm{d}t}$$

即

$$\frac{\mathrm{d}S}{\mathrm{d}t}=\frac{L}{2m}$$

式中，角动量 L 和行星的质量 m 都是不变量，因此行星位矢扫过的面积对时间的变化率就保持不变，即位矢在相同时间内扫过的面积相同。

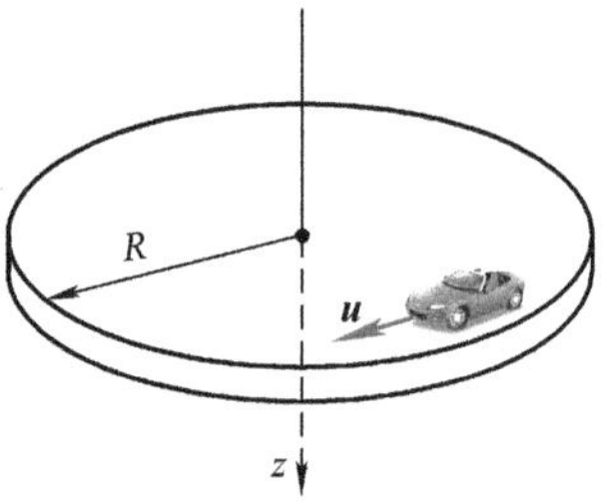

图 3-14

例 3-6 如图 3-14 所示，一辆汽车静止在一个水平的转台边缘，转台可绕中心轴无摩擦地转动。假设转台的转动惯量为 J，汽车的质量为 m，转台的半径为 R。当汽车相对于转台以速度 $\boldsymbol{u}$ 沿

边缘运动时，求转台的转动角速度。

解：由于转台和汽车这个系统所受的外力矩为零，所以整个系统的角动量守恒。设汽车的角速度方向为正方向，以地面为参考系。初态：系统角速度为零，所以系统的角动量也为零；末态：设转台角动量为 $J\omega$，汽车的角动量 $mR(u+\omega R)$。根据角动量守恒定律有

$$mRu + mR^2\omega + J\omega = 0$$

$$\omega = -\frac{mRu}{mR^2 + J}$$

式中的负号表明转台转动方向与汽车运动方向相反。

例 3-7　如图 3-15 所示，一长为 l、质量为 m 的匀质杆，可绕光滑轴 O 在铅直面内摆动。初始时刻，杆静止，一颗质量为 m_0 的子弹以水平速度 $\boldsymbol{v}_0$ 射入与轴相距为 a 处的杆内，并留在杆中，使得杆能够上偏 $\theta=30°$，求子弹的初速度 $\boldsymbol{v}_0$ 的大小。

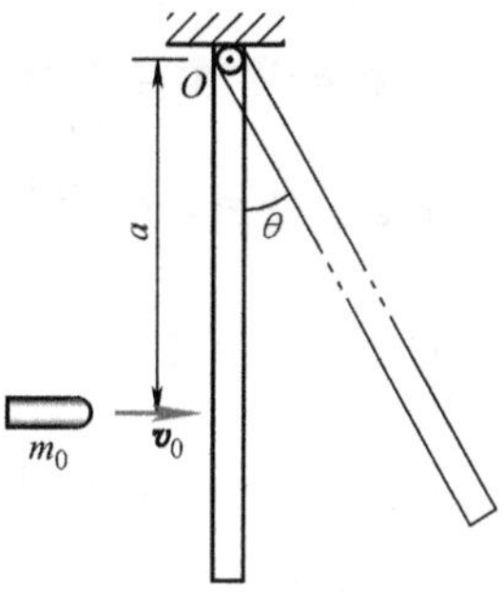

图　3-15

解：分为两个过程来讨论。第一个过程是子弹打杆的瞬间，与子弹打砂箱问题不同，因为杆为刚性的，所以杆和子弹组成的系统水平方向外力不为零（轴对杆作用力的大小和方向均在变化），但是由于此力过转轴，对轴的力矩为零，所以这一过程中，系统角动量守恒

$$m_0 v_0 a = J\omega \tag{1}$$

第二个过程是子弹留在杆内使得杆和子弹获得了相同的角速度，一起向上摆动，这一过程若将地球考虑在内，则系统中只有保守内力——重力做功，所以机械能守恒。设固定点 O 为重力势能零点（势能零点最好选在固定点，以便迅速写出各种状态的重力势能），则

$$\frac{1}{2}J\omega^2 - m_0 ga - mg\frac{l}{2} = -m_0 ga\cos\theta - mg\frac{l}{2}\cos\theta \tag{2}$$

其中

$$J = \frac{1}{3}ml^2 + m_0 a^2$$

将 $\theta=30°$代入，联立式（1）、式（2）求得

$$v_0 = \frac{1}{m_0 a}\sqrt{\frac{2-\sqrt{3}}{6}(ml+2m_0 a)(ml^2+3m_0 a^2)g}$$

本 章 提 要

一、刚体定轴转动运动学

1. 角量描述

角坐标：θ；

角位移：$\Delta\theta$；

角速度：$\omega = \dfrac{d\theta}{dt}$；

角加速度：$\beta = \dfrac{d\omega}{dt} = \dfrac{d^2\theta}{dt^2}$。

2. 线量与角量的关系：$v = r\omega$，$a_\tau = r\beta$，$a_n = \dfrac{v^2}{r} = r\omega^2$。

二、刚体定轴转动动力学

1. 刚体定轴转动的转动定律——力矩的瞬时作用规律

力矩：$\boldsymbol{M}=\boldsymbol{r}\times\boldsymbol{F}$；

转动惯量：$J=\sum_i \Delta m_i r_i^2, J=\int_V r^2\mathrm{d}m$；

刚体定轴转动的转动定律：$M=J\beta=J\dfrac{\mathrm{d}\omega}{\mathrm{d}t}$。

2. 刚体定轴转动的动能定理——力矩对空间的积累效应

力矩的功：$W=\int_{\theta_0}^{\theta} M\mathrm{d}\theta$；

力矩的功率：$P=\dfrac{\mathrm{d}W}{\mathrm{d}t}=M\omega$；

定轴转动的转动动能：$E_\mathrm{k}=\dfrac{1}{2}J\omega^2$；

定轴转动的动能定理：$W=\int_{\theta_0}^{\theta} M\mathrm{d}\theta=\dfrac{1}{2}J\omega^2-\dfrac{1}{2}J\omega_0^2$；

机械能守恒定律：当外力与非保守内力做功代数和为零时，系统机械能保持不变，即 $E=E_0$ 或 $E_\mathrm{k}+E_\mathrm{p}=E_{\mathrm{k}0}+E_{\mathrm{p}0}$，此时动能中既包含平动动能，还包含转动动能。

3. 刚体定轴转动的角动量定理——力矩对时间的积累效应

质点的角动量（动量矩）：$\boldsymbol{L}=\boldsymbol{r}\times m\boldsymbol{v}$；

刚体定轴转动的角动量（动量矩）：$L=J\omega$；

刚体定轴转动的角动量定理：$\int_{t_0}^{t} M\mathrm{d}t=L-L_0=J\omega-J\omega_0$；

角动量守恒定律：若 $M=\sum_i M_i=0$，则 $L=\sum_i L_i=$ 常量。

思考与练习（三）

一、单项选择题

3-1. 有两个力作用在一个有固定转轴的刚体上，下列说法中正确的是（　　）。

（A）当这两个力都平行于轴作用时，它们对轴的合力矩一定是零

（B）当这两个力都垂直于轴作用时，它们对轴的合力矩一定是零

（C）当这两个力的合力为零时，它们对轴的合力矩一定是零

（D）当这两个力对轴的合力矩为零时，它们的合力一定是零

3-2. 关于刚体对轴的转动惯量，下列说法中正确的是（　　）。

（A）只取决于刚体的质量，与质量的空间分布和轴的位置无关

（B）取决于刚体的质量和质量的空间分布，与轴的位置无关

（C）取决于刚体的质量、质量的空间分布和轴的位置

（D）只取决于转轴的位置，与刚体的质量和质量的空间分布无关

3-3. 关于力矩有以下几种说法：

（1）对某个定轴转动的刚体而言，内力矩不会改变刚体的角加速度；（2）一对作用力和反作用力对同一轴的力矩之和必为零；（3）质量相等、形状和大小不同的两个刚体，在相同力矩的作用下，它们的运动状态一定相同。

对上述说法，下列判断正确的是：（　　）。

（A）只有（2）是正确的　　（B）（1）、（2）是正确的

（C）（2）、（3）是正确的　　（D）（1）、（2）、（3）都是正确的

3-4. 质量为 m 的匀质圆盘半径为 R，过中心垂直盘面的轴转动，角速度为 ω，若其角动量大小为 L，则（　　）。

（A）$L=mR^2\omega$　（B）$L=\frac{1}{2}mR^2\omega$　（C）$L=\frac{1}{2}mR^2\omega^2$　（D）$L=\frac{1}{4}mR^2\omega^2$

3-5. 若质点的质量为 m，速度为 $\boldsymbol{v}$，相对于转动中心的位置矢量为 $\boldsymbol{r}$，则此质点相对于转动中心的角动量为（　　）。

（A）$mv\boldsymbol{r}$　（B）$mv^2\boldsymbol{r}$　（C）$m\boldsymbol{v}\times\boldsymbol{r}$　（D）$\boldsymbol{r}\times m\boldsymbol{v}$

3-6. 如选择题 3-6 图所示，均匀木棒 OA 可绕过其端点 O 并与棒垂直的水平光滑轴转动。令棒从水平位置开始下落，在棒转到竖直位置的过程中，下列说法中正确的是（　　）。

（A）角速度从小到大，角加速度从小到大

（B）角速度从小到大，角加速度从大到小

（C）角速度从大到小，角加速度从大到小

（D）角速度从大到小，角加速度从小到大

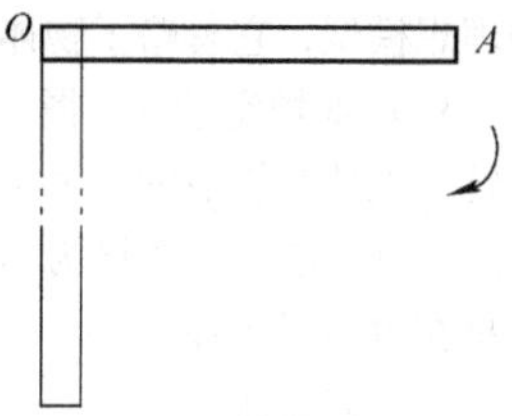

选择题 3-6 图

3-7. 花样滑冰运动员绕自身轴转动，开始两臂伸开，转动惯量为 J_0，角速度为 ω_0，当两臂收拢使转动惯量为$\frac{1}{3}J_0$ 时，转动角速度为（　　）。

（A）$\frac{1}{3}\omega_0$　（B）$\frac{1}{\sqrt{3}}\omega_0$　（C）$3\omega_0$　（D）$\sqrt{3}\omega_0$

3-8. 如选择题 3-8 图所示，质点沿直线 AB 做匀速运动，A、B 为轨道直线上的任意两点，O 为线外的任一定点，(可视为垂直纸面的轴与纸面的交点)。L_A 和 L_B 代表质点在 A、B 两点处对定点 O 的角动量，则（　　）。

（A）L_A、L_B 方向不同，但 $L_A=L_B$

（B）L_A、L_B 方向相同，但 $L_A\neq L_B$

（C）L_A、L_B 的方向和大小都不相同

（D）L_A、L_B 的方向和大小都相同

3-9. 如选择题 3-9 图，一绳穿过水平光滑桌面中心的小孔连接桌面上的小物块。令物块先在桌面上做以小孔为圆心的圆周运动，然后将绳的下端缓慢向下拉，则小物块（　　）。

（A）动量、动能、角动量都改变

（B）动量不变，动能、角动量都改变

（C）动能不变，动量、角动量都改变

（D）角动量不变，动量、动能都改变

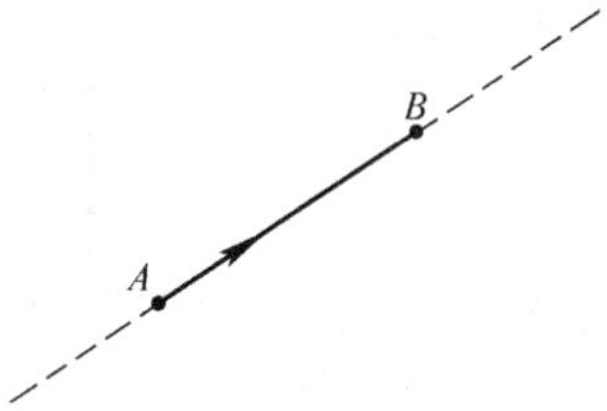

选择题 3-8 图

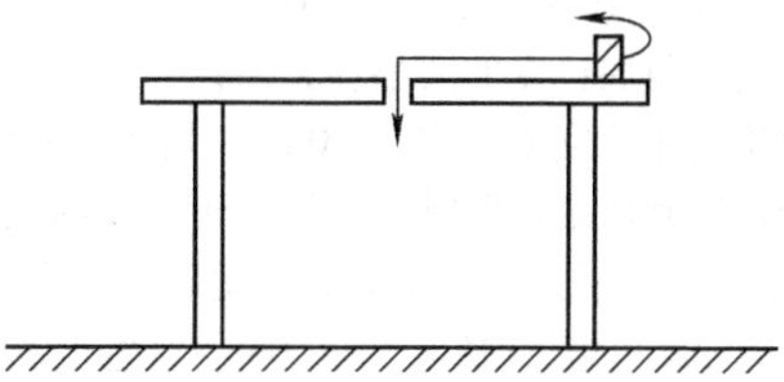

选择题 3-9 图

二、填空题

3-1. 想使质量一定的飞轮在转动时的动能大，制作飞轮时，使质量如何分布？________。

3-2. 刚体的转动惯量是用来描述刚体的什么性质？________。

3-3. 长为 l、质量为 m 的匀质细杆，以角速度 ω 绕过杆端点垂直于杆的水平轴转动，杆绕转动轴的动能为________，角动量为________。

3-4. 一人站在转动的转台上，在他伸出的两手中各握有一个重物，若此人向着胸部缩回他的双手及重物，忽略所有摩擦，则系统的转动角速度________，系统的动量矩________，系统的转动动能________。（填增大、减小或保持不变）

3-5. 采用理想模型是物理学研究问题的常用方法之一，忽略次要问题，从而使问题简化。质点就是一种理想模型，它忽略了物体的________。在本学期的学习中，还有________是物理模型（填一个）。

3-6. 如填空题 3-6 图所示，人造地球卫星绕地球沿椭圆轨道运转，地球在轨道的一个焦点上。A、B 分别为轨道的远地点和近地点，到地心的距离设为 r_A 和 r_B。若卫星在 A 点的速率为 v_A，则卫星在 B 点的速率为 $v_B =$________。

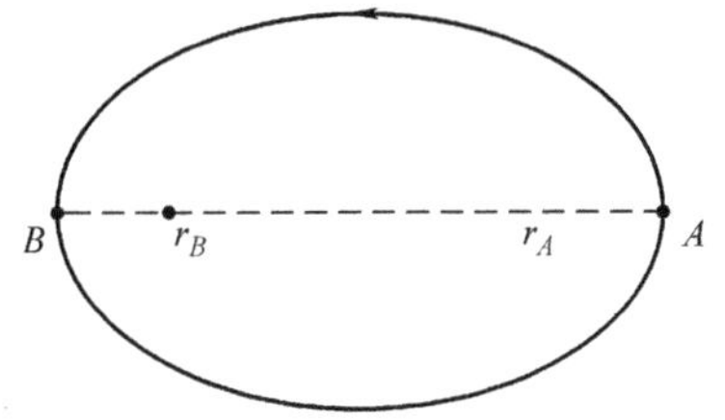

填空题 3-6 图

三、问答题

3-1. 刚体绕定轴转动的转动定律的内容是什么？它与解决质点动力学中的哪个基本定律作用和地位相同？

3-2. 刚体的转动惯量反映了刚体自身的什么性质？它与哪些因素有关？

3-3. 在求刚体所受合外力矩时，能否先求出刚体所受合外力，再求合外力对转轴的力矩？说明理由。

3-4. 一个圆环和一个圆盘半径相等，质量相同，均可绕过中心、垂直于环和盘面的轴转动，开始时静止。在相同时间内，对两者施以相同的力矩时哪个转得更快些？

3-5. 有人握着哑铃两手伸开，坐在以一定角速度转动的凳子上（摩擦力可忽略不计），若此人把手缩回使转动惯量减为原来的一半，则角速度怎样变化？转动动能增加还是减少？为什么？

3-6. 一人站在水平转台上，转台可绕竖直轴做无摩擦转动，当人在转台上随意行走时，人和转台系统动量是否守恒？机械能是否守恒？角动量是否守恒？

3-7. 一个刚体所受合外力为零，其合力矩是否也一定为零？如果合外力矩为零，其合外力是否一定为零？

3-8. 一定滑轮半径为 0.1m，相对中心轴的转动惯量为 $1\times10^{-3}\mathrm{kg\cdot m^2}$。一变力 $F=0.5t$(SI)沿切线方向作用在滑轮的边缘上，如果滑轮最初处于静止状态，忽略轴承的摩擦。试求它在 1s 末的角速度。

3-9. 一质量为 m'、半径为 R 的圆柱体，可绕与其几何轴重合的水平固定轴转动（转动惯量 $J=m'R^2/2$）。现以一不能伸长的轻绳绕于柱面上，而在绳的下端悬一质量为 m 的物体。不计圆柱体与轴之间的摩擦，求：（1）物体自静止下落，5s 内下降的距离；（2）绳中的张力。

3-10. 一轴承光滑的定滑轮，质量为 m'，半径为 R，一根不能伸长的轻绳，一端固定在定滑轮上，另一端系有一质量为 m 的物体，如问答题 3-10 图所示。已知定滑轮的转动惯量为 $J=m'R^2/2$，其初角速度为 ω_0，方向垂直纸面向里。求：

（1）定滑轮的角加速度的大小和方向；

（2）定滑轮的角速度变化到 $\omega=0$ 时，物体上升的高度；

（3）当物体回到原来位置时，定滑轮角速度的大小和方向。

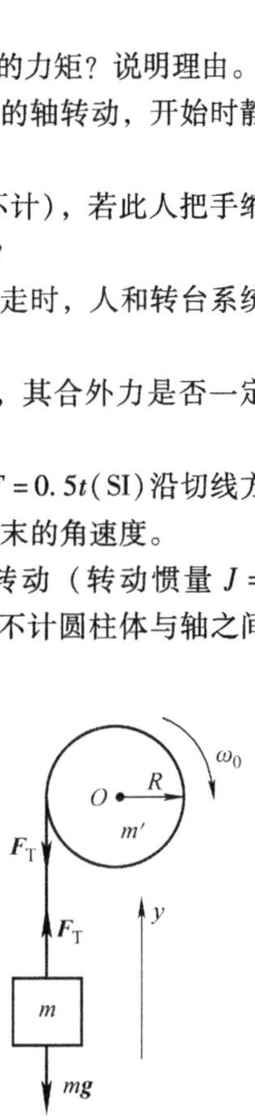

问答题 3-10 图

3-11. 一根放在水平光滑桌面上的匀质棒，可绕通过其一端的竖直固定光滑轴 O 转动。棒的质量 $m=1.5\mathrm{kg}$，长度 $l=1.0\mathrm{m}$，对轴的转动惯量 $J=ml^2/3$。初始时棒静止。今有一水平运动的子弹垂直地射入棒的另一端，并留在棒中，如问答题 3-11 图所示。子弹的质量 $m'=0.020\mathrm{kg}$，速率 $v=400\mathrm{m\cdot s^{-1}}$。试问：

（1）棒开始和子弹一起转动时角速度有多大？

（2）若棒转动时受到大小为 $M=4.0\mathrm{N}\cdot\mathrm{m}$ 的恒定阻力矩作用，棒能转过多大的角度？

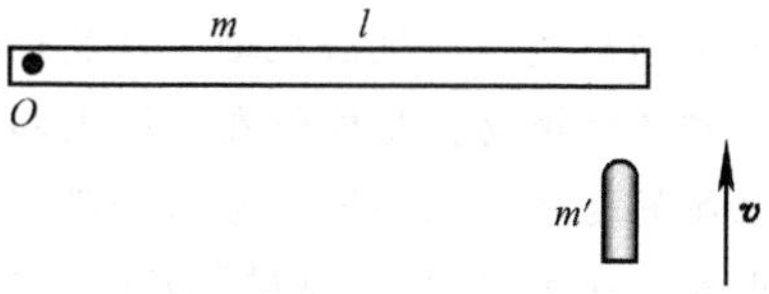

问答题 3-11 图

3-12. 如问答题3-12图所示，质量为 m、长为 l 的匀质细杆可绕光滑水平轴在竖直面内转动。若使杆受到扰动从竖直位置开始转动，求杆转至任意位置（与水平方向成 θ 角）时的角速度？

3-13. 一质量为 m、长为 l 的匀质细杆可绕其一端并与杆垂直的水平轴转动，如问答题3-13图所示。开始时杆处在水平位置，然后由静止状态被释放。求杆转至竖直位置时的转动动能及杆下端的线速度大小。

3-14. 如问答题3-14图所示，质量为 m 的小球系于轻绳一端，以角速度 ω_0 在光滑水平面上做半径为 r_0 的圆周运动。绳的另一端穿过中心小孔并受铅直向下的拉力，当半径变为 $r_0/2$ 时，试求此刻小球角速度和拉力在此过程中所做的功。

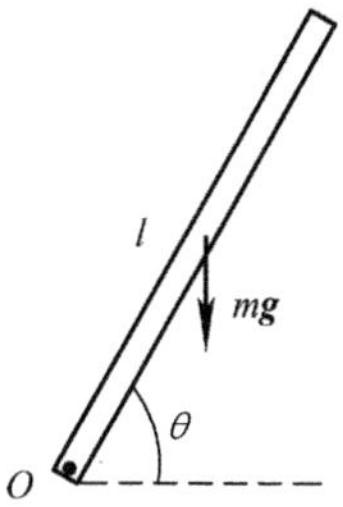

问答题 3-12 图

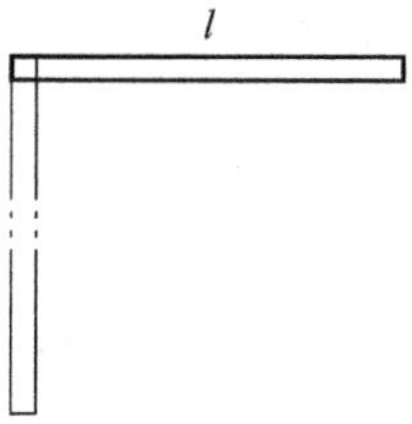

问答题 3-13 图

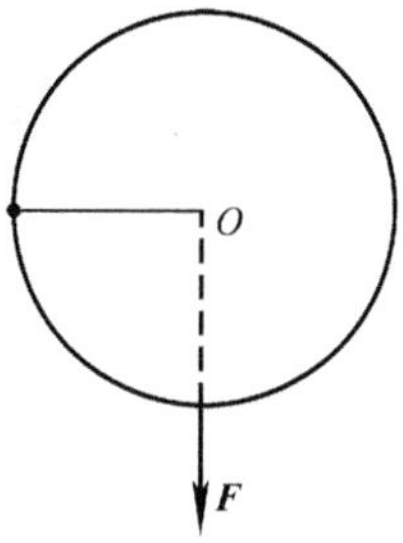

问答题 3-14 图

物质的运动形式多种多样，如之前介绍的直线运动、曲线运动等，在本章我们研究另一种常见的运动形式——机械振动，以及机械振动在介质中的传播形式——机械波。

广义的振动，指任何在时间上和空间上的往复运动，如血液的循环，股票大盘的振荡，行星绕恒星的运转、电磁场中电场和磁场的周期性变化等。振动广泛存在于机械、电磁、热和原子等宏观和微观运动中。而**机械振动指的是物体在一定位置附近所做的周期性往复运动**，它局限在一定的空间范围内往返运动，如心脏的跳动、钟摆的摆动、活塞的往复运动等。

振动在空间的传播过程称为波动，因此，振动和波动是紧密相连的两种物质运动形式。如声波、水波、地震波等，都是机械振动在弹性介质中的传播过程。

本章将研究机械振动的基本规律，并在此基础上进一步讨论机械振动在弹性介质中的传播规律，即机械波。其主要概念和规律对电磁振荡、电磁波以及物质波也是适用的。

第四章　机械振动　机械波

第一节　简谐振动

机械振动的形式多种多样，情况比较复杂，其中最简单、最基本也是最重要的振动形式是简谐振动，任何复杂的机械振动均可看成是若干简谐振动合成的结果。下面我们以弹簧振子为例，研究简谐振动的规律。

一、弹簧振子模型

如图4-1所示，轻质弹簧（质量可忽略不计）的一端固定，另一端连接一个质量为 m 的物体（可视为质点），物体放在光滑的水平面上。这样的弹簧与物体所组成的系统称为**弹簧振子**。当弹簧为原长时，物体所受合外力为零，称此时物体质心的位置为平衡位置，记为坐标原点 O。让物体发生位移之后释放，物体就会在平衡位置附近作往复运动，这种周期性运动就是**简谐振动**。很明显，弹簧振子是一个理想化模型。

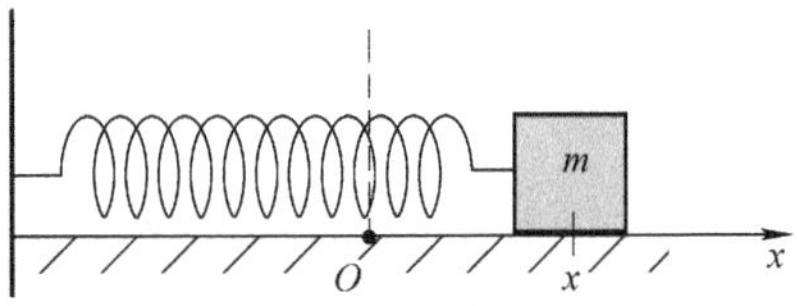

图4-1　弹簧振子

二、简谐振动的特征

取水平向右为坐标轴正方向，根据胡克定律，物体在任意位置所受到的合外力为

$$F=-kx \tag{4-1}$$

式中，k 为弹簧的劲度系数，由弹簧自身的性质（比如弹簧的材料、形状、大小等）决定；x 为物体离开平衡位置的位移，也是物体所在点的坐标。负号表示合外力方向与位移的方向相反，或者说合外力始终指向平衡位置，由于力和位移满足线性关系，所以我们将具有这样特点的力称为线性回复力。

根据牛顿第二定律，物体的加速度为

$$a=\frac{F}{m}=-\frac{k}{m}x \tag{4-2}$$

对于给定的弹簧振子，劲度系数 k 和物体质量 m 都是常量，而且都是正值，它们的比值可以用另一个常量 ω 的二次方表示，即

$$\omega^2=\frac{k}{m} \tag{4-3}$$

称 ω 为**角频率**。

这样，式（4-2）可写成

$$a=-\omega^2 x \tag{4-4}$$

上式说明，**弹簧振子的加速度 a 与位移的大小 x 成正比，而方向相反。人们把具有这种特征的振动叫作简谐振动**。

三、简谐振动的方程

根据牛顿第二定律，式（4-1）可写为

$$m\frac{d^2x}{dt^2}=-kx \tag{4-5}$$

将其整理并改写成

$$\frac{d^2x}{dt^2}+\omega^2x=0 \tag{4-6}$$

式（4-6）就是描述**简谐振动的运动微分方程**。这是二阶常系数线性齐次微分方程，很显然，它的通解是正弦或余弦函数形式，习惯上我们采用余弦形式，即

$$x=A\cos(\omega t+\varphi) \tag{4-7}$$

式（4-7）即为**简谐振动的运动学方程**。式中，A 为简谐振动的振幅，φ 为简谐振动的初相位，A 和 φ 的数值均由初始条件来确定；ω 为简谐振动的角频率，它们的物理意义将在下面的内容中讨论。从上述分析和推导过程看，式（4-5）、式（4-6）、式（4-7）完全是等价的，它们是判断某一运动是否是简谐振动的依据。

根据速度和加速度的定义，将式（4-7）分别对时间求一阶和二阶导数，便能得到物体运动的速度和加速度表达式

$$v=\frac{dx}{dt}=-A\omega\sin(\omega t+\varphi) \tag{4-8}$$

$$a=\frac{d^2x}{dt^2}=-A\omega^2\cos(\omega t+\varphi) \tag{4-9}$$

可以看出，物体做简谐振动时的速度和加速度也是随时间做周期性变化的，其最大值称为速度和加速度的幅值，分别为 $v_m=A\omega$ 和 $a_m=A\omega^2$。由式（4-7）、式（4-8）和式（4-9）可以作出如图 4-2 所示的 $x-t$ 图、$v-t$ 图、$a-t$ 图（$\varphi=0$）。

四、简谐振动的三个特征物理量

由式（4-7）可知，要想完整地描述一个简谐振动，必须知道振幅 A、角频率 ω 和初相位 φ。我们称这三个量为描述简谐振动的三个特征量。

1. 振幅 A

物体离开平衡位置最大位移的绝对值 A 称为简谐振动的**振幅**，它描述了振动物体往返运动的范围和幅度，反映了振动能量的大小，其值由物体运动的初始条件决定。

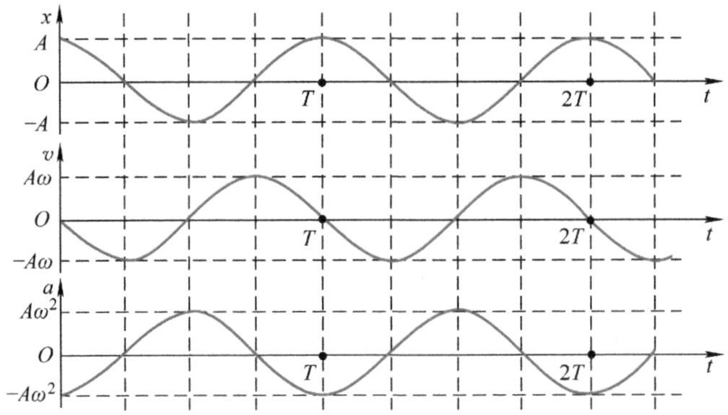

图 4-2 简谐振动的 $x-t$ 图、$v-t$ 图、$a-t$ 图

简谐振动的运动学方程和速度方程分别为式（4-7）和式（4-8），当 $t=0$ 时，初始条件为

$$\begin{cases} x_0 = A\cos\varphi \\ v_0 = -A\omega\sin\varphi \end{cases} \tag{4-10}$$

将两式平方再求和，即求出振幅

$$A = \sqrt{x_0^2 + \left(\frac{v_0}{\omega}\right)^2} \tag{4-11}$$

2. 周期、频率和角频率

物体完成一次全振动所用的时间为一个**周期**，用 T 表示，单位为秒（s）。单位时间内所完成的全振动的次数为**频率**，用 f 表示，单位为赫兹（Hz）。由于余弦函数周期为 2π，应有

$$x = A\cos(\omega t+\varphi) = A\cos[\omega(t+T)+\varphi] = A\cos(\omega t+\varphi+2\pi)$$

对比可得

$$\omega = \frac{2\pi}{T} = 2\pi f \tag{4-12}$$

很明显，ω 为 2π 秒内完成的全振动的次数，称为角频率（也称圆频率）。单位为弧度每秒（$\mathrm{rad\cdot s^{-1}}$）。

T、f 和 ω 均由振动系统自身的性质决定，所以又称为固有周期、固有频率和固有角频率。例如，弹簧振子的固有角频率为 $\omega=\sqrt{k/m}$。

3. 相位和初相位

在质点运动学中，物体在某一时刻的运动状态可用位置、速度和加速度来描述。从式（4-7）、式（4-8）和式（4-9）可以看出，当振幅和角频率一定时，描述简谐振动状态的物理量均由 $\omega t+\varphi$ 来确定，称之为**相位**。相位一旦给出，便可获得物体运动的全部信息。例如图 4-1中的弹簧振子，当相位 $\omega t_1+\varphi=\pi/2$ 时，$x=0$，$v=-\omega A$，即在 t_1 时刻物体在平衡位置，并以速率 ωA 向左运动；而当相位 $\omega t_2+\varphi=3\pi/2$ 时，$x=0$，$v=\omega A$，即在 t_2 时刻物体也在平衡位置，并以速率 ωA 向右运动。可见，在 t_1 和 t_2 两个时刻，由于振动的相位不同，物体的运动状态也不相同。

当 $t=0$ 时，相位 $\omega t+\varphi=\varphi$，故 φ 称为**初相位**，简称**初相**，它是决定初始时刻（即开始计时的起点）物体运动状态的物理量。例如：$\varphi=\pi/2$，则在 $t=0$ 时，由式（4-10）可分别得出 $x_0=0$，$v_0=-\omega A$，这表示在初始时刻，物体位于平衡位置，且以速率 ωA 向左运动。

初相位 φ 可由初始条件求得。将式（4-10）中两式做比较，可得

$$\tan\varphi = -\frac{v_0}{\omega x_0} \tag{4-13}$$

再利用 $v_0 = -A\omega\sin\varphi$ 的方向，便可确定初相位 φ 的取值。

例 4-1 如图 4-3 所示，一轻弹簧竖直悬挂，弹簧下端系一个质量 $m=1.0\text{kg}$ 的物体，平衡时可使弹簧伸长 $l=9.8\times10^{-2}\text{m}$。今使物体在平衡位置获得方向向下的初速度 $v_0=1\text{m}\cdot\text{s}^{-1}$，此后物体将在竖直方向运动。(1) 试证物体做简谐振动，并写出振动方程；(2) 求物体在任意时刻的速度和加速度及其最大值；(3) 求最大回复力。

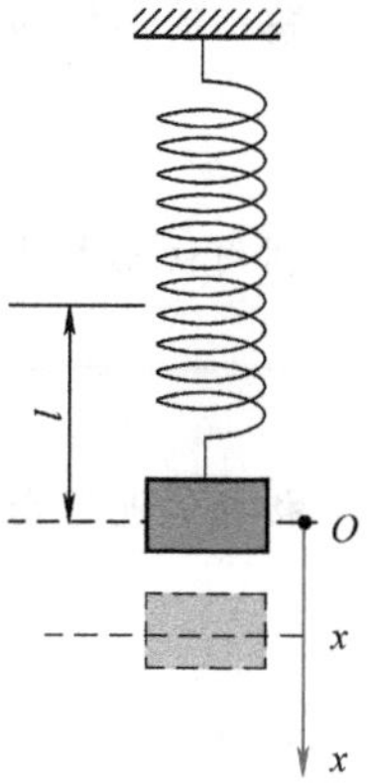

图 4-3 弹簧振子

解：(1) 求证一个系统是否做简谐振动，一般步骤为：

① 建坐标系，取物体受力的平衡位置为坐标原点，坐标轴方向任意选取，方向不同，则 φ_0 的取值不同；

② 将物体置于任意位置 x 处，并进行受力分析；

③ 求运动方向的合外力；

④ 对比力与位移的关系，如果满足 $F_x=-kx$，该系统所做的运动一定为简谐振动。

本题中，选物体受到弹簧拉力和重力相等时所在的位置为坐标原点，选竖直向下为坐标轴正向，物体在任意位置 x 处所受的合外力为

$$F_x = mg - F = mg - k(l+x) = mg - kl - kx$$

由于 $mg=kl$，所以 $F_x=-kx$。该系统的运动为简谐振动，其振动方程满足

$$x = A\cos(\omega t+\varphi)$$

因为 $k=mg/l$，而 $\omega^2=k/m=g/l$，所以 $\omega=10\text{rad}\cdot\text{s}^{-1}$。

其中，由于初始时刻质点在平衡位置，$x_0=0$，所以

$$A=\sqrt{x_0^2+\frac{v_0^2}{\omega^2}}=\sqrt{0+\frac{v_0^2}{\omega^2}}=\frac{v_0}{\omega}=0.1\text{m}$$

结合题中已知条件可得 $x_0=A\cos\varphi=0$，即 $\cos\varphi=0$，则初相可能的取值为 $\varphi=\pi/2$ 或 $-\pi/2$，再通过 $v_0=-\omega A\sin\varphi$，由于 $v_0>0$，所以 $\sin\varphi<0$，可以断定初相

$$\varphi=-\frac{\pi}{2}$$

因此，该简谐振动的方程为

$$x=0.1\cos\left(10t-\frac{\pi}{2}\right)(\text{m})$$

(2) 物体的速度和加速度分别为

$$v=\frac{\mathrm{d}x}{\mathrm{d}t}=-\omega A\sin(\omega t+\varphi)=-\sin\left(10t-\frac{\pi}{2}\right)(\text{m}\cdot\text{s}^{-1})$$

$$a=\frac{\mathrm{d}v}{\mathrm{d}t}=-\omega^2A\cos(\omega t+\varphi)=-10\cos\left(10t-\frac{\pi}{2}\right)(\text{m}\cdot\text{s}^{-2})$$

速度和加速度的最大值为

$$v_\text{m}=\omega A=10\times0.1\text{m}\cdot\text{s}^{-1}=1\text{m}\cdot\text{s}^{-1}$$

$$a_\text{m}=\omega^2A=10^2\times0.1\text{m}\cdot\text{s}^{-2}=10\text{m}\cdot\text{s}^{-2}$$

(3) 最大回复力与最大位移相对应，即

$$F_\text{m}=kA=m\omega^2A=1.0\times10^2\times0.1\text{N}=10\text{N}$$

例 4-2 在如图 4-1 所示的水平弹簧振子中，设弹簧劲度系数 $k=1.6\text{N}\cdot\text{m}^{-1}$，物体的质量 $m=0.4\text{kg}$，今把物体向右拉至距离平衡位置 $x_0=0.1\text{m}$ 处，并给以一向右的初速度，其大小为 $v_0=0.2\text{m}\cdot\text{s}^{-1}$，然后放手，试求物体在放手后第 3s 时的运动状态。

解：简谐振动的角频率为

$$\omega=\sqrt{\frac{k}{m}}=\sqrt{\frac{1.6}{0.4}}\text{rad}\cdot\text{s}^{-1}=2\text{rad}\cdot\text{s}^{-1}$$

利用初始条件 $x_0=0.1\text{m}$、$v_0=0.2\text{m}\cdot\text{s}^{-1}$，可求得振幅为

$$A=\sqrt{x_0^2+\frac{v_0^2}{\omega^2}}=\sqrt{0.1^2+\frac{0.2^2}{2^2}}\text{m}=0.14\text{m}$$

初相位也可由初始条件求得

$$\tan\varphi=-\frac{v_0}{\omega x_0}=-\frac{0.2}{0.1\times 2}=-1$$

解得

$$\varphi=\frac{3}{4}\pi \text{ 或 } \varphi=-\frac{\pi}{4}$$

再根据初始条件 $x_0=A\cos\varphi>0$，判断有 $\cos\varphi>0$，因此，$\varphi=-\pi/4$，可得简谐振动方程为

$$x=0.14\cos\left(2t-\frac{\pi}{4}\right)\ (\text{m})$$

速度方程为

$$v=-0.28\sin\left(2t-\frac{\pi}{4}\right)\ (\text{m}\cdot\text{s}^{-1})$$

当 $t=3\text{s}$ 时，简谐振动的运动状态可由位置和速度来描述，即

$$x=0.14\cos\left(6-\frac{\pi}{4}\right)\text{m}=0.07\text{m}$$

$$v=-0.28\sin\left(6-\frac{\pi}{4}\right)\text{m}\cdot\text{s}^{-1}=0.25\text{m}\cdot\text{s}^{-1}$$

五、微振动的简谐近似

上述弹簧振子是一个理想模型。实际发生的振动大多较为复杂，一方面回复力可能不是弹力，而是重力、浮力或不同力的合力；另一方面回复力可能是非线性的，只能在一定条件下才可近似当作线性回复力，如单摆、复摆、扭摆等。

一端固定且不可伸长的细线与可视为质点的物体相连，当它在竖直平面内做小角度（$\theta\leqslant 5°$）摆动时，该系统称为单摆，如图 4-4 所示。

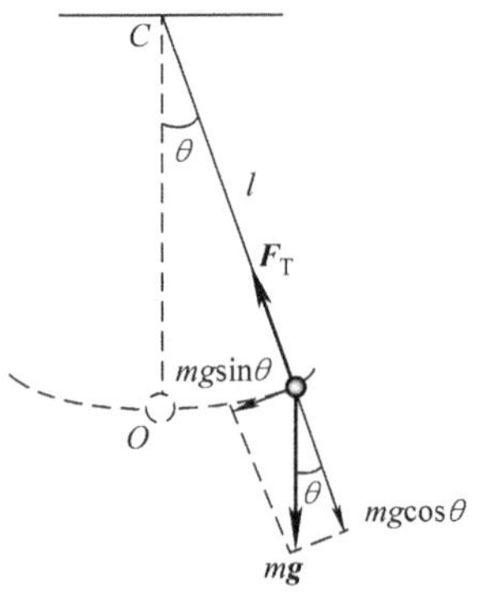

图 4-4 单摆

以摆球为研究对象，单摆的运动可看作绕过 C 点的水平轴转动。显然，摆球在铅直方向 CO 处为平衡位置（即回复力为零的位置），当摆线偏离铅直方向 θ 角时（此处 θ 又称角位移），摆球受到重力 $m\boldsymbol{g}$ 与绳拉力 $\boldsymbol{F}_T$ 的合力，对过 C 点水平轴的力矩为

$$M=-mgl\sin\theta \tag{4-14}$$

式中，负号表示力矩的方向总是与角位移的方向相反。将 θ 值用弧度表示，在 $\theta\leqslant 5°$时，则有

$$\sin\theta = \theta - \frac{\theta^3}{3!} + \frac{\theta^5}{5!} - \cdots$$

略去高阶无穷小，即 $\sin\theta \approx \theta$，则式（4-14）可近似简化为

$$M = -mgl\theta \tag{4-15}$$

此时的回复力矩与角位移大小成正比且方向反向。

若不计阻力，由转动定律可写出摆球的动力学方程，为

$$-mgl\theta = ml^2\frac{d^2\theta}{dt^2} \tag{4-16}$$

令 $\omega^2 = \frac{g}{l}$，则有

$$\frac{d^2\theta}{dt^2} + \omega^2\theta = 0 \tag{4-17}$$

式（4-17）与式（4-6）形式相同，说明单摆的小角度摆动是简谐振动。

绕不过质心的水平固定轴转动的刚体称为复摆，如图 4-5 所示。

质心 C 在铅直位置时为平衡位置，以质心 C 至轴心 O 的距离 h 为摆长。同上述分析，当 $\theta \leqslant 5°$时，复摆的动力学方程为

$$-mgh\theta = J\frac{d^2\theta}{dt^2} \tag{4-18}$$

令

$$\omega^2 = \frac{mgh}{J} \tag{4-19}$$

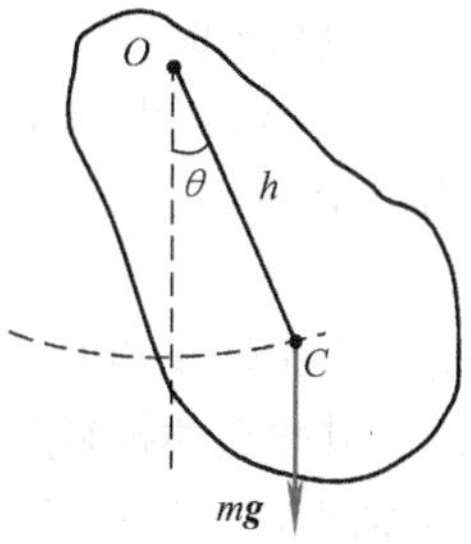

图 4-5　复摆

式中，J 为刚体对过 O 点水平轴的转动惯量。于是，式（4-18）亦可整理成为式（4-17），即复摆的小角度摆动也可视为简谐振动。

傅科摆：为了证明地球在自转，法国物理学家傅科（1819—1868）于 1851 年做了一次成功的摆动实验，傅科摆由此而得名。实验在法国巴黎的先贤祠（Panthéon——法国最著名的文化名人安葬地，见图 4-6——摄于 2012 年 6 月）进行，摆长 67m，摆锤重 28kg，悬挂点经过特殊设计使摩擦减少到最低限度。这种摆的惯性和动量很大，因而基本不受地球自转的影响而自行摆动，并且由于摆的周期与摆线长度的二次方根成正比，所以摆动时间很长。在实验中，我们从上往下看，摆动过程中摆动平面沿顺时针方向缓缓转动，摆动方向不断变化。实际上摆在摆动平面以外任何方向上并没有受到外力作用，按照惯性定律，摆动的空间方向不会改变，而这种摆动方向的变化是由于观察者所在的地球沿着逆时针（自西向东）方向转动的结果，地球上的观察者看到的是一种相对运动现象，从而可以证明地球在自转。总之，在北半球时，摆动平面顺时针转动；在南半球时，摆动平面逆时针转动，而且纬度越高，转动速度越快；在赤道上的摆几乎不转动。

图 4-6

第二节 旋转矢量法及其应用

一、旋转矢量法

在研究简谐振动时，常采用一种较为直观的几何方法，即**旋转矢量法**。

如图 4-7 所示，在平面内作 Ox 轴，以 O 为起点作矢量，令其大小等于简谐振动的振幅 A。约定矢量绕 O 点逆时针做匀速旋转，旋转角速度设为 ω，这个矢量称为旋转矢量。可以看到，旋转矢量的端点在平面上的运动轨迹将会是一个以 O 为圆心的圆，所以旋转矢量表示法又称为“参考圆”法。

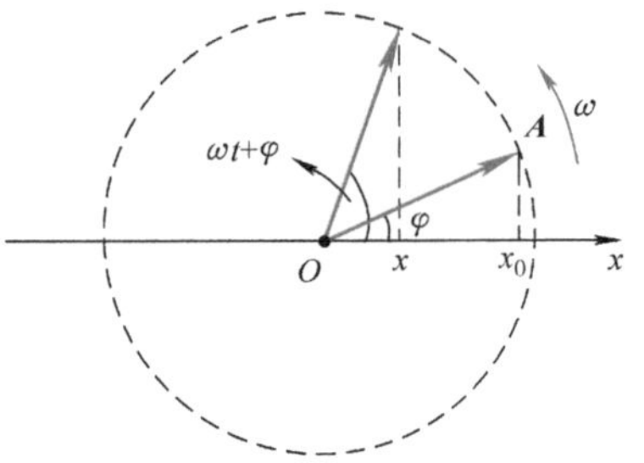

图 4-7 旋转矢量法

假设初始时刻矢量与 Ox 轴正向的夹角为 φ，那么在任意时刻 t 夹角则为 $\omega t+\varphi$。在任意时刻，将矢量 $\boldsymbol{A}$ 的端点向 Ox 轴上作投影，投影点的坐标则为

$$x=A\cos(\omega t+\varphi)$$

可见，当矢量 $\boldsymbol{A}$ 逆时针旋转时，其在 Ox 轴上的投影点做的简谐振动。当矢量 $\boldsymbol{A}$ 完成一次圆周运动时，其端点的投影点在 Ox 轴上做一次完整的简谐振动。矢量的大小对应于简谐振动的振幅；矢量做圆周运动的角速度对应于简谐振动的角频率；矢量在初始时刻与 Ox 轴正向的夹角对应于简谐振动的初相位；矢量在任意时刻与 Ox 轴正向的夹角对应于简谐振动的相位。这就是简谐振动的旋转矢量表示法。

二、旋转矢量法的应用

1. 判别简谐振动的相位和初相位

在研究简谐振动时，我们常借助旋转矢量直观地判断简谐振动的初相位，例如：若已知简谐振动的初始条件为 $x_0=0$、$v_0<0$，则可通过旋转矢量直接判断出该简谐振动的初相位 $\varphi=\pi/2$；若 $x_0=A/2$、$v_0>0$，则简谐振动的初相位 $\varphi=-\pi/3$；若 $x_0=A$，则 $\varphi=0$。

同样，我们也可以借助旋转矢量判断简谐振动在任一时刻的相位，例如：t 时刻，物体处于 $x=0$ 且 $v>0$ 的运动状态，则此时相位 $\omega t+\varphi=-\pi/2$。

按照约定，由 x 轴正方向算起，逆时针量角取正值，顺时针量角取负值。例如：$3\pi/2$也可表示为 $-\pi/2$，它们所表示的是同一振动状态。习惯上，初相位 φ 在（$-\pi$，π）区间选取。

例 4-3 弹簧振子沿 x 轴做简谐振动，振幅为 0.4m，周期为 2s，当 $t=0$ 时，位移为 0.2m，且向 x 轴负方向运动。求简谐振动的振动方程，并画出 $t=0$ 时的旋转矢量图。

解：设此简谐振动的振动方程为

$$x=A\cos(\omega t+\varphi)$$

若想求解运动方程，必须先求振幅 A、角频率 ω 和初相位 φ 三个特征物理量。

振幅 $A=0.4\text{m}$，角频率 $\omega=2\pi/T=\pi$，初始时 $x_0=0.2\text{m}$，$v_0<0$，由旋转矢量法可以判断出初相位 $\varphi=\pi/3$，则简谐振动方程为

$$x=0.4\cos\left(\pi t+\frac{\pi}{3}\right)(\text{m})$$

图 4-8 即为 $t=0$ 时的旋转矢量图。

2. 判断简谐振动的相位差

相位差：两个振动在同一时刻的相位值之差或同一振动在不同时刻的相位之差皆可称为相位差。我们主要讨论后者。设有一个弹簧振子做简谐振动，方程为

$$x = A\cos(\omega t + \varphi)$$

在 t_1 时刻，振子的相位为 $\omega t_1 + \varphi$；在 t_2 时刻，振子的相位为 $\omega t_2 + \varphi$，则 $t_2 - t_1$ 时间间隔内振子的相位差为

$$\Delta\varphi = (\omega t_2 + \varphi) - (\omega t_1 + \varphi) = \omega(t_2 - t_1)$$

用旋转矢量法可直观地给出两个时刻间的相位差。如图 4-9 所示，旋转矢量以角速度 ω 沿 O 点逆时针旋转，从 t_1 到 t_2 时间间隔内，旋转矢量的转角为 $\omega(t_2 - t_1)$，相当于简谐振动在两时刻间的相位差。

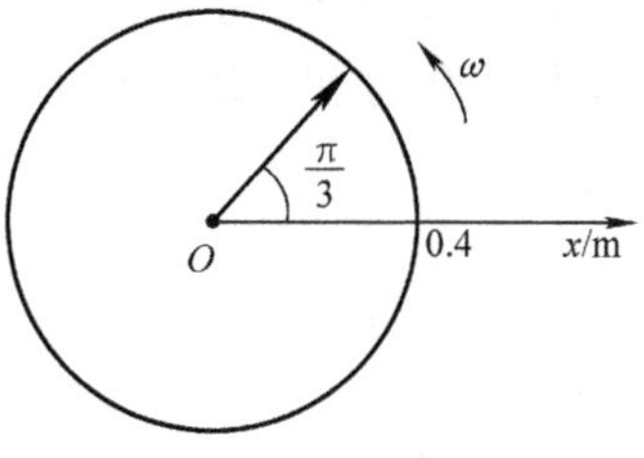

图　4-8

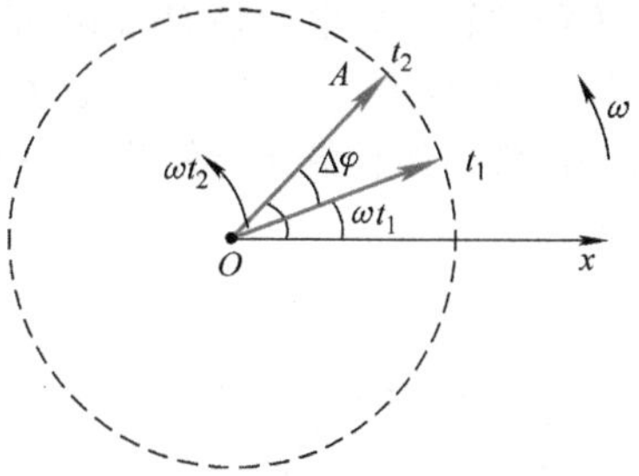

图 4-9　利用旋转矢量判断相位差

例 4-4　一质量为 0.01kg 的物体做简谐振动，其振幅为 0.08m，周期为 4s，起始时刻物体在 0.04m 处，向 Ox 轴负向运动，如图 4-10 所示。求：(1) 该质点的简谐振动方程；(2) 由起始位置运动到 $x = -0.04\text{m}$ 处所需要的最短时间。

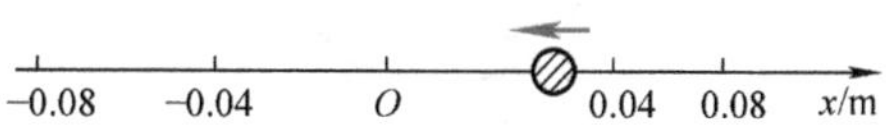

图　4-10

解：(1) 设简谐振动方程为

$$x = A\cos(\omega t + \varphi)$$

由题意可得

$$A = 0.08\text{m},\ \omega = \frac{2\pi}{T} = \frac{\pi}{2}$$

由初始条件，即 $t = 0$ 时，$x_0 = 0.04\text{m}$，$v_0 < 0$，利用旋转矢量法可得初相 $\varphi = \pi/3$，质点的简谐振动方程为

$$x = 0.08\cos\left(\frac{\pi}{2}t + \frac{\pi}{3}\right)(\text{m})$$

(2) 由起始时刻至 -0.04m 所需最短时间，也就是物体从开始的正最大位移一半处第一次运动到负最大位移一半处所需要的时间。可以将 $x = -0.04\text{m}$ 代入上式求出时间，这显然很麻烦。如果采用旋转矢量法就便捷得多。如图 4-11 所示，在这一过程中，旋转矢量恰好以匀角速度 $\pi/2$ 转过 $\pi/3$ 角，所以

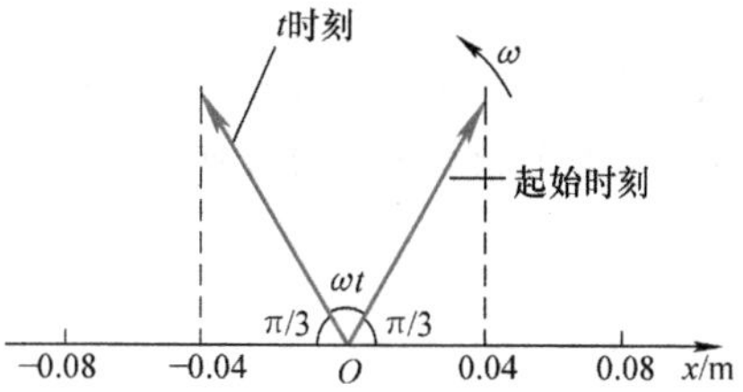

图　4-11

$$\omega t = \frac{\pi}{2}t = \frac{\pi}{3}$$

解得 $t=0.667\text{s}$

3. 画振动曲线

振动曲线：用简谐振动物体的位置 x 和时间 t 的关系曲线来描述的简谐振动，这一曲线称为振动曲线（或 $x-t$ 图）。画振动曲线时，除了利用简谐振动方程的特征量以外，还可以利用旋转矢量法直接画出，如图 4-12 所示。

若把旋转矢量图的 Ox 轴正方向画成竖直向上，则可在其右侧作出简谐振动的 $x-t$ 图，这只需平行地画出 Ox 轴，并使 t 轴水平向右就行了。在 $t=0$ 时，矢量 $\boldsymbol{A}$ 与 Ox 轴的夹角为初相位 $\varphi=\pi/4$，矢量端点位于 a 点，而 a 点在 Ox 轴上的投影便是 $x-t$ 图中的 a'点，此时物体位于 $x=(\sqrt{2}/2)A$ 处，并开始朝 Ox 轴的负方向运动。经过 $T/8$ 时间，$\boldsymbol{A}$ 转过 $\pi/4$ 角度，使相位 $(\omega t+\varphi)=\pi/2$，其矢量端点则位于 b 点，而 b 点在 Ox 轴上的投影点即是 $x-t$ 图中的 b'点，此时物体位于平衡位置，并继续朝 Ox 轴的负方向运动……这样经过一个周期的时间，相位变化了 2π，一切又将重复进行下去。大家已经看到，旋转矢量图不仅为我们提供了一幅直观而清晰的简谐振动图像，而且借此能使我们一目了然地弄清相位的概念和作用，对进一步研究振动问题十分有益。

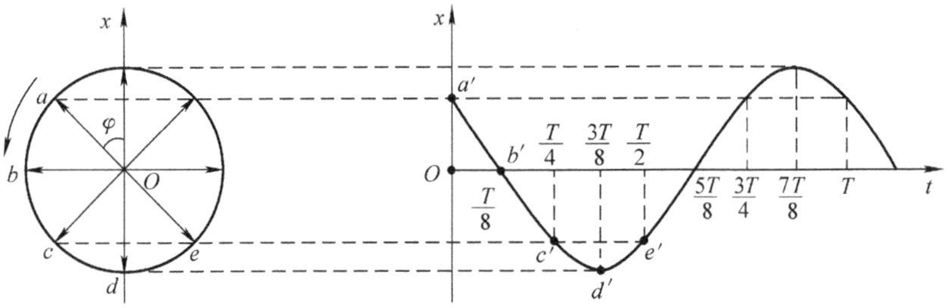

图 4-12　利用旋转矢量法画振动曲线

例 4-5　已知简谐振动曲线如图 4-13 所示，试写出其振动方程。

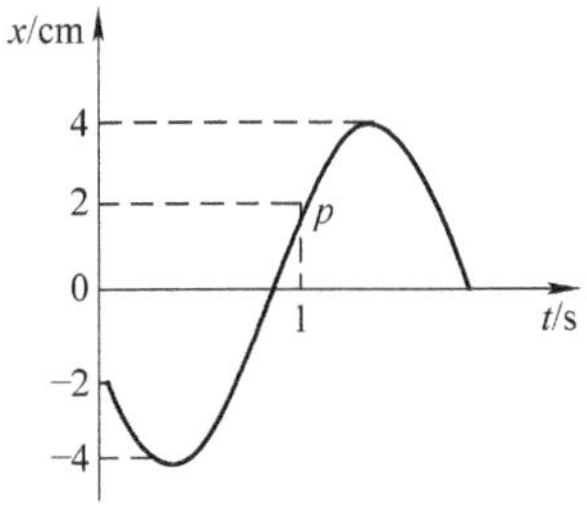

图　4-13

解：设简谐振动方程为

$$x=A\cos(\omega t+\varphi)$$

从图中可知 $A=4\text{cm}$，下面只需求出 φ 和 ω 即可。

从图中可以看出初始条件为

$$x_0=-\frac{A}{2}=-0.02\text{m},\ v_0<0$$

由旋转矢量可判断出初相位

$$\varphi=\frac{2}{3}\pi$$

再从图中分析，物体从 $t=0$ 到 $t=1\text{s}$ 时间内，运动状态由 $x_0=-A/2$、$v_0<0$ 变化到 $x=A/2$、$v>0$，对应的旋转矢量逆时针匀速旋转了 $\Delta\theta=\pi$ 的角度，因此，可求出角频率

$$\omega=\frac{\Delta\theta}{t_2-t_1}=\pi$$

所以振动方程为

$$x=4\cos\left(\pi t+\frac{2}{3}\pi\right)(\text{cm})$$

由上述讨论不难看出，用旋转矢量法等效描述简谐振动比解析法更简单、更形象，也更直观。特别是在求解初相和角频率时，更加便捷。

第三节　简谐振动的能量

简谐振动是一种特殊的周期性机械运动，做简谐振动的物体具有机械能，即动能和势能。下面以弹簧振子为例来说明简谐振动的能量。

一、简谐振动的总能量

简谐振动的总能量就是做简谐振动这个系统的动能和势能之和。设弹簧振子质量为 m，弹簧的劲度系数为 k。假设在 t 时刻，物体偏离平衡位置的位移为 x，有

$$x = A\cos(\omega t + \varphi)$$

$$v = \frac{\mathrm{d}x}{\mathrm{d}t} = -A\omega\sin(\omega t + \varphi)$$

于是，弹簧振子的动能和势能分别为

$$E_k = \frac{1}{2}mv^2 = \frac{1}{2}mA^2\omega^2\sin^2(\omega t + \varphi) \tag{4-20}$$

$$E_p = \frac{1}{2}kx^2 = \frac{1}{2}kA^2\cos^2(\omega t + \varphi) \tag{4-21}$$

考虑到 $\omega^2 = k/m$，代入式（4-20），则系统的动能还可以写成

$$E_k = \frac{1}{2}mv^2 = \frac{1}{2}kA^2\sin^2(\omega t + \varphi) \tag{4-22}$$

系统总的机械能就等于动能和势能的和

$$E = E_k + E_p = \frac{1}{2}kA^2 \tag{4-23}$$

可以看出，在简谐振动过程中，系统的动能和势能都在随时间做周期性变化，但是总和保持不变。这是因为系统内部的弹性力是保守力，而只有保守力做功是不影响机械能变化的，即系统机械能守恒。

二、能量守恒与运动方程

由于系统机械能守恒，有 $E = E_k + E_p =$ 常数，即

$$\frac{\mathrm{d}E}{\mathrm{d}t} = 0 \tag{4-24}$$

将动能和势能的表达式分别代入式（4-24），得

$$\frac{\mathrm{d}E_k}{\mathrm{d}t} + \frac{\mathrm{d}E_p}{\mathrm{d}t} = \frac{\mathrm{d}(mv^2/2)}{\mathrm{d}t} + \frac{\mathrm{d}(kx^2/2)}{\mathrm{d}t} = mv\frac{\mathrm{d}v}{\mathrm{d}t} + kx\frac{\mathrm{d}x}{\mathrm{d}t} = 0$$

其中 $\frac{\mathrm{d}v}{\mathrm{d}t} = \frac{\mathrm{d}^2x}{\mathrm{d}t^2}$，$\frac{\mathrm{d}x}{\mathrm{d}t} = v$，代入得

$$kx + m\frac{\mathrm{d}^2x}{\mathrm{d}t^2} = 0 \tag{4-25}$$

求解微分方程（4-25），同样也可以得到简谐振动的运动方程（4-7）。也就是说，如果存在一个能量守恒系统，在任一状态下，将机械能对时间求一阶导数，如果满足式（4-25），**即可认为该**

系统做简谐振动。当然，这并不意味着凡是机械能守恒的系统就是简谐振动系统。在近代物理学的研究中，正是根据能量的变化规律来研究粒子间的相互作用规律和粒子运动规律的。

例 4-6 如图 4-14 所示，光滑水平面上的弹簧振子由质量为 m' 的木块和劲度系数为 k 的轻弹簧构成，处于自由状态。现有一个质量为 m，速度为 $\boldsymbol{u}_0$ 的子弹射入静止的木块后陷入其中，（1）试写出该谐振子的振动方程；（2）求出 $x=\frac{A}{2}$ 处系统的动能和势能。

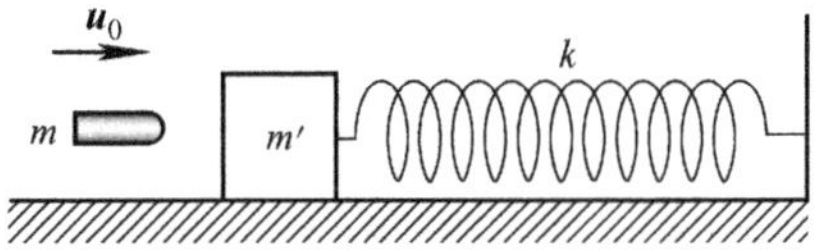

图 4-14

解：（1）子弹射入木块过程中，水平方向动量守恒。设子弹陷入木块后两者的共同速度为 $\boldsymbol{v}$，则有

$$m\boldsymbol{u}_0 = (m + m')\boldsymbol{v}$$

$$\boldsymbol{v} = \frac{m}{m + m'}\boldsymbol{u}_0$$

取弹簧处于自由状态时，木块的平衡位置为坐标原点，水平向右为 x 轴正方向，并取木块和子弹一起开始向右运动的时刻为计时起点，因此初始条件为 $x_0=0$，$v_0=v>0$。利用旋转矢量法，可知初相位

$$\varphi = -\frac{\pi}{2}$$

再利用式（4-3）和式（4-11）可求得简谐振动的角频率和振幅分别为

$$\omega = \sqrt{\frac{k}{m + m'}}$$

$$A = -\frac{v_0}{\omega\sin\varphi} = \frac{mu_0}{\sqrt{k(m + m')}}$$

所以简谐振动方程为

$$x = \frac{mu_0}{\sqrt{k(m + m')}}\cos\left(\sqrt{\frac{k}{m + m'}}t - \frac{\pi}{2}\right)$$

（2）$x=A/2$ 时简谐振动系统的势能和动能分别为

$$E_{\mathrm{p}} = \frac{1}{2}kx^2 = \frac{1}{2}k\left(\frac{A}{2}\right)^2 = \frac{m^2u_0^2}{8(m + m')}$$

$$E_{\mathrm{k}} = E - E_{\mathrm{p}} = \frac{1}{2}kA^2 - \frac{1}{8}kA^2 = \frac{3}{8}kA^2 = \frac{3m^2u_0^2}{8(m + m')}$$

第四节　简谐振动的合成

在实际问题中，常常遇到一个物体同时参与两个或多个振动的情况。在一定条件下，合振动的位移等于各个分振动位移的矢量和。一般振动的合成比较复杂，下面我们讨论几种简单、基本的简谐振动的合成。

一、两个同方向、同频率简谐振动的合成

设有一质点在一直线上同时参与两个同方向、同频率的简谐振动，它们的角频率设为 ω，振幅分别为 A_1 和 A_2，初相位分别为 φ_1 和 φ_2，则它们的运动方程分别为

$$\begin{cases} x_1 = A_1\cos(\omega t + \varphi_1) \\ x_2 = A_2\cos(\omega t + \varphi_2) \end{cases} \tag{4-26}$$

因为两个分振动在同一个方向上，故质点在任意时刻的合位移等于两个分振动位移的代数和，即

$$x = x_1 + x_2 = A_1\cos(\omega t + \varphi_1) + A_2\cos(\omega t + \varphi_2) \tag{4-27}$$

其合振动结果可分别由旋转矢量法或三角函数公式求出。下面我们利用旋转矢量法求解合振动的表达式。

如图 4-15 所示，两矢量 $\boldsymbol{A}_1$、$\boldsymbol{A}_2$ 及二者的合矢量 $\boldsymbol{A}$ 在初始时刻与 Ox 轴正向的夹角分别为 φ_1、φ_2 和 φ，此后，$\boldsymbol{A}_1$ 和 $\boldsymbol{A}_2$ 均以角速度 ω 绕 O 点逆时针方向旋转。任意时刻，在 Ox 轴上投影分别为 x_1 和 x_2，而 $\boldsymbol{A}_1$ 和 $\boldsymbol{A}_2$ 的合矢量 $\boldsymbol{A}$ 在 Ox 轴上投影为 x。由于矢量 $\boldsymbol{A}_1$ 和 $\boldsymbol{A}_2$ 的旋转角速度相同，也就是在运动过程中，两矢量之间的夹角 $\varphi_2 - \varphi_1$ 不会发生变化，平行四边形的形状也不会发生变化，因此，四边形的对角线的长短，也就是合矢量 $\boldsymbol{A}$ 的大小不会发生变化，并且同样以角速度 ω 绕 O 点逆时针转动。可见，合矢量在 Ox 轴上的投影点的运动可以等效为一个简谐振动，**即同方向、同频率的两个简谐振动的合成运动仍然是简谐振动**。任意时刻合振动的位移为

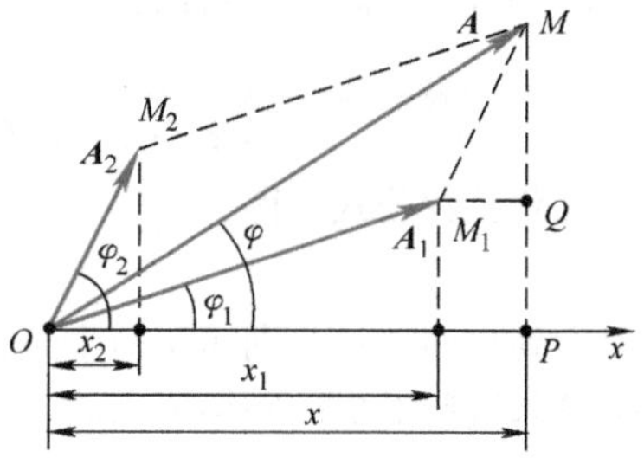

图 4-15　两个同方向、同频率的简谐振动的合成

$$x = x_1 + x_2 = A\cos(\omega t + \varphi) \tag{4-28}$$

再利用几何关系，得到合振动的振幅为

$$A = \sqrt{A_1^2 + A_2^2 + 2A_1A_2\cos(\varphi_2 - \varphi_1)} \tag{4-29}$$

合振动初相位的正切值为

$$\tan\varphi = \frac{A_1\sin\varphi_1 + A_2\sin\varphi_2}{A_1\cos\varphi_1 + A_2\cos\varphi_2} \tag{4-30}$$

从式（4-29）可以看出，合振动的振幅不仅与分振动的振幅有关，还与两分振动的初相差 $\Delta\varphi$ 有关。

1）当 $\Delta\varphi = \varphi_2 - \varphi_1 = 2k\pi$，其中 $k = 0$，±1，±2，…时，$\cos\Delta\varphi = 1$，得

$$A = A_1 + A_2$$

即当两分振动同相时，合振动的振幅有最大值，等于两分振动振幅之和，合振动加强。

2）当 $\Delta\varphi = \varphi_2 - \varphi_1 = (2k+1)\pi$，其中 $k = 0$，±1，±2，…时，$\cos\Delta\varphi = -1$，得

$$A = |A_1 - A_2|$$

即当两分振动反相时，合振动的振幅有最小值，等于两分振动振幅之差，合振动减弱。

3）当 $\Delta\varphi$ 为其他任意值时，合振动的振幅介于最大值和最小值之间。

二、同方向、不同频率两个简谐振动的合成

首先利用旋转矢量法进行定性分析，如图 4-16 所示。两分振动的振动方程为

$$\begin{cases} x_1 = A_1\cos(\omega_1 t + \varphi_1) \\ x_2 = A_2\cos(\omega_2 t + \varphi_2) \end{cases} \tag{4-31}$$

当矢量 $\boldsymbol{A}_1$ 和 $\boldsymbol{A}_2$ 旋转的角速度不同时，两矢量所合成的平行四边形的形状就会发生变化，那么合矢量 $\boldsymbol{A}$ 的

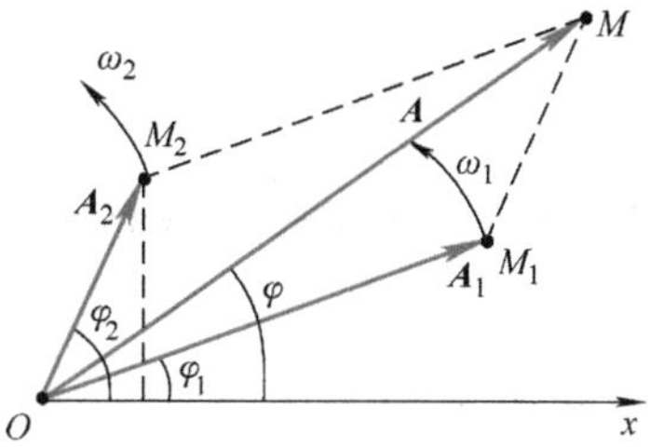

图 4-16　同方向、不同频率两个简谐振动的合成

大小，也就是平行四边形的对角线的长度一定会发生变化，显然，其矢端在 Ox 轴上的投影点的运动就不能再看成一个简谐振动了。可见，**同方向、不同频率的简谐振动的合运动不再是一个简谐振动。**

为了定量讨论并使问题简化，我们做以下几条假设：

1）两简谐振动的频率 f_1 和 f_2 不相等，但是均属于高频振动，并且两频率近似相等，即 $\omega_1 \approx \omega_2 >> 0$，再令 $\omega_2 > \omega_1$；

2）两简谐振动的振幅相同，初相位都等于零，即 $A_1 = A_2 = A$，$\varphi_1 = \varphi_2 = 0$。合振动的位移等于

$$x = x_1 + x_2 = A\cos\omega_1 t + A\cos\omega_2 t = A\cos 2\pi f_1 t + A\cos 2\pi f_2 t$$

根据三角函数公式，得

$$x = 2A\cos\pi(f_2 - f_1)t\cos\pi(f_1 + f_2)t \tag{4-32}$$

可以看到时间变量分别属于两个余弦函数，由于前面的假设有 $(f_2 - f_1) << (f_1 + f_2)$，所以后面一项余弦函数所对应的频率要高。二者相乘，就代表前一项低频振动要对后一项高频振动进行调制。我们把低频振动看成振幅项，而把高频振动看成振动项。这时的合振动就是一个振幅随时间发生缓慢周期性变化的高频振动，如图 4-17 所示。这种合振动的振幅时大时小且做周期性变化的现象称为“拍”。

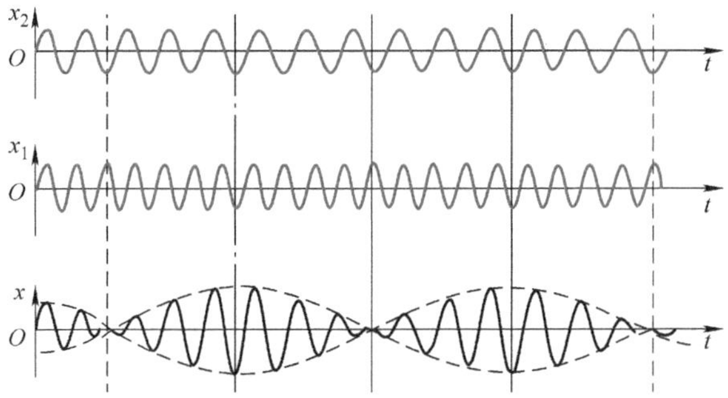

图 4-17　拍

合振动的振幅为 $A' = |2A\cos\pi(f_2 - f_1)t|$。

合振幅从一次极大值到相邻的另一次极大值所用的时间称为拍的周期，单位时间变化的次数称为拍频。由于余弦函数绝对值的周期是 π，有

$$\pi(f_2 - f_1)T = \pi$$

周期为

$$T = \frac{1}{f_2 - f_1}$$

拍频即为周期的倒数

$$f = f_2 - f_1 \tag{4-33}$$

如果事先不知道哪一个频率大，上式右端应取绝对值。音乐师们常用这种拍现象进行乐器的校准。

*三、振动方向垂直、频率相同的两个简谐振动的合成

当两个分振动方向不在同一条直线上时，其合运动就将会是一个二维的平面运动。我们只讨论最简单的情况：振动方向垂直的两个简谐振动的合成问题。

设频率相同、振动方向相互垂直的两个分振动的运动方程分别为

$$\begin{cases} x = A_1\cos(\omega t + \varphi_1) \\ y = A_2\cos(\omega t + \varphi_2) \end{cases} \tag{4-34}$$

合成的结果实际上就是以（x，y）为坐标的一个二维平面运动，上两式联立，消去时间 t，就可以得到二维运动的轨迹方程

$$\frac{x^2}{A_1^2} + \frac{y^2}{A_2^2} - 2\frac{xy}{A_1A_2}\cos(\varphi_2 - \varphi_1) = \sin^2(\varphi_2 - \varphi_1) \tag{4-35}$$

很明显，这是一个椭圆方程，椭圆的形状与两振动的相位差 $\varphi_2 - \varphi_1$ 和振幅有关。

1）当 $\varphi_2 - \varphi_1 = 0$、两分振动同相时，式（4-35）化为

$$y = \frac{A_2}{A_1}x \tag{4-36}$$

轨迹是一条通过原点、斜率大于零的直线。其合振动方向在一、三象限，如图 4-18 所示。

2）当 $\varphi_2 - \varphi_1 = \pi$、两分振动反相时，式（4-35）化为

$$y = -\frac{A_2}{A_1}x \tag{4-37}$$

轨迹也是一条通过原点、斜率小于零的直线。其合振动方向在二、四象限。如图 4-18 所示。在以上两种情况下，合成点相对原点的位移均为

$$l = \sqrt{x^2 + y^2} = x\sqrt{1 + \frac{A_2^2}{A_1^2}} = \sqrt{A_1^2 + A_2^2}\cos(\omega t + \varphi_1)$$

具有简谐振动的特征，合振动仍然是一个简谐振动。

3）当 $\varphi_2 - \varphi_1 = \pi/2$ 时，式（4-35）化为

$$\frac{x^2}{A_1^2} + \frac{y^2}{A_2^2} = 1 \tag{4-38}$$

轨迹是一个以两振动振幅 A_1 和 A_2 为长短轴的椭圆，并且由于 y 方向的振动相位较 x 方向的振动相位超前 $\pi/2$，也就是当 y 方向的振动由正向通过平衡位置时，x 方向的振动刚好在正向最大位移处，所以椭圆是顺时针方向旋转的，如图 4-18 所示。

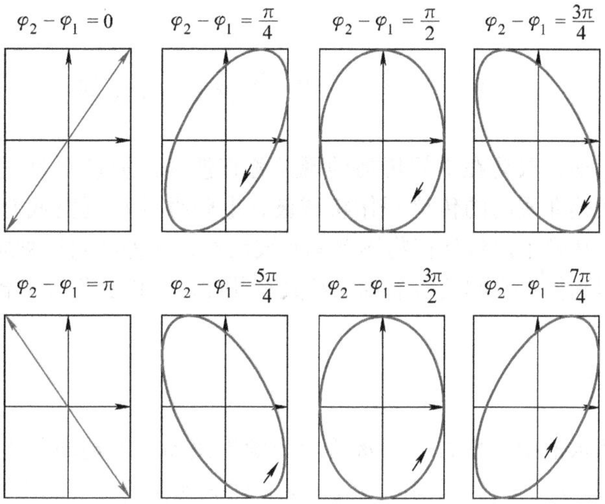

图 4-18　振动方向垂直、频率相同的两个简谐振动的合成

4）当 $\varphi_2-\varphi_1=3\pi/2$（或写成 $\varphi_2-\varphi_1=-\pi/2$）时，式（4-35）化为

$$\frac{x^2}{A_1^2}+\frac{y^2}{A_2^2}=1$$

轨迹也是一个以两振动振幅 A_1 和 A_2 为长短半轴的椭圆，但是由于 y 方向的振动相位较 x 方向的振动相位落后 $\pi/2$，所以椭圆是逆时针方向旋转的，如图 4-18 所示。

可见，**两振动方向垂直、频率相同的简谐振动只有在两分振动初相差为 0 或 π 时，合振动才是简谐振动。**

*四、振动方向垂直、频率不同的两个简谐振动的合成

振动方向垂直、频率不相同的简谐振动合成的情况比较复杂。但是当两分振动的频率比为整数比时，合振动的轨迹将会构成一个封闭的图形，称为李萨如图形，如图 4-19 所示。

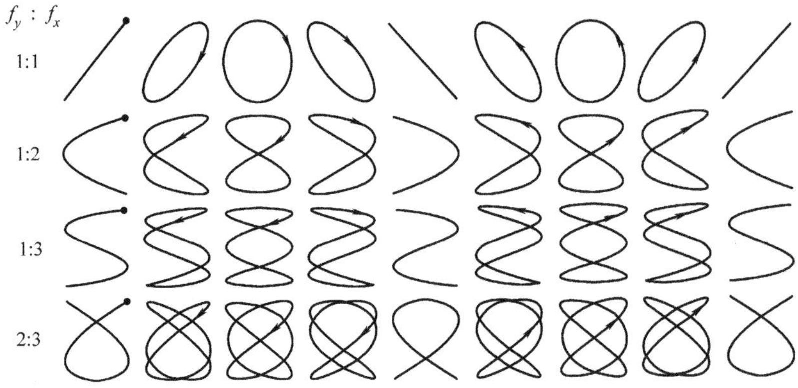

图 4-19　李萨如图形

可见，**图形与平行于 x 轴直线的切点和平行于 y 轴直线的切点之比恰好等于 y 方向简谐振动与 x 方向简谐振动的频率比。**以此为依据，当一个方向振动频率已知时，根据切点数便可判别与其垂直方向振动的频率。在电子、无线电技术中，常利用示波器来观察李萨如图形，并用以测定频率或相位差。

第五节　机械波的形成和传播

前面我们研究了振动，振动在空间传播的现象称作波动。波动也是一种常见的物质运动形式。例如机械振动在连续介质内的传播叫作**机械波**；电磁振动在真空或介质中的传播叫作**电磁波**。近代物理指出，微观粒子以致任何物体都具有波动性，这种波叫作**物质波**。不同性质的波动虽然机制各不相同，但它们在空间的传播规律却具有共性。下面我们以机械波为例，讨论波动的运动规律。

一、机械波的形成

将石子投入平静的水池中，投石处的水质元会发生振动，振动向四周水面传播而泛起的涟漪即为水面波。音叉振动时，引起周围的空气振动，此振动在空气中的传播叫作声波。可见，机械波的产生必须具备两个条件：①**存在机械振动的物体，称为波源，用以持续提供波动的能量。**②**波源周围存在弹性介质，保证波源的振动可以传播下去。**

机械振动在弹性介质内的传播过程称为弹性波。弹性介质可看作由大量质元所组成，各个质元之间由弹性力紧密相连，整个介质在宏观上呈连续状态。当质元受到邻近质元的弹性力作用时，便偏离平衡位置而产生位移，弹性力与位移之间的关系满足胡克定律。当弹性力撤掉时，质元回复到原来的平衡位置。因此，当某一质元受外界策动而持续、稳定地振动时，凭借着质元之间的弹性力，这一振动在介质内由近及远向外传播而形成波。若忽略各质元之间的内摩擦力、黏滞力等因素，且介质无吸收，此振动可按原来的频率、方向，保持原有的振动特点，一直向前传播下去。这里，弹性介质是在研究波动传播机制中抽象出来的理想模型。绝对的、完全的弹性介质是不存在的。但是当波扰动很小时，介质内的弹性力与质元的形变基本满足胡克定律，此介质就可近似地看作弹性介质。例如：实验表明，最强的声音在空气中传播时，引起空气质元的位移为 10^{-5}m，声波在其他物质中传播时，引起质元的位移也十分微小。因此，对声波而言，绝大部分物质，不论是固态、液态还是气态，都可近似地看作弹性介质。

若波的扰动很大，使质元发生的位移与所受的外力不再满足胡克定律，则介质为非弹性介质。在非弹性介质中传播的波称为非弹性波。例如，由于地震或剧烈爆炸在空气中形成的冲击波，它使空气质元产生较大的位移，此时，空气不能近似地看作弹性介质而应视为非弹性介质。这种波属于非弹性波。本书只讨论弹性波。

二、波动的分类

按照介质中质点的振动方向和波动的传播方向可以将波动分为两类：横波和纵波。

1. 横波

质点的振动方向与波的传播方向相互垂直。比如绳波，如图 4-20 所示。将绳子一端固定，手握另一端上下抖动绳子，就可以看到手一端绳子的振动沿着绳子传播，形成波峰和波谷。

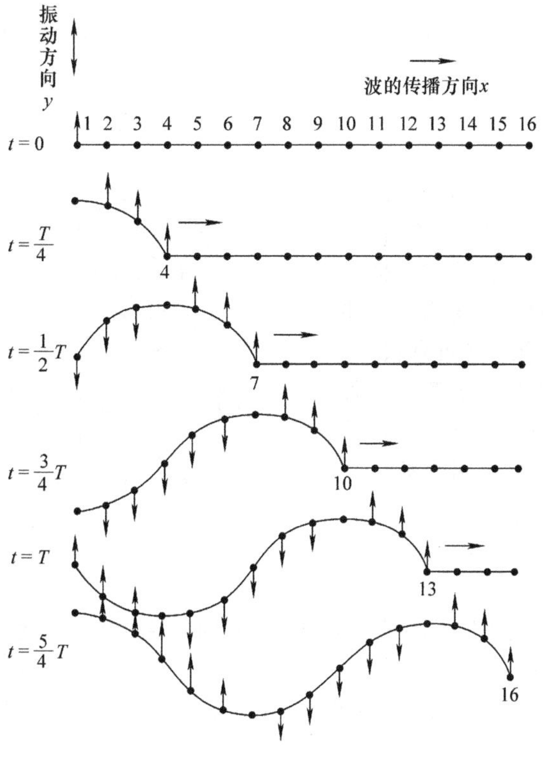

图 4-20　横波波动过程

2. 纵波

质点的振动方向与波的传播方向相互平行。比如弹簧一端固定，手在另一端拉伸和压缩弹簧，可以看到振动沿弹簧传播，形成疏密相间的纵波，如图4-21所示。

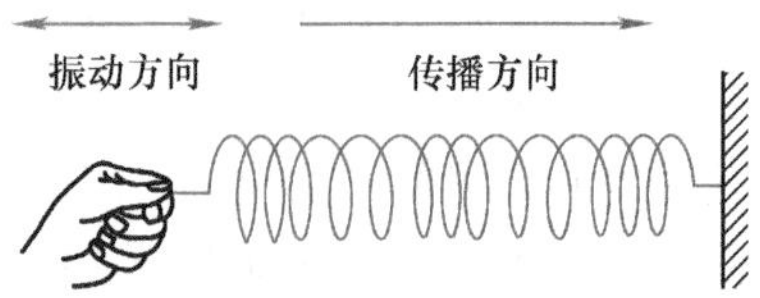

图4-21 纵波

这两种波虽然具有不同的特性，但是可以看到它们在传播过程中均是质点的运动状态进行传播，而不是质点本身的传播。并且不同的弹性介质由于自身的性质不同，能够传播的波的种类也不相同。固态的弹性介质既有切变弹性又有体变弹性，如图4-22a所示，所以既可以传播横波又可以传播纵波。而液体或气体没有固定的形状，所以没有切变弹性，但是却存在体变弹性，如图4-22b所示，所以只能传播纵波。由于液体表面存在表面张力的缘故，所以在液体表面可以存在像水面波那样的波，这种波既有纵波成分、也有横波成分，由于运动叠加，最后使得表面附近的液体分子的运动轨迹为椭圆，深度不同，椭圆形状也不同。

地震波既有横波又有纵波，纵波是推进波，传播速度快，最先到达震中，它使地面发生上下振动，破坏性较弱；横波是剪切波，传播速度比纵波慢，后到达震中，它使地面发生前后、左右抖动，破坏性较强；纵波与横波在地表相遇后激发产生了混合波。其波长大、振幅强，只能沿地表面传播，是造成建筑物强烈破坏的主要因素。

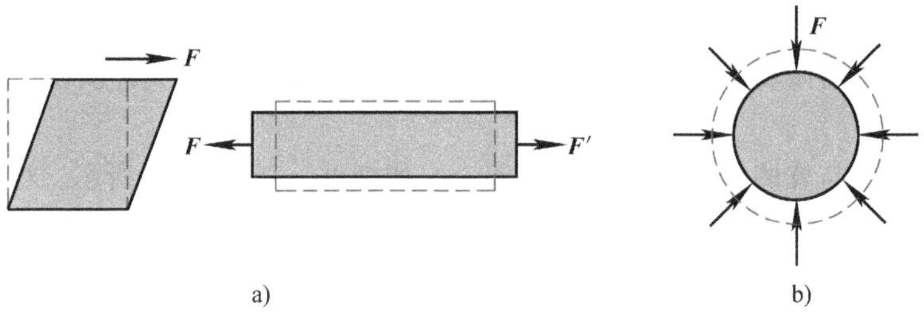

图 4-22

三、波线、波面和波前

如图4-23所示，为了描述波在空间的传播情况，沿波的传播方向画一些射线，称为波射线，简称**波线**。而在波的传播过程中，由振动相位相同的质点所构成的曲面称为**波振面**，简称**波面**。波面有很多，某一时刻，最前方的波面称为**波前**。在各向同性介质中，波线与波面始终是垂直的关系。按照波面的几何形状又可将波分为球面波、柱面波、平面波等。

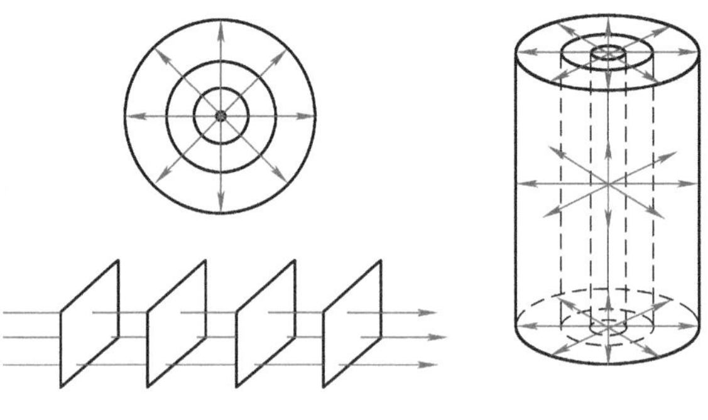
图4-23 波面和波线

四、简谐波

一般来说，波动中各质点的振动是复杂的。在各向同性、均匀、无限大、无吸收的连续弹性介质中，波源以及介质中各质点的振动都是简谐振动，形成的波动称为**简谐波**，由于任何复杂的波都可以看成若干个简谐波叠加而成，因此，研究简谐波具有特别重要的意义。以下我们所提到的波都是简谐波。

五、波动的特征量

1. 波长

波的传播就是振动信息的传播，也就是相位的传播。在波的传播方向上，**波长**是相位差为 2π 的两点间的距离，也正好等于横波中相邻的波峰与波峰、波谷与波谷之间的距离，或者纵波中相邻波疏与波疏、波密与波密之间的距离。可见，波长能够反映波传播的空间周期性。波长用 λ 表示，单位为米（m）。

2. 周期和频率

在波的传播方向上，某质点完成一次完整的振动，波刚好传播出一个波长的距离时所用的时间称为波的**周期**，这个周期也就是波源的振动周期。波的频率等于波在单位时间内所传播的完整的波长数目，波的周期和频率分别以 T 和 f 表示，单位分别为秒（s）和赫兹（Hz），频率与周期互为倒数，即

$$T = \frac{1}{f} \tag{4-39}$$

3. 波速

波在介质中的传播速度即为**波速**。因波的传播实际上是振动相位的传播，所以波速又称为**相速**，用 u 表示，单位为米每秒（$m \cdot s^{-1}$）。由于在一个周期内，波传播的距离刚好为一个波长，所以波速、波长和周期（频率）之间的关系为

$$u = \frac{\lambda}{T} = \lambda f \tag{4-40}$$

波速的大小完全取决于弹性介质的性质。在不同的介质中，波速是不同的。在标准状态下，声波在空气中传播的速度为 $340m \cdot s^{-1}$，而在氢气中传播的速度为 $1263m \cdot s^{-1}$。表 4-1 给出了几种介质中的声速。

表 4-1　在一些介质中的声速

介质	温度/℃	声速/$m \cdot s^{-1}$
空气（1.013×10^5Pa）	15	340
水	15	1500
冰	0	3160
水泥	0	4800

例 4-7　在室温下，已知空气中的声速 $u_1 = 340m \cdot s^{-1}$，水中的声速 $u_2 = 1450m \cdot s^{-1}$，求频率为 200Hz 的声波在空气中和在水中的波长各为多少？

解：由式（4-40）可得　$\lambda = \frac{u}{f}$

频率为 200Hz 的声波在空气中和水中的波长分别为

$$\lambda_1 = \frac{u_1}{f} = 1.7m$$

$$\lambda_2 = \frac{u_2}{f} = 7.25m$$

可见，同一频率的声波在水中的波长比在空气中的波长要长得多。

第六节　平面简谐波函数

通过前面的介绍我们看到，机械波实际是弹性介质中大量质点集体参与的一种有序机械振

动。那么，如何来定量描述这些质点的运动呢？下面我们就是要找到这样的一种函数，它既包含空间位置信息，同时又包含时间信息，以反映每个质点任一时刻偏离各自平衡位置的位移。如果波源做的是简谐振动，形成简谐波，满足波源到观察点为无限远，我们可以认为波源发出的波是**平面简谐波**。平面简谐波是最简单的机械波，其他任何复杂的波动均可看成是由两个或两个以上平面简谐波合成的结果。

一、平面简谐波函数及其物理意义

我们讨论沿 Ox 轴正方向传播的平面简谐波，如图 4-24 所示，分析以下四种情况下平面简谐波的波函数形式。

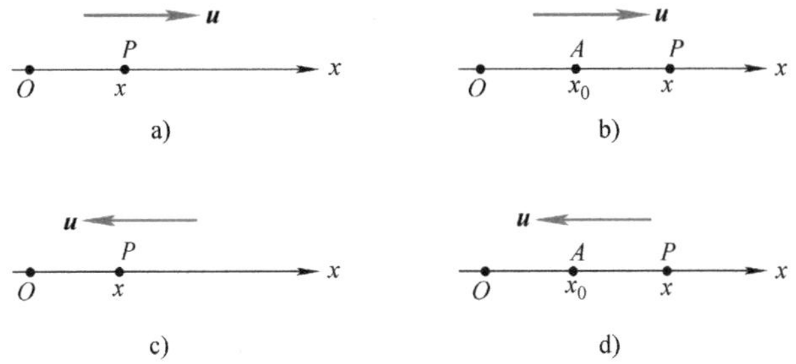

图 4-24 平面简谐波

1. 已知坐标原点 O 处质点的振动方程，波沿 Ox 轴正向传播

如图 4-24a 所示。设 O 点的振动方程为

$$y_O = A\cos(\omega t + \varphi)$$

波从坐标原点 O 向右以波速 $\boldsymbol{u}$ 传播，当其传到任意位置 P 时，所需要的时间为 $\Delta t = x/u$，即 O 点的振动经过了 Δt 时间传到 P 点，所以，**P 点在 t 时刻重复 O 点在 $t-x/u$（更早些）时刻的振动状态**，即

$$y_P(t) = y_O(t - x/u)$$

因 P 是任意选取的，以 y 替代 y_P，得任意点在任意时刻的振动方程，即波函数为

$$y = A\cos\left[\omega\left(t - \frac{x}{u}\right) + \varphi\right] \tag{4-41a}$$

从相位的角度考虑

$$\varphi_O - \varphi_P = (\omega t + \varphi) - \left[\omega\left(t - \frac{x}{u}\right) + \varphi\right] = \omega\frac{x}{u}$$

表明 P 点相位落后于 O 点相位，如果考察 P 点在 O 点左侧的情况，即 $x<0$，则 P 点相位超前于 O 点相位。总之，**在波的传播方向上，相位总是依次落后的。**

2. 已知坐标为 x_0 处质点的振动方程，波沿 Ox 轴正向传播

如图 4-24b 所示。同样设 x_0 处 A 点的振动方程为

$$y_A = A\cos(\omega t + \varphi)$$

同 1 中讨论类似，可得其波函数为

$$y = A\cos\left[\omega\left(t - \frac{x - x_0}{u}\right) + \varphi\right] \tag{4-41b}$$

若 $x>x_0$，则表示各点相位较 x_0 处 A 点的相位落后；若 $x<x_0$，则表示各点相位较 x_0 处 A 点的相位超前。

3. 已知坐标原点 O 处质点的振动方程，波沿 Ox 轴负向传播

如图 4-24c 所示。设 O 点振动方程为

$$y_O = A\cos(\omega t + \varphi)$$

由于波沿坐标轴反方向传播，**所以 P 点在 t 时刻应重复 O 点在 $t+x/u$（更晚些）时刻的振动状态**，即 $y_P(t)=y_O(t+x/u)$，其波函数为

$$y = A\cos\left[\omega\left(t + \frac{x}{u}\right) + \varphi\right] \tag{4-41c}$$

4. 已知坐标为 x_0 处质点的振动方程，波沿 Ox 轴负向传播

如图 4-24d 所示。同上述 3 分析类似，可得波函数

$$y = A\cos\left[\omega\left(t + \frac{x - x_0}{u}\right) + \varphi\right] \tag{4-41d}$$

综合以上四种情况，可以得到任意情况下的平面简谐波函数的标准形式

$$y = A\cos\left[\omega\left(t \pm \frac{x - x_0}{u}\right) + \varphi\right] \tag{4-42a}$$

式中，x_0 为振动已知点的位置坐标；x 为波线上任一点的位置坐标；u 为波的传播速率（恒取正值）；式中的正负号表示波的传播方向，如果波沿 Ox 轴正向传播取“$-$”，沿 Ox 轴反向传播则取“$+$”。故式（4-42a）可代表任意情况下平面简谐波的波动情况。

考虑到 $\omega=2\pi/T$，可得波函数的另外两种标准形式

$$y = A\cos\left[2\pi\left(\frac{t}{T} \pm \frac{x - x_0}{\lambda}\right) + \varphi\right] \tag{4-42b}$$

$$y = A\cos\left[\omega t \pm \frac{2\pi}{\lambda}(x - x_0) + \varphi\right] \tag{4-42c}$$

上式可清楚地反映出平面简谐波的时间周期 T 和空间周期 λ，体现出波的周期性特征。

二、波函数的物理意义

1. 波是振动状态的传播，也就是振动信息（比如相位或能量）的传播。波速就是这些信息的传播速度。求解波函数的过程，实际上就是根据已知的振动信息，找到在波的传播方向上任意点在任意时刻振动信息的过程。

2. 若波函数中 t 一定，如 $t=t_1$。式（4-42a）变为

$$y = A\cos\left[\omega\left(t_1 \pm \frac{x - x_0}{u}\right) + \varphi\right]$$

方程中只包含空间变量 x，即 $y=f(x)$，它表示该时刻波的传播方向上任意位置的质点偏离各自平衡位置的位移，即该时刻的波形图。可以形象地理解为在该时刻给全体质点进行的一次**“集体拍照”**。

3. 若波函数中 x 一定，如 $x=x_1$，式（4-42a）变为

$$y = A\cos\left[\omega\left(t \pm \frac{x_1 - x_0}{u}\right) + \varphi\right]$$

方程中只包含时间变量 t，即 $y=f(t)$，它表示在坐标 x_1 处的质点在任意时刻偏离自己平衡位置的位移，即 x_1 处质点的振动方程，可以理解为给这个质点**“单独录像”**。

4. 若 x 和 t 均为变量，波函数给出的就是波传播方向上所有质点在任意时刻偏离各自平衡位置的位移。由波函数可以看出，x 处质点的振动信息经过 Δt 时间传给了 $x+u\Delta t$ 处的质点，就好像波形在以速度 u 传播（平移）一样，并且沿波的传播方向上各质点的相位依次落后，因此，

我们也称这样的波为**行波**。

三、质点的振动速度和加速度

波函数给出了在波动过程中任意位置的质点偏离各自平衡位置的位移，那么每个质点的振动速度和加速度均可以通过波函数得出，分别为

$$v=\frac{\partial y}{\partial t}=-A\omega\sin\left[\omega\left(t\pm\frac{x-x_0}{u}\right)+\varphi\right] \tag{4-43}$$

$$a=\frac{\partial^2 y}{\partial t^2}=-A\omega^2\cos\left[\omega\left(t\pm\frac{x-x_0}{u}\right)+\varphi\right] \tag{4-44}$$

式（4-43）和式（4-44）分别代表任意位置 x 处质点在任意时刻 t 时的振动速度和加速度。

例 4-8 一平面简谐波沿 Ox 轴正方向传播，已知振幅 $A=1.0\text{m}$，周期 $T=2.0\text{s}$，波长 $\lambda=2.0\text{m}$。初始时刻坐标原点处的质点位于平衡位置并沿 Oy 轴正向运动。求：（1）波函数；（2）$t=1.0\text{s}$ 时各质点的位移分布，并画出此时刻的波形图；（3）$x=0.5\text{m}$ 处质点的振动规律（运动方程），并画出该质点的振动曲线。

解：（1）先求解振动已知点（坐标原点）的振动方程

由 $T=2.0\text{s}$，可得 $\omega=2\pi/T=\pi\text{rad}\cdot\text{s}^{-1}$，再由该质点的振动初始条件，即 $x_0=0$，$v_0>0$，利用旋转矢量法，可得其初相为 $\varphi=-\pi/2$。因此，坐标原点处质点的振动方程为

$$y=1.0\cos\left(\pi t-\frac{\pi}{2}\right)(\text{m})$$

利用 $\lambda=2.0\text{m}$，求出波的传播速度

$$u=\frac{\lambda}{T}=1.0\text{m}\cdot\text{s}^{-1}$$

由于波向 Ox 轴正方向传播，可得波函数

$$y=1.0\cos\left[\pi\left(t-\frac{x}{1}\right)-\frac{\pi}{2}\right]=1.0\cos\left[\pi(t-x)-\frac{\pi}{2}\right](\text{m})$$

（2）将 $t=1.0\text{s}$ 代入波动方程，可得该时刻各质点的位移分布

$$y=1.0\cos\left[\pi(1-x)-\frac{\pi}{2}\right]=\sin(\pi x)(\text{m})$$

并画出该时刻的波形图，如图 4-25 所示。

（3）将 $x=0.5\text{m}$ 代入波动方程，可得该位置处质点的振动规律

$$y=\cos\left[\pi(t-0.5)-\frac{\pi}{2}\right]=\cos(\pi t-\pi)(\text{m})$$

并画出该质点的振动曲线，如图 4-26 所示。

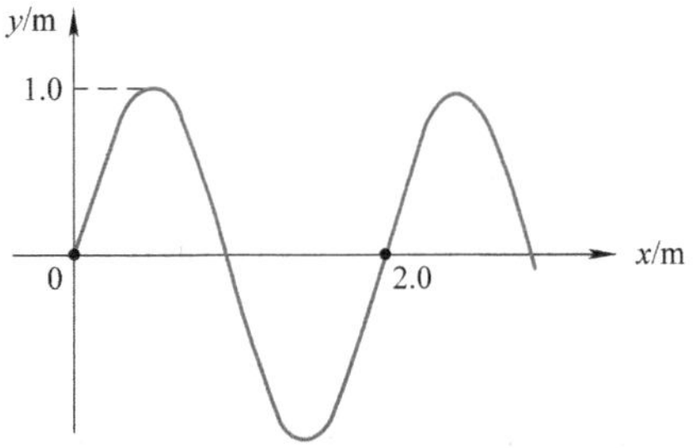

图 4-25

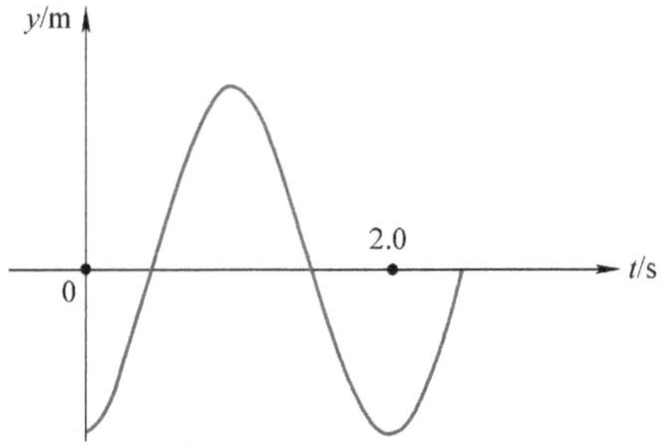

图 4-26

例 4-9　一沿 Ox 轴正向传播的平面简谐波在 $t=0$ 和 $t=1\text{s}$ 时的波形如图 4-27 所示，周期 $T>1\text{s}$。求：(1) 波的角频率和波速；(2) 以 O 为坐标原点写出波函数；(3) 以 P 为坐标原点写出波函数。

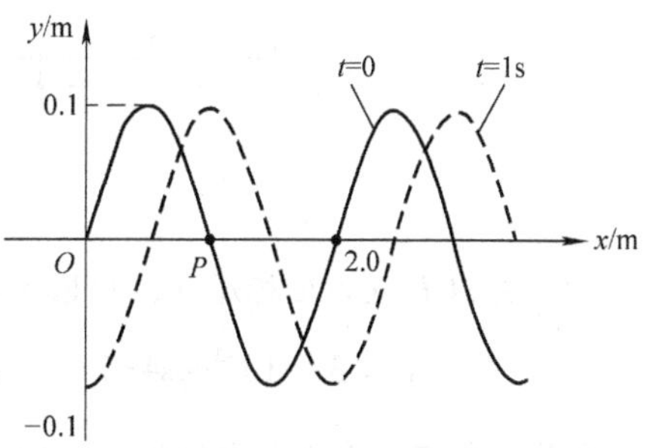

图　4-27

解：(1) 由图可得，该波的振幅 $A=0.1\text{m}$，波长 $\lambda=2.0\text{m}$。从 $t=0$ 到 $t=1\text{s}$ 时间内，波形沿 Ox 轴正向传播了 $\lambda/4$ 的距离

$$\frac{\lambda}{4} = \Delta t u = \left(nT + \frac{T}{4}\right)u$$

$$T = \frac{4}{4n+1}\text{s}$$

而波的周期大于 1s，所以 $n=0$，波的周期和角频率分别为

$$T = 4\text{s}$$

$$\omega = \frac{2\pi}{T} = \frac{\pi}{2}\text{rad}\cdot\text{s}^{-1}$$

由此可得波速为

$$u = \frac{\lambda}{T} = 0.5\text{m}\cdot\text{s}^{-1}$$

(2) 设原点处质点的振动方程为

$$y_O = A\cos(\omega t + \varphi)$$

由图可得，$t=0$ 时刻，O 处质点的位移和速度分别为 $y_0=0$，$v_0<0$。由旋转矢量法可判断出该质点振动初相为

$$\varphi = \frac{\pi}{2}$$

所以，O 点的振动方程为

$$y_O = 0.1\cos\left(\frac{\pi}{2}t + \frac{\pi}{2}\right)(\text{m})$$

以 O 点为坐标原点时，平面简谐波的波函数为

$$y = 0.1\cos\left[\frac{\pi}{2}\left(t - \frac{x}{0.5}\right) + \frac{\pi}{2}\right](\text{m})$$

(3) 由图可知，P 点距离原点 O 半个波长，所以，若以 P 点为坐标原点，O 点坐标即变为 $x_0=-1.0\text{m}$，以 P 点为坐标原点的波函数为

$$y = A\cos\left[\omega\left(t - \frac{x-x_0}{u}\right) + \varphi\right] = 0.1\cos\left[\frac{\pi}{2}\left(t - \frac{x+1.0}{0.5}\right) + \frac{\pi}{2}\right](\text{m})$$

也可以先把 P 点坐标代入 (2) 的波函数中，得到 P 点振动方程，再以 P 点为坐标原点写出波函数，结果相同，读者可自行验证。

例 4-10　一平面简谐波以速度 $u=20\text{m}\cdot\text{s}^{-1}$ 沿直线传播。如图 4-28 所示，已知波的传播路径上一点 A 的振动方程 $y_A=3\times10^{-2}\cos4\pi t$ (m)。(1) 以 A 为坐标原点写出波函数；(2) 以距 A 为 5m 处的 B 点为坐标原点，写出波函数；(3) 写出 C、D 两点的振动方程。(4) 分别写出 BC 和 CD 两点间的相位差。

解：(1) 本题中已给出 A 点的全部振动信息，根据式 (4-42a)，$x_0=0$，可以直接写出函数

$$y = 3\times10^{-2}\cos4\pi\left(t - \frac{x}{20}\right)(\text{m})$$

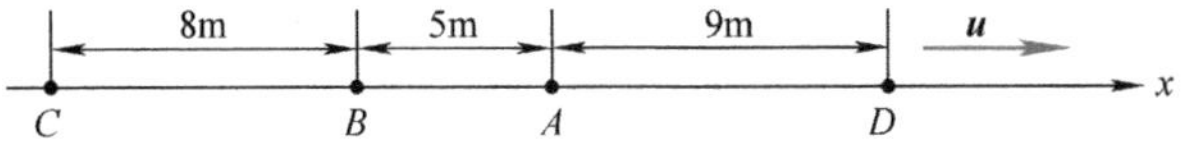

图 4-28

(2) 若以 B 点为坐标原点，则振动已知点 A 的坐标 $x_0 = x_A = 5\text{m}$，波函数为

$$y = 3 \times 10^{-2}\cos 4\pi\left(t - \frac{x-5}{20}\right) = 3 \times 10^{-2}\cos\left[4\pi\left(t - \frac{x}{20}\right) + \pi\right](\text{m})$$

当然，也可以将 A 点坐标代入 (1) 中已得到的波函数，先求 B 点的振动方程，之后再以 B 点为坐标原点写出波函数，结果相同。

(3) 以 A 点或 B 点为坐标原点，将 C 点和 D 点坐标代入相应的波函数中即可得到它们各自的振动方程。现以 B 为坐标原点，$x_C = -8\text{m}$，$x_D = 14\text{m}$，代入 (2) 中波函数

$$y_C = 3 \times 10^{-2}\cos\left[4\pi\left(t - \frac{-8}{20}\right) + \pi\right] = 3 \times 10^{-2}\cos\left(4\pi t + \frac{13}{5}\pi\right)(\text{m})$$

$$y_D = 3 \times 10^{-2}\cos\left[4\pi\left(t - \frac{14}{20}\right) + \pi\right] = 3 \times 10^{-2}\cos\left(4\pi t - \frac{9}{5}\pi\right)(\text{m})$$

(4) BC 两点间的相位差

$$\Delta\varphi_{BC} = -\frac{\omega \Delta x_{BC}}{u} = -1.6\pi$$

负号表明 B 点相位落后 C 点。

CD 两点间的相位差

$$\Delta\varphi_{CD} = \frac{\omega \Delta x_{CD}}{u} = 4.4\pi$$

C 点相位超前，即在波的传播方向上，相位总是依次落后。

第七节 波的能量

在波的传播过程中，波源的振动通过弹性介质依次传给各个质元，使得各质元均在各自的平衡位置附近振动。可见弹性介质中各个质元均具有动能，同时由于弹性介质中各质元间相对位移发生变化而使介质产生形变，所以各质元还应该具有弹性势能。

一、波的能量和能量密度

以弹性介质为例分析各质元的动能与势能间的关系，如图 4-29 所示。由于每个质点均沿 y 方向做简谐振动，所以当质点通过平衡位置时速度最大，动能最大；到达最大位移时速度最小，动能最小，即动能随时间呈周期性变化。假设振动已知点位于坐标原点处，初相为零，波沿 Ox 轴正向传播，根据式 (4-43) 可得质点的速度为

$$v = -A\omega\sin\left[\omega\left(t - \frac{x}{u}\right)\right]$$

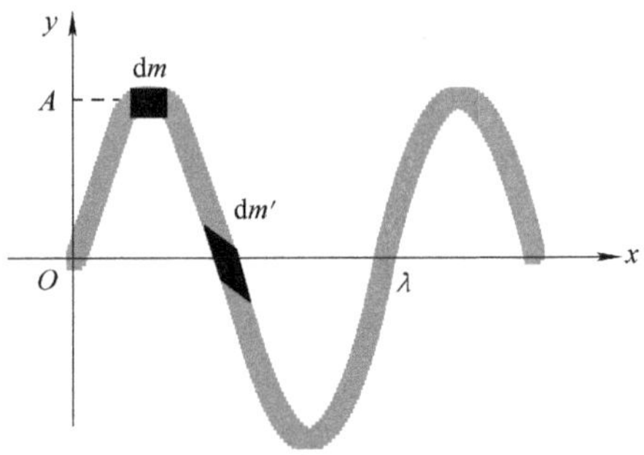

图 4-29 波动中质元的能量

在该处取很小的体积元 dV，相应地，该体积内质元质

量为 dm，可认为这个质元内所有质点都具有相同振动速度，所以其动能为

$$dE_k = \frac{1}{2}(dm)v^2 = \frac{1}{2}(\rho dV)A^2\omega^2 \sin^2\left[\omega\left(t - \frac{x}{u}\right)\right] \tag{4-45}$$

式中，ρ 代表弹性介质的密度。

该处质元的势能又如何？它具有什么样的形式？下面我们仅做定性说明。质元内部质点间相对位移越大，介质的形变越大，所具有形变势能越大。由图 4-29 可见，在平衡位置附近处的质元形变最大（此处斜率最大），因而势能最大；此处速度最大，因而动能也最大。而在最大位移附近处的质元没有发生形变（斜率为零），因而势能最小；此处速度为零，因而动能为零。这就定性说明了当质元的动能最大时，势能也最大；当质元的动能最小时，势能也最小。由实验和胡克定律可推得质元的势能具有与动能相同的表示形式（推导过程从略）

$$dE_p = \frac{1}{2}(\rho dV)A^2\omega^2 \sin^2\left[\omega\left(t - \frac{x}{u}\right)\right] \tag{4-46}$$

质元的机械能为动能和势能之和

$$dE = dE_k + dE_p = (\rho dV)A^2\omega^2 \sin^2\left[\omega\left(t - \frac{x}{u}\right)\right] \tag{4-47}$$

由此可以看出，就介质中某处而言，质元的机械能并不守恒，随时间和空间呈周期性变化。实际上，这恰恰反映了波的传播过程就是能量的传播过程。虽然单个质元的机械能不守恒，但是整个波动过程能量是守恒的。波源不停从外界获得能量，再将能量不断地传播出去，从而形成波动。

那么，能量是如何伴随着波动传播的呢？以图 4-30为例。此时，图中 O 点处质元能量最大，P 点处质元能量最小，由于波向 x 轴的正方向传播，下一刻，O、P 两点处质元均向下振动。O 点处质元把全部的能量按式（4-47）的规律通过右侧相邻质元依次传递给 P 点处质元，最终到达其负最大位移处（能量为零），在此期间，P 点从左侧相邻的质元不断获得能量，最终回到平衡位置（能量最大），然后 O 点处质元再从其左侧相邻质元获得能量，P 点处质元再向其右侧质元释放能量，如此往复，实现能量由左至右传播。

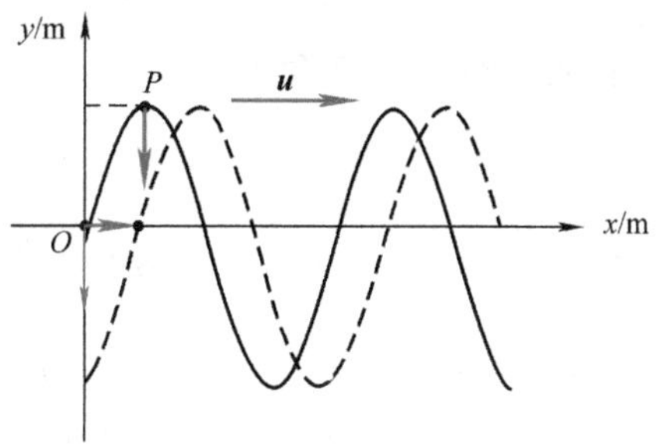

图 4-30　波动能量的传播

由于波的能量是时间和空间的函数（分布不均匀），有必要引入能量分布函数——**波的能量密度**，即单位体积上所具有的能量，用 w 表示。

$$w = \frac{dE}{dV} = \rho A^2\omega^2 \sin^2\left[\omega\left(t - \frac{x}{u}\right)\right] \tag{4-48}$$

可见，介质中任意位置处的能量密度随时间呈周期性变化，能量密度在一个周期 T 内的平均值称为**平均能量密度**，即

$$\overline{w} = \frac{1}{T}\int_0^T \rho A^2\omega^2 \sin^2\left[\omega\left(t - \frac{x}{u}\right)\right]dt = \frac{1}{2}\rho A^2\omega^2 \tag{4-49}$$

可见，波的平均能量密度与介质的密度、波的振幅的二次方和波的角频率的二次方成正比。

二、能流和能流密度

能量随着波动进行传播就好像能量在介质中流动一样。**单位时间内通过介质某一横截面的平均能量称为流过该截面的能流**。如图 4-31 所示，在介质中垂直波的传播方向上任取一截面 S，

在单位时间内通过截面 S 的平均能量刚好等于以此截面作底，以 u 为长度的体积（uS）内的平均能量，即这个体积内的所有能量在单位时间内都能通过截面 S，所以平均能流为

$$\overline{P} = \overline{w}uS = \frac{1}{2}\rho A^2\omega^2 uS \tag{4-50}$$

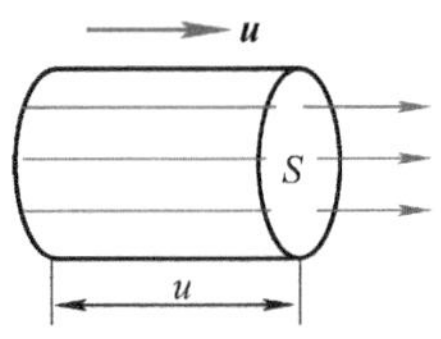

图 4-31 能流

为了进一步描述能流的空间分布，再引入能流密度的概念。**单位时间内通过与波传播方向垂直的单位面积的平均能量称为能流密度，又称为波的强度或波功率**。能流密度为矢量，其方向为波的传播方向，其大小为

$$I = \frac{\overline{P}}{S} = \overline{w}u = \frac{1}{2}\rho A^2\omega^2 u$$

写成矢量式

$$\boldsymbol{I} = \frac{1}{2}\rho A^2\omega^2\boldsymbol{u} \tag{4-51}$$

单位为瓦特每二次方米（$\mathrm{W \cdot m^{-2}}$）。

第八节 惠更斯原理 波的干涉

波在各向同性的介质中传播时，描述波的各种参量保持不变，比如波面的形状、波的速度以及波的传播方向等。可是，当波在传播过程中遇到障碍物或在不同介质中传播时，波的参量要发生变化，产生反射、衍射、干涉等波动特有的现象。1678 年荷兰物理学家惠更斯提出了一种方法，定性地解释这些现象。

一、惠更斯原理

图 4-32 为意大利 Fabrizio Logiurat 在其研究论文中用 Google Earth 所采集到的埃及亚历山大港的水波纹图样。可以看到，当水波在传播过程中遇到障碍物孔后，如果障碍物孔的尺寸与波长可比拟，那么穿过孔的波变为圆形，与原来波的形状无关。惠更斯指出：**介质中波传到的各点都可以视为新的子波波源，其后的任意时刻，这些波的子波包络面就是新的波前。**

图 4-32

如图 4-33a 所示，以 O 为波源的球面波在介质中传播，在 t 时刻波前是半径为 R_1 的球面 S_1。根据惠更斯原理，S_1 上各点均可看成是发射子波的波源，各自发出球面波，画出一系列以 $u\Delta t$ 为半径的半球面，则新的波前即为这些子波的包络面 S_2，显然 S_2 是以 O 为圆心、以 $R_2 = R_1 + u\Delta t$ 为半径的球面。同理，可得平面波的波前，如图 4-33b 所示。根据惠更斯原理，只有波在各向同性的均匀介质中传播时才能保持波面的几何形状不发生变化，传播方向不发生变化。

二、惠更斯原理的应用

利用惠更斯原理可以定性地解释波的衍射现象。如图 4-34 所示，当波传播到障碍物 AB 的一条狭缝时，缝上各点均视为新的子波波源，发出球面波。在靠近狭缝边缘处，新子波的包络面不

再是平面，而是发生弯曲，波改变了原来的传播方向，形成衍射现象。并且，狭缝越窄，衍射现象越明显。

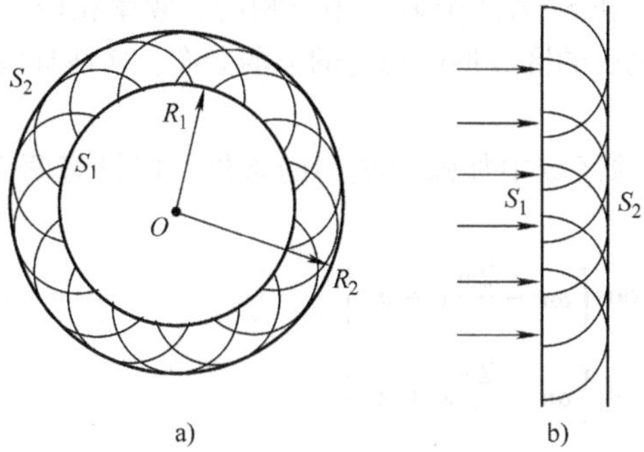

图 4-33　惠更斯原理

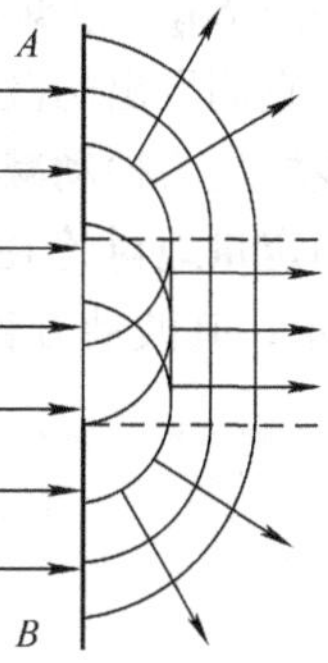

图 4-34　波的衍射

衍射现象是否明显与障碍物的尺寸与波长之比有关。如果障碍物尺寸与波长差不多，衍射现象就较为明显。比如声音在空气中传播时，波长与所遇到的障碍物尺寸差不多，所以在门后也可听到别人说话的声音，就是因为声波在遇到门之后发生了明显的衍射。

前面所讨论的都是一列平面简谐波在传播过程中的各种性质，如果同时有两列波在同一种介质中传播并相遇，又将会出现什么现象呢？

三、波的叠加原理

如果在空气中充满着各种声音，这些声波传到人耳中，人耳可以分辨出各种不同的声音；无线电收音机可以从许多的无线电波中选择出所需要的某一电台的信号。可见，波的传播是各自独立的，其性质不会受到其他波动的影响而发生改变。根据这些现象人们总结出这样的结论：

1）几列波相遇之后，仍然保持它们原有的特性，比如频率、波长、振幅、振动方向等不会改变，并且仍然按照原来的方向继续传播，好像没有遇到其他波一样——**波的传播具有独立性**；

2）在相遇区域内任一点的振动，为各列波单独存在时在该点所引起的振动的矢量和——**波具有叠加性**。

波的叠加原理只适用于各向同性的介质中传播的波，并且只有当波的强度较小时才是成立的。

四、波的干涉

图 4-35 是意大利 Fabrizio Logiurat 通过 Google Earth 所采集的泰国曼谷湄南河上的水波图样。可以看到，一些地方水波起伏很大，说明这些地方振动加强了；而另一些地方只有微弱的起伏，或者完全静止，说明这些地方振动减弱，甚至完全抵消。这样两列波相遇后能够形成稳定的强弱分布的现象称为波的**干涉**。当然，并不是所有的两列波相遇都能产生干涉现象，必须满足：**频率相同、振动方向平行、相位差恒定**的条件。称这些条件为波的相干条件。满足相干

图 4-35　水波图样

条件的波称为相干波，相应的波源称为相干波源。

要想获得相干波，可采用图4-36所示的方法。在波源S附近放置一开有两个小孔S_1和S_2的障碍物，且$\overline{SS_1}=\overline{SS_2}$。根据惠更斯原理，$S_1$和$S_2$为两个振动相位相同、频率相同、振动方向相同的子波源，它们发出的波为相干波，在之后的区域形成稳定的强弱分布。实线标注为振动加强的位置，虚线标注为振动减弱的位置。

下面我们定量地讨论在两列波相干涉的区域中加强和减弱的条件。假设有两个相干波源，如图4-37所示，其波动方程分别为

$$\begin{cases} y_1 = A_1\cos\left[\omega t - \dfrac{2\pi}{\lambda}x + \varphi_1\right] \\ y_2 = A_2\cos\left[\omega t - \dfrac{2\pi}{\lambda}x + \varphi_2\right] \end{cases}$$

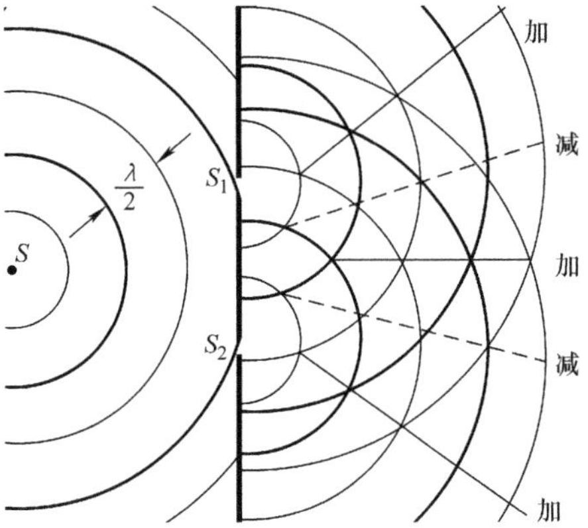

图4-36 波的干涉

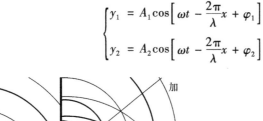

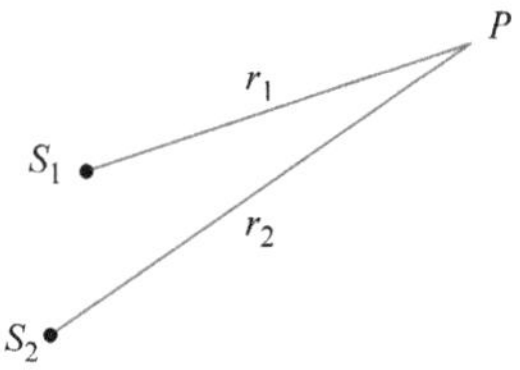

图 4-37

式中，ω代表两波源的角频率；A_1和A_2分别为两波源的振幅；φ_1和φ_2分别为两波源的初相。若这两个波源发出的波在相同介质中传播后并相遇，就会产生干涉现象。假设两列波分别经过r_1和r_2后在P点相遇，二者在P点产生的振动分别为

$$\begin{cases} y_{1P} = A_1\cos\left(\omega t - \dfrac{2\pi}{\lambda}r_1 + \varphi_1\right) \\ y_{2P} = A_2\cos\left(\omega t - \dfrac{2\pi}{\lambda}r_2 + \varphi_2\right) \end{cases}$$

也就是P点同时参与以上两个简谐振动。根据简谐振动的合成规律，同方向同频率的简谐振动合成结果仍为一个简谐振动，振幅为

$$A = \sqrt{A_1^2 + A_2^2 + 2A_1A_2\cos\Delta\varphi} \tag{4-52}$$

其中$\Delta\varphi$是两列波传到P点时的相位差，即

$$\Delta\varphi = \varphi_2 - \varphi_1 - 2\pi\frac{r_2 - r_1}{\lambda} \tag{4-53}$$

可见，两列波相遇后，相位差由两列波的初相差$\varphi_2-\varphi_1$和波程差引起的相位差$[-2\pi(r_2-r_1)/\lambda]$共同决定。对于干涉区域的任意固定点来说，$\Delta\varphi$是一个常量，根据式（4-52），在介质中同一点的合振动振幅是一个定值；不同点由于有不同的$\Delta\varphi$值，所以合振动振幅就不同。这样，两列相干波在介质中相遇后，在相遇区域内便形成稳定的强弱分布。

当

$$\Delta\varphi = \varphi_2 - \varphi_1 - 2\pi\frac{r_2 - r_1}{\lambda} = \pm 2k\pi, (k = 0,1,2,\cdots) \tag{4-54}$$

时，振幅 A 有最大值，$A = A_1 + A_2$，合振动加强（或称干涉加强）；

当

$$\Delta\varphi = \varphi_2 - \varphi_1 - 2\pi\frac{r_2 - r_1}{\lambda} = \pm(2k+1)\pi, (k = 0,1,2,\cdots) \tag{4-55}$$

时，振幅 A 有最小值，$A = |A_1 - A_2|$，合振动减弱（或称干涉减弱）。

如果两波源的初相相同，即 $\varphi_1 = \varphi_2$，那么，相位差只与波程差有关。令波程差 $\delta = r_2 - r_1$，则干涉加强和减弱的条件可变为

$$\begin{cases} \delta = r_2 - r_1 = \pm k\lambda, \quad (k = 0,1,2,\cdots) \quad \text{干涉加强} & (4\text{-}56) \\ \delta = r_2 - r_1 = \pm(2k+1)\dfrac{\lambda}{2}, \quad (k = 0,1,2,\cdots) \quad \text{干涉减弱} & (4\text{-}57) \end{cases}$$

即波程差等于半波长偶数倍时，合振动加强；波程差等于半波长奇数倍时，合振动减弱。

当相位差不等于 π 的整数倍，即介于 $\pm 2k\pi$ 和 $\pm(2k+1)\pi$ 之间时，合振幅介于 $A_1 + A_2$ 和 $|A_1 - A_2|$ 之间，合振动既不是最强，也不是最弱。

例 4-11　如图 4-38 所示，相干波源 S_1 和 S_2 相距 $\lambda/4$，S_1 比 S_2 相位超前 $\pi/2$，每列波的振幅均为 A。P、Q 为 S_1、S_2 连线外侧的任一点。求 P、Q 两点的合振幅。

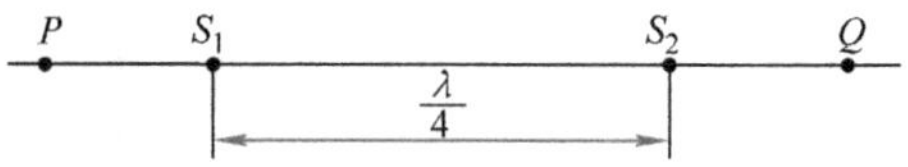

图　4-38

解：波源发出的波分别传向 P、Q 两点，到达空间任意点引起的相位差为

$$\Delta\varphi = \varphi_1 - \varphi_2 - 2\pi\frac{r_1 - r_2}{\lambda}$$

对于 P 点

$$\Delta\varphi = \varphi_1 - \varphi_2 - 2\pi\frac{r_1 - r_2}{\lambda} = \frac{\pi}{2} - 2\pi\frac{r_1 - (r_1 + \lambda/4)}{\lambda} = \pi$$

即两列波传到该点时引起的振动相位相反，合振动振幅为 $A' = A_1 - A_2 = 0$，因为 P 点是任选的一点，所以在 S_1 左侧，所有点都因干涉而静止。同理，在 S_2 右侧的 Q 点

$$\Delta\varphi = \frac{\pi}{2} - 2\pi\frac{(r_2 + \lambda/4) - r_2}{\lambda} = 0$$

即两列波传到该点时引起的振动相位相同，合振动振幅为 $A' = A_1 + A_2 = 2A$，因为 Q 点是任选的一点，所以在 S_2 右侧，所有点都因干涉而使合振动加强。

第九节　驻　　波

一、驻波的产生

驻波是干涉现象的一个特例。弹性绳子一端连接振荡器，另一端固定。振荡器引起绳子的振动，这种振动沿绳子传播到固定端，在固定端发生反射，这样入射波和反射波就会在绳子上叠加，形成一种特殊的干涉现象。

如图 4-39 所示，虚线、点线分别代表入射波和反射波，实线代表合成波。$t = 0$ 时，入射波和反射波的波形刚好重合，各点合振动均加强（特殊点除外）；在 $t = T/8$ 时，两列波分别向左向

右传播了 $\lambda/8$，合成波仍然为余弦曲线；在 $t=T/4$ 时，两列波分别向左向右传播了 $\lambda/4$，合成波刚好为一条直线，所有质点振幅均为零；在 $t=3T/8$ 和 $t=T/2$ 时，合成波各质点的位移分别与 $t=T/8$ 和 $t=0$ 时各质点的位移相同，但是方向相反。

由此可见，驻波是由**频率相同、振幅相同、传播方向相反的两列相干波叠加而成的**。

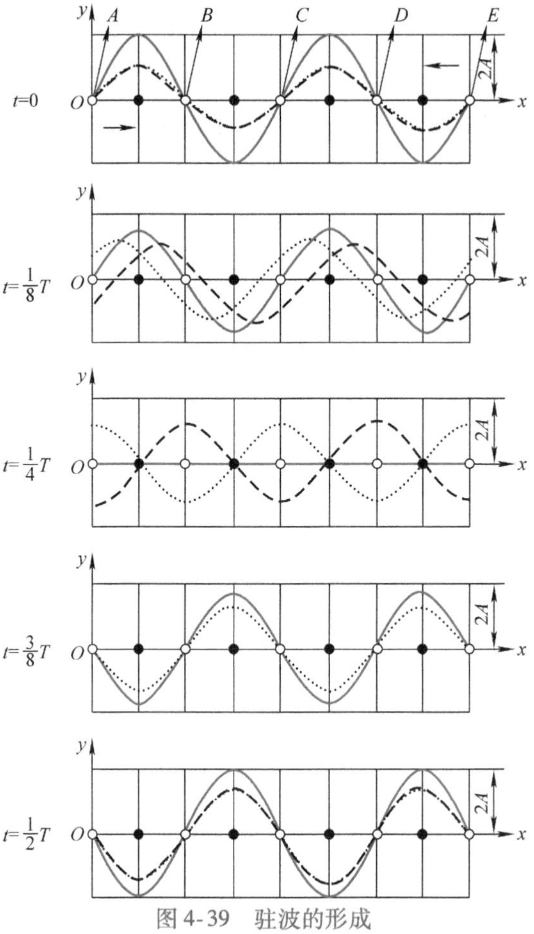

图 4-39 驻波的形成

二、驻波方程

设两列振幅相等的相干波分别沿 Ox 轴的正向和 Ox 轴负向传播，波函数分别为

$$\begin{cases} y_1 = A\cos\left(\omega t - \dfrac{2\pi}{\lambda}x\right) \\ y_2 = A\cos\left(\omega t + \dfrac{2\pi}{\lambda}x\right) \end{cases}$$

根据波的叠加原理，两列波相遇后，相遇点合位移等于两分振动的位移之和，即

$$y = y_1 + y_2 = A\cos\left(\omega t - \frac{2\pi}{\lambda}x\right) + A\cos\left(\omega t + \frac{2\pi}{\lambda}x\right)$$

利用三角函数公式，上式可以写成

$$y = 2A\cos\left(2\pi\frac{x}{\lambda}\right)\cos(\omega t) \tag{4-58}$$

式（4-58）称为驻波方程。式中后一项含有角频率，为振动项；前一项与频率无关，应看成振

幅项。可见驻波与行波有着明显的区别，下面根据驻波方程进一步分析驻波的特点。

三、驻波的特征

1. 振幅特征

由驻波方程可知，各质点的振幅不是固定不变的，而与质点的位置 x 有关，即

$$A' = \left|2A\cos\left(\frac{2\pi}{\lambda}x\right)\right| \tag{4-59}$$

振幅随位置按余弦规律做周期变化。

当 $\cos(2\pi x/\lambda)=0$，即振幅为零时，所在处的质点均静止不动，称为**波节**。根据振幅的表达式，波节处所对应的坐标为

$$\frac{2\pi}{\lambda}x = \pm(2k+1)\frac{\pi}{2}$$

即

$$x = \pm(2k+1)\frac{\lambda}{4}\ (k=0,1,2,\cdots) \tag{4-60}$$

相邻两波节的间距为

$$x_{k+1} - x_k = [2(k+1)+1]\frac{\lambda}{4} - (2k+1)\frac{\lambda}{4} = \frac{\lambda}{2} \tag{4-61}$$

当 $\cos(2\pi x/\lambda) = \pm 1$ 时，振幅最大，为 $2A$，这些点的振动最强，叫作**波腹**。根据振幅的表达式，波腹处所对应的坐标为

$$\frac{2\pi}{\lambda}x = \pm k\pi \tag{4-62}$$

$$x = \pm k\frac{\lambda}{2}(k=0,1,2,\cdots) \tag{4-63}$$

相邻两波腹的间距为

$$x_{k+1} - x_k = (k+1)\frac{\lambda}{2} - k\frac{\lambda}{2} = \frac{\lambda}{2} \tag{4-64}$$

可见，相邻两波节和两波腹的间距都是半个波长，所以能够形成驻波的弦长一定是半波长的整数倍 $l=n\lambda/2$。

2. 相位特征

从驻波方程（4-58）可以看出，振动项为 $\cos(\omega t)$，但不能认为驻波中各点的振动相位也相同或如行波中那样逐点不同。x 处的振动位移由 $2A\cos(2\pi x/\lambda)$ 确定。显然，对应于不同的 x 值，$2A\cos(2\pi x/\lambda)$ 可正可负。在相邻的两个波节之间，振幅项 $2A\cos(2\pi x/\lambda)$ 中使位移 y “同号” 的那些点，各质点相位均相同；而在同一波节两侧，使位移 y “异号” 的那些点，各质点相位相反，即相位差为 π。也就是说，相邻波节间各质元相位相同，振动步调相同；同一波节两侧的各质元相位相反，振动步调相反。图 4-40 表示用电动音叉在弦上激起的驻波振动简图。某时刻电动音叉在 A 点输出一个波列，传到 B 点被界面（支点）反射回来，入射波与反射波叠加的结果即在 AB 弦上形成驻波。

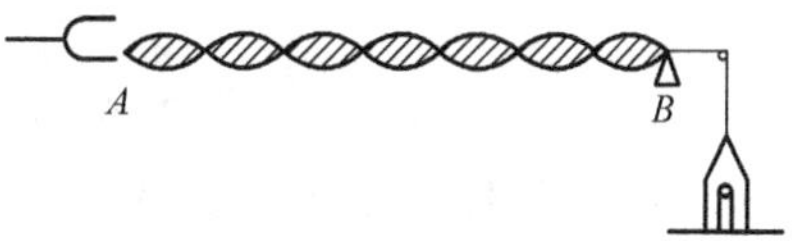

图 4-40　电动音叉形成驻波

下面我们把注意力集中在反射点 B 处，该处可以是点，也可以是界面。实验发现，在该处有时形成波节，有时形成波腹，那么规律是什么呢？理论和实验表明，这一切均取决于界面两边介质的相对波阻。

波阻：介质的密度与波速之乘积ρu。相对波阻较大的介质称为波密介质，反之称波疏介质。实验表明：波从波疏介质入射而从波密介质上反射时，界面处形成波节；波从波密介质入射而从波疏介质上反射时，界面处形成波腹。

如果在界面处形成波节，则表明在界面处入射波与反射波的相位始终相反，或者说在界面处入射波的相位与反射波的相位始终存在着π的相位差，这个现象称为**半波损失**。由上面讨论可知，要使反射波产生半波损失的条件是：波从波疏介质入射并从波密介质反射；对于机械波，还必须是正入射。

如果在界面处形成波腹，则表明在界面处入射波与反射波的相位始终相同，这时反射波没有半波损失。“半波损失”是一个很重要的概念，它在研究声波、光波的反射问题时会经常涉及。

3. 能量特征

驻波中各质点达到各自的最大位移时刻，所有质点速率为零，所以动能为零。但是各处质元却发生了不同程度的形变，在波节附近处的质元形变最大，波腹点附近没有形变。此时，波的能量完全以形变势能形式存在，并且大部分集中于波节点附近，波腹处势能为零。当质元以各自最大的速率通过平衡位置时，各处均不发生形变，所以势能为零，全部能量都转化为动能。由于波腹处质点速率最大，所以动能最大，大部分动能集中于波腹附近，波节处速率为零，动能为零。在其他时刻，动能和势能同时存在，在振动过程中动能和势能不断转换，并且在转换过程中，能量不断由波腹附近转移到波节附近，再由波节附近转移到波腹附近，能量不发生单一方向的传播，即驻波不能够传播能量。这是驻波独有的特征。

四、简正模式

如果将拉紧的弦两端固定，当轻击弦使之产生出向右行进的波时，这波传到弦的右方固定端处被反射，再当此左行反射波到达左方固定端时，又发生第二次反射，如此继续也能形成驻波。因弦的两端固定，其必然形成波节，因而驻波的波长必然受到限制，驻波波长与弦长l间必须满足

$$l = n\frac{\lambda}{2},即\ \lambda = \frac{2l}{n}(n = 1,2,3,\cdots) \tag{4-65}$$

而波速$u=\lambda f$，从而对频率也有限制，允许存在的频率为

$$f_n = \frac{u}{\lambda} = \frac{n}{2l}u(n = 1,2,3,\cdots) \tag{4-66}$$

对于弦线，因$u=\sqrt{F/\mu}$（其中F是弦线中张力，μ是弦线的质量密度），所以

$$f_n = \frac{n}{2l}\sqrt{\frac{F}{\mu}} \tag{4-67}$$

式中，与$n=1$对应的频率为基频，其后频率依次称为2次、3次谐频（对声驻波则称基音和泛音）。各种允许频率所对应的驻波振动（简谐振动模式）称为简正模式，相应的频率为简正频率。由此可见，对两端固定的弦，这一驻波振动系统有许多个简正模式和简正频率，即有许多个振动自由度。式(4-67)也适用于两端闭合或两端开放的管，若为闭合管，则两端为波节，若为开放管，则两端为波腹，图4-41为纺丝两

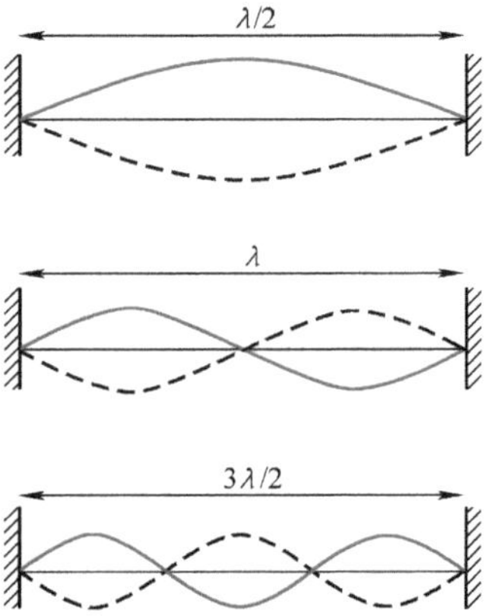

图4-41 两端固定弦振动的简正模式

端固定的几种简正模式。

*第十节　多普勒效应

一、多普勒效应

我们都有过这样的生活体验，当火车迎面而来的时候，所听到的火车汽笛声音音调变高，即频率增大；而当火车远离而去的时候，汽笛声音音调降低，即频率减小。这种由于观察者与波源之间发生相对运动而使观察者所观测到的波动频率发生变化的现象称为**多普勒效应**。这是奥地利物理学家多普勒（C. Doppler）在1842年首先发现的。

1. 波源静止，观察者运动

如图4-42所示，观察者在P点向着波源S运动。先假设观察者不动，波以波速$\boldsymbol{u}$传播，$\mathrm{d}t$时间内波的传播距离为$u\mathrm{d}t$，观察者接收到的完整波数就是分布在距离$u\mathrm{d}t$内的波数。而当观察者以$\boldsymbol{v}_0$迎着波的传播方向运动时，$\mathrm{d}t$时间内的移动距离为$v_0\mathrm{d}t$，所以在$v_0\mathrm{d}t$距离内的波数也会被观察者所接收。所以总体来看，观察者在单位时间内接收到的完整波数也就是波的频率为

$$f' = \frac{u + v_0}{\lambda_b}$$

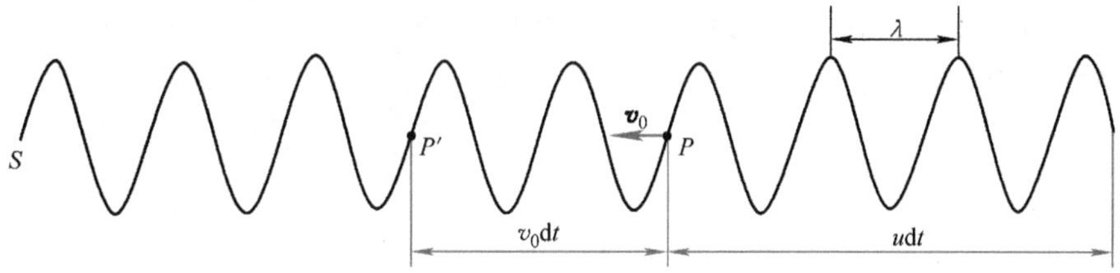

图4-42　波源静止，观察者运动

式中，λ_b为介质中的波长，且$\lambda_b = u/f_b$，由于波源是相对介质静止的，所以波的频率f_b就等于波源的频率f，即

$$f' = \frac{u + v_0}{u} f \tag{4-68}$$

表明当观察者向着波源运动时，观察者所接收到的波的频率为波源频率的$(u+v_0)/u$倍，即f'大于f。频率变大，音调升高。

同样，当观察者远离波源运动时，所接收到的频率经过类似的分析，可得

$$f' = \frac{u - v_0}{u} f \tag{4-69}$$

即，频率减小，音调降低。

2. 观察者静止，波源运动

假设波源以速度$\boldsymbol{v}_s$向着观察者运动，如图4-43所示，当波源从S_1发出一个振动状态经过一个周期T后传到A点时，波源已经运动到了S_2（$S_1S_2 = v_sT$），即S_2与A点的距离才是介质中的波长λ_b。若波源静止时的波长为$\lambda = uT$，则此时介质中的波长为

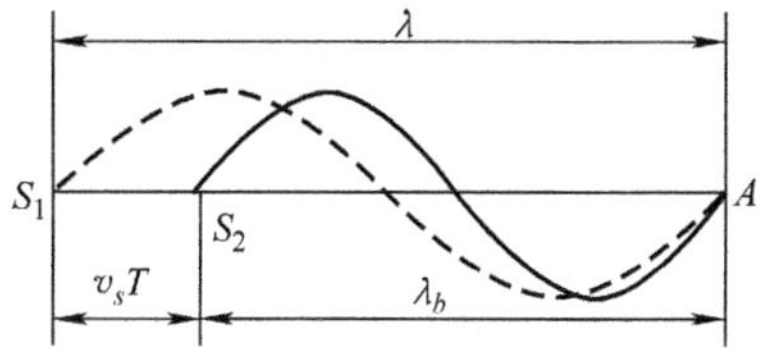

图4-43　观察者静止，波源运动

$$\lambda_b = \lambda - v_s T = (u - v_s) T = \frac{u - v_s}{f}$$

波的频率为

$$f_b = \frac{u}{\lambda_b} = \frac{u}{u - v_s} f$$

由于观察者静止，所以接收到的频率就是波的频率，即

$$f' = \frac{u}{u - v_s} f \tag{4-70}$$

式（4-70）表明，当波源向着观察者运动时，观察者所接收到的频率高于波源的频率。反之，当波源远离观察者时，通过类似分析，可得观察者接收到的频率为

$$f' = \frac{u}{u + v_s} f \tag{4-71}$$

低于波源的频率。图 4-44 是水面波源运动产生的多普勒效应。

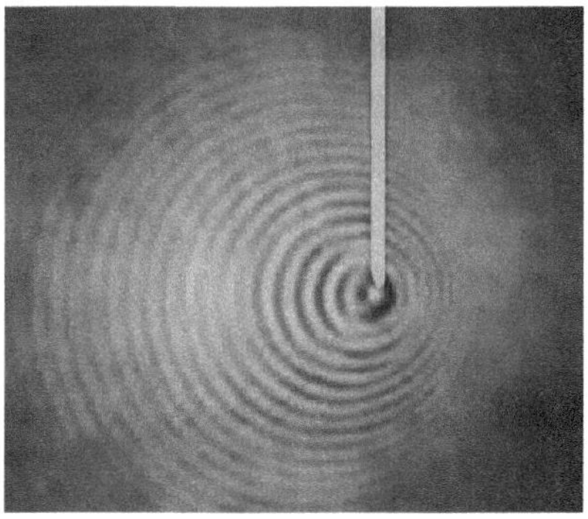

图 4-44　水面波源多普勒效应

综合以上四种情况，当波源和观察者同时运动时，观察者所接收到的频率为

$$f' = \frac{u \pm v_0}{u \mp v_s} f \tag{4-72}$$

式中，观察者向着波源运动，v_0 前取正号，远离时取负号；波源向着观察者运动时，v_s 前取负号，远离时取正号。

二、冲击波

如果波源相对观察者的运动速度大于波速，这样急速运动的波源前方不会有任何波动产生，所有的波前都被挤压在一个圆锥面内，这种波称为**冲击波**。在圆锥面上，波的能量被高度集中。当飞机以超声速飞行时，就会在空气中形成冲击波，冲击波所在的地方，空气压强增大，凝结成水雾。图 4-45 所示为超声速飞机飞行突破音障的瞬间。

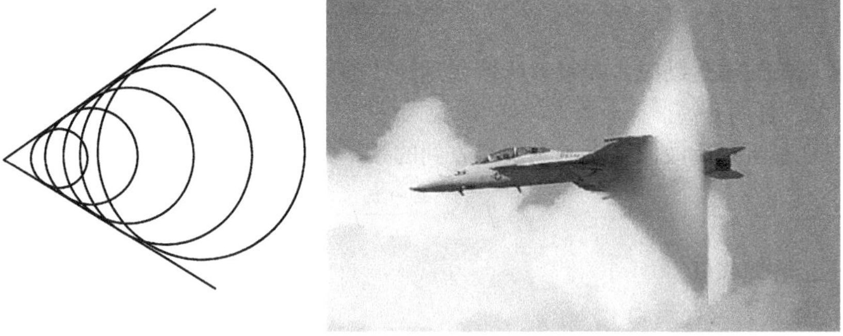

图 4-45　冲击波

战场冲击波：在军事活动中伴随着兵器的使用，常常会产生各种各样的冲击波。例如，火炮发射时，由于弹丸离开炮口，炮膛内高温高压的火药气体从炮口喷出，压缩炮口周围的空气激起空气剧烈的扰动，产生空气密度和压力的突变，形成炮口冲击波。火箭、导弹等在空中飞行时会

形成弹道冲击波，超声速飞机或舰艇航行时也会产生轨道冲击波。炸弹或核武器在空中爆炸时，会形成爆炸冲击波。舰艇在水中航行时会形成水中冲击波。其中以核爆炸时产生的冲击波能量最大。

在空中爆炸的普通炸弹，当冲击波超压为0.1atm（标准大气压）时就会引起门窗损坏、玻璃破碎，超压为0.5atm时，能掀翻屋顶；超压为1atm时，会造成房屋倒塌。粗看起来，0.1atm的超压很小，可是当它作用在长、宽各为1m的玻璃窗上时，受力竟达10^4Pa，虽然这个力的作用时间很短，但这么大的冲击力仍能产生相当可观的破坏作用。对于人体而言，冲击波超压为0.5atm时，人的耳膜破裂，内脏受伤；超压为1atm时，人体内脏器官严重损伤，尤其会造成肺、肝、脾破裂，导致人死亡。

炸弹在水中爆炸产生的冲击波威力比在空气中爆炸大。由于水的密度为空气密度的800多倍，可压缩性为空气的1/30000～1/20000，水本身吸收的能量少，所以水成了爆炸能量的良好传导体。例如，装有几百千克炸药的水雷或鱼雷在水中爆炸的瞬时，能形成几万个大气压和几千度的高压高温气体，并以6000～7000$\mathrm{m\cdot s^{-1}}$的高速猛烈地向四周膨胀，强大的冲击波压力超过舰舷装甲和隔舱钢板的强度，可以一下子击穿舰体的水下部分。

核武器在空中爆炸的瞬间，形成高温高压的火球，其温度可达几百万甚至几千万度，压强高达上亿大气压。由于火球内的温度和压强极高，促使火球迅速向外膨胀，压缩周围的空气，在火球周围形成一个空气密度很大的压缩区。随着火球的不断膨胀，压缩区的厚度不断增加，火球本身的压强逐渐降低，膨胀的速度越来越慢。而此时压缩区仍以惯性继续高速前进，所以在压缩区的后面必然会出现一个压强低于正常大气压的稀疏区。负压在一定程度上又加重了破坏杀伤作用。

本章提要

一、简谐振动

1. 简谐振动特征：$F=-kx$，$a=-\omega^2x$。

2. 简谐振动的方程：$x=A\cos(\omega t+\varphi)$。

其中，A为振幅；ω为角频率；φ为初相位。求解出这三个特征量即可写出振动方程。

求解方法可以利用初始条件

$$\omega=\frac{2\pi}{T},A=\sqrt{x_0^2+\left(\frac{v_0}{\omega}\right)^2},\tan\varphi=-\frac{v_0}{\omega x_0}。$$

3. 旋转矢量法：在平面内做Ox轴，以O为起点做矢量，令其大小等于简谐振动的振幅A。约定矢量绕O点逆时针做匀速旋转，旋转角速度设为ω，这个矢量称旋转矢量。旋转矢量在Ox轴的投影点的运动即为简谐振动。

4. 简谐振动的能量：$E=E_k+E_p=\frac{1}{2}kA^2$，能量守恒。

5. 简谐振动的合成：考虑同方向、同频率的简谐振动的合成。

合成振幅为：$A=\sqrt{A_1^2+A_2^2+2A_1A_2\cos(\varphi_2-\varphi_1)}$，

合振动初相位的正切值为：$\tan\varphi=\frac{A_1\sin\varphi_1+A_2\sin\varphi_2}{A_1\cos\varphi_1+A_2\cos\varphi_2}$。

二、机械波

1. 简谐波：如果波源做的是简谐振动，不考虑波在介质中能量的损耗，那么在波的传播方向上每个质点均做简谐振动，这样的波称为**简谐波**。

2. 波动特征量：波长 λ，周期 T 或频率 f，波速 u，它们之间的关系为 $\lambda = uT = u/f$。

3. 平面简谐波的波函数：反映每个质点任一时刻偏离各自平衡位置的位移。常见的表达式有以下三种：

$$y = A\cos\left[\omega\left(t \pm \frac{x - x_0}{u}\right) + \varphi\right]$$

$$y = A\cos\left[2\pi\left(\frac{t}{T} \pm \frac{x - x_0}{\lambda}\right) + \varphi\right]$$

$$y = A\cos\left[\omega t \pm \frac{2\pi}{\lambda}(x - x_0) + \varphi\right]$$

4. 波动的能量：对于任一个质元来说，能量不守恒，在平衡位置处，质元的动能和势能同时达到最大；在振动到波峰时，质元的动能和势能同时达到0。但是整个波动的过程能量是守恒的。波源不停地从外界获得能量，再将能量不断地传播出去，从而形成了波动。

5. 波的干涉：

惠更斯原理：介质中波动传到的各点，都可以视为新的子波波源，其后的任意时刻，这些波的子波包络面就是新的波前。

波的干涉条件：两列波频率相同，振动方向相同，相位差恒定才能发生干涉现象。

干涉强弱的判别条件：

当 $\Delta\varphi = \varphi_2 - \varphi_1 - 2\pi(r_2 - r_1)/\lambda = \pm 2k\pi$ 时，$A = A_1 + A_2$，合振动加强（或称干涉加强）；

当 $\Delta\varphi = \varphi_2 - \varphi_1 - 2\pi(r_2 - r_1)/\lambda = \pm(2k+1)\pi$ 时，$A = |A_1 - A_2|$，合振动减弱（或称干涉减弱）。

6. 驻波

驻波是由频率相同、振幅相同、传播方向相反的两列相干波叠加而成的。当两列振幅相等的相干波分别沿 Ox 轴的正向和 Ox 轴负向传播，波函数分别为

$$\begin{cases} y_1 = A\cos\left(\omega t - \dfrac{2\pi}{\lambda}x\right) \\ y_2 = A\cos\left(\omega t + \dfrac{2\pi}{\lambda}x\right) \end{cases}$$

形成的驻波方程为

$$y = 2A\cos\left(2\pi\frac{x}{\lambda}\right)\cos(\omega t)$$

驻波有以下特征：

(1) 振幅特征

相邻两波节和两波腹间距都是半个波长。

(2) 相位特征

在相邻的两个波节之间，各质点相位均相同；而在同一波节两侧，各质点相位相反。

(3) 能量特征

形变势能大部分集中于波节点附近，波腹处势能为零；大部分动能集中于波腹附近，波节处动能为零。在振动过程中质元的动能和势能不断转换，并且在转换过程中，能量不断由波腹附近转移到波节附近，再由波节附近转移到波腹附近，能量不发生单一方向的传播，即驻波不能够传播能量。

半波损失现象

波从波疏介质入射、从波密介质分界面上反射时，入射波的相位与反射波的相位始终存在着 π 的相位差，这个现象称为半波损失。

简正模式与简正频率

拉紧的弦两端固定，在弦上形成驻波。有

$$f_n = \frac{n}{2l}\sqrt{\frac{F}{\mu}}$$

$n=1$ 对应的频率为基频，其后频率依次称为 2 次、3 次……谐频（对声驻波则称基音和泛音）。各种允许频率所对应的驻波振动（简谐振动模式）称为简正模式，相应的频率为简正频率。

7. 多普勒效应

当观察者与波源之间发生相对运动而使观察者所观测到的波动频率发生变化的现象称为多普勒效应。

当波源和观察者同时运动时，观察者所接收到的频率为

$$f' = \frac{u \pm v_0}{u \mp v_s} f$$

式中，观察者向着波源运动，v_0 前取正号，远离时取负号；波源向着观察者运动时，v_s 前取负号，远离时取正号。

8. 冲击波

如果波源相对观察者的运动速度大于波速，这样急速运动的波源前方不会有任何波动产生，所有的波前都被挤压在一个圆锥面内，这种波称为冲击波。

思考与练习（四）

一、单项选择题

4-1. 一弹簧振子，物体质量为 m，弹簧劲度系数为 k、其简谐振动的周期 T 为（　　）。

(A) $T=2\pi\sqrt{\frac{k}{m}}$　(B) $T=2\pi\sqrt{\frac{m}{k}}$　(C) $T=\frac{1}{2\pi}\sqrt{\frac{m}{k}}$　(D) $T=\frac{1}{2\pi}\sqrt{\frac{k}{m}}$

4-2. 两个同周期的简谐振动曲线如选择题 4-2 图所示，x_1 的相位比 x_2 的相位（　　）。

(A) 落后$\frac{\pi}{2}$　(B) 超前$\frac{\pi}{2}$

(C) 落后 π　(D) 超前 π

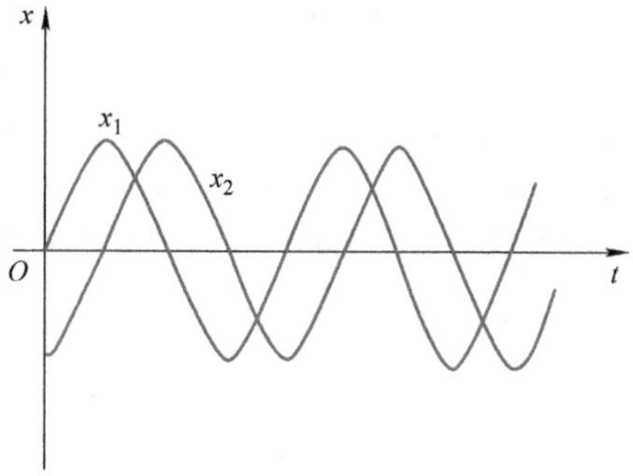

选择题 4-2 图

4-3. 一质点在 x 轴上做简谐振动，振幅 $A=4\text{cm}$，周期 $T=2\text{s}$，将平衡位置取作坐标原点。若 $t=0$ 时刻质点第一次通过 $x=-2\text{cm}$ 处，且向 x 轴负方向运动，则质点第二次通过 $x=-2\text{cm}$ 处的时刻为（　　）。

(A) 1s　(B) $\frac{2}{3}$s

(C) $\frac{4}{3}$s　(D) 2s

4-4. 已知一质点沿 y 轴做简谐振动，其振动方程为 $y=A\cos(\omega t+3\pi/4)$。与其对应的振动曲线是(　　)。

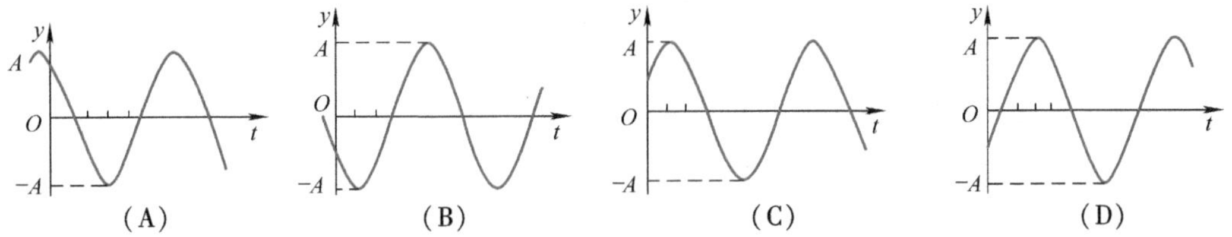

选择题 4-4 图

4-5. 一弹簧振子做简谐振动，当其偏离平衡位置的位移的大小为振幅的 1/4 时，其动能为振动总能量的（　　）。

(A) $\frac{7}{16}$　　(B) $\frac{9}{16}$　　(C) $\frac{11}{16}$　　(D) $\frac{15}{16}$

4-6. 一谐振子做振幅为 A 的谐振动，它的动能与势能相等时，它的相位和坐标分别为（　　）。

(A) $\pm\frac{\pi}{3}$和$\pm\frac{2\pi}{3}$，$\pm\frac{A}{2}$　　(B) $\pm\frac{\pi}{6}$和$\pm\frac{5\pi}{6}$，$\pm\frac{\sqrt{3}A}{2}$

(C) $\pm\frac{\pi}{4}$和$\pm\frac{3\pi}{4}$，$\pm\frac{\sqrt{2}A}{2}$　　(D) $\pm\frac{\pi}{3}$和$\pm\frac{2\pi}{3}$，$\pm\frac{\sqrt{3}A}{2}$

4-7. 一平面简谐波表达式为 $y=-0.05\sin\pi(t-2x)$(SI)，则该波的频率 v(Hz)、波速 u($\mathrm{m\cdot s^{-1}}$) 及波线上各点振动的振幅 A（m）依次为（　　）。

(A) 1/2，1/2，−0.05　　(B) 1/2，1，−0.05

(C) 1/2，1/2，0.05　　(D) 2，2，0.05

4-8. 一横波沿绳子传播时的波动方程为 $y=0.05\cos(4\pi x-10\pi t)$(SI)，则（　　）。

(A) 其波长为 0.5m　　(B) 波速为 $5\mathrm{m\cdot s^{-1}}$

(C) 波速 $25\mathrm{m\cdot s^{-1}}$　　(D) 频率 2Hz

4-9. 如选择题 4-9 图所示，一平面简谐波的波动方程为 $y=0.1\cos(3\pi t-\pi x+\pi)$(SI)，$t=0$ 时的波形曲线如选择题 4-9 图所示，则（　　）。

(A) O 点的振幅为 −0.1m　　(B) 波长为 3m

(C) a、b 两点位相差 $\pi/2$　　(D) 波速为 $9\mathrm{m\cdot s^{-1}}$

4-10. 一平面简谐波沿 x 轴正向传播，$t=T/4$ 时的波形曲线如选择题 4-10 图所示。若振动以余弦函数表示，且此题各点振动的初相取 $-\pi$ 到 π 之间的值，则（　　）。

(A) 0 点的初位相为 $\varphi_0=0$　　(B) 1 点的初位相为 $\varphi_1=-\pi/2$

(C) 2 点的初位相为 $\varphi_2=\pi$　　(D) 3 点的初位相为 $\varphi_3=-\pi/2$

4-11. a，b，c 三个振幅与频率相同的谐振动，但初相位各不相同，其中 a 为 $2\pi/3$，b 为 $11\pi/3$，c 为 $14\pi/3$，哪两个振动合成时可得到最大振幅（　　）。

(A) a 与 b　　(B) a 与 c　　(C) c 与 b　　(D) 哪个都不能

4-12. 某时刻驻波波形曲线如选择题 4-12 图所示，则 a、b 两点的位相差是（　　）。

(A) π　　(B) $\frac{1}{2}\pi$　　(C) $\frac{5}{4}\pi$　　(D) 0

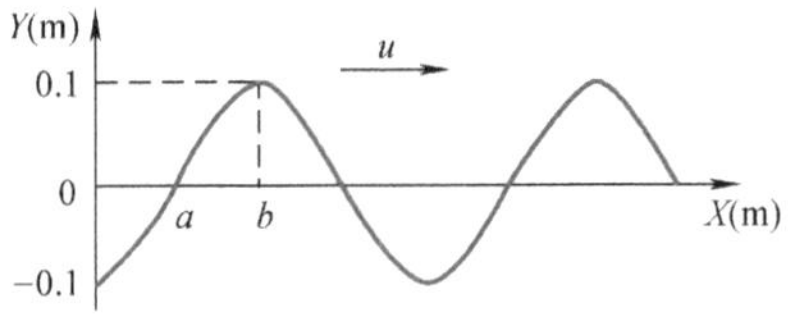

选择题 4-9 图

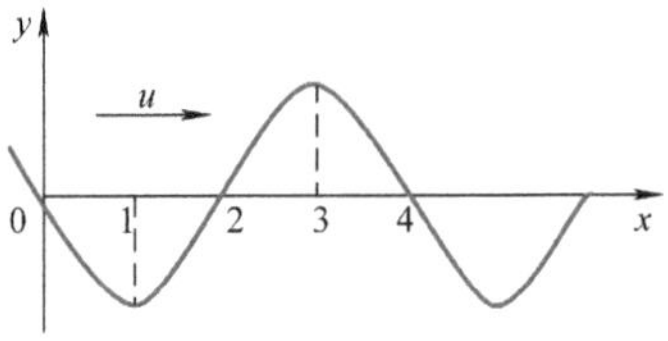

选择题 4-10 图

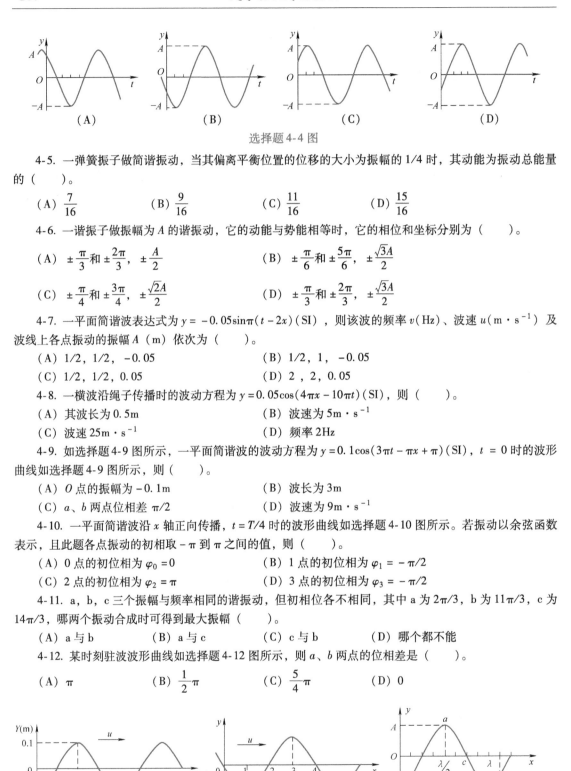

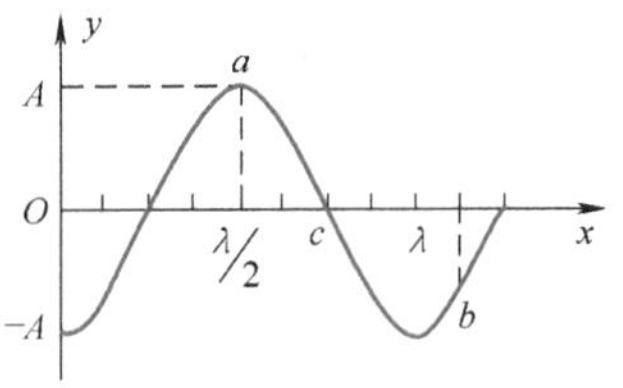

选择题 4-12 图

二、填空题

4-1. 描述简谐振动的物理量有________、________、________、________。

4-2. 两个同方向同频率的简谐振动，其振动表达式分别为：$x_1=6\times10^{-2}\cos(5t+\pi/2)$和$x_2=2\times10^{-2}\sin(\pi-5t)$它们的合振动的振幅为________，初相位为________。

4-3. 填空题4-3图a为一弹簧振子，若以物体经平衡位置向上运动为计时起点，其初相位为________，图（b）为一振子的振动曲线，初相位为________，若以K为计时起点，初相位为________。

4-4. 一简谐波沿x轴正向传播。x_1和x_2两点处的振动曲线分别如填空题4-4图a、b所示。已知$x_2>x_1$且$x_2-x_1<\lambda$（λ为波长），则x_2点的相位x_1比点相位滞后________。

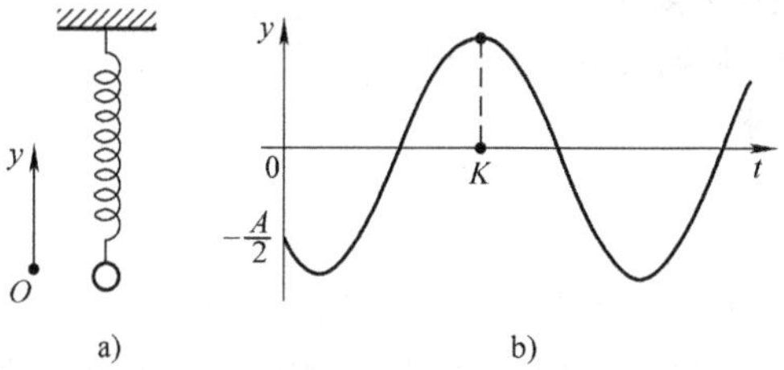

填空题4-3图

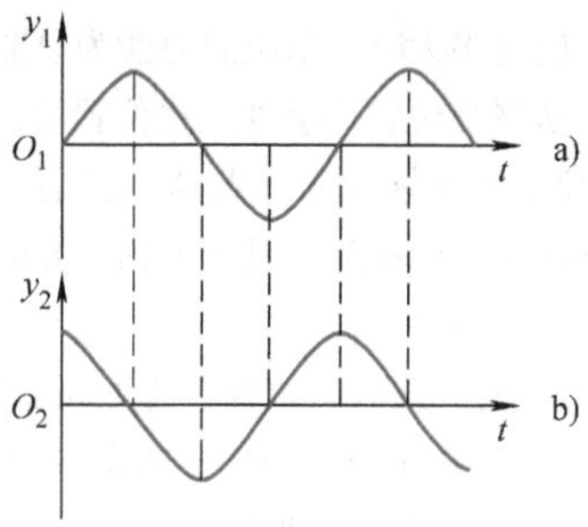

填空题4-4图

4-5. 如填空题4-5图所示一平面简谐波在$t=2$s时刻的波形图，波的振幅为0.2m，周期为4s，则图中P点处质点的振动方程为________。

4-6. 两相干波源S_1和S_2的振动方程分别是$y_1=A\cos\omega t$和$y_2=A\cos(\omega t+\pi/2)$。$S_1$距$P$点3个波长，$S_2$距$P$点21/4个波长。两波在$P$点引起的两个振动的相位差的绝对值是________。

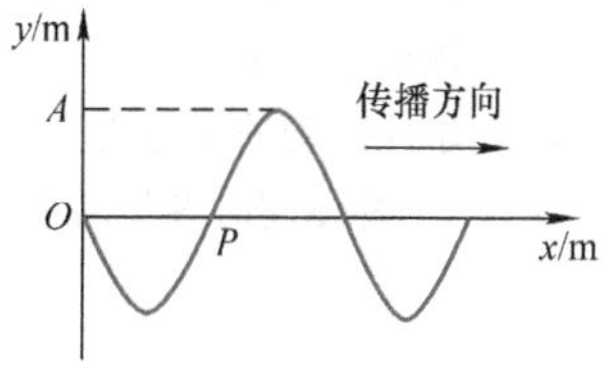

填空题4-5图

三、问答题

4-1. 周期、频率和角频率这三个量都由什么条件决定？它们之间的关系是什么？

4-2. 波的干涉条件是什么？

4-3. 波动和振动有什么区别和联系？驻波是怎样产生的，他与行波有何区别？

4-4. 在波动方程$y=A\cos[\omega(t-x/u)+\varphi]$中，$x/u$的意义是什么？$\omega x/u$的意义又是什么？

4-5. 一质点按如下规律沿x轴做简谐振动：$x=0.1\cos(8\pi t+2\pi/3)$（SI）。求此运动的周期、振幅、初相、速度最大值和加速度最大值。

4-6. 一物体在光滑水平面上做简谐振动，振幅是12cm，在距平衡位置6cm处速度是$24\text{cm}\cdot\text{s}^{-1}$，求：（1）周期$T$；（2）当速度是$12\text{cm}\cdot\text{s}^{-1}$时的位移。

4-7. 一质量为m、直径为D的塑料圆柱体一部分浸入密度为ρ的液体中，另一部分浮在液面上。如果用手轻轻向下按动圆柱体，放手后圆柱体将上下振动。试证明该振动为简谐振动，并求运动周期（圆柱体表面与液体的摩擦力忽略不计）。

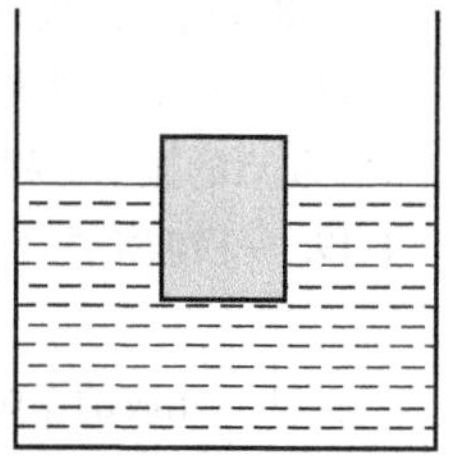

问题答4-7图

4-8. 一质量为10g的物体做简谐振动，其振幅为2cm，频率为4Hz，$t=0$时位移为-2cm，初速度为零。求：（1）运动方程；（2）$t=1/4$s时物体所受的作用力。

4-9. 一质量$m=0.25$kg的物体，在弹簧弹力的作用下沿x轴运动，平衡位置在原点，弹簧的劲度系数$k=25\text{N}\cdot\text{m}^{-1}$。

（1）求运动的周期 T 和角频率 ω。

（2）如果振幅 $A=15\text{cm}$，$t=0$ 时物体位于 $x=7.5\text{cm}$ 处，且物体沿 x 轴反向运动，求初速 v_0 及初相 φ。

（3）写出运动方程。

4-10. 一质量为 $m=3.0\times10^{-2}\text{kg}$ 的质点做简谐振动，振动图像如问答题 4-10 图所示，求：

（1）运动方程。

（2）图中 b 点的相位及到达该位置的所需时间。

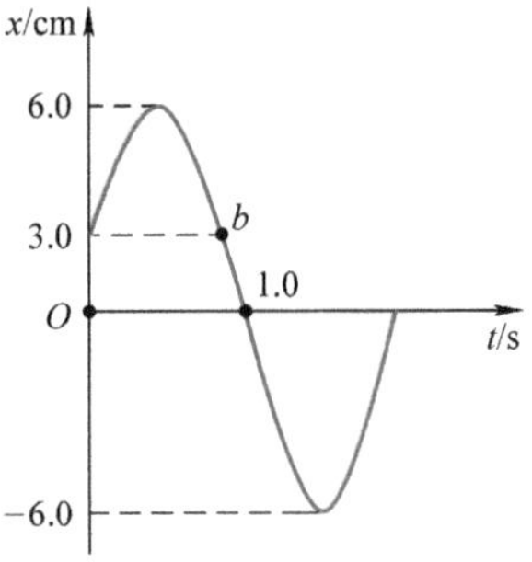

问答题 4-10 图

4-11. 一质点做简谐振动，其振动方程为 $x=6.0\times10^{-2}\cos(\pi t/3-\pi/4)$(SI)。问：

（1）当 x 值为多大时，系统的势能为总能量的一半？

（2）质点从平衡位置移动到上述位置所需最短时间为多少？

4-12. 一质点沿 x 轴做简谐振动，振幅为 0.12m，周期为 2s，当 $t=0$ 时，质点的位置在 0.06m 处，且向 x 轴正方向运动，求：

（1）质点振动方程；

（2）$t=0.5\text{s}$ 时，质点的位置、速度和加速度；

（3）由 $x=-0.06\text{m}$ 处，且向 x 轴负方向运动时算起，再回到平衡位置所需的最短时间。

4-13. 一弹簧振子沿 x 轴做简谐振动（弹簧为原长时振动物体的位置取作 x 轴原点）。已知振动物体最大位移为 $x_m=0.4\text{m}$，最大回复力为 $F_m=0.8\text{N}$，最大速度为 $v_m=0.8\text{m}\cdot\text{s}^{-1}$，又知 $t=0$ 时的位移 $x_0=0.02\text{m}$，且初速度与所选 x 轴方向相反。

（1）求振动能量；

（2）求此振动的表达式。

4-14. 一物体同时参与两个同方向的简谐振动

$$\begin{cases}x_1=0.04\cos\left(2\pi t+\dfrac{\pi}{2}\right)\\ x_2=0.03\cos(2\pi t+\pi)\end{cases}\text{(SI)}$$

求此物体的振动方程。

4-15. 一平面简谐波的波动方程为 $y=0.05\cos(10\pi t-4\pi x)$，式中 x、y 以米计，t 以秒计。（1）求波的振幅、波速、频率和波长；（2）求 $x=0.2\text{m}$ 处质点在 $t_1=1\text{s}$ 时的运动状态；（3）问此运动状态在 $t_2=1.5\text{s}$ 时传到波线上哪一点？

4-16. 一平面简谐波沿 x 轴正向传播，波速为 $u=200\text{m}\cdot\text{s}^{-1}$，频率为 $v=10\text{Hz}$，已知在 $x=5\text{m}$ 处的质点 P 在 $t=0.05\text{s}$ 时刻的振动状态是位移为 $y_P=0$、速度为 $v_P=4\pi\text{m}\cdot\text{s}^{-1}$，求此平面波的波函数。

4-17. 某质点做简谐振动，周期为 2s，振幅为 0.06m，初始（$t=0$）时刻，质点恰好在 $A/2$ 处，且向轴的正方向运动。求：（1）该质点的振动方程；（2）此振动以速度 $u=2\text{m}\cdot\text{s}^{-1}$ 沿 x 轴正方向传播时，形成的平面简谐波的波函数；（3）该波的波长。

4-18. 一平面简谐波在 $t=0$ 时刻的波形图，如问答题 4-18 图所示。求：（1）该波的波动表达式；（2）P 处质点的振动方程。

4-19. 一横波沿绳子传播，其波的表达式为

$$y=0.05\cos(100\pi t-2\pi x)\text{(SI)}$$

求：（1）此波的振幅、波速、频率和波长；（2）$x_1=0.2\text{m}$ 处和 $x_2=0.7\text{m}$ 处二质点振动的相位差。

4-20. 如问答题 4-20 图所示，一简谐振动的振源的振动曲线如问答题 4-20 图所示，此振源向 x 轴正向发出一平面简谐波，波速为 $0.3\text{m}\cdot\text{s}^{-1}$。求：

（1）该波的波函数；（2）0.45m 处质点的振动方程；（3）$t=1\text{s}$ 时波形图方程。

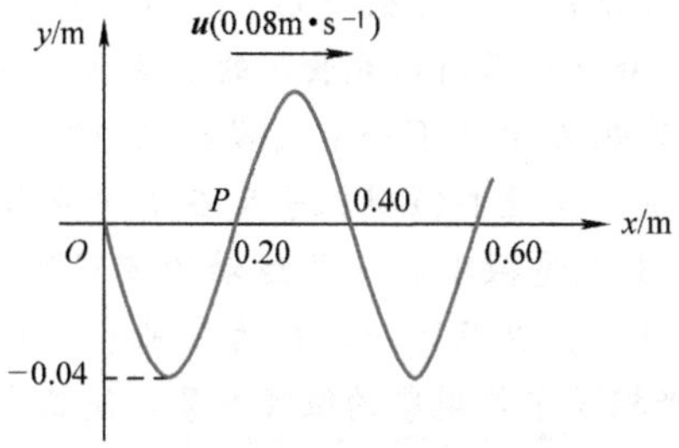

问答题 4-18 图

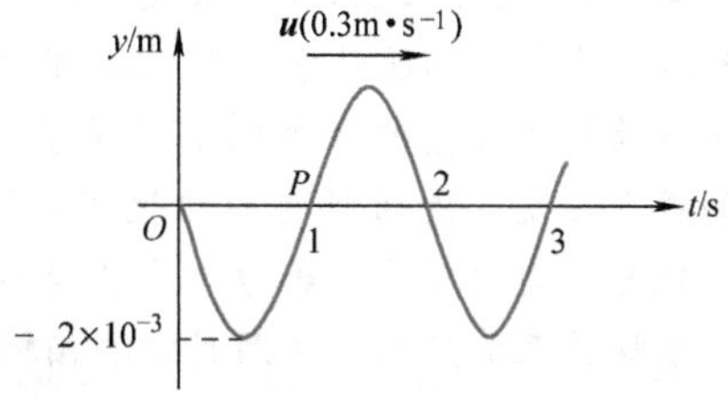

问答题 4-20 图

4-21. 如问答题 4-21 图所示，同一介质中两相干波源位于 A、B 两点，其振幅相等，频率均为 100Hz，B 的相位比 A 的相位超前 π。若 A、B 两点相距 30m，且波的传播速度 $u=400\mathrm{m}\cdot\mathrm{s}^{-1}$。以 A 为坐标原点，试求 AB 连线上因干涉而静止的各点的位置。

4-22. 如问答题 4-22 图所示的是干涉消音器原理图，利用这一结构可消除噪音。当发动机排气噪音经管道到达 A 点时，分成两路在 B 点相遇。如果要消除频率为 300Hz 的发动机排气噪音，求弯道与直管长度差 $\Delta r=r_2-r_1$ 至少为多少？（设声速为 $340\mathrm{m}\cdot\mathrm{s}^{-1}$）

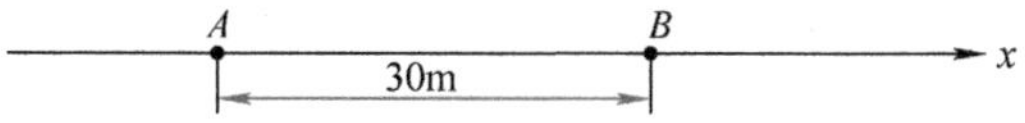

问答题 4-21 图

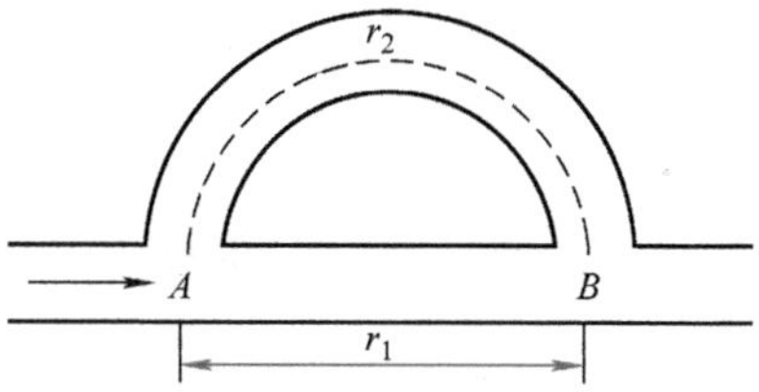

问答题 4-22 图

物质的运动形式多种多样，在力学中已研究了物质最简单的运动形式——机械运动，采用了经典力学的确定论的研究方法，即给定一个物体或者系统的初始条件后，通过归纳总结或演绎推理，其未来的发展过程和结果便可以确定。这一章和下一章将研究物质的热运动，研究物质的热运动规律有微观的统计学（气体动理论）和宏观的热力学（下一章内容）两种方法。统计学方法是从物质由大量的微观粒子（原子、分子）组成、而这些微观粒子又在不停地做无规则热运动的观点出发，借助经典力学规律和统计方法得出大量微观粒子热运动的宏观统计规律，以解释宏观与微观的联系。热力学方法是从能量观点出发，以观察和实验为基础来研究物质热现象的基本规律及其应用。这两种方法相辅相成，前者揭示了热现象的微观本质，使热力学理论更具有丰富而深刻的内涵，后者则给出热现象普遍而可靠的宏观结果，可以验证微观理论的正确性。本章——气体动理论，主要内容包括物质的微观模型、平衡态、热力学第零定律、理想气体物态方程、理想气体压强和温度的微观本质、能量按自由度均分定理、理想气体的内能、速率分布函数以及分子的平均自由程、平均碰撞频率等。

第五章　气体动理论

第一节　理想气体　平衡态　理想气体物态方程

一、气体的微观模型　理想气体

热学的研究对象是由大量微观粒子组成的宏观物体（本章是气体），通常称其为热力学系统，简称系统。研究对象以外的物体称为系统的外界。系统中大量的微观粒子（统称分子）具有以下特点：

1. 分子具有一定的质量和体积

如果系统包含的物质的量是1mol（mol，国际单位制中七个基本单位之一），那么系统中的分子数等于阿伏伽德罗常数，用符号 N_A 表示，有

$$N_A = 6.0221367(36) \times 10^{23}\ \mathrm{mol^{-1}}$$

在一般计算时，取 $N_A = 6.02 \times 10^{23}\mathrm{mol^{-1}}$。

如果所讨论的是氢气系统，1mol 氢气的总质量是 2.0×10^{-3}kg，每个氢分子的质量则为3.3×10^{-27}kg。从以上数据可以看出，很少量的气体中分子的个数是非常多的。

1mol 水的体积约为 $1.8 \times 10^{-5}\mathrm{m^3}$，每个分子占据的体积约为 $3.0 \times 10^{-29}\mathrm{m^3}$，一般认为液体中分子是一个挨着一个排列起来的，水分子的体积与水分子所占据的体积的数量级相同。在气态下分子的数密度比在液态下小得多，在标准状态（温度为0℃、压强为1个大气压）下，饱和水蒸气的密度约为水的密度的1/1000，即分子之间的距离约为分子自身线度的10倍。这正是气体具有可压缩性的原因。

2. 分子的热运动

分子处于永不停息的热运动之中，布朗运动是分子热运动的间接证明。在显微镜下观察悬浮在液体中的固体微粒，会发现这些小颗粒在不停地做无规则运动，这种现象称为布朗运动。做

布朗运动的小颗粒称为布朗微粒。布朗微粒受到来自各个方向的做无规则热运动的液体分子的撞击，由于颗粒很小，在每一瞬间这种撞击不一定都是平衡的，布朗微粒就朝着撞击较弱的方向运动。可见，布朗运动是液体分子做无规则热运动的间接反映。

3. 分子之间以及分子与器壁之间进行着频繁碰撞

在热运动过程中，系统中分子之间以及分子与容器器壁之间进行着频繁的碰撞，每个分子的运动速率和运动方向都在不断地、突然地发生变化；对于任一特定的分子而言，它总是沿着曲折的路径在运动，在路径的每一个折点上，它与一个或多个分子发生了碰撞，或与器壁上的固体分子发生了碰撞。

4. 分子力

固体和液体的分子之所以会聚集在一起而不分开，是因为分子之间有相互吸引力。分子之间不仅表现有吸引力，而且也表现有排斥力，固体和液体都很难压缩，就说明分子之间有排斥力，阻止它们之间相互靠拢。

通常采用简化模型来处理分子力，如图 5-1 所示。当分子之间的距离 $r<r_0$（r_0 约为10^{-10}m 左右）时，分子间表现为斥力作用，并且随着 r 的减小斥力急剧增加。当 $r=r_0$ 时，分子力为零。当 $r>r_0$ 时，分子间表现为引力作用，并且当 r 增大到大于10^{-9}m 时，分子间的作用力可以忽略不计。可见，分子力属短程力。气体在低压情况下，其分子间作用力可以不考虑。

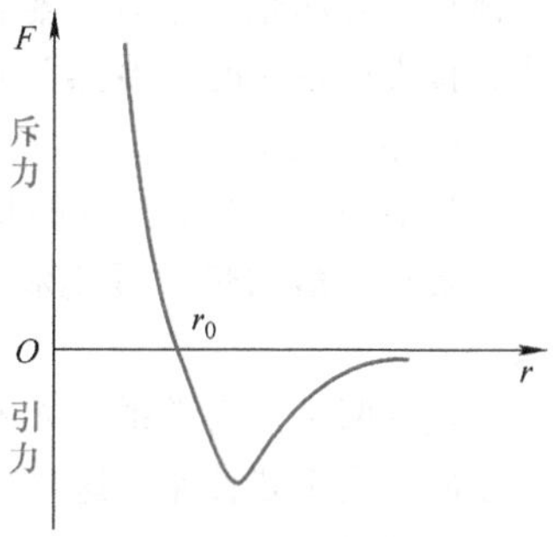

图 5-1　分子力

在研究热力学系统规律时，在一般情况下，可以忽略气体分子的大小——认为气体分子为质点，忽略碰撞时的能量损失——认为分子之间以及分子与器壁之间的碰撞为弹性碰撞，忽略分子力的存在——认为在没有碰撞的情况下分子之间没有作用力，这样的气体称为**理想气体**。实际气体在常温常压下都可以认为是理想气体，教材中只考虑理想气体。

二、平衡态　物态参量

热力学系统按所处的状态不同，可以区分为平衡态系统和非平衡态系统。处在没有外界影响的热力学系统，经过一定时间后，将达到一个确定的状态，其宏观性质不再随时间变化，而无论系统原先所处的状态如何。这样的一个状态称为**热平衡态**，简称**平衡态**。

上面所说的没有外界影响，是指外界与系统没有能量交换，也没有物质交换。事实上，并不存在完全不受外界影响、从而使得宏观性质绝对保持不变的系统，所以平衡态只是一种理想模型，它是在一定条件下对实际情况的抽象和近似。

当系统处于平衡态时，系统的宏观性质将不再随时间变化，但由于分子永不停息的热运动，各粒子的微观量和系统的微观态都会不断地发生变化。但只要粒子热运动的平均效果不随时间改变，系统的宏观状态性质就不会随时间变化。因此，确切地说，平衡态应该是一种热动平衡状态。

当系统处于平衡态时，系统的宏观性质将不再随时间变化，可以使用一些直接测量的物理量来描述系统的宏观属性，这些物理量通称为**宏观量**。在这里我们将主要介绍理想气体的体积 V、压强 p 和温度 T 这三个宏观量，称为物态参量。在实际问题中，用哪些宏观量才能对系统的状态描述完全，是由系统本身的性质和所研究的问题决定的。

通常把描述单个粒子运动状态的物理量称为**微观量**，如粒子的质量、速度、动量、能量等。微观量一般只能间接测量，微观量与宏观量有一定的内在联系，气体动理论的任务之一就是要揭示气体宏观量的微观本质。

1. 体积

气体的体积，通常是指组成系统的分子的活动范围。由于分子的热运动，容器中的气体总是分散在容器中的各个空间部分，因此气体的体积就是盛气体容器的容积。在国际单位制中，体积的单位是立方米，符号为 m^3，常用单位还有立方分米，即升，符号为 L，$1L=10^{-3}m^3$。

2. 压强

气体的压强表现为气体对容器壁单位面积上产生的压力，是大量气体分子频繁碰撞容器壁产生的平均冲力的宏观表现，显然与分子无规则热运动的频繁程度和剧烈程度有关。在国际单位制中，压强的单位是帕斯卡，用符号 Pa 表示，常用的压强单位还有标准大气压（atm）、毫米汞柱（mmHg）等，它们与帕斯卡的关系是：

$$1\text{atm}=760\text{mmHg}=1.013\times10^5\text{Pa}$$

3. 温度

体积 V 和压强 p 都不是热学所特有的，体积属于几何参量，压强属于力学参量，而且它们都不能直接表征系统的"冷热"程度。因此，在热学中还必须引进一个新的物理量——温度来描述状态的热学性质。

在生活中，往往认为热的物体温度高，冷的物体温度低，这种凭主观感觉对温度的定性了解，在要求严格的热学理论和实践中，显然是远远不够的，必须对温度建立起严格的科学的定义。

假设有两个热力学系统 A 和 B，原先处在各自的平衡态，现在使系统 A 和 B 互相接触，使它们之间能发生热传递，这种接触称为热接触。一般说来，热接触后系统 A 和 B 的状态都将发生变化，但经过充分长一段时间后，系统 A 和 B 将达到一个共同的平衡态，由于这种共同的平衡态是在有传热的条件下实现的，因此称为热平衡。如果有 A、B、C 三个热力学系统，当系统 A 和系统 B 都分别与系统 C 处于热平衡，那么系统 A 和系统 B 此时也必然处于热平衡。这个实验结果称为**热力学第零定律**。这个定律为温度概念的建立提供了可靠的实验基础。

热力学第零定律表明，处于同一热平衡状态的所有热力学系统都具有某种共同的宏观性质，描述这个宏观性质的物理量就是温度。也就是说，一切互为热平衡的系统都具有相同的温度，这为我们用温度计测量物体或系统的热状态提供了依据。

温度的数值表示法称为温标，常用的有热力学温标 T，摄氏温标 t 等。国际单位制中采用热力学温标，温度的单位是开尔文，用符号 K 表示。摄氏温标与热力学温标的关系是

$$t=T-273.15 \tag{5-1}$$

即规定热力学温标的 273.15K 为摄氏温标的零度。

三、理想气体物态方程

理想气体是一个抽象的物理模型。实际气体在密度不太高、温度不太低、压强不太大时，都相当好地遵从气体的三个实验定律：玻意耳（Boyle）定律、盖-吕萨克（Goy. lussac）定律和查理（Charles）定律。也可以定义在任何情况下都严格地遵从这三个定律的气体为理想气体。

理想气体物态方程是理想气体在平衡态时状态参量所满足的方程，可以由上述三个实验定律推出，表示为

$$pV=\frac{m'}{M_{\text{mol}}}RT \tag{5-2}$$

式中，p、V、T 为理想气体在平衡态下的三个状态参量；m' 为理想气体的质量；M_{mol} 为理想气体

的摩尔质量；m'/M_{mol} 称为理想气体的物质的量；R 为摩尔气体常数，在国际单位制中 $R=8.31\text{J}\cdot\text{mol}^{-1}\cdot\text{K}^{-1}$。

式（5-2）还可以进一步写成

$$p=\frac{1}{V}\cdot\frac{N}{N_A}\cdot RT=\frac{N}{V}\cdot\frac{R}{N_A}\cdot T$$

即

$$p = nkT \tag{5-3}$$

式中，$n=N/V$ 是单位体积内的分子数，称为气体的分子数密度；$k=R/N_A$ 称为玻耳兹曼常量，在国际单位制中 $k=1.38\times10^{-23}\text{J}\cdot\text{K}^{-1}$。

理想气体物态方程表明了在平衡态下理想气体的各个状态参量之间的关系。当系统从一个平衡态变化到另一个平衡态时，各状态参量发生变化，但它们之间仍然要满足物态方程。

第二节　理想气体的压强和温度

一、理想气体平衡态的统计假设

处于平衡态的理想气体，在忽略重力场影响的情况下，有如下统计特性：

1）由平衡态的定义可知，气体的分子数密度处处相同，即气体分子在容器中任何空间位置分布的机会均等，具有空间分布的均匀性。

2）在平衡态下，沿各个方向运动的气体的分子数是相同的，即气体分子向各个方向运动的概率是一样的，具有运动的各向同性。

根据上述特性还可以进一步得到如下一些结论：

1. 分子沿各个方向运动的速度分量的平均值相等

在直角坐标系中，速度的表达式为

$$\boldsymbol{v}=v_x\boldsymbol{i}+v_y\boldsymbol{j}+v_z\boldsymbol{k}$$

则有

$$\overline{v_x}=\overline{v_y}=\overline{v_z}$$

考虑在某一方向上，如 x 方向，各分子速度分量 v_x 有大有小，有沿正方向也有沿负方向运动，速度分量 v_x 的和应该等于零，所以有 $\overline{v_x}=\overline{v_y}=\overline{v_z}=0$。

同理，平衡态时由于分子运动的各向同性，即没有哪个方向上的运动有特殊性，所以分子沿各个方向运动速度的平均值也相等，且等于零，即

$$\overline{\boldsymbol{v}}=0$$

2. 分子沿各个方向运动的速度分量二次方的平均值相等

所有分子在某一个方向上的速度分量二次方后加起来再除以分子总数 N，称为该方向上的速度分量的方均值。以 x、y、z 三个方向速度分量的方均值为例，有

$$\overline{v_x^2}=\frac{\sum_{i=1}^{N}v_{ix}^2}{N},\quad \overline{v_y^2}=\frac{\sum_{i=1}^{N}v_{iy}^2}{N},\quad \overline{v_z^2}=\frac{\sum_{i=1}^{N}v_{iz}^2}{N}$$

按照统计假设，分子群体在 x、y、z 三个方向的运动是各向同性的，所以应有 $\overline{v_x^2}=\overline{v_y^2}=\overline{v_z^2}$。

考虑到速度与速度分量的关系，分子速率二次方的平均值 $\overline{v^2}$（称方均速率）为

$$\overline{v^2}=\overline{v_x^2+v_y^2+v_z^2}=\overline{v_x^2}+\overline{v_y^2}+\overline{v_z^2}$$

所以有

$$\overline{v_x^2}=\overline{v_y^2}=\overline{v_z^2}=\frac{\overline{v^2}}{3} \tag{5-4}$$

即速度分量的方均值等于方均速率的三分之一。

以上结论是统计结论，只有在平均意义上才是正确的，气体分子数越多，统计结果就越准确。

二、理想气体的压强公式及其统计解释

从微观上看，单个分子对器壁的碰撞是间断的、随机的，而大量分子对器壁的碰撞是连续的、恒定的，也就是说气体对器壁的压强是大量分子对器壁不断碰撞的统计平均结果，并且平衡态时气体内任一地方的压强都相同。

为了简化讨论，假设有同种理想气体盛于一个长、宽、高分别 l_1、l_2、l_3 的长方形容器中并处于平衡态，如图5-2所示。设气体共有 N 个分子，每个分子的质量均为 m。考察其中一个器壁上的压强，如图中的 S 面，其面积为 l_2l_3。

在大量的分子中，任选一个分子 i，在直角坐标系中其速度表达式为

$$\boldsymbol{v}_i=v_{ix}\boldsymbol{i}+v_{iy}\boldsymbol{j}+v_{iz}\boldsymbol{k}$$

在一次碰撞中对器壁的冲量。当分子 i 与 S 碰撞时，由于分子与器壁间的碰撞是完全弹性的，根据质点的动量定理，在碰撞过程中分子受到的冲量等于分子动量的增量，而动量的增量为

$$-mv_{ix}-mv_{ix}=-2mv_{ix}$$

得在一次碰撞中分子 i 受到的冲量为 $-2mv_{ix}$，则分子 i 对器壁的冲量为 $2mv_{ix}$。

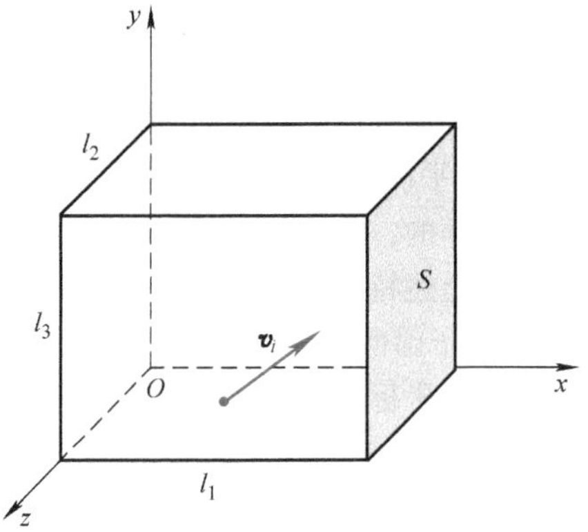

图5-2　压强公式推导

分子 i 在与 S 面碰撞后弹回做匀速直线运动，并与其他分子相撞。由于两个质量相等的弹性质点完全弹性碰撞时交换速度，故可以认为分子 i 直接飞向 S 面的对面，与对面碰撞后又回到 S 面再做碰撞。在分子 i 相继两次与 S 面碰撞过程中，在 x 方向上移动的距离为 $2l_1$，时间间隔为 $2l_1/v_{ix}$，单位时间碰撞的次数为 $v_{ix}/2l_1$，即在1s时间内分子 i 碰撞 S 面 $v_{ix}/2l_1$ 次。

考虑到在一次碰撞中分子对器壁的冲量为 $2mv_{ix}$，则在1s时间内，分子 i 对器壁的冲量为 $2mv_{ix}\cdot v_{ix}/2l_1$。根据质点冲量的定义，该冲量就是分子 i 在单位时间内对 S 面的平均冲力，表示为

$$\overline{F}_{ix}=2mv_{ix}\cdot\frac{v_{ix}}{2l_1}=\frac{mv_{ix}^2}{l_1}$$

气体中所有分子对 S 面的平均冲力为上式对所有分子求和，即

$$\overline{F}_x=\sum_{i=1}^{N}\frac{mv_{ix}^2}{l_1}=\frac{m}{l_1}\sum_{i=1}^{N}v_{ix}^2$$

由压强的定义有

$$p=\frac{\overline{F}_x}{S}=\frac{\overline{F}_x}{l_2l_3}=\frac{m}{l_1l_2l_3}N\frac{\sum\limits_{i=1}^{N}v_{ix}^2}{N}=\frac{m}{V}N\overline{v_x^2}=m\frac{N}{V}\frac{\overline{v^2}}{3}=\frac{1}{3}nm\overline{v^2} \tag{5-5}$$

式中，n 是气体分子数密度，上式称为理想气体的压强公式。

另外上式还可以写成如下形式：

$$p = \frac{1}{3}nm\overline{v^2} = \frac{2}{3}n\left(\frac{1}{2}m\overline{v^2}\right) = \frac{2}{3}n\overline{w} \tag{5-6}$$

其中

$$\overline{w} = \frac{1}{2}m\overline{v^2} \tag{5-7}$$

$\overline{w}$称为分子的平均平动动能。

从理想气体的压强公式（5-6）可以看出，气体的压强与分子数密度成正比，与平均平动动能成正比，即分子数密度越大，压强越大；平均平动动能越大，压强越大。压强公式建立了宏观量压强 p 与微观量的统计平均值 n 和 $\overline{w}$ 之间的相互关系，表明压强是一个宏观统计量，因此谈及个别或少量分子的气体压强是无意义的。所以压强的统计解释是**压强是大量分子对器壁碰撞的统计平均效果**。

三、温度及其统计解释

1. 理想气体温度公式

根据理想气体物态方程 $p = nkT$ 和理想气体的压强公式（5-6），我们可以得到如下关系

$$\overline{w} = \frac{3}{2}kT \tag{5-8}$$

这就是平衡态下理想气体的温度公式。它表明，描述系统的宏观量温度 T 与微观量的统计平均值 $\overline{w}$ 之间的关系，揭示了温度的微观本质，即温度是气体分子平均平动动能的量度。气体分子的平均平动动能越大，也就是分子的热运动越剧烈，温度越高。分子的平均平动动能是大量分子的统计平均值，是大量分子的集体表现，所以对个别或少数分子谈温度是没有意义的。

温度公式还表明，在相同的温度下，气体分子的平均平动动能相同而与气体的种类无关。也就是说，如果由不同种类的气体混合而成的气体处于热平衡状态，不同的气体分子的运动可能很不相同，但它们的平均平动动能却是相同的。

2. 温度的统计解释

1）理想气体的热力学温度是气体分子平均平动动能的量度，气体的平均平动动能与温度成正比。

2）温度是大量气体分子热运动剧烈程度的宏观量度，或大量气体分子热运动的集体表现。

3. 关于热力学温度零度

从理想气体温度公式可以看出，当气体的温度达到绝对零度时，分子平均平动动能等于零，分子热运动将会停止，这一结论是理想气体模型的直接结果。显然这个结论是错误的。

实际上分子运动是永远不会停息的。热力学温度零度也是永远不可能达到的。近代量子理论证实，即使在热力学温度零度时，组成固体点阵的粒子也还保持着某种振动的能量。至于气体，在温度未达到热力学温度零度以前，已变成液体或固体，理想气体的温度公式（5-8）早已不适用。

例 5-1　一容器内储有氧气，其压强 $p = 1.013\times10^5\,\mathrm{Pa}$，温度 $t = 27℃$。求：（1）气体的分子数密度；（2）氧气分子的质量；（3）分子的平均平动动能。

解：（1）分子数密度

$$n = \frac{p}{kT} = \frac{1.013\times10^5}{1.38\times10^{-23}\times(273+27)}\text{个}/\mathrm{m}^3 = 2.45\times10^{25}\text{个}/\mathrm{m}^3$$

(2) 氧气分子的质量

$$m = \frac{M_{\mathrm{mol}}}{N_{\mathrm{A}}} = \frac{32 \times 10^{-3}}{6.023 \times 10^{23}}\mathrm{kg} = 5.31 \times 10^{-26}\mathrm{kg}$$

(3) 分子的平均平动动能

$$\overline{w} = \frac{3}{2}kT = \frac{3}{2} \times 1.38 \times 10^{-23} \times 300\mathrm{J} = 6.21 \times 10^{-21}\mathrm{J}$$

第三节　能量均分定理　理想气体的内能

在讨论分子热运动时，把分子视为质点，只考虑分子的平动。然而，气体热运动能量是与组成气体的分子结构有关的，除了单原子分子可看作质点做平动外，由两个及以上的原子组成的分子不仅有平动，还有转动甚至原子间还有振动。在讨论分子能量和气体内能时，转动和振动相对应的能量不能忽略。

一、自由度

确定一个物体的空间位置所需要的独立坐标数，称为物体的自由度。

气体分子按其结构可分为单原子分子（如 He）、双原子分子（如 H_2）和多原子分子（如 H_2O）。当分子内原子间距离保持不变（没有原子间的振动）时，这种分子称为刚性分子。

根据自由度的定义，单原子气体分子可以看成一个质点，并且运动是完全自由的，则其分子需要 x、y、z 三个独立的空间坐标才能确定其位置，如图 5-3a 所示，所以它的自由度为 3。由于是平动，也称为平动自由度为 3。

对于刚性双原子气体分子除用 x、y、z 确定其质心位置外，还要用两个独立的方位角才能确定其双原子连线在空间的方位，如图 5-3b 所示，因而它的自由度是 $3+2=5$。刚性双原子的 5 个自由度常常也因此分解为 3 个平动自由度和 2 个转动自由度。

对于刚性多原子气体分子则在确定任意两个原子连线在空间的方位后，还需要一个用以确定其他某个原子绕该轴转动的角坐标，如图 5-3c 所示，因而它有 6 个自由度。它的 6 个自由度也常常分解为 3 个平动自由度和 3 个转动自由度。

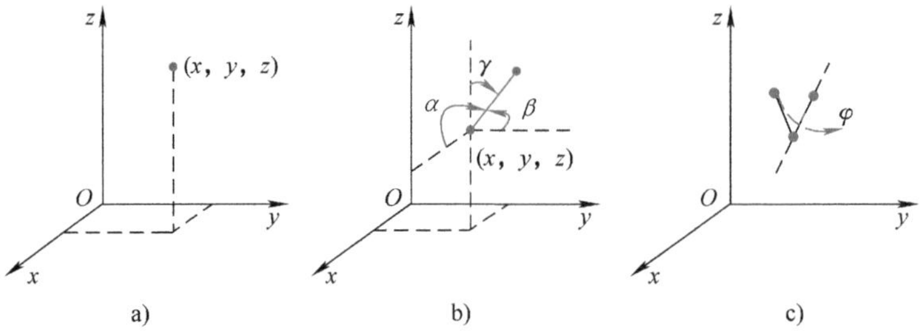

图 5-3　自由度

对于非刚性分子的振动自由度问题，本教材不予讨论。

分子的自由度通常用 i 表示，平动自由度用 t 表示，转动自由度用 r 表示。则上述情况总结如下：

单原子分子：$i=3$。

刚性双原子分子：$i=5$，其中 $t=3$，$r=2$。

刚性多原子分子：$i=6$，其中 $t=3$，$r=3$。

二、能量按自由度均分定理

一个分子的平动动能可以表示为

$$w_{it}=\frac{1}{2}mv_i^2=\frac{1}{2}m(v_{ix}^2+v_{iy}^2+v_{iz}^2)=\frac{1}{2}mv_{ix}^2+\frac{1}{2}mv_{iy}^2+\frac{1}{2}mv_{iz}^2$$

对于大量分子而言，所有分子的平均平动动能表示为

$$\overline{w}=\frac{\sum_{i=1}^{N}\left(\frac{1}{2}mv_i^2\right)}{N}=\frac{1}{2}m\frac{\sum_{i=1}^{N}v_i^2}{N}=\frac{1}{2}m\frac{\sum_{i=1}^{N}\left(v_{ix}^2+v_{iy}^2+v_{iz}^2\right)}{N}=\frac{1}{2}m\left(\overline{v_x^2}+\overline{v_y^2}+\overline{v_z^2}\right)$$

在讨论理想气体平衡态的统计假设时有$\overline{v_x^2}=\overline{v_y^2}=\overline{v_z^2}$，得

$$\frac{1}{2}m\,\overline{v_x^2}=\frac{1}{2}m\,\overline{v_y^2}=\frac{1}{2}m\,\overline{v_z^2}$$

由理想气体温度公式（5-8）可知分子平均平动动能 $\overline{w}$ 为 $3kT/2$，所以有

$$\frac{1}{2}m\,\overline{v_x^2}=\frac{1}{2}m\,\overline{v_y^2}=\frac{1}{2}m\,\overline{v_z^2}=\frac{1}{2}kT$$

说明当气体达到平衡态时，气体分子做无规则热运动的平均平动动能在三个平动自由度上是平均分配的，即每个自由度上平均分得平均平动动能的三分之一，没有哪一个自由度的运动更占优势。

当气体分子由多（双）原子构成时，除了平动的运动形式外，还有转动和振动。我们可以把平动动能的统计规律推广到其他运动形式上去，即一般说来，不论平动、转动还是振动运动形式，在平衡态下，相应于每一个平动自由度、转动自由度和振动自由度，其平均动能都应等于 $kT/2$。简而言之：

气体处于温度为 T 的平衡态时，分子的任何一个自由度都平均分得 $kT/2$ 的能量。这一结论称为能量按自由度均分定理，简称能量均分定理。

能量均分定理是关于分子热运动动能的统计规律，是对大量分子统计平均的结果。对个别分子而言，它的动能随时间而变，而且它的各种形式的动能也不按自由度均分，但对大量分子整体来说，由于分子的无规则热运动及频繁的无规则碰撞，能量可以从一个分子传递给另一个分子，从一种形式的动能转化成另一种形式的动能，从一个自由度上转移到另一个自由度上。但只要气体达到了平衡态，任意一个自由度上的平均动能都相等。

三、理想气体的内能

对于实际气体来说，气体分子（或原子）的能量有分子的平动动能、转动动能、振动动能及振动势能。由于分子间存在着相互作用的保守力（分子力），所以还具有分子势能。所有分子的各种形式的动能和势能的总和称为气体的内能。

对于刚性分子的理想气体，没有分子势能，因此，理想气体的内能仅是其所有分子热运动动能的总和。

根据能量均分定理可知，当气体处于温度为 T 的平衡态时，分子的任何一个自由度都平均分得 $kT/2$ 的能量。假设理想气体分子的自由度为 i，则一个分子具有的平均动能为

$$\overline{w}_k=\frac{i}{2}kT \tag{5-9}$$

1mol 理想气体有 N_A 个分子，则 1mol 理想气体的内能为

$$E_{mol} = N_A\left(\frac{i}{2}kT\right) = \frac{i}{2}RT \tag{5-10}$$

质量为 m'、摩尔质量为 M_{mol} 的理想气体，物质的量为 m'/M_{mol}，则理想气体的内能为

$$E = \frac{m'}{M_{mol}}E_{mol} = \frac{m'}{M_{mol}}\ \frac{i}{2}RT \tag{5-11}$$

从上式可知，对理想气体而言，其内能仅与温度有关，而与体积、压强无关，即内能是温度的单值函数。

例 5-2 当理想气体氧气处于温度 $T=273\text{K}$ 时，求：（1）氧气分子的平均平动动能和平均转动动能；（2）4.0×10^{-3}kg 氧气的内能。

解：

（1）氧气分子是双原子分子，自由度 $i=5$，其中平动自由度 $t=3$，转动自由度 $r=2$，所以

氧气分子的平均平动动能：$\overline{w}_t = \frac{t}{2}kT = \frac{3}{2}\times1.38\times10^{-23}\times273\text{J} = 5.65\times10^{-21}\text{J}$

氧气分子的平均转动动能：$\overline{w}_r = \frac{r}{2}kT = \frac{2}{2}\times1.38\times10^{-23}\times273\text{J} = 3.77\times10^{-21}\text{J}$

（2）由理想气体内能表达式，有

$$E = \frac{m'}{M_{mol}}\ \frac{i}{2}RT = \frac{4.0\times10^{-3}}{32\times10^{-3}}\times\frac{5}{2}\times8.31\times273\text{J} = 7.09\times10^{2}\text{J}$$

第四节 气体分子热运动的速率分布

大量分子的频繁碰撞使得每个分子的速度大小和方向不断地变化，分子速度具有偶然性，但大量分子的速度分布整体上遵循统计分布规律。1859 年，麦克斯韦（J. C. Maxwell）用概率论证明了在平衡态下，理想气体分子速度分布是有规律的，这个规律叫麦克斯韦速度分布律，若不考虑分子速度的方向，则叫麦克斯韦速率分布律。

麦克斯韦速度分布律是从概率理论推算出来的，人们自然很关心这一规律的实际可靠性。1920 年斯特恩（O. Stern）发展了分子束方法，第一次直接得到速度分布律的证据。我国物理学家葛正权在 1934 年也从实验中验明了这一规律。1955 年由库什和米勒对速度分布律做出了更精确的实验验证。

一、气体分子的速率分布 速率分布函数

1. 分子的速率分布

当气体处于平衡态时，气体中的大量分子以不同的速率沿各个方向运动，某一时刻有的分子速率较大，有的较小。由于分子间不断在相互碰撞，对单个分子而言，速度的大小和方向不断改变，这种改变完全具有偶然性和不可预言性，但在平衡态下从大量分子的整体来看，分子的速率分布却遵循着一个完全确定的且必然的统计分布规律。探讨这个规律，对于进一步理解分子运动的性质非常重要。

定性来说，平衡态下的气体分子速率最小值为零，最大不会超过光速（可以认为是数学意义上的无限大），这样可以认为分子速率具有从零到无限大之间任意可能的值。按生活中的常识，分子速率的分布就如人的身高，有的人身高高，有的人身高低，很高和很低的人数占群体总数的比例一定是相对少的。并且，在高和低之间一定有某个身高值的人数占群体总数的比例最

大。分子速率的分布也应该是这样。

在0℃情况下，把氧气分子速率分成若干相等的区间，例如 0 ~ 100m · s⁻¹以下，100 ~ 200m · s⁻¹，…，900m · s⁻¹以上。实验测得各速率区间的分子数 ΔN 占总分子数 N 的百分比情况见表 5-1。

表 5-1　在 0℃时氧气分子速率的分布情况

速率区间/m · s⁻¹	分子数占的百分比$\left(\frac{\Delta N}{N}\%\right)$	速率区间/m · s⁻¹	分子数占的百分比$\left(\frac{\Delta N}{N}\%\right)$
100 以下	1.4	500 ~ 600	15.1
100 ~ 200	8.1	600 ~ 700	9.2
200 ~ 300	16.5	700 ~ 800	4.8
300 ~ 400	21.4	800 ~ 900	2.0
400 ~ 500	20.6	900 以上	0.9

可见，分子速率在 300 ~ 400m · s⁻¹之间的分子数占比最多，100m · s⁻¹以下，及 900m · s⁻¹以上的分子数占比都相对较少。

2. 测定气体分子速率分布的实验

图 5-4 是继斯特恩实验之后的一种改进装置，全部装置放在高真空度的容器中。图中 A 是产生 Hg 蒸气分子的气源，分子通过狭缝后形成一条很窄的、向右运动的分子射线。B 和 C 是两个相距为 l 的共轴圆盘，盘上各开一个很窄的狭缝，两狭缝错开一个很小的角度 θ（$\theta \approx 2°$），D 是一个接受分子的显示屏。

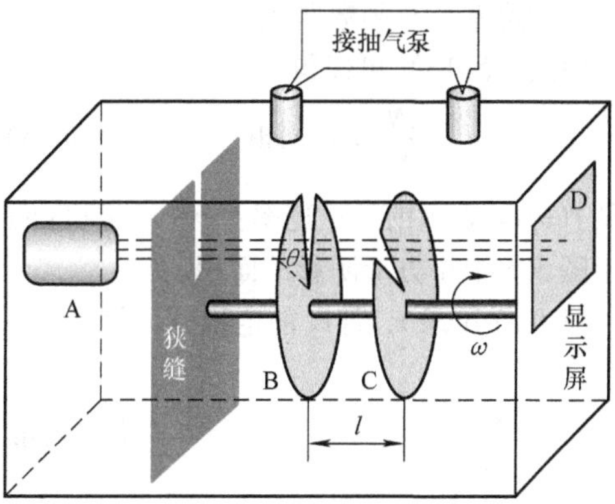

图 5-4　测定气体分子速率分布的实验装置

当 B 和 C 两个共轴圆盘以角速度 ω 转动时，从气源过来的各种速率的 Hg 分子中只有特定速率的分子能够通过盘 B 后再通过盘 C。这个特定速率分子必须满足分子从盘 B 运动到盘 C 所用的时间正好等于盘 C 转过 θ 角所用的时间，这样分子经过盘 B 后运动到盘 C 时正好是盘 C 的狭缝处，它才能通过盘 C 运动到显示屏 D 处。其他速率的分子都不满足这个速率条件，都不能到达显示屏。有

$$\frac{l}{v} = \frac{\theta}{\omega}$$

得

$$v = \frac{\omega}{\theta} l$$

可见，盘 B 和盘 C 起到了速率选择器的作用。当改变角速度 ω，可以使不同速率的分子到达显示屏。考虑到盘 B 和盘 C 的狭缝都具有一定的宽度，所以实际上到达显示屏的分子速率在 $v \sim v + \Delta v$ 区间。

实验中可测量相同时间内到达显示屏上不同速率分子沉积的金属层的厚度，比较这些厚度

的比率，就可以知道在分子射线中，不同速率区间内的分子数与总分子数的百分比，从而通过实验了解气体分子速率的分布情况。

3. 速率分布函数

讨论分子速率分布一般情况。设有分子总数为 N 的理想气体处于平衡态下，速率值为 $v \sim v+\mathrm{d}v$ 区间内的分子数为 $\mathrm{d}N$。

$\mathrm{d}N$ 值应该与 N 成正比，与选的速率区间的宽度 $\mathrm{d}v$ 成正比，即分子总数 N 越大 $\mathrm{d}N$ 越大；$\mathrm{d}v$ 值越大 $\mathrm{d}N$ 越大，并且 $\mathrm{d}N$ 值的大小与 v 的取值有关。写成等式，有

$$\mathrm{d}N = f(v)N\mathrm{d}v \tag{5-12}$$

式中，系数 $f(v)$ 称为**分子速率分布函数**，它是一个与速率 v 有关的量。

$$f(v) = \frac{\mathrm{d}N}{N\mathrm{d}v} \tag{5-13}$$

速率分布函数 $f(v)$ 的物理意义是：气体处于平衡态下，在速率 v 附近、单位速率区间内的分子数占气体总分子数 N 的百分比。从概率的角度理解，$f(v)$ 的物理意义也可以理解为：对于任意一个分子而言，它的速率刚好处于 v 值附近、单位速率区间内的概率，故 $f(v)$ 又称为分子速率分布的概率密度。$f(v)$ 与速率 v 的关系曲线，如图 5-5 所示，称为分子的速率分布函数曲线。

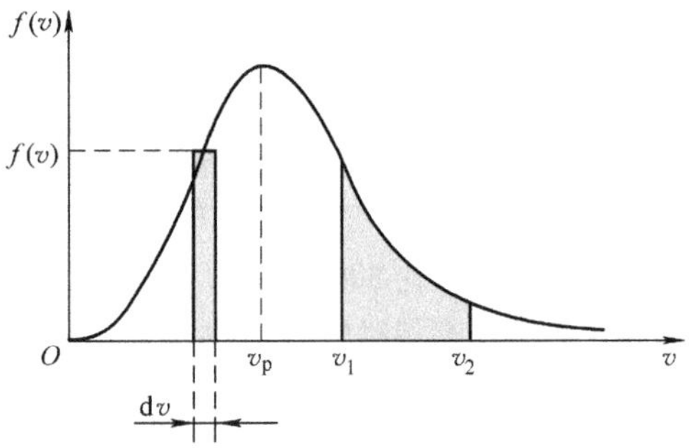

图 5-5 速率分布函数曲线

由式（5-13）可以得

$$\frac{\mathrm{d}N}{N} = f(v)\mathrm{d}v \tag{5-14}$$

可见 $f(v)\mathrm{d}v$ 表示的是：速率在 $v \sim v+\mathrm{d}v$ 区间内的分子数 $\mathrm{d}N$ 占总分子数 N 的百分比，在数值上等于图 5-5 中小方形阴影的面积。

对 $f(v)\mathrm{d}v$ 求 v_1 到 v_2 的定积分，得

$$\int_{v_1}^{v_2} f(v)\mathrm{d}v = \frac{\int_{v_1}^{v_2}\mathrm{d}N}{N} = \frac{\Delta N}{N} \tag{5-15}$$

式中，$\Delta N = \int_{v_1}^{v_2}\mathrm{d}N = \int_{v_1}^{v_2} Nf(v)\mathrm{d}v$，表示 v_1 到 v_2 区间内的分子数。

可见，$\int_{v_1}^{v_2} f(v)\mathrm{d}v$ 表示的是速率在 v_1 到 v_2 区间内的分子数 ΔN 占总分子数 N 的百分比，在数值上等于图 5-5 中速率分布函数曲线下、v_1 到 v_2 之间的阴影面积。

如果 $v_1=0$，$v_2=\infty$，有

$$\int_0^{\infty} f(v)\mathrm{d}v = 1 \tag{5-16}$$

可知速率分布函数曲线下方的面积等于 1。上式称为速率分布函数的归一化条件。

二、麦克斯韦速率分布律

理想气体处于平衡态下，速率分布函数的具体表达形式是什么呢？

1860 年，麦克斯韦从理论上导出理想气体处于平衡态且无外力场作用时，气体分子速率分

布函数$f(v)$的具体表达形式为

$$f(v)=4\pi\cdot\left(\frac{m}{2\pi kT}\right)^{3/2}\cdot e^{-mv^2/2kT}\cdot v^2 \tag{5-17}$$

这个函数表达的速率分布规律叫作麦克斯韦速率分布律。式中 T 为理想气体平衡态的热力学温度，m 为气体分子的质量，k 为玻耳兹曼常量。需要强调的是上式只适用于处于平衡态的热力学系统，对于少量分子组成的系统不适用。

三、分子速率的三个统计值

分子动理论中，常用以下三个统计速率。

1. 最概然速率

速率分布函数$f(v)$曲线峰值所对应的速率称为**最概然速率**，如图 5-5 所示，符号用 v_p 表示。其物理意义是在 v_p 附近、单位速率区间内的分子数占系统总分子数的百分比最大；或者说，对于一个分子而言，它的速率刚好处于 v_p 附近、单位速率区间内的概率最大。

根据求极值的方法，令

$$\frac{d}{dv}f(v)=0$$

即可求出 v_p，结果是

$$v_p=\sqrt{\frac{2kT}{m}}=\sqrt{\frac{2RT}{M_{mol}}}\approx 1.41\sqrt{\frac{RT}{M_{mol}}} \tag{5-18}$$

讨论：由上式可以得出，对于同一种气体温度不同时，速率分布函数曲线$f(v)-v$的不同之处如图 5-6a 所示。对于两种气体温度相同时，速率分布函数曲线$f(v)-v$的不同之处如图 5-6b 所示。

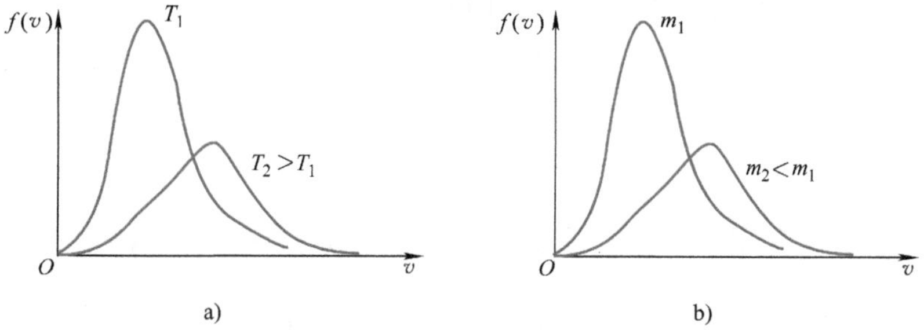

图 5-6　速率分布函数曲线的讨论

2. 平均速率

处于平衡态的气体，设分子总数为 N，分子速率在 $v\sim v+dv$ 之间的分子数为 dN。可以认为这 dN 个分子的速率相等，都等于 v。所以这 dN 个分子的速率和为 $vdN=vNf(v)dv$。所有气体分子的速率和为 $\int_0^\infty vdN=\int_0^\infty vNf(v)dv$，故分子的平均速率

$$\bar{v}=\frac{\int_0^\infty vdN}{N}=\frac{\int_0^\infty vNf(v)dv}{N}=\int_0^\infty v\cdot f(v)dv$$

上式代入麦克斯韦速率分布函数表达式（5-17），可得平均速率为

$$\bar{v}=\sqrt{\frac{8kT}{\pi m}}=\sqrt{\frac{8RT}{\pi M_{mol}}}\approx 1.60\sqrt{\frac{RT}{M_{mol}}} \tag{5-19}$$

3. 方均根速率

气体分子速率二次方平均值的平方根，简称**方均根速率**。

方均根速率的计算类似于平均速率的计算方法。设处于平衡态的气体分子总数为 N，分子速率在 $v \sim v+\mathrm{d}v$ 之间的分子数为 $\mathrm{d}N$。这 $\mathrm{d}N$ 个分子速率的平方和为 $v^2\mathrm{d}N=v^2Nf(v)\mathrm{d}v$。所有气体分子速率的二次方和为 $\int_0^\infty v^2\mathrm{d}N=\int_0^\infty v^2Nf(v)\mathrm{d}v$，故所有分子速率的二次方平均值为

$$\overline{v^2}=\frac{\int_0^\infty v^2\mathrm{d}N}{N}=\frac{\int_0^\infty v^2Nf(v)\mathrm{d}v}{N}=\int_0^\infty v^2\cdot f(v)\mathrm{d}v$$

代入麦克斯韦速率分布函数表达式（5-17），可得理想气体分子的方均根速率为

$$\sqrt{\overline{v^2}}=\sqrt{\frac{3kT}{m}}=\sqrt{\frac{3RT}{M_{mol}}}\approx 1.73\sqrt{\frac{RT}{M_{mol}}} \tag{5-20}$$

上式也可以根据气体分子平均平动动能的定义式（5-7）和理想气体温度表达式（5-8）求得。

从三个分子速率式子很容易看出，三个特征速率都和 $\sqrt{T}$ 成正比，都和 $\sqrt{m}$ 或 $\sqrt{M_{mol}}$ 成反比，当气体的温度 T 和摩尔质量 M_{mol} 相同时，$v_p : \bar{v} : \sqrt{\overline{v^2}}=1.41 : 1.60 : 1.73$，在分子速率分布函数曲线中如图 5-7 所示。

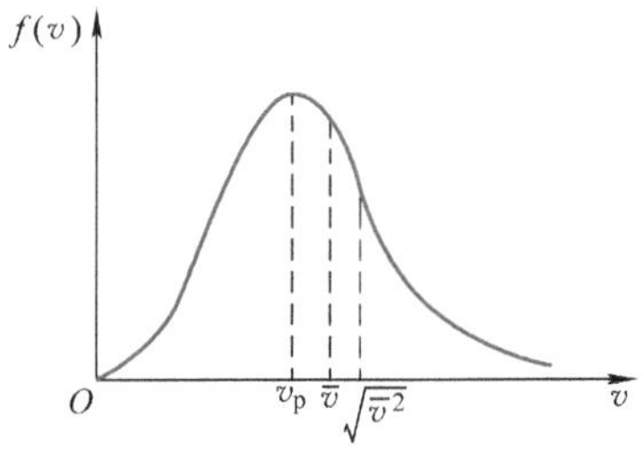

图 5-7 三种速率比较

以氧气为例，在 20℃ 的温度下，氧气分子的平均速率值约为 $440\mathrm{m\cdot s^{-1}}$。

三个特征速率各有不同的含义，也各有不同的用处。在讨论分子速率分布特征时，要用到最概然速率；在讨论气体分子的碰撞和计算分子运动的平均自由程时，要用到平均速率；在计算分子的平均平动动能时，则要用到方均根速率。

第五节 分子平均碰撞频率和平均自由程

前面讨论过，在 20℃ 的温度下，氧气分子的平均速率值约为 $440\mathrm{m\cdot s^{-1}}$，接近 $1600\mathrm{km\cdot h^{-1}}$，比空气中的声速还快。但在日常生活中发现气体的扩散速度跟这个值比较却是相当缓慢。例如，打开一瓶香水后，香味要经过几秒甚至十几秒的时间才能传播几米远。这是为什么呢？这个矛盾首先是克劳修斯解决的。由于常温常压下分子数密度 n 约 $10^{23} \sim 10^{25}$ 数量级，因此一个分子以每秒几百米的平均速率在如此密集的分子中运动，必然与其他分子频繁地碰撞，而每碰撞一次，分子运动方向就会发生改变。这样分子的运动将是迂回曲折，因此气体分子的扩散速率较之分子的平均速率小得多。

下面用两个物理量去探讨分子的碰撞情况，一个是分子的平均碰撞频率，一个是分子的平均自由程。

分子在任意两次连续碰撞之间自由通过的路程称为分子的自由程。不同时刻分子的自由程有长有短，自由程是一个随机变化量。分子自由程的平均值称为**平均自由程**，用符号 $\bar{\lambda}$ 表示。

单位时间内一个分子与其他分子碰撞的次数称为分子的碰撞频率，它也是随机变化量。分

子碰撞频率的平均值，称为**平均碰撞频率**，用符号 $\overline{Z}$ 表示。

一、平均碰撞频率

为了探讨平均碰撞频率与什么有关，我们对气体分子和物理过程做一些简化处理。①认为每个气体分子都是有效直径为 d 的弹性小球，并且分子间的碰撞是完全弹性碰撞；②只考虑两个分子之间的碰撞过程，三个及以上分子的碰撞不予考虑；③由于运动具有相对性，认为我们跟踪的分子在运动，而所有与它发生碰撞的分子都静止不动，设分子相对速率的平均值为 $\overline{u}$。

在上述简化处理下，让我们跟踪分子 a（黑球），分析它与其他分子碰撞的情况，如图 5-8 所示。在分子 a 的运动过程中，球心轨迹是一系列折线（图中虚线）。设想以这个折线为轴，以分子的有效直径 d 为半径作一圆柱体，圆柱体的截面积为 πd^2。显然，凡是处于这个圆柱体内的分子，都将与分子 a 发生碰撞。也可以说，凡是球心离开折线的距离小于或等于 d 的其他分子都将与分子 a 发生碰撞。

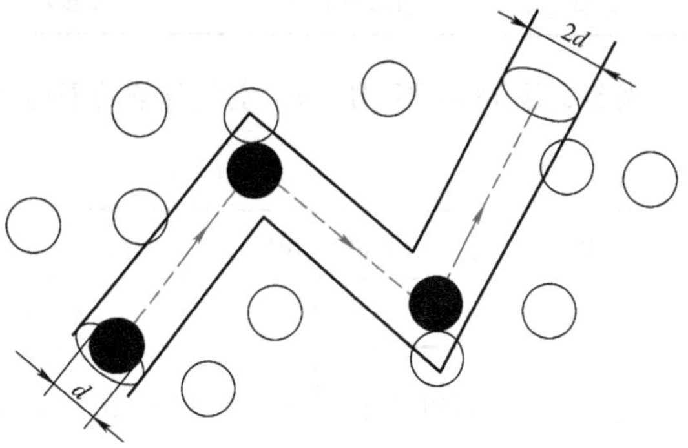

图 5-8　分子的碰撞

在 Δt 时间内，分子平均经过的路程为 $\overline{u}\Delta t$，相应圆柱体的体积为 $\overline{u}\Delta t \cdot \pi d^2$。如果气体的分子数密度为 n，那么包含在圆柱体内的分子数为 $n \cdot \overline{u}\Delta t \cdot \pi d^2$。因为圆柱体内包含的分子都与分子 a 发生碰撞，所以在 Δt 时间内分子 a 与其他分子碰撞的次数等于圆柱体内包含的分子数，则平均碰撞频率 $\overline{Z}$ 为

$$\overline{Z} = \frac{n \cdot \overline{u}\Delta t \cdot \pi d^2}{\Delta t} = n\overline{u}\pi d^2 \tag{5-21}$$

麦克斯韦从理论上证明，分子热运动的平均相对速率 $\overline{u}$ 与平均速率 $\overline{v}$ 之间存在下面的关系

$$\overline{u} = \sqrt{2}\,\overline{v} \tag{5-22}$$

将式（5-22）代入式（5-21），得

$$\overline{Z} = \sqrt{2}n\overline{v}\pi d^2 \tag{5-23}$$

这就是处于平衡态时的气体，所有分子都在不停地做热运动时的平均碰撞频率。可见平均碰撞频率与分子数密度成正比，与分子平均速率成正比。

二、平均自由程

由于在 1s 内分子平均走过的路程为 $\overline{v}$，在这段时间内发生了 $\overline{Z}$ 次碰撞，因此平均自由程为

$$\overline{\lambda} = \frac{\overline{v}}{\overline{Z}} = \frac{1}{\sqrt{2}\pi d^2 n} \tag{5-24}$$

上式表示，分子的平均自由程与分子的有效直径的二次方成反比，与单位体积内分子数成反比，而与分子的平均速率无关。

又因为 $p = nkT$，所以可以得到分子平均自由程与压强的关系

$$\overline{\lambda} = \frac{kT}{\sqrt{2}\pi d^2 p} \tag{5-25}$$

这表示，在温度恒定时，分子的平均自由程与气体压强成反比，即压强越小（气体越稀薄），平均自由程越大。

在标准状态下，气体的碰撞频率的数量级在 5×10^{9} 次/s 左右，这样频繁的碰撞不是我们日常生活中所能看到的。从这一估算中可见分子热运动的极大无规则性，频繁的碰撞正是大量分子整体出现统计规律的基础。

平均自由程的数量级在$10^{-8}\sim10^{-7}$m，表 5-2 是几种气体在标准状态下的平均自由程。

表 5-2 标准状态下几种气体分子的平均自由程

气体	氢	氮	氧	空气
$\overline{\lambda}$/m	1.123×10^{-7}	0.599×10^{-7}	0.647×10^{-7}	0.70×10^{-7}

表 5-3 是 0℃时不同压强下空气分子的平均自由程。

表 5-3 0℃时不同压强下空气分子的平均自由程

p/Pa	1.013×10^{5}	1.33	1.33×10^{-2}	1.33×10^{-4}
$\overline{\lambda}$/m	6×10^{-8}	5×10^{-3}	0.5	50

从表 5-3 中可以看出，0℃、1.33×10^{-2}Pa 时，空气分子的平均自由程约为 0.5m。这个值大于日常生活中的容器（如暖瓶）的线度。如果把空气装在这样的容器中，空气分子的碰撞就很少了。容器中压强越小（真空度越高），气体分子的平均自由程越大，分子碰撞的次数就越少。而气体是通过分子碰撞来实现能量交换，所以暖瓶可以用来保温。

本章提要

本章从物质是由大量的微观粒子组成、微观粒子又在不停地做无规则热运动的观点出发，借助经典力学规律和统计方法得出大量微观粒子热运动的宏观统计规律，以解释宏观与微观的联系。主要内容有：

一、气体的微观模型

气体分子具有一定的质量和体积、分子在不停地做无规则的热运动、分子之间以及分子与器壁之间进行着频繁碰撞、分子间有分子力作用。一般情况下，可以忽略气体分子的大小——认为气体分子为质点，忽略碰撞时的能量损失——认为分子之间以及分子与器壁之间的碰撞为弹性碰撞，忽略分子力的存在——认为在没有碰撞的情况下分子之间没有作用力，这样的气体称为理想气体。

理想气体满足物态方程

$$pV=\frac{m'}{M_{mol}}RT$$

或

$$p=nkT$$

二、宏观量与微观量的关系

1. 理想气体压强

$$p=\frac{1}{3}nm\overline{v^{2}}=\frac{2}{3}n\left(\frac{1}{2}m\overline{v^{2}}\right)=\frac{2}{3}n\overline{w}$$

其中$\overline{w}$称为分子的平均平动动能。

气体的压强与分子数密度成正比，与平均平动动能成正比，即分子数密度越大，压强越大；平均平动动能越大，压强越大。压强公式建立了宏观量压强p与微观量的统计平均值n和$\overline{w}$之间的相互关系，表明压强是大量分子对器壁碰撞的统计平均效果。

2. 理想气体温度

$$\overline{w}=\frac{3}{2}kT$$

理想气体的热力学温度是气体分子平均平动动能的量度，气体的平均平动动能与温度成正比，温度是大量气体分子热运动剧烈程度的宏观量度，或大量气体分子热运动的集体表现。

3. 理想气体内能

（1）能量按自由度均分定理

气体处于温度为T的平衡态时，分子的任何一个自由度都平均分得$kT/2$的能量。这一结论称为能量按自由度均分定理，简称能量均分定理。

（2）理想气体内能

质量为m'、摩尔质量为$M_{\rm mol}$、分子自由度为i的理想气体内能为

$$E=\frac{m'}{M_{\rm mol}}\frac{i}{2}RT$$

表明理想气体内能仅与温度有关，而与体积、压强无关，内能是温度的单值函数。

三、气体分子速率分布规律

1. 气体分子速率分布函数

分子总数为N的理想气体处于平衡态下，速率$v\sim v+{\rm d}v$区间内的分子数为${\rm d}N$，

$${\rm d}N=f(v)N{\rm d}v$$

速率分布函数$f(v)$的物理意义是气体处于平衡态下，在速率v附近、单位速率区间内的分子数占气体总分子数N的百分比，也可以理解为：对于任意一个分子而言，它的速率刚好处于v值附近、单位速率区间内的概率。速率分布函数满足归一化条件。

理想气体处于平衡态且无外力场作用时，气体分子速率分布函数$f(v)$的具体表达式为

$$f(v)=4\pi\cdot\left(\frac{m}{2\pi kT}\right)^{3/2}\cdot{\rm e}^{-mv^2/2kT}\cdot v^2$$

这个函数表达的速率分布规律叫作麦克斯韦速率分布律。

2. 特征速率

（1）最概然速率

$$v_{\rm p}=\sqrt{\frac{2kT}{m}}=\sqrt{\frac{2RT}{M_{\rm mol}}}\approx1.41\sqrt{\frac{RT}{M_{\rm mol}}}$$

（2）平均速率

$$\overline{v}=\sqrt{\frac{8kT}{\pi m}}=\sqrt{\frac{8RT}{\pi M_{\rm mol}}}\approx1.60\sqrt{\frac{RT}{M_{\rm mol}}}$$

（3）方均根速率

$$\sqrt{\overline{v^2}}=\sqrt{\frac{3kT}{m}}=\sqrt{\frac{3RT}{M_{\rm mol}}}\approx1.73\sqrt{\frac{RT}{M_{\rm mol}}}$$

四、分子的碰撞情况

1. 分子平均碰撞频率

$$\overline{Z} = \sqrt{2}n\overline{v}\pi d^2$$

2. 平均自由程

$$\overline{\lambda} = \frac{kT}{\sqrt{2}\pi d^2 p}$$

思考与练习（五）

一、单项选择题

5-1. 一定量的理想气体贮于某容器中，温度为 T，气体分子的质量为 m。根据理想气体的分子模型和统计假设，分子速度在 x 方向的分量平方的平均值为（　　）。

(A) $\overline{v_x^2} = \sqrt{\frac{3kT}{m}}$　(B) $\overline{v_x^2} = \frac{1}{3}\sqrt{\frac{3kT}{m}}$　(C) $\overline{v_x^2} = \frac{3kT}{m}$　(D) $\overline{v_x^2} = \frac{kT}{m}$

5-2. 关于温度，有下列几种说法：(1) 气体的温度是分子平均平动动能的量度；(2) 气体的温度是大量气体分子热运动的集体表现，具有统计意义；(3) 温度的高低反映物质内部分子运动剧烈程度的不同；(4) 从微观上看，气体的温度表示每个气体分子的冷热程度。上述说法中正确的是（　　）。

(A) (1)、(2)、(4)　(B) (1)、(2)、(3)

(C) (2)、(3)、(4)　(D) (1)、(3)、(4)

5-3. 刚性双原子分子的自由度是（　　）。

(A) 2　(B) 3　(C) 5　(D) 6

5-4. 理想气体单个分子具有的能量值是（　　）。

(A) $\frac{i}{2}kT$　(B) $\frac{3}{2}kT$　(C) $\frac{i}{2}RT$　(D) $\frac{5}{2}RT$

5-5. 1mol 刚性双原子分子理想气体，当温度为 T 时，其内能为（　　）。

(A) $\frac{3}{2}RT$　(B) $\frac{3}{2}kT$　(C) $\frac{5}{2}RT$　(D) $\frac{5}{2}kT$

5-6. 设 $\overline{v}$ 表示气体分子运动的平均速率，v_p 表示气体分子运动的最概然速率，$\sqrt{\overline{v^2}}$表示气体分子运动的方均根速率．处于平衡状态下理想气体，三种速率关系为（　　）。

(A) $\sqrt{\overline{v^2}} = \overline{v} = v_p$　(B) $v_p < \overline{v} < \sqrt{\overline{v^2}}$　(C) $\overline{v} = v_p < \sqrt{\overline{v^2}}$　(D) $v_p > \overline{v} > \sqrt{\overline{v^2}}$

5-7. 麦克斯韦速率分布曲线如选择题 5-7 图所示，A、B 两部分面积相等，则该图表示（　　）。

(A) v_0 为最概然速率

(B) v_0 为平均速率

(C) v_0 为方均根速率

(D) 速率大于和小于 v_0 的分子数各占一半

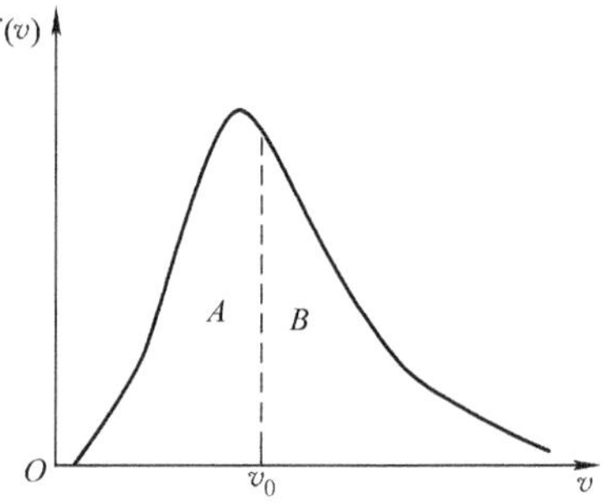

选择题 5-7 图

5-8. 速率分布函数 $f(v)$ 的物理意义为（　　）。

(A) 具有速率 v 的分子占总分子数的百分比

(B) 速率分布在 v 附近的单位速率间隔中的分子数占总分子数的百分比

(C) 具有速率 v 的分子数

(D) 速率分布在 v 附近的单位速率间隔中的分子数

5-9. 一定量的理想气体，在温度不变的条件下，当压强降低时，分子的平均碰撞频率 $\overline{Z}$ 和平均自由程 $\overline{\lambda}$ 的变化情况是（　　）。

(A) $\overline{Z}$ 和 $\overline{\lambda}$ 都增大　　(B) $\overline{Z}$ 和 $\overline{\lambda}$ 都减小

(C) $\overline{Z}$ 增大而 $\overline{\lambda}$ 减小　　(D) $\overline{Z}$ 减小而 $\overline{\lambda}$ 增大

二、填空题

5-1. 有一个电子管，其真空度（即电子管内气体压强）为 1.0×10^{-5}mmHg，则 27℃时管内单位体积的分子数为________。

5-2. 在容积为10^{-2}m^3的容器中，装有质量 100g 的气体，若气体分子的方均根速率为 $200\text{m}\cdot\text{s}^{-1}$，则气体的压强为________。

5-3. 下列系统各有多少个自由度：

(1) 在一平面上滑动的粒子；________

(2) 可以在一平面上滑动并可围绕垂直于平面的轴转动的硬币；________

(3) 一弯成三角形的金属棒在空间自由运动。________

5-4. 有一瓶质量为 m' 的氢气，温度为 T，视为刚性分子理想气体，则氢分子的平均平动动能为________，氢分子的平均动能为________，该瓶氢气的内能为________。

5-5. 在温度为 127℃时，1mol 氧气（其分子可视为刚性分子）的内能为________J，其中分子转动的总动能为________J。

5-6. 如填空题 5-6 图 a 是氢 H_2 和氧 O_2 在同一温度下的两条麦克斯韦速率分布函数曲线，哪一条代表氢？如填空题 5-6 图 b 是某种气体在不同温度下的两条麦克斯韦速率分布函数曲线，哪一条的温度较高？

答：图 a 中（1）曲线表示________，（2）曲线表示________；图 b 中________曲线对应的温度高。

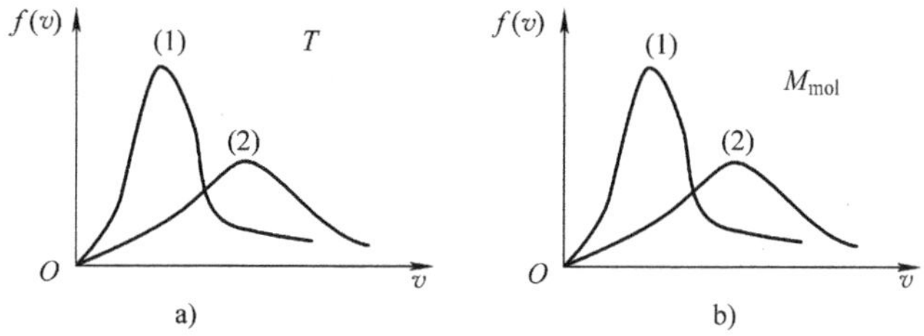

填空题 5-6 图

三、问答题

5-1. 什么是理想气体？

5-2. 温度和压强反映的意义是什么？谈一个或少量分子的温度有意义吗？

5-3. 试说明下列各量的物理意义

(1) $\frac{1}{2}kT$；　(2) $\frac{3}{2}kT$；　(3) $\frac{i}{2}kT$；　(4) $\frac{m'}{M_{\text{mol}}}\frac{i}{2}RT$；(5) $\frac{i}{2}RT$；　(6) $\frac{3}{2}RT$。

5-4. 对于给定的理想气体，其内能与那些物态参量有关？当温度升高时，$f(v)$-v 曲线峰值位置怎样变化？

5-5. 速率分布函数$f(v)$的物理意义是什么？说明下列各式的物理意义：(1) $f(v)\,\mathrm{d}v$；(2) $nf(v)\,\mathrm{d}v$；(3) $Nf(v)\,\mathrm{d}v$；(4) $\int_0^v f(v)\,\mathrm{d}v$；(5) $\int_0^\infty f(v)\,\mathrm{d}v$；(6) $\int_{v_1}^{v_2} Nf(v)\,\mathrm{d}v$。

5-6. 理想气体三种特征速率分别叫什么？等于多少？

5-7. 分子运动的平均速率一般在几百米每秒，为什么在房间内打开汽油瓶塞后，还要隔一段时间才能嗅到汽油味？

5-8. 一瓶氢气和一瓶氧气温度相同，若氢气分子的平均平动动能为 6.21×10^{-21}J，试求：(1) 氧气分子的平均平动动能和方均根速率；(2) 氧气的温度。

5-9. 容器中储有氧气，其压强为 $p=0.1\text{MPa}$（即 1atm），温度为 27℃。求：(1) 分子数密度 n；(2) 氧分子的质量 m；(3) 气体密度 ρ。

5-10. 在容积为 $2.0\times10^{-3}\text{m}^3$ 的容器中，有内能为 $6.75\times10^2\text{J}$ 的刚性双原子分子理想气体。

(1) 求气体的压强；(2) 若容器中分子总数为 5.4×10^{22}个，求分子的平均平动动能及气体的温度。

5-11. 1mol 氢气，在温度为 27℃时，它的平均平动动能、平均转动动能和内能各是多少?

5-12. 设想太阳是由氢原子组成的理想气体，其密度可当作是均匀的。若此理想气体的压强为 $1.35\times10^{14}\text{Pa}$，试估计太阳的温度。(已知氢原子的质量 $m=1.67\times10^{-27}\text{kg}$，太阳半径 $R_s=6.96\times10^8\text{m}$，太阳质量 $m'=1.99\times10^{30}\text{kg}$)

5-13. 已知某理想气体分子的方均根速率为 $400\text{m}\cdot\text{s}^{-1}$。当其压强为 1atm 时，求气体的密度 ρ。

5-14. 计算在标准状态下氢气分子的平均自由程和平均碰撞频率。(氢分子的有效直径 $d=2\times10^{-10}$ m)。

上一章从气体分子热运动观点出发，运用统计方法研究了热力学系统宏观量与微观量的联系与规律。本章则是从能量观点出发，以实验观测为基础，进一步研究热力学系统从一个宏观平衡态到另一个宏观平衡态的变化过程及其变化规律。主要内容包括：准静态过程中的功、热量和内能，热力学第一定律，理想气体的等容、等压、等温和绝热变化过程，循环过程，卡诺循环，热力学第二定律，并简要介绍熵的概念和熵增加原理以及热力学第二定律的统计意义。

第六章 热力学基础

第一节 热力学第一定律

一、热力学过程

当热力学系统受外界影响而状态随时间变化时，我们称系统经历了一个**热力学过程**，简称过程。

1. 非静态过程

设系统从某一个平衡态开始发生变化，状态的变化必然要打破原有的平衡，必须经过一定的时间，系统的状态才能达到新的平衡，这段时间称为**弛豫时间**。如果过程进行得较快，系统状态在未来得及实现平衡之前，又继续了下一步的变化，在这种情况下系统必然要经历一系列非平衡的中间状态，这种过程称为**非静态过程**。由于中间状态是一系列非平衡态，因此就不能用统一确定的状态参量来描述。

2. 准静态过程

如果过程进行得非常缓慢，过程经历的时间远远大于弛豫时间，以至于过程的一系列的中间状态都无限接近于平衡态，因而过程的进行可以用系统的一组平衡态状态参量的变化来描述，这样的过程叫作**准静态过程**。准静态过程显然是一种理想过程，它的优点在于描述和讨论都比较方便。在实际热力学过程中，只要弛豫时间远远小于状态变化的时间，那么这样的实际过程就可以近似看成是准静态过程，所以准静态过程依然有很强的实际意义。例如发动机中气缸压缩气体的时间约为10^{-2}s，气缸中气体压强的弛豫时间约为10^{-3}s，只有过程进行时间的十分之一，如果要求不是非常精确，在讨论气体做功时把发动机中气体压缩的过程均作为准静态过程依然是合理的。

本章讨论的系统状态变化，都认为是准静态过程。

二、准静态过程中的功

1. 体积功的计算

力学中我们学习过功的概念，力对物体做功可以使物体的机械能和运动状态都发生改变。同样，外界对热力学系统做功，也可以改变系统内的能量和系统的热力学状态。

以气缸中的气体膨胀推动活塞对外做功过程为例讨论一个准静态过程中的功，如图 6-1 所示。设活塞面积为S，气体压强为p，为使过程是一个准静态平衡过程，可以认为活塞是无限缓慢的移动。

当气体做微小膨胀、活塞向外移动 dx 距离时，气体推动活塞对外界所做的元功为

$$dW = Fdx = pSdx = pdV \tag{6-1}$$

式中，$dV=Sdx$，为气体膨胀时体积的微小增量。

由式（6-1）可以看到，系统对外做功一定与气体体积变化有关，所以我们将准静态过程中系统所做的功叫作**体积功**。

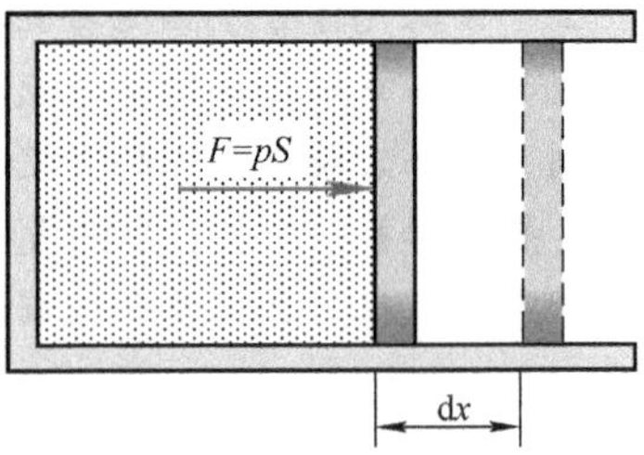

图 6-1　准静态过程

显然，气体膨胀时 $dV>0$，系统对外界做的功为正，我们称系统对外界做正功；如果体积被压缩，$dV<0$，体积功为负，我们称系统对外界做负功。

如果系统经过一个准静态过程，体积由 V_1 变为 V_2，则该过程中，系统对外界做的功为

$$W = \int dW = \int_{V_1}^{V_2} pdV \tag{6-2}$$

上述结果虽然是从汽缸中活塞运动推导出来的，但对于任何形状的容器，系统在准静态过程中对外界所做的功都可用上式计算。

2. 体积功的几何意义

以压强 p 为纵坐标、以体积 V 为横坐标建坐标系。在准静态过程中某一时刻气体的状态（p，V）对应 $p-V$ 图上的一个点，一个准静态过程对应 $p-V$ 图上的一条连续变化曲线。所以对于一个准静态过程，我们可以通过 $p-V$ 图上的状态变化曲线来直观地描述。

在图 6-2 中，气体从 1 状态（p_1，V_1）经 a 态到 2 状态（p_2，V_2）是一个准静态过程。

当气体体积从 V 微小膨胀到 $V+dV$ 时，气体对外界所做的元功 pdV 大小等于图中小方形的面积；从状态 1 经 a 态到状态 2 整个状态变化过程中，气体对外做的体积功 $\int_{V_1}^{V_2} pdV$ 的大小等于 $V_1 \sim V_2$ 之间、过程曲线下的阴影面积，简称体积功等于对应过程曲线下的面积。

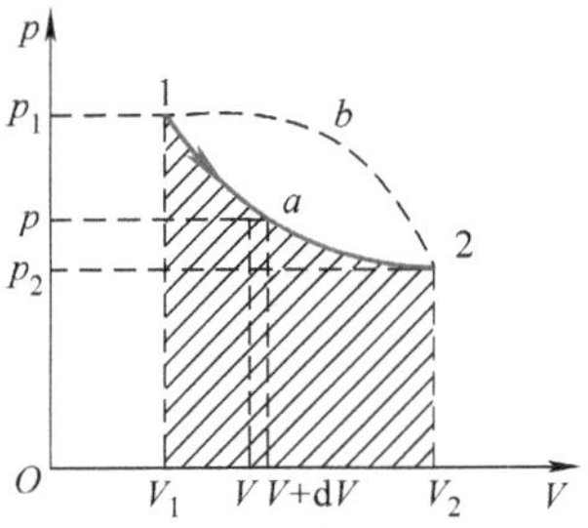

图 6-2　体积功

根据上述几何解释，对一些特殊的过程，体积功的计算可以不用积分，而直接由计算面积的大小得到。

必须强调指出，系统从状态 1 经准静态过程到达状态 2，可以沿着不同的过程曲线（如图 6-2中的实线 1a2 和虚线 1b2）。可见，起始和终了状态相同，经历的准静态过程不同，过程曲线下的面积不同，即所做的体积功不同。所以体积功是一个与过程有关的物理量，称为**过程量**。

三、热量

1. 热量的含义

除了做功，通过热传递方式也能使系统能量和状态发生变化。例如一定质量的气体装在体积不变的容器中，让其与温度高的外界接触，经过一定时间后，气体的温度和压强都将发生变化。而这个系统状态变化的原因是由于系统与外界之间存在温差出现传热造成的。在系统与外界之间（或系统的不同部分之间）转移的无规则热运动能量叫作**热量**，常用 Q 表示，它是过程量。在自发进行的热传递过程中，当外界温度高时，系统从外界吸收热量；当外界温度低时，系统向外界放出热量。通常约定系统吸热，Q 取正，系统放热，Q 为负。热量的国际单位是焦耳（J），非法定计量单位是卡（cal）。

对于热的认识，在19世纪以前，大多数科学家认为热是一种看不见、没质量的流质，称为热质。热质不能产生也不能消灭，只能从一个物体流向另一个物体，自然界的热质总量是守恒的。然而，热质说的最大困难是不能解释摩擦生热现象。1797年，英国科学家伦福德（Rumford）认为摩擦生热只能来自人或机械所做的功，是功转化为热，热质说不成立。

焦耳（Joule）从1840年开始做了大量的实验，精确测定了功和热之间相互转换的数值关系，即热功当量

$$1\text{cal}=4.18\text{J}$$

热量与内能相关但有区别。比如，系统的温度比外界的温度高并与外界有热传递，系统内各个分子的热运动能量通过频繁的碰撞传递给外界，同时外界分子的热运动能量同样也可以通过碰撞转移给系统。由于温度不同，系统转移给外界与外界转移给系统的热运动能量是不同的，这个差值就是热量。

2. 热量的计算方法

（1）利用比热容计算 1kg的系统温度每升高（或降低）1K所吸收（或放出）的热量称为该系统的**比热容，也称为质量热容**，用符号c表示，单位是$\text{J}\cdot\text{kg}^{-1}\cdot\text{K}^{-1}$。

按此定义可知，质量为m'的系统，温度升高1K吸收的热量为$m'c$；

质量为m'的系统，温度升高$\text{d}T$吸收的热量就应该为

$$\text{d}Q = m'c\text{d}T \tag{6-3}$$

（2）利用摩尔热容计算 1mol的系统温度每升高（或降低）1K所吸收（或放出）的热量称为该系统的**摩尔热容**，用符号C_m表示，单位是$\text{J}\cdot\text{mol}^{-1}\cdot\text{K}^{-1}$。

按此定义可知，物质的量为m'/M_mol（其中m'为系统的质量、M_mol为摩尔质量）的系统，温度升高1K吸收的热量为$(m'/M_\text{mol})\cdot C_\text{m}$；

物质的量为m'/M_mol的系统，温度升高$\text{d}T$吸收的热量就应该为

$$\text{d}Q = \frac{m'}{M_\text{mol}}C_\text{m}\text{d}T \tag{6-4}$$

如果1mol的系统在温度升高（或降低）1K时，是在体积不变的情况下进行的，则所吸收（或放出）的热量称为该系统的**摩尔定容热容**，用符号$C_{V,\text{m}}$表示。

仿照式（6-4）的结论可知，在体积不变的情况下，质量为m'、摩尔质量为M_mol的系统，温度升高$\text{d}T$时吸收的热量为

$$\text{d}Q_V = \frac{m'}{M_\text{mol}}C_{V,\text{m}}\text{d}T \tag{6-5}$$

同样，如果1mol的系统在温度升高（或降低）1K时，是在压强不变的情况下进行的，所吸收（或放出）的热量称为该系统的**摩尔定压热容**，用符号$C_{p,\text{m}}$表示。

在压强不变的情况下，质量为m'、摩尔质量为M_mol的系统，温度升高$\text{d}T$时吸收的热量为

$$\text{d}Q_p = \frac{m'}{M_\text{mol}}C_{p,\text{m}}\text{d}T \tag{6-6}$$

如果系统状态变化是一个宏观过程，则对上述相应的公式积分即可求得宏观变化过程中吸收（或者放出）的热量，在下一节学习中将讨论这一问题。

四、准静态过程中理想气体内能增量

在分子动理论的学习中，由式（5-11）我们知道质量为m'、摩尔质量为M_mol的理想气体的内能表达式为

$$E = \frac{m'}{M_{mol}} \frac{i}{2} RT$$

由上式可知，对理想气体而言，其内能仅与温度有关，即内能是温度的单值函数，是状态量。

系统经历一个准静态过程，温度有可能发生变化。由内能的公式可知，过程初状态和末状态的内能是不同的，其内能增量（末状态的内能减初状态的内能）为

$$\Delta E = E_2 - E_1 = \frac{m'}{M_{mol}} \frac{i}{2} R(T_2 - T_1) \tag{6-7}$$

式中，T_1 为初状态的温度；E_1 为初状态的内能；T_2 为末状态的温度；E_2 为末态的内能。系统温度升高，系统内能增大，ΔE 大于零；反之 ΔE 小于零。

如果系统经历的是一个微小变化过程，温度增量为 $\mathrm{d}T$，则系统内能的增量为

$$\mathrm{d}E = \frac{m'}{M_{mol}} \frac{i}{2} R\mathrm{d}T \tag{6-8}$$

特别需要指出的是，由于内能是状态量，内能的增量也是与过程无关的状态量。内能的增量只与系统在过程始末状态的温度差有关，无论经历什么样的过程，只要始末状态的温度差相等，内能的增量都是相同的。在 $p-V$ 图中，只要过程曲线的起点和终点相同，过程曲线形状不同，内能增量也是相同的。

五、热力学第一定律

通过能量交换方式改变系统热力学状态的方式有两种。一是做功，例如，通过搅拌做功的方法可以使一杯水温度升高；二是传热，例如对一杯水加热，即热传递的方法，使水升温。虽然做功与传热的宏观过程不同，但都能通过能量交换改变系统的内能，在这一点上二者是等效的。

根据能量转换和守恒定律，在系统状态变化过程中，能量可以从一种形式转换为另一种形式，但能量是守恒的。以活塞中的气体吸收热量对外做功为例，当系统从外界吸收热量，系统的内能增加，气体推动活塞对外做功。

做功、热量和系统内能增量之间存在着确定的关系，有

$$Q = \Delta E + W \tag{6-9}$$

式中，Q 是系统从外界吸收的热量；ΔE 是系统内能的增量；W 是系统对外所做的功。它表明，**系统从外界吸收的热量，一部分用于系统内能的增加，另一部分则用于系统对外界做功**。这就是热力学第一定律的数学表述式。显然，热力学第一定律本质上就是热现象中的能量转换和守恒定律，适用于任何热力学系统中的任何变化过程。

热量 Q、系统内能的增量 ΔE、系统对外所做的功 W 三个物理量，取正取负问题满足之前的规定，即系统从外界吸收热量 Q 取正，系统向外界放出热量 Q 取负；系统的内能增加 ΔE 取正，系统的内能减少 ΔE 取负；系统对外界做功 W 取正，外界对系统做功 W 取负。

对于微小的热力学过程，则有

$$\mathrm{d}Q = \mathrm{d}E + \mathrm{d}W \tag{6-10}$$

这是在微小热力学过程中热力学第一定律的表达式。

历史上，有人曾想设计制造一种热机，这是一种能使系统不断循环、不需要消耗任何的动力或燃料、却能源源不断地对外做功的所谓永动机，结果理所当然地失败了。这种违反热力学第一定律，也就是违反能量守恒定律的永动机，称为**第一类永动机**。因此，热力学第一定律的另一种表达是：**第一类永动机是不可能制成的**。

第二节　热力学第一定律对理想气体的应用

在这一节中，我们将讨论热力学系统四个准静态过程：等容过程、等压过程、等温过程以及绝热过程。每一个过程中主要探讨四个问题：系统的物态方程和 p-V 图线，以及系统状态变化过程中热量、系统内能的增量和系统对外所做的功三个物理量的值。

一、等容过程

等容过程是指系统体积不变的状态变化过程，状态参量 V 为常量，又称定容过程。

1. 物态方程和 $p-V$ 图线

系统的物态方程为 $V=$ 恒量。根据理想气体物态方程，等容过程中的物态方程还可以写成

$$\frac{p}{T}=\text{恒量}$$

过程曲线叫等容线，在 $p-V$ 图中，等容线是一些与 p 轴平行的直线，如图 6-3 所示。

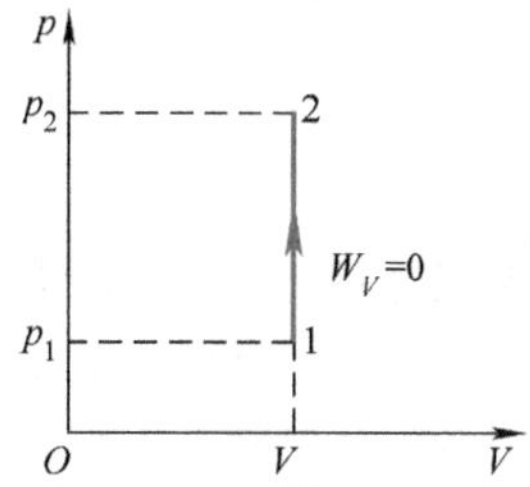

图 6-3　等容线

2. 体积功

显然，等容过程中由于体积不变，体积的增量 $\mathrm{d}V=0$，体积元功 $\mathrm{d}W_V=p\mathrm{d}V=0$。对一个宏观状态变化过程，图 6-3 所示的 1 到 2 的过程，体积功 $W_V=0$。理解方法：等容线下方的面积为零，所以 $W_V=0$。

3. 系统内能的增量

如果系统经历一个微小等容过程，温度增量为 $\mathrm{d}T$，由系统内能的表达式可知，内能的增量为

$$\mathrm{d}E=\frac{m'}{M_{\mathrm{mol}}}\frac{i}{2}R\mathrm{d}T$$

即为式（6-8）。

如果系统从状态 1 的温度 T_1 等容变化到状态 2 的温度 T_2，系统内能的增量 ΔE 为

$$\Delta E=\frac{m'}{M_{\mathrm{mol}}}\frac{i}{2}R(T_2-T_1)$$

即为式（6-7）。

4. 系统吸放热量

由式（6-5）可知，质量为 m'、摩尔质量为 M_{mol} 的系统，在等容过程中温度升高 $\mathrm{d}T$ 时吸收的热量为

$$\mathrm{d}Q_V=\frac{m'}{M_{\mathrm{mol}}}C_{V,\mathrm{m}}\mathrm{d}T$$

对于一个宏观状态变化过程，如图 6-3 所示，系统从状态 1 的温度 T_1 等容变化到状态 2 的温度 T_2，系统的吸放热量 Q_V 等于对上式求积分，得

$$Q_V=\frac{m'}{M_{\mathrm{mol}}}C_{V,\mathrm{m}}(T_2-T_1) \tag{6-11}$$

由热力学第一定律，考虑到在等容过程中系统对外做功 $W_V=0$，得系统吸放热量等于内能的增量，即 $Q_V=\Delta E$。对于微小等容过程，有 $\mathrm{d}Q_V=\mathrm{d}E$。

比较式（6-11）和式（6-7），有摩尔定容热容

$$C_{V,m} = \frac{i}{2}R \tag{6-12}$$

对于由刚性单原子分子组成的系统，$i=3$，摩尔定容热容 $C_{V,m}=3R/2$；由刚性双原子分子组成的系统，$i=5$，$C_{V,m}=5R/2$；由刚性多原子分子组成的系统，$i=6$，$C_{V,m}=3R$。

由此，质量为 m'、摩尔质量为 M_{mol} 的理想气体内能表达式又可以写为

$$E = \frac{m'}{M_{mol}}C_{V,m}T \tag{6-13}$$

上式对于处于平衡态下的理想气体都成立。对于理想气体的各种准静态过程，都有内能的增量，为

$$\Delta E = \frac{m'}{M_{mol}}C_{V,m}\Delta T$$

二、等压过程

等压过程是指系统压强不变的状态变化过程，状态参量 p 为常量，又称定压过程。

1. 物态方程和 $p-V$ 图线

系统变化的物态方程为 $p=$ 恒量。根据理想气体物态方程，等压过程中的物态方程还可以写成

$$\frac{V}{T} = \text{恒量}$$

过程曲线为等压线，是一条平行于 V 轴的直线段，如图 6-4 所示。

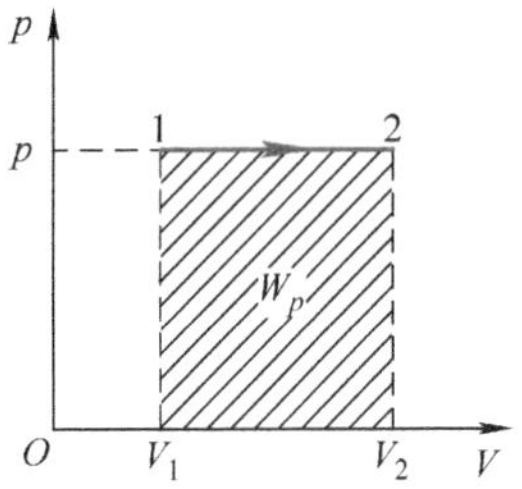

图 6-4 等压线

2. 体积功

系统体积从 V 到 $V+\mathrm{d}V$ 的微小变化过程中，体积元功 $\mathrm{d}W_p = p\mathrm{d}V$。当系统发生一个宏观等压变化过程，即从体积为 V_1 的状态 1 等压变化到体积为 V_2 的状态 2 时，如图 6-4 所示，该宏观过程中的体积功 $W_p = \int \mathrm{d}W_p$，计算得

$$W_p = \int_{V_1}^{V_2} p\mathrm{d}V = p(V_2 - V_1) \tag{6-14}$$

在数值上等于图 6-4 中的阴影面积。

3. 系统内能的增量

由于内能和内能的增量与系统状态变化过程无关，参考等容过程可知，如果系统经历一个微小等压过程，温度增量为 $\mathrm{d}T$，则系统内能的增量为

$$\mathrm{d}E = \frac{m'}{M_{mol}}\ \frac{i}{2}R\mathrm{d}T$$

即为式（6-8）。

如果系统从状态 1 的温度 T_1 等压变化到状态 2 的温度 T_2，系统内能的增量 ΔE 为

$$\Delta E = \frac{m'}{M_{mol}}\ \frac{i}{2}R(T_2 - T_1)$$

即为式（6-7）。

4. 系统吸放热量

由式（6-6），在压强不变的情况下，质量为 m'、摩尔质量为 M_{mol} 的系统，温度升高 $\mathrm{d}T$ 时吸收的热量为

$$dQ_p = \frac{m'}{M_{mol}} C_{p,m} dT$$

对于宏观状态变化过程，如系统从状态 1 的温度 T_1 等压变化到状态 2 的温度 T_2，如图 6-4 所示，则系统的吸放热量 Q_p 等于对上式求积分，得

$$Q_p = \frac{m'}{M_{mol}} C_{p,m}(T_2 - T_1) \tag{6-15}$$

考虑系统微小等压过程。由热力学第一定律，有 $dQ_p = dE + pdV$。

对理想气体物态方程取微分，得

$$pdV = \frac{m'}{M_{mol}} RdT$$

把上式和式（6-8）代入热力学第一定律表达式中，有

$$dQ_p = dE + pdV = \frac{m'}{M_{mol}} \frac{i}{2} RdT + \frac{m'}{M_{mol}} RdT = \frac{m'}{M_{mol}}\left(\frac{i}{2}R + R\right)dT \tag{6-16}$$

比较式（6-6）和式（6-16），有摩尔定压热容

$$C_{p,m} = \frac{i}{2}R + R = C_{V,m} + R \tag{6-17}$$

上式称为迈耶（Mayer）公式。可见，摩尔定压热容 $C_{p,m}$ 比摩尔定容热容 $C_{V,m}$ 大一个恒量 R。可理解为：对 1mol 的理想气体，温度升高 1K，等压过程比等容过程要多吸收 8.31J 的热量，用来转换为膨胀时对外做的功。

对于由刚性单原子分子组成的系统，$i=3$，摩尔定压热容 $C_{p,m}=5R/2$；由刚性双原子分子组成的系统，$i=5$，$C_{p,m}=7R/2$；由刚性多原子分子组成的系统，$i=6$，$C_{p,m}=4R$。

系统的摩尔定压热容 $C_{p,m}$ 与摩尔定容热容 $C_{V,m}$ 的比值，称为系统的比热容比，工程上称为绝热系数，用 γ 表示，即

$$\gamma = \frac{C_{p,m}}{C_{V,m}} \tag{6-18}$$

代入 $C_{p,m}$ 和 $C_{V,m}$ 值，得

$$\gamma = \frac{i+2}{i}$$

表 6-1 是室温下不同气体的摩尔热容的实验数据。

表 6-1　室温下不同气体摩尔热容的实验数据

（$C_{p,m}$、$C_{V,m}$ 的单位：$J \cdot mol^{-1} \cdot K^{-1}$）

气体		$C_{p,m}$	$C_{V,m}$	$C_{p,m} - C_{V,m}$	γ
单原子	氦（He）	20.9	12.5	8.4	1.67
	氩（Ar）	21.2	12.5	8.7	1.65
双原子	氢（H_2）	28.8	20.4	8.4	1.41
	氮（N_2）	28.6	20.4	8.2	1.41
	一氧化碳（CO）	29.3	21.2	8.1	1.40
	氧（O_2）	28.9	21.0	7.9	1.40
多原子	水蒸气（H_2O）	36.2	27.8	8.4	1.31
	甲烷（CH_4）	35.6	27.2	8.4	1.30
	乙醇（C_2H_6O）	87.5	79.2	8.2	1.11

从表6-1可以看出：各种气体的（$C_{p,m}-C_{V,m}$）值都接近于R值；室温下单原子与双原子的$C_{p,m}$、$C_{V,m}$及γ的实验值都与理论值相近，这说明经典热容理论近似地反映了客观事实；在多原子分子中，上述物理量的实验值与理论值相差较大。实际上，气体的$C_{p,m}$与$C_{V,m}$值不是定值，还与温度有关，在此不做深入讨论。

三、等温过程

等温过程就是系统在变化过程中温度为一个常量。

1. 物态方程和 $p-V$ 图线

系统变化的物态方程为$T=$恒量。根据理想气体物态方程，等温过程中的物态方程还可以写成

$$pV=\text{恒量}$$

过程曲线称为等温线，为一条曲线，如图6-5所示。

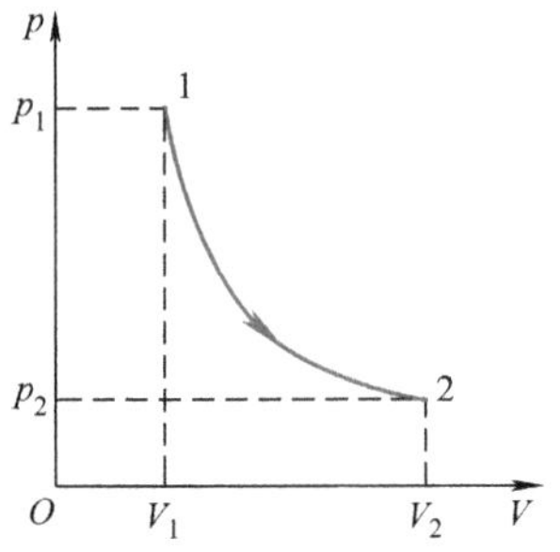

图6-5 等温线

2. 系统内能的增量

对于理想气体，由于其温度不变，根据其内能表达式可知，其内能的增量为零，这表明等温过程中理想气体的内能不变。对微小变化过程，有$\mathrm{d}E=0$，对宏观变化过程，有$\Delta E=0$。

3. 体积功

微小等温变化过程中的体积功$\mathrm{d}W_T=p\mathrm{d}V$，由理想气体物态方程求出$p$后代入式中，得

$$\mathrm{d}W_T=\frac{m'}{M_{\mathrm{mol}}}RT\frac{\mathrm{d}V}{V} \tag{6-19}$$

当理想气体在等温过程中由体积V_1膨胀到V_2时，如图6-5所示，气体对外做的功等于对上式求积分，有

$$W_T=\frac{m'}{M_{\mathrm{mol}}}RT\int_{V_1}^{V_2}\frac{\mathrm{d}V}{V}=\frac{m'}{M_{\mathrm{mol}}}RT\ln\frac{V_2}{V_1} \tag{6-20}$$

考虑到理想气体物态方程，上式还可以写成多种表达形式，如

$$W_T=\frac{m'}{M_{\mathrm{mol}}}RT\ln\frac{p_1}{p_2}=pV\ln\frac{V_2}{V_1}$$

需要强调的是，表达式中下角标为1的是初始状态物理量，下角标为2的是终了状态物理量，如图6-5所示。

4. 系统吸放热量

由热力学第一定律，在微小等温过程中，有$\mathrm{d}Q_T=\mathrm{d}W_T$，在一个宏观等温过程中，有$Q_T=W_T$，即在等温过程中理想气体所吸收的热量全部用来对外做功，系统内能保持不变。

四、绝热过程

绝热过程是指系统在与外界完全没有热量交换情况下发生的状态变化过程。对于实际发生的过程，例如：用绝热性能良好的绝热材料将系统与外界分开，或者让过程进行得非常快，以致系统来不及与外界进行明显的热交换，都可以近似看成绝热过程。

1. 绝热过程中的热量

绝热过程的特征是在任意微小过程中有$\mathrm{d}Q=0$，在宏观变化过程中有$Q=0$，即系统与外界没有热交换。

2. 体积功和内能的增量

由热力学第一定律，对任意微小过程中，有 $\mathrm{d}W=-\mathrm{d}E$，或写成

$$p\mathrm{d}V=-\frac{m'}{M_{\mathrm{mol}}}C_{V,\mathrm{m}}\mathrm{d}T$$

对宏观变化过程，有

$$W=-\Delta E=-\frac{m'}{M_{\mathrm{mol}}}C_{V,\mathrm{m}}\Delta T$$

说明在绝热过程中，如果系统对外界做正功，就必须以消耗系统的内能为代价，即系统的内能减少；反之，如果系统对外界做负功，则系统的内能增加。

3. 物态方程和 $p-V$ 图线

绝热过程不是等值过程，系统的状态参量（p，V，T）在过程中均为变量，它和其他过程一样会有一个描写过程曲线的方程，这个方程叫作**绝热方程**。绝热过程的曲线叫作**绝热线**。下面推导理想气体的绝热方程。

将理想气体物态方程两边取微分，有

$$p\mathrm{d}V+V\mathrm{d}p=\frac{m'}{M_{\mathrm{mol}}}R\mathrm{d}T$$

考虑到对微小绝热过程有

$$p\mathrm{d}V=-\frac{m'}{M_{\mathrm{mol}}}C_{V,\mathrm{m}}\mathrm{d}T$$

将两式联立，消去$\frac{m'}{M_{\mathrm{mol}}}\mathrm{d}T$，整理得

$$(C_{V,\mathrm{m}}+R)p\mathrm{d}V=-C_{V,\mathrm{m}}V\mathrm{d}p$$

因 $C_{p,\mathrm{m}}=C_{V,\mathrm{m}}+R$，$\gamma=C_{p,\mathrm{m}}/C_{V,\mathrm{m}}$，则有

$$\frac{\mathrm{d}p}{p}+\gamma\frac{\mathrm{d}V}{V}=0$$

将上式积分，得

$$\ln p+\gamma\ln V=\text{恒量}$$

或

$$pV^{\gamma}=\text{恒量}\tag{6-21}$$

上式称为绝热方程。从这里也可以知道为什么在工程上称 γ 为绝热系数的原因。

再使用理想气体物态方程，上式可以写成另外两种形式

$$TV^{\gamma-1}=\text{恒量}\tag{6-22}$$

$$p^{\gamma-1}T^{-\gamma}=\text{恒量}\tag{6-23}$$

利用式（6-21），在 $p-V$ 图上作出绝热过程曲线（$A-C$），如图 6-6 所示，图中曲线（$A-B$）是等温过程曲线。从图中可以看出，一定量的理想气体从同一状态 A 出发，绝热线要比等温线变化陡一些，其中的原因是：

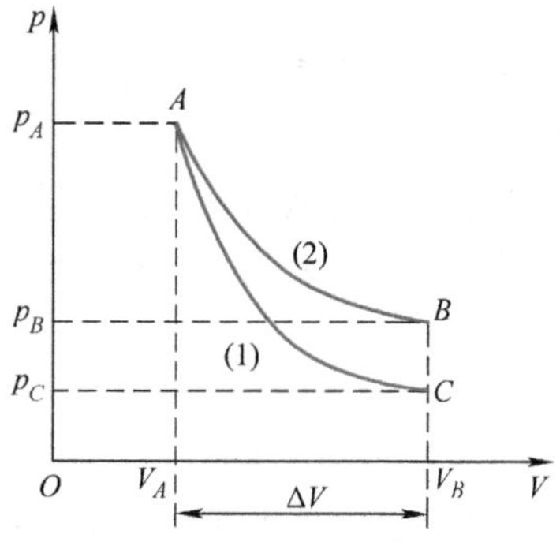

图 6-6　绝热线与等温线

对等温线，满足 $pV=\text{恒量}$。对方程两边取微分，得

$$p\mathrm{d}V+V\mathrm{d}p=0$$

$$\frac{\mathrm{d}p}{\mathrm{d}V}=-\frac{p}{V}$$

对某一点，如 A 点，有等温线上 A 点处的斜率为

$$\frac{\mathrm{d}p}{\mathrm{d}V}=-\frac{p_A}{V_A}$$

对绝热线，满足 $pV^{\gamma}=$ 恒量，对方程两边取微分，得

$$\gamma pV^{\gamma-1}\mathrm{d}V+V^{\gamma}\mathrm{d}p=0$$

$$\frac{\mathrm{d}p}{\mathrm{d}V}=-\gamma\frac{p}{V}$$

对 A 点，有绝热线上 A 点处的斜率为

$$\frac{\mathrm{d}p}{\mathrm{d}V}=-\gamma\frac{p_A}{V_A}$$

由于 $\gamma>1$，所以 A 点处绝热线的斜率（绝对值）始终大于等温线的斜率，即绝热线要比等温线变化陡一些。在图 6-6 中可看出，发生相同的体积变化 ΔV 时，绝热过程的压强变化绝对值 $|p_A-p_C|$ 要比等温过程的压强变化绝对值 $|p_A-p_B|$ 大一些。究其物理原因，等温过程中压强的减小值仅是由于体积增大所导致，而在绝热过程中压强的减小值是由于体积增大和温度降低这两个因素共同所致，所以在体积变化一定时，绝热过程的压强变化绝对值要比等温过程的压强变化绝对值大一些。

另外，用气体动理论也可以加以解释，以图 6-6 中物态从 V_A 到 V_B 为例。在等温过程中，分子的热运动平均平动动能不变，引起压强减少的因素仅是因体积增大引起的分子数密度的减小。而在绝热过程中，除了分子数密度有同样的减小外，还由于气体膨胀对外做功时降低了温度，从而使分子的平均平动动能也随之减小。因此，绝热过程压强的减小要比等温过程来得多。

例 6-1　有 2mol 的氦气，由初始状态 a（T_1，V_1）等压加热至体积增大 1 倍，再经绝热膨胀，使其温度降至初始温度，如图 6-7 所示。把氦气视为理想气体，试求：

（1）整个过程氦气吸收的热量；

（2）氦气所做的总功。

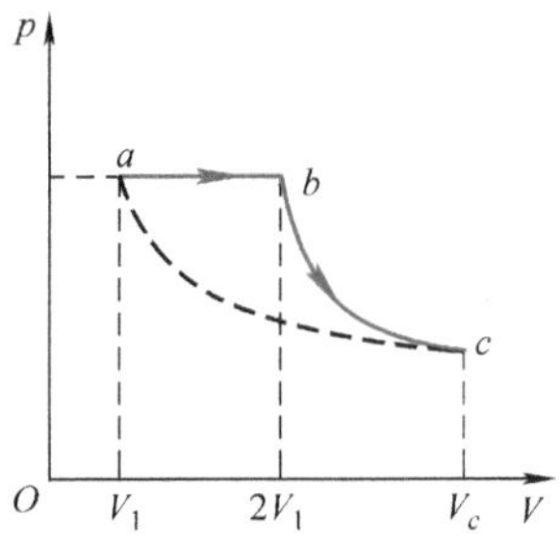

图　6-7

解：（1）由 a 到 b 是等压，根据等压过程的物态方程，有

$$\frac{V_1}{T_1}=\frac{2V_1}{T_b}$$

得

$$T_b=2T_1$$

a 到 b 过程吸收的热量为

$$Q_{ab}=\frac{m'}{M_{\mathrm{mol}}}C_{p,\mathrm{m}}(T_b-T_1)=2\times\frac{5}{2}\times R\times(2T_1-T_1)=5RT_1$$

b 到 c 是绝热过程，没有热交换，$Q_{bc}=0$。

整个过程氦气吸收的热量为

$$Q=Q_{ab}+Q_{bc}=5RT_1$$

（2）对整个过程应用热力学第一定律。由于起始状态与末状态温度相同，故系统的内能不变，有 $\Delta E=0$，故氦气所做的总功为

$$W=Q=5RT_1$$

例 6-2　4×10^{-3}kg 氢气被活塞封闭在某一容器的下半部而与外界（标准状态）平衡，容器开口处有一凸出边缘可防止活塞脱离（活塞的质量和厚度可忽略），如图 6-8 所示。现把 2×10^{4}J 的热量缓慢地传给气体，使气体逐渐膨胀，问氢气最后的压强、温度和体积各变为多少？

解：设氢气初态为（p_1，V_1，T_1），依题意有 $m' = 4\times10^{-3}$kg，$M_{mol}=2\times10^{-3}$kg·mol^{-1}，$T_1=273$K，$p_1=1.013\times10^5$Pa，由理想气体物态方程可得氢气的初态体积为

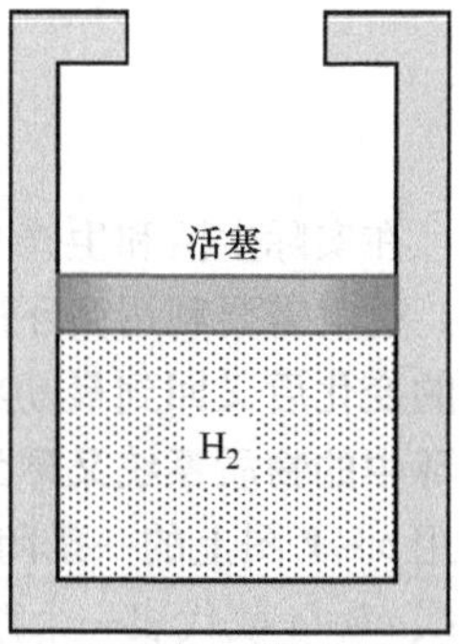

图 6-8

$$V_1=\frac{m'RT_1}{M_{mol}p_1}=\frac{2RT_1}{p_1}=\frac{2\times8.31\times273}{1.013\times10^5}\text{m}^3=4.48\times10^{-2}\text{m}^3$$

再考虑容器内气体先后进行的两个过程：

（1）气体等压膨胀升温至活塞达到容器上边缘，在此过程中，设气体吸热 Q_1，状态由（p_1，V_1，T_1）变为（p_2，V_2，T_2）。由于是等压过程，$p_2=p_1$，有

$$\frac{V_1}{T_1}=\frac{V_2}{T_2}$$

依题意可知，$V_2=2V_1=8.96\times10^{-2}\text{m}^3$，因此可得

$$T_2=2T_1=546\text{K}$$

氢气是双原子分子，自由度 $i=5$，在这个等压过程中气体吸收的热量为

$$Q_1=\frac{m'}{M_{mol}}C_{p,m}(T_2-T_1)=\frac{m'}{M_{mol}}\left(\frac{i+2}{2}R\right)(T_2-T_1)$$

$$=\frac{4\times10^{-3}}{2\times10^{-3}}\times\frac{7}{2}\times8.31\times273\text{J}=1.59\times10^4\text{J}$$

（2）达到（p_2，V_2，T_2）状态后，气体又开始等容升温升压，设在此过程中气体吸收热量为 Q_2，有

$$Q_2=Q-Q_1=2\times10^4-1.59\times10^4\text{J}=4.1\times10^3\text{J}$$

设最后状态为（p_3，V_3，T_3），显然有 $V_3=V_2=2V_1$。对于这个等容过程，有

$$Q_2=\frac{m'}{M_{mol}}C_{V,m}(T_3-T_2)=\frac{m'}{M_{mol}}\ \frac{i}{2}R(T_3-T_2)$$

上式中只有 T_3 是未知的，代入已知数据，可求 $T_3=645$K。再利用等容过程的物态方程，有

$$p_3=\frac{T_3}{T_2}p_2=\frac{645}{546}\times1.013\times10^5\text{Pa}=1.20\times10^5\text{Pa}$$

因此，氢气最后的压强为 1.20×10^5Pa，温度为 645K，体积为 $8.96\times10^{-2}\text{m}^3$。

例 6-3　狄塞尔内燃机汽缸中的空气在压缩前的压强为 1.013×10^5Pa，温度为 320K，假定空气突然被压缩为原来体积的 1/16.9，试求末态的压强和温度。（设空气的 $\gamma=1.4$）

解：把空气看作理想气体，已知初态压强 $p_1=1.013\times10^5$Pa，温度 $T_1=320$K，由于压缩很快，可看作绝热过程。

根据绝热过程方程 $p_1V_1^\gamma=p_2V_2^\gamma$，可得末态压强为

$$p_2=p_1\left(\frac{V_1}{V_2}\right)^\gamma=1.013\times10^5\times16.9^{1.4}\text{Pa}=53.0\times10^5\text{Pa}$$

根据 $T_1V_1^{\ \gamma-1}=T_2V_2^{\ \gamma-1}$，可得末态温度为

$$T_2=T_1\left(\frac{V_1}{V_2}\right)^{\gamma-1}=320\times16.9^{1.4-1}\text{K}=991.5\text{K}$$

可见，绝热压缩使温度升高了许多，这时只要向汽缸中喷入柴油，不需点火，柴油就会燃烧，从而省去了专门的点火装置。

第三节 循环过程 卡诺循环

在实际生活和生产中，往往需要将热和功之间的转换持续下去，这就需要利用循环过程。系统由最初某一状态出发，经历一系列的变化后又回到最初状态的整个过程称为**循环过程**，简称**循环**。**循环中的物质系统又称为工作物质**，简称**工质**。准静态的循环过程可用 $p-V$ 图上的一条闭合曲线来表示，如图 6-9 所示。图中的闭合曲线 *abcda* 就代表一个循环过程。

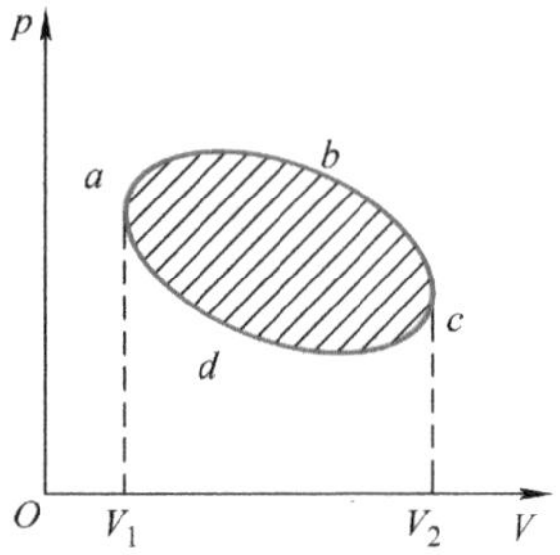

图 6-9 循环过程

由于工质的内能是温度的单值函数，每完成一次循环，工质又回到初始状态，工质的内能不变，即 $\Delta E=0$，这是循环过程的一个重要特征。

如果循环过程进行的方向是沿顺时针方向，即 *abcda*，这样的循环过程称为**正循环**。由于 *abc* 过程是体积膨胀过程，工质对外做正功，在数值上等于 $abcV_2V_1a$ 所围的面积。*cda* 过程是体积被压缩的过程，工质对外做负功，在数值上等于 $cdaV_1V_2c$ 所围的面积。由于前者的面积大于后者的面积，即在数值上正功值大于负功值，所以经过一个正循环后，工质对外做的净功（整个循环过程中工质做功的和）大于零，在数值上等于图中的闭合曲线 *abcda* 的面积。

如果循环过程进行的方向是沿逆时针方向，即 *adcba*，这样的循环过程称为**逆循环**。经过一个逆循环后，工质做负功，即外界对工质做正功。

设经过一次循环过程后，工质吸收的热量总和为 Q_1，放出的热量总和为 Q_2（**这里的热量都取绝对值**），根据热力学第一定律可知，吸放热的总和一定等于系统对外界所做的净功，即 $Q_1-Q_2=W_{净}$。由此可见，正循环是一种通过工质使热量不断转换为工质对外做功的循环过程，逆循环是一种通过外界对工质做功，使工质不断向外界放出热量的循环过程。

一、循环效率

在实际中，能完成正循环的装置称为**热机**，或者说把通过工质使热量不断转换为功的机器称为热机，如蒸汽机、内燃机（汽油发动机等）。

为使问题简化，热机的整个工作过程可以认为是这样的：工质从外界（高温热源）吸收热量 Q_1，一部分转换为对外做的功 $W_{净}$，一部分向外界（低温热源）放出热量 Q_2，如图 6-10 所示。这里所说的高温热源或低温热源可以是单一温度的热源，也可以是一系列恒温热源组成的系统。

一台热机的效率是指热机把吸收来的热量有多少转化为有用功，为此我们定义热机的效率为

$$\eta=\frac{W_{净}}{Q_1} \tag{6-24}$$

代入 $W_{净}=Q_1-Q_2$，有

$$\eta=1-\frac{Q_2}{Q_1} \tag{6-25}$$

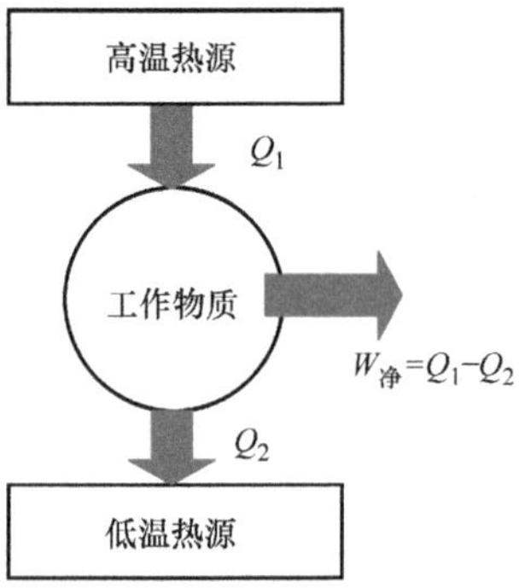

图 6-10 热机的工作过程

这个表达式通常用来计算热机的效率。几种热机的效率如表 6-2 所示。

表 6-2　几种热机的效率

热机	效率	热机	效率
液流涡轮机	48%	内燃机	37%
蒸汽涡轮机	46%	蒸汽机	8%

注意：Q_1 为工质在完成一个正循环过程中吸收的热量总和，Q_2 为循环过程中工质放出的热量总和，都是绝对值。

能完成逆循环的装置称为**制冷机**，它是通过外界对工质做功，工质把从低温热源吸收的热量不断向高温热源放出的机器，如冰箱等。这里的工质俗称制冷剂。

制冷机的工作过程如图 6-11 所示。它是经过一个逆循环，通过外界对工质做功 $W_{净}$，工质把从低温热源吸收的热量 Q_2 向高温热源放出。对循环过程应用热力学第一定律，可得工质向高温热源放出的热量 $Q_1 = W_{净} + Q_2$。

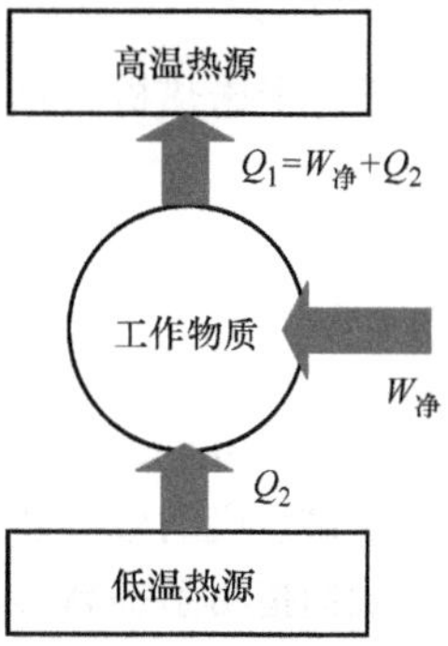

图 6-11　制冷机的工作过程

制冷机工作的目的是从低温热源吸收热量向高温热源放出，使低温热源的温度不断降低，代价是外界需要对工质做功。所以衡量制冷机的效能是外界对制冷机做功 $W_{净}$，能从低温热源吸收多大的热量 Q_2。因此，衡量制冷机效能的物理量——制冷系数定义为

$$e = \frac{Q_2}{W_{净}} = \frac{Q_2}{Q_1 - Q_2} \tag{6-26}$$

同样需要注意的是：式中的 $W_{净}$、Q_1、Q_2 均为绝对值。

显然，从能量的利用率角度看，热机的效率越高越好，制冷机的制冷系数越大越好。

二、卡诺循环

从 19 世纪起，蒸汽机在工业、交通运输中起着越来越重要的作用。但是蒸汽机的效率很低，一般不到 5%，也就是有 95% 以上的热量没有被利用。在生产需求的推动下，许多科学家和工程师开始从理论上来研究热机的效率问题。1824 年，年仅 28 岁的法国青年工程师卡诺（S. Carnot）发表了一篇论文——《关于火力动力的见解》。在论文中他提出了一种理想的热机循环：假设工质只与两个恒温热源交换热量，从温度为 T_1 的高温热源吸热，向另一个温度为 T_2 的低温热源放热，并假设所有的过程都是准静态过程。工质与两个恒温热源交换热量的过程必定是等温过程，工质从热源温度为 T_1 变到冷源温度为 T_2，或者相反的过程，只能是绝热过程。因此，卡诺循环是由两个等温和两个绝热的准静态过程组成的。虽然卡诺循环是一种理想循环，但是它对实际热机的研制具有重要的指导意义，也为热力学第二定律的建立奠定了基础。

1. 卡诺热机

完成卡诺正循环的热机称为卡诺热机，正循环过程如图 6-12所示。图中 1→2 是等温膨胀过程，这一过程中工质从温度为 T_1 的高温热源吸收热量 Q_1。3→4 是等温压缩过程，工质向温度为 T_2 的低温热源放出热量 Q_2。2→3 是绝热降温过程，4→1 是绝热升温过程，在这两个绝热过程中，工质与外界没有热交换。

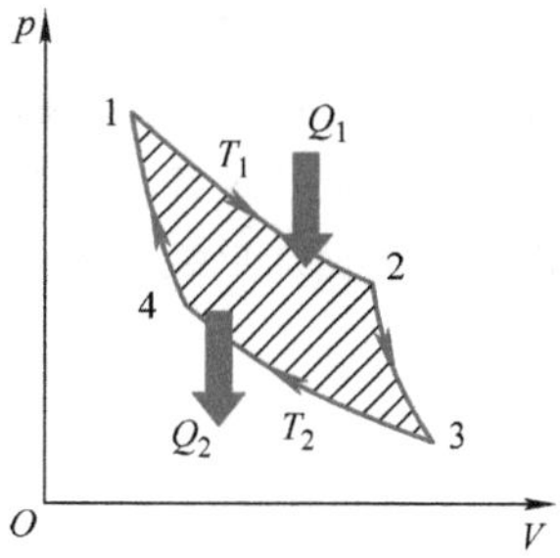

图 6-12　卡诺正循环

把工质看成理想气体，由等温过程的热量公式可得

$$Q_1 = \frac{m'}{M_{mol}}RT_1\ln\frac{V_2}{V_1}$$

$$Q_2 = \left|\frac{m'}{M_{mol}}RT_2\ln\frac{V_4}{V_3}\right| = \frac{m'}{M_{mol}}RT_2\ln\frac{V_3}{V_4}$$

对2→3、4→1两个绝热过程应用绝热过程方程 $TV^{\gamma-1}$ = 恒量，有

$$T_1V_2^{\gamma-1} = T_2V_3^{\gamma-1}$$

$$T_1V_1^{\gamma-1} = T_2V_4^{\gamma-1}$$

两式相除，可得

$$\frac{V_2}{V_1} = \frac{V_3}{V_4}$$

于是卡诺热机的效率为

$$\eta_{卡} = 1 - \frac{Q_2}{Q_1} = 1 - \frac{T_2\ln\frac{V_3}{V_4}}{T_1\ln\frac{V_2}{V_1}} = 1 - \frac{T_2}{T_1} \tag{6-27}$$

由上式可见，卡诺循环的效率总是小于1。

卡诺热机的效率公式后来被证明是在相同温度差的高低温热源之间工作的热机的最大效率。它为我们指明了提高热机效率的基本方法：或者提高高温热源的温度，或者降低低温热源的温度。显然，实用的方法是提高高温热源的温度。在蒸汽机后发明的内燃机就是在式（6-27）的指导下实现的。

2. 卡诺制冷机

如果理想气体进行卡诺逆循环时，只要把图6-12中的箭头全部反向即可示意。

在卡诺逆循环中，从低温热源吸热 Q_2，向高温热源放热 Q_1，故卡诺制冷机的制冷系数为

$$e_{卡} = \frac{Q_2}{Q_1 - Q_2} = \frac{T_2}{T_1 - T_2} \tag{6-28}$$

上式提示我们，低温热源的温度越低，制冷系数就越小，要进一步制冷就越困难。因此，制冷机的制冷系数不是由机器性能唯一决定的，它还与外界条件有关。高低温热源的温差越大，制冷系数就越小，制冷的能耗就越大。

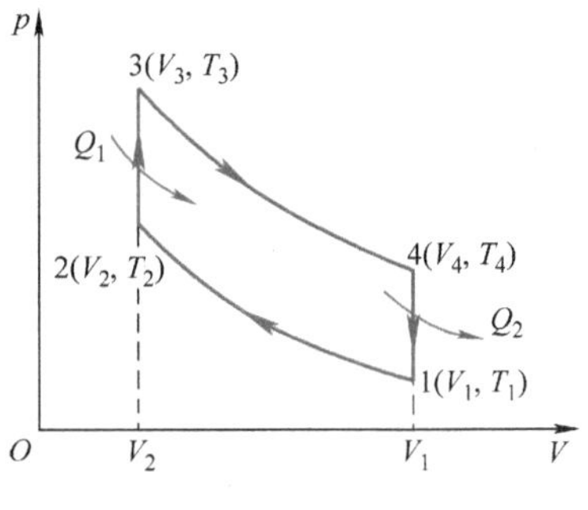

图6-13 奥托循环

例6-4 内燃机的一种循环叫作奥托（Otto）循环，其工质为燃料与空气的混合物，利用燃料的燃烧热产生巨大压力而做功。图6-13所示的是它的循环过程，其中1→2是对工质的绝热压缩过程，2→3是电火花引起燃料爆炸瞬间的等容吸热过程，3→4是绝热膨胀对外做功过程，4→1是排出废气瞬间的等容放热过程。试求这个循环的效率。

解：这个循环中吸热和放热只在两个过程中进行。在2－3等容过程气体吸收的热量为

$$Q_1 = \frac{m'}{M_{mol}}C_{V,m}(T_3 - T_2)$$

在4－1等容过程气体放出的热量为

$$Q_2 = \frac{m'}{M_{mol}}C_{V,m}(T_4 - T_1)$$

代入效率公式，得

$$\eta = 1 - \frac{Q_2}{Q_1} = 1 - \frac{T_4 - T_1}{T_3 - T_2}$$

由于1－2和3－4都是绝热过程，应用绝热过程方程 $TV^{\gamma-1}$ ＝恒量，有

$$T_1V_1^{\gamma-1} = T_2V_2^{\gamma-1}$$

$$T_4V_1^{\gamma-1} = T_3V_2^{\gamma-1}$$

由下式减上式，整理可得

$$\frac{T_3 - T_2}{T_4 - T_1} = \left(\frac{V_1}{V_2}\right)^{\gamma-1}$$

代入效率表达式，得

$$\eta = 1 - \frac{1}{(V_1/V_2)^{\gamma-1}}$$

V_1/V_2 称为绝热压缩比，用 R 表示。

$$\eta = 1 - \frac{1}{R^{\gamma-1}}$$

由此可见，该循环的效率完全由绝热压缩比 R 决定，并随 R 的增大而增大，它是四冲程内燃机的工作循环。可见，提高压缩比是提高内燃机效率的重要途径。但压缩比太高会产生爆震而使内燃机不能平稳工作，且增大磨损，一般压缩比取5～7。假设 $R=7$，$\gamma=1.4$，可得效率为

$$\eta = 1 - \frac{1}{7^{1.4-1}} \approx 55\%$$

实际上，汽油机的效率只有25%左右，柴油机的压缩比能做到 $R=12\sim20$，实际效率可达40%左右。由于压缩比很大，柴油机的汽缸活塞杆等都做得很大很笨重，噪声也大，故小型汽车、摩托车等都使用的是汽油机，而拖拉机、大型运输车、船舶等使用的是柴油机。

第四节　热力学第二定律

热力学第一定律指出了热力学过程中的能量守恒关系。然而，在研究热机工作原理时发现，满足热力学第一定律的热力学过程不一定都能实现。实际上，热力学过程都只能按一定的方向自发进行，这就是热力学第二定律所要阐述的问题。

一、热力学第二定律

1. 开尔文表述

热力学第一定律指出，第一类永动机不可能制成。那么如何在不违背热力学第一定律的条件下，尽可能地提高热机效率呢？通过分析热机效率公式，显然可知如果向低温热源放出的热量 Q_2 越少，效率就越大，当 $Q_2=0$ 时，即不需要低温热源，只存在一个单一温度的热源，其效率就可以达到100%。整体上看，这种热机就是从单一热源吸收热量完全用来对外做功。这种热机可是非常有吸引力的。

然而长期的实践表明，效率达到100%的热机是无法实现的。英国的物理学家开尔文（Kelvins，1824—1907，原名威廉·汤姆逊）在1851年提出了一条重要规律，称为热力学第二定律的开尔文表述：**不可能制成一种热机，它只从一个单一温度的热源吸收热量，并使其全部变为有用功，而不引起其他变化。**

从单一热源吸收热量并全部变为有用功的热机，通常称为第二类永动机，所以热力学第二定律的开尔文表述也可以表达为：**第二类永动机是不可能实现的。**

需要强调的是，热力学第二定律的开尔文表述中对应的热力学过程是指一个循环过程。理想气体等温膨胀过程可以把从热源吸收的热量完全变为有用功，但这个等温膨胀过程不是一个循环过程，而且等温膨胀过程还产生了其他变化——气体膨胀等。这里所谓“不引起其他变化”是指除了吸热做功，即有热运动的能量转化为机械能外，不再有任何其他的变化，或者说热量转换为有用功是唯一的效果。

根据热力学第二定律的开尔文表述，实际中各个工作热机必然会向自然环境（低温热源）中排出余热（伴随着废水、废气），成为不可利用的能量，形成热污染，这给环境保护带来了很大压力。如何在热力学第二定律允许的范围内提高热机效率，减少余热排放，是人类社会发展中的一个永恒话题。

2. 克劳修斯表述

热力学第二定律的开尔文表述是从提高热机效率极限出发总结出来的。下面从提高制冷机制冷系数出发，总结出热力学第二定律的另一种表述——克劳修斯表述。

由制冷机制冷系数的定义式可以看出，在 Q_2 一定情况下，外界对系统做功 $W_{净}$ 越小，制冷系数越高。它的极限是 $W_{净}\to 0$，制冷系数 $e\to\infty$，即外界不对系统做功，热量可以不断地从低温热源传到高温热源，这是否可以实现呢？

1850 年，德国的物理学家克劳修斯（Rudolf Clausius，1822—1888）在总结前人成果的基础上提出：**热量不可能自动地从低温物体传向高温物体**。这就是热力学第二定律的克劳修斯表述。

这里需要强调的是“自动地”三个字，意思是不需要消耗外界的能量，热量可直接从低温物体传向高温物体。但这是不可能的，要使热量从低温物体传向高温物体，必须通过外界做功才能实现。我们日常使用的冰箱，它能将热量从冷冻室不断地传向温度较高的外部环境，从而达到制冷的目的，这必须以消耗电能对其做功为代价。

3. 开尔文表述与克劳修斯表述的等效性

热力学第二定律的这两种表述表面上看是各自独立的，然而由于其内在实质的同一性，实际上两种表述是等价的。为了说明开尔文表述和克劳修斯表述的等效性，我们采用反证法来证实：（1）违背克劳修斯表述的，也必定违背开尔文表述；（2）违背开尔文表述的，也必定违背克劳修斯表述。

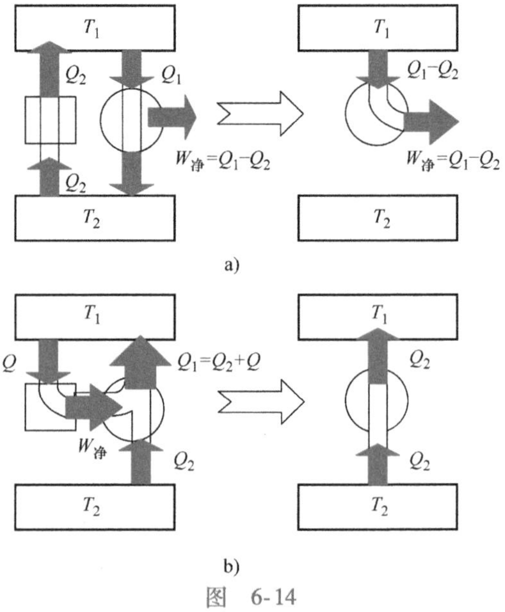

图 6-14

假定克劳修斯表述不成立，即热量 Q_2 能自动地从低温热源传向高温热源，而不产生其他影响。再设有一台工作在高温热源 T_1 与低温热源 T_2 之间的热机，在一次循环过程中，从高温热源吸热 Q_1 向低温热源放热 Q_2，同时对外做功 $W_{净}=Q_1-Q_2$。把二者组合起来成为一台复合机，如图 6-14a 所示。那么在一次循环结束后，唯一效果将是从高温热源放出热量 Q_1-Q_2，全部变成了对外做功 $W_{净}=Q_1-Q_2$，而不引起其他变化，即开尔文表述不成立。

再证违背开尔文表述的，也必定违背克劳修斯表述。假定开尔文表述不成立，即可以在不产生其他影响的情况下从单一热源 T_1 吸取热量 Q 并把它全部转变为对外做功 $W_{净}$，有 $W_{净}=Q$。我们可以用这个功去推动一台制冷机工作，把热量 Q_2 从低温热源 T_2 传向高温热源 T_1，则向高温热源放出的热量为 $Q_1=Q_2+Q$，如图 6-14b 所示。综合起来看，上述两个过程的唯一效果将是从低温热源放出的热量 Q_2 自动传给了高温热源，而不产生其他影响，从而导致克劳修斯表述也不成立。

二、自然过程的方向性

热力学第二定律表明，自然界中自然发生的热力学过程都具有方向性，都只能单向进行。

开尔文表述指出热和功转换的方向性问题。功全部转换为热是可以自发进行的，而热不可能自发全部转换成功，即本质上不同的两种形式能量，它们间的转换具有方向性。例如单摆在摆动过程中，由于空气的阻力及其他地方的摩擦作用，振动的幅度越来越小，直到停止。这一过程中功全部转换为热量，即机械能全部转换为热运动的能量，功全部转换为热量是自动地进行的。但热量全部转换为功的逆向转换却不会自动发生。

克劳修斯表述实际上表明热传导具有方向性。例如两个温度不同的物体相互接触后，热量总是自动地从高温物体传向低温物体，而不会自动地从低温物体传到高温物体，从而使高温物体的温度越来越高，低温物体的温度越来越低，虽然热量从低温物体传到高温物体不违背热力学第一定律，但它不会自动发生。

关于自然过程具有方向性的例子还有很多，如扩散现象。将两种不同的气体放在同一个容器中，它们能够自发地混合，而不能自发地再度分离成两种气体；墨水在水中的扩散情况也是这样。

另外，还可以从有序运动和无序运动的角度去理解自然过程进行的方向性。

功转换为热是机械能转换为内能的过程。从微观角度看，功相当于粒子做叠加在无规则热运动之上的有规则的定向运动，而内能相当于粒子做无规则热运动。因此，功转换为热的过程是大量粒子的有序运动向无序运动转化的过程，这是可能的，而相反的过程则是不可能的。因此，功热转换的自发过程是向着无序度增大的方向进行的。

有关热传导的方向性。两个温度不同的物体放在一起，热量将自动地由高温物体传向低温物体，最后使它们处于热平衡，具有相同的温度。温度是粒子无规则热运动剧烈程度即平均平动动能大小的量度。温度高的物体，粒子的平均平动动能大，粒子无规则热运动更剧烈，而温度低的物体，粒子的平均平动动能小，粒子无规则热运动相对来说不太剧烈。显然，这两个物体的无规则热运动都是无序的，而无序的程度是不同的，我们还是可以按平均平动动能大小的不同来区分它们。到了末态，两个物体具有相同的温度，粒子无规则热运动的无序度是完全相同的。因此，两个温度不同的物体放在一起，开始时它们的分子平均平动动能有大有小，是有序的，末态时温度相同，分子的平均平动动能值一样，是无序的。所以，这种自发的热传导过程是向着无规则热运动更加无序的方向进行。

关于气体的扩散现象。扩散现象是系统中分子从浓度较大的空间向浓度较小的空间运动的过程。在扩散初始，气体中有的地方分子浓度大，有的地方小，是有序的；在扩散末态，气体所在空间各个地方的分子浓度大小一样，是无序的。因此，气体自由扩散过程是沿大量粒子的无规则热运动更加无序的方向进行。

通过以上分析可知，一切自发的热力学过程总是由有序到无序，沿着无序度增大的方向进行，这也是热力学第二定律所表达的实质。

三、自然过程的不可逆性

一个热力学过程从状态 A 变到状态 B，如果能使系统进行逆向变化，从状态 B 又回到状态 A，且外界也同时恢复原状，我们称从状态 A 到状态 B 的过程为可逆过程。如果系统和外界不能完全恢复原状，那么从状态 A 到状态 B 的过程称为不可逆过程。可见可逆过程的要求是非常苛刻的，只是一种理想过程。一切实际的热力学过程都是不可逆过程。尽管如此，仍有研究可逆过程的必要性，因为有些实际的不可逆过程可以近似地作为可逆过程来处理。

热力学第二定律的开尔文表述是关于功热转换的不可逆性，热力学第二定律的克劳修斯表述是关于热传递的不可逆性。过程不可逆性就是过程的进行具有方向性，所以热力学第二定律表明一切实际的自然过程都是不可逆的。

第五节　热力学第二定律的统计意义　玻耳兹曼熵

如何从粒子的微观运动角度来认识自然过程的方向性呢？1877 年，奥地利物理学家玻耳兹曼（Boltzmann，1844—1906）从统计理论出发，把物理体系的熵（entropy）和概率联系起来，给出了一个状态函数——玻耳兹曼熵，并用数学形式来表示热力学第二定律的微观本质。

一、热力学第二定律的统计意义

玻耳兹曼提出，热力学系统的任何一种宏观状态，不论其是否是平衡态，包含了多个可能出现的微观状态，把一种宏观态对应的微观态个数称为**热力学概率**。

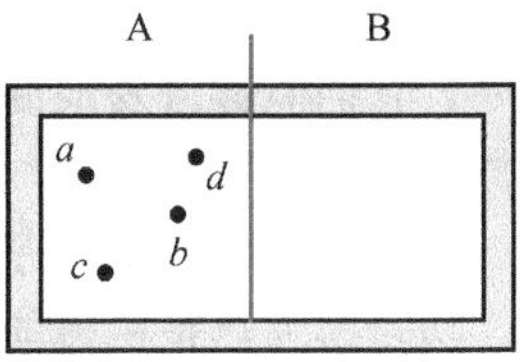

图 6-15

以图 6-15 为例来说明宏观态与微观态的关系。设想用隔板将容器分成容积相等的 A、B 两个室，在 A 室中放入 4 个气体分子，标号分别为 a、b、c、d。分析在抽掉隔板气体自由膨胀后，气体分子在 A、B 两个室的分布情况。

表 6-3　4 个气体分子可能分布的宏观态与微观态

宏观态	微观态		宏观态包含的微观态数
	A	B	
A4 B0	a b c d		1
A3 B1	a b c	d	4
	b c d	a	
	c d a	b	
	d a b	c	
A2 B2	a b	c d	6
	a c	b d	
	a d	b c	
	b c	a d	
	b d	a c	
	c d	a b	

（续）

宏观态	微观态		宏观态包含的微观态数
	A	B	
A1 B3	*a*	*b c d*	4
	b	*c d a*	
	c	*d a b*	
	d	*a b c*	
A0 B4		*a b c d*	1

A 室中有 3 个分子、B 室中有 1 个分子，这是一种宏观状态分布，至于 A 室中的 3 个分子是那 3 个，那是一种微观状态分布。从表中可以看出，A3 B1 这一种宏观态对应微观态有 4 个。其他 4 种宏观态与对应微观态的详细情况见表 6-3。

统计理论假设：对于一个孤立系统，各个微观态出现的可能性是相同的，即是等概率事件。在给定的宏观条件下，系统存在大量的、各种不同的微观态，而每一个宏观态可以包含许多不同的微观态，一般情况下不同的宏观态对应的微观态数是不同的，也就是说一般情况下每一个宏观态的热力学概率是不同的。在表 6-3 中我们可以看出，A3 B1 宏观态所包含的微观态数是 4，A2 B2 宏观态所包含的微观态数是 6，这两个宏观态的热力学概率不等，即各宏观态的出现不是等概率事件。

由表 6-3 可知，各宏观态对应的微观态的总数为 $1+4+6+4+1=16=2^4$，分子全部集中在 *A* 室的宏观态（A4 B0），只含一个微观态，出现的概率最小，只有 $1/2^4$，而两室内分子均匀分布的宏观态 A2 B2，所含的微观态数最多，出现的概率最大，有 $6/2^4$。

由于热力学系统所包含的分子数目十分巨大，例如 1mol 气体的分子数为 $N_A=6.02\times10^{23}$ 个。如果把 N 个气体分子放到 A 室，让气体自由膨胀，可以推论，其总微观态数为 2^N，气体全部出现在 A 室的热力学概率为 $1/2^N$，这个概率值如此之小，基本上等于零，也就是说实际上根本不可能出现。而 A、B 两室分子各半均匀分布的平衡态出现的概率最大，也就是气体自由膨胀后最可能出现的宏观态。

一个孤立的热力学系统总是从非平衡态向平衡态过渡，也就是说，**宏观自然过程总是由热力学概率小的宏观态向热力学概率大的宏观态进行**，这就是**热力学第二定律的统计意义**。

二、玻耳兹曼熵

我们把某一个宏观态的热力学概率用 Ω 表示，即宏观态对应的微观态数为 Ω，一般情况下这个值是非常大的。玻耳兹曼引入一个物理量，称为**玻耳兹曼熵**，用 S 表示，其与热力学概率 Ω 的关系为

$$S = k\ln\Omega \tag{6-29}$$

式中，k 为玻耳兹曼常量，玻耳兹曼熵 S 的单位与玻耳兹曼常量 k 的单位一样，为 $J\cdot K^{-1}$。

对于热力学系统的每一个宏观态，就有一个热力学概率 Ω 与之对应，也就有一个玻耳兹曼熵值 S 与之对应，所以玻耳兹曼熵是系统的状态函数。

从宏观态有序和无序的角度看，一个宏观态越有序，熵值越小，反之越大。所以也可说熵是系统无序性的量度。

对于一个孤立的热力学系统，由于宏观自然过程总是由热力学概率小的宏观态向热力学概

率大的宏观态进行，从熵的角度去看，宏观自然过程总是沿着熵增大的方向进行，到达平衡态时的这个宏观态对应的熵达到最大值，所以对一个孤立系统来说，有

$$\Delta S \geqslant 0 \tag{6-30}$$

这表明孤立系统的熵永远不会减小：对于可逆过程，熵保持不变；对于不可逆过程，熵总是增加的，这就是**熵增加原理**。

回顾热力学第二定律的表述和熵增加原理的表述，可以看到它们对宏观热现象自发进行的方向的叙述是等效的。例如热力学第二定律的克劳修斯表述为热只能自动地从高温物体传递给低温物体，而不能自动地向相反方向进行。孤立系统中进行的从高温物体向低温物体传递热量的热传导过程，是系统熵增大的过程，是熵增加原理的内容。可见二者对热传导方向的叙述是协调一致的。正因为这样，我们也可以称熵增加原理为热力学第二定律的另一种表述。

综合起来看，孤立系统熵增加的过程是热力学概率增大的过程，是系统从非平衡态趋于平衡态的过程，是系统的无序度加大的过程，是一个宏观的不可逆过程。

另外，熵增加原理也可能应用到其他领域，如对生命过程的解释。一个无序的世界是不可能产生生命的，有生命的世界必然是有序的。生物进化是由单细胞向多细胞、从简单到复杂、从低级向高级的进化，也就是说向着更为有序、更为精确的方向进化，这是一个熵减的方向，与孤立系统向熵增大的方向恰好相反，可以说生物进化是熵变为负的过程，即负熵是在生命过程中产生的。生命的衰老过程是生命系统熵长期的、缓慢的增加过程，也就是说随着生命的衰老，生命系统的混乱度增大，原因应该是生命自组织能力的下降造成的，生命系统的生物熵增加，直至极值，是生命系统的死亡过程，这是一个不可抗拒的自然规律。

同样，宇宙的发展也遵守熵增加原理，也在走着一条不可逆转的路。无论人们如何行动，自然的不可抗拒的规律总是让宇宙变得越来越混乱。熵增加原理对宇宙未来的命运给出了意味深长的叙述。

本章提要

本章是从能量观点出发，以实验观测为基础，研究热力学系统从一个宏观平衡态到另一个宏观平衡态的变化过程及变化规律。主要内容有：

一、热力学第一定律

1. 准静态过程中的功、传热和系统内能增量

（1）准静态过程中的功

微小过程中的功

$$dW = p dV$$

宏观过程中的功

$$W = \int dW = \int_{V_1}^{V_2} p dV$$

（2）传热

质量为 m' 的系统，温度升高 dT 吸收的热量为

$$dQ = m' c dT$$

质量为 m'、摩尔质量为 M_{mol} 的系统，温度升高 dT 吸收的热量为

$$dQ = \frac{m'}{M_{mol}} C_m dT$$

在体积不变的情况下，质量为 m'、摩尔质量为 M_{mol} 的系统，温度升高 dT 时吸收的热量为

$$dQ_V = \frac{m'}{M_{mol}}C_{V,m}dT$$

在压强不变的情况下，质量为 m'、摩尔质量为 M_{mol} 的系统，温度升高 dT 时吸收的热量为

$$dQ_p = \frac{m'}{M_{mol}}C_{p,m}dT$$

如果系统经历的是温度从 T_1 升高到 T_2 的一个宏观过程，则系统吸收的热量为上述对应公式的积分值。如果是温度降低，则是放出热量，对应的热量为负值。

（3）内能增量

系统经历的是一个微小变化过程，温度增量为 dT，系统内能增量为

$$dE = \frac{m'}{M_{mol}}\frac{i}{2}RdT$$

系统经历的是一个宏观变化过程，系统内能增量为

$$\Delta E = \frac{m'}{M_{mol}}\frac{i}{2}R(T_2 - T_1)$$

热力学系统从外界吸收的热量，一部分用于系统内能的增加，另一部分则用于系统对外界做功。

对于微小的准静态过程，有

$$dQ = dE + dW$$

对宏观过程，有

$$Q = \Delta E + W$$

这就是热力学第一定律的数学表达式。

二、理想气体的物态变化过程

1. 微小过程

准静态过程	体积元功	热量	内能增量
等容过程	$dW_V = pdV = 0$	$dQ_V = dE$	$dE = \frac{m'}{M_{mol}}C_{V,m}dT$
等压过程	$dW_p = pdV$	$dQ_p = \frac{m'}{M_{mol}}C_{p,m}dT$	$dE = \frac{m'}{M_{mol}}C_{V,m}dT$
等温过程	$dW_T = \frac{m'}{M_{mol}}RT\frac{dV}{V}$	$dQ_T = dW_T$	$dE = 0$
绝热过程	$dW = -dE$	$dQ = 0$	$dE = \frac{m'}{M_{mol}}C_{V,m}dT$

2. 宏观过程

准静态过程	物态方程	体积功	热量	内能增量
等容过程	$\frac{p}{T}$ = 恒量	$W_V = 0$	$Q_V = \Delta E$	$\Delta E = \frac{m'}{M_{mol}}C_{V,m}(T_2 - T_1)$

（续）

准静态过程	物态方程	体积功	热量	内能增量
等压过程	$\frac{V}{T}=$恒量	$W_p=p(V_2-V_1)$	$Q_p=\frac{m'}{M_{\text{mol}}}C_{p,\text{m}}(T_2-T_1)$	$\Delta E=\frac{m'}{M_{\text{mol}}}C_{V,\text{m}}(T_2-T_1)$
等温过程	$pV=$恒量	$W_T=\frac{m'}{M_{\text{mol}}}RT\ln\frac{V_2}{V_1}$	$Q_T=W_T$	$\Delta E=0$
绝热过程	$pV^\gamma=$恒量 $TV^{\gamma-1}=$恒量 $p^{\gamma-1}T^{-\gamma}=$恒量	$W=-\Delta E$	$Q=0$	$\Delta E=\frac{m'}{M_{\text{mol}}}C_{V,\text{m}}(T_2-T_1)$

三、循环过程

循环过程分为正循环和逆循环。正循环对应的是热机，逆循环对应的是制冷机。

热机效率的定义

$$\eta=\frac{W_{净}}{Q_1}$$

通常用下式计算

$$\eta=1-\frac{Q_2}{Q_1}$$

衡量制冷机效能的物理量是制冷系数 e

$$e=\frac{Q_2}{W_{净}}=\frac{Q_2}{Q_1-Q_2}$$

卡诺循环是由两个等温和两个绝热的准静态过程组成的，卡诺循环是一种理想循环。卡诺热机的效率为

$$\eta_{卡}=1-\frac{T_2}{T_1}$$

卡诺制冷机的制冷系数为

$$e_{卡}=\frac{Q_2}{Q_1-Q_2}=\frac{T_2}{T_1-T_2}$$

四、热力学第二定律

热力学第二定律的开尔文表述：**不可能制成一种热机，它只从一个单一温度的热源吸收热量，并使其全部变为有用功，而不引起其他变化**。也可以表述为：**第二类永动机是不可能实现的**。

热力学第二定律的克劳修斯表述：**热量不可能自动地从低温物体传向高温物体**。

开尔文表述指出热和功转换的方向性问题。克劳修斯表述表明热传导具有方向性。

热力学第二定律的统计意义是宏观自然过程总是由热力学概率小的宏观态向热力学概率大的宏观态进行。

五、玻耳兹曼熵与熵增加原理

玻耳兹曼熵的定义

$$S=k\ln\Omega$$

对一个孤立系统来说，有

$$\Delta S\geqslant 0$$

表明孤立系统的熵永远不会减小：对于可逆过程，熵保持不变；对于不可逆过程，熵总是增加的，这就是熵增加原理。

对于一个孤立的热力学系统，由于宏观自然过程总是由热力学概率小的宏观态向热力学概率大的宏观态进行，从熵的角度去看，宏观自然过程总是沿着熵增大的方向进行，到达平衡态时的这个宏观态对应的熵达到最大值，所以也可以称熵增加原理为热力学第二定律的另一种表述。

思考与练习（六）

一、单项选择题

6-1. 置于容器内的气体，如果气体内各处压强相等，或气体内各处温度相同，则这两种情况下气体的状态（　　）。

（A）一定都是平衡态

（B）不一定都是平衡态

（C）前者一定是平衡态，后者一定不是平衡态

（D）后者一定是平衡态，前者一定不是平衡态

6-2. 用公式 $\Delta E=\frac{m'}{M_{\rm mol}}C_{V,\rm m}\Delta T$（式中 $C_{V,\rm m}$为摩尔定容热容，视为常量）计算理想气体内能增量时，此式（　　）。

（A）只适用于准静态的等容过程

（B）只适用于一切等容过程

（C）只适用于一切准静态过程

（D）适用于一切始末态为平衡态的过程

6-3. 一定量的理想气体，经历某过程后，温度升高了。则根据热力学定律可以断定：

① 该理想气体系统在此过程中吸了热；

② 在此过程中外界对该理想气体系统做了正功；

③ 该理想气体系统的内能增加了；

④ 在此过程中理想气体系统既从外界吸了热，又对外做了正功。

以上正确的断言是（　　）。

（A）①、③　（B）②、③　（C）③　（D）③、④

6-4. 若用 Q 表示外界向系统传递的热量，W 表示系统对外做功，E 表示系统内能，那么对于状态微小的变化过程，热力学第一定律可表示为（　　）。

（A）$\mathrm{d}E=\mathrm{d}Q+\mathrm{d}W$　（B）$\mathrm{d}W=\mathrm{d}E+\mathrm{d}Q$

（C）$\mathrm{d}Q=\mathrm{d}E-\mathrm{d}W$　（D）$\mathrm{d}Q=\mathrm{d}E+\mathrm{d}W$

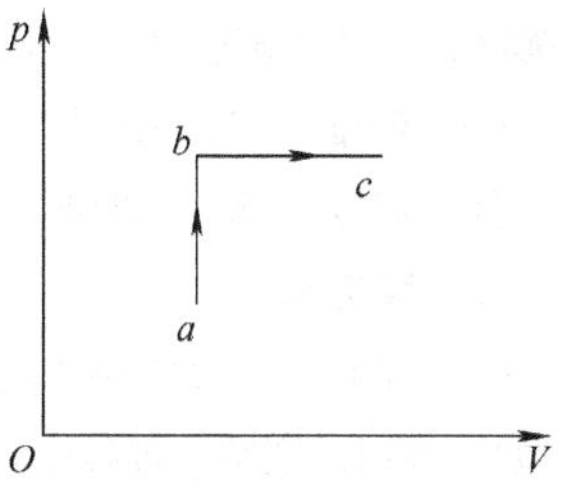

选择题6-5图

6-5. 如选择题6-5图所示，理想气体经历 abc 准静态过程，设系统对外做功为 W，从外界吸收的热量为 Q，内能的增量为 ΔE，则正负情况是（　　）。

（A）$\Delta E>0$，$Q>0$，$W<0$　（B）$\Delta E>0$，$Q>0$，$W>0$

（C）$\Delta E>0$，$Q<0$，$W<0$　（D）$\Delta E<0$，$Q<0$，$W<0$

6-6. 气体的摩尔定压热容 $C_{p,\rm m}$大于摩尔定容热容 $C_{V,\rm m}$，其原因是（　　）。

（A）膨胀系数不同　（B）温度不同

（C）气体膨胀需要做功　（D）分子引力不同

6-7. 一定量的理想气体，处在某一初始状态，现在要使它的温度经过一系列状态变化后回到初始状态的温度，可能实现的过程是（　　）。

（A）先保持压强不变而使它的体积膨胀，接着保持体积不变而增大压强

（B）先保持压强不变而使它的体积减小，接着保持体积不变而减小压强

（C）先保持体积不变而使它的压强增大，接着保持压强不变而使它的体积膨胀

（D）先保持体积不变而使它的压强减小，接着保持压强不变而使它的体积膨胀

6-8. 对一定量的理想气体，下列所述过程中不可能发生的是（　　）。

（A）从外界吸热，但温度降低　　（B）对外做功且同时吸热

（C）吸热且同时体积被压缩　　（D）等温下的绝热膨胀

6-9. 一定量的某种理想气体起始温度为 T，体积为 V，该气体在下面循环过程中经过三个平衡过程：（1）绝热膨胀到体积为 $2V$，（2）等容变化使温度恢复为 T，（3）等温压缩到原来体积 V，则此整个循环过程中（　　）。

（A）气体向外界放热　　（B）气体对外界做正功

（C）气体内能增加　　（D）气体内能减少

6-10. 卡诺循环的效率是由高温热源和低温热源的（　　）。

（A）温度决定的　　（B）工质体积决定的

（C）工质密度决定的　　（D）工质物质的量决定的

6-11. 有人设计一台卡诺热机（可逆的），每循环一次可从 400K 的高温热源吸热 1800J，向 300K 的低温热源放热 800J。同时对外做功 1000J，这样的设计是（　　）。

（A）可以的，符合热力学第一定律　　（B）可以的，符合热力学第二定律

（C）不行的，卡诺循环所做的功不能大于向低温热源放出的热量

（D）不行的，这个热机的效率超过理论值

6-12. 热力学第二定律的开尔文表述和克劳修斯表述实质上是（　　）。

（A）等效的　　（B）矛盾的　　（C）错误的　　（D）对立的

6-13. 热力学第二定律表明（　　）。

（A）不可能从单一热源吸收热量使之全部变为有用的功

（B）在一个可逆过程中，工作物质净吸热等于对外做的功

（C）摩擦生热的过程是不可逆的

（D）热量不可能从温度低的物体传到温度高的物体

6-14. 一绝热容器被隔板分成两半，一半是真空，另一半是理想气体。若把隔板抽出，气体将进行自由膨胀，达到平衡后（　　）。

（A）温度不变，熵增加　　（B）温度升高，熵增加

（C）温度降低，熵增加　　（D）温度不变，熵不变

二、填空题

6-1. 某理想气体等温压缩到给定体积时外界对气体做功 $|W_1|$，又经绝热膨胀返回原来体积时气体对外做功 $|W_2|$，则整个过程中气体：

（1）从外界吸收的热量 $Q=$________；

（2）内能增量 $\Delta E=$________。

6-2. 一定量理想气体，从 A 状态（$2p_1$，V_1）经历如填空题 6-2 图所示的直线过程变到 B 状态（p_1，$2V_1$），则 AB 过程中系统做功 $W=$________；内能增量 $\Delta E=$________。

6-3. 一气缸内贮有 10mol 的单原子分子理想气体，在压缩过程中外界做功 209J，气体升温 1K，此过程中气体内能增量为________，气体传给外界的热量为________。

6-4. ________和________都可以改变系统的内能。

6-5. 一定量的某种理想气体在等压过程中对外做功为 200J。若此种气体为单原子分子气体，则该过程中需吸热________J；若为双原子分子气体，则需吸热________J。

6-6. 在等容过程中，系统对外不做功，系统吸收的热量全部用来增加________，若系统放热，则系统________减少。

6-7. 在理想气体的等温过程中，当气体膨胀时，气体从热源吸收的热量全部用于________；当气体被压缩时，外界对气体所做的功，全部转化为________。

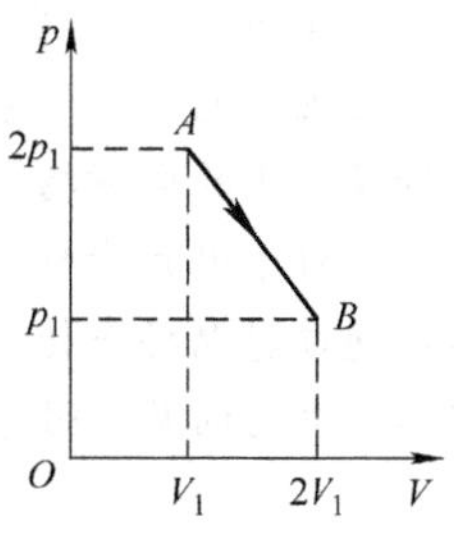

填空题 6-2 图

6-8. 热力学第二定律的实质指出了一切与热现象有关的宏观实际过程均________（“可逆”或“不可逆”）。

6-9. 热力学第二定律的开尔文表述指出________的方向性，克劳修斯表述指出了________的方向性。两种表述均指明了自然界与热有关的实际过程进行的方向性。

三、计算题

6-1. 一系统由如计算题 6-1 图所示的 a 状态沿 acb 到达 b 状态，有 350J 热量传入系统，系统做功 126J。（1）经 adb 过程，系统做功 42J，问有多少热量传入系统？（2）当系统由 b 状态沿曲线 ba 返回状态 a 时，外界对系统做功为 84J，试问系统是吸热还是放热？热量传递了多少？

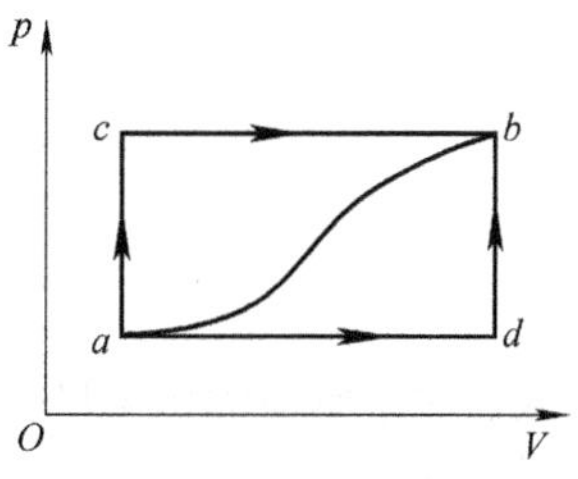

计算题 6-1 图

6-2. 汽缸内有 2mol 氦气，初始温度为 27℃，体积为 20L。先将氦气等压膨胀，直至体积加倍，然后绝热膨胀，直至回复初温为止。若把氦气视为理想气体，问：（1）在该过程中氦气吸热多少？（2）氦气的内能变化是多少？（3）氦气所做的总功是多少？

6-3. 0.02kg 的氦气（视为理想气体），温度由 17℃升为 27℃，若在升温过程中：（1）体积保持不变；（2）压强保持不变；（3）不与外界交换能量。分别求出气体内能的增量、吸收的热量、气体做的功。

6-4. 一定量的刚性双原子分子气体，开始时处于压强为 $p_0=1.0\times10^5\text{Pa}$，体积为 $V_0=4.0\times10^{-3}\text{m}^3$，温度为 $T_0=300\text{K}$ 的初态，后经等压膨胀过程温度上升到 $T_1=450\text{K}$，再经绝热过程温度回到 $T_2=300\text{K}$，求整个过程中对外做的功。

6-5. 如计算题 6-5 图所示，使 1mol 氧气（1）由 A 等温变到 B；（2）由 A 等容变到 C，再由 C 等压变到 B。试分别计算氧气做的功和吸收的热量。

6-6. 空气由压强为 $1.5\times10^5\text{Pa}$，体积为 $5.0\times10^3\text{m}^3$，等温膨胀到压强为 $1.0\times10^5\text{Pa}$，然后再经等压压缩到原来的体积。试计算空气所做的功。（$\ln1.5=0.41$）

6-7. 0.32kg 氧气做如计算题 6-7 图所示的循环，循环过程为 $ABCDA$，设 $V_2=2V_1$，$T_1=300\text{K}$，$T_2=200\text{K}$，求循环效率。

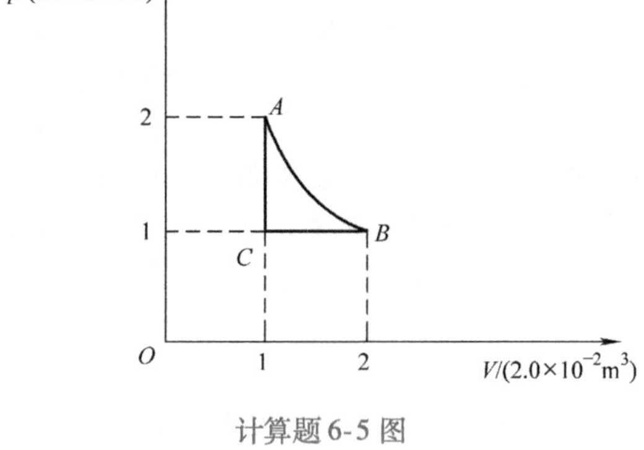

计算题 6-5 图

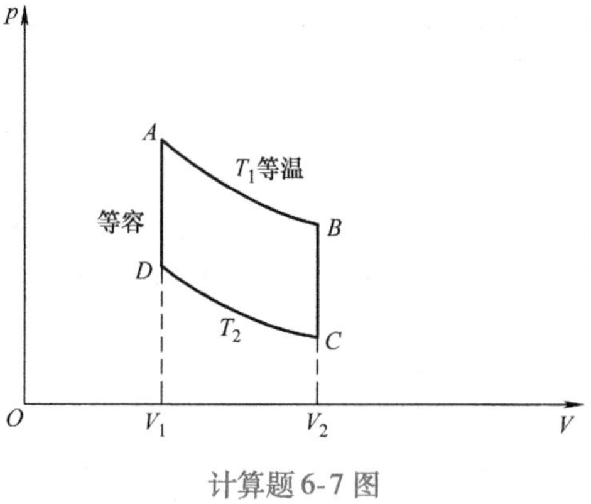

计算题 6-7 图

电磁运动是物质的基本运动形式之一。电磁学是研究电磁现象的产生、运动及其规律的学科。它主要包括电现象和电荷相互作用规律的静电场、磁现象和运动电荷相互作用规律的稳恒磁场及变化的电磁场间相互作用的电磁感应与电磁波三部分内容。

相对于观察者静止的电荷为静电荷，由静电荷产生的电场为静电场，静止电荷之间的相互作用通过静电场来传递。场和实物一样，是客观存在的一种物质。本章主要介绍电荷间的相互作用和静电场的基本性质和规律，这是学习整个电磁场理论的基础。

第七章　静　电　场

第一节　电荷　电场强度

一、电荷

人们对于电荷的认识最初来自于摩擦起电。天气干燥的时候，用塑料梳子梳头，头发就会随着梳子飘起来；有时用两种不同材质的物体，如丝绸与玻璃棒相互摩擦后，它们都能吸引小纸片等物体。这时，我们说梳子、头发、丝绸和玻璃棒处于带电状态，分别带有电荷。宏观物体或微观粒子处于带电状态就说它们带有电荷。电荷与质量一样，同物质是不可分的。

1. 电荷的正负性

美国的富兰克林（B. Franklin，1706—1790）在实验的基础上指出，自然界只存在正负两种电荷，同种电荷相互排斥，异种电荷相互吸引。由物质的分子结构知识可知，宏观物体都由分子、原子组成，任何化学元素的原子，从微观上看都含有一个带正电的原子核和若干带负电的电子。在正常状态下，原子里电子所带的负电荷与原子核所带的正电荷相等，原子内的净电荷为零。不同原子束缚其外围电子的能力是不同的，对电子束缚弱的原子易失去电子而变成正离子，对电子束缚强的原子易得到电子而变成负离子，这种现象称为**电离**。表示电荷多少的量叫作**电荷量**。在国际单位（SI）制中，电荷量的单位是库仑，符号为 C。

2. 电荷的量子化

1897 年，英国物理学家汤姆逊（J. J. Thomson）从实验中测出电子的比荷（即电子的电荷与质量之比 e/m）。通过数年努力，1913 年，美国物理学家密立根（R. A. Millikan）终于从实验中测定所有电子都具有相同的电荷，而且带电体的电荷是电子电荷的整数倍。如以 e 代表电子的电荷绝对值（1989 年国际推荐的电子电荷绝对值为 $e=1.60217733\times10^{-19}$C），则带电体的电荷为 $q=ne$，n 为 1，2，3，…。这是自然界存在不连续性（即量子化）的又一个例子。电荷的这种只能取离散的、不连续的量值的性质，叫作**电荷的量子化**。在研究宏观电磁现象时，所涉及的电荷通常是 e 的许多倍，从而忽略了电荷的量子性。因此常把带电体当作电荷连续分布的带电体处理，并认为电荷的变化是连续的。随着人们对物质结构不断深入的认识，发现基本粒子不基本，它们由更小的粒子夸克和反夸克组成，夸克和反夸克的电荷量为 $\pm e/3$ 或 $\pm 2e/3$。现在一些粒子物理实验已间接证明了夸克的存在，只是由于夸克禁闭而未能检测到单个自由的夸克。随着科学技术的发展和人类对物质微观结构认识的提高，e 是电荷量最小单元这句话可能要被修正，但电荷的量子性是不可动摇的。

3. 电荷的守恒性

由物质的分子结构可知，在正常状态下，物体内部的正电荷和负电荷量相等，物体处于电中性状态。使物体带电的过程就是使它获得或失去电子的过程。大量实验证明，在一个孤立系统中，不论发生怎样的物理过程，系统所具有的正、负电荷电荷量的代数和保持不变，这一性质称为**电荷守恒定律**。电荷守恒定律与能量守恒定律、角动量守恒定律一样，是自然界中的基本定律。无论是在宏观领域里，还是在原子、原子核和粒子范围内，电荷守恒定律都是成立的。根据电荷守恒定律，电荷不能被创造或消灭，只能被迁移或中和。

4. 电荷的相对论不变性

大量实验表明，一个电荷的电荷量与它的运动状态无关。例如加速器将电子或质子加速时，随着粒子速度的变化，它们的质量会有明显变化，但电子或质子的电荷量没有任何变化。也就是说，在不同的参考系观察同一带电粒子，其电荷量不变。电荷的这一性质叫**电荷的相对论不变性**。

二、库仑定律

两个静止带电体之间的作用力（通常也称为两个静止电荷之间的作用力）称为**静电力**。静电力与电荷的正负、电荷量的多少、带电体之间相对距离及它们的大小、形状等因素有关，十分复杂。为了简化问题，我们提出点电荷的概念。当带电体本身的线度与它们之间的距离相比足够小时，带电体可以看成**点电荷**。即带电体的形状、大小可以忽略，而把带电体所带电荷量集中在一个“点”上。点电荷是电学中的一个理想模型，类似于力学中质点的概念。

1785 年法国物理学家库仑（C. A. Coulomb）利用扭秤实验直接测定了两个带电球体之间相互作用的静电力。库仑在实验的基础上提出了两个点电荷之间相互作用的规律，即**库仑定律**。它可以表述为：**真空中两个静止点电荷之间相互作用力的大小与这两个点电荷所带电荷量 q_1 和 q_2 的乘积成正比，与它们之间的距离 r 的二次方成反比。作用力的方向沿着两个点电荷的连线，同号电荷相互排斥，异号电荷相互吸引。**用数学公式可表示为

$$\boldsymbol{F}=k\frac{q_1q_2}{r^2}\boldsymbol{e}_r \tag{7-1}$$

式中，k 为比例系数，其数值和单位取决于各量所采用的单位。在国际单位（SI）制中，$k=8.988\times10^9\mathrm{N\cdot m^2/C^2}$，$r$ 为两点电荷间的距离，$\boldsymbol{e}_r$ 为由施力电荷指向受力电荷的矢径方向的单位矢量。当 q_1 和 q_2 同号时，$q_1q_2>0$，两点电荷间的作用力表现为斥力；当 q_1 和 q_2 异号时，$q_1q_2<0$，两点电荷间的作用力表现为引力。

为了使由库仑定律推导的一些常用公式简化，我们引入一个新的常量 ε_0 来代替 k，两者之间的关系为，$\varepsilon_0=1/4\pi k=8.854\times10^{-12}\mathrm{C^2/(N\cdot m^2)}$，$\varepsilon_0$ 称为**真空介电常数**。由此可将真空中的库仑定律完整地表示成

$$\boldsymbol{F}=\frac{1}{4\pi\varepsilon_0}\frac{q_1q_2}{r^2}\boldsymbol{e}_r \tag{7-2}$$

近代物理实验表明，当两个点电荷之间的距离在 $10^{-17}\sim10^7\mathrm{m}$ 范围内，库仑定律是极其准确的。

库仑定律只适用于两个点电荷之间的作用。当空间同时存在几个点电荷时，它们共同作用于某一点电荷的静电力等于其他各点电荷单独存在时作用在该点电荷上的静电力的矢量和，这就是**静电力的叠加原理**。

三、电场强度

实验已证实，两个点电荷之间存在着相互作用的静电力（也称库仑力），但这种相互作用是通过什么方式和途径才得以实现的呢？历史上对此有过不同的观点，在法拉第（M. Faraday，1791—1867）之前人们认为，两个相隔一定距离的带电体、磁体或者电流之间的相互作用是所谓的超距作用，即这些作用的传递既不需要任何介质，也不需要时间，就能够由一个电荷立即作用到另一个电荷上。从法拉第开始到麦克斯韦（J. C. Maxwell，1831—1879），许多科学家经过深入的分析和研究，逐步形成了电场和磁场的概念，认识到电磁相互作用是以电场和磁场来传递的，这种传递的速度和光速相同。现代科学和实践已经证明，**场是物质存在的一种特殊形式**，电荷和电荷之间是通过电场这种物质传递相互作用的，这种作用可以表示为

电荷⇔电场⇔电荷

场是一种特殊形态的物质，它和物质的另一种形态——实物（即由原子、分子等组成的物质）一起，构成了物质世界非常丰富的图景。场与实物一样具有能量、动量等重要属性。但是场与其他实物不同，电磁场的静止质量为零，而且若干个电场可以同时占据同一空间，也就是说，场是可以叠加的。

根据场的观点，任何电荷都将在自己周围空间激发电场，电场对于其中的任何其他带电体都有力的作用，这种力称为电场力。本章讨论一种简单的情况，即相对于观察者静止的电荷在其周围激发的电场称为**静电场**，简称**电场**。

静电场对外界的表现主要有：

1）处于电场中的任何带电体都受到电场力的作用；

2）当带电体在电场中移动时，电场力将对带电体做功。

电场对处于其中的电荷施以作用力，这是电场的一个重要性质。为了从力的方面描述电场，引入电场强度的概念。

电场中任一点处的电场性质可以从电荷在电场中受力的特点来定量描述。为了研究电场中各点的性质，可以用一个点电荷 q_0 作为**试验电荷**。试验电荷应该满足两个条件：①它的线度必须小到可以被看作点电荷，以便确定场中各处电场的性质，并且通常认为是正的点电荷；②试验电荷的电荷量要足够小，以致把它放进电场中时对原有的电场几乎没有什么影响。

研究结果表明，在静止电荷激发的电场中，把试验电荷放在电场中任一给定点（称为场点）处，实验电荷所受到的电场力的大小和方向是一定的；在电场中的不同场点，试验电荷受到的电场力的大小和方向一般不同。但是，试验电荷 q_0 放在电场中一固定点处，当试验电荷的电荷量改变时它所受到的电场力发生变化，而电荷受到的电场力和电荷量的比值 $\boldsymbol{F}/q_0$ 为一恒矢量。因此，比值 $\boldsymbol{F}/q_0$ 只与试验电荷所在场点的位置有关，而与试验电荷的量值无关，即只是场点位置的函数。这一函数，从力的方面反映了电场本身所具有的客观性质。因此，我们将比值 $\boldsymbol{F}/q_0$ 定义为**电场强度**，用 $\boldsymbol{E}$ 表示，其定义式为

$$\boldsymbol{E}=\frac{\boldsymbol{F}}{q_0} \tag{7-3}$$

式（7-3）为电场强度的定义式。它表明，电场中某点处的电场强度 $\boldsymbol{E}$ 等于单位正电荷在该点所受的电场力。电场强度为矢量，规定电场中正电荷的受力方向为电场强度的方向，负电荷的受力方向与电场强度的方向相反。在国际单位制（SI 制）中，电场强度的单位是牛每库（$\mathrm{N\cdot C^{-1}}$），也可以写成伏每米（$\mathrm{V\cdot m^{-1}}$）。

电场中每一个点都有一个确定的电场强度矢量，电场中的不同点，其电场强度的大小和方

向很可能不相同，要完整地描述整个电场，必须知道空间各点的电场强度分布，即求出矢量场函数 $\boldsymbol{E}=\boldsymbol{E}(\boldsymbol{r})$。

根据电场强度的定义，点电荷 q 在场中某点处所受的电场力 $\boldsymbol{F}$，可由式（7-3）得到

$$\boldsymbol{F}=q\boldsymbol{E} \tag{7-4}$$

显然，正电荷所受电场力的方向与其所在处电场强度的方向相同，负电荷所受电场力的方向与其所在处电场强度的方向相反。计算有限大带电体在电场中所受的电场力的作用，一般要把带电体划分成许多电荷元，先计算每个电荷元所受的电场力，然后用积分求带电体所受到的合力。

四、电场强度的叠加原理

设由 n 个点电荷 Q_1，Q_2，…，Q_n 组成的点电荷系在真空中产生电场。在场点 P 处放置一试验电荷 q_0，根据力的叠加原理，试验电荷 q_0所受的电场力为

$$\boldsymbol{F}=\boldsymbol{F}_1+\boldsymbol{F}_2+\cdots+\boldsymbol{F}_n$$

式中，F_1，F_2，…，F_n 为 Q_1，Q_2，…，Q_n 单独存在时 q_0所受的力。将上式两边同除以 q_0，得

$$\frac{\boldsymbol{F}}{q_0}=\frac{\boldsymbol{F}_1}{q_0}+\frac{\boldsymbol{F}_2}{q_0}+\cdots+\frac{\boldsymbol{F}_n}{q_0}$$

由电场强度定义 $\boldsymbol{E}=\dfrac{\boldsymbol{F}}{q_0}$，有

$$\boldsymbol{E}=\boldsymbol{E}_1+\boldsymbol{E}_2+\cdots+\boldsymbol{E}_n=\sum_{i=1}^{n}\boldsymbol{E}_i \tag{7-5}$$

式中，$\boldsymbol{E}_1$，$\boldsymbol{E}_2$，…，$\boldsymbol{E}_n$ 分别代表 Q_1，Q_2，…，Q_n 各自单独存在时 P 点的电场强度，而 $\boldsymbol{E}$ 代表它们同时存在时 P 点的合电场强度。由此得到**电场强度叠加原理，即电场中任一场点处的总电场强度等于各个点电荷单独存在时在该点各自产生的电场强度的矢量和**。任何带电体都可以看作许多点电荷的集合，由此原理可计算任意带电体空间某点的电场强度。

五、电场强度的计算

如果场源电荷分布的情况已知，根据电场强度的叠加原理，原则上可以求得电场分布。

1. 点电荷的电场

如图 7-1a 所示，在真空中有一点电荷 Q，P 为空间一点（称为场点），$\boldsymbol{e}_r$ 为点电荷 Q 指向场点 P 的单位矢量，r 是点电荷 Q 到场点 P 的距离。当实验电荷 q_0 放在 P 点时，由库仑定律可得 q_0 所受的电场力为

$$\boldsymbol{F}=\frac{1}{4\pi\varepsilon_0}\frac{Qq_0}{r^2}\boldsymbol{e}_r$$

由电场强度定义式（7-3）可得场点 P 处的电场强度为

$$\boldsymbol{E}=\frac{\boldsymbol{F}}{q_0}=\frac{1}{4\pi\varepsilon_0}\frac{Q}{r^2}\boldsymbol{e}_r \tag{7-6}$$

上式表示在真空中点电荷 Q 所激发的电场中任意点 P 处的电场强度表示式。它反映了点电荷产生的电场中，任一点的电场强度 $\boldsymbol{E}$ 的大小与点电荷 Q 的电荷量成正比，与该点到点电荷的距离 r 的二次方成反比；电场强度 $\boldsymbol{E}$ 的方向由点电荷的电荷正负来决定，如图 7-1b 所示，当 Q 为正时，电场强度 $\boldsymbol{E}$ 与 $\boldsymbol{e}_r$ 方向相同；Q 为负时，电场强度 $\boldsymbol{E}$ 与 $\boldsymbol{e}_r$ 方向相反。

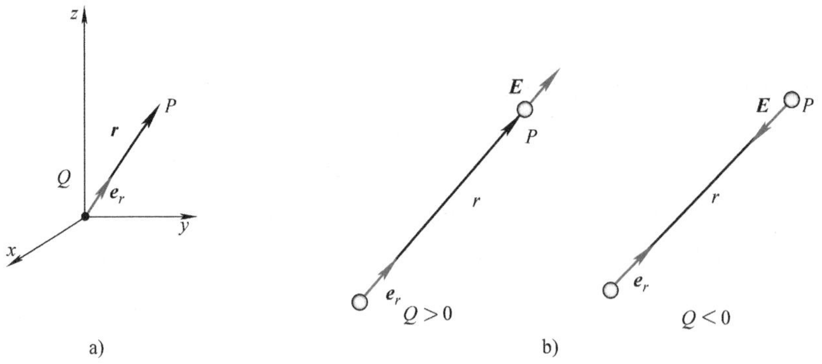

图 7-1　点电荷的场强

从式（7-6）还可以看出，在点电荷的电场中，位于以场源电荷 Q 所在点为球心的同一球面上的各点的电场强度的大小相同，但其电场强度的方向处处不同。可见，点电荷的电场是球对称的非均匀场，如图 7-2 所示。但当 $r\to 0$ 时，$E\to\infty$，此结果无意义。这是因为点电荷只是一个理想模型，对于 $r\to 0$ 的场点，必须考虑实际电荷分布，而不能再当成点电荷处理了。

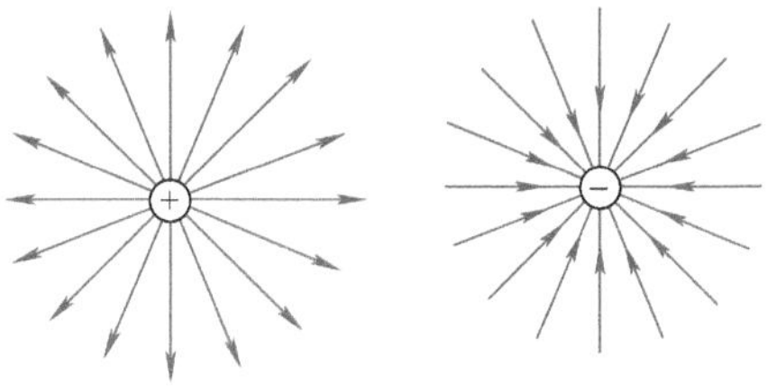

图 7-2　真空中点电荷的电场

2. 点电荷系的电场

设真空中的点电荷系为 Q_1，Q_2，…，Q_n，用 r_i 表示第 i 个点电荷到任意场点 P 的距离，$\boldsymbol{e}_{ri}$ 表示由第 i 个点电荷到任意场点 P 的矢径方向的单位矢量。$\boldsymbol{E}_i$ 表示点电荷 Q_i 单独存在时在 P 点产生的电场强度。根据电场强度叠加原理，点电荷系所激发的电场中某点的电场强度等于各点电荷单独存在时在该点所激发的电场强度的矢量和，即

$$\boldsymbol{E}=\sum_{i=1}^{n}\boldsymbol{E}_i=\sum_{i=1}^{n}\frac{1}{4\pi\varepsilon_0}\frac{Q_i}{r_i^2}\boldsymbol{e}_{ri} \tag{7-7}$$

应当注意，电场强度叠加原理是矢量叠加，要用矢量加法计算。

在直角坐标系中，式（7-7）的分量式分别为

$$E_x=\sum_{i=1}^{n}E_{ix},\ E_y=\sum_{i=1}^{n}E_{iy},\ E_z=\sum_{i=1}^{n}E_{iz}$$

例 7-1　计算电偶极子轴线延长线上任一点 A 和中轴线上任一点 B 处的电场强度。

两点电荷等量异号（$+q$ 和 $-q$），相距为 l，而考察点离点电荷的距离较 l 大得多，这样一对点电荷就称为**电偶极子**。表征电偶极子的特征物理量是它的电偶极矩 $\boldsymbol{p}$，定义 $\boldsymbol{p}=q\boldsymbol{l}$，其中矢量 $\boldsymbol{l}$ 由负电荷指向正电荷。

解：取如图 7-3 所示的坐标系。点电荷 $+q$ 和 $-q$ 在 A 点产生的电场强度的大小为

$$E_{+A}=\frac{q}{4\pi\varepsilon_0\left(r-\dfrac{l}{2}\right)^2},\ E_{-A}=\frac{q}{4\pi\varepsilon_0\left(r+\dfrac{l}{2}\right)^2}$$

$\boldsymbol{E}_{+A}$ 沿 x 轴正向，$\boldsymbol{E}_{-A}$ 沿 x 轴负向。所以 A 点总电场强度的大小为

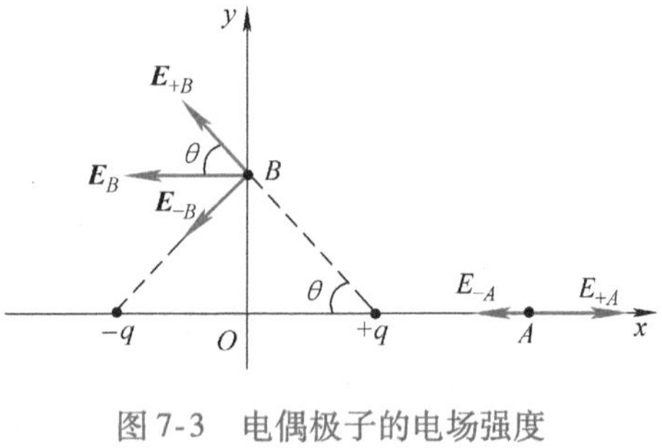

图 7-3　电偶极子的电场强度

$$E_A = E_{+A} - E_{-A} = \frac{q}{4\pi\varepsilon_0\left(r-\frac{l}{2}\right)^2} - \frac{q}{4\pi\varepsilon_0\left(r+\frac{l}{2}\right)^2} = \frac{q\cdot 2lr}{4\pi\varepsilon_0\left[\left(r-\frac{l}{2}\right)\left(r+\frac{l}{2}\right)\right]^2}$$

因为 $r>>l$，故

$$E_A \approx \frac{2ql}{4\pi\varepsilon_0 r^3} = \frac{2p}{4\pi\varepsilon_0 r^3}$$

$\boldsymbol{E}_A$ 沿 x 轴正向，与电偶极矩 $\boldsymbol{p}$ 同方向，所以

$$\boldsymbol{E}_A = \frac{2\boldsymbol{p}}{4\pi\varepsilon_0 r^3}$$

同样方法可得 B 点的电场强度为

$$E_B = E_{+B}\cos\theta + E_{-B}\cos\theta = 2E_{+B}\cos\theta$$

$$E_B = 2\cdot\frac{q}{4\pi\varepsilon_0\left(r^2+\frac{l^2}{4}\right)}\cdot\frac{l}{2\sqrt{r^2+\frac{l^2}{4}}} = \frac{ql}{4\pi\varepsilon_0\left(r^2+\frac{l^2}{4}\right)^{\frac{3}{2}}}$$

因为 $r>>l$，故

$$E_B \approx \frac{ql}{4\pi\varepsilon_0 r^3} = \frac{p}{4\pi\varepsilon_0 r^3}$$

考虑到方向，有

$$\boldsymbol{E}_B = -\frac{\boldsymbol{p}}{4\pi\varepsilon_0 r^3}$$

3. 电荷连续分布的带电体的电场

可将带电体分解为许多无限小的电荷元 $\mathrm{d}q$，把每个电荷元当成点电荷处理，由式（7-6）可知，电荷元 $\mathrm{d}q$ 在场点 P 产生的电场强度为

$$\mathrm{d}\boldsymbol{E} = \frac{1}{4\pi\varepsilon_0}\frac{\mathrm{d}q}{r^2}\boldsymbol{e}_r \tag{7-8}$$

式中，r 是 $\mathrm{d}q$ 到 P 点的距离，如图 7-4 所示。根据电场强度叠加原理，整个带电体在 P 点产生的电场强度可用积分计算

$$\boldsymbol{E} = \int \mathrm{d}\boldsymbol{E} = \int \frac{1}{4\pi\varepsilon_0}\frac{\mathrm{d}q}{r^2}\boldsymbol{e}_r \tag{7-9}$$

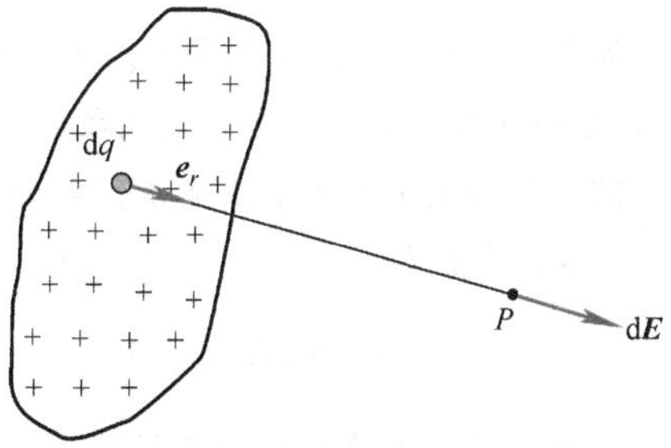

图 7-4 电荷连续分布带电体的电场强度

在具体计算电荷连续分布的带电体的电场时，按照带电体特点，有如下三种情况：

1）若电荷连续分布在一体积内，引入电荷体密度来描述其分布，定义为

$$\rho = \lim_{\Delta V\to 0}\frac{\Delta q}{\Delta V} = \frac{\mathrm{d}q}{\mathrm{d}V}$$

式中，$\mathrm{d}V$ 为体积元，此时，$\mathrm{d}q = \rho\mathrm{d}V$；

2）若电荷分布在一个曲面上，引入电荷面密度

$$\sigma = \frac{\mathrm{d}q}{\mathrm{d}S}$$

式中，$\mathrm{d}S$ 为面积的微元，此时，$\mathrm{d}q = \sigma\mathrm{d}S$；

3）若电荷分布在一条线上，引入电荷线密度

$$\lambda=\frac{dq}{dl}$$

式中，dl 为长度的微元，此时，$dq=\lambda dl$。

相应的电场强度计算公式为

$$\boldsymbol{E}=\int\frac{1}{4\pi\varepsilon_0}\frac{\rho dV}{r^2}\boldsymbol{e}_r \tag{7-10}$$

$$\boldsymbol{E}=\int\frac{1}{4\pi\varepsilon_0}\frac{\sigma dS}{r^2}\boldsymbol{e}_r \tag{7-11}$$

$$\boldsymbol{E}=\int\frac{1}{4\pi\varepsilon_0}\frac{\lambda dl}{r^2}\boldsymbol{e}_r \tag{7-12}$$

这些积分是矢量函数的积分，一般处理非常复杂，在具体解决此问题时，要取特定的坐标系，将矢量分解为分量，再进行分量积分，求出电场强度 $\boldsymbol{E}$ 的各个分量。下面我们将介绍几个典型的例题，从中体会并掌握处理此类问题的方法。

例 7-2 真空中有一均匀带电直线，长为 L，总电荷量为 q，试求直线延长线上距离带电直线端点为 a 的 P 点的电场强度。

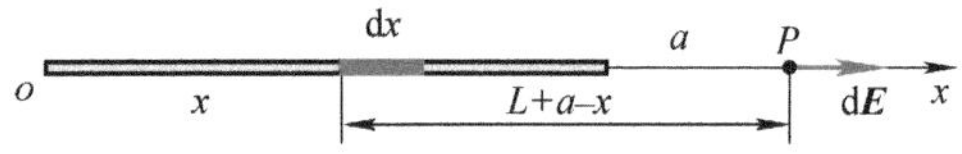

图 7-5 均匀带电直线延长线上任一点的电场强度

解：如图 7-5 所示，以带电直线的左端为坐标原点 O，向右建立 Ox 轴，点 P 到带电直线右端的距离为 a，在 x 处取 dx 长度作为电荷元，则电荷元 $dq=\lambda dx=q dx/L$，dq 在 P 点产生的电场强度 $d\boldsymbol{E}$ 方向沿 x 轴正向，大小为

$$dE=\frac{\lambda dx}{4\pi\varepsilon_0(L+a-x)^2}$$

则 P 点的电场强度大小 $E=\int_0^L\frac{\lambda dx}{4\pi\varepsilon_0(L+a-x)^2}=\frac{\lambda}{4\pi\varepsilon_0}\left[\frac{1}{L+a-x}\right]_0^L=\frac{q}{4\pi\varepsilon_0 a(L+a)}$。

例 7-3 有一均匀带电直线，长为 L，电荷量为 q，设线外某一点 P 离开直线的垂直距离为 d，P 点和直线两端的连线与直线之间的夹角分别为 θ_1 和 θ_2，求 P 点的电场强度。

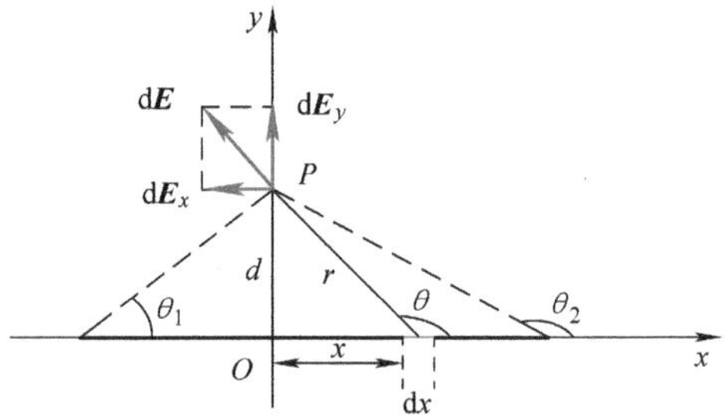

图 7-6 均匀带电直线空间的电场

解：取如图 7-6 所示坐标系，电荷元 dx 的坐标为 x，其电荷量为

$$dq=\lambda dx=\frac{q}{L}dx$$

此电荷元在 P 点产生的电场强度大小为

$$dE=\frac{dq}{4\pi\varepsilon_0 r^2}$$

电场强度是一个矢量，$d\boldsymbol{E}$ 在此坐标系中的分量分别为 $dE_x=dE\cos\theta$，$dE_y=dE\sin\theta$。进行积分运算，得到总电场强度的分量

$$E_x=\int dE_x=\int dE\cos\theta=\int\frac{\lambda dx}{4\pi\varepsilon_0 r^2}\cos\theta$$

$$E_y=\int dE_y=\int dE\sin\theta=\int\frac{\lambda dx}{4\pi\varepsilon_0 r^2}\sin\theta$$

这两个积分中含有三个变量 x、r 和 θ，利用三变量之间的几何关系，可将它们化为一个变量

比如 θ 再来积分。利用

$$r=\frac{d}{\sin\theta},\ x=-d\cot\theta,\ \mathrm{d}x=\frac{d}{\sin^2\theta}\mathrm{d}\theta$$

代入以上两个积分，并确定积分上、下限，进行积分后得

$$E_x=\int_{\theta_1}^{\theta_2}\frac{\lambda}{4\pi\varepsilon_0 d}\cos\theta\mathrm{d}\theta=\frac{\lambda}{4\pi\varepsilon_0 d}(\sin\theta_2-\sin\theta_1)$$

$$E_y=\int_{\theta_1}^{\theta_2}\frac{\lambda}{4\pi\varepsilon_0 d}\sin\theta\mathrm{d}\theta=\frac{\lambda}{4\pi\varepsilon_0 d}(\cos\theta_1-\cos\theta_2)$$

写成矢量的形式为

$$\boldsymbol{E}=E_x\boldsymbol{i}+E_y\boldsymbol{j}$$

对其结果进行讨论：

1）当 $d \ll L$ 时，P 点离带电直线很近，这时带电直线可看作无限长，取 $\theta_1=0$ 和 $\theta_2=\pi$ 代入，得

$$E_x=0,\ E_y=\frac{\lambda}{2\pi\varepsilon_0 d}$$

（2）对于半无限长情况，取 $\theta_1=\pi/2$ 和 $\theta_2=\pi$，得

$$E_x=-\frac{\lambda}{4\pi\varepsilon_0 d},\quad E_y=\frac{\lambda}{4\pi\varepsilon_0 d}$$

例 7-4 真空中一均匀带电圆环，圆环半径为 R，带电荷量 q，试计算圆环轴线上任一点 P 的电场强度。

解：取环的轴线为 x 轴，轴上 P 点与环心的距离为 x。在圆环上取线元 $\mathrm{d}l$，它与 P 点的距离为 r，如图 7-7 所示。则

$$\mathrm{d}q=\lambda\mathrm{d}l=\frac{q}{2\pi R}\mathrm{d}l$$

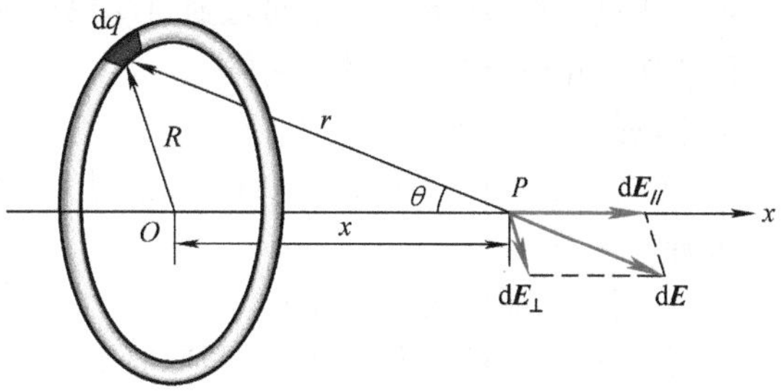

图 7-7 均匀带电圆环轴线上任一点的电场强度

$\mathrm{d}q$ 在 P 点产生的电场强度 $\mathrm{d}\boldsymbol{E}$ 的方向如图所示，大小为

$$\mathrm{d}E=\frac{\lambda\mathrm{d}l}{4\pi\varepsilon_0 r^2}$$

$\mathrm{d}\boldsymbol{E}$ 与 x 轴平行的分量大小为

$$\mathrm{d}E_{//}=\frac{\lambda\mathrm{d}l}{4\pi\varepsilon_0 r^2}\cos\theta$$

$\mathrm{d}\boldsymbol{E}$ 与 x 轴垂直的分量大小为

$$\mathrm{d}E_{\perp}=\frac{\lambda\mathrm{d}l}{4\pi\varepsilon_0 r^2}\sin\theta$$

根据对称性，带电圆环上在同一直径两端的两个电荷元在 P 点产生的电场强度在垂直于 x 轴方向的分量互相抵消。所以 P 点的总电场强度的方向一定沿 x 轴，即

$$E=\int_L\mathrm{d}E_{//}=\int_L\frac{\lambda\mathrm{d}l}{4\pi\varepsilon_0 r^2}\cos\theta=\int_L\frac{\lambda\mathrm{d}l}{4\pi\varepsilon_0 r^2}\ \frac{x}{r}=\frac{x}{4\pi\varepsilon_0 r^3}\int_0^{2\pi R}\lambda\mathrm{d}l=\frac{qx}{4\pi\varepsilon_0\ (R^2+x^2)^{3/2}}$$

当 $q>0$ 时，$\boldsymbol{E}$ 沿 x 轴正方向；当 $q<0$ 时，$\boldsymbol{E}$ 沿 x 轴负方向。在环心处 $\boldsymbol{E}=0$；当 $x \gg R$ 时，$E\approx\frac{q}{4\pi\varepsilon_0 x^2}$，此时带电圆环近似为一点电荷。

第二节 电通量 高斯定理

一、电场线 电通量

1. 电场线

电场中每一点的电场强度 $\boldsymbol{E}$ 都有一定的方向。为了形象地描述电场中电场强度的分布情况，我们在电场中做出一些假想的曲线——**电场线**。为了使电场线不仅表示出电场中电场强度的方向，而且还表示电场强度的大小，我们对电场线做如下规定：

1）电场线上每一点的切线方向与该点电场强度 $\boldsymbol{E}$ 的方向一致。这样，电场线的方向就反映了电场方向的分布情况。

2）在任一场点，通过垂直于电场方向单位面积的电场线数目为该点电场强度 $\boldsymbol{E}$ 的大小。

$$E=\frac{\mathrm{d}N}{\mathrm{d}S} \tag{7-13}$$

式中，$\mathrm{d}N$ 为穿过与电场强度方向垂直的 $\mathrm{d}S$ 面元的电场线数目。

由此可见，电场线的疏密程度反映了电场强度的大小。电场线越稀疏处电场强度越弱，电场线越密集处电场强度越强。事实上，对于所有的矢量分布（矢量场），都可以用相应的矢量线来进行形象描述，如后续课程中要介绍的磁感应强度可以用磁场线来描述，其描述方法基本上相同。

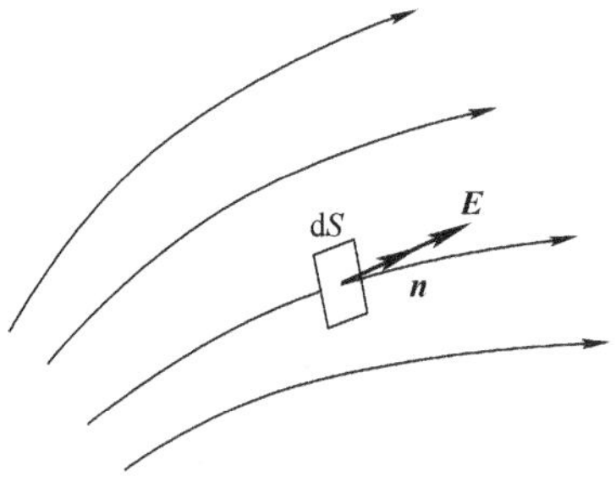

图 7-8 电场线

电场线虽然是假设的，但是可以通过实验的方法模拟出来。图 7-9 是几种带电系统的电场线。

静电场的电场线有如下性质：

1）电场线起自正电荷（或来自无限远处），终止于负电荷（或伸向无限远处）。

2）电场线不能形成闭合曲线。

3）任何两条电场线不会相交，静电场中每一点的电场强度是唯一的。

2. 电通量

通过电场中某一给定曲面的电场线数叫作通过这个面的**电场强度通量**，简称**电通量**。用符号 Φ_{e} 表示。下面分三种情况进行讨论。

（1）匀强电场，平面 S 与电场强度垂直　如图 7-10a 所示，这时，通过平面 S 的电通量为

$$\Phi_{\mathrm{e}}=ES \tag{7-14}$$

（2）匀强电场，平面 S 与电场强度不垂直　如图 7-10b 中，如果平面 S 与匀强电场的方向不垂直，那么面 S 在电场空间可取许多方位。为了把面 S 在电场中的大小和方位两者同时表示出来，我们引入面积矢量 $\boldsymbol{S}$，规定其大小为 S，其方向用它的单位法向矢量 $\boldsymbol{n}$ 来表示，即 $\boldsymbol{S}=S\boldsymbol{n}$。面 $\boldsymbol{S}$ 的单位法向矢量 $\boldsymbol{n}$ 与电场强度 $\boldsymbol{E}$ 之间的夹角为 θ。因此，这时通过面 S 的电场强度通量为

$$\Phi_{\mathrm{e}}=ES\cos\theta \tag{7-15}$$

由矢量标积的定义可知，

$$\Phi_{\mathrm{e}}=\boldsymbol{E}\cdot\boldsymbol{S} \tag{7-16}$$

（3）非匀强电场，面 S 为任意曲面　如图 7-10c 所示，这时可以把曲面分成无限多个面积元 $\mathrm{d}S$，每个面积元 $\mathrm{d}S$ 都可看成是一个小平面，而且在面积元 $\mathrm{d}S$ 内，$\boldsymbol{E}$ 也可以看成处处相等。仿照

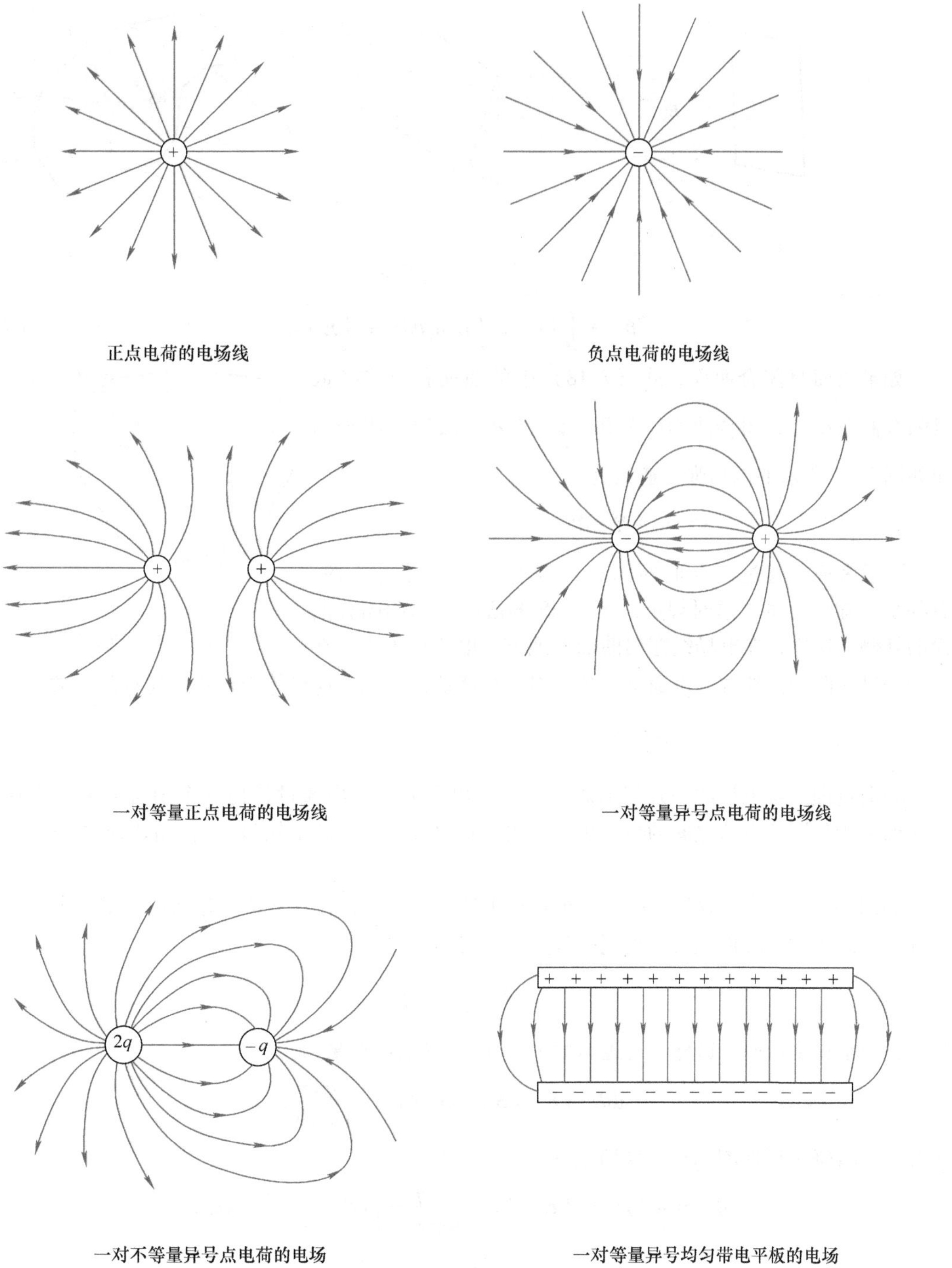

图 7-9 几种常见电场的电场线图

上面的办法，定义 $\mathrm{d}\boldsymbol{S}=\mathrm{d}S\boldsymbol{n}$。如设面积元 $\mathrm{d}\boldsymbol{S}$ 的单位法线矢量 $\boldsymbol{n}$ 与该处的电场强度 $\boldsymbol{E}$ 成 θ 角，于是，通过面积元 $\mathrm{d}\boldsymbol{S}$ 的电场强度通量为

$$\mathrm{d}\Phi_e = E\mathrm{d}S\cos\theta = \boldsymbol{E}\cdot\mathrm{d}\boldsymbol{S} \tag{7-17}$$

所以通过曲面 S 的电场强度通量 Φ_e，就等于通过面 S 上所有面积元 $\mathrm{d}S$ 电场强度通量 $\mathrm{d}\Phi_e$ 的总和，即

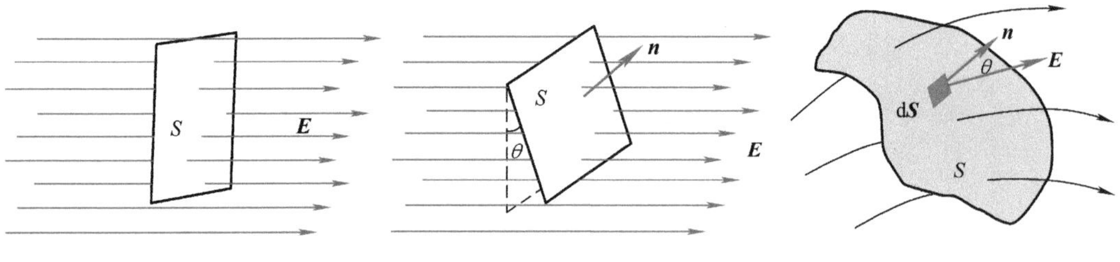

a) b) c)

图 7-10 电通量

$$\Phi_e = \int_S d\Phi_e = \int_S E\cos\theta dS = \int_S \boldsymbol{E} \cdot d\boldsymbol{S} \tag{7-18}$$

如果曲面是闭合曲面，式（7-18）中的曲面积分应换成对闭合曲面积分，闭合曲面积分用“$\oint_S$”表示，故通过闭合曲面如图 7-11 所示的电场强度通量为

$$\Phi_e = \oint_S \boldsymbol{E} \cdot d\boldsymbol{S} \tag{7-19}$$

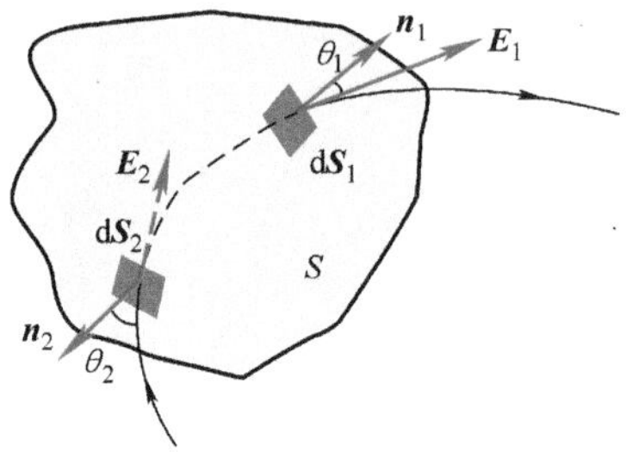

图 7-11 闭合曲面的电通量

一般来说，通过闭合曲面的电场线有些是“穿进”的，有些是“穿出”的。这时规定，面元 d$\boldsymbol{S}$ 的法向 $\boldsymbol{n}$ 指向闭合曲面的外侧。这样，在电场线穿出曲面的地方，电通量为正；在电场线进入曲面的地方，电通量为负。对于封闭曲面，总电通量等于正负电通量的代数和。

二、静电场中的高斯定理

高斯定理是静电场的一条基本原理，它给出了静电场中通过任何一个闭合曲面的电通量与该曲面内所包围的电荷之间的量值关系，可以通过库仑定律和电场强度的叠加原理推导。

1. 高斯定理

如图 7-12a 所示，设真空中有一个正点电荷 q，被置于半径为 R 的球面中心 O，由点电荷电场强度公式可知，球面上各点电场强度 $\boldsymbol{E}$ 的大小均等于

$$E = \frac{1}{4\pi\varepsilon_0}\frac{q}{R^2}$$

$\boldsymbol{E}$ 的方向垂直于球面。这样，通过球面上小面元 dS 的电通量为

$$d\Phi_e = \boldsymbol{E} \cdot d\boldsymbol{S} = E\cos 0° dS = \frac{q dS}{4\pi\varepsilon_0 R^2}$$

于是，通过整个球面的电场强度通量为

$$\Phi_e = \oint_S d\Phi_e = \oint_S \boldsymbol{E} \cdot d\boldsymbol{S} = \frac{q}{4\pi\varepsilon_0 R^2}\oint_S dS = \frac{q}{4\pi\varepsilon_0 R^2} 4\pi R^2$$

得

$$\Phi_e = \oint_S \boldsymbol{E} \cdot d\boldsymbol{S} = \frac{q}{\varepsilon_0}$$

即通过球面的电场强度通量等于球面所包围的电荷 q 除以真空电容率，即通过闭合球面的电通量与球面的半径无关，只与球面包围的电荷 q 有关。从电场线的角度来理解，这表示电荷 q 产生了 q/ε_0 条电场线，并且这些电场线全都穿过了该球面。当 q 为正电荷时，$\Phi_e > 0$，表示电场线从正电荷出发且穿出球面；当 q 为负电荷时，$\Phi_e < 0$，表明电场线穿入球面且止于负电荷。

上面讨论的是一种很特殊的情况，包围点电荷的闭合曲面是以点电荷为球心的球面。如果

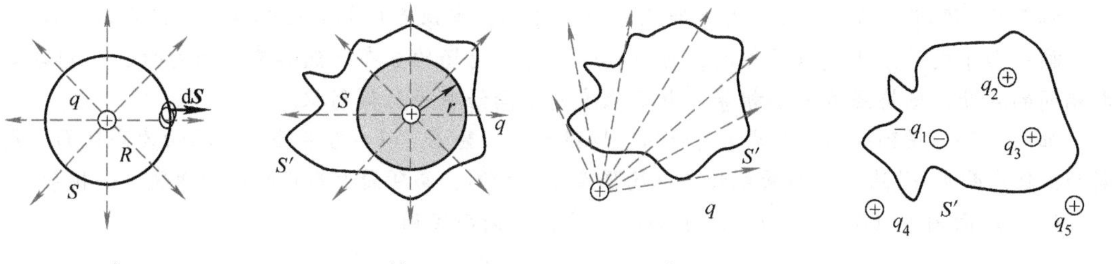

图 7-12 高斯定理的推导

包围点电荷的闭合曲面形状是任意的，如图 7-12b 所示，从上面的分析我们知道，S'这个闭合曲面上穿过的电场线条数与穿过球面 S 的电场线条数完全一样，即它们的电通量都是 q/ε_0。在这里，S 与 S'显然都有一个共同的特点，即它们都包围着 q。

接下来讨论点电荷在闭合曲面外的情况，在图 7-12c 中，由于曲面 S'没有包围住 q，并且 S'是闭合的，所以穿进与穿出 S'的电场线数目一样多，即通过 S'的电通量为零。

我们再看空间中有多个点电荷的情况，如图 7-12d 所示，此种情况可视为任意的电场，S'为任意的闭合曲面。通过上面的分析可知，通过此闭合曲面的电通量为$(q_1+q_2+q_3)/\varepsilon_0$。如果被包围的点电荷有 n 个，则过 S 的总电场的电通量为

$$\begin{aligned}\Phi_e &= \oint_S \boldsymbol{E}\cdot \mathrm{d}\boldsymbol{S}\\ &= \oint_S \boldsymbol{E}_1\cdot \mathrm{d}\boldsymbol{S}+\oint_S \boldsymbol{E}_2\cdot \mathrm{d}\boldsymbol{S}+\cdots+\oint_S \boldsymbol{E}_n\cdot \mathrm{d}\boldsymbol{S}\\ &= \frac{q_1}{\varepsilon_0}+\frac{q_2}{\varepsilon_0}+\cdots+\frac{q_n}{\varepsilon_0}\\ &= \frac{q_1+q_2+\cdots+q_n}{\varepsilon_0}\end{aligned}$$

我们用 $\sum\limits_{S内} q_i$ 表示 S 包围住的点电荷电量的代数和，即 $\sum\limits_{S内} q_i = q_1+q_2+\cdots+q_n$，则上式可以记作

$$\Phi_e = \oint_S \boldsymbol{E}\cdot \mathrm{d}\boldsymbol{S} = \frac{1}{\varepsilon_0}\sum_{S内} q_i \tag{7-20}$$

上式就是**静电场的高斯定理**的数学表达式，它表明：**在真空中的静电场内，通过任意闭合曲面的电通量等于该闭合曲面所包围的电荷的电量的代数和的 $1/\varepsilon_0$ 倍**。这个定理对任意静电场都成立。通常把闭合曲面称为高斯面。

高斯定理表达式中的电场强度 $\boldsymbol{E}$ 是曲面上各点的电场强度，它是由全部电荷（包括闭合曲面内外的所有电荷）共同产生的总电场，并非只由闭合曲面内的电荷产生。通过闭合曲面的总电通量只与该曲面内部的电荷有关，闭合曲面外的电荷对总电通量没有贡献，但对曲面上的电场强度 $\boldsymbol{E}$ 有贡献。静电场的高斯定理是和静电场的有源性联系在一起的。一个闭合面若围住了正电荷，则曲面上的电通量为正，即有电场线从曲面上穿出；若围住了负电荷，则曲面上的电通量为负，即有电场线从曲面上穿入。这意味着电场线确实是发出于正电荷，终止于负电荷的。静电场的高斯定理实际上是静电场有源性的数学表达。

2. 高斯定理的应用

如果带电体的电荷分布已知，根据高斯定理很容易求得任意闭合曲面的电通量，但不一定能确定面上各点的电场强度。只有当电荷分布具有某些对称性并取合适的闭合面时，才可以利用高斯定理方便地求出电场强度。

例 7-5 设有一半径为 R，均匀带正电 Q 的球面，求球面内部和外部任意点的电场强度。

解： 由于电荷分布是球对称的，可以判断出空间电场的分布必然具有球对称性，即到球心距离相同的点处，电场强度大小相等，电场强度的方向沿半径呈辐射状。

如图 7-13，设到球心的距离为 r 处的电场强度大小为 E，以 r 为半径取一球面为高斯面，则高斯面上任意面元 d$\boldsymbol{S}$ 法线 $\boldsymbol{n}$ 与面元处的电场强度方向相同，高斯面上各点的电场强度大小相等。

（1）球面内部（$0<r<R$），对于高斯面 S_1，由高斯定理

$$\oint_{S_1} \boldsymbol{E} \cdot \mathrm{d}\boldsymbol{S} = \frac{\sum_{S_1内} q}{\varepsilon_0}$$

$$ES_1 = \frac{\sum_{S_1内} q}{\varepsilon_0}$$

由于

$$\sum q = 0$$

所以，可得

$$E = 0$$

即球内任一点处的电场强度为零。

（2）球面外部（$r>R$），对于高斯面 S_2，由高斯定理

$$\oint_{S_2} \boldsymbol{E} \cdot \mathrm{d}\boldsymbol{S} = \frac{\sum_{S_2内} q}{\varepsilon_0}$$

有

$$E \cdot 4\pi r^2 = \frac{Q}{\varepsilon_0}$$

$$E = \frac{Q}{4\pi\varepsilon_0 r^2}$$

球面外某点的电场强度等同于把全部电荷集中于球心处的点电荷空间的电场强度。图 7-14 为均匀带电球面的电场分布 $E(r)$ 曲线。

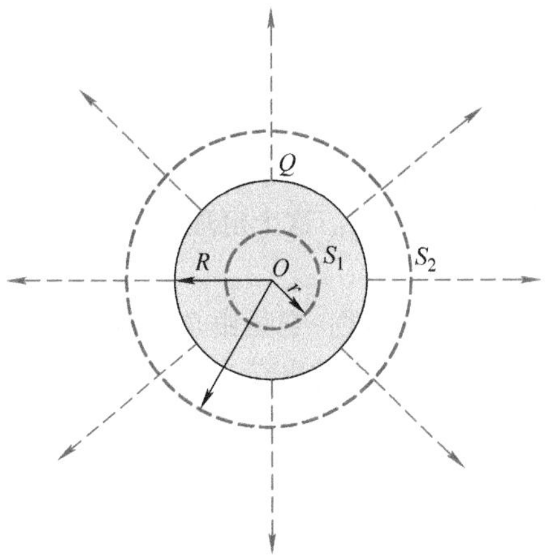

图 7-13 均匀带电球面

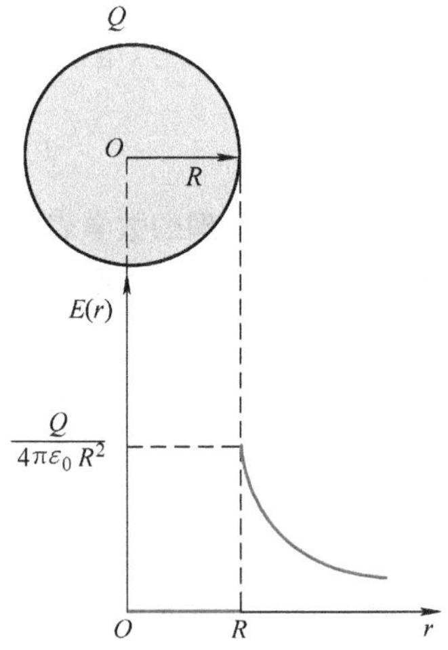

图 7-14 均匀带电球面的电场分布

例 7-6 求无限长、均匀带电直线周围的电场强度分布（设电荷的线密度为 λ）。

解： 无限长均匀带电直线周围的电场强度分布关于直导线对称分布，即到直线距离相同的点电场强度的大小相等，电场强度的方向沿垂直于带电直线的方向，呈辐射状（带负电向里、带正电向外）。

如图7-15，取以直线为轴、高为 h、底面半径为 r 的正圆柱面为高斯面，则高斯面侧面上的每一点电场强度的大小相等，设为 E。

依据高斯定理：

$$\oint_S \boldsymbol{E}\cdot \mathrm{d}\boldsymbol{S} = \frac{1}{\varepsilon_0}\sum_{S内} q_i$$

有

$$E\cdot 2\pi rh = \frac{\lambda h}{\varepsilon_0}$$

则

$$E = \frac{\lambda}{2\pi\varepsilon_0 r}$$

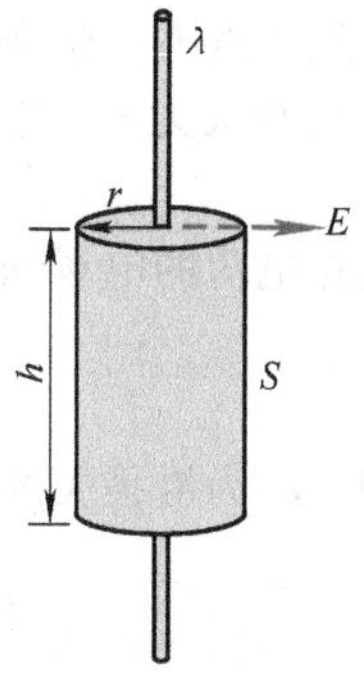

图7-15　无限长均匀带电直线的电场

利用类似的方法，读者可自行求解无限长均匀带电圆柱体、圆柱面的电场分布。

例7-7　求无限大均匀带电平面附近，距离该平面为 r 处某点的电场强度（无限大均匀带电平面所带电荷的面密度设为 σ）。

解：根据无限大平面电荷的分布特点，可知距离平面相同的那些点的电场强度的大小相等，方向离开平面向外。

如图7-16，选取一高斯面：以 ΔS 为底、高为 $2r$ 的圆柱面。应用高斯定理

$$\oint_S \boldsymbol{E}\cdot \mathrm{d}\boldsymbol{S} = \frac{1}{\varepsilon_0}\sum_{S内} q$$

有

$$2E\Delta S = \frac{\sigma\Delta S}{\varepsilon_0}$$

则

$$E = \frac{\sigma}{2\varepsilon_0}$$

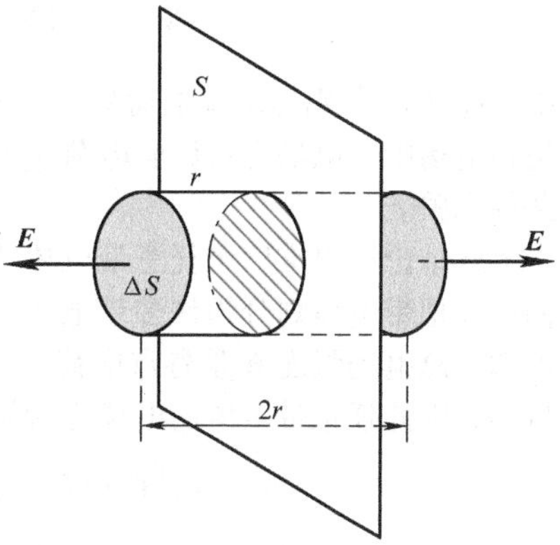

图7-16　无限大均匀带电平面空间的电场

上式表明，无限大均匀带电平面附近的两侧是匀强电场。

利用上述结果，应用电场强度叠加原理，可以求出真空中带等量异号电荷的一对无限大平行薄板间的电场强度为

$$E = \frac{\sigma}{\varepsilon_0}$$

两板外侧的电场强度则为零。对平行板电容器之间的电场强度，可以直接应用这个结果。

第三节　电场力的功　电势

在力学中，我们曾论证了保守力——万有引力和弹性力对质点做功只与起始和终点位置有关，而与路径无关这一重要特性，并由此引入相应的势能概念。那么静电场力——库仑力的情况怎样呢？是否也具有保守力做功的特性而可引入电势能的概念？本节研究电荷在电场中移动时电场力做的功和电场的能量及电势。

一、静电力的功

如图7-17所示，有一正电荷 q 固定于原点 O，试验电荷 q_0 在 q 的电场中由 A 沿任意路径

ACB 到达点 B。在路径上点 C 处取位移元 $\mathrm{d}\boldsymbol{l}$，从原点 O 到点 C 的径矢为 $\boldsymbol{r}$。电场力对 q_0 做的元功为

$$\mathrm{d}W = q_0\boldsymbol{E}\cdot\mathrm{d}\boldsymbol{l}$$

已知点电荷的电场强度为

$$\boldsymbol{E} = \frac{1}{4\pi\varepsilon_0}\frac{q}{r^2}\boldsymbol{e}_r$$

式中，$\boldsymbol{e}_r$ 为沿径矢的单位矢量，于是元功可写为

$$\mathrm{d}W = \frac{1}{4\pi\varepsilon_0}\frac{qq_0}{r^2}\boldsymbol{e}_r\cdot\mathrm{d}\boldsymbol{l}$$

从图 7-17 可以看出，$\boldsymbol{e}_r\cdot\mathrm{d}\boldsymbol{l} = \mathrm{d}l\cos\theta = \mathrm{d}r$，式中 θ 是 $\boldsymbol{E}$ 与 $\mathrm{d}\boldsymbol{l}$ 之间的夹角。所以上式可写成

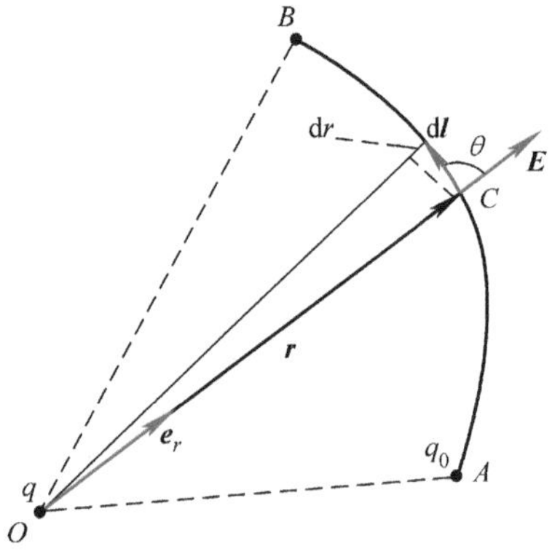

图 7-17 静电力做功

$$\mathrm{d}W = \frac{1}{4\pi\varepsilon_0}\frac{qq_0}{r^2}\mathrm{d}r$$

于是，在试验电荷 q_0 从点 A 移至点 B 的过程中，电场力所做的总功为

$$W = \int_{r_A}^{r_B}\mathrm{d}W = \frac{qq_0}{4\pi\varepsilon_0}\int_{r_A}^{r_B}\frac{\mathrm{d}r}{r^2} = \frac{qq_0}{4\pi\varepsilon_0}\left(\frac{1}{r_A} - \frac{1}{r_B}\right) \tag{7-21}$$

式中，r_A 和 r_B 分别为试验电荷移动时的起点和终点距点电荷 q 的距离。上式表明，在点电荷 q 的非匀强电场中，电场力对试验电荷 q_0 所做的功只与其移动时的起始和终点位置有关，与所经历的路径无关。

上述结论可以推广至任意带电体的电场。任意带电体激发的电场可视为点电荷系的合电场。我们可以把带电体划分为许多带电元，每一带电元都可以看作是一个点电荷。由电场强度叠加原理可知，总电场强度 $\boldsymbol{E}$ 是各点电荷 q_1、q_2、…、q_n 分别单独产生的电场场强 $\boldsymbol{E}_1$、$\boldsymbol{E}_2$、…、$\boldsymbol{E}_n$ 的矢量和，因此任意带电体的电场力所做的功为

$$W = q_0\int_l\boldsymbol{E}\cdot\mathrm{d}\boldsymbol{l} = q_0\int_l\boldsymbol{E}_1\cdot\mathrm{d}\boldsymbol{l} + q_0\int_l\boldsymbol{E}_2\cdot\mathrm{d}\boldsymbol{l} + \cdots + \int_l\boldsymbol{E}_n\cdot\mathrm{d}\boldsymbol{l} \tag{7-22}$$

式中的每一项都与路径无关，所以它们的代数和也必然与路径无关。于是得出结论：**一试验电荷 q_0 在静电场中从一点沿任意路径运动到另一点时，静电场力对它所做的功仅与电场的性质、试验电荷的电荷量及路径的起点和终点的位置有关，而与该路径的形状无关。这说明静电力是保守力，静电场是保守场。**

二、静电场的环路定理

静电场力做功与路径无关的特性还可以用另一种形式来表达。如图 7-18，设试验电荷 q_0 从电场中 A 点经任意路径 ABC 到达 C 点，再从 C 点经另一路径 CDA 回到 A 点，则电场力在整个闭合路径 $ABCDA$ 上对 q_0 做的功为

$$W = q_0\oint_l\boldsymbol{E}\cdot\mathrm{d}\boldsymbol{l} = q_0\int_{ABC}\boldsymbol{E}\cdot\mathrm{d}\boldsymbol{l} + q_0\int_{CDA}\boldsymbol{E}\cdot\mathrm{d}\boldsymbol{l}$$

$$= q_0\int_{ABC}\boldsymbol{E}\cdot\mathrm{d}\boldsymbol{l} - q_0\int_{ADC}\boldsymbol{E}\cdot\mathrm{d}\boldsymbol{l} = 0$$

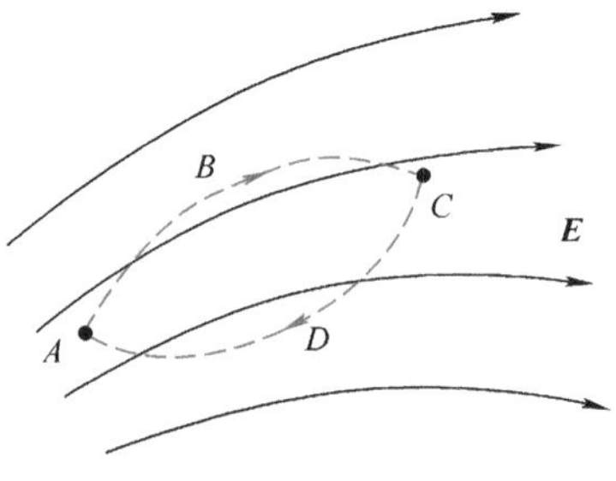

图 7-18 静电场的环路定理

由于 $q_0 \neq 0$，所以

$$\oint_l\boldsymbol{E}\cdot\mathrm{d}\boldsymbol{l} = 0 \tag{7-23}$$

上式左边是电场强度 $\boldsymbol{E}$ 沿闭合路径的积分，称为静电场 $\boldsymbol{E}$ 的环流。它表明在静电场中，电场强

度 $\boldsymbol{E}$ 的环流恒等于零，这一结论称为**静电场的环路定理**，静电场的环路定理与高斯定理一样，也是表述静电场性质的一个重要定理，它是静电场为保守场的数学表述，由于这一性质，我们才能引入电势能和电势的概念。

三、电势能

在力学中，我们为了反映重力、弹性力这一类保守力做功与路径无关的特点，曾引进重力势能和弹性势能，并且保守力做功等于相应的势能增量的负值。静电场力也是保守力，它对试验电荷所做的功也具有与路径无关的特性，因此也可以引进相应的势能。

与物体在重力场中具有重力势能、并且可以用重力势能的改变来量度重力所做的功一样，电荷在静电场中的一定位置上具有一定的电势能，这个电势能是属于电荷——电场系统的。如果以 E_{pA} 和 E_{pB} 分别表示试验电荷 q_0 在电场中点 A 和点 B 处的电势能，则试验电荷从点 A 移动到点 B，静电场力对它做的功为

$$W_{AB} = \int_A^B q_0 \boldsymbol{E} \cdot \mathrm{d}\boldsymbol{l} = -(E_{pB} - E_{pA}) = E_{pA} - E_{pB} \tag{7-24}$$

当电场力做正功时，$W_{AB} > 0$，则 $E_{pA} > E_{pB}$，电势能减少；电场力做负功时，当 $W_{AB} < 0$，则 $E_{pA} < E_{pB}$，电势能增加。在国际单位制中，电势能的单位是焦耳，符号为 J。

电势能和重力势能一样，是一个相对的量。在重力场中，要决定某点的重力势能，就必须先选择一个势能为零的参考点，与此相似，要决定电荷在电场中某一点电势能的值，也必须先选择一个电势能参考点，并设该点的电势能为零，这个参考点的选择是任意的。在式（7-24）中，若选 q_0 在 B 点处的电势能为零，即 $E_{pB} = 0$，则有

$$E_{pA} = q_0 \int_A^B \boldsymbol{E} \cdot \mathrm{d}\boldsymbol{l} \quad (E_{pB} = 0) \tag{7-25}$$

这表明，**试验电荷 q_0 在电场中某点处的电势能，在数值上等于把它从该点移到零势能处静电场力所做的功。**

一般对有限大带电体，常选无限远处电势能为零。这样 q_0 处于 A 点时系统的电势能为

$$E_{pA} = q_0 \int_A^{\infty} \boldsymbol{E} \cdot \mathrm{d}\boldsymbol{l} \tag{7-26}$$

即点电荷 q_0 在电场中任一点 A 的电势能 E_{pA}，等于将点电荷 q_0 从点 A 移到无限远处的过程中电场力所做的功。

应该指出，与任何形式的势能相同，电势能是试验电荷和电场的相互作用能，它属于试验电荷和电场组成的系统。

四、电势　电势差

式（7-26）表示电势能 E_{pA} 不仅与电场性质及 A 点位置有关，而且还与电荷 q_0 有关，而比值 E_{pA}/q_0 则代表单位正电荷在电场中 A 点，电荷与电场具有的系统能，其数值仅由电场性质和 A 点的位置决定。因此，E_{pA}/q_0 是描述电场中任一点 A 电场性质的一个基本物理量，称为 A 点的电势，用 V 表示，即

$$V_A = \frac{E_{pA}}{q_0} = \int_A^{\infty} \boldsymbol{E} \cdot \mathrm{d}\boldsymbol{l} \tag{7-27}$$

上式表明，**若规定无穷远为电势零点，电场中某一点 A 的电势 V_A 在数值上等于把单位正试验电荷从点 A 移到无限远处时，静电场力所做的功。**

电势是标量，在国际单位制中，电势的单位是伏特，符号为 V。

静电场中任意两点 A 和 B 的电势之差称为 A、B 两点的**电势差**，也称为**电压**，用 U_{AB} 表示，即

$$U_{AB} = V_A - V_B = \int_A^\infty \boldsymbol{E} \cdot \mathrm{d}\boldsymbol{l} - \int_B^\infty \boldsymbol{E} \cdot \mathrm{d}\boldsymbol{l} = \int_A^B \boldsymbol{E} \cdot \mathrm{d}\boldsymbol{l} \tag{7-28}$$

上式表明，**静电场中 A、B 两点的电势差等于单位正电荷从 A 点移到 B 点时电场力做的功**。据此，当任一电荷 q_0 从 A 点移动到 B 点时，电场力做功为

$$W_{AB} = q_0(V_A - V_B) = qU_{AB}$$

电势零点的选择也是任意的。通常在场源电荷分布在有限空间时，取无穷远处为电势零点。但当场源电荷的分布广延到无穷远处时，不能再取无穷远处为电势零点，因为会遇到积分不收敛的困难而无法确定电势。这时可在电场内另选任一合适的电势零点。在许多实际问题中，也常常选取地球为电势零点。

五、电势的计算

1. 点电荷电场的电势

在点电荷电场中，电场强度 $\boldsymbol{E}$ 为

$$\boldsymbol{E} = \frac{1}{4\pi\varepsilon_0}\frac{Q}{r^2}\boldsymbol{e}_r$$

根据电势定义式（7-27），在选取无穷远处为电势零点时，电场中任一点 P 的电势为

$$V_P = \int_P^\infty E \cdot \mathrm{d}l = \int_r^\infty \frac{1}{4\pi\varepsilon_0}\frac{Q}{r^2}\mathrm{d}r = \frac{Q}{4\pi\varepsilon_0 r} \tag{7-29}$$

式中，r 为 P 点到点电荷的距离。

2. 点电荷系电场的电势

设电场由 n 个点电荷组成的电荷系 Q_1，Q_2，…，Q_n 产生，按电场强度叠加原理，空间任意点的电场强度为

$$\boldsymbol{E} = \sum_{i=1}^{n} \boldsymbol{E}_i$$

这样，空间任意点的电势为

$$V_P = \int_P^\infty \boldsymbol{E} \cdot \mathrm{d}\boldsymbol{l} = \int_P^\infty \sum_{i=1}^{n} \boldsymbol{E}_i \cdot \mathrm{d}\boldsymbol{l} = \sum_{i=1}^{n} \int_P^\infty \boldsymbol{E}_i \cdot \mathrm{d}\boldsymbol{l} = \sum_{i=1}^{n} V_i = \sum_{i=1}^{n} \frac{Q_i}{4\pi\varepsilon_0 r_i} \tag{7-30}$$

由此可知，点电荷系电场在某场点的电势等于各个点电荷电场在同一场点的电势的代数和，这一结论称为**电势叠加原理**。

3. 连续分布电荷电场中的电势

对于电荷连续分布的有限大小的带电体电场中的电势，可将带电体分成无限个电荷元 $\mathrm{d}q$，如图 7-19 所示，每个电荷元可以视为一个点电荷，其在 P 点产生电势为

$$\mathrm{d}V = \frac{\mathrm{d}q}{4\pi\varepsilon_0 r}$$

按电势叠加原理，P 点的总电势为

$$V = \int \frac{\mathrm{d}q}{4\pi\varepsilon_0 r} \tag{7-31}$$

式中，积分区间为电荷所在的空间。上式是电势叠加原理的另外一种表达形式。

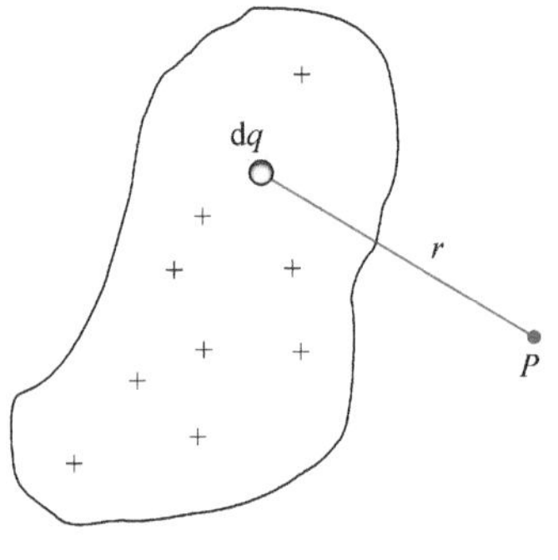

图 7-19　带电体空间的电势

综上所述，求解电势有两种方法。一是已知空间电场分布，根据电势的定义式 $V=\int_A^{\infty}\boldsymbol{E}\cdot \mathrm{d}\boldsymbol{l}$ 计算；二是已知带电体电荷的分布情况，利用电势叠加原理计算。下面针对以上两种方法，通过不同的例题进行体会。

例 7-8　如图 7-20 所图示，在半径为 R 的细环上均匀地分布着正荷，总电荷量为 q。计算在环的轴线上与环心的距离为 x 处点 P 的电势。

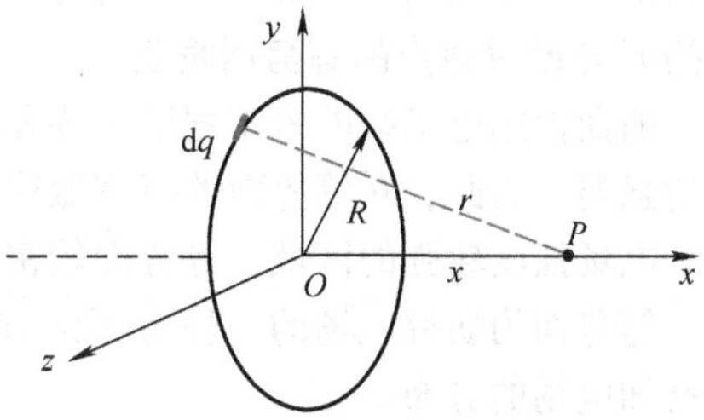

图 7-20　带电细环轴线上的电势

解：建如图所示的直角坐标系。在圆环上取一电荷元 $\mathrm{d}q$，其电荷的线密度为 λ，故有 $\mathrm{d}q=\lambda\mathrm{d}l$，电荷元 $\mathrm{d}q$ 在 P 点处的电势为

$$\mathrm{d}V=\frac{1}{4\pi\varepsilon_0}\frac{\mathrm{d}q}{r}$$

其中 $r=\sqrt{x^2+R^2}$。考虑到所有的电荷元在 P 点的电势的叠加，P 点处的电势为

$$V=\int\mathrm{d}V=\frac{1}{4\pi\varepsilon_0}\int\frac{\mathrm{d}q}{r}=\frac{1}{4\pi\varepsilon_0}\cdot\frac{q}{r}=\frac{1}{4\pi\varepsilon_0}\cdot\frac{q}{\sqrt{x^2+R^2}}$$

例 7-9　求均匀带电球面的电场中的电势分布。球面半径为 R，总带电荷量为 q。

解：均匀带电球面的电场强度分布很有规律性，本题适宜用电势的定义式求电势。以无限远为电势零点。若场点 P 在球面外，由于在球面外直到无限远处电场强度的分布都和电荷集中到球心处的一个点电荷的电场强度分布一样，因此，把电场强度从 P 点积分到无穷远的计算结果应与点电荷电场中的计算结果相同，即球面外任一点的电势应为

$$V=\int_r^{\infty}\boldsymbol{E}\cdot\mathrm{d}\boldsymbol{r}=\int_r^{\infty}\frac{q}{4\pi\varepsilon_0 r^2}\mathrm{d}r=\frac{q}{4\pi\varepsilon_0 r}\quad(r>R)$$

若 P 点在球面内（$r<R$），由于球面内、外电场强度的分布不同，所以定义式中的积分要分两段进行，即

$$V=\int_r^{\infty}\boldsymbol{E}\cdot\mathrm{d}\boldsymbol{r}=\int_r^{R}\boldsymbol{E}\cdot\mathrm{d}\boldsymbol{r}+\int_R^{\infty}\boldsymbol{E}\cdot\mathrm{d}\boldsymbol{r}$$

由于在球面内各点电场强度为零，而球面外电场强度为点电荷的电场强度 $\boldsymbol{E}=\frac{1}{4\pi\varepsilon_0}\frac{q}{r^2}\boldsymbol{e}_r$，所以电势为

$$V=\int_r^{\infty}\boldsymbol{E}\cdot\mathrm{d}\boldsymbol{r}=\int_R^{\infty}\frac{q}{4\pi\varepsilon_0 r^2}\mathrm{d}r=\frac{q}{4\pi\varepsilon_0 R}\quad(r\leqslant R)$$

这说明均匀带电球面内电场强度为零，各点电势不为零，但是各点电势相等，都等于球面上的电势。电势随 r 的变化曲线（$V-r$ 曲线）如图 7-21 所示。和电场强度分布 $E-r$ 曲线相比，可看出，在球面处（$r=R$），电场强度不连续，而电势是连续的。

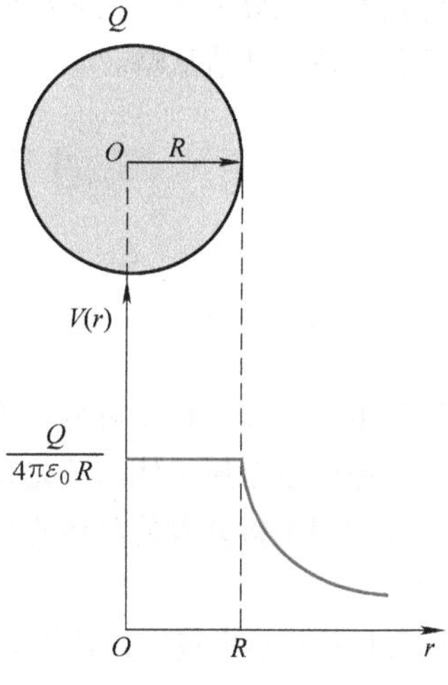

图 7-21　均匀带电球面空间的电势

*六、等势面

前面，我们曾用电场线来形象地描绘电场中电场强度的分布。这里，我们将用等势面来形象地描绘电场中电势的分布，并指出两者的联系。

电势是标量，一般来说静电场中的各点电势是逐点变化的，但是总有某些电势相等的点，电场中电势相等的点所构成的面，叫**等势面**。如点电荷的电场中，电势 $V=q/4\pi\varepsilon_0 r$，说明点电荷

电场的等势面是球面，而点电荷电场的电场线沿半径方向，所以电场线与等势面处处正交。

实际上，不仅点电荷的电场，任意静电场中等势面与电场线总是处处正交的。证明如下：

在电场中，当电荷 q 沿等势面上一位移元 $\mathrm{d}\boldsymbol{l}$ 运动时，电场力对电荷不做功，即 $\mathrm{d}W = q\boldsymbol{E} \cdot \mathrm{d}\boldsymbol{l} = qE\cos\theta = 0$。由于 q、$\boldsymbol{E}$ 和 $\mathrm{d}\boldsymbol{l}$ 均不为零，故 $\cos\theta = 0$，$\theta = \pi/2$，即**电场强度 $\boldsymbol{E}$ 必须与 $\mathrm{d}\boldsymbol{l}$ 垂直，即某点的 $\boldsymbol{E}$ 与通过该点的等势面垂直。**

前面曾用电场线的疏密程度来表示电场的强弱，这里也可以用等势面的疏密程度来表示电场的强弱。为此，对等势面的疏密做这样的规定：**电场中任意两个相邻等势面之间的电势差都相等。**电场强度较强的区域，等势面较密，电场强度较弱的区域，等势面较疏。

等势面为研究电场的一种有用的方法。通常是通过测量绘出带电体周围电场的等势面，然后推知电场的分布。

图 7-22 给出几种常见电场的等势面和电场线。各图中，虚线代表等势面，实线代表电场线。

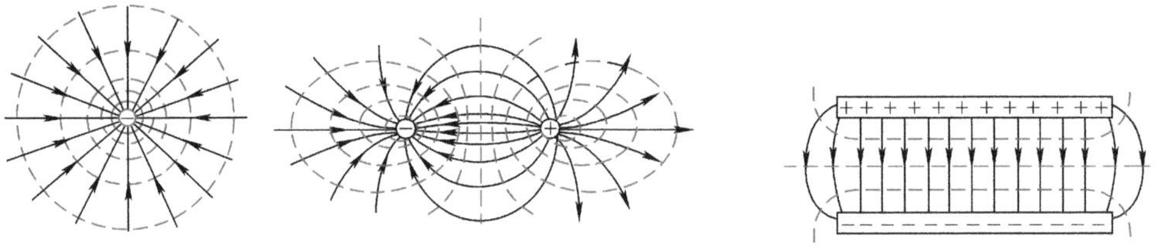

a) 负点电荷　　b) 电偶极子　　c) 正负带电板

图 7-22　几种常见电场的等势面和电场线

电场强度和电势是静电场的两个基本物理量。电势定义式 $V = \int_r^\infty \boldsymbol{E} \cdot \mathrm{d}\boldsymbol{l}$ 反映了静电场中电势与电场强度的积分关系，在求出电场强度分布后可由该式求得电势分布。另外，电场强度与电势还有微分关系，详情从略。

第四节　静电场中的导体和电介质

一、导体的静电平衡

按导电的性能，物质可分为导体、绝缘体（电介质）和半导体三类。金属导体具有很好的导电性，原因是金属导体原子是由可以在金属内自由运动的最外层价电子（称为自由电子）和按一定分布规则排列着的晶体点阵正离子组成，在导体不带电或无外电场作用时，整个导体呈电中性。

将导体放在静电场中，导体中的自由电子在电场力的作用下将逆着电场方向移动，如图 7-23a 所示，从而使导体的电荷重新分布：在一些区域出现负电荷，而另一些地方出现等量正电荷，这种现象称为**静电感应**现象，出现的电荷称为**感应电荷**。

同时，感应电荷会影响电场分布，导体在外电场 $\boldsymbol{E}_0$ 中发生静电感应产生的感应电荷也要激发电场 $\boldsymbol{E}'$，称为附加电场，如图 7-23b 所示，附加电场 $\boldsymbol{E}'$ 的方向与外电场 $\boldsymbol{E}_0$ 的方向相反，因此导体所在的空间总电场强度 $\boldsymbol{E} = \boldsymbol{E}_0 + \boldsymbol{E}'$，总电场强度的大小随自由电子的移动将减小。但只要 $E_0 > E'$，即 $E \neq 0$，自由电子就将继续定向移动，E' 不断增大，直至达到导体内总电场强度 $E = 0$，自由电子定向移动停止，如图 7-23c 所示。我们把导体上任何部分都没有自由电子做宏观运动的状态，称为**导体的静电平衡状态**，简称**静电平衡**。

在静电平衡时，自由电子在导体表面上也应该没有宏观运动，这就要求导体表面附近的电场强度处处与表面垂直，否则电场强度沿导体表面会有切向分量，电子仍将沿导体表面做宏观运动。

由此可见，导体处于静电平衡状态，需要满足两个条件：

1）导体内任意一点的电场强度都为零；

2）导体表面附近的电场强度方向处处与表面垂直。

处于静电平衡的导体，除了电场强度满足上述静电平衡条件外，还具有如下性质：

1）导体是等势体，导体表面是等势面。

在导体的空间内任意取 a、b 两点，两点间的电势差为 $U_{ab}=\int_a^b \boldsymbol{E}\cdot \mathrm{d}\boldsymbol{l}$，由于导体内各点的 $E=0$，所以 $U_{ab}=0$，即 a、b 两点电势相等，从而证明导体是一个等势体。

在导体表面上任取两点，设想在两点之间移动一正电荷 q，电场力所做的功 $W_{ab}=qU_{ab}$，由于表面上任一点处电场强度方向与表面垂直，所以电场对电荷 q 的作用力方向始终与位移垂直，有 $W_{ab}=0$，所以 $U_{ab}=0$，任何两点间无电势差，导体表面也就是一个等势面。

2）导体内部没有未被抵消的净电荷，净电荷只分布于导体表面。

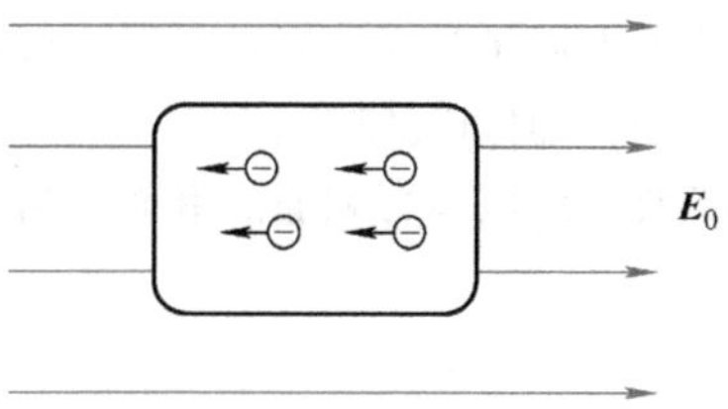

a) 在外电场作用下，导体内自由电子做定向移动

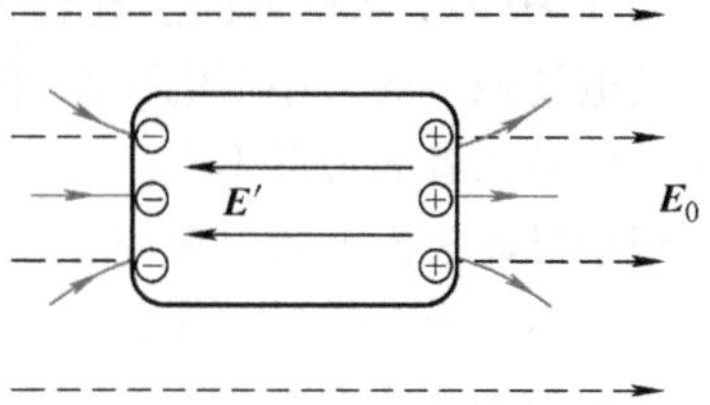

b) 导体两端出现感应电荷，感应电荷产生附加电场

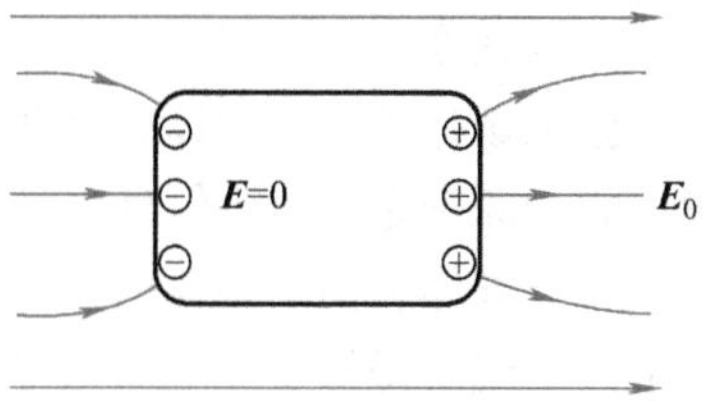

c) 静电平衡时，感应电荷不再变化，导体内总电场强度为零

图 7-23　静电感应现象

这一结论可用高斯定理证明如下：

在导体内任取一高斯面，因为静电平衡时导体内部任何点的电场强度皆为零，所以通过该高斯面的电通量为零，高斯面内的净电荷也必为零。这样，导体上的电荷不能在导体内，那就只有分布在表面上。

3）导体表面附近处的电场强度大小与电荷面密度关系为

$$E=\frac{\sigma}{\varepsilon_0} \tag{7-32}$$

设 P 点是导体外紧靠导体表面处的任意一点，在邻近 P 点的导体表面上取一面元 $\mathrm{d}S$，设想 $\mathrm{d}S$ 面元是一个面积非常小的圆。作扁圆柱形闭合高斯面，使其上底面通过 P 点，下底面在导体内部，两底面均与导体表面 $\mathrm{d}S$ 面元平行且无限靠近，如图 7-24 所示。

计算通过该高斯面的电通量：

$$\Phi_e=\oint_S \boldsymbol{E}\cdot \mathrm{d}\boldsymbol{S}=\Phi_{上底}+\Phi_{下底}+\Phi_{侧面}$$

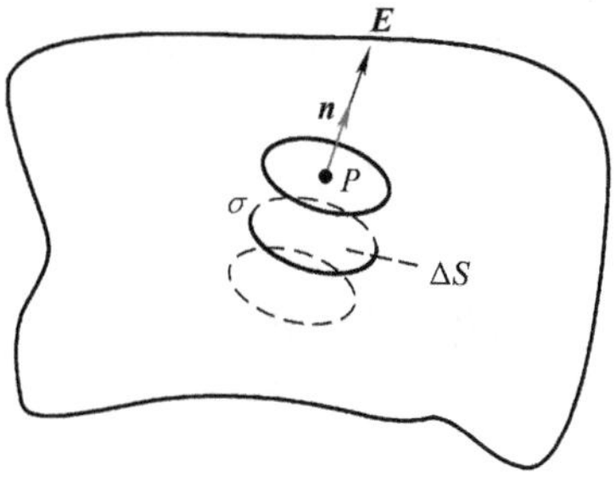

图 7-24　导体表面的电场强度

对于上底面，由于 $\boldsymbol{E}$ 的方向与面法线方向同向，所以通

过上底的电通量为 $E \cdot \Delta S$；对于下底面，由于导体内 $\boldsymbol{E}$ 的值处处为零，所以通过的电通量为零；对于侧面，导体内的侧面上每一点处的电场强度为零，导体外的侧面上 $\boldsymbol{E}$ 的方向与侧面的法线方向垂直，所以通过侧面的电通量为零，故闭合曲面的电通量为

$$\Phi_e = \oint_S E \cdot dS = E\Delta S$$

而闭合曲面包围的净电荷为 $\sigma\Delta S$，则

$$E = \frac{\sigma}{\varepsilon_0}$$

当 $\sigma>0$ 时，$\boldsymbol{E}$ 的方向垂直表面向外；当 $\sigma<0$ 时，$\boldsymbol{E}$ 的方向垂直表面向内。上式给出了导体表面处电场强度的大小与电荷面密度的关系。当电荷分布或者电场强度分布改变时，σ 和 E 都会改变，但是二者的关系不变。

至于导体表面上的电荷究竟怎样分布，这个问题的定量研究比较复杂，它不仅与导体的形状有关，还与导体附近有什么样的物体（带电或不带电）有关。对于孤立的带电导体来说，电荷面密度与表面曲率之间一般不存在单一的函数关系，大致说来，导体表面凸而尖的地方曲率大，电荷面密度也大；导体表面较平坦处曲率小，电荷面密度小；导体表面凹进去处曲率为负值，电荷面密度更小。导体表面的电场强度分布也与电荷密度分布相似，即尖端处电场强度大，平坦处电场强度次之，凹进去的地方电场强度最弱。

在强电场作用下，导体表面凸而尖的地方由于电场强度特别强而发生的放电现象称为**尖端放电**。它的原理是物体尖锐处电场强度大，致使其附近部分气体被击穿而发生放电。这类放电只发生在靠近导体表面的很薄的一层空气里。强电场使气体分子电离，产生大量的新离子，使原先不导电的空气变得易于导电。与导体尖端电荷同号的离子受到排斥而加速离开尖端，与导体尖端电荷异号的离子受到吸引而趋向尖端，形成高速的离子流，即通常所说的“电风”。

如果物体尖端在暗处或放电特别强烈，这时往往可以看到它周围有浅蓝色的光晕，叫**电晕**。高压输电线附近的电晕效应会浪费大量的电能。为了防止因尖端放电而引起的危险和漏电造成的损失，高压线的表面必须做成十分光滑，且截面半径不能过小，具有高电压的零部件表面和电子线路的焊点也应该这样。此外，一些高压设备的电极也常常做成光滑的球面，以避免放电，维持高电压。

避雷针是利用尖端电场特别强来吸收闪电，从而保护建筑物的。高大建筑物上安装避雷针，当带电云层靠近建筑物时，建筑物会感应出与云层相反的电荷，这些电荷会聚集到避雷针的尖端，达到一定的值后便开始放电。避雷针的另外一端要深埋入大地，与云层相同的电荷就流入大地。这样不停地将建筑物上的电荷中和掉，永远达不到会使建筑物遭到损坏的强烈放电所需要的电荷。显然，要使避雷针起作用，必须保证尖端尖锐和接地通路良好，一个接地通路损坏的避雷针将使建筑物遭受更大的损失。

二、导体壳和静电屏蔽

1. 腔内无带电体的情况

当导体壳内没有其他带电体时，在静电平衡下，导体壳内表面处处没有电荷，电荷只分布在导体壳的外表面，导体腔内没有静电场。我们在导体内外表面之间任取一高斯面 S，如图 7-25a 所示，由于 S 完全处于导体内部，根据静电平衡条件，S 上电场强度处处为零，由高斯定理知，闭合曲面的电通量 $\oint_S \boldsymbol{E} \cdot d\boldsymbol{S} = 0$，则面内电荷代数和为零。因为腔内无带电体，所以空腔内表面的

电荷代数和也为零。

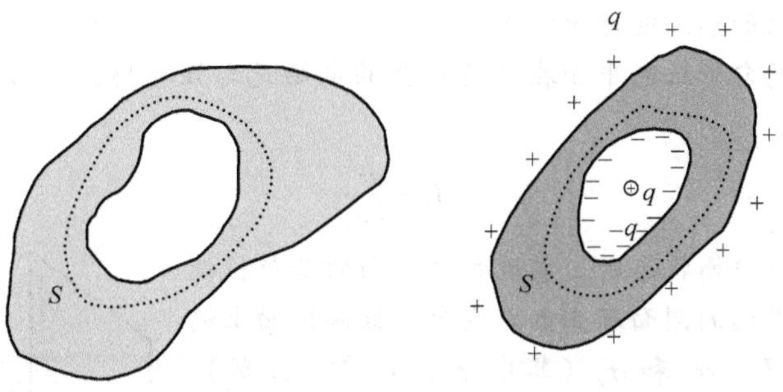

a) 腔内无带电体　b) 腔内有带电体

图 7-25　导体壳

2. 腔内有带电体的情况

当导体壳内有其他带电体时，如图 7-25b 所示，空腔内有一带电体带电荷 $+q$。同样的在导体壳的内外表面之间做一任意闭合曲面 S。由静电场平衡条件的高斯定理知，曲面 S 内的电荷代数和为零。所以导体内表面要感应出 $-q$ 的电荷量，即导体内表面所带电荷与空腔导体内的电荷等量异号。腔内的电场线起于带电体 $+q$，终于腔的内表面上的 $-q$。空腔内部电场强度不为零。带电体与导体壳之间有电势差。同时，空腔的外表面要感应出电荷 $+q$。若空腔导体本身电荷量为 Q，则导体壳外表面所带电荷量为（$Q+q$）。

3. 静电屏蔽

如前所述，在静电平衡条件下，腔内没有带电体的空腔导体内不可能有电场，空腔导体外的电场对空腔导体内空间没有任何影响，即空腔导体“保护”了它所包围的区域。

如果腔内有带电体，在静电平衡条件下，空腔导体外表面相应地出现与腔内电荷等量同号电荷，这样，腔内电荷的电场是可以对腔外产生影响的。若将空腔接地，则外表面电荷与地中和，电场消失。这样，腔内电荷产生的电场对外界没有影响。

空腔导体内部空间不受导体外电场的影响，接地空腔导体使得外空间不受腔内电荷的影响，这两种现象都称为**静电屏蔽现象**。

静电屏蔽在实际中应用很广。电气设备或电子器件常采用金属外壳以使内部电路不受外界电场的干扰。将传递电信号的电缆外层包以金属丝网罩作为屏蔽层（图 7-26）、将弹药库罩以金属网、在高压带电作业时穿上均压服（见图 7-27）等，都是静电屏蔽原理的应用。

图 7-26　有线电视信号线

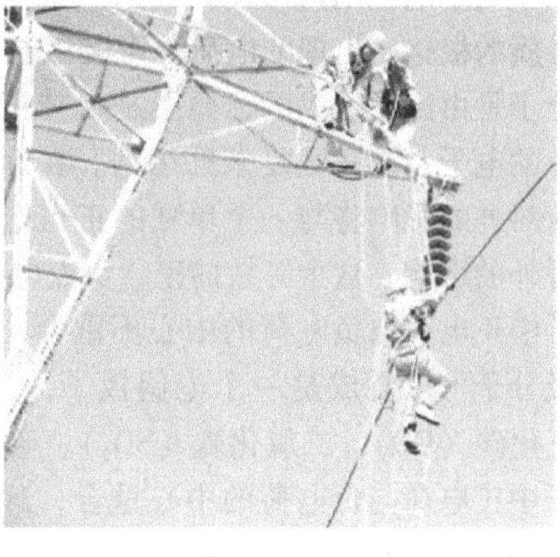

图 7-27　高压带电作业

例 7-10 在电荷面密度为 σ 的无限大均匀带电平面附近，平行放置一无限大不带电金属平板，求金属板两侧面上的感应电荷面密度。

解： 一个无限大均匀带正电平面在两边产生的电场是匀强电场，电场强度方向垂直于平面向外，大小为

$$E=\frac{\sigma}{2\varepsilon_0}$$

当金属板处于静电平衡状态时，靠近带电平面的金属板侧面带负电，离带电平面远的侧面带正电。设金属板两侧面上的感应电荷面密度分别为 $-\sigma_1$ 和 σ_2（其中 σ_1、σ_2 都为正数）。对金属板来讲，总的电荷量为零。根据电荷守恒定律，有

$$\sigma_1=\sigma_2$$

金属板两侧面的感应电荷在空间产生的电场大小分别为

$$E_1=\frac{\sigma_1}{2\varepsilon_0},\ E_2=\frac{\sigma_2}{2\varepsilon_0}$$

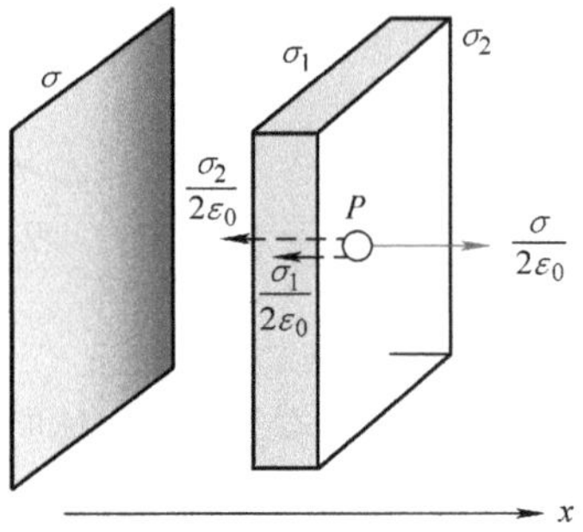

图 7-28 例题 7-10 图

我们知道静电平衡时导体内部任一点 P 的电场强度为零。利用电场强度叠加原理，考虑到方向，有

$$\frac{\sigma}{2\varepsilon_0}-\frac{\sigma_1}{2\varepsilon_0}-\frac{\sigma_2}{2\varepsilon_0}=0$$

解得

$$\sigma_1=\sigma_2=\frac{1}{2}\sigma$$

即靠近带电平面的金属板侧面的感应电荷面密度为 $-\sigma/2$，离带电平面远的侧面的感应电荷面密度为 $\sigma/2$。

三、电介质的极化

电介质是电阻率很大、导电能力很差的物质，电介质的主要特征在于它的原子或分子中的电子和原子核的结合力很强，电子处于束缚状态。在一般条件下，电子不能挣脱原子核的束缚，因而在电介质内部能做自由运动的电子极少，导电能力也就极弱。当电介质处在外电场中时，在电介质中，不论是原子中的电子，还是分子中的离子，或是晶体点阵上的带电粒子，在电场的作用下都会在原子大小的范围内移动，当达到平衡时，在电介质的表面层或在体内会出现带电现象，称为**电介质的极化**。出现的电荷称为**极化电荷**。极化电荷产生的电场削弱外电场。

电介质分子是由原子组成的，原子是由带正电的原子核与分布在核外的电子组成，核内的正电荷与核外的电子系都在做复杂的运动。在远大于分子线度的距离处观察电介质分子，分子的全部正电荷对外的影响将与一个单独的正点电荷等效，分子的全部负电荷也等效于一个单独的负点电荷对外的影响，这个等效的正、负点电荷的位置称为分子的正、负点电荷“中心”。

如果分子中正电荷与负电荷的中心不重合，这类分子称为**有极分子**，电介质称为**有极分子电介质**。有极分子可以看成是一个电偶极子，具有固有电偶极矩。例如：氨（NH_3）、水蒸气（H_2O）、一氧化碳（CO）、二氧化硫（SO_2）、硫化氢（H_2S）等分子都是有极分子。

如果分子中正电荷与负电荷的中心重合，这类分子称为**无极分子**，电介质称为**无极分子电介质**。无极分子没有固有电矩。例如：氦（He）、氮（N_2）、二氧化碳（CO_2）、甲烷（CH_4）等分子是无极分子。

对有极分子电介质来说，每个分子等效为一个电偶极子。在没有外电场存在时，由于分子的热运动，电偶极矩的排列十分纷乱且各向同性，电介质宏观不显电性。在有外电场存在时，电偶极子在外电场的作用下将受到力矩的作用，使分子的电偶极矩 $\boldsymbol{p}$ 转向外电场 $\boldsymbol{E}$ 的方向。在宏观上，则在电介质与外电场垂直的两表面上（厚度为分子电偶极矩的轴长 l）出现极化电荷，如图 7-29a所示。这些电荷不能离开电介质，也不能在电介质中自由移动，所以又称为束缚电荷。当外电场撤去后，由于分子的热运动而使分子的电偶极矩又变成沿各个方向均匀分布，电介质仍呈中性。有极分子的极化就是等效电偶极子转向外电场的方向，所以叫作**取向极化**。

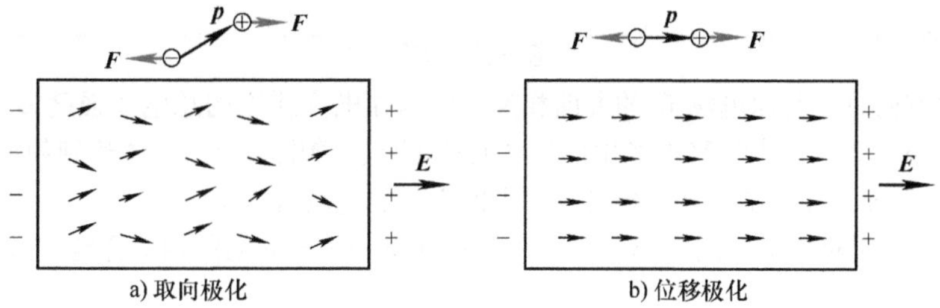

图 7-29　电介质的极化

无极分子处在外电场中，在电场力的作用下分子中的正、负电荷“中心”将发生相对位移，形成一个电偶极子，因而使分子具有了电矩。它们的等效电偶极矩的方向都沿着电场的方向。对于一块电介质的整体来说，由于电介质中每一个分子都形成了电偶极子，它们在电介质中将做如图 7-29b 所示的排列。在电介质的两个和外电场强度相垂直的表面层，将分别出现正、负极化电荷。由于无极分子的极化在于正、负电荷“中心”的相对位移，所以常叫作**位移极化**。

显然，外电场愈强，分子的电偶极矩方向沿外电场方向排列的愈整齐，电介质表面上出现的极化电荷也愈多，电介质被极化的程度愈高。

一般说来，分子在取向极化的同时还会产生位移极化，但是，对有极分子电介质来说，在静电场作用下，取向极化的效应强很多，因而其主要的极化机理是取向极化。这两类电介质极化的微观机制有所不同，但宏观结果都是一样的，都在电介质的两个和外电场强度相垂直的表面上出现正、负极化电荷，所以在宏观描述电介质的极化现象时，不必加以区分。

当外加电场不太强时，它只是引起电介质的极化，不会破坏电介质的绝缘性能。如果外加电场很强，则电介质分子中的正负电荷有可能被拉开而变成可以自由移动的电荷，由于这种自由电荷的产生，电介质的绝缘性能就会遭到明显的破坏而变成导体。这种现象称为电介质的击穿。一种电介质材料所能承受的不被击穿的最大电场强度叫作这种电介质的**介电强度**或**击穿场强**。几种电介质的击穿电场强度见表 7-1。

表 7-1　几种电介质的击穿电场场强

电介质	击穿场强/(kV/mm)（室温）
空气（20℃）	3
变压器油	12
纸	5 ~ 14
聚四氟乙烯	60
聚乙烯	50
氯丁橡胶	10 ~ 20
硼硅酸玻璃	10 ~ 50
陶瓷	4 ~ 25
云母	160

设想在平行板电容器产生的匀强电场 $\boldsymbol{E}_0$ 中放入某种电介质（只考虑各向同性的电介质，以下同），达到静电平衡时，在靠近电容器正极板的电介质表面上出现负的极化电荷，在靠近电容器负极板的电介质表面上出现正的极化电荷，用 $\boldsymbol{E}'$表示极化电荷所激发的电场强度，见图 7-30。为了清楚起见，图中电介质表面与电容器极板间留有空隙，同时为了区别，把平行板电容器上的电荷称为自由电荷。

在电介质的空间中任一点的总电场强度 $\boldsymbol{E}$ 应是两类电荷所激发的电场强度的矢量和，即

$$\boldsymbol{E}=\boldsymbol{E}_0+\boldsymbol{E}' \tag{7-33}$$

写成标量式为

$$E=E_0-E' \tag{7-34}$$

由于 $\boldsymbol{E}'$的方向总是与原电场 $\boldsymbol{E}_0$的方向相反，所以在电介质中的总电场强度 $\boldsymbol{E}$ 与外电场强度 $\boldsymbol{E}_0$ 相比大小变小了。这一点与静电场中的导体有所不同。静电场中的导体达到静电平衡状态后，$\boldsymbol{E}'$与 $\boldsymbol{E}_0$ 等大、反向，所以在静电平衡时导体内的空间总电场强度 $\boldsymbol{E}$ 为零。

为了描述电介质对外电场的影响，引入一个物理量——电介质的**相对介电常数** $\boldsymbol{\varepsilon_r}$，定义为

$$E=\frac{E_0}{\varepsilon_r} \tag{7-35}$$

显然，相对介电常数 $\varepsilon_r>1$（在真空的情况下 $\varepsilon_r=1$）。ε_r 体现了电介质对电场的影响程度：如果电介质对外电场的影响越大，$\boldsymbol{E}'$越大，$\boldsymbol{E}$ 越小，电介质表面上出现的极化电荷越多，电介质的相对介电常数 ε_r 越大。

把相对介电常数 ε_r 和真空中的介电常数 ε_0 的乘积称为**电介质的介电常数**，用 ε 表示，即

$$\varepsilon=\varepsilon_r\varepsilon_0 \tag{7-36}$$

表 7-2 是几种电介质的相对介电常数。

表 7-2　几种电介质的相对介电常数 ε_r

电介质	相对介电常数 ε_r
空气（20℃）	1.00059
聚乙烯	2.2~2.4
变压器油	2.2~2.5
陶瓷	8.0~11.0
纸	2.5
水（20℃）	80.2
二氧化钛	173
钛酸钡锶	约 10^4

若平行板电容器极板间是真空，有 $E_0=\sigma/\varepsilon_0$。结合式（7-35），可得极板间充满相对介电常数为 ε_r 的介质后，极板间的电场强度大小为

$$E=\frac{\sigma}{\varepsilon_r\varepsilon_0}=\frac{\sigma}{\varepsilon} \tag{7-37}$$

从表达式形式上看，有电介质后，有电介质空间的电场强度公式只需把真空情况下的电场强度公式中的 ε_0 替换为电介质的介电常数 ε 即可。

*四、极化电荷与自由电荷的关系

在自由电荷产生的电场 $\boldsymbol{E}_0$ 中放入某种电介质，在电介质的表面出现极化电荷。那么出现的极化电荷的电荷量与自由电荷的电荷量之间有什么关系呢？

我们还是以上述例子说明问题，如图 7-30 所示。设电容器极板自由电荷面密度为 σ，极化电荷面密度为 σ'，有 $E_0=\sigma/\varepsilon_0$，$E'=\sigma'/\varepsilon_0$。

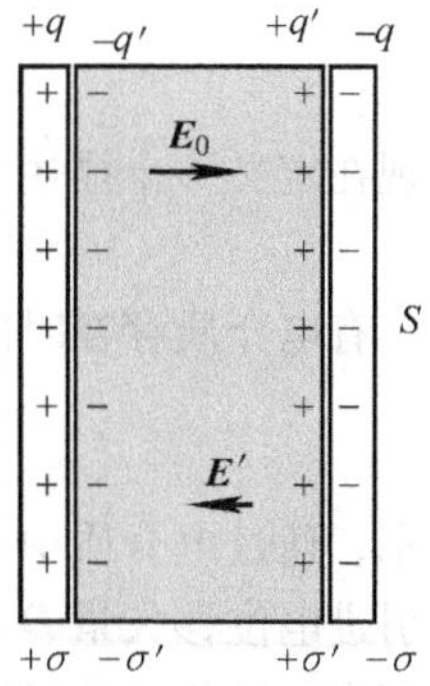

图 7-30　电介质中的电场

由式（7-36）和式（7-37）得

$$E=E_0-E'=\frac{E_0}{\varepsilon_r}$$

有

$$E'=\frac{\varepsilon_r-1}{\varepsilon_r}E_0$$

代入 $E_0=\sigma/\varepsilon_0$，$E'=\sigma'/\varepsilon_0$，得极化电荷面密度与自由电荷面密度的关系，为

$$\sigma'=\frac{\varepsilon_r-1}{\varepsilon_r}\sigma \tag{7-38}$$

而极化电荷的电荷量与自由电荷的电荷量的关系为

$$q'=\frac{\varepsilon_r-1}{\varepsilon_r}q \tag{7-39}$$

可见，极化电荷的电荷量 q' 与自由电荷的电荷量 q 成正比，另外还与电介质的相对介电常数 ε_r 有关。

*五、电位移矢量　电介质中的高斯定理

设平行板电容器的两极板所带自由电荷分别为 $\pm q$。电介质极化后，在靠近电容器两极板的电介质两表面上分别产生极化电荷 $\pm q'$。作一圆柱形闭合面——闭合面的左右底面与极板平行，左底面在导体极板内，右底面在电介质内，如图 7-31 中虚线所示。

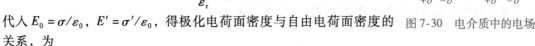

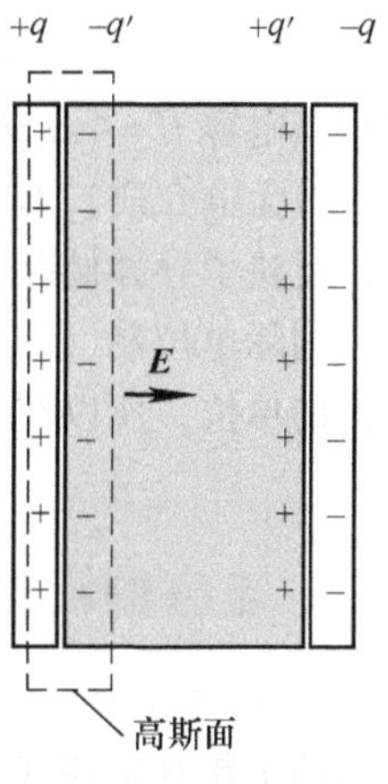

图 7-31　电介质中的电场

由高斯定理

$$\oint_S \boldsymbol{E}\cdot d\boldsymbol{S}=\frac{1}{\varepsilon_0}\sum_{S内} q$$

式中，$\boldsymbol{E}=\boldsymbol{E}_0+\boldsymbol{E}'$，为合电场强度；$\sum\limits_{S内} q$ 应为闭合曲面内所有正、负电荷量的代数和，这里既有自由电荷，又有极化电荷。

上式可写成

$$\oint_S \boldsymbol{E}\cdot d\boldsymbol{S}=\frac{1}{\varepsilon_0}(q-q')$$

代入式（7-39），有

$$\oint_S \boldsymbol{E}\cdot d\boldsymbol{S}=\frac{1}{\varepsilon_r\varepsilon_0}q=\frac{1}{\varepsilon}q$$

式中，q 为高斯面内所有自由电荷的和。则有电介质存在时静电场的高斯定理写成

$$\oint_S \boldsymbol{E}\cdot d\boldsymbol{S}=\frac{1}{\varepsilon}\sum_{S内} q \tag{7-40}$$

上式说明，在有电介质的空间中取一高斯面，通过该高斯面的电通量等于高斯面所包围的自由电荷的代数和除以电介质的介电常数 ε，即把真空情况下的高斯定理公式中 ε_0 用 ε 替代。
把式（7-40）中 ε 移到等式左端，变为

$$\oint_S \varepsilon \boldsymbol{E} \cdot \mathrm{d}\boldsymbol{S} = \sum_{S内} q$$

现在定义一个描述电场的辅助物理量——**电位移矢量 $\boldsymbol{D}$**，即

$$\boldsymbol{D} = \varepsilon \boldsymbol{E} \tag{7-41}$$

这样，有电介质存在时的高斯定理为

$$\oint_S \boldsymbol{D} \cdot \mathrm{d}\boldsymbol{S} = \sum_{S内} q \tag{7-42}$$

它表示，通过电介质中任一高斯面 S 的电位移通量等于该曲面内所包围的自由电荷的代数和。可见，引进电位移矢量 $\boldsymbol{D}$ 后，高斯定理的表达式中就只包含自由电荷，极化电荷不再出现在公式中。其实，极化电荷对原电场的影响体现在电位移矢量 $\boldsymbol{D}$ 中。

第五节　电容　电场的能量

一、孤立导体的电容

理论和实验都表明，对于孤立的不受外界影响的导体，所带电荷量 Q 越多，其电势 V 越高，但其电荷量与电势的比值却是一个与所带电荷量无关的一个物理量，定义其为**孤立导体的电容**，符号用 C 表示，即

$$C = \frac{Q}{V} \tag{7-43}$$

例如带电球体空间的电势为

$$V = \frac{1}{4\pi\varepsilon_0}\frac{Q}{R}$$

计算得其电容 $C = 4\pi\varepsilon_0 R$。可见电容值与 Q 无关，与电势 V 无关，只与孤立导体的结构（形状、尺寸、有无电介质）有关。从式（7-43）可以看出，电容 C 是使导体升高单位电势所需要的电荷量，反映了导体储存电荷的能力。

在国际单位制（SI）中，电容的单位是**法拉**，简称**法**，用 F 表示，1F = 1C/V。法拉是一个非常大的单位，所以在实用中通常采用微法（μF）、皮法（pF）为单位。

$$1\,\mathrm{F} = 10^6\,\mu\mathrm{F} = 10^{12}\,\mathrm{pF}$$

二、电容器及其电容

1. 电容器

由两个相互隔离并与外界绝缘的导体组成的系统称为**电容器**。这两个导体称为电容器的**极板**，带正电荷的极板称为**正极板**，带负电荷的极板称为**负极板**。电容器是现代电子工业、电力工业中的重要电子元件，从各种电器到各种电子仪器、无线电通信、遥感测量等都要用到它。

电容器种类繁多，按性能分类有：固定电容器、可变电容器和半可变电容器；按所夹介质分类有：纸介质电容器、瓷介质电容器、云母电容器、空气电容器、电解电容器等；按形状分类有：平行板电容器、球形电容器、柱形电容器等。图 7-32 是几种电容器。在实际中，虽然电容器的品种繁多，但是就其构造来看，多数都是由两块彼此靠近的金属薄片（或金属膜）构成极板，中间隔以电介质。

2. 电容

使电容器的两极板带上等量异号电荷 $+q$ 和 $-q$，则两极板间有电势差，用 U 表示这个电势

差的绝对值，定义 q 与 U 的比值为电容器的电容，用 C 表示，即

$$C=\frac{q}{U} \tag{7-44}$$

电容器的电容值取决于电容器自身的几何结构（电容器形状、尺寸、有无电介质），与两极板的电荷量和电势差没有关系。电容是描述电容器容纳电荷能力大小的物理量，即电容越大，容纳电荷的能力越强。

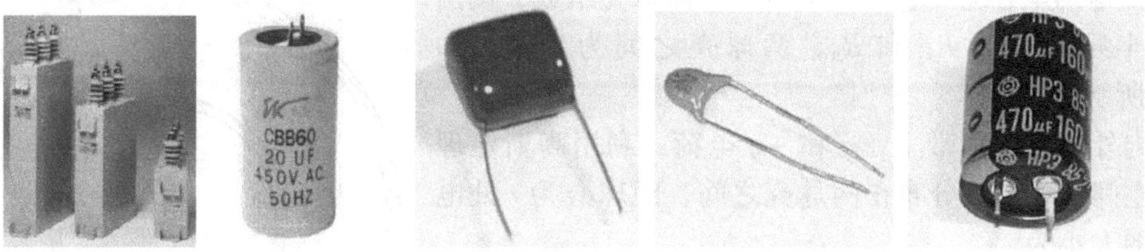

高压电容器　聚丙烯电容器　涤纶电容器　陶瓷电容器　电解电容器

图 7-32　几种电容器

3. 几种常见电容器的电容

（1）平行板电容器　它由两极板相互平行、彼此靠得很近的金属板组成。通常认为两极板的线度远大于两极板间的距离。

设平行板电容器的两极板面积为 S，间距为 d，分别带电 $\pm q$，如图 7-33 所示。电场在极板的边缘效应忽略不计。在真空情况下，两极板间的电场强度 $\boldsymbol{E}$ 的大小为

$$E=\frac{\sigma}{\varepsilon_0}=\frac{q}{\varepsilon_0 S}$$

电场是一匀强电场，方向由正极板 A 指向负极板 B。两个极板间的电势差为

$$U=\int_A^B \boldsymbol{E}\cdot \mathrm{d}\boldsymbol{l}=Ed=\frac{qd}{\varepsilon_0 S}$$

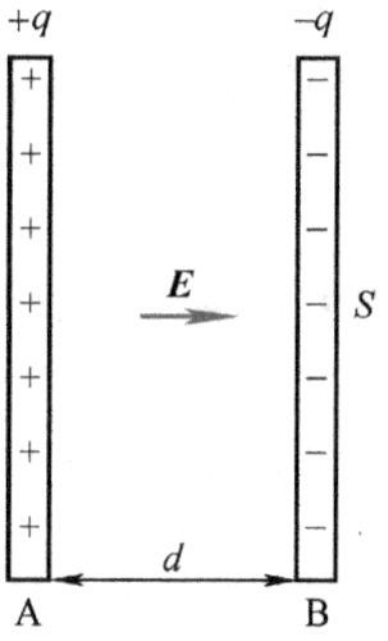

图 7-33　平行板电容器

根据电容的定义式，可得

$$C=\frac{q}{U}=\frac{\varepsilon_0 S}{d} \tag{7-45}$$

上式表明，在真空情况下，平行板电容器的电容与极板的面积成正比，与极板间的距离成反比。

（2）圆柱形电容器　它由两个同轴金属柱面组成，如图 7-34 所示。设内外圆柱面的半径分别为 R_A 和 R_B，柱面高度为 l，两圆柱面之间为真空。

使内外柱面分别带上 $+q$ 和 $-q$ 电荷，则单位长度上圆柱面所带的电荷 $\lambda=q/l$。忽略边缘效应，利用高斯定理可求得空间的电场分布：内半径以内和外半径以外空间没有电场，电场只分布在两柱面之间，距轴线为 r 处的电场强度大小为

$$E=\frac{\lambda}{2\pi\varepsilon_0 r}\quad (R_A<r<R_B)$$

方向垂直于轴线，沿径向向外。两圆柱面间的电势差为

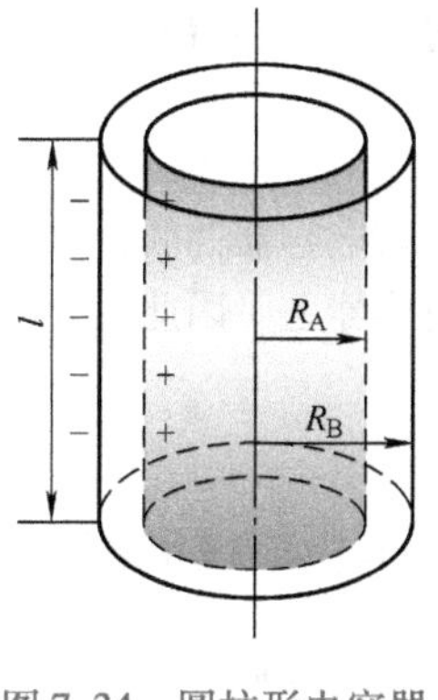

图 7-34　圆柱形电容器

$$U = \int_A^B \boldsymbol{E} \cdot \mathrm{d}\boldsymbol{l} = \int_{R_A}^{R_B} \frac{\lambda \mathrm{d}r}{2\pi\varepsilon_0 r} = \frac{q}{2\pi\varepsilon_0 l}\ln\frac{R_B}{R_A}$$

则圆柱形电容器的电容为

$$C = \frac{q}{U} = \frac{2\pi\varepsilon_0 l}{\ln\dfrac{R_B}{R_A}} \tag{7-46}$$

（3）球形电容器　它由两个同心导体球壳组成，设两球壳的半径分别为 R_A 和 R_B，两球壳之间为真空，如图 7-35所示。

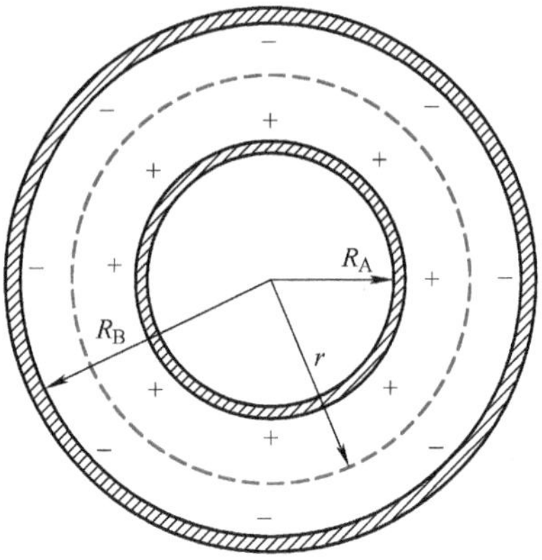

图 7-35　球形电容器

设内外球壳分别带上 $+q$ 和 $-q$ 电荷。利用高斯定理可求得空间的电场只分布在两球壳之间，距球心为 r 处电场强度的大小为

$$E = \frac{q}{4\pi\varepsilon_0 r^2} \quad (R_1 < r < R_2)$$

电场强度方向沿径向向外。

两球壳间的电势差为

$$U = \int_A^B \boldsymbol{E} \cdot \mathrm{d}\boldsymbol{l} = \frac{q}{4\pi\varepsilon_0}\int_{R_A}^{R_B} \frac{\mathrm{d}r}{r^2} = \frac{q}{4\pi\varepsilon_0}\left(\frac{1}{R_A} - \frac{1}{R_B}\right)$$

由电容的定义，可得球形电容器的电容为

$$C = \frac{q}{U} = \frac{4\pi\varepsilon_0 R_A R_B}{R_B - R_A} \tag{7-47}$$

当 $R_B \to \infty$，即 $R_B >> R_A$ 时，上式可写成

$$C = 4\pi\varepsilon_0 R_A$$

从以上三种电容器可以看出，电容与极板所带的电荷无关，只与电容器的几何结构有关。

三、电容器的连接

电容器的性能指标中有两个非常重要，一是电容值，另一个是耐压值。使用电容器时，两极板上的电压不能超过所规定的耐压值。当单独一个电容器的电容或耐压性不满足实际需求时，可以把几个电容器连接起来使用，电容器的基本连接方法有两种，分别为电容器的串联和并联。

电容器串联时，通电回路中每一个电容器带有相同的电荷量 q，而电压与电容成反比地分配在每一个电容器上。因此，整个串联电容器系统的等效电容 C 满足

$$\frac{1}{C} = \frac{U}{q} = \frac{U_1 + U_2 + \cdots + U_n}{q} = \frac{1}{C_1} + \frac{1}{C_2} + \cdots + \frac{1}{C_n} \tag{7-48}$$

若电容器并联，通电后加在各个电容器上的电压相同，电荷量与电容成正比地分配在每一个电容器上。因此，等效电容为

$$C = \frac{q}{U} = \frac{q_1 + q_2 + \cdots + q_n}{U} = C_1 + C_2 + \cdots + C_n \tag{7-49}$$

四、电场的能量

当电容器充电时，电源必须做功，才能克服电容器极板上逐渐积累起来的电荷所产生电场的静电力，将电荷从一个极板移送到另一个极板上。在充电过程中，电源所做的功转换为静电能

储存于电容器中。

下面以平行板电容器的充电过程为例，研究电容器的储能，分析静电场的能量。

设电源给电容器充电前，电容器两极板上没有电荷。充电结束后，两极板上的电荷量为 Q，极板间的电压为 U。

设充电过程中某时刻 t 电容器两极板上的电荷为 q，两极板间的电压为 u，$u=q/C$。经 $\mathrm{d}t$ 时间，电源把 $\mathrm{d}q$ 电荷量移送到电容器的正极板。在此过程中，电源中的非静电场力所做的功为 $\mathrm{d}W=u\mathrm{d}q$。考虑到整个充电过程，电源所做的功为

$$W = \int \mathrm{d}W = \int u\mathrm{d}q = \int_0^Q \frac{q}{C}\mathrm{d}q = \frac{Q^2}{2C} \tag{7-50}$$

根据能量守恒定律，这里电源所做的功 W 转化为电容器中静电场的能量 W_e，得静电场的能量公式为

$$W_e = \frac{Q^2}{2C} = \frac{1}{2}CU^2 = \frac{1}{2}UQ \tag{7-51}$$

设平行板电容器极板的面积为 S，极板间距为 d，极板间充有的各向同性电介质的相对介电常数为 ε_r，充电结束后极板间的电场强度为 E。把

$$U=Ed,\ C=\frac{\varepsilon_r\varepsilon_0 S}{d}$$

代入静电场的能量公式，有

$$W_e = \frac{1}{2}CU^2 = \frac{1}{2}\ \frac{\varepsilon_r\varepsilon_0 S}{d}\ (Ed)^2 = \frac{1}{2}\varepsilon E^2 \cdot V \tag{7-52}$$

式中，$V=Sd$，是电容器中静电场的体积。
把体积移到等式的左端，得静电场的能量密度

$$w_e = \frac{W_e}{V} = \frac{1}{2}\varepsilon E^2 \tag{7-53}$$

上式也可以写成

$$w_e = \frac{1}{2}DE = \frac{1}{2}\boldsymbol{D}\cdot\boldsymbol{E} \tag{7-54}$$

静电场的能量密度公式虽然是从平行板电容器的充电过程中分析得来的，但它适用于任何电场的情况。

在电场不均匀时，电场的能量等于 w_e 在电场强度不为零的空间 V 中的体积分，电场的总能量表示为

$$W_e = \int_V w_e \mathrm{d}V = \int_V \frac{1}{2}\varepsilon E^2 \mathrm{d}V \tag{7-55}$$

例 7-11　真空中有一个均匀带电的球面，半径为 R，带的总电荷量为 Q，如图 7-36 所示。计算其空间电场的能量。

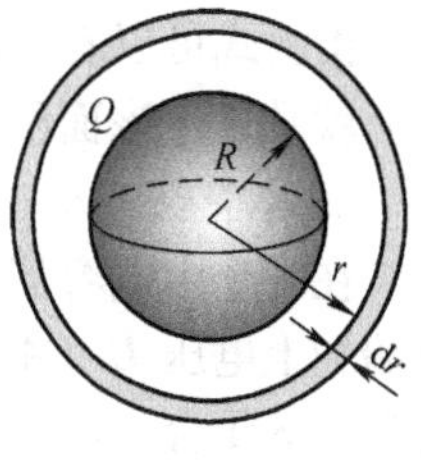

图　7-36

解：均匀带电的球面在空间某点产生的电场强度，利用高斯定理可求得为

$$E=0 \quad (r<R)$$

$$\boldsymbol{E} = \frac{Q}{4\pi\varepsilon_0 r^2}\boldsymbol{e}_r \quad (r>R)$$

可见，电场只在球面外，充满整个球面外空间，方向沿径向向外。

在电场的空间取半径为 r、厚度为 $\mathrm{d}r$ 的一薄球层，该薄层的体积为 $\mathrm{d}V=4\pi r^2\cdot\mathrm{d}r$，所在处的

电场强度大小为

$$E=\frac{Q}{4\pi\varepsilon_0 r^2}$$

则空间电场的能量为

$$W_e=\int_V w_e \mathrm{d}V=\int_V \frac{1}{2}\varepsilon_0 E^2\cdot 4\pi r^2 \mathrm{d}r=\frac{Q^2}{8\pi\varepsilon_0}\int_R^{\infty}\frac{1}{r^2}\mathrm{d}r=\frac{Q^2}{8\pi\varepsilon_0 R}$$

第六节　电流　电动势

一、电流

1. 电流　电流密度

大量电荷宏观定向运动形成**电流**，它是单位时间内通过某横截面的电荷量。设经过 dt 时间有 dq 电荷量通过截面，则电流为

$$i=\frac{\mathrm{d}q}{\mathrm{d}t} \tag{7-56}$$

电流的单位是国际单位制中的基本单位安培（A），规定正电荷的定向运动方向为电流的流向。

电流 i 从定义上看，它只能反映导体在某一截面上的电荷流动情况。在粗细不均的导线中通过电流时，通过导线不同截面、截面上的不同部分电流的大小和方向不同，即电流在截面上的分布是不均匀的，如图 7-37 所示。

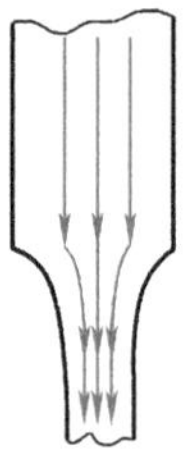
图 7-37　粗细不均匀的金属导线中的电流

为了更细致地描述通过导线的电流情况，引入一个电流密度矢量 $\boldsymbol{j}$ 的概念，即

$$\boldsymbol{j}=\frac{\mathrm{d}i}{\mathrm{d}S}\boldsymbol{n} \tag{7-57}$$

它是一个矢量，其大小为通过单位截面积的电流，$\boldsymbol{n}$ 为 dS 截面的正法线方向，该方向与流过 dS 截面处电流的方向一致，也与该处电场强度 $\boldsymbol{E}$ 的方向一致，如图 7-38 所示。

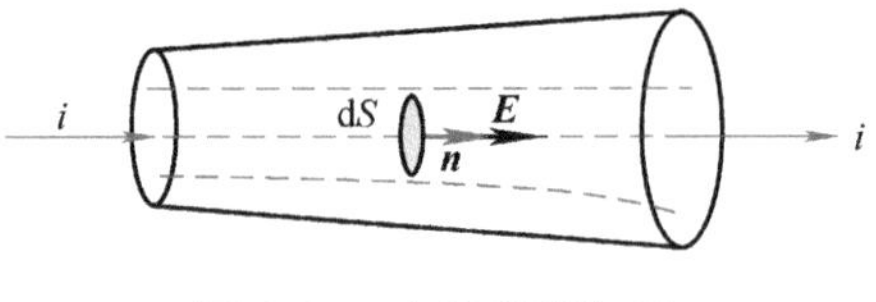

图 7-38　电流密度矢量

由电流密度矢量的定义式可得 d$i=\boldsymbol{j}\cdot \mathrm{d}\boldsymbol{S}$。因此，流过导线上某个截面的电流 i 为

$$i=\int_S \boldsymbol{j}\cdot \mathrm{d}\boldsymbol{S} \tag{7-58}$$

由上式可以看出，通过导体某截面 S 的电流 i 实质上就是通过该面积的电流密度通量。

2. 电容器充电过程中的电流

在一个由电容器 C、电阻 R 和开关 S 组成的串联电路的 A、B 两端加上电压 U（A 端电势高，B 端电势低），如图 7-39 所示。当开关 S 闭合，电子受电压在导线中建立的电场作用，从电容器的正极板通过导线移动到 A 端，同时电场驱动同样多的电子从 B 端移动到电容器的负极板，这样，电容器的正极板失去电子而带上正电，电容器的负极板得到电子而带上负电，形成对电容器的

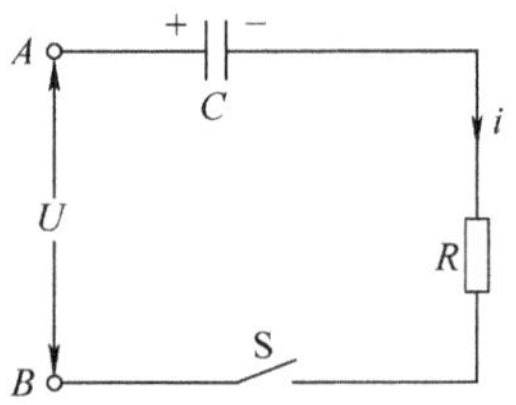

图 7-39　电容器的充电过程

充电过程。

随着电容器充电过程的进行，电容器的两个极板上电荷越来越多，极板间的电势差也从零开始逐渐增大。当电容器的正极板与 A 端等电势、电容器的负极板与 B 端等电势时，导线中没有电场，电子的移动停止，充电过程结束。这时电容器两极板间的电势差等于 A、B 两端的电压 U。

设充电过程结束时电容器两极板带的电荷量为 Q，充电过程中 t 时刻电容器两极板带的电荷量为 q，极板间的电势差为 u。

根据闭合电路的欧姆定律，有

$$U=u+iR$$

代入 $u=q/C$、$i=\mathrm{d}q/\mathrm{d}t$，有

$$U=\frac{q}{C}+R\frac{\mathrm{d}q}{\mathrm{d}t}$$

分离变量 q 和 t

$$\frac{\mathrm{d}q}{UC-q}=\frac{1}{RC}\mathrm{d}t$$

考虑初始到某一时刻 t，对上式求定积分

$$\int_0^q\frac{\mathrm{d}q}{UC-q}=\int_0^t\frac{1}{RC}\mathrm{d}t$$

解得

$$q=UC(1-\mathrm{e}^{-\frac{1}{RC}t})=Q(1-\mathrm{e}^{-\frac{1}{RC}t}) \tag{7-59}$$

进一步可以求得

$$u=U(1-\mathrm{e}^{-\frac{1}{RC}t}) \tag{7-60}$$

$$i=\frac{\mathrm{d}q}{\mathrm{d}t}=\frac{U}{R}\mathrm{e}^{-\frac{1}{RC}t} \tag{7-61}$$

式中，RC 的值称为电路的时间常数，该值的大小决定了电路充电时间的长短。

可见，电容器两极板的电压达到某一值需要一定的时间，这一结论可以用作简单的延时控制电路。

3. 电流与微观量的关系

设导体单位体积内有 n 个定向漂移的、带正电的粒子（导体中通常做定向漂移运动的是电子，等效于带正电的粒子沿相反的方向运动），每个粒子带有的电荷量为 q，都以漂移速率 v 运动，形成的电流为 I，如图 7-40 所示。

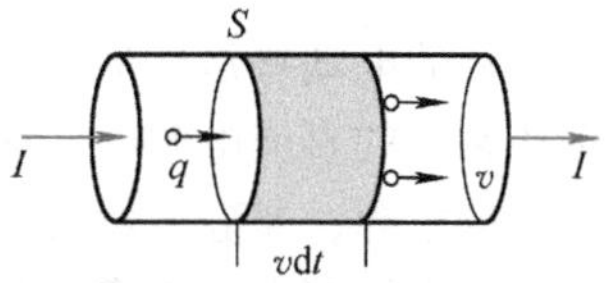

图 7-40　电流与微观量的关系

在 $\mathrm{d}t$ 时间内，带电粒子向前运动的距离为 $v\mathrm{d}t$，体积元 $Sv\mathrm{d}t$ 内（图中阴影部分所示）的所有漂移粒子都通过了 S 横截面，通过 S 横截面粒子的个数为 $nSv\mathrm{d}t$，通过横截面的电荷量 $\mathrm{d}q$ 为 $nSv\mathrm{d}t\cdot q$。

根据电流的定义，可得

$$I=\frac{\mathrm{d}q}{\mathrm{d}t}=qnvS \tag{7-62}$$

上式是通过导体横截面 S 的电流 I 与微观量 n、q、v 的关系式。

二、电动势

在现实生活和生产中，往往需要提供一个稳恒电流。要在导体中维持稳恒电流，必须在其两端维持恒定不变的电势差。这一条件如何满足呢？下面以电容器放电时产生的电流为问题的切

入点来讨论。

如图7-41所示，用导线将电阻 R 与已充电的电容器连接起来，则正电荷从正极板通过电阻流向负极板，形成电流 i。随着时间的变化，电容器极板上的电荷量越来越少，电流 i 也越来越小，直到最后极板上的电荷量为零，回路中的电流也为零，电容器放电结束。

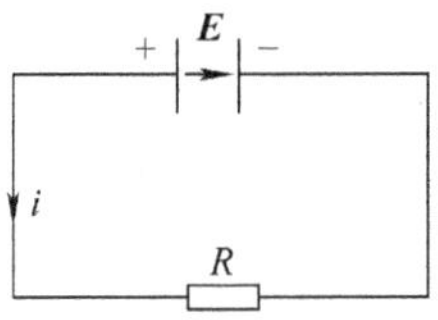

图7-41　电容器的放电过程

可见，通过电容器的放电过程可以获得电流，但不能获得稳恒电流。如果把到达负极板的正电荷及时地送回正极板，保证两极板上的电荷量不随时间而改变，在两极板间维持恒定的电势差，形成的电流 i 就不会随时间而改变，从而就可以获得稳恒电流。

那么，如何把经电阻 R 到达负极板的正电荷 q 及时地送回到正极板呢？移动正电荷 q 这个力一定不是静电场力，因为静电场力对正电荷 q 施加的力的方向指向负极板。把这个不是静电场力的力称为**非静电场力**，用 $\boldsymbol{F}_k$ 表示，如7-42所示。能够提供非静电场力的装置称为**电源**，这时的高电势和低电势极板称为电源的正、负极。

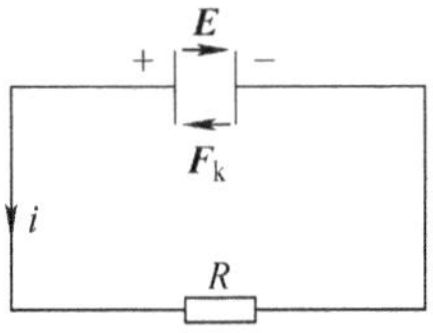

图7-42　电源

综上所述，要想使闭合回路获得稳恒电流，需要在电源内部，由电源提供的非静电力驱使等量正电荷反抗静电场力的作用，从电源负极移向正极。这样，在静电场力和电源提供的非静电场力共同作用下，正电荷持续不断地移动，在电路中形成稳恒电流。

仿照静电场中电场强度的定义，我们把作用在单位正电荷上的非静电力定义为**非静电场强度**，记作 $\boldsymbol{E}_k$，有

$$\boldsymbol{E}_k = \frac{\boldsymbol{F}_k}{q} \tag{7-63}$$

电源把正电荷 q 从负极经电源内部移到正极，非静电场力 $\boldsymbol{F}_k$ 所做的功为

$$W = \int_-^+ \boldsymbol{F}_k \cdot \mathrm{d}\boldsymbol{l} = q\int_-^+ \boldsymbol{E}_k \cdot \mathrm{d}\boldsymbol{l}$$

把单位正电荷从负极经电源内部移到正极，非静电场力 $\boldsymbol{F}_K$ 所做的功定义为电源的电动势，符号用$\mathscr{E}$表示，即

$$\mathscr{E} = \int_-^+ \boldsymbol{E}_k \cdot \mathrm{d}\boldsymbol{l} \tag{7-64}$$

电源的电动势是标量，通常规定从负极经电源内部指向正极的方向为电动势的方向。日常生活中常见的直流电源的电动势值有1.5V、9V、12V等。

有的电源，非静电场力只存在于电源内部，电源外部 $\boldsymbol{E}_K$ 为零；在有的情况下，非静电场力作用在整个回路上（在第九章中的电磁感应现象中会涉及），这时电源的电动势为

$$\mathscr{E} = \oint_L \boldsymbol{E}_k \cdot \mathrm{d}\boldsymbol{l} \tag{7-65}$$

本章提要

一、描述电场的基本物理量

1. 库仑定律：$\boldsymbol{F} = \dfrac{q_1 q_2}{4\pi\varepsilon_0 r^2}\boldsymbol{e}_r$。

2. 电场强度：$\boldsymbol{E} = \dfrac{\boldsymbol{F}}{q}$。

1）点电荷电场：$\boldsymbol{E}=\dfrac{Q}{4\pi\varepsilon_0 r^2}\boldsymbol{e}_r$。

2）点电荷系：$\boldsymbol{E}=\sum\limits_i \boldsymbol{E}_i$（电场强度叠加原理）。

3）电荷连续分布的带电体：$\boldsymbol{E}=\int\dfrac{\mathrm{d}q}{4\pi\varepsilon_0 r^2}\boldsymbol{e}_r$（电场强度叠加原理）。

4）常见带电体的电场

a. 无限长带电直线电场 $E=\dfrac{\lambda}{2\pi\varepsilon_0 r}$。

b. 无限大带电平面电场 $E=\dfrac{\sigma}{2\varepsilon_0}$。

c. 均匀带电球面电场：球面内 $E=0$，球面外 $E=\dfrac{Q}{4\pi\varepsilon_0 r^2}$。

3. 静电力做功 $W=\int_a^b q\boldsymbol{E}\cdot\mathrm{d}\boldsymbol{l}=q(V_a-V_b)$，与路径无关。

4. 电势 $V_a=\int_a^\infty \boldsymbol{E}\cdot\mathrm{d}\boldsymbol{l}$。

1）点电荷电势 $V=\dfrac{q}{4\pi\varepsilon_0 r}$。

2）电荷系电势 $V=\sum\limits_i \dfrac{q_i}{4\pi\varepsilon_0 r_i}$（电势叠加原理）。

3）电荷连续分布带电体的电势 $V=\int\mathrm{d}V=\int_V\dfrac{\mathrm{d}q}{4\pi\varepsilon_0 r}$（电势叠加原理）。

二、静电场的基本性质

1. 真空中的高斯定理 $\oint_S \boldsymbol{E}\cdot\mathrm{d}\boldsymbol{S}=\dfrac{\sum q}{\varepsilon_0}$。

2. 介质中的高斯定理：$\oint_S \boldsymbol{D}\cdot\mathrm{d}\boldsymbol{S}=\sum q$（其中 $\boldsymbol{D}=\varepsilon_0\varepsilon_r\boldsymbol{E}$）。

3. 静电场的环路定理 $\oint_l \boldsymbol{E}\cdot\mathrm{d}\boldsymbol{l}=0$。

三、静电场中的导体

1. 静电平衡条件：1）导体内电场强度处处为零；2）导体表面的电场强度与表面垂直。
2. 静电平衡下导体的特点：
1）导体是等势体，导体表面是等势面。
2）导体内部没有未被抵消的净电荷，电荷分布于导体表面。

3）导体表面的电场强度大小 $E=\dfrac{\sigma}{\varepsilon_0}$。

四、电容　电场的能量

1. 电容：

1）孤立导体 $C=\dfrac{q}{V}$；

2）电容器 $C=\dfrac{q}{U}$。

2. 电场的能量：

1）电容器储能：$W_e=\frac{1}{2}CU^2=\frac{1}{2}\frac{Q^2}{C}=\frac{1}{2}QU$。

2）电场的能量密度 $w_e=\frac{1}{2}\varepsilon E^2$。

3）电场的能量 $W_e=\int_V w_e \mathrm{d}V=\int_V \frac{1}{2}\varepsilon E^2 \mathrm{d}V$。

五、电流　电动势

1. 电流密度：$\boldsymbol{j}=\frac{\mathrm{d}i}{\mathrm{d}S}\boldsymbol{n}$。

2. 电流 $i=\int_S \boldsymbol{j}\cdot \mathrm{d}\boldsymbol{S}$。

3. 电动势 $\mathscr{E}=\int_-^+ \boldsymbol{E}_k\cdot \mathrm{d}\boldsymbol{l}$ 或 $\mathscr{E}=\oint_L \boldsymbol{E}_k\cdot \mathrm{d}\boldsymbol{l}$。

思考与练习（七）

一、单项选择题

7-1. 下列几个说法正确的是（　　）。

（A）电场中某点电场强度的方向，就是将点电荷放在该点所受电场力的方向

（B）在以点电荷为中心的球面上，由该点电荷所产生的电场强度处处相同

（C）电场强度的定义式为 $\boldsymbol{E}=\frac{\boldsymbol{F}}{q}$，$q$ 可正、可负，$\boldsymbol{F}$ 为试验电荷所受的电场力

（D）以上说法都不正确

7-2. 两块金属板的面积均为 S，相距为 d（d 很小），分别带电荷 $+q$ 与 $-q$，两板为真空，则两板之间的作用力为（　　）。

（A）$F=\frac{q^2}{2\varepsilon_0 S}$　（B）$F=\frac{q^2}{\varepsilon_0 S}$　（C）$F=\frac{q^2}{4\pi\varepsilon_0 d^2}$　（D）$F=\frac{q^2}{8\pi\varepsilon_0 d^2}$

7-3. 对静电场高斯定理的理解，下列四种说法正确的是（　　）。

（A）如果通过高斯面的电通量不为零，则高斯面内必有净电荷

（B）如果通过高斯面的电通量为零，则高斯面内必无电荷

（C）如果高斯面内无电荷，则高斯面上电场强度必处处为零

（D）如果高斯面上电场强度处处不为零，则高斯面内必有电荷

7-4. 点电荷 Q 被闭合曲面 S 包围，从无穷远处引入另一点电荷 q 至曲面外一点，如选择题 7-4 图所示，则引入前后（　　）。

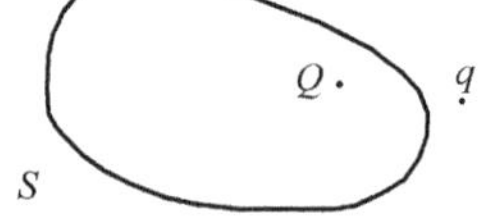

选择题 7-4 图

（A）曲面 S 的电通量不变，曲面上各点的电场强度不变

（B）曲面 S 的电通量变化，曲面上各点的电场强度不变

（C）曲面 S 的电通量变化，曲面上各点的电场强度变化

（D）曲面 S 的电通量不变，曲面上各点的电场强度变化

7-5. 如选择题 7-5 图所示，在边长为 a 的正立方体中心有一个电荷量为 q 的点电荷，则通过该立方体任一面的电通量为（　　）。

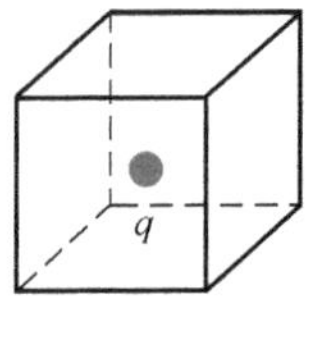

选择题 7-5 图

（A）$\frac{q}{\varepsilon_0}$　（B）$\frac{q}{2\varepsilon_0}$　（C）$\frac{q}{4\varepsilon_0}$　（D）$\frac{q}{6\varepsilon_0}$

7-6. 两个同心均匀带电球面，半径分别为 R_a 和 R_b（$R_a<R_b$），所带电荷量分别为 Q_a 和 Q_b，设某点与球心相距 r，当 $R_a<r<R_b$ 时，该点的电场强度的大小为（　　）。

(A) $\frac{1}{4\pi\varepsilon_0}\cdot\frac{Q_a+Q_b}{r^2}$　　(B) $\frac{1}{4\pi\varepsilon_0}\cdot\frac{Q_a-Q_b}{r^2}$

(B) $\frac{1}{4\pi\varepsilon_0}\cdot\left(\frac{Q_a}{r^2}+\frac{Q_b}{R_b^2}\right)$　　(D) $\frac{1}{4\pi\varepsilon_0}\cdot\frac{Q_a}{r^2}$

7-7. 真空中两块互相平行的无限大均匀带电平板，其中一块的电荷面密度为 $+\sigma$，另一块的电荷面密度为 $+2\sigma$，两板间的电场强度大小为（　　）。

(A) $\frac{\sigma}{2\varepsilon_0}$　　(B) $\frac{3\sigma}{2\varepsilon_0}$　　(C) $\frac{\sigma}{\varepsilon_0}$　　(D) 0

7-8. 电荷分布在有限空间内，则任意两点 P_1、P_2 之间的电势差取决于（　　）。

(A) 从 P_1 移到 P_2 的试探电荷电量的大小

(B) P_1 和 P_2 处电场强度的大小

(C) 试探电荷由 P_1 移到 P_2 的路径

(D) 由 P_1 移到 P_2 电场力对单位正电荷所做的功

7-9. 如选择题 7-9 图所示，AB 和 CD 为两段同心（在点 O）的圆弧，它们所张的圆心角都是 φ，两圆弧都均匀带电，并且电荷的线密度也相等。设 AB 和 CD 在 O 点产生的电势分别为 V_1 和 V_2，下列选项正确的是（　　）。

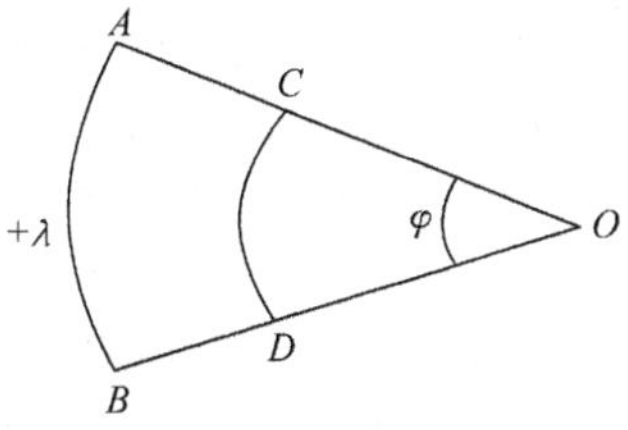

选择题 7-9 图

(A) $V_1>V_2$　　(B) $V_1<V_2$

(C) $V_1=V_2$　　(D) V_1，V_2 大小不定

7-10. 真空的平行板电容器充电后与电源断开，今将两极板用绝缘工具拉开一些距离，则下列结论中不正确的是（　　）。

(A) 电容器两极板间的电势差增大　　(B) 电容器的电容减小

(C) 电容器中的电场能量增加　　(D) 电容器两极板间的电场强度增大

7-11. 如果某带电体其电荷分布的体密度增大为原来的 2 倍，则其电场的能量变为原来的（　　）。

(A) 2 倍　　(B) 1/2 倍　　(C) 4 倍　　(D) 1/4 倍

7-12. 如选择题 7-12 图所示，a、b、c 是电场中某条电场线上的三个点，由此可知（　　）。

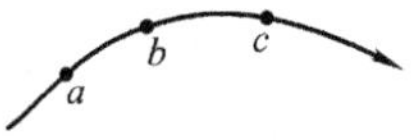

选择题 7-12 图

(A) $E_a>E_b>E_c$　　(B) $E_a<E_b<E_c$

(C) $V_a>V_b>V_c$　　(D) $V_a<V_b<V_c$

二、填空题

7-1. 库仑定律给出两个电荷之间的作用力的大小和方向，对这两个电荷的要求是________。

7-2. 在真空中的静电场中取一个闭合曲面，穿过该闭合曲面的电场强度通量等于________。

7-3. 在静电场中，电势不变的区域，电场强度为________。

7-4. 一均匀带电球面，总电荷量为 Q，半径为 R，在 $r<R$ 的区域内电场强度大小为________，在 $r>R$ 的区域内电场强度大小为________。

7-5. 如填空题 7-5 图所示，边长为 a 的正六边形每个顶点处有一个点电荷 $+q$，取无限远处作为参考点，则 O 点电势为________，O 点的电场强度大小为________。

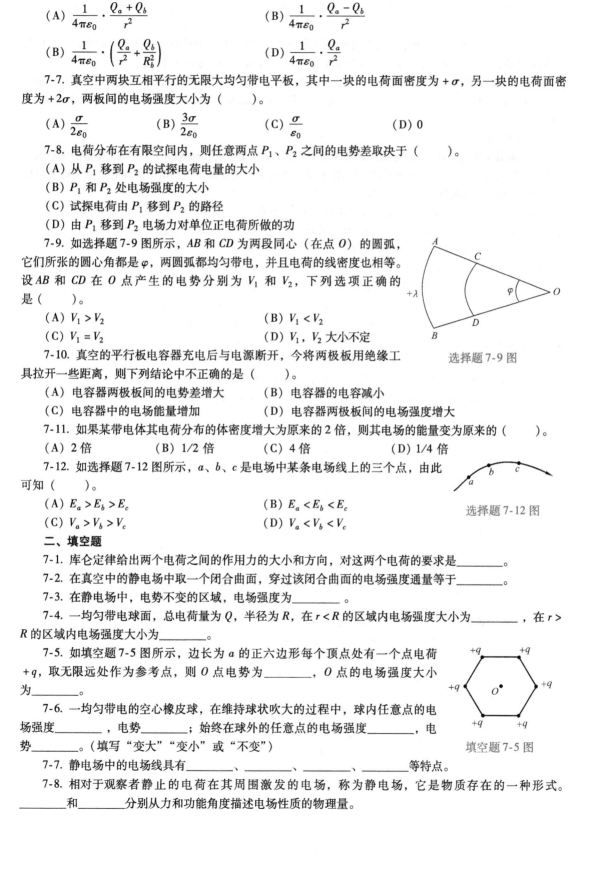

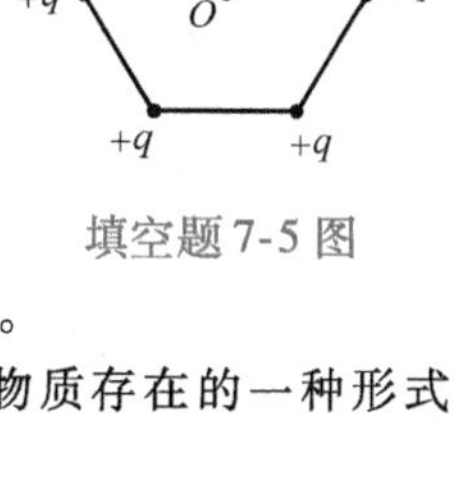

填空题 7-5 图

7-6. 一均匀带电的空心橡皮球，在维持球状吹大的过程中，球内任意点的电场强度________，电势________；始终在球外的任意点的电场强度________，电势________。(填写“变大”“变小”或“不变”)

7-7. 静电场中的电场线具有________、________、________、________等特点。

7-8. 相对于观察者静止的电荷在其周围激发的电场，称为静电场，它是物质存在的一种形式。________和________分别从力和功能角度描述电场性质的物理量。

7-9. 我们可以用多种方法来计算空间某点的电场强度矢量，举出两种计算方法：________、________。

7-10. 一平行板电容器，两板间充满各向同性的均匀电介质，已知介质的相对介电常数为 ε_r，若极板上的自由电荷面密度为 σ，则介质中的电场强度为________，电位移矢量的大小为________。

7-11. 在电场强度为 $\boldsymbol{E}$ 的均匀电场中取一半球面，其半径为 R，电场强度的方向与半球面的对称轴平行，则通过这个半球面的电通量为________，若用半径为 R 的圆面将半球面封闭，则通过这个封闭的半球面的电通量为________。

三、问答题

7-1. 电荷量都是 q 的三个点电荷，分别放在正三角形的三个顶点。试问：(1) 在该三角形的中心放一个什么样的电荷，就可以使这四个电荷都达到平衡（即每个电荷受其他三个电荷的库仑力之和都为零）？(2) 这种平衡与三角形的边长有无关系？

7-2. 在真空中有 A，B 两平行板，相对距离为 d，板面积为 S，其带电荷量分别为 $+q$ 和 $-q$，则这两板之间有相互作用力 F，有人说 $F=q^2/4\pi\varepsilon_0 d^2$，又有人说，因为 $F=qE$，$E=q/\varepsilon_0 S$，所以 $F=q^2/\varepsilon_0 S$。试问这两种说法对吗？为什么？F 到底应等于多少？

7-3. 长 $L=15\text{cm}$ 的直导线 AB 上均匀地分布着线密度为 $\lambda=5\times10^{-9}\text{C}\cdot\text{m}^{-1}$ 的电荷。求在导线的延长线上与导线一端 B 相距 $d=5\text{cm}$ 处 P 点的电场强度。

7-4. 一个半径为 R 的均匀带电半圆环，电荷线密度为 λ，求环心处 O 点的电场强度。

7-5. 一半径为 R 的半球面，均匀地带有电荷，电荷面密度为 σ，求球心 O 处的电场强度。

7-6. 如问答题7-6图所示一厚度为 d 的“无限大”均匀带电平板，电荷体密度为 ρ。求板内、外的电场强度分布，并画出电场强度随坐标 x 变化的图线，即 E-x 图线（设原点在带电平板的中央平面上，Ox 轴垂直于平板）。

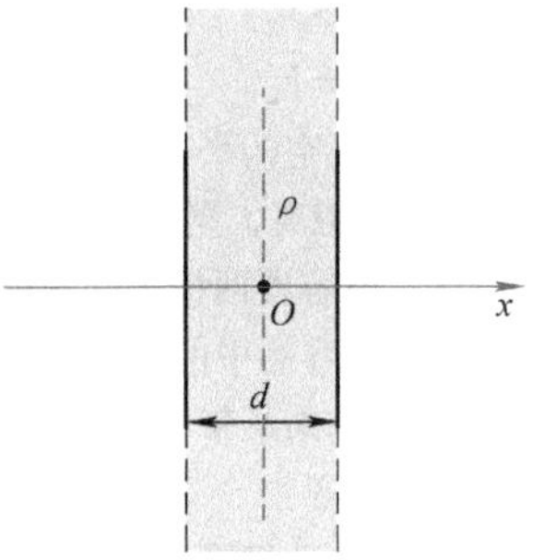

问答题7-6图

7-7. 两无限长同轴圆柱面，半径分别为 R_1 和 R_2（$R_2>R_1$），分别带有等量异号电荷（内圆柱面带正电），且两圆柱面沿轴线每单位长度所带电荷的数值都为 λ。试分别求出以下三区域中离圆柱面轴线为 r 处的电场强度：(1) $r<R_1$；(2) $r>R_2$；(3) $R_1<r<R_2$。

7-8. 一无限长、半径为 R 的圆柱体上电荷均匀分布。圆柱体单位长度的电荷为 λ，用高斯定理求圆柱体内距轴线距离为 r 处的电场强度。

7-9. 一无限大均匀带电薄平板，电荷面密度为 σ，在平板中部有一半径为 r 小圆孔。求圆孔中心轴线上与平板相距为 x 的一点 P 的电场强度。

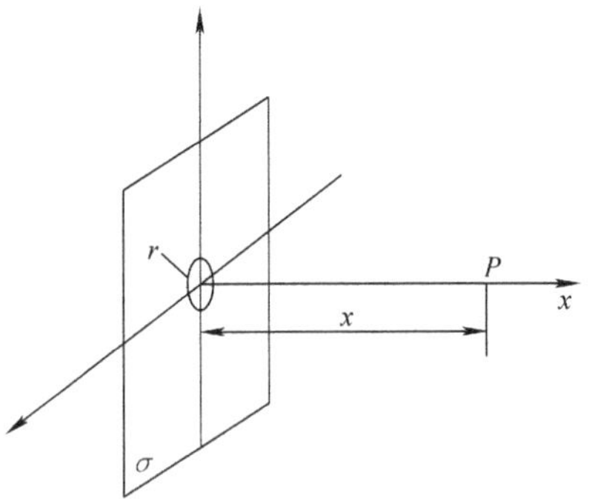

问答题7-9图

7-10. 如问答题7-10图所示的绝缘细线上均匀分布着线密度为 λ 的正电荷，两直导线的长度和半圆环的半径都等于 R。试求环中心 O 点处的电场强度和电势。

7-11. 电荷量 Q 均匀分布在半径为 R 的球体内，试求离球心 r 处（$r<R$）P 点的电势。

7-12. 两个半径分别为 R_1 和 R_2（$R_1<R_2$）的同心薄金属球壳，现给内球壳带电 $+q$，试计算：(1) 外球壳上的电荷分布及电势的大小；(2) 先把外球壳接地，然后断开接地线重新绝缘，此时外球壳的电荷分布及电势；*(3) 再使内球壳接地，此时内球壳上的电荷以及外球壳上电势的改变量。

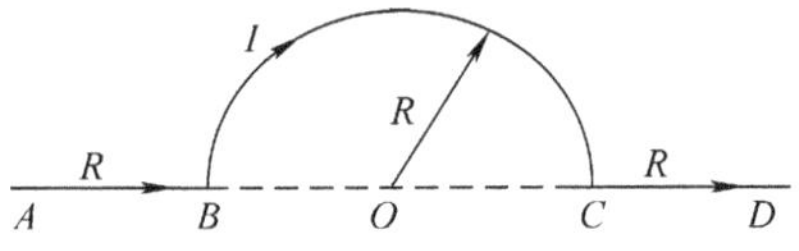

问答题7-10图

在第七章中，重点研究了静止电荷产生的静电场的性质和规律。如果电荷相对于观察者运动，那么在它的周围就不仅有电场，而且还有磁场。两运动电荷间的相互作用不仅有电场力，还有磁场力，而磁场力是通过磁场传递的。磁场也是物质的一种形态，它只对运动电荷或电流施加作用，可用磁感应强度描述。如果磁场中有实物物质存在，在磁场作用下，其内部状态将发生变化，并反过来影响磁场的分布，这就是物质的磁化过程。本章介绍了基本磁现象，着重讨论电流激发磁场的基本公式毕奥-萨伐尔定律、描述磁场基本性质的磁场高斯定理和安培环路定理以及电流和运动电荷在电磁场中的受力和运动的规律。根据实物物质的电结构，本章还将简单说明各类磁介质磁化的微观机制，并介绍有磁介质时磁场所遵循的普遍规律。

第八章　稳恒磁场

第一节　磁场　磁感应强度

一、基本磁现象

我国是世界上最早认识磁性和应用磁性的国家。我国早在战国时期（公元前300年）就有天然磁石（Fe_3O_4）吸引铁的现象的记载，即《管子·地数篇》中有“上有慈石者，下有铜金”。11世纪（北宋）时，我国科学家沈括创制了航海用的指南针，并发现了地磁偏角。地球的N极在地理南极附近，S极在地理北极附近。天然磁铁和人造磁铁都称永磁铁。现在所用的磁铁多半是人工制成的，例如用铁、钴、镍等合金制成的永久磁铁。无论是天然磁石或是人造磁体，都有N和S两个磁极。由于地球就是一个大磁体，将一条形磁铁悬挂起来，磁铁会自动地转向南北方向，指北的一极称为指北极或N极，指南的一极称为指南极或S极。同号磁极之间相互排斥，异号磁极之间相互吸引。在自然界中不存在独立的N极和S极，任一磁铁，不管把它分割得多小，每一小块磁铁仍然具有N极和S极。但我们知道，有独立存在的正电荷或负电荷，这是磁极和电荷的根本区别。近代理论认为可能有单独磁极存在，这种具有磁南极或磁北极的粒子，叫作磁单极子，但至今尚未观察到这种粒子。

磁现象和电现象虽然早已被人们发现，但在很长时期内，没能把电现象与磁现象联系起来，一直认为电现象与磁现象是互不相关的，关于磁现象和电现象的研究都是彼此独立的。直到1820年，丹麦科学家奥斯特发现放在载流导线周围的磁针会受到磁力的作用而偏转，其转动方向与导线中的电流方向有关（见图8-1），这就是历史上著名的奥斯特实验，它第一次指出了磁现象与电现象的联系。同年法国科学家安培发现放在磁铁附近的载流导线及载流线圈也会受到磁力的作用而发生运动，随后又发现载流导线之间或载流线圈之间也有相互作用（见图8-2），并总结出两电流之间的作用力和两磁铁之间的作用力同属磁作用力。

电子射线束在磁场中路径发生偏转的实验，进一步说明了通过磁场区域时运动电荷要受到力的作用。

上述各种实验现象启发人们去探索磁现象的本质。1822年，安培由此提出了有关物质磁性本质的假说，他认为任何物质中的分子都可等效为回路电流，称为分子电流，分子电流相当于一

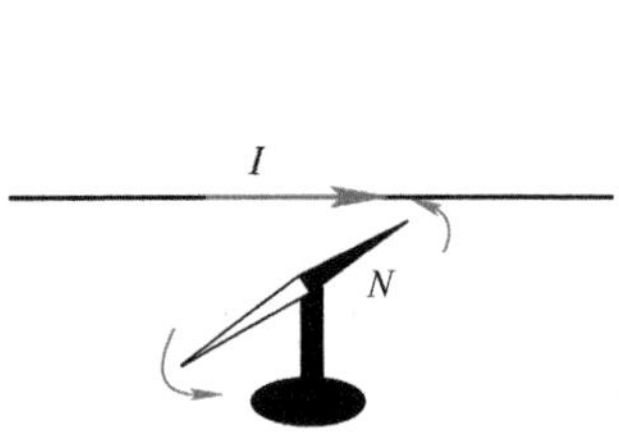

图 8-1 奥斯特实验

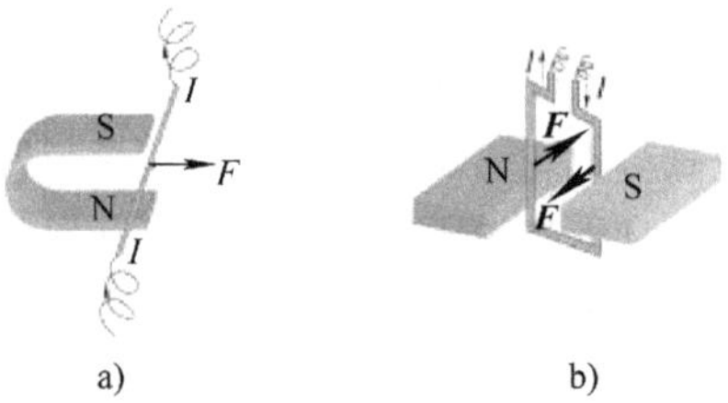

图 8-2 磁场对通电导线和线圈的力

个基元磁体，物质对外显示出的磁性，就是分子电流在外界作用下趋向于沿同一方向排列的原因。当物质不显现磁性时，分子电流做无规则的排列，它们对外界产生的磁效应相互抵消。在外磁场作用下，与分子电流相当的基元磁铁将趋向于沿外磁场方向的取向，整个物体对外显现出磁性。根据安培的物质磁性假说，也很容易说明两种磁极不能单独存在的原因。因为基元磁体的两个磁极对应于分子回路电流的正反两个面，这两个面是无法单独存在的。安培分子电流假说与现代对物质磁性的理解是相符合的。原子有带正电的原子核和绕核旋转的电子组成，原子、分子内电子的这些运动形成环形电流，电子和核还有自旋，自旋也引起磁性。所以说，**一切磁现象起源于电荷的运动**。

二、磁场　磁感应强度

电流间（包括运动电荷间）的相互作用也是通过场来传递的，这种场称为**磁场**。磁场是存在于运动电荷周围空间的一种特殊物质，实验表明，磁场的基本性质在于对位于其中的运动电荷或电流有作用力。因此，运动电荷与运动电荷之间、电流与电流之间、电流与磁铁之间的相互作用，都可以看成是它们中任意一个所激发的磁场对另一个施加作用力的结果。

$$\text{电流（或磁铁）} \Leftrightarrow \text{磁场} \Leftrightarrow \text{电流（或磁铁）}$$

磁场和电场一样，是客观存在的特殊形态的物质，磁场对外界的重要表现是：

1）磁场对运动电荷或载流导线有磁力的作用；

2）载流导线在磁场中移动时，磁场的作用力将对载流导线做功，表明磁场具有能量。

在静电场中，为了探测电场中电场强度的分布情况，我们在电场中放入试验电荷 q_0，若 q_0 受到力 $\boldsymbol{F}$ 的作用，则定义该点处的电场强度为 $\boldsymbol{E}=\boldsymbol{F}/q_0$，用此来定量描述电场。与此相似，由于磁场对运动电荷有力的作用，因此我们引入一个运动电荷，根据磁场对运动电荷的作用情况建立磁感应强度 $\boldsymbol{B}$ 的概念，用来定量描述磁场对运动电荷的作用这一性质。

我们用如图 8-3 所示的实验装置来演示磁场对运动电荷有作用力。

当给匝数相同、间距与半径相同且相互平行的两组线圈通流向相同的电流时，在两线圈轴线中心附近的区域可获得比较均匀的磁场，这个装置称为亥姆霍兹线圈。

在亥姆霍兹线圈产生的均匀磁场中间放置一个充有少量氩气的圆形玻璃泡，玻璃泡内的电子枪可发射不同速率、不同运动方向的电子束。在电子束所经过的路径上，由于氩气被电离而发出辉光，从而可显示出电子束受力后的运动轨迹情况。

图 8-3 运动电荷在磁场中运动演示仪

实验发现：

1）电荷在磁场中运动，受到的磁场力与电荷的正、负有关（负电荷沿某方向运动可以看成是正电荷沿相反方向运动)；

2）当运动电荷以同一速率 v 沿不同方向运动时，电荷所受磁场力的大小是不同的，但磁场对运动电荷作用力的方向却总是与电荷运动方向垂直；

3）在磁场中存在着一个特定的方向，当电荷沿这特定方向运动时，运动电荷不受力，即磁场力为零；

4）如果电荷沿着与这个特定方向垂直的方向运动时，所受到的磁场力最大，即这个最大磁场力 F_m 正比于运动电荷的电荷量 q 与速率 v 的乘积，但比值 F_m/qv 却在空间具有确定的量值。显然，它反映出磁场本身的一个性质。

我们把这个比值定义为均匀磁场空间磁感应强度的大小，符号用 B 表示，即有

$$B = \frac{F_m}{qv} \tag{8-1}$$

实验同时发现，磁场力 $\boldsymbol{F}$ 总是垂直于 $\boldsymbol{B}$ 和 $\boldsymbol{v}$ 所组成的平面，且相互构成右手螺旋系统。我们可以用一个矢量关系式来表示一个电荷 q 以速度 $\boldsymbol{v}$ 通过磁感应强度为 $\boldsymbol{B}$ 的某一点时，粒子受到的磁场力，即

$$\boldsymbol{F} = q\boldsymbol{v} \times \boldsymbol{B} \tag{8-2}$$

这个力称为**洛伦兹力**。根据矢积的定义，洛伦兹力 $\boldsymbol{F}$ 的大小为

$$F = qvB\sin\theta \tag{8-3}$$

式中，θ 是速度 $\boldsymbol{v}$ 和磁感应强度 $\boldsymbol{B}$ 之间小于180°的夹角。显然，当 $\theta = 0$ 或 π，即 $\boldsymbol{v}//\boldsymbol{B}$ 时，$\boldsymbol{F} = 0$；当 $\theta = \pi/2$，即 $\boldsymbol{v} \perp \boldsymbol{B}$ 时，$F = F_m$。

洛伦兹力 $\boldsymbol{F}$ 的方向由右手螺旋定则来判断，如图 8-4 所示：右手四指先指向 $\boldsymbol{v} \times \boldsymbol{B}$ 的方向，然后通过 $\boldsymbol{v}$ 与 $\boldsymbol{B}$ 小于 180°的角弯向 $\boldsymbol{B}$，此时，大拇指的方向即为力 $\boldsymbol{F}$ 的方向。如果 q 为正，则洛伦兹力 $\boldsymbol{F}$ 与 $\boldsymbol{v} \times \boldsymbol{B}$ 方向相同；如果 q 为负，则洛伦兹力 $\boldsymbol{F}$ 与 $\boldsymbol{v} \times \boldsymbol{B}$ 方向相反。

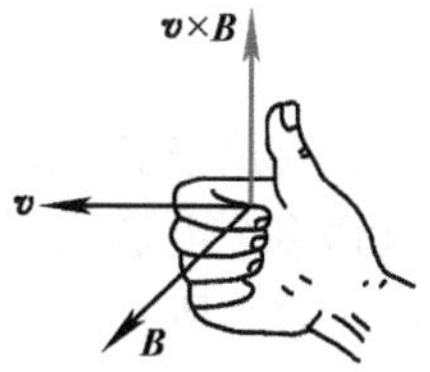

图 8-4　右手螺旋定则

磁感应强度 $\boldsymbol{B}$ 是描述磁场性质的基本物理量。在国际单位制中，按上述定义式，磁感应强度 $\boldsymbol{B}$ 的单位为 N·s/(C·m) = N/(A·m)，称为特斯拉（tesla），符号为 T。工程上还常用高斯作为磁感应强度单位，$1\text{T} = 10^4\text{Gs}$（高斯）。

第二节　毕奥－萨伐尔定律及其应用

19 世纪以来物理学的发展揭示，在宏观世界中，虽然永磁体和电流都能激发磁场，但是源却只有一个，就是电流。本节中，我们将介绍电流激发磁场的规律。

1820 年 7 月，奥斯特发现了电流的磁效应之后，法国科学家毕奥（J. B. Biot）和萨伐尔（F. Savart）等人对载流导体产生的磁场做了大量的实验研究，并在法国数学家拉普拉斯的帮助下，总结出毕奥－萨伐尔定律。

一、毕奥－萨伐尔定律

对于计算载流导线在某点激发的磁感应强度 $\boldsymbol{B}$，想象把整根载流导线先分成无限多个小的电流元，每一个电流元记为 $I\mathrm{d}\boldsymbol{l}$，于是该点的 $\boldsymbol{B}$ 即为每一电流元在该点所激发的 $\mathrm{d}\boldsymbol{B}$ 的叠加。

如图 8-5 所示是一条任意形状的载流导线，在导线上取一微元 $I\mathrm{d}\boldsymbol{l}$，称为**电流元**，大小为电流 I 与 $\mathrm{d}l$ 的乘积，方向与该处电流方向相同。

该电流元在位矢为 $\boldsymbol{r}$ 的 P 点所激发的磁感应强度 $\mathrm{d}\boldsymbol{B}$ 为

$$\mathrm{d}\boldsymbol{B}=\frac{\mu_0}{4\pi}\frac{I\mathrm{d}\boldsymbol{l}\times\boldsymbol{r}}{r^3} \tag{8-4}$$

μ_0 为真空磁导率，在国际单位制中，$\mu_0=4\pi\times10^{-7}\mathrm{N}\cdot\mathrm{A}^{-2}$。而 $\mathrm{d}\boldsymbol{B}$ 的方向垂直于 $\mathrm{d}\boldsymbol{l}$ 和 $\boldsymbol{r}$ 组成的平面，并沿矢积 $\mathrm{d}\boldsymbol{l}\times\boldsymbol{r}$ 的方向，用右手螺旋定则判断方向。

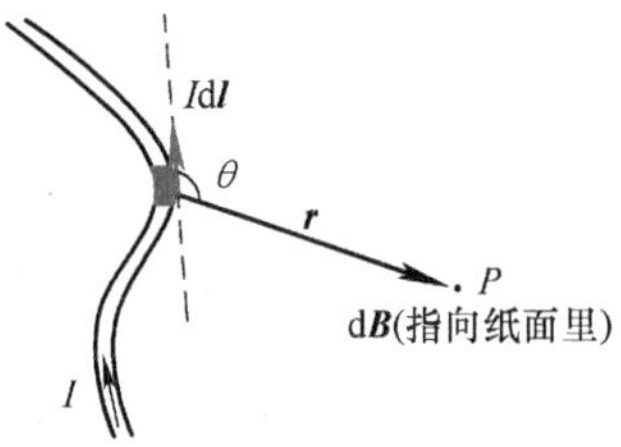

图 8-5 电流元的磁感应强度

若用标量式表示 $\mathrm{d}\boldsymbol{B}$ 的大小，则

$$\mathrm{d}B=\frac{\mu_0}{4\pi}\frac{I\mathrm{d}l\sin\theta}{r^2} \tag{8-5}$$

式中，θ 为 $I\mathrm{d}\boldsymbol{l}$ 和 $\boldsymbol{r}$ 的夹角，这就是**毕奥 - 萨伐尔定律**。

这样，任意载流导线在点 P 所激发的磁感应强度 $\boldsymbol{B}$ 为

$$\boldsymbol{B}=\int_L\mathrm{d}\boldsymbol{B}=\int_L\frac{\mu_0}{4\pi}\frac{I\mathrm{d}\boldsymbol{l}\times\boldsymbol{r}}{r^3} \tag{8-6}$$

积分号下 L 表示对整个载流导线 L 进行积分。需要指出，单独的电流元不可能得到，所以式（8-6）不能直接由实验验证，但是，由毕奥 - 萨伐尔定律计算出的通电导线在场点产生的磁场和实验测量得到的结果符合得很好。此外，导体中的电流是导体中大量自由电子做定向运动形成的，且运动速度 $v\ll c$（光速），因此，所谓电流激发磁场，实质上就是运动的带电粒子在其周围空间激起的磁场。电流产生的磁场实际上就是运动电荷产生磁场的宏观表现，运动电荷所激起的磁场的磁感应强度也可由毕奥 - 萨伐尔定律求得。

二、毕奥 - 萨伐尔定律的应用

在应用毕奥 - 萨伐尔定律计算载流导体的磁感应强度 $\boldsymbol{B}$ 时，首先必须将载流导线想象成是由无限多个电流元 $I\mathrm{d}\boldsymbol{l}$，按式（8-4）写出电流元 $I\mathrm{d}\boldsymbol{l}$ 在所求点的磁感应强度 $\mathrm{d}\boldsymbol{B}$，然后按照式（8-6）求出所有电流元在该点的磁感应强度的矢量和。由于式（8-6）是一矢量积分，各电流元在所求点的磁感应强度 $\mathrm{d}\boldsymbol{B}$ 的方向可能不同，所以我们还必须按所选取的坐标系将 $\mathrm{d}\boldsymbol{B}$ 做一分解，例如在直角坐标系中可将 $\mathrm{d}\boldsymbol{B}$ 分解为

$$\mathrm{d}\boldsymbol{B}=\mathrm{d}B_x\boldsymbol{i}+\mathrm{d}B_y\boldsymbol{j}+\mathrm{d}B_z\boldsymbol{k}$$

然后对各分量进行积分

$$B_x=\int\mathrm{d}B_x,\ B_y=\int\mathrm{d}B_y,\ B_z=\int\mathrm{d}B_z$$

最后得到所求点的磁感应强度

$$\boldsymbol{B}=B_x\boldsymbol{i}+B_y\boldsymbol{j}+B_z\boldsymbol{k} \tag{8-7}$$

下面应用毕奥 - 萨伐尔定律来讨论几种载流导体所激发的磁场。

例 8-1 载流长直导线的磁场。如图 8-6 所示，在真空中有一通有电流 I 的长直导线 CD，试求此长直导线附近任意一点 P 处的磁感应强度 $\boldsymbol{B}$。已知 P 与长直导线间的垂直距离为 r_0。

解： 选取如图 8-6 所示的坐标轴，其中 Oy 轴通过点 P，Oz 轴沿载流直导线 CD。在载流长直导线上取一电流元 $I\mathrm{d}z$，根据毕奥 - 萨伐尔定律，此电流元在点 P 所激发的磁感应强度 $\mathrm{d}\boldsymbol{B}$ 的大小为

$$\mathrm{d}B=\frac{\mu_0}{4\pi}\frac{I\mathrm{d}z\sin\theta}{r^2}$$

式中，θ 为电流元 $I\mathrm{d}z$ 与矢量 $\boldsymbol{r}$ 之间的夹角。$\mathrm{d}\boldsymbol{B}$ 的方向垂直于 $I\mathrm{d}z$ 与 $\boldsymbol{r}$ 所组成的平面（即 yOz 平面），沿 Ox 负轴方向。从图中可以看出，直导线上各个电流元的 $\mathrm{d}\boldsymbol{B}$ 的方向都相同。因此点 P 的

磁感应强度的大小就等于各个电流元的磁感应强度之和，用积分表示，有

$$B=\int_{CD}\mathrm{d}B=\frac{\mu_0}{4\pi}\int_{CD}\frac{I\mathrm{d}z\sin\theta}{r^2}$$

从图 8-4 可以看出，z、r 和 θ 之间有如下关系：

$$z=-r_0\cot\theta,\ r=r_0/\sin\theta$$

于是，$\mathrm{d}z=r_0\mathrm{d}\theta/\sin^2\theta$，因而上式可写成

$$B=\frac{\mu_0 I}{4\pi r_0}\int_{\theta_1}^{\theta_2}\sin\theta\mathrm{d}\theta$$

θ_1 和 θ_2 分别是直电流的始点 C 和终点 D 处电流流向与该处到点 P 的矢量 $\boldsymbol{r}$ 间的夹角（见图 8-6）。由上式的积分得

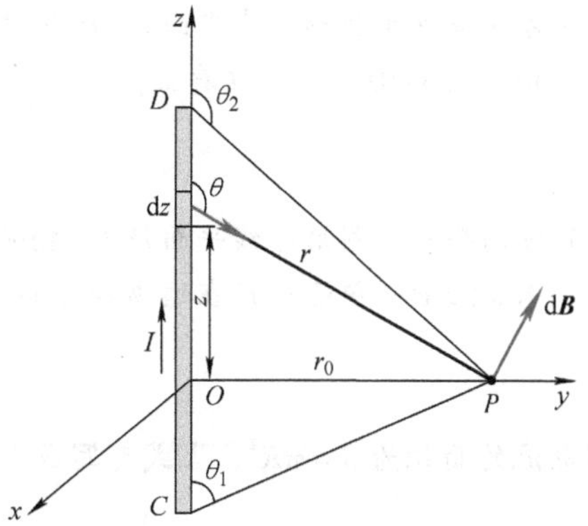

图 8-6 载流长直导线附近磁场的计算

$$B=\frac{\mu_0 I}{4\pi r_0}(\cos\theta_1-\cos\theta_2)\tag{8-8}$$

若载流直导线可视为“无限长”直导线，那么取极限值：$\theta_1=0$，$\theta_2=\pi$。这样由上式可得

$$B=\frac{\mu_0 I}{2\pi r_0}\tag{8-9}$$

这就是“无限长”载流直导线附近的磁感应强度，它表明，其磁感应强度与电流 I 成正比，与场点到导线的垂直距离成反比。可以指出，上述结论与毕奥－萨伐尔早期的实验结果是一致的。

例 8-2 圆形载流导线轴线上的磁场。

设在真空中，有一半径为 R 的载流导线，通过的电流为 I，通常称作圆电流。试求通过圆心并垂直于圆形导线平面的轴线上任意点 P 处的磁感应强度 $\boldsymbol{B}$。

解：选取如图 8-7 所示的坐标轴，其中 Ox 轴通过圆心 O，并垂直圆形导线的平面。在圆上任取一电流元 $I\mathrm{d}\boldsymbol{l}$，这电流元到 P 的矢量为 $\boldsymbol{r}$，它在点 P 处的磁感应强度大小为

$$\mathrm{d}B=\frac{\mu_0}{4\pi}\frac{I\mathrm{d}l\sin\theta}{r^2}$$

由于 $\mathrm{d}\boldsymbol{l}$ 与矢量 $\boldsymbol{r}$ 的方向垂直，所以 $\theta=90°$，因此

$$\mathrm{d}B=\frac{\mu_0}{4\pi}\frac{I\mathrm{d}l}{r^2}$$

而 $\mathrm{d}\boldsymbol{B}$ 的方向垂直于 $I\mathrm{d}\boldsymbol{l}$ 与 $\boldsymbol{r}$ 所组成的平面，设 $\mathrm{d}\boldsymbol{B}$ 与 Ox 方向的夹角为 α。因此，我们可以把 $\mathrm{d}\boldsymbol{B}$ 分解成两个分量：一个沿 Ox 轴的分量 $\mathrm{d}B_x=\mathrm{d}B\cos\alpha$；另一个是垂直于 Ox 轴的分量 $\mathrm{d}B_\perp=\mathrm{d}B\sin\alpha$。考虑到圆上任一直径两端的电流元对 Ox 轴的对称性，故所有电流元在点 P 处的磁感应强度的分量 $\mathrm{d}B_\perp$ 的总和应等于零。所以，点 P 处的磁感应强度的数值为

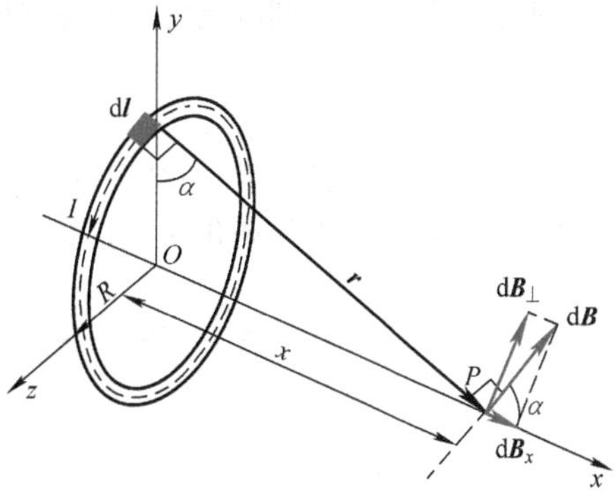

图 8-7 圆电流轴线上的磁场

$$B=\int_l \mathrm{d}B_x=\int_l \mathrm{d}B\cos\alpha=\int_l\frac{\mu_0}{4\pi}\frac{I\mathrm{d}l}{r^2}\cos\alpha$$

由于 $\cos\alpha=R/r$，且对给定点 P 来说，r、I 和 R 都是常量，有

$$B=\frac{\mu_0}{4\pi}\frac{IR}{r^3}\int_0^{2\pi R}\mathrm{d}l=\frac{\mu_0}{2}\frac{R^2 I}{r^3}=\frac{\mu_0}{2}\frac{R^2 I}{(R^2+x^2)^{3/2}}\tag{8-10}$$

$\boldsymbol{B}$ 的方向垂直于圆形导线平面沿 Ox 轴的正向。

由式（8-10）式可以看出，当 $x=0$ 时，则圆心点 O 处的磁感应强度 $\boldsymbol{B}$ 的数值为

$$B=\frac{\mu_0}{2}\frac{I}{R} \tag{8-11}$$

$\boldsymbol{B}$ 的方向垂直于圆形导线平面沿 Ox 轴的正向。

若 $x>>R$，即场点 P 在远离原点 O 的 Ox 轴上，则 $(R^2+x^2)^{3/2}\approx x^3$。由式（8-10）可得

$$B=\frac{\mu_0 IR^2}{2x^3} \tag{8-12}$$

圆电流的面积为 $S=\pi R^2$，上式可写成

$$B=\frac{\mu_0 IS}{2\pi x^3} \tag{8-13}$$

三、磁矩

在静电场一章中，我们介绍了电偶极子，引入电偶极矩的概念，即 $\boldsymbol{p}=q\boldsymbol{l}$。外电场的作用总是使得电偶极矩 $\boldsymbol{p}$ 转到与电场一致的方向。在此处，我们将引入磁矩 $\boldsymbol{m}$ 来描述载流线圈的性质。如图 8-8 所示，有一平面圆电流，其面积为 S，电流为 I，$\boldsymbol{n}$ 为圆电流的单位正法线矢量，它与电流 I 的流向遵守右手螺旋定则，即右手四指顺着电流流动方向回转时，大拇指的指向为圆电流单位正法线矢量 $\boldsymbol{n}$ 的方向。我们定义圆电流的磁矩 $\boldsymbol{m}$ 为

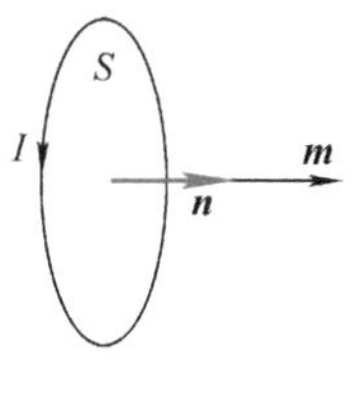

图 8-8 磁矩

$$\boldsymbol{m}=IS\boldsymbol{n} \tag{8-14}$$

$\boldsymbol{m}$ 的方向与圆电流的单位正法线矢量 $\boldsymbol{n}$ 的方向相同，$\boldsymbol{m}$ 的大小为 IS。应当指出，上式对任意形状的载流线圈都是适用的。

因此，例题 8-2 中圆电流的磁感应强度式（8-13）可写成如下矢量形式：

$$\boldsymbol{B}=\frac{\mu_0 IS}{2\pi x^3}=\frac{\mu_0\boldsymbol{m}}{2\pi x^3} \tag{8-15}$$

上式说明了磁矩的重要，它既反映了磁场的大小和方向，也反映了载流线圈在空间中的取向，此外，在研究磁介质磁化时，它的重要性更是不言而喻了。

第三节　磁通量　磁场的高斯定理

一、磁场线

为了形象地反映磁场的分布情况，就像在静电场中用电场线来表示静电场分布那样，我们也用一些设想的磁场线来表示磁场的分布。规定：**①在磁场中磁场线上任一点的切线方向即为该点 $\boldsymbol{B}$ 的方向；②$\boldsymbol{B}$ 的大小则等于垂直于该点处 $\boldsymbol{B}$ 矢量的单位面积上通过的磁场线的条数。**磁场线越密集的地方表示磁场越强；磁场线越稀疏的地方磁场越弱。

同电场线一样，磁场线也可以通过实验的方法模拟出来。

图 8-9a 是条形磁铁吸引铁屑的情况，它的磁场线可以用图 8-9b 来表示，在条形磁铁的两端吸引铁屑最多，磁场最强，因此磁场线分布最密集。

磁场线进入磁体的一端并从另一端出来。磁场线从磁体出来的那一端叫作磁体的北极；磁场线进入磁体的那一端叫作磁体的南极。

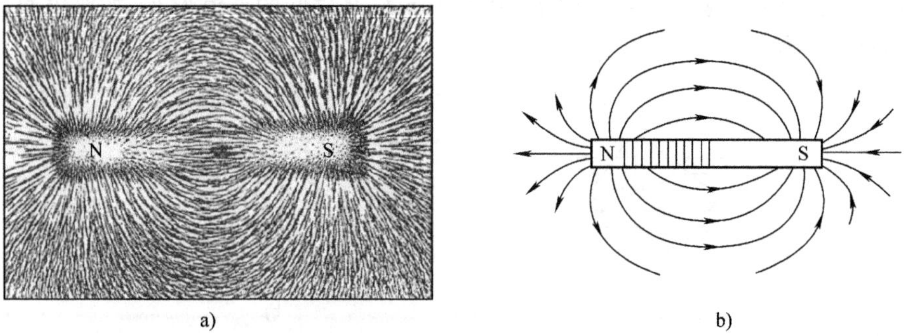

图 8-9　条形磁铁的磁场

图 8-10 给出了几种磁场的磁场线的表示。从磁场线的图示中可以得到磁场线的如下特征：

1）磁场中的每一条磁场线都是环绕电流的闭合曲线。

2）任何两条磁场线在空间不相交，这是因为磁场中任一点的磁场方向是唯一确定的。

3）磁场线的环绕方向与电流方向之间可以分别用右手定则表示。若拇指指向电流的方向，则四指方向即为磁场线方向；若四指方向为电流流向，则拇指方向为磁场线方向。

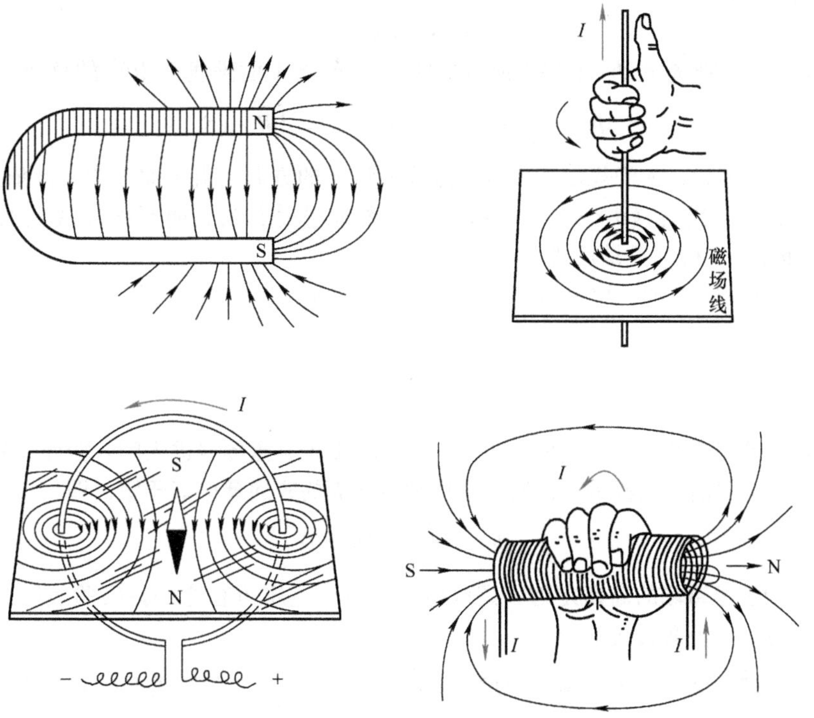

图 8-10　几种不同磁场的磁场线的分布情况

二、磁通量　磁场的高斯定理

1. 磁通量

通过磁场中某一曲面的磁场线条数叫作通过此曲面的**磁通量**，用符号 Φ_m 表示。

在均匀磁场中，磁感应强度为 $\boldsymbol{B}$，如图 8-11a 所示。取一面积矢量 $\boldsymbol{S}$，其大小为 S，其方向用它的单位法线矢量 $\boldsymbol{n}$ 来表示，有 $\boldsymbol{S}=S\boldsymbol{n}$。在图中 $\boldsymbol{n}$ 与 $\boldsymbol{B}$ 之间的夹角为 θ，按照磁通量的定义，通过面 S 的磁通量为

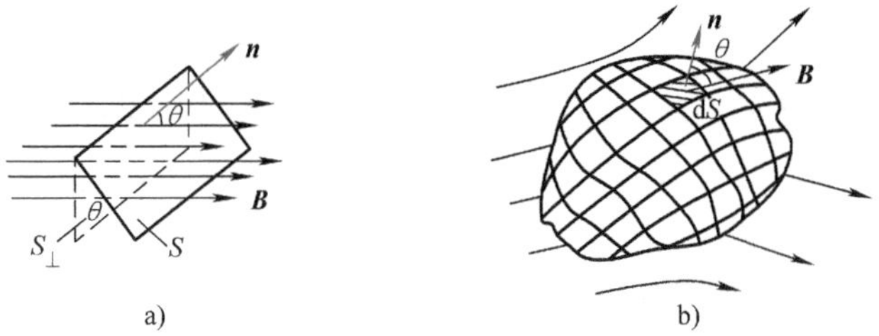

图 8-11　磁通量

$$\Phi_{\mathrm{m}}=BS\cos\theta$$

用矢量表示，上式为

$$\Phi_{\mathrm{m}}=\boldsymbol{B}\cdot\boldsymbol{S}$$

在非均匀磁场中，应通过积分计算穿过任意曲面 S 的磁通量。如图 8-11b 所示的任意曲面上取一面积元矢量 $\mathrm{d}\boldsymbol{S}$，它所在处的磁感应强度 $\boldsymbol{B}$ 与该面元的法线矢量 $\boldsymbol{n}$ 之间的夹角为 θ，则通过面积元 $\mathrm{d}\boldsymbol{S}$ 的磁通量为

$$\mathrm{d}\Phi_{\mathrm{m}}=B\mathrm{d}S\cos\theta=\boldsymbol{B}\cdot\mathrm{d}\boldsymbol{S}$$

而通过某一有限面的磁通量 Φ_{m} 就等于通过这些面积元 $\mathrm{d}\boldsymbol{S}$ 上的磁通量 $\mathrm{d}\Phi_{\mathrm{m}}$ 的总和，即

$$\Phi_{\mathrm{m}}=\int_S\mathrm{d}\Phi_{\mathrm{m}}=\int_S B\mathrm{d}S\cos\theta=\int_S\boldsymbol{B}\cdot\mathrm{d}\boldsymbol{S} \tag{8-16}$$

对于闭合曲面来说，人们规定其单位正法线矢量 $\boldsymbol{n}$ 的方向垂直于曲面向外。依照这个规定，当磁场线从曲面内穿出时（$\theta<\pi/2$，$\cos\theta>0$），磁通量是正的；而当磁场线从曲面外穿入时（$\theta>\pi/2$，$\cos\theta<0$），磁通量是负的。

在国际单位制中，$\boldsymbol{B}$ 的单位是特斯拉，S 的单位是平方米，Φ_{m} 的单位称为**韦伯**，其符号为 Wb，有

$$1\mathrm{Wb}=1\mathrm{T}\times1\mathrm{m}^2$$

2. 高斯定理

由于磁场线是闭合的，因此对任一曲面来说，有多少条磁场线进入闭合曲面，就一定有多少条磁场线穿出闭合曲面。也就是说，**通过任意闭合曲面的磁通量必等于零**，即

$$\Phi_{\mathrm{m}}=\oint_S\boldsymbol{B}\cdot\mathrm{d}\boldsymbol{S}=0 \tag{8-17}$$

式（8-17）称为**稳恒磁场**的**高斯定理**，是电磁场理论的基本方程之一。实验表明，这一定理对稳恒磁场和非稳恒磁场都成立。

虽然式（8-17）和静电场的高斯定理（$\oint_S\boldsymbol{E}\cdot\mathrm{d}\boldsymbol{S}=q/\varepsilon_0$）在形式上相似，但显然两者存在着明显的不对称性，这反映出磁场和静电场在性质上有着本质差别。激发静电场的场源（电荷）是电场线的源头，所以静电场是属于发散式的场，称作**有源场**；而磁场的磁感线是无头无尾，总是闭合的，所以磁场称作**无源场**，两者有着本质上的区别。

第四节　安培环路定理及其应用

在静电场中，由于静电场是保守场，静电场力对电荷做功与路径无关，即电场强度 $\boldsymbol{E}$ 沿任

意闭合路径的积分等于零，即 $\oint_l \boldsymbol{E}\cdot d\boldsymbol{l}=0$，这是静电场的一个重要特征。现在，我们研究稳恒电流的磁场，那么磁场中的磁感应强度 $\boldsymbol{B}$ 沿任意闭合路径的积分 $\oint_l \boldsymbol{B}\cdot d\boldsymbol{l}$ 等于什么呢？

一、安培环路定理

现以通过长直载流导线周围磁场的特例来具体计算 $\boldsymbol{B}$ 沿任一闭合路径的线积分，并讨论这个积分的结果。

已知一无限长载流直导线，它的磁场线是以导线为中心的同心圆，如图 8-12a 所示。取一平面 S 与载流直导线垂直，并在平面内任意作一包围电流的闭合曲线 L，绕行方向如图 8-12b 所示。在闭合曲线 L 上任取一点 P，P 点处的磁感应强度 $\boldsymbol{B}$ 的大小为 $B=\mu_0 I/2\pi r$。在闭合曲线上的 P 点处取一线元 $d\boldsymbol{l}$ 矢量，规定 $d\boldsymbol{l}$ 的方向与闭合曲线 L 的绕行方向相同。由图可知 $dl\cos\theta=rd\varphi$。对 $\boldsymbol{B}\cdot d\boldsymbol{l}$ 在整个 L 求积分，有

$$\oint_L \boldsymbol{B}\cdot d\boldsymbol{l}=\oint_L B\cos\theta dl=\oint_L Brd\varphi=\int_0^{2\pi}\frac{\mu_0 I}{2\pi r}rd\varphi=\frac{\mu_0 I}{2\pi}\int_0^{2\pi}d\varphi=\mu_0 I$$

如果闭合曲线 L 不在垂直于直导线的平面内，则可将 L 上每一段线元 $d\boldsymbol{l}$ 分解为在平行于直导线平面内的分矢量 $d\boldsymbol{l}_{/\!/}$ 与垂直于此平面的分矢量 $d\boldsymbol{l}_{\perp}$，所以

$$\oint_L \boldsymbol{B}\cdot d\boldsymbol{l}=\oint_L \boldsymbol{B}\cdot(d\boldsymbol{l}_{\perp}+d\boldsymbol{l}_{/\!/})=\oint_L B\cos 90^\circ dl_{\perp}+\oint_L B\cos\theta dl_{/\!/}$$

$$=0+\oint_L Brd\varphi=\oint_L\frac{\mu_0 I}{2\pi r}rd\varphi=\mu_0 I$$

积分结果与上面相同。

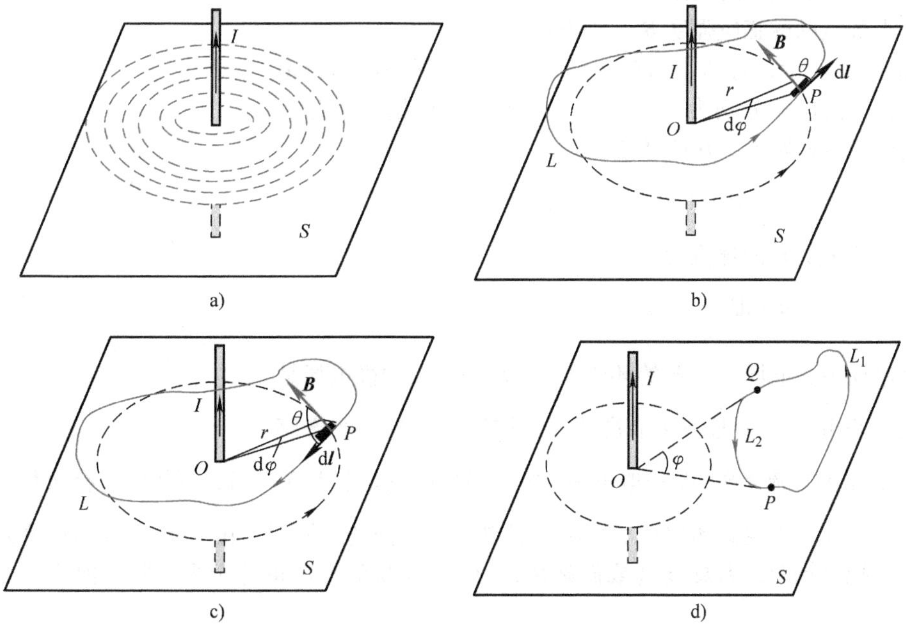

图 8-12 无限长载流直导线 $\boldsymbol{B}$ 的环流

如果沿同一曲线但改变绕行方向积分，如图 8-12c 所示，则得

$$\oint_L \boldsymbol{B}\cdot d\boldsymbol{l}=\oint_L B\cos(\pi-\theta)dl=\oint_L -B\cos\theta dl=-\int_0^{2\pi}\frac{\mu_0 I}{2\pi r}rd\varphi=-\mu_0 I$$

积分结果将为负值。如果把式中的负号和电流流向联系在一起，即令 $-\mu_0 I=\mu_0(-I)$，就可认为对闭合曲线的绕行方向来讲，此时电流取负值。

上述沿闭合路径的线积分又叫作 $\boldsymbol{B}$ 的环流。上式表明，$\boldsymbol{B}$ 矢量的环流与闭合曲线的形状无关，它只和闭合曲线内所包围的电流有关。

如果所选闭合曲线中没有包围电流，如图 8-12d 所示，此时我们从 O 点作闭合曲线的两条切线 OP 与 OQ，切点 P 和 Q 把闭合曲线分割为 L_1 和 L_2 两部分。按上面同样的分析，可以得出

$$\oint_L \boldsymbol{B}\cdot \mathrm{d}\boldsymbol{l}=\int_{L_1}\boldsymbol{B}\cdot \mathrm{d}\boldsymbol{l}+\int_{L_2}\boldsymbol{B}\cdot \mathrm{d}\boldsymbol{l}=\frac{\mu_0 I}{2\pi}\left(\int_{L_1}\mathrm{d}\varphi-\int_{L_2}\mathrm{d}\varphi\right)=0$$

即闭合曲线不包围电流时，$\boldsymbol{B}$ 矢量的环流为零。

以上结果虽然是从长直载流导线的磁场导出的，但其结论具有普遍性，对任意几何形状的通电导线的磁场都是适用的，而且当闭合曲线包围多根载流导线时也同样适用，故一般可写成

$$\oint_L \boldsymbol{B}\cdot \mathrm{d}\boldsymbol{l}=\mu_0\sum_{i=1}^{n} I_i \tag{8-18}$$

式（8-18）表达了电流与它所激发磁场之间的普遍规律，称为**安培环路定理**，可表述为：**在真空的稳恒磁场中，磁感应强度 $\boldsymbol{B}$ 沿任一闭合路径的积分（即 $\boldsymbol{B}$ 的环流）的值，等于 μ_0 乘以通过该闭合路径为边界的任意曲面的电流的代数和。**

上式中，对于 L 内电流的正负，我们做这样的规定：当穿过回路以 L 为边界的曲面的电流方向与回路 L 的绕向符合右手螺旋法则时，电流为正；反之为负。如果电流不穿过回路，则对环绕回路的环流无贡献，但对回路 L 上各点的磁感应强度有贡献，即回路上各点的 $\boldsymbol{B}$ 由空间所有电流激发，为总磁场，但是 $\boldsymbol{B}$ 沿回路的积分值仅与环路内的电流代数和有关。如果 $\oint_L \boldsymbol{B}\cdot \mathrm{d}\boldsymbol{l}=0$，它只能说明回路 L 所包围的电流的代数和为零以及磁感应强度沿回路 L 的环流为零，而不能说明闭合回路 L 上各点的磁感应强度 $\boldsymbol{B}$ 一定为零。

如图 8-13 所示，有两个闭合回路 L_1 和 L_2 在纸平面内，垂直于纸平面内的电流分别为 I_1、I_2、I_3、I_4 和 I_5。根据安培环路定理，对于闭合回路 L_1，$\boldsymbol{B}$ 的环流为

$$\oint_{L_1}\boldsymbol{B}\cdot \mathrm{d}\boldsymbol{l}=\mu_0(I_2-I_1)$$

而对闭合回路 L_2，$\boldsymbol{B}$ 的环流为

$$\oint_{L_2}\boldsymbol{B}\cdot \mathrm{d}\boldsymbol{l}=\mu_0(I_2+I_4-I_1-I_3)$$

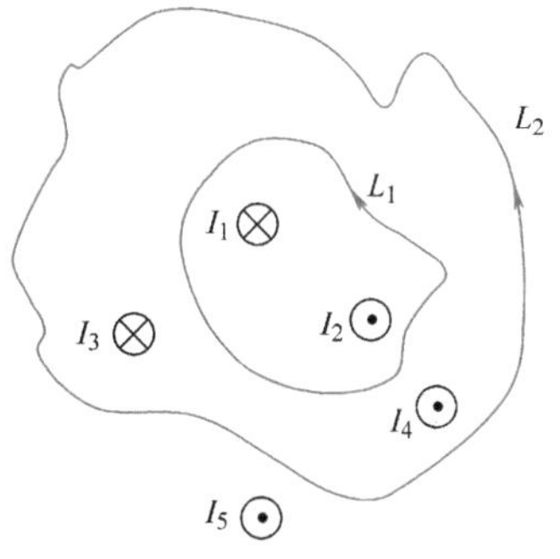

图 8-13

在静电场中，电场强度 $\boldsymbol{E}$ 的环流 $\oint_l \boldsymbol{E}\cdot \mathrm{d}\boldsymbol{l}=0$，说明静电场是保守力场，并由此引入电势这个物理量来描述静电场。但磁感应强度 $\boldsymbol{B}$ 矢量的环流 $\oint_L \boldsymbol{B}\cdot \mathrm{d}\boldsymbol{l}$ 一般不等于零，所以磁场是非保守力场，不能引进标量势的概念来描述磁场。因此，恒定磁场的基本性质与静电场是不同的。同时，由于 $\boldsymbol{B}$ 矢量的环流并不恒等于零，通常把磁场叫作**有旋场（或涡旋场）**，而 $\boldsymbol{E}$ 矢量的环流恒等于零，所以把静电场叫作**无旋场**。

二、安培环路定理的应用

安培环路定理以积分形式表达了恒定电流和它所激发磁场间的普遍关系，而毕奥－萨伐尔定律是部分电流和部分磁场相联系的微分表达式。原则上两者都可以用来求解已知电流分布的

磁场问题，但当电流分布具有某种对称性时，利用安培环路定理能很简单地算出磁感应强度。下面，我们应用安培环路定理求解几个具有对称性的载流导线的磁场分布。

例 8-3 求无限长载流圆柱体内外的磁场。

解：设圆柱形导体的半径为 R，恒定电流 I 沿轴线方向流动，且电流在截面积上的分布是均匀的。如果圆柱形导体很长，那么在导体的中部，磁场的分布可视为是对称的。下面用安培环路定理来求圆柱体内外的磁感应强度。

如图 8-14 所示，设点 P 离圆柱体轴线的垂直距离为 r，且 $r>R$。通过点 P 做半径为 r 的圆，圆面与圆柱体的轴线垂直。由于对称性，在以 r 为半径的圆周上，$\boldsymbol{B}$ 的值相等，方向都是沿圆的切线，故 $\boldsymbol{B}\cdot \mathrm{d}\boldsymbol{l}=B\mathrm{d}l$。根据安培环路定理

$$\oint_l \boldsymbol{B}\cdot \mathrm{d}\boldsymbol{l} = \mu_0 \sum_{i=1}^{n} I_i$$

有

$$B2\pi r=\mu_0 I$$

得

$$B=\frac{\mu_0 I}{2\pi r} \tag{8-19}$$

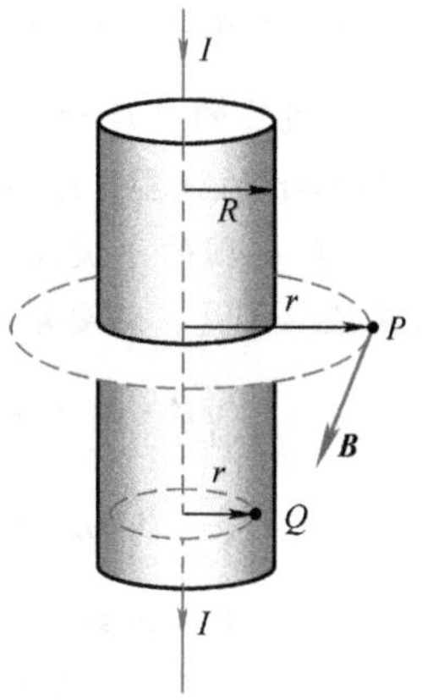

图 8-14 圆柱形电流的磁场

把上式与无限长载流直导线的磁场相比较可以看出，无限长载流圆柱体外的磁感应强度与无限长载流直导线的磁感应强度是相同的。

下面计算圆柱体内距轴线垂直距离为 r 处（$r<R$）的磁感应强度。如图 8-14 所示，通过点 Q 作半径为 r 的圆，圆面与圆柱体的轴线垂直。由于对称性，在以 r 为半径的圆周上，$\boldsymbol{B}$ 的值相等，方向都是沿圆的切线，故根据安培环路定理

$$\oint_l \boldsymbol{B}\cdot \mathrm{d}\boldsymbol{l} = \mu_0 \sum I_i$$

式中，$\sum I_i$ 是以 r 为半径的圆所包围的电流。如果在圆柱体内电流密度是均匀的，则通过截面积 πr^2 的电流 $\sum I_i = (\pi r^2/\pi R^2)\cdot I$，所以

$$\oint_l \boldsymbol{B}\cdot \mathrm{d}\boldsymbol{l} = B2\pi r = \mu_0 \frac{Ir^2}{R^2}$$

$$B = \frac{\mu_0 I r}{2\pi R^2} \tag{8-20}$$

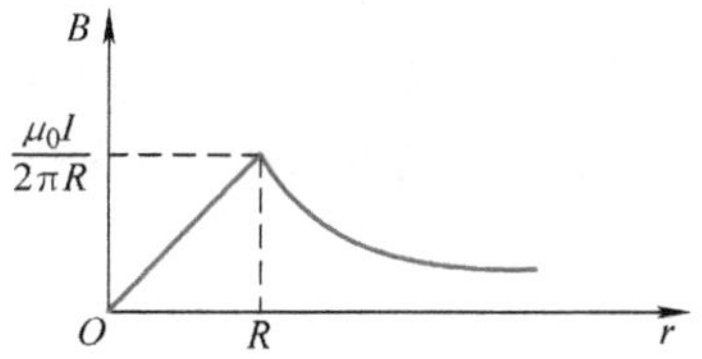

图 8-15 无限长载流圆柱磁场分布

由上述结果可得图 8-15 所示的图线，它给出 $\boldsymbol{B}$ 的值随 r 变化的情形。

例 8-4 求载流长直螺线管内的磁场。

解：设有绕得很均匀紧密的长直螺线管，通有电流 I。由于螺线管相当长，所以管内中间部分的磁场可以看成是无限长螺绕管内的磁场，这时，再根据电流分布的对称性可确定管内的磁场线是一系列与轴线平行的直线，而且在同一磁场线上各点的 $\boldsymbol{B}$ 相同。在管的外侧，磁场很弱，可以忽略不计。

为了计算管内中间部分的一点 P 的磁感应强度，可以通过点 P 作一矩形的闭合回路 $abcda$，如图 8-16 所示。在线段 cd 上，以及在线段 bc 和 da 的位于管外部分，因为在螺线管外，$B=0$；在 bc 和 da 的位于管内部分，虽然 $B\neq 0$，但 $\mathrm{d}\boldsymbol{l}$ 与 $\boldsymbol{B}$ 垂直，即 $\boldsymbol{B}\cdot \mathrm{d}\boldsymbol{l}=0$；线段 ab 上各点磁感应强

度大小相等，方向都与积分路径 d$\boldsymbol{l}$ 一致，即从 a 到 b。由安培环路定理 $\oint_l \boldsymbol{B}\cdot \mathrm{d}\boldsymbol{l} = \mu_0 \sum I_i$ 知，$\boldsymbol{B}$ 矢量沿闭合回路 $abcda$ 的线积分为

$$\oint_l \boldsymbol{B}\cdot \mathrm{d}\boldsymbol{l} = \int_{ab} \boldsymbol{B}\cdot \mathrm{d}\boldsymbol{l} + \int_{bc} \boldsymbol{B}\cdot \mathrm{d}\boldsymbol{l} + \int_{cd} \boldsymbol{B}\cdot \mathrm{d}\boldsymbol{l} + \int_{da} \boldsymbol{B}\cdot \mathrm{d}\boldsymbol{l} = \int_{ab} \boldsymbol{B}\cdot \mathrm{d}\boldsymbol{l} = B\cdot \overline{ab} = \mu_0 \sum I$$

设螺线管的长度为 l，共有 N 匝线圈，则单位长度上有 $N/l = n$ 匝线圈，通过每匝线圈的电流为 I，所以回路 $abcda$ 所包围的电流总和为 $\overline{ab}nI$，根据右手螺旋法则应为正值。于是，由安培环路定理，得

$$\oint_l \boldsymbol{B}\cdot \mathrm{d}\boldsymbol{l} = B\cdot \overline{ab} = \mu_0\, \overline{ab}nI$$

所以 $$B = \mu_0 nI \text{ 或 } B = \mu_0 \frac{N}{l} I \tag{8-21}$$

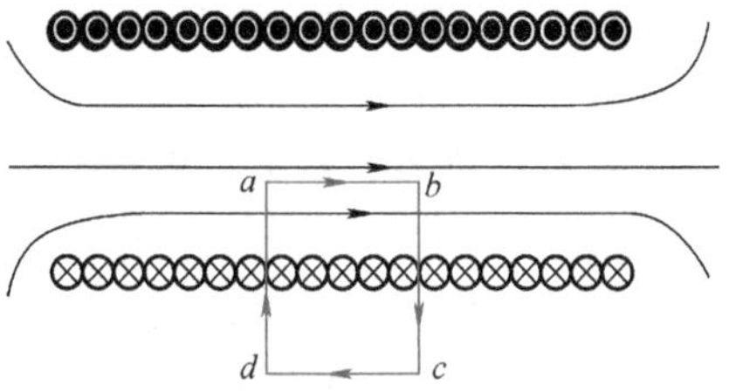

图 8-16　长螺线管内的磁场

例 8-5　载流螺绕环内的磁场。

如图 8-17 所示，设环上线圈的总匝数为 N，电流为 I，求螺绕环内的磁场。

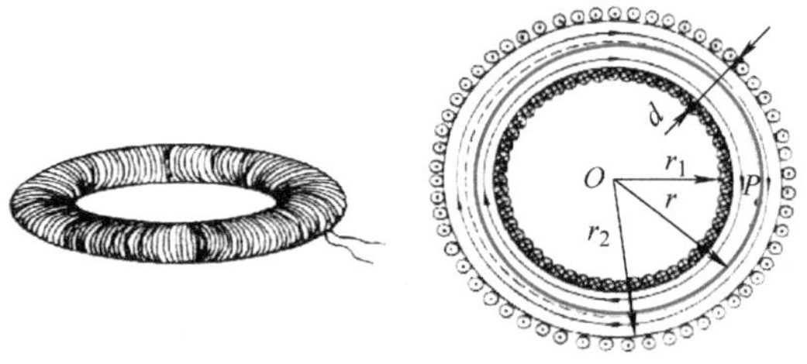

图 8-17　载流螺绕环内磁场的计算

解：绕在环形管上的一组圆形电流形成螺绕环，如果环上的线圈绕得很紧密，则磁场几乎全部集中在螺绕环内，环外磁场接近于零。由于对称性的缘故，环内磁场的磁场线都是一些同心圆，圆心在通过环心且垂直于环面的直线上。在同一条磁场线上各点磁感应强度的量值相等，方向处处沿圆的切线方向，并和环面平行。

为了计算管内某一点 P 的磁感应强度，可选择通过 P 点的磁场线 L 作为积分回路，由于线上任一点的磁感应强度 $\boldsymbol{B}$ 的量值相等，方向都与 d$\boldsymbol{l}$ 同向，由安培环路定理

$$\oint_L \boldsymbol{B}\cdot \mathrm{d}\boldsymbol{l} = \mu_0 \sum I$$

得 $\boldsymbol{B}$ 的环流

$$B 2\pi r = \mu_0 NI$$

式中，r 为回路半径，那么 P 点的磁感应强度为

$$B = \frac{\mu_0 NI}{2\pi r}$$

当环形螺线管的截面积很小、管的孔径 $r_2 - r_1$ 比环的平均半径 r 小得多时，管内各点磁场强弱近似相同，可以取 $l = 2\pi r$ 为螺线管的平均长度，则环内各点的磁感应强度的量值为

$$B = \frac{\mu_0 NI}{l} = \mu_0 nI \tag{8-22}$$

式中，n 为螺绕环单位长度上的匝数；$\boldsymbol{B}$ 的方向与电流流向成右手螺旋关系。

第五节　磁场对运动电荷的作用

本节研究磁场对运动电荷的磁场力作用和带电粒子在磁场中的运动规律，以及霍尔效应等实际应用的例子。

一、带电粒子在磁场中的运动

在本章第一节中，我们介绍过带电粒子在磁场中运动时要受到洛伦兹力作用，即

$$\boldsymbol{F}=q\boldsymbol{v}\times\boldsymbol{B}$$

下面分别讨论带电粒子在均匀磁场和非均匀磁场中的运动情况。

1. 带电粒子在匀强磁场中的运动

(1) $\boldsymbol{v}$与$\boldsymbol{B}$平行或反平行　当带电粒子的运动速度$\boldsymbol{v}$与$\boldsymbol{B}$同向或者反向时，作用于带电粒子的洛伦兹力为零。所以，带电粒子将继续以速度$\boldsymbol{v}$做匀速直线运动，不受磁场力的影响。

(2) $\boldsymbol{v}$与$\boldsymbol{B}$垂直　如图8-18所示，一均匀磁场垂直于纸面向里，一带正电荷q的粒子以速度$\boldsymbol{v}$射入磁场，$\boldsymbol{v}$与磁感应强度$\boldsymbol{B}$垂直。根据洛伦兹力公式，粒子所受磁场力$\boldsymbol{F}$的方向与$\boldsymbol{v}\times\boldsymbol{B}$一致，因此$\boldsymbol{F}$与$\boldsymbol{v}$垂直，$\boldsymbol{F}$是法向力，它只改变$\boldsymbol{v}$的方向，不改变$\boldsymbol{v}$的大小。因此，粒子在这个大小恒定的法向力作用下，将在垂直于磁场的平面内做匀速率圆周运动。

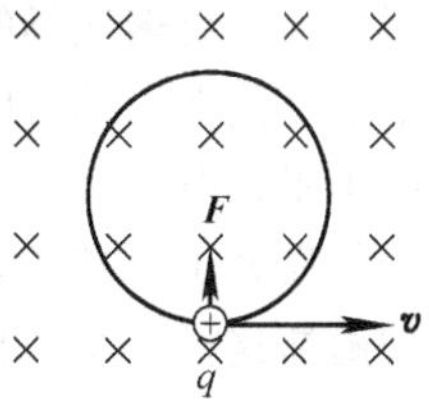

图8-18　带正电粒子在磁场中的运动

这个圆周运动具有以下特点：

1) 圆周半径：设粒子做圆周运动时的半径为R，根据牛顿第二定律有

$$qvB=m\frac{v^2}{R}$$

因而

$$R=\frac{mv}{qB}\tag{8-23}$$

对于给定的粒子，m/q是一个确定的值，如果B也是确定的，则$R\propto v$。

2) 圆周运动的周期：带电粒子绕圆形轨道一周所需的时间就是运动的**周期**。

粒子绕行一周走过的路径为$2\pi R$，绕行速率为v，所以周期为

$$T=\frac{2\pi R}{v}=\frac{2\pi m}{qB}\tag{8-24}$$

可见，周期T与半径R及速率v均无关。粒子的速率大，就绕大圆周运动，粒子的速率小，就绕小圆周运动，但在同一磁场中绕行一周所需的时间是相同的。这是带电粒子在磁场中做圆周运动的一个显著特征，回旋加速器就是根据这一特征设计制造的。

周期的倒数即为频率，表示单位时间里所绕的圈数，也称为带电粒子在磁场中的**回旋频率**，即

$$f=\frac{1}{T}=\frac{qB}{2\pi m}\tag{8-25}$$

(3) $\boldsymbol{v}$与$\boldsymbol{B}$成θ角　一般情况下，粒子的速度$\boldsymbol{v}$与磁感应强度$\boldsymbol{B}$成任一角度θ。如图8-19所示，这时，粒子的速度可分解成平行于$\boldsymbol{B}$的分量$\boldsymbol{v}_{/\!/}=\boldsymbol{v}\cos\theta$和垂直于$\boldsymbol{B}$的分量$\boldsymbol{v}_{\perp}=\boldsymbol{v}\sin\theta$。如果只有垂直分量$\boldsymbol{v}_{\perp}$，粒子将在垂直于磁场的平面内做匀速圆周运动，圆周半径为$R=mv_{\perp}/qB$；如

果只有平行分量 $v_{//}$，粒子将不受磁场力作用，从而沿磁场方向做匀速直线运动。这两个运动合成的结果是，粒子做等螺距的螺旋线运动。

螺旋线的螺距 h，即粒子在绕行一周的时间 T 内沿磁场方向所走的路程为

$$h = v_{//}T = \frac{2\pi m}{qB}v\cos\theta \tag{8-26}$$

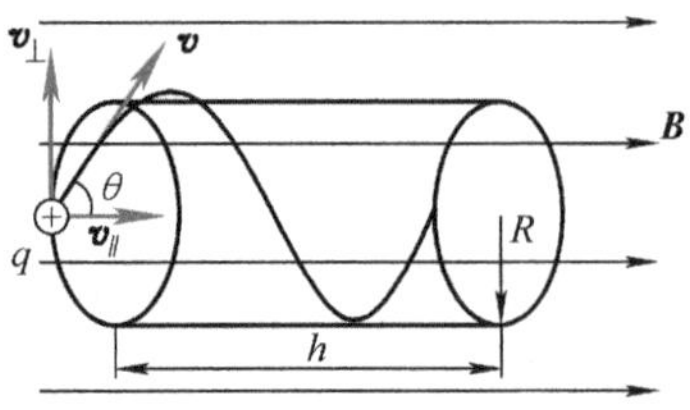

图 8-19　带电粒子在磁场中的运动

带电粒子在磁场中的螺旋运动广泛应用于“磁聚焦”技术。

2. 带电粒子在非均匀磁场中的运动

由式（8-23）可知，带电粒子在非均匀磁场中向磁场较强的方向运动时，螺旋线半径将随着磁感应强度的增加而减小。如图 8-20 所示，两个相隔一定距离的通电线圈，当带电粒子靠近任何一个线圈时都要受到一个指向中央区域的磁场力，如果带电粒子沿轴线方向上的分速度较小，就可能会减速到零，然后做反向运动，就像光线射到镜面上反射回来一样。通常把这种强度逐渐增强、会聚磁场的作用称为**磁镜约束**。这样的两个线圈就好像两面“镜子”，称为**磁镜**，在一定速度范围内的带电粒子进入这个区域后，就会被这样一个磁场所俘获而无法逃脱，像被装在瓶子里，所以又称为**磁瓶**。目前，这种技术主要用在可控热核反应装置中。这是因为在热核反应中物质处于等离子态，温度高达10^6K 以上，目前尚无一种实体容器能够耐受如此高温。所以采用磁瓶这样一个“虚拟”容器，来“容纳”可控热核反应物质。

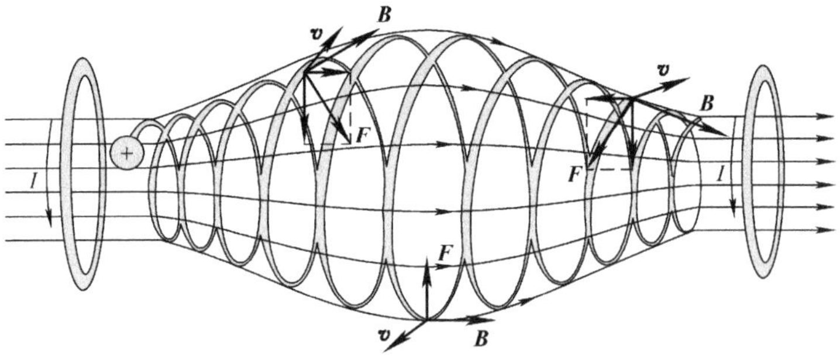

图 8-20　磁镜

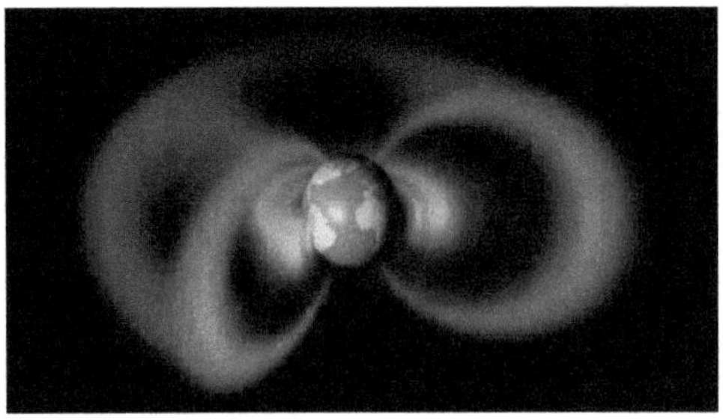

图 8-21　范艾仑辐射带

图 8-22　木星的两极

上述磁约束的作用也存在于宇宙空间。地球是一个大磁体，磁场在两极强而中间弱。当来自外层空间的大量带电粒子进入磁场影响范围后，粒子将绕地磁场线做螺旋运动，因为在近两极处地磁场增强，做螺旋运动的粒子将被折回，结果粒子在沿磁场线的区域内来回振荡，探索者 1 号宇航器在 1958 年从太空中发现，在距地面几千公里和两万公里的高空，分别存在质子层、

电子层两个环绕地球的辐射带，这些区域称为**范艾仑辐射带**，如图 8-21 所示。有时太阳黑子活动使宇宙中高能粒子剧增，太阳风所携带的高能粒子沿地磁场线进入地球南北极附近并进入大气层时将使大气激发，然后辐射发光，从而出现美妙的极光。极光中的绿光由氧原子发出，淡红光由氮分子发出。极光产生的条件有三个：大气、磁场、高能带电粒子。这三者缺一不可。极光不只在地球上出现，太阳系内的其他一些具有磁场和大气层的行星上也会产生极光。木星和土星这两颗行星都有比地球更强的磁场（木星在赤道的磁感应强度是 4.3×10^{-4}T，相较之下地球只有 1×10^{-5}T），而且两者也都有强大的辐射带，图 8-22 是木星两极的情况。在金星和火星上也曾观测到极光。

二、带电粒子在电磁场中的运动

当带电粒子在电场和磁场共同存在的空间运动时，它将受到电场力和磁场力的共同作用，合力为

$$\boldsymbol{F}=q(\boldsymbol{E}+\boldsymbol{v}\times\boldsymbol{B})\tag{8-27}$$

上式叫作**洛伦兹关系式**。

下面我们再讨论带电粒子在电磁力控制下运动的几种简单而重要的实例。

1. 磁聚焦

我们设想从磁场某点 A 发射出一束很窄的带电粒子流，这些粒子的速度 $\boldsymbol{v}$ 差不多相等，且与磁感应强度 $\boldsymbol{B}$ 的夹角 θ 都很小，则

$$v_{//}=v\cos\theta\approx v$$

$$v_{\perp}=v\sin\theta\approx v\theta$$

由于速度的垂直分量 $\boldsymbol{v}_{\perp}$ 不同，在磁场的作用下各粒子将沿不同的半径做螺旋线运动。但由于它们速度的平行分量 $\boldsymbol{v}_{//}$ 近似相等，经过一个周期后，它们又重新会聚在 A' 点，这与光束经透镜后聚焦的现象有些类似，所以叫作**磁聚焦**现象，如图 8-23 所示。磁聚焦广泛应用于电真空器件中对电子束的聚焦。图 8-24 是显像管中电子束磁聚焦装置的示意图。

图 8-23　均匀磁场的磁聚焦

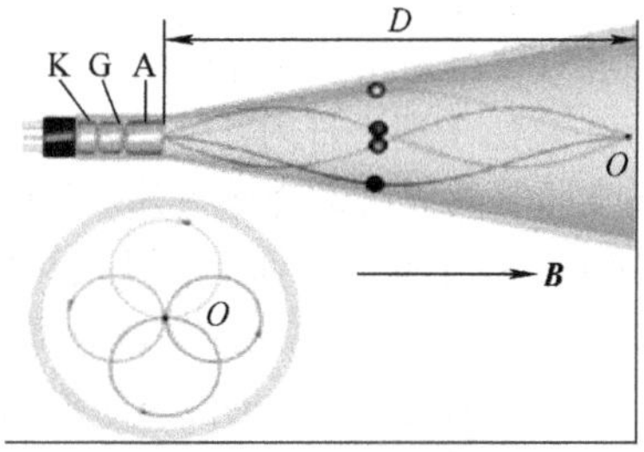

图 8-24　电子束磁聚焦

2. 回旋加速器

回旋加速器是用来加速带电粒子（如质子、氘核等），使其获得较高能量的装置。加速后的高能粒子可用来轰击原子核，引起核反应以获取有关核结构的信息，高能粒子也可用于医学治疗。图 8-25 是回旋加速器的结构示意图。D_1 和 D_2 是两个中空的半圆形铜盒，称为 D 形电极。把两个电极与高频振荡器连接，以使间隙中的电场来回地变换方向，先朝向一个 D 形电极，然后再朝向另一个。电场不进入 D 形电极，只存在于两个 D 形电极的中央间隙。把这两个 D 形电极放在电磁铁的

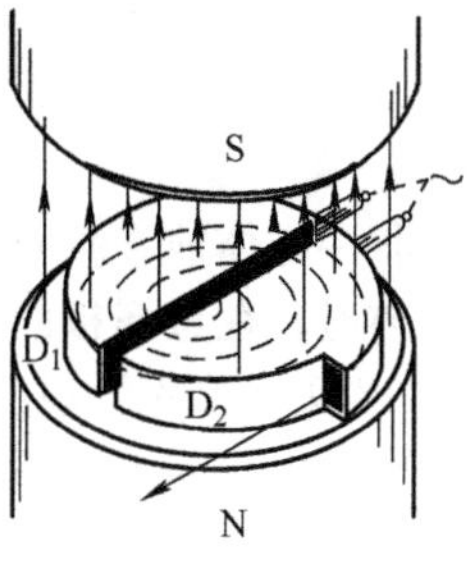

图 8-25　回旋加速器

两个磁极之间，便有一恒定的均匀强磁场垂直于电极板平面。假设一质子由回旋加速器中央的源注入，首先被电场加速进入半盒 D_1，由于盒内无电场，且磁场的方向垂直于粒子的运动方向，所以粒子在 D_1 内做匀速圆周运动。当粒子再次到达间隙处，这时交变电压也将改变符号，即极缝间的电场正好也改变了方向，所以粒子又会在电场力的作用下加速进入盒 D_2，使粒子再次得到加速。由式（8-22）可知粒子的回旋频率为

$$f=\frac{1}{T}=\frac{qB}{2\pi m}$$

其中，m 为粒子的质量。上式也表明，粒子回旋频率与圆轨道半径无关，与粒子速率无关。这样，带正电的粒子在交变电场和均匀磁场的作用下，多次累积式地被加速而沿着螺旋形的平面轨道运动，直到粒子能量足够高时到达半圆形电极的边缘，通过铝箔覆盖着的小窗，被引出加速器。高能粒子在科学技术中有广泛的应用领域，如核工业、医学、农业、考古学等。

当粒子到达半圆形盒的边缘时，粒子的轨道半径即为盒的半径 R_0，此时粒子的速率为

$$v=\frac{qBR_0}{m} \tag{8-28}$$

粒子的动能为

$$E_k=\frac{1}{2}mv^2=\frac{q^2B^2R_0{}^2}{2m} \tag{8-29}$$

从上式可以看出，某一带电粒子在回旋加速器中所获得的动能，与电极半径的二次方成正比，与磁感应强度 B 的大小的二次方成正比。可见，要使粒子的能量提高，就得建造巨型的强大的电磁铁，或者要有很大的轨道半径。

回旋加速器本质上是一种粒子加速器，粒子加速器是使带电粒子在高真空场中受磁场力控制、电场力加速而达到高能量的特种电磁装置。目前世界上最大的粒子加速器是欧洲的大型强子对撞机 LHC（Large Hadron Collider），大型强子对撞机是粒子物理科学家为了探索新粒子，将质子加速对撞的高能物理设备，如图 8-26 所示，它位于瑞士日内瓦。LHC 是一个国际合作的计划，由 34 国超过两千位物理学家所属的大学与实验室共同出资合作兴建。LHC 包含了一个圆周为 27 公里的圆形隧道，位于地下 50～150m 之间，位于同一平面上，并贯穿瑞士与法国边境，主要的部分大半位于法国。隧道本身直径 3m。在加速器通道中，主要是放置两个质子束管。当两个质子束在环形隧道中沿着反方向运动时，强大的电场使它们的能量急剧增加，这些粒子每运动一周就会获得更多的能量，要保持如此高能量的质子束继续运行需要强大的磁场。两个对撞加速管中的质子各具有的能量为 7TeV，总撞击能量达 14TeV。每个质子环绕整个储存环的时间为 89μs。60 余名中国科学家参与强子对撞机实验，他们来自中科院高能物理研究所、中国科技大学、山东大学、南京大学、北京大学、华中师范大学、清华大学。

图 8-26 欧洲大型强子对撞机 LHC

3. 霍尔效应

将一导体放在垂直于板面的磁场 $\boldsymbol{B}$ 中，如图 8-27a 所示，当有电流 I 沿着垂直于 $\boldsymbol{B}$ 的方向通过导体时，在金属板的上下两边面间就会出现横向的电势差 U_H。这种现象是美国青年科学家霍尔在 1879 年首先发现的，称为**霍尔效应**。电势差 U_H 称为霍尔电势差（或叫霍尔电压）。实验表明，霍尔电势差 U_H 与电流 I 及磁感应强度 $\boldsymbol{B}$ 的大小成正比，与导体板的厚度 d 成反比，即

$$U_H=R_H\frac{IB}{d} \tag{8-30}$$

式中，R_H 是仅与导体材料有关的常数，称为霍尔系数。

霍尔电势差的产生是由于运动的电荷在磁场中受到洛伦兹力作用的结果，因为导体中的电流是载流子定向运动形成的。在半导体材料中的载流子有两种，即带负电的自由电子和带正电的自由空穴。如果做定向运动的带电粒子是带负电的自由电子，则它受到的洛伦兹力如图 8-27b 所示，结果使导体的上表面 M 聚集负电荷，下表面 N 聚集正电荷，在 M、N 两表面产生方向向上的电场；如果做定向运动的带电粒子是带正电的自由空穴，则它所受到的洛伦兹力方向如图 8-27c 所示，在这个力的作用下，使导体的上表面 M 聚集正电荷，下表面 N 聚集负电荷，在 M、N 两边面之间产生方向向下的电场。当这个电场对带电粒子的电场力 $\boldsymbol{F}_e$ 正好与磁感应强度 $\boldsymbol{B}$ 对带电粒子的洛伦兹力 $\boldsymbol{F}_m$ 相平衡时，达到稳定状态。此时，上下表面的电势差 $U_M - U_N$ 就是霍尔电势差 U_H。

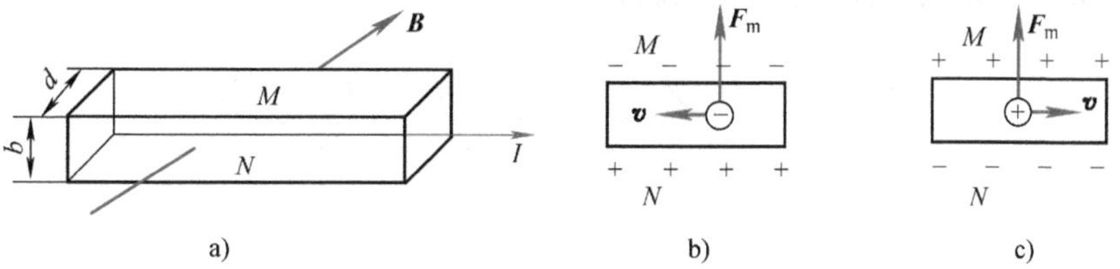

图 8-27　霍尔效应

设在导体内的载流子电荷量为 q，平均定向运动速度为$\boldsymbol{v}$，它在磁场中受到的洛伦兹力大小为

$$F_m = qvB$$

如果导体板的厚度为 b，当导体上下两表面的电势差为 $U_M - U_N$ 时，带电粒子所受到的电场力的大小为

$$F_e = qE = q\frac{U_M - U_N}{b}$$

由平衡条件有

$$qvB = q\frac{U_M - U_N}{b}$$

则导体上下两表面的电势差为

$$U_H = U_M - U_N = bvB$$

设导体内载流子密度为 n，有 $I = nqvbd$，代入上式可得

$$U_H = \frac{1}{nq}\frac{IB}{d} \tag{8-31}$$

将式（8-31）与式（8-30）比较，可得霍尔系数

$$R_H = \frac{1}{nq} \tag{8-32}$$

上式表明，霍尔系数取决于每个载流子所带的电荷量 q 和载流子的浓度 n，其正负取决于载流子所带电荷的正负。若 q 为正，则 $R_H > 0$，$U_M - U_N > 0$；若 $q < 0$，则 $R_H < 0$，$U_M - U_N < 0$。由实验测得霍尔系数后，就可判定载流子所带的电荷是正电荷还是负电荷，也可用此方法来判定半导体是空穴型的（P 型）还是电子型的（N 型）。此外，根据霍尔系数的大小还可以测定载流子的浓度。

一般金属导体中的载流子就是自由电子，其浓度很大，所以金属材料的霍尔系数很小，相应的霍尔电势差很弱。但在半导体材料中，载流子浓度很小，因而半导体的霍尔系数和霍尔电势差比金属的大得多，故实用中大多采用半导体的霍尔效应。

近年来，霍尔效应已经在测量技术、电子技术、自动化技术、计算机技术等各个领域中得到越来越普遍的应用。例如，我国已制造出多种半导体材料的霍尔元件，可以用来测量磁感应强度、电流、压力、转速等，还可以用于放大、震荡、检波、调制等方面。

在导电流体中也会产生霍尔效应，这就是目前正在研究中的“磁流体发电”的基本原理。把由燃料（油、煤气或原子能反应堆）加热而产生的高温气体，以高速$\boldsymbol{v}$通过用耐高温材料制成的导电管，产生电离，达到等离子状态。若在垂直于$\boldsymbol{v}$的方向加上磁场，则气流中的正、负离子由于受洛伦兹力的作用，将分别向垂直于$\boldsymbol{v}$和 $\boldsymbol{B}$ 的两个相反方向偏转，结果在导电管两侧的电极上产生电势差。这种发电机没有转动的机械部分，直接把热能转换为电能，因而损耗少，极大地提高了效率，是非常诱人、有待于开发的新技术。

第六节　磁场对载流导线的作用

一、安培定律

磁场对载流导线的作用力即磁力，通常称为**安培力**。其基本规律是安培由大量的实验结果总结出来的，故称为**安培定律**，内容如下：

电流元 $I\mathrm{d}\boldsymbol{l}$ 在磁场中某点所受到的磁场力 $\mathrm{d}\boldsymbol{F}$ 的大小，与该点磁感应强度 $\boldsymbol{B}$ 的大小、电流元 $I\mathrm{d}\boldsymbol{l}$ 的大小以及电流元 $I\mathrm{d}\boldsymbol{l}$ 与磁感应强度 $\boldsymbol{B}$ 的夹角 θ 的正弦成正比，即

$$\mathrm{d}F = I\mathrm{d}lB\sin\theta$$

$\mathrm{d}\boldsymbol{F}$ 的方向垂直于 $I\mathrm{d}\boldsymbol{l}$ 与 $\boldsymbol{B}$ 所决定的平面，指向由右手螺旋法则确定。将上式写成矢量式为

$$\mathrm{d}\boldsymbol{F} = I\mathrm{d}\boldsymbol{l} \times \boldsymbol{B} \tag{8-33}$$

因此，一段任意形状的载流导线所受的磁场力等于作用在它各段电流元上的磁场力的矢量和，即

$$\boldsymbol{F} = \int_L \mathrm{d}\boldsymbol{F} = \int_L I\mathrm{d}\boldsymbol{l} \times \boldsymbol{B} \tag{8-34}$$

由于单独的稳恒电流元不能获取，因此无法用实验直接证明安培定律，但是用式（8-34）可以计算各种形状的载流导线在磁场中受到的安培力，结果均与实验相符。

例 8-6　图 8-28 表示的一段刚性半圆形导线通有电流 I，圆的半径为 R，放在均匀磁场 $\boldsymbol{B}$ 中，磁场与导线平面垂直，求磁场作用在半圆形导线上的力。

解：取坐标系 Oxy 如图，这时各段电流元受到的安培力在数值上都等于

$$\mathrm{d}F = I\mathrm{d}lB$$

但方向沿各自的半径离开圆心向外。整段导线受力为各个电流元所受力的矢量和

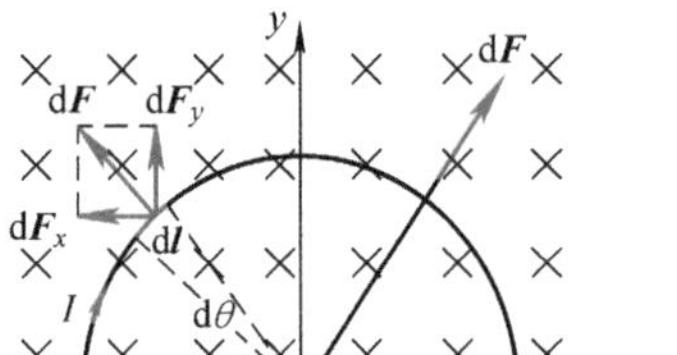

图 8-28　匀强磁场中的半圆形载流导线

$$\boldsymbol{F} = \sum \mathrm{d}\boldsymbol{F}$$

因此，将各个电流元所受的力 $\mathrm{d}\boldsymbol{F}$ 分解为 x 方向和 y 方向的分力 $\mathrm{d}F_x$ 和 $\mathrm{d}F_y$。由于电流分布的对称性，半圆形导线上各段电流元在 x 方向分力的总和为零，只有 y 方向分力对合力有贡献。因为

$$\mathrm{d}F_y = \mathrm{d}F\sin\theta = BI\mathrm{d}l\sin\theta$$

所以合力 $\boldsymbol{F}$ 在 y 方向的大小为

$$F = \int_L \mathrm{d}F_y = \int_L BI\mathrm{d}l\sin\theta$$

由于 $\mathrm{d}l = R\mathrm{d}\theta$，所以

$$F = \int_L BI\mathrm{d}l\sin\theta = \int_0^{\pi} BIR\sin\theta\mathrm{d}\theta = BIR\int_0^{\pi}\sin\theta\mathrm{d}\theta = 2BIR$$

显然，合力 $\boldsymbol{F}$ 作用在半圆弧中点，方向向上，其大小相当于连接圆弧始末两点直线电流所受到的作用力。从本例题所得结果还可以推断，**一个任意弯曲的载流导线放在均匀磁场中，它所受到的磁场力等效于弯曲导线起点到终端的一段长直等量载流导线在磁场中所受的力。**

安培力有着十分广泛的应用。磁悬浮列车就是电磁力应用的高科技成果之一。2003 年上海建成了世界上第一条商业运营的磁悬浮列车，如图 8-29 所示。车厢下部装有电磁铁，当电磁铁通电被钢轨吸引时就把列车悬浮起来了。列车上还安装了一系列极性不变的磁体，钢轨内侧装有两排推进线圈，线圈通有交变电流，总使前方线圈的磁性对列车磁体产生一拉力（吸引力），后方线圈对列车磁体产生一推力（排斥力），这一拉一推的合力便驱使列车高速前进。强大的电磁力可使列车悬浮 1 ~ 10cm，与轨道脱离接触，消除了列车运行时与轨道的摩擦阻力，使磁悬浮列车的速度达 400km/h 以上。2019 年 5 月 23 日，我国时速 600km 的高速磁悬浮实验样车在青岛下线。这标志着我国在高速磁悬浮技术领域实现重大突破。高速磁悬浮列车可以填补航空和高铁客运之间的旅行速度空白，对于完善我国立体高速客运交通网具有重大的技术和经济意义。

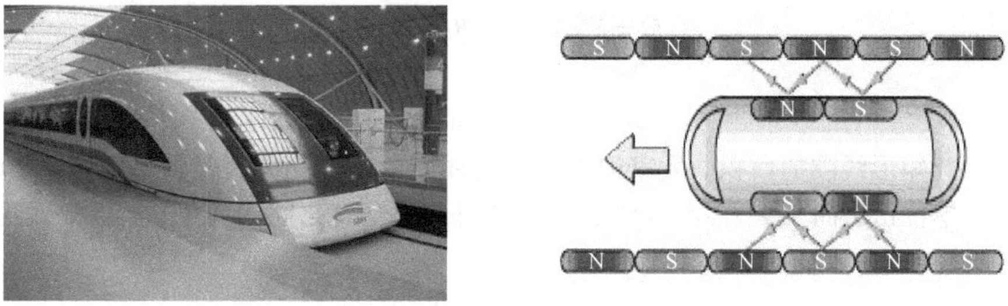

a) 上海磁悬浮列车全景　　　　b) 电磁驱动力原理图

图 8-29　磁悬浮列车及其原理图

除此之外，电磁炮也是利用电磁力的一种武器装置。概念上电磁炮分为电磁轨道炮和电磁线圈炮两种形式。电磁轨道炮由两条平直导轨和导轨间的弹丸滑块组成，当接通强电流时导轨间产生强磁场，通电滑块在安培力作用下加速射出。电磁炮与传统舰载武器相比具有威力大、成本低等特点，是潜力巨大的新型武器装备。

二、磁场对刚性载流线圈的作用

如图 8-30 所示，在磁感应强度为 $\boldsymbol{B}$ 的均匀磁场中，有一刚性矩形载流线圈 $MNOPM$，它的边长分别为 l_1 和 l_2，电流为 I，流向为 $M \to N \to O \to P \to M$。设线圈平面的单位正法向矢量 $\boldsymbol{n}$ 的方向与磁感应强度 $\boldsymbol{B}$ 方向之间的夹角为 θ，即线圈平面与 $\boldsymbol{B}$ 之间夹角为 φ（$\varphi + \theta = \pi/2$），并且 MN 边及 OP 边均与 $\boldsymbol{B}$ 垂直。

根据安培定律，可以求得磁场对导线 NO 段和 PM 段作用力的大小分别为

$$F_4 = BIl_1\sin\varphi$$

$$F_3 = BIl_1\sin(\pi - \varphi) = BIl_1\sin\varphi$$

$\boldsymbol{F}_3$ 和 $\boldsymbol{F}_4$ 这两个力大小相等、方向相反，并且在同一直线上，所以对整个线圈来讲，它们的合力

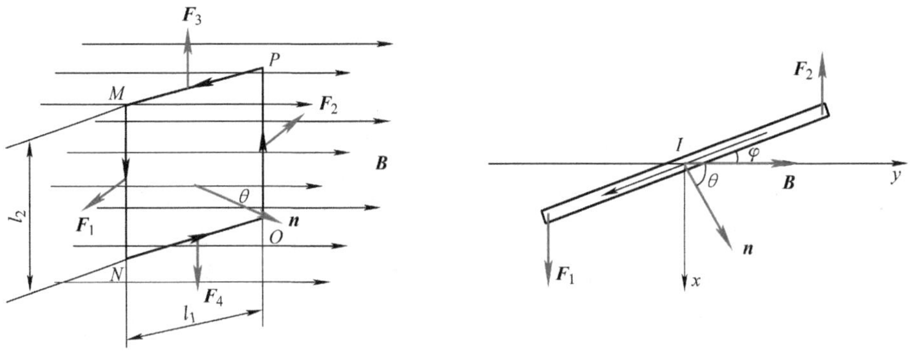

图 8-30　刚性矩形载流线圈在均匀磁场中所受的磁力矩

矩为零。

而导线 MN 段和 OP 段所受磁场作用力的大小则分别为

$$F_1 = BIl_2$$

$$F_2 = BIl_2$$

这两个力大小相等，方向亦相反，但作用力不在同一直线上，因此，合力虽为零，但磁力矩 $M = F_1 l_1 \cos\varphi$。由于 $\varphi = \pi/2 - \theta$，所以 $\cos\varphi = \sin\theta$，则有

$$M = F_1 l_1 \cos\varphi = BIl_2 l_1 \sin\theta$$

或

$$M = BIS\sin\theta$$

式中，$S = l_1 l_2$ 为矩形线圈的面积。大家记得，IS 为线圈的磁矩 m，其矢量式为 $\boldsymbol{m} = IS\boldsymbol{n}$，此处 $\boldsymbol{n}$ 为线圈平面的单位正法向矢量。因为角 θ 是 $\boldsymbol{n}$ 与磁感应强度 $\boldsymbol{B}$ 之间的夹角，所以上式用矢量表示则为

$$\boldsymbol{M} = IS\boldsymbol{n} \times \boldsymbol{B} = \boldsymbol{m} \times \boldsymbol{B} \tag{8-35}$$

如果线圈不只一匝，而是 N 匝，那么线圈所受的磁力矩应为

$$\boldsymbol{M} = NIS\boldsymbol{n} \times \boldsymbol{B} \tag{8-36}$$

下面讨论几种情况：

1）当载流线圈的 $\boldsymbol{n}$ 方向与磁感应强度 $\boldsymbol{B}$ 的方向相同（即 $\theta = 0°$），亦即磁通量为正向极大时，$M = 0$，磁力矩为零。此时线圈处于平衡状态，如图 8-31a 所示。

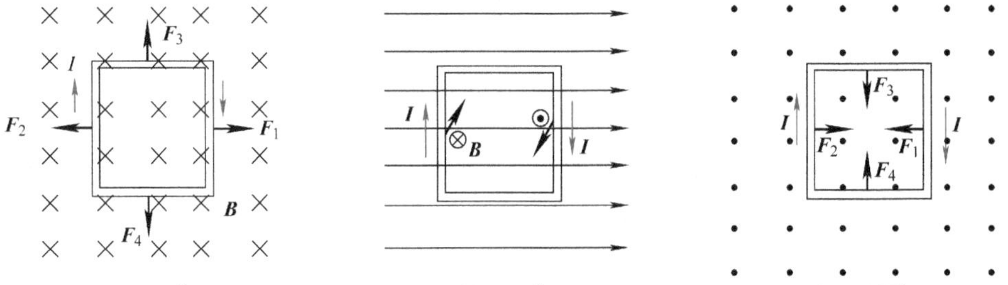

a) $\theta = 0°$　　b) $\theta = 90°$　　c) $\theta = 180°$

图 8-31　载流线圈的方向与磁场方向成不同角度时的磁力矩

2）当载流线圈 $\boldsymbol{n}$ 方向与磁感应强度 $\boldsymbol{B}$ 的方向相垂直（即 $\theta = 90°$），亦即磁通量为零时，$M = NISB$，磁力矩最大，如图 8-31b 所示。

3）当载流线圈的 $\boldsymbol{n}$ 方向与磁感应强度 $\boldsymbol{B}$ 的方向相反（即 $\theta = 180°$）时，$M = 0$，这时没有磁

力矩作用在线圈上，如图8-31c所示。不过，在这种情况下，只要线圈稍稍偏过一个微小角度，它就会在磁力矩作用下离开这个位置，而最终稳定在$\theta=0°$的平衡状态。所以常把$\theta=180°$时线圈的状态叫作不稳定平衡状态，而把$\theta=0°$时线圈的状态叫作稳定平衡状态。总之，更简单的理解就是**磁场对载流线圈作用的磁力矩，总是要使线圈转到它的$\boldsymbol{n}$方向与磁感应强度$\boldsymbol{B}$的方向相一致的稳定平衡位置**。磁场对载流线圈作用力矩的规律是制成各种电动机、动圈式电表和电流计等机电设备和仪表的基本原理。

第七节　磁场中的磁介质

一、磁介质

实际磁场中大多存在着各种各样的物质，由于磁场和物质之间的相互作用，使物质的分子状态也发生变化，从而改变原来磁场的分布，这种在磁场作用下，其内部状态发生变化，并反过来影响磁场分布的物质，称为**磁介质**。磁介质在磁场作用下内部状态的变化叫作**磁化**。

应当指出的是，磁介质对磁场的影响远比电介质对电场的影响要复杂得多。把电介质放入电场中，电介质内部的电场场强和原电场相比会有所削弱。但把不同的磁介质放在磁场中，它们的表现则各不相同。假设在真空中某点的磁感应强度为$\boldsymbol{B}_0$，放入磁介质后，因磁介质被磁化而建立的附加磁感应强度为$\boldsymbol{B}'$，那么该点的磁感应强度$\boldsymbol{B}$应为这两个磁感应强度的矢量和，即

$$\boldsymbol{B}=\boldsymbol{B}_0+\boldsymbol{B}' \tag{8-37}$$

对于不同的磁介质，$\boldsymbol{B}'$不同。为了便于讨论磁介质的分类，我们引入相对磁导率μ_r，磁介质的相对磁导率定义为

$$\mu_r=\frac{B}{B_0} \tag{8-38}$$

式中，B为介质中的总磁场的磁感应强度大小；B_0为真空中的磁场，或者说外磁场的磁感应强度大小。μ_r可以用来描述不同磁介质磁化后对原外磁场的影响。类似于介电常数ε的定义，我们定义磁介质的磁导率

$$\mu=\mu_r\mu_0 \tag{8-39}$$

实验指出，就磁性来说，物质可以分为三类：

1）**顺磁质**：这类磁介质的相对磁导率$\mu_r>1$，磁化后其附加磁感应强度$\boldsymbol{B}'$与$\boldsymbol{B}_0$方向相同，使磁介质中的磁感应强度$\boldsymbol{B}$稍大于$\boldsymbol{B}_0$，即$\boldsymbol{B}>\boldsymbol{B}_0$，这类磁介质称为**顺磁质**，如铝、氧、锰等都属于顺磁性物质；

2）**抗磁质**：这类磁介质的相对磁导率$\mu_r<1$，磁化后其附加磁感应强度$\boldsymbol{B}'$与$\boldsymbol{B}_0$方向相反，使磁介质中的磁感应强度$\boldsymbol{B}$稍小于$\boldsymbol{B}_0$，即$\boldsymbol{B}<\boldsymbol{B}_0$，这类磁介质称为**抗磁质**，如水银、铜、铋、氢、银、金、锌、铅等。一切抗磁质以及大多数顺磁质有一个共同点，那就是它们所激发的附加磁场极其微弱，即$\boldsymbol{B}$和$\boldsymbol{B}_0$相差很小，所以我们把顺磁质和抗磁质统称为弱磁性物质。

3）**铁磁质**：这类磁介质的相对磁导率$\mu_r>>1$，它们磁化后所激发的附加磁感应强度$\boldsymbol{B}'$远大于$\boldsymbol{B}_0$，使得$\boldsymbol{B}>>\boldsymbol{B}_0$，这类能显著地增强磁场的物质，称为**铁磁质**，如铁、镍、钴及其合金，还有铁氧化等物质都是铁磁质。

二、顺磁质和抗磁质的磁化

下面用分子电流学说来说明顺磁性和抗磁性的磁化现象。

根据物质电结构学说，任何物质都是由分子、原子组成的，而分子或原子中每一个电子在环绕原子核做轨道运动的同时绕自身的轴旋转，这两种运动都能产生磁效应。分子或原子对外界所产生的总磁效应，可用一个等效的圆电流表示，称为分子电流。这种分子电流具有一定的磁矩，称为**分子磁矩**，用符号 $\boldsymbol{m}$ 表示。如图 8-32 所示。

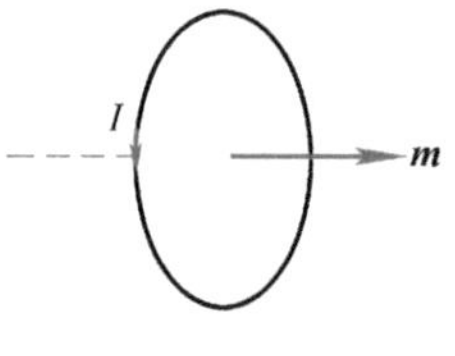

图 8-32 分子圆电流与分子磁矩

在顺磁性物质中，虽然每个分子都具有磁矩 $\boldsymbol{m}$，但由于分子的无规则热运动，各个分子磁矩排列的方向是十分纷乱的，在没有外磁场时，各分子磁矩 $\boldsymbol{m}$ 的取向是无规则的，因而在顺磁质中任一宏观小体积内，所有分子磁矩的矢量和为零，致使顺磁质对外不显现磁性，处于未被磁化的状态，如图 8-33a 所示。

当顺磁性物质处在外磁场中时，各分子磁矩都要受到磁力矩的作用。在磁力矩作用下，各分子磁矩的取向都具有转到与外磁场方向相同的趋势，如图 8-33b所示，这样，顺磁质就被磁化了。显然，在顺磁质中因磁化而出现的附加磁感应强度 $\boldsymbol{B}'$ 与外磁场的磁感应强度 $\boldsymbol{B}_0$ 的方向相同。于是，在外磁场中，顺磁质内的磁感应强度 $\boldsymbol{B}$ 的大小为

$$\boldsymbol{B} = \boldsymbol{B}_0 + \boldsymbol{B}'$$

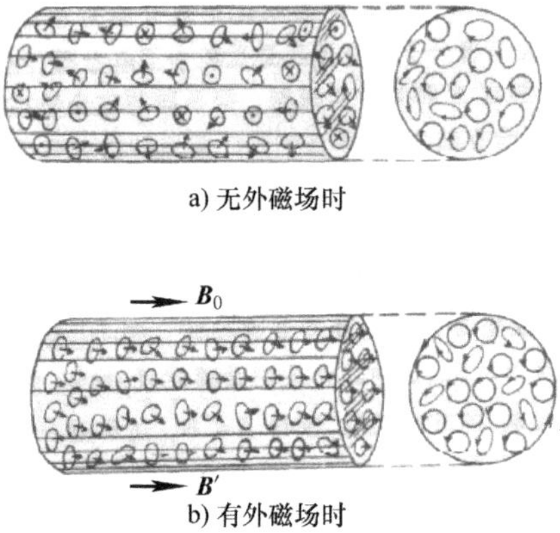

图 8-33 分子圆电流与分子磁矩

对抗磁质来说，在没有外磁场作用时，虽然分子中每个电子的轨道磁矩与自旋磁矩都不等于零，但分子中全部电子的轨道磁矩与自旋磁矩的矢量和却等于零（$\boldsymbol{m}=0$）。所以，在没有外磁场时，抗磁质并不显现出磁性。但在外磁场作用下，分子中每个电子的轨道运动和自旋运动都将发生变化，从而引起附加磁矩 $\Delta\boldsymbol{m}$。而且附加磁矩 $\Delta\boldsymbol{m}$ 的方向必是与外磁场 $\boldsymbol{B}_0$ 的方向相反。

如图 8-34 所示，设一电子以半径 r、角速度 $\boldsymbol{\omega}$ 绕核做逆时针轨道运动，电子的磁矩 $\boldsymbol{m}'$ 的方向与外磁场的磁感应强度 $\boldsymbol{B}_0$ 的方向相反。可以证明，电子在洛伦兹力 $\boldsymbol{F}$ 的作用下，其附加磁矩 $\Delta\boldsymbol{m}'$ 与 $\boldsymbol{B}_0$ 的方向相反。由于分子中每个电子的附加磁矩 $\Delta\boldsymbol{m}'$ 都与外磁场的磁感应强度 $\boldsymbol{B}_0$ 的方向相反，所有分子的附加磁矩 $\Delta\boldsymbol{m}$ 的方向也与 $\boldsymbol{B}_0$ 的方向相反，因此，在抗磁质中，就要出现与外磁场与 $\boldsymbol{B}_0$ 的方向相反的附加磁场 $\boldsymbol{B}'$。于是，抗磁质内的磁感应强度 $\boldsymbol{B}$ 的值为

$$\boldsymbol{B} = \boldsymbol{B}_0 - \boldsymbol{B}'$$

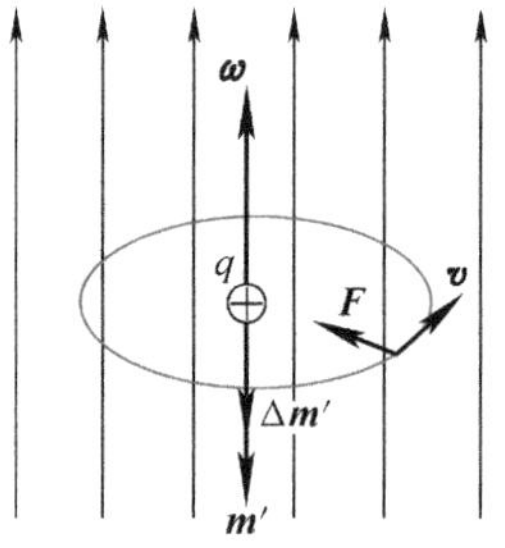

图 8-34 电子磁矩

三、磁化强度

为了表征磁介质被磁化的强度，引进一个宏观物理量，叫作磁化强度。在被磁化后的磁介质内，任取一体积元 ΔV，在这体积元中所有分子磁矩的矢量和与该体积元的比值，即单位体积内分子磁矩的矢量和，称为**磁化强度**，用符号 $\boldsymbol{M}$ 表示。

$$\boldsymbol{M} = \frac{\sum \boldsymbol{m}}{\Delta V} \tag{8-40}$$

在国际单位制中，磁化强度的单位为安培每米，符号为 $\mathrm{A \cdot m^{-1}}$。

四、磁介质中的安培环路定理

如图 8-35a 所示，设在单位长度有 n 匝线圈的无限长直螺线管内充满着均匀磁介质，线圈内的电流为 I，电流 I 在螺线管内激发的磁感应强度为 $\boldsymbol{B}_0$（$B_0=\mu_0 nI$）。而磁介质在磁场 $\boldsymbol{B}_0$ 中被磁化，从而使磁介质内的分子磁矩在磁场 $\boldsymbol{B}_0$ 的作用下做有规则排列，如图 8-35b 所示。从图中可以看出，在磁介质内部各处的分子电流总是方向相反，相互抵消，只有在边缘上形成近似环形电流，这个电流称作**磁化电流**。

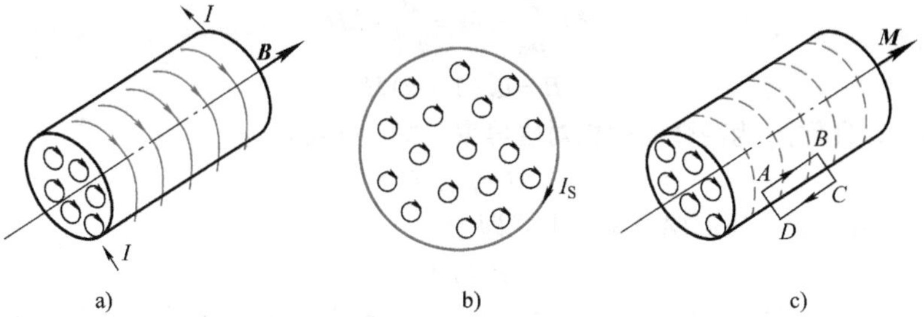

图 8-35　磁化电流

我们把圆柱形磁介质表面上沿柱体轴线方向单位长度的磁化电流称为**磁化电流面密度** I_S。那么，在长为 L、截面积为 S 的磁介质里，由于被磁化而具有的磁矩值为 $\sum m = I_S LS$。于是，由磁化强度定义式（8-40）可得磁化电流面密度和磁化强度之间的关系为

$$I_S = M$$

若在如图 8-35c 所示的圆柱形磁介质内外横跨边缘处选取 $ABCDA$ 矩形环路，并设 $AB=l$，那么磁化强度 $\boldsymbol{M}$ 沿此环路的积分则为

$$\oint_l \boldsymbol{M}\cdot \mathrm{d}\boldsymbol{l} = MAB = I_S l \tag{8-41}$$

此外，对 $ABCDA$ 环路来说，由安培环路定理可有

$$\oint_l \boldsymbol{B}\cdot \mathrm{d}\boldsymbol{l} = \mu_0 \sum I_i$$

式中的 $\sum I_i$ 为环路所包围线圈流过的传导电流 $\sum I$ 与磁化电流 $\sum I_S$ 之和，故上式可写成

$$\oint_l \boldsymbol{B}\cdot \mathrm{d}\boldsymbol{l} = \mu_0 \sum I + \mu_0 I_S l$$

将式（8-41）代入上式，可得

$$\oint_l \boldsymbol{B}\cdot \mathrm{d}\boldsymbol{l} = \mu_0 \sum I + \mu_0 \oint_l \boldsymbol{M}\cdot \mathrm{d}\boldsymbol{l}$$

或写成

$$\oint_l \left(\frac{\boldsymbol{B}}{\mu_0} - \boldsymbol{M}\right)\cdot \mathrm{d}\boldsymbol{l} = \sum I$$

引进辅助量 $\boldsymbol{H}$，且令

$$\boldsymbol{H} = \frac{\boldsymbol{B}}{\mu_0} - \boldsymbol{M} \tag{8-42}$$

称 $\boldsymbol{H}$ 为磁场强度，于是得

$$\oint_l \boldsymbol{H}\cdot \mathrm{d}\boldsymbol{l} = \sum I \tag{8-43}$$

这就是**磁介质中的磁场安培环路定理**。它说明：磁场强度沿任意闭合回路的线积分，等于该回路所包围的传导电流的代数和。

在国际单位制中，磁场强度 H 的单位是安培每米，符号是 $A \cdot m^{-1}$。

在均匀磁介质中，满足 $\boldsymbol{M} \propto \boldsymbol{H}$ 的磁介质称为线性磁介质。于是有

$$\boldsymbol{M} = k\boldsymbol{H}$$

其中 k 是个无单位的量，叫作磁介质的磁化率，它是随磁介质的性质而异的。将上式代入 $\boldsymbol{H}$ 的定义式（8-42），有

$$\boldsymbol{H} = \frac{\boldsymbol{B}}{\mu_0} - \boldsymbol{M} = \frac{\boldsymbol{B}}{\mu_0} - k\boldsymbol{H}$$

或

$$\boldsymbol{B} = \mu_0(1+k)\boldsymbol{H}$$

令式中 $1+k=\mu_r$，且称 μ_r 为磁介质的**相对磁导率**，则上式可定为

$$\boldsymbol{B} = \mu_0\mu_r\boldsymbol{H} \tag{8-44}$$

令 $\mu_0\mu_r = \mu$，并称 μ 为磁介质的**磁导率**，上式即为

$$\boldsymbol{B} = \mu\boldsymbol{H} \tag{8-45}$$

在真空中，$\boldsymbol{M}=0$，故 $k=0$，$\mu_r=1$，$\boldsymbol{B}=\mu_0\boldsymbol{H}$。如磁介质为顺磁质，由实验知道，其 $k>0$，故 $\mu_r>1$。对抗磁质来说，其 $k<0$，故 $\mu_r<1$。表 8-1 给出几种顺磁质和抗磁质磁化率的实验值。

表 8-1 几种顺磁质和抗磁质磁化率 k 的实验值

顺磁质	$k(=\mu_r-1)$	抗磁质	$k(=\mu_r-1)$
氧	2.09×10^{-6}	氮	-5.0×10^{-9}
铝	2.3×10^{-5}	铜	-9.8×10^{-6}
钨	6.8×10^{-5}	铅	-1.7×10^{-5}
钛	7.06×10^{-5}	汞	-2.9×10^{-5}

显然，顺磁质和抗磁质确是两种弱磁性物质，它们的磁化率 k 都很小，它们的相对磁导率（$\mu_r=1+k$）与真空的相对磁导率（$\mu_r=1$）十分接近。因此，一般在讨论电流磁场的问题中，常可略去抗磁质、顺磁质磁化的影响。

最后，我们说明一下引进辅助量 $\boldsymbol{H}$ 的好处。在磁介质中，磁场强度的环流为

$$\oint_l \boldsymbol{H} \cdot d\boldsymbol{l} = \sum I$$

而磁感应强度的环流则为

$$\oint_l \boldsymbol{B} \cdot d\boldsymbol{l} = \mu_0\mu_r \sum I$$

可见，磁场中磁感应强度的环流与磁介质有关，而磁场强度的环流则只与传导电流有关。所以，这就是像引入电位移 $\boldsymbol{D}$ 后，能够使我们比较方便地处理电介质中的电场问题一样，引入磁场强度 $\boldsymbol{H}$ 这个物理量后，使我们能够比较方便地处理磁介质中的磁场问题。下面举一个例题。

例 8-7 如图 8-36 所示，有两个半径分别为 r 和 R 的“无限长”同轴圆筒形导体，在它们之间充以相对磁导率为 μ_r 的磁介质。当两圆筒通有相反方向的电流 I 时，试求：（1）磁介质中在任意点 P 的磁感应强度的大小；（2）圆柱体外面一点 Q 的磁感应强度。

解：（1）这两个“无限长”的同轴圆筒，当有电流通过时，它们的磁场是柱对称分布的。设磁介质中点 P 到轴线 OO' 的垂直距离为 d_1，并以 d_1 为半径作一圆，根据磁介质中的安培环路定理表达式，有

$$\oint_l \boldsymbol{H} \cdot d\boldsymbol{l} = H\int_0^{2\pi d_1} dl = H2\pi d_1 = I$$

所以
$$H=\frac{I}{2\pi d_1}$$
由式（8-45）可得点 P 的磁感应强度的大小为
$$B=\mu H=\frac{\mu_0\mu_r I}{2\pi d_1}=\frac{\mu I}{2\pi d_1}$$
（2）设从点 Q 到轴线 OO' 的垂直距离为 d_2，并以 d_2 为半径作一圆，显然此闭合路径所包围的传导电流的代数和为零，即 $\sum I=0$。根据磁介质中的安培环路定理表达式可求得
$$\oint_l \boldsymbol{H}\cdot \mathrm{d}\boldsymbol{l}=H\int_0^{2\pi d_2}\mathrm{d}l=0$$
所以
$$H=0$$
可得点 Q 的磁感应强度 $B=0$。

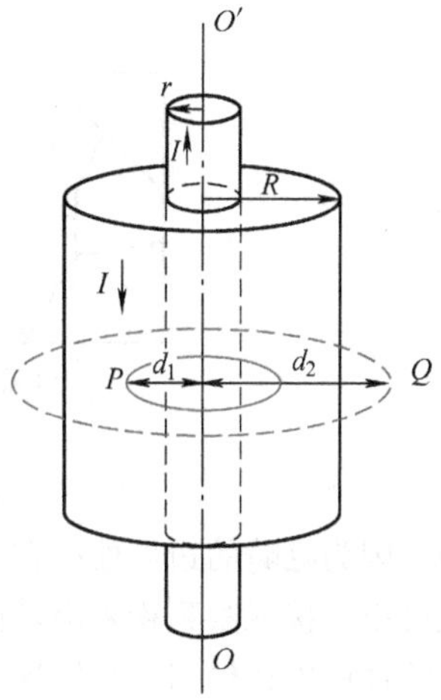

图　8-36

五、铁磁质

在各类磁介质中，应用最广泛的就是铁磁性物质。在 20 世纪初期，铁磁性材料主要用在电机制造和通讯器件中，而自 20 世纪 50 年代以来，随着电子计算机和信息科学的发展，应用铁磁性材料进行信息的储存和记录已发展成为引人注目的新兴产业。因此，对铁磁材料磁化性能的研究，无论在理论上或实用上都有很重要的意义。概括起来说，铁磁质有下列一些特殊的性质：

1）能产生特别强的磁场 $\boldsymbol{B}'$，使铁磁质中的 B 远大于 B_0，其 $\mu_r=B/B_0$ 值可达几百、甚至几千以上；

2）它们的磁化强度 $\boldsymbol{M}$ 和磁感应强度 $\boldsymbol{B}$ 不再是常矢量，没有简单的正比关系，其磁导率 μ 与磁场强度 $\boldsymbol{H}$ 有复杂的函数关系；

3）磁化强度随外磁场而变，它的变化落后于外磁场的变化，而且在外磁场停止作用后，铁磁质仍能保留部分磁性；

4）一定的铁磁材料存在一特定的临界温度，称为居里点，在温度达到居里点后，它们的磁性发生突变，转化为顺磁质，磁导率和磁场强度 $\boldsymbol{H}$ 无关。例如：铁的居里点是 1040K，镍的是 631K，钴的是 1388K。

下面介绍铁磁质材料的特殊磁性形成的内在原因及其磁化特性，然后介绍它的一些应用。

1. 磁畴

从物质的原子结构观点来看，铁磁质内电子间因自旋引起的相互作用是非常强烈的，在这种作用下，铁磁质内部形成一些微小的自发磁化区域，叫作**磁畴**。每一个磁畴中各个电子的自旋磁矩排列得很整齐，因此它具有很强的磁性。磁畴的体积约为 $10^{-12}\sim10^{-9}\mathrm{m}^3$，内含约 $10^{17}\sim10^{20}$ 个原子。在没有外磁场时，铁磁质内各个磁畴的排列方向是无序的，所以铁磁质对外不显磁性，如图 8-37a 所示。当铁磁质处于外磁场中时，各个磁畴的磁矩在外磁场的作用下都趋向于沿外磁场方向排列，如图 8-37b 所示。所以铁磁质在外磁场中的磁化程度非常大，它所建立的附加磁感应强度比外磁场的磁感应强度 $\boldsymbol{B}_0$ 在数值上一般要大几十倍到数千倍，甚至达数百万倍。

用磁畴的观点可解释铁磁质在高温和振动条件下的去磁作用。铁磁质的磁化和温度有关。随着温度的升高，它的磁化能力逐渐减小，当温度升高到某一温度时，铁磁性就完全消失，铁磁质转为普通的顺磁质。这个温度就是居里点。这是因为铁磁质中自发磁化区域因剧烈的分子热运动而遭破坏，磁畴也就瓦解了的缘故。

现在，磁畴的结构和形状已能在实验中观察到。在磨光的铁磁质表面上撒上一层极细的铁

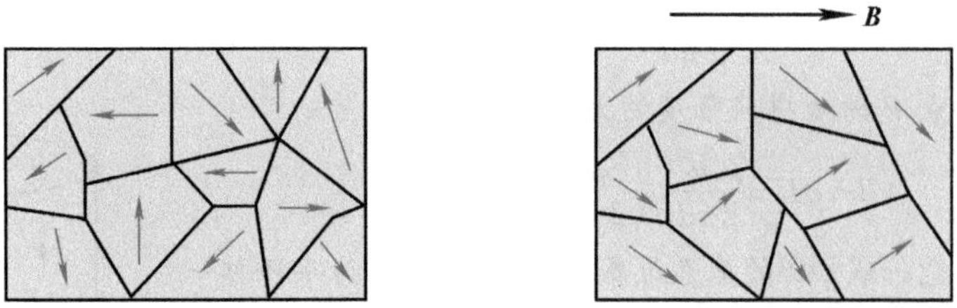

a) 无外磁场　　b) 有外磁场

图 8-37　磁畴

粉，因为磁畴的边界处存在着不均匀的强磁场，它将把铁粉吸引到磁畴的边界上去，用金相显微镜可以直接观察到粉末沿着磁畴的边界积聚形成某种图形。铁磁质中的磁畴的存在是铁磁体磁化特性的内在根据，利用这个观点能解释铁磁体磁化过程所有特性，这说明磁畴理论是目前较成熟的理论。

2. 磁化曲线 磁滞回线

前面说过，顺磁质和抗磁质的磁导率 μ 都很小，但它是一个常量，不随外磁场的改变而变化，故顺磁质的 $\boldsymbol{B}$ 与 $\boldsymbol{H}$ 的关系是线性关系，如图 8-38 所示。但铁磁质却不是这样，不仅它的磁导率比顺磁质的磁导率大很多，而且当外磁场改变时，它的磁导率 μ 还随磁场强度 $\boldsymbol{H}$ 的改变而变化。图 8-39 中的 ONP 线段是从实验得出的某一铁磁质开始磁化时的 $\boldsymbol{B}$-$\boldsymbol{H}$ 曲线，也叫**初始磁化曲线**。从曲线中可以看出 $\boldsymbol{B}$ 与 $\boldsymbol{H}$ 之间是**非线性关系**。当 $\boldsymbol{H}$ 从零逐渐增大时，$\boldsymbol{B}$ 急剧地增加，这是因为磁畴在磁场作用下迅速沿外磁场方向排列的缘故；到达点 N 以后，再增大 $\boldsymbol{H}$ 时，$\boldsymbol{B}$ 增加的就比较慢了；当达到点 P 以后，再增加外磁场强度 $\boldsymbol{H}$ 时，$\boldsymbol{B}$ 的增加就十分缓慢，呈现出磁化已达饱和的程度。点 P 所对应的 $\boldsymbol{B}$ 值一般叫作饱和磁感应强度 B_m，这时，在铁磁质中几乎所有磁畴都已沿着外磁场方向排列了。这时的磁场强度用 $+H_m$ 表示。

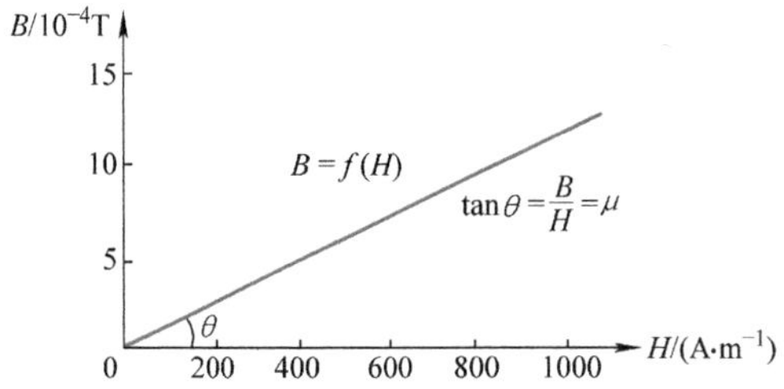

图 8-38　顺磁质的磁化曲线

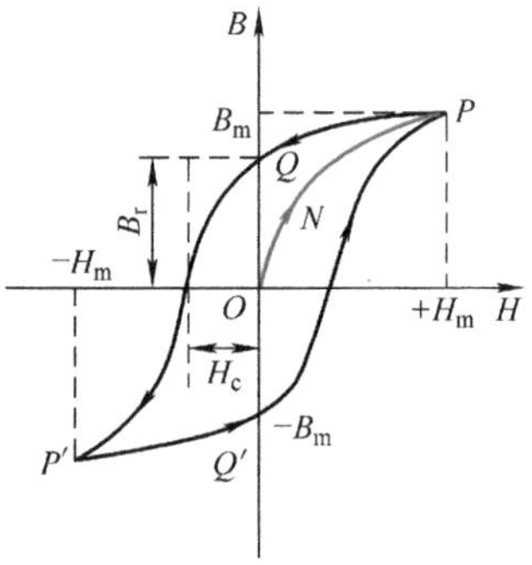

图 8-39　磁滞回线

当磁场强度 H 达到 $+H_m$ 后开始减小，在 H 减小的过程中，B-H 曲线是否仍按原来的起始磁化曲线退回来呢？实验表明，当外磁场由 $+H_m$ 逐渐减小时，磁感应强度 $\boldsymbol{B}$ 并不沿起始曲线 ONP 减小，而是沿图中另一条曲线 PQ 比较缓慢地减小。这种 $\boldsymbol{B}$ 的变化落后于 $\boldsymbol{H}$ 的变化的现象，叫作**磁滞现象**，简称**磁滞**。

由于磁滞的缘故，当磁场强度减小到零（即 $H=0$）时，磁感应强度 $\boldsymbol{B}$ 并不等于零，而是仍有一定的数值 B_r，B_r 叫作**剩余磁感应强度**，简称**剩磁**。这是铁磁质所特有的性质。如果一铁磁质有剩磁存在，这就表明它已被磁化过。由图可以看出，随着反向磁场的增加，$\boldsymbol{B}$ 逐渐减小，当

达到 $H=-H_c$ 时，$\boldsymbol{B}$ 等于零，这时铁磁质的剩磁就消失了，铁磁质也就不显现磁性。通常把 H_c 叫作**矫顽力**，它表示铁磁质抵抗去磁的能力。当反向磁场继续不断增强到 $-H_m$ 时，材料的反向磁化同样能达到饱和点 P'。此后，反向磁场逐渐减弱到零，B-H 曲线便沿 $P'Q'$变化。以后，正向磁场增强到 $+H_m$ 时，B-H 曲线就沿 $Q'P$ 变化，从而完成一个循环。所以，由于磁滞，B-H 曲线就形成一个闭合曲线，这个闭合曲线叫作磁滞回线。研究磁滞现象不仅可以了解铁磁质的特性，而且也有实用价值，因为铁磁材料往往是应用于交变磁场中的。需要指出，铁磁质在交变磁场中被反复磁化时，磁滞效应是要损耗能量的，而所损耗的能量与磁滞回线所包围的面积有关，面积越大，能量的损耗也越多。

3. 铁磁性材料

前面已经指出铁磁性物质属强磁性材料，它在电工设备和科学研究中的应用非常广泛，按它们的化学成分和性能的不同，可以分为金属磁性材料和非金属磁性材料两大族。

（1）金属磁性材料　是指由金属合金或化合物制成的磁性材料，绝大部分是以铁、镍或钴为基础，再加入其他元素经过高温熔炼、机械加工和热处理而制成。这种磁性材料在高温、低频、大功率等条件下有广泛的应用。但在高频范围，它的应用则受到限制。金属磁性材料还可分为硬磁、软磁和压磁材料等。实验表明，不同铁磁性物质的磁滞回线形状有很大差异。图 8-40 给出三种不同铁磁材料的磁滞回线。软磁材料的特点是相对磁导率 μ_r 和饱和磁感应强度 B_m 一般都比较大，但矫顽力 H_c 比硬磁质小得多。磁滞回线所包围的面积很小，磁滞特性不显著。软磁材料在磁场中很容易被磁化，而由于它的矫顽力很小，所以也容易去磁。因此，软磁材料是很适宜于制造电磁铁、变压器、变流电动机、交流发电机等电器中的铁心的。表 8-2 列出了几种软磁材料的性能。

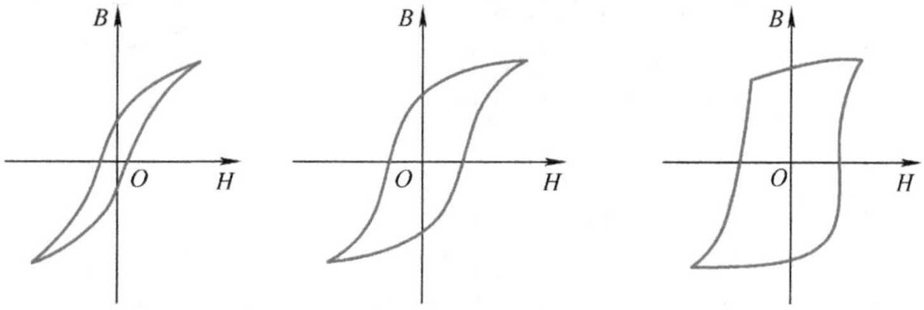

a) 软磁材料　b) 硬磁材料　c) 矩磁铁氧体材料

图 8-40　不同铁磁质的磁滞回线

表 8-2　几种软磁材料的性能

软磁材料	μ_r（最大值）	B_m/T	H_c/(A·m^{-1})	居里点/K
工程纯铁（含 0.2% 杂质）	9×10^3	2.16	48 ~ 103	1043
78% 坡莫合金	100×10^3	1.08	3.9	873
硅钢（热轧）	7×10^3	1.95	19.8	1003

硬磁材料又称永磁材料，它的特点是剩磁 B_r 和矫顽力 H_c 都比较大，磁滞回线所包围的面积也就大，磁滞特性非常显著。所以把硬磁材料放在外磁场中充磁后，仍能保留较强的磁性，并且这种剩余磁性不易被消除，因此硬磁材料适宜于制造永磁体。例如磁电式电表、永磁扬声器、耳机、小型直流电机以及雷达中的磁控管等用的永久磁铁都是由硬磁材料做成的。1998 年 6 月 3 日，美国“发现者号”航天飞机携带的、由丁肇中教授组织领导探测宇宙中反物质和暗物质所用的阿尔法磁谱仪上的环状永磁体，是由中国科学院电工研究所等单位用稀土材料研制的，环

中心的磁感应强度达到1.37T。该永磁体的直径为1.2m，高0.8m，这是人类第一次将大型永磁铁送入宇宙空间，对宇宙中的带电粒子进行直接观测，虽然未获预期的结果，但它给人类开拓了一个全新的科学领域。

压磁材料具有较强的磁致伸缩性能。所谓磁致伸缩是指铁磁性物体的形状和体积在磁场变化时也会发生变化，特别是改变物体在磁场方向上的长度。当交变磁场作用在这种铁磁性物体上时，它随着磁场的增强，可以伸长，或者缩短，如钴钢是伸长，而镍则缩短。不过长度的变化是十分微小的，约为其原长的1/100000。磁致伸缩在技术上有重要的应用，如作为机电换能器用于钻孔、清洗，也可作为声电换能器用于探测海洋深度、鱼群等等。

（2）非金属磁性材料——铁氧体　它是一族化合物的总称，它由三氧化二铁和其他二价的金属氧化物的粉末混合烧结而成。铁氧体的特点是不仅具有高磁导率，而且有很高的电阻率。它的电阻率约在$10^4 \sim 10^{11}\Omega \cdot m$之间，有的则高达$10^{14}\Omega \cdot m$，比金属磁性材料的电阻率（约为$10^{-7}\Omega \cdot m$）要大得多。所以铁氧体的涡流损失小，常用于高频技术中。图8-40c是矩磁铁氧体的磁滞回线，从图中可以看出磁滞回线近似矩形。在电子计算机中就是利用矩磁铁氧体的矩形回线特点作为记忆元件的。利用正向和反向两个稳定状态可代表“0”与“1”，故可作为二进制记忆元件。此外，电子技术中也广泛利用铁氧体作为天线和电感中的磁心。

4. 磁屏蔽

在许多情况中，需要把磁场屏蔽掉。如同在导体中的空腔可以免受外部电场的影响一样，用铁磁材料做成的罩壳可以达到磁屏蔽的目的。图8-41是磁屏蔽示意图。图中为一磁导率很大的软磁材料做成的罩放在外磁场中。由于罩的磁导率μ比空气的磁导率μ_0大得多，按$\boldsymbol{B}=\mu\boldsymbol{H}$知，在铁磁材料内的磁通密度（即$\boldsymbol{B}$值）比周围空气要高得多，因此磁场线很容易集中在铁磁材料内。所以绝大部分磁场线从罩壳的壁内通过，而罩壳内的空腔中，磁场线是很少的。这就达到了磁屏蔽的目的。为了防止外界磁场的干扰，常在示波管、显像管中电子束聚焦部分的外部加上磁屏蔽罩，就可起到磁屏蔽的作用。我国在明末清初刘献廷的《广阳杂记》中就已有了磁屏蔽的记载，说明先人很早就发现了铁的磁屏蔽作用。

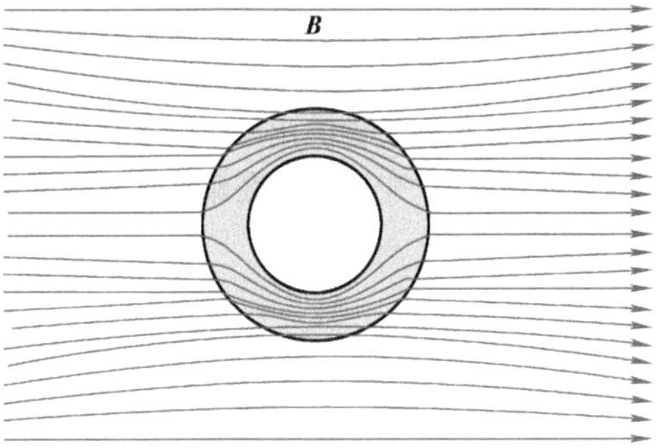

图8-41　磁屏蔽

有些岩石常常含有丰富的氧化铁，研究残留在这些固化的熔岩样品中的磁性，可以很准确地确定岩石的年龄。这是因为在岩石形成时，其中的磁粒子便按地球磁场的力线定向排列。而地球磁场在历史上不是恒定不变的，它甚至还经历过从南到北的倒置。所以经过数百万年之后，尽管在某一特定地方地球磁场的方向发生了变化，但坚硬的岩石阻止磁粒子依地磁场的变化方向旋转，岩石中剩磁方向仍保持不变。由于现在已经知道了地球磁极在不同地质时期的运动位置和速度，因此按照岩石的剩磁矢量方向与岩石所在地当前地球磁场方向的偏移量就能确定岩石的年龄。

本章提要

一、稳恒磁场基本概念

1. 磁场：电流与电流、电流与磁铁之间以及磁铁与磁铁之间的相互作用通过磁场来实现，磁场是一种特殊的物质。

2. 磁感应强度：$B=\dfrac{F_{\max}}{qv}$。

3. 磁场对外的主要表现：

(1) 对在磁场中运动的电荷有力的作用；(2) 对在磁场中的载流导线有力的作用，磁场要对导线做功。

二、毕奥－萨伐尔定律

1. 电流元在空间场点激发的磁感应强度：$\mathrm{d}\boldsymbol{B}=\dfrac{\mu_0}{4\pi}\dfrac{I\mathrm{d}\boldsymbol{l}\times\boldsymbol{r}}{r^3}$。

2. 磁感应强度的叠加原理：$\boldsymbol{B}=\int_L \mathrm{d}\boldsymbol{B}=\int_L\dfrac{\mu_0}{4\pi}\dfrac{I\mathrm{d}\boldsymbol{l}\times\boldsymbol{r}}{r^3}$。

三、稳恒磁场的基本性质：

1. 高斯定理：$\Phi_{\mathrm{m}}=\oint_S \boldsymbol{B}\cdot\mathrm{d}\boldsymbol{S}=0$。

2. 环路定理：真空中 $\oint_l \boldsymbol{B}\cdot\mathrm{d}\boldsymbol{l}=\mu_0\sum\limits_{i=1}^{n}I_i$。

磁介质中 $\oint_L \boldsymbol{H}\cdot\mathrm{d}\boldsymbol{l}=\sum I_i$。

四、几种典型电流的磁场

1. 无限长载流直导线的磁感应强度的大小：$B=\dfrac{\mu_0 I}{2\pi r}$。

2. 圆环电流在圆心产生的磁感应强度的大小：$B=\dfrac{\mu_0 I}{2R}$。

3. 无限长直螺线管内部磁感应强度的大小：$B=\mu_0 nI$。

五、磁场对运动电荷和载流导线的作用

1. 洛伦兹力：$\boldsymbol{F}=q\boldsymbol{v}\times\boldsymbol{B}$。

2. 匀强磁场中带电粒子的运动：

(1) 回转半径：$R=\dfrac{mv}{qB}$；(2) 回转周期：$T=\dfrac{2\pi m}{qB}$。

3. 载流导线在磁场中受到的安培力：$\boldsymbol{F}=\int_L I\mathrm{d}\boldsymbol{L}\times\boldsymbol{B}$。

思考与练习（八）

一、单项选择题

8-1. 在真空中有一半径为 R 的半圆形细导线，通有电流 I，则圆心处的磁感应强度为（　　）。

(A) $\dfrac{\mu_0 I}{4\pi R}$　(B) $\dfrac{\mu_0 I}{2\pi R}$　(C) $\dfrac{\mu_0 I}{4R}$　(D) $\dfrac{\mu_0 I}{2R}$

8-2. 一个半径为 r 的半球面如选择题 8-2 图所示，放在均匀磁场中，通过半球面的磁通量为（　　）。

(A) $2\pi r^2 B$　(B) $\pi r^2 B$　(C) $2\pi r^2 B\cos\alpha$　(D) $\pi r^2 B\cos\alpha$

8-3. 下列说法正解的是（　　）。

(A) 当闭合回路上各点磁感应强度都为零时，回路内一定没有电流穿过

(B) 当闭合回路上各点磁感应强度都为零时，回路内穿过电流的代数和必定为零

（C）当磁感应强度沿闭合回路的积分为零时，回路上各点的磁感应强度必定为零

（D）当磁感应强度沿闭合回路的积分不为零时，回路上任意一点的磁感应强度都不可能为零

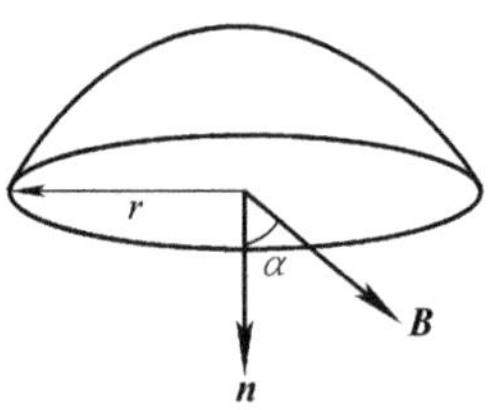

选择题 8-2 图

8-4. 如选择题 8-4 图所示，在无限长载流直导线附近做一球形闭合曲面 S，当球面 S 向长直导线靠近时，穿过球面 S 的磁通量 Φ_m 和面上各点的磁感应强度 B 将如何变化？（　　）。

（A）Φ_m 增大，B 也增大　　（B）Φ_m 不变，B 也不变

（C）Φ_m 增大，B 不变　　（D）Φ_m 不变，B 增大

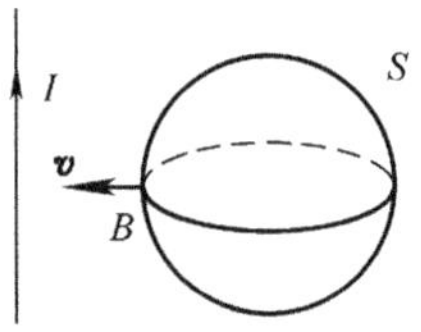

选择题 8-4 图

8-5. 对半径为 R、载流为 I 的无限长直圆柱体，距轴线 r 处的磁感应强度 $\boldsymbol{B}$ 的大小（　　）。

（A）内外部磁感应强度 B 都与 r 成正比

（B）内部磁感应强度 B 与 r 成正比，外部磁感应强度 B 与 r 成反比

（C）内外部磁感应强度 B 都与 r 成反比

（D）内部磁感应强度 B 与 r 成反比，外部磁感应强度 B 与 r 成正比

8-6. 无限长载流导线通有电流 I，在其产生的磁场中作一个以载流导线为轴线的同轴圆柱形闭合高斯面，则通过此闭合面的磁通量（　　）。

（A）等于零　　（B）不一定等于零　（C）为 $\mu_0 I$　　（D）为 $\dfrac{1}{\varepsilon_0}\sum_{i=1}^{n} q_i$

8-7. 一根很长的电缆线由两个同轴的圆柱面导体组成，若这两个圆柱面的半径分别为 R_1 和 R_2（$R_1 < R_2$），通有等值反向电流，那么选择题 8-7 图中哪幅图正确反映了电流产生的磁感应强度随径向距离的变化关系？（　　）

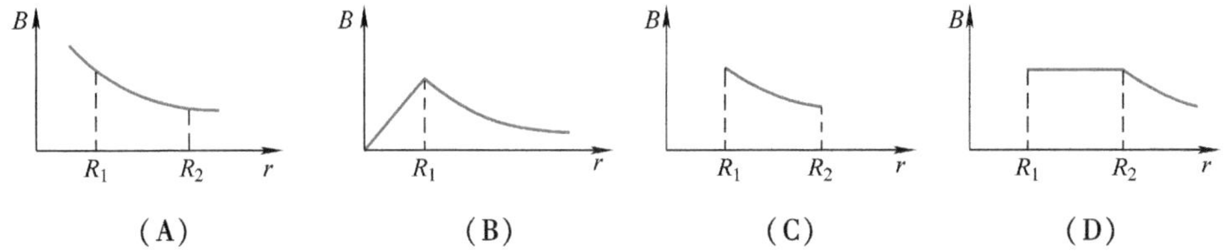

选择题 8-7 图

8-8. 磁介质有三种，用相对磁导率 μ_r 表征它们各自的特性时：（　　）。

（A）顺磁质 $\mu_r > 0$，抗磁质 $\mu_r < 0$，铁磁质 $\mu_r >> 1$

（B）顺磁质 $\mu_r > 1$，抗磁质 $\mu_r = 1$，铁磁质 $\mu_r >> 1$

（C）顺磁质 $\mu_r > 1$，抗磁质 $\mu_r < 1$，铁磁质 $\mu_r >> 1$

（D）顺磁质 $\mu_r < 0$，抗磁质 $\mu_r < 1$，铁磁质 $\mu_r > 0$

8-9. 质量为 m、电荷量为 q 的粒子，以速度 $\boldsymbol{v}$ 与均匀磁场 $\boldsymbol{B}$ 成 θ 角入射磁场，轨迹为一螺旋线，若要增大螺距，则要（　　）。

（A）增大磁场 B　　（B）减少磁场 B　　（C）增加 θ 角　　（D）减少速率 v

8-10. 对磁场中的安培环路定理 $\oint_L \boldsymbol{B}\cdot d\boldsymbol{l} = \mu_0 \sum I$ 的理解，有（　　）。

（A）$\boldsymbol{B}$ 为所有电流激发的总磁场，$\sum I$ 为穿过以 L 为边界所围之面的电流

（B）$\boldsymbol{B}$ 为所有电流激发的总磁场，$\sum I$ 为激发 $\boldsymbol{B}$ 的所有电流

（C）$\boldsymbol{B}$ 为穿过以 L 所围之面的电流所激发，$\sum I$ 为穿过以 L 为边界所围之面的电流

（D）$\boldsymbol{B}$ 为穿过以 L 所围之面的电流所激发，$\sum I$ 为激发 $\boldsymbol{B}$ 的所有电流

8-11. 在选择题 8-11 图 a 和 b 中各有一半径相同的圆形回路 L_1、L_2，圆周内有电流 I_1、I_2，其分布相同，且均在真空中，但在 b 图中 L_2 回路外有电流 I_3，P_1、P_2 为两圆形回路上的对应点，则（　　）。

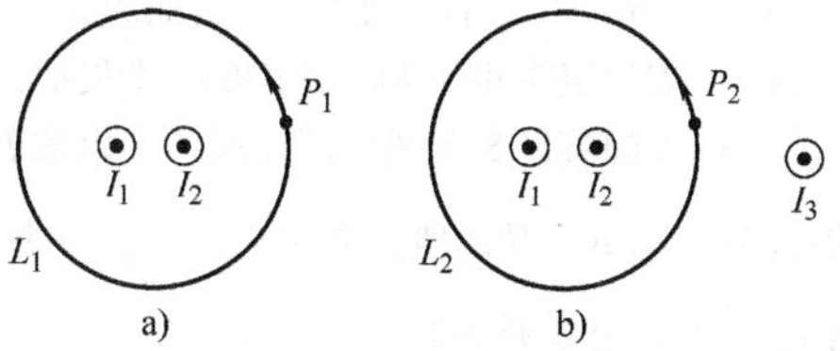

选择题 8-11 图

（A）$\oint_{L_1} \boldsymbol{B}\cdot \mathrm{d}\boldsymbol{l} = \oint_{L_2} \boldsymbol{B}\cdot \mathrm{d}\boldsymbol{l}, B_{P_1} = B_{P_2}$

（B）$\oint_{L_1} \boldsymbol{B}\cdot \mathrm{d}\boldsymbol{l} \neq \oint_{L_2} \boldsymbol{B}\cdot \mathrm{d}\boldsymbol{l}, B_{P_1} = B_{P_2}$

（C）$\oint_{L_1} \boldsymbol{B}\cdot \mathrm{d}\boldsymbol{l} = \oint_{L_2} \boldsymbol{B}\cdot \mathrm{d}\boldsymbol{l}, B_{P_1} \neq B_{P_2}$

（D）$\oint_{L_1} \boldsymbol{B}\cdot \mathrm{d}\boldsymbol{l} \neq \oint_{L_2} \boldsymbol{B}\cdot \mathrm{d}\boldsymbol{l}, B_{P_1} \neq B_{P_2}$

8-12. 洛伦兹力可以（　　）。

（A）改变带电粒子的速率　　（B）改变带电粒子的动量

（C）对带电粒子做功　　（D）增加带电粒子的动能

二、填空题

8-1. 计算有限长的直线电流产生的磁场________用毕奥－萨伐尔定律，而________用安培环路定理求解。（填“能”或“不能”。）

8-2. 一条载有 10A 电流的无限长直导线，在离它 0.5m 远的地方产生的磁感应强度大小 B 为________ T。

8-3. 边长为 a 的正方形导线回路载有电流为 I，则其中心处的磁感应强度大小为________。

8-4. 如填空题 8-4 图所示，一条无限长直导线载有电流 I，在离它 d 远的地方的长为 l 宽为 b 的矩形框内穿过的磁通量 Φ_{m} =________。

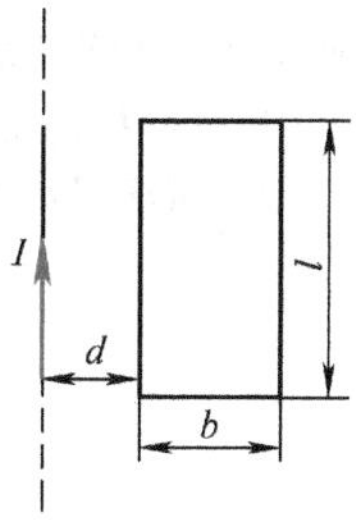

填空题 8-4 图

8-5. 形状如填空题 8-5 图所示的导线，通有电流 I，放在与匀强磁场垂直的平面内，导线所受的磁场力 F =________。

8-6. 填空题 8-6 图所示为三种不同的磁介质的 $B-H$ 关系曲线，其中虚线表示的是 $B=\mu_0 H$ 的关系。试说明 a、b、c 各代表哪一类磁介质的 $B-H$ 关系曲线：a 代表________的 $B-H$ 关系曲线；b 代表________的 $B-H$ 关系曲线；c 代表________的 $B-H$ 关系曲线。

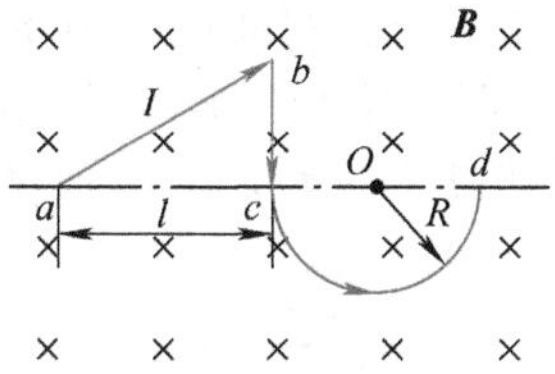

填空题 8-5 图

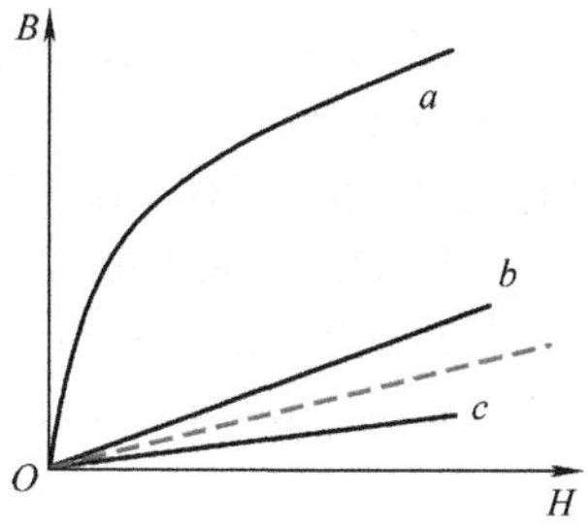

填空题 8-6 图

8-7. 真空中一载有电流 I 的长直螺线管，单位长度的线圈匝数为 n，管内中段部分的磁感应强度为________。

8-8. 一条无限长直导线，在离它 0.01m 远的地方产生的磁感应强度是 10^{-4}T，它所载的电流为________。

8-9. 半径为 R、载有电流为 I 的细圆环在其圆心 O 点处所产生的磁感应强度的大小为________；如果上述条件的圆环改为 $\pi/3$ 的圆弧，则圆弧所在圆心 O 点处磁感应强度的大小为________。

三、问答题

8-1. 在磁场中，若穿过某一闭合曲面的磁通量为零，那么，穿过另一非闭合曲面的磁通量是否也为零呢？

8-2. 安培定律 $\mathrm{d}\boldsymbol{F}=I\mathrm{d}\boldsymbol{l}\times\boldsymbol{B}$ 中的三个矢量，哪两个矢量始终是正交的？哪两个矢量之间可以有任意角度？

8-3. 设问答题 8-3 图中两导线中的电流 I_1、I_2 均为 8A，试分别求如图所示的三条闭合线路 L_1、L_2、L_3 的环路积分 $\oint_l \boldsymbol{B}\cdot\mathrm{d}\boldsymbol{l}$ 的值，并讨论：（1）在每条闭合线路上各点的磁感应强度 $\boldsymbol{B}$ 是否相等？（2）在闭合线路 L_2 上各点的 $\boldsymbol{B}$ 是否为零？为什么？

8-4. 已知磁感应强度 $B=2.0\mathrm{Wb/m^2}$ 的均匀磁场，方向沿 x 轴正向，如问答题 8-4 图所示，试求：（1）通过图中面 $abcd$ 的磁通量；（2）通过图中 $befc$ 面的磁通量；（3）通过图中 $aefd$ 面的磁通量。

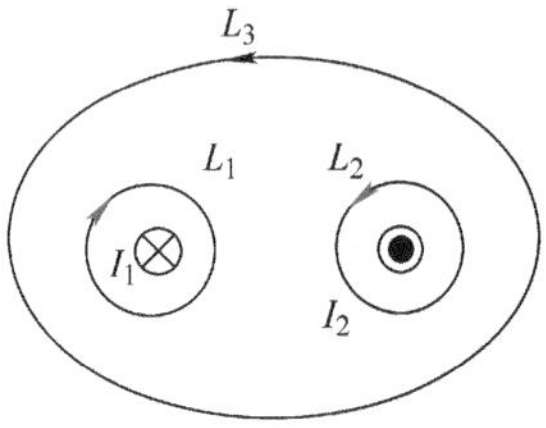

问答题 8-3 图

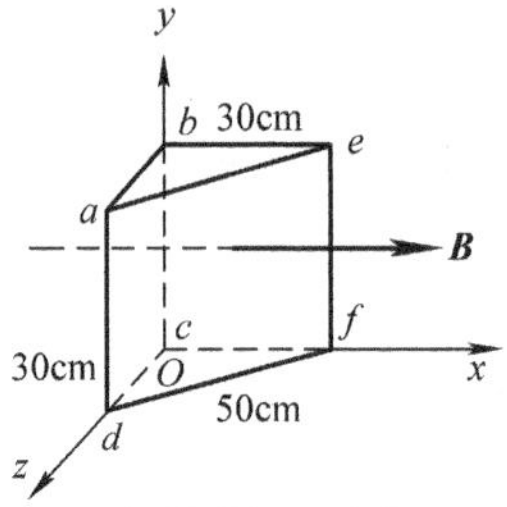

问答题 8-4 图

8-5. 如问答题 8-5 图所示的弓形线框中通有电流 I，求圆心 O 处的磁感应强度 $\boldsymbol{B}$。

8-6. 如问答题 8-6 图所示，两个半径均为 R 的线圈平行共轴放置，其圆心 O_1、O_2 相距为 a，在两线圈中通以同方向的电流 I。

（1）以 O_1O_2 连线的中点 O 为原点，求轴线上坐标为 x 的任意点的磁感应强度的大小；

（2）试证明：当 $a=R$ 时，O 点处的磁场最为均匀。

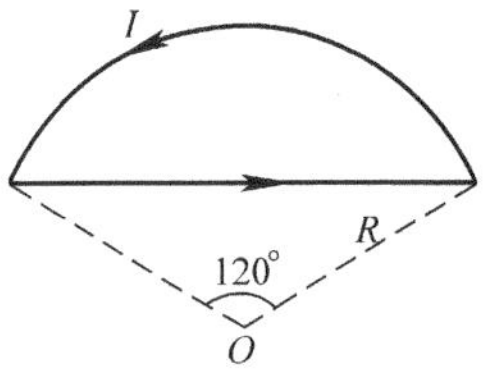

问答题 8-5 图

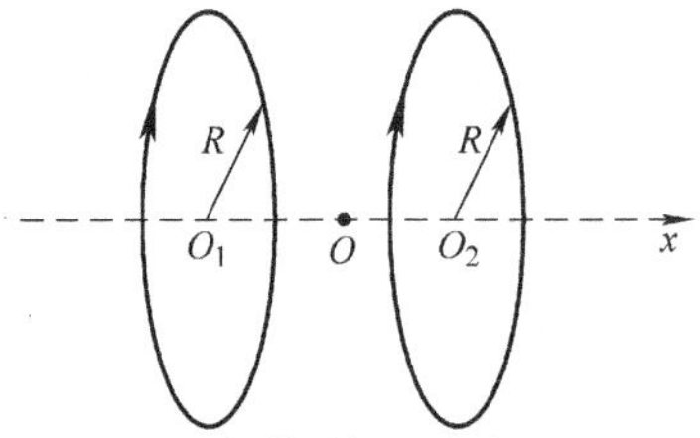

问答题 8-6 图

8-7. 如问答题 8-7 图所示，AB、CD 为长直导线，BC 为圆心在 O 点的一段圆弧形导线，其半径为 R，若通以电流 I，求 O 点的磁感应强度。

8-8. 一根很长的同轴电缆，由一导体圆柱（半径为 a）和一同轴导体圆管（内外半径分别为 b、c）组成，如问答题 8-8 图所示，使用时，电流 I 从一导体流去，从另一导体流回。设电流都均匀地分布在导体的横截面上，求下列各点处磁感应强度大小：（1）导体圆柱内（$r<a$）；（2）两导体之间（$a<r<b$）；（3）导体圆筒内（$b<r<c$）；（4）电缆外（$r>c$）。

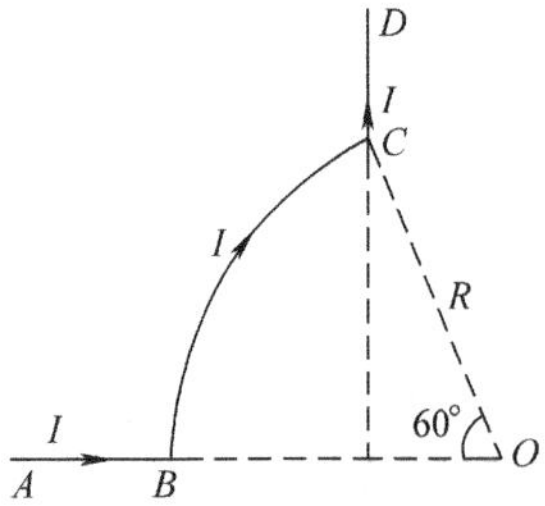

问答题 8-7 图

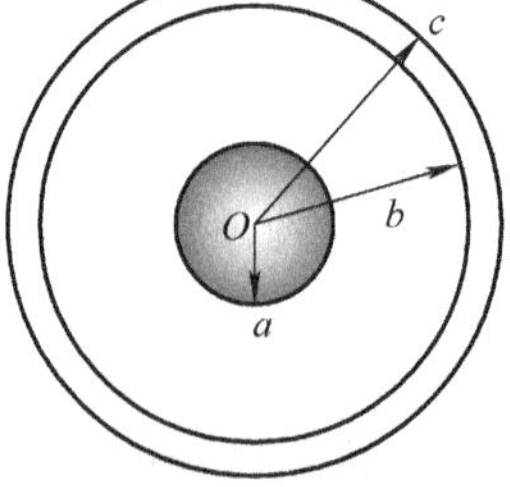

问答题 8-8 图

8-9. 在半径 $R=1\text{cm}$ 的无限长半圆柱形金属片中，有电流 $I=5\text{A}$ 自下而上通过，如问答题 8-9 图所示。试求圆柱轴线上一点 P 处的磁感应强度的大小。

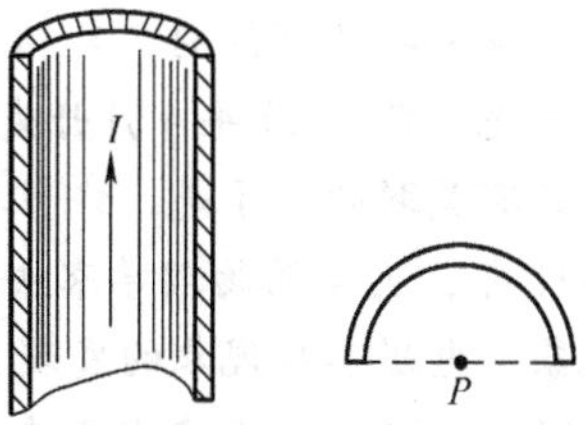

问答题 8-9 图

8-10. 一根很长的直导线，载有电流 10A，有一边长为 1m 的正方形平面与直导线共面，相距为 1m，如问答题 8-10 图所示，试计算通过正方形平面的磁通量。

8-11. 一边长为 $l=0.15\text{m}$ 的立方体如问答题 8-11 图所示，放置在均匀磁场 $\boldsymbol{B}=(6\boldsymbol{i}+3\boldsymbol{j}+1.5\boldsymbol{k})\text{T}$ 中，计算：(1) 通过立方体上黑色阴影面积的磁通量；(2) 通过立方体六面的总磁通量。

8-12. 如问答题 8-12 图所示，在长直导线旁有一矩形线圈，导线中通有电流 $I_1=20\text{A}$，线圈中通有电流 $I_2=10\text{A}$，已知 $d=1\text{cm}$，$b=9\text{cm}$，$l=20\text{cm}$，问矩形线圈上所受到的合力是多少？

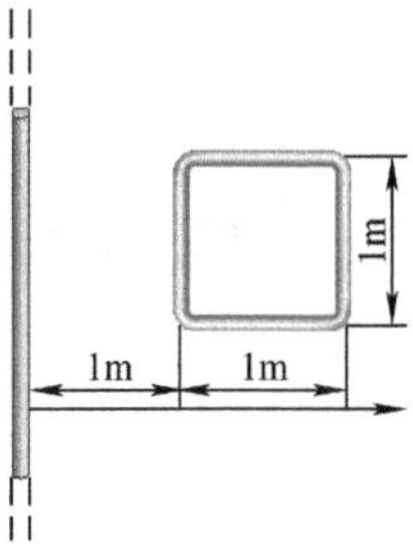

问答题 8-10 图

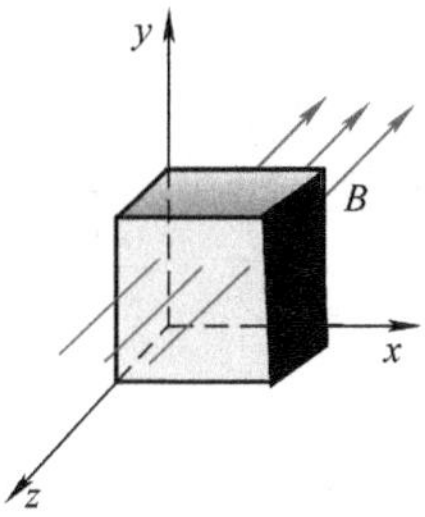

问答题 8-11 图

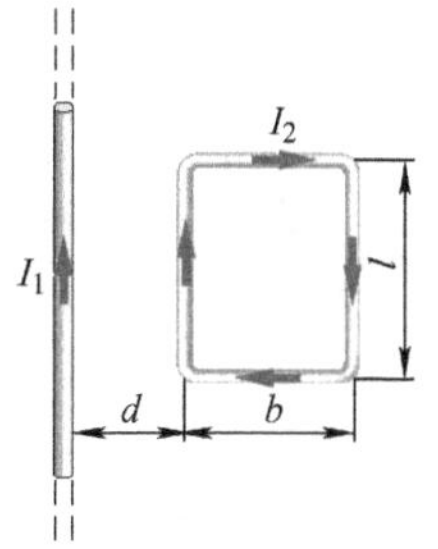

问答题 8-12 图

8-13. 如问答题 8-13 图所示，有两根导线沿半径方向接到铁环的 a、b 两点，并与很远处的电源相接。试求环心 O 的磁感应强度。

8-14. 已知地球北极地磁场磁感应强度 $\boldsymbol{B}$ 的大小为 $6.0\times10^{-5}\text{T}$。如问答题 8-14 图所示，如果想此地磁场是由地球赤道上一圆电流所激发，此电流有多大？流向如何？

8-15. 如问答题 8-15 图所示，匀强磁场中有一矩形通电线圈，它的平面与磁场平行，在磁场作用下，线圈向什么方向转动？

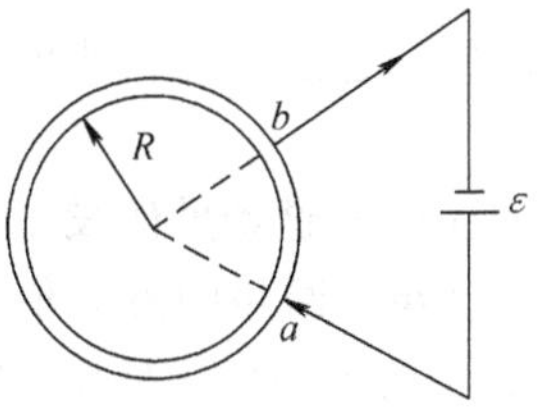

问答题 8-13 图

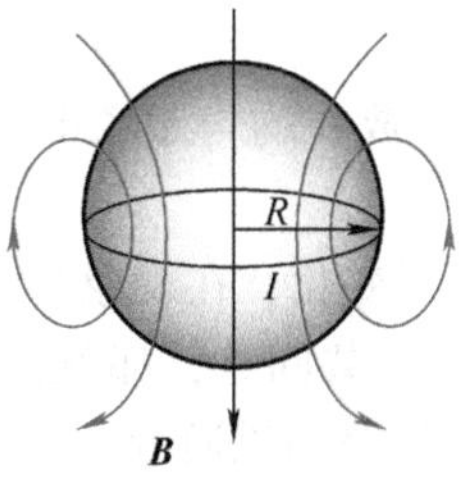

问答题 8-14 图

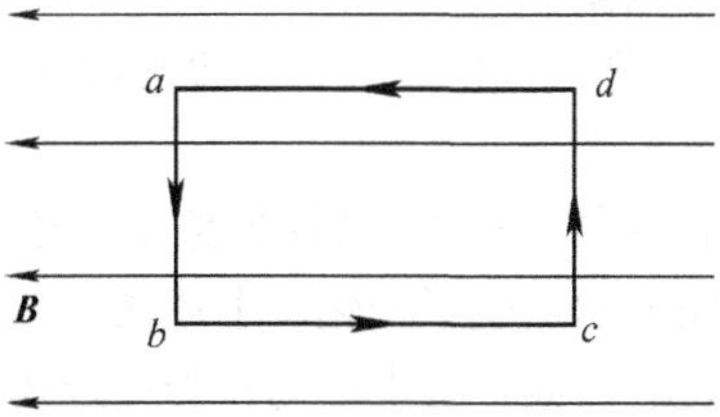

问答题 8-15 图

8-16. 已知地面上空某处地磁场的磁感应强度 $B=0.40\times10^{-4}\text{T}$，方向向北。若宇宙射线中有一速率 $v=5.0\times10^{7}\text{m}\cdot\text{s}^{-1}$ 的质子垂直地通过该处，求：(1) 洛伦兹力的方向；(2) 洛伦兹力的大小，并与该质子受到的万有引力相比较。

8-17. 带电粒子在过饱和液体中运动，会留下一串气泡显示出粒子运动的径迹。设在气泡室有一质子垂直于磁场飞过，留下一个半径为 3.5cm 的圆弧径迹，测得磁感应强度为 0.2T，求此质子的动量和能量。

电和磁既有区别，又相互联系在一起。前面已经介绍了电流能激发磁场，那磁场能不能产生电流呢？自 1820 年 4 月丹麦物理学家奥斯特发现电流磁效应后，人们已经意识到电现象与磁现象是有关联的，于是，许多人开始探索利用磁场产生电流的问题。经过了 10 年的努力，终于在 1831 年，英国的物理学家法拉第发现了在一定条件下磁场也可以激发出电场，这就是电磁感应现象。电磁感应现象的发现，深刻地揭示了电和磁之间的内在联系，推动了电磁学理论的发展。1861—1864 年，麦克斯韦在总结前人成果的基础上，极富创建性地提出了感应电场和位移电流的概念，用优美的数学形式建立了完整的电磁场方程组，概括了所有宏观电磁现象的规律，同时预言了电磁波的存在，并揭示出光的电磁本质。

本章首先介绍电磁感应现象与规律——法拉第电磁感应定律，讨论产生感应电动势的两种情况——动生和感生电动势，接着讨论工程技术中常见的自感和互感现象及其规律，讲解磁场的能量，最后介绍位移电流的概念及麦克斯韦方程组。

第九章　电磁感应　电磁场和电磁波

第一节　电磁感应现象及规律

一、电磁感应现象

1831 年，法拉第（M. Faraday，1791—1867）从实验发现，当通过一闭合回路所围面积的磁通量发生变化时，回路中就产生电流，这种电流称为**感应电流**。

例如：

1）当磁棒移近并插入线圈时，与线圈串联的电流计上有电流通过；磁棒拔出时，电流计上的电流方向相反；磁棒相对线圈的速度越快，线圈中产生的电流越大；磁棒相对线圈静止时，线圈中无电流。

2）把接有电流计、一边可滑动的导线框放在均匀磁场中，可滑动的一边运动时，线框中会有电流产生。

在现象 1）中，线圈回路中的磁场发生了变化，在现象 2）中，回路中的磁场虽然没变，但是回路面积发生了变化。上述两个现象有一个共同点，那就是穿过闭合导体回路的磁通量发生了变化。因此，得出结论：当穿过闭合导体回路的磁通量发生变化时，不管这种变化是什么原因引起的，在导体回路中都会产生感应电流，这种现象称为**电磁感应现象**。电路中出现电流，表明电路中有电动势。从本质上说，电磁感应产生的是感应电动势，因而在闭合电路中形成感应电流。产生感应电流对应的电动势称为**感应电动势**。

电磁感应定律的发现是电磁学领域中的重大成就之一。在理论上，它揭示了电与磁的相互联系和转化的重要一面，推动了电磁理论的建立，同时，在实践上也为电工学和电子技术奠定了基础。

二、楞次定律

在法拉第发现电磁感应现象后不久，俄国物理学家海因里希·楞次（Heinrich Friedrich Lenz）

提出了一条用于确定回路中感应电流方向的定则，现在称为楞次定律，表述为：

闭合回路中感应电流的方向总是使它所激发的磁场来阻碍或反抗引起感应电流的磁通量的变化。

也可以表述为：

感应电流的效果总是反抗穿过回路的磁通量变化。

例如，在把一条形磁铁的 N 极插入线圈的过程中，从右向左穿过线圈的磁通量在增加，线圈中产生的感应电流所激发的磁场要阻碍磁通量的这种变化，感应电流激发的磁场的磁感线就应该如图 9-1 中的虚线所示。根据环形电流在空间产生的磁场知识可知，感应电流 i 的方向是图中标示的方向。当条形磁铁从线圈中拔出时，穿过线圈的磁通量减少，线圈中产生的感应电流所激发的磁场要阻碍磁通量的减小，线圈中产生的感应电流方向必然相反。

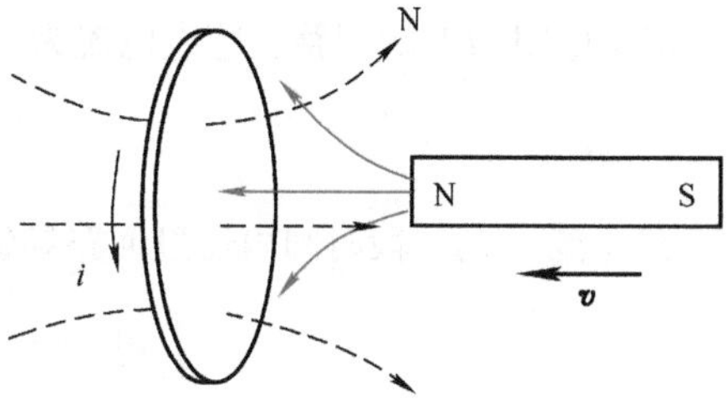

图 9-1 楞次定律

从图 9-1 可见，这时如果把产生感应电流的线圈看成一根磁棒的话，N 极在右侧，S 极在左侧。条形磁铁的 N 极在插入线圈的过程中，线圈的 N 极与之相互排斥，外力必须克服这个排斥力做机械功才能将条形磁铁插入线圈中。正是这个机械功转化为线圈中感应电流的焦耳热。

当条形磁铁从线圈中拔出时，线圈的 N 极在左侧，S 极在右侧，则线圈的 S 极吸引条形磁铁的 N 极阻碍其远离，外力必须克服这个吸引力做机械功而使条形磁铁离开。同样也是外力做的机械功转化为线圈中感应电流的焦耳热。

因此，楞次定律是能量守恒定律在电磁感应现象上的具体体现。正是由于能量守恒定律的成立，楞次定律才是正确的。

在不要求具体确定感应电流方向时，用楞次定律的第二种表述来判断感应电流引起的机械效果更为方便。如图 9-2 所示，在匀强磁场中放置两根相互平行的金属导轨，在导轨上放置两根可自由移动的金属棒 ab、cd。问当 ab 向右运动时，cd 如何移动？这个问题可由电磁感应现象引起的机械效果，即可用楞次定律的第二种表述来分析。cd 要反抗 ab 的运动，即 ab 向右运动时，cd 也向右运动。整个分析不必指出感应电流的方向和导体 cd 所受安培力的方向，显然比较方便。上述现象就是电磁驱动的原理。

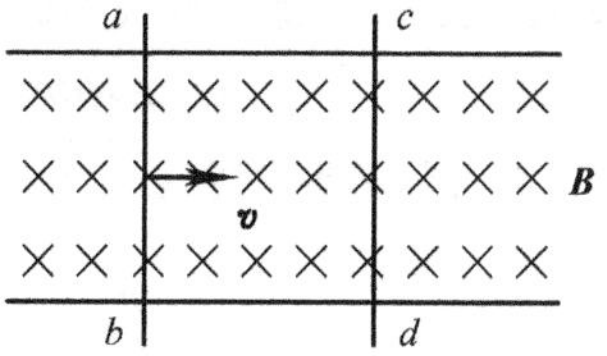

图 9-2 楞次定律的应用

三、法拉第电磁感应定律

当穿过闭合回路的磁通量发生变化时，回路中将产生感应电动势。法拉第提出了**电磁感应定律**：不论什么原因使通过回路面积的磁通量发生变化，回路中产生的感应电动势等于穿过该回路磁通量随时间的变化率的负值。表达式为

$$\mathscr{E}_{\mathrm{i}} = -K\frac{\mathrm{d}\Phi_{\mathrm{m}}}{\mathrm{d}t} \tag{9-1}$$

式中，K 为比例系数，其值取决于式中各量所采用的单位，在 SI 制中，$\mathscr{E}_{\mathrm{i}}$ 以伏（V）计，Φ_{m} 以韦（Wb）计，t 以秒（s）计，则 $K=1$，所以

$$\mathscr{E}_{\mathrm{i}} = -\frac{\mathrm{d}\Phi_{\mathrm{m}}}{\mathrm{d}t} \tag{9-2}$$

负号反映了感应电动势的方向（或感应电流的方向）。

如果相同的线圈有 N 匝，那么在每匝线圈中都会产生感应电动势，总感应电动势等于每匝线圈中的感应电动势之和，相当于电池的串联。设通过每匝线圈的磁通量都为 Φ_m，有

$$\mathscr{E}_i = -N\frac{d\Phi_m}{dt} = -\frac{d\Psi_m}{dt} \tag{9-3}$$

式中，$\Psi_m = N\Phi_m$，称为**磁链**。

对于电阻为 R 的回路，感应电流为

$$i = \frac{\mathscr{E}_i}{R} = -\frac{1}{R}\frac{d\Phi_m}{dt} \tag{9-4}$$

在 t_1 到 t_2 的一段时间内通过回路导线中任一截面的感应电荷量为

$$q = \int_{t_1}^{t_2} i dt = -\frac{1}{R}\int_{\Phi_{m1}}^{\Phi_{m2}} d\Phi_m = \frac{1}{R}(\Phi_{m1} - \Phi_{m2}) \tag{9-5}$$

式中，Φ_{m1} 和 Φ_{m2} 分别是时刻 t_1 和 t_2 通过回路的磁通量。上式表明，在一段时间内通过导线任一截面的电荷量与这段时间内穿过导线所围面积的磁通量的变化量成正比，而与磁通量变化的快慢无关。用于探测地磁场变化的磁强计就是利用这个原理制成的。

例 9-1 在匀强磁场 $\boldsymbol{B}$ 中，放有面积为 S、可绕 OO' 轴转动的 N 匝线圈，如图 9-3 所示。初始时线圈的正法线方向 $\boldsymbol{n}$ 与 $\boldsymbol{B}$ 方向的夹角 θ 为零。若线圈以角速度 ω 做匀速转动，求线圈中的感应电动势与电流。

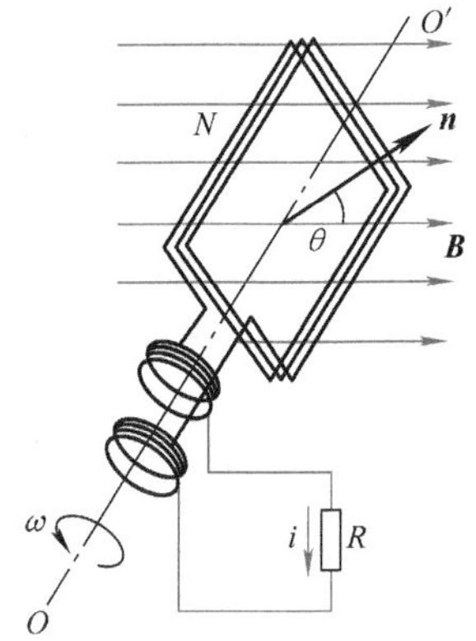

图 9-3

解：设在 t 时刻，线圈的正法线方向 $\boldsymbol{n}$ 与 $\boldsymbol{B}$ 方向的夹角为 θ，有 $\theta = \omega t$。此时穿过 N 匝线圈的磁链为

$$\Psi_m = N\Phi_m = NBS\cos\theta = NBS\cos\omega t$$

由法拉第电磁感应定律可得线圈中的感应电动势为

$$\mathscr{E}_i = -\frac{d\Psi_m}{dt} = NBS\omega\sin\omega t$$

考虑线圈的电阻 R，则流过回路的电流为

$$i = \frac{\mathscr{E}_i}{R} = \frac{NBS\omega}{R}\sin\omega t$$

可见，回路中的电流是时间的正弦函数，即为交流电。这就是交流发电机工作的基本原理。

例 9-2 一根无限长的直导线载有电流 $i = I_0\sin\omega t$，旁边有一共面矩形线圈 $abcd$，如图 9-4 所示。$ab = l_1$，$bc = l_2$，ab 与直导线平行且相距为 d，求线圈中的感应电动势。

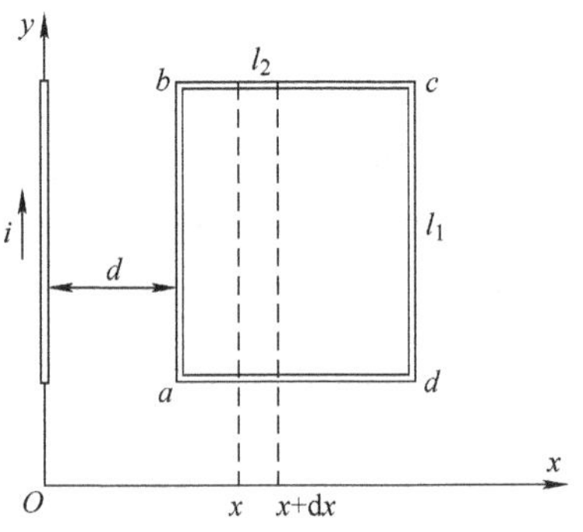

图 9-4

解：取矩形线圈沿顺时针 $abcda$ 方向为回路正绕向，则

$$\Phi_m = \int_S \boldsymbol{B}\cdot d\boldsymbol{S} = \int_d^{d+l_2}\frac{\mu_0 i}{2\pi x}l_1 dx = \frac{\mu_0 i l_1}{2\pi}\ln\frac{d+l_2}{d}$$

所以，线圈中的感应电动势为

$$\mathscr{E}_i = -\frac{d\Phi_m}{dt} = -\frac{\mu_0 l_1\omega}{2\pi}I_0\cos\omega t\ln\frac{d+l_2}{d}$$

可见，$\mathscr{E}_i$ 也随时间做周期性变化，$\mathscr{E}_i < 0$ 表示感应电动势方向与所选的矩形线圈的正绕向相反，即感应电动势的方向沿逆时针方向。

第二节　动生电动势　感生电动势

根据法拉第电磁感应定律，只要穿过回路的磁通量发生了变化，在回路中就会有感应电动势产生。由磁通量的计算公式 $\Phi_m = \int_S \boldsymbol{B} \cdot d\boldsymbol{S}$ 可以看出，引起磁通量 Φ_m 变化的原因有两种情况：一是回路所围面积 S 发生变化；二是回路所在空间的磁场 $\boldsymbol{B}$ 发生变化。我们将前一种原因产生的感应电动势称为**动生电动势**，而后一种原因产生的感应电动势称为**感生电动势**。下面分别加以介绍。

一、动生电动势

动生电动势的产生可以用洛伦兹力来解释。如图 9-5 所示，在磁感应强度为 $\boldsymbol{B}$ 的均匀磁场中，有一长为 l 的导线 ab 在导轨上以速度$\boldsymbol{v}$向右运动，$\boldsymbol{v}$与 $\boldsymbol{B}$ 垂直。在运动过程中，导线内每个自由电子都受到洛伦兹力 $\boldsymbol{F}_m$ 的作用，有

$$\boldsymbol{F}_m = (-e)\boldsymbol{v} \times \boldsymbol{B}$$

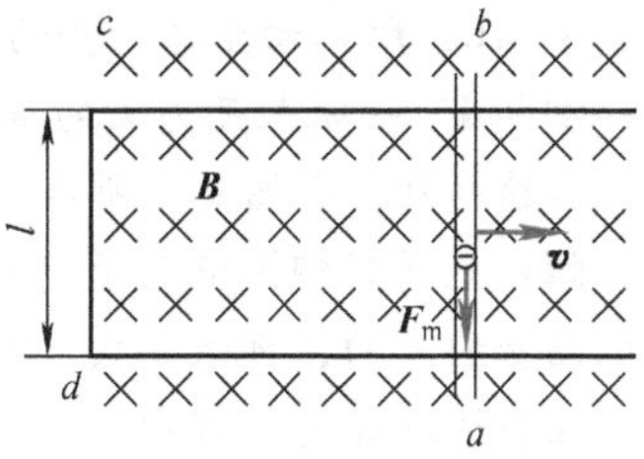

图　9-5

方向从 b 指向 a，它驱使电子沿导线由 b 向 a 移动。如果导轨是导体，电子将在回路 $adcba$ 中移动，在回路中形成电流，电流沿逆时针方向；如果导轨是绝缘体，致使导线 a 端积累了负电荷，b 端积累了正电荷，从而在 ab 导线内建立起静电场。当作用在电子上的静电场力 $\boldsymbol{F}_e$ 与洛伦兹力 $\boldsymbol{F}_m$ 相平衡时，ab 两端便有稳定的电势差，ab 两端的电动势称为动生电动势，b 端电势比 a 端电势高。由此可见，此时运动中的导线等效为电源，这个电源中的非静电力就是洛伦兹力。

根据非静电场强度的定义，这个电源的非静电场强度为

$$\boldsymbol{E}_K = \frac{\boldsymbol{F}_m}{-e} = \boldsymbol{v} \times \boldsymbol{B} \tag{9-6}$$

根据电动势的定义式，动生电动势为

$$\mathscr{E}_i = \int_-^+ \boldsymbol{E}_K \cdot d\boldsymbol{l} = \int_-^+ (\boldsymbol{v} \times \boldsymbol{B}) \cdot d\boldsymbol{l} \tag{9-7}$$

根据式（9-6），上述金属棒 ab 两端产生的动生电动势大小为

$$\mathscr{E}_i = \int_a^b (\boldsymbol{v} \times \boldsymbol{B}) \cdot d\boldsymbol{l} = \int_a^b (vB\sin 90°) \cdot dl \cdot \cos 0° = vB\int_a^b dl = vBl$$

上式就是中学阶段学习的一段直导线在做切割磁感线运动时导线两端产生的感应电动势。必须指出，该结果是式（9-7）的特例，只适用于计算匀强磁场中直导线以恒定速度垂直于磁场方向运动时所产生的动生电动势。

一般而言，在任意的稳恒磁场中，一个任意形状的导线在运动或发生形变时，导线上各个线元 $d\boldsymbol{l}$ 的速度$\boldsymbol{v}$、所在处的磁感应强度 $\boldsymbol{B}$ 都可能不同，这时整个导线中产生的动生电动势仍然要使用式（9-7）来计算。

例 9-3　一无限长直导线通有电流 $I = 10$A，竖直放置，另一长 $l = 0.9$m 的水平导体杆 AC 处于其附近，与其共面并垂直，杆 AC 以速度 $v = 2\text{m} \cdot \text{s}^{-1}$ 向上做匀速平动，如图 9-6 所示。A 端距载流导线的距离 $d = 0.1$m，求 AC 杆中的动生电动势。

解：由于导体杆 AC 是在非均匀磁场中运动，所以要用动生电动势的一般表达式（9-7）来计算。

已知通电导线周围的磁场分布表达式为 $B=\mu_0 I/2\pi x$，在导体杆 AC 一侧，磁感应强度的方向垂直纸面向里。

在杆上距导线为 x 处取一线元 $\mathrm{d}x$，取 $\mathrm{d}\boldsymbol{x}$ 的方向由 A 到 C。在 AC 导线向上平动时，线元 $\mathrm{d}\boldsymbol{x}$ 两端产生的动生电动势为

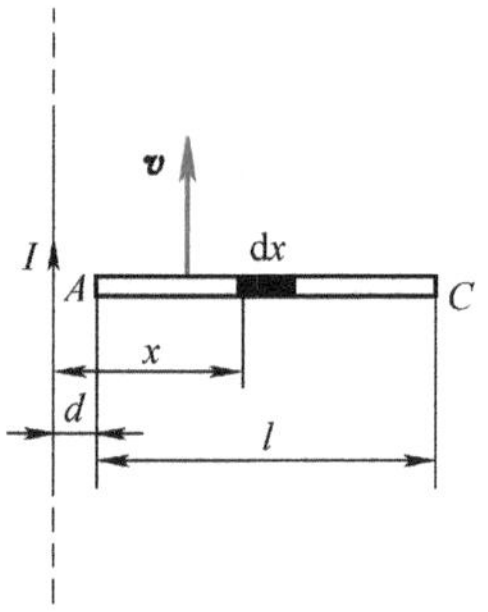

图 9-6

$$\mathrm{d}\mathscr{E}=(\boldsymbol{v}\times\boldsymbol{B})\cdot\mathrm{d}\boldsymbol{x}=vB\sin\frac{\pi}{2}\cdot\mathrm{d}x\cos180^\circ$$

$$=-vB\mathrm{d}x$$

$$\mathscr{E}=\int_A^C\mathrm{d}\mathscr{E}=-\int_A^C\frac{\mu_0 Iv}{2\pi x}\mathrm{d}x$$

$$=-\frac{\mu_0 Iv}{2\pi}\int_d^{d+l}\frac{1}{x}\mathrm{d}x=-\frac{\mu_0 Iv}{2\pi}\ln\frac{d+l}{d}=-9.2\times10^{-6}\ \mathrm{V}$$

由于 $\mathscr{E}_i<0$，所以动生电动势的方向为 C 指向 A，即 A 端电势高。

例 9-4 一根长度为 L 的铜棒 OP，在垂直于均匀磁场 $\boldsymbol{B}$ 的平面中以角速度 ω 绕棒的一端 O 做匀角速转动，如图 9-7 所示。求在铜棒两端产生的动生电动势。

解：先判断铜棒中电子受到的洛伦兹力方向，进一步判断动生电动势的方向，再根据式（9-7）计算电动势的大小。

在铜棒旋转的过程中，设想导体内有一个电子受到的洛伦兹力 $\boldsymbol{F}_m$ 方向如图，则电子将向 O 端运动，所以 O 端为低电势端，P 端为高电势端。

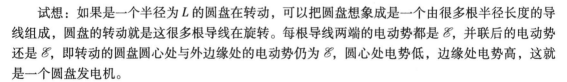

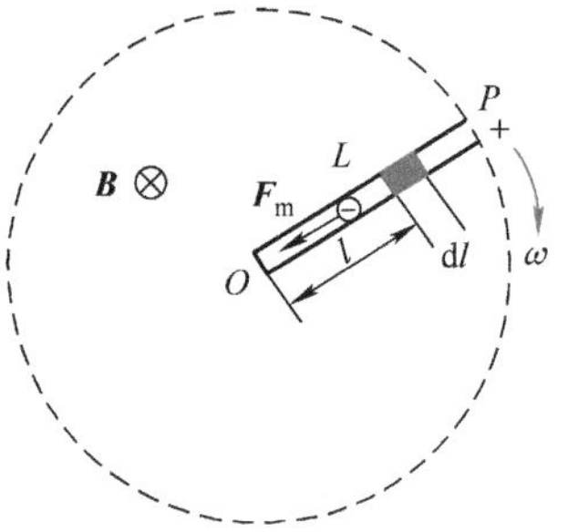

图 9-7

铜棒 OP 两端的电动势大小的计算：

在铜棒上距 O 端 l 处，取一小段 $\mathrm{d}l$，在运动的过程中，该段两端产生的动生电动势为

$$\mathrm{d}\mathscr{E}=(\boldsymbol{v}\times\boldsymbol{B})\cdot\mathrm{d}\boldsymbol{l}=vB\sin90^\circ\mathrm{d}l\cos0^\circ=vB\mathrm{d}l$$

考虑到 $v=l\omega$，OP 铜棒两端电动势的大小为

$$\mathscr{E}=\int_0^L\mathrm{d}\mathscr{E}=\int_0^L l\omega B\mathrm{d}l=\frac{1}{2}\omega BL^2$$

试想：如果是一个半径为 L 的圆盘在转动，可以把圆盘想象成是一个由很多根半径长度的导线组成，圆盘的转动就是这很多根导线在旋转。每根导线两端的电动势都是 $\mathscr{E}$，并联后的电动势还是 $\mathscr{E}$，即转动的圆盘圆心处与外边缘处的电动势仍为 $\mathscr{E}$，圆心处电势低，边缘处电势高，这就是一个圆盘发电机。

二、感生电动势和感生电场

一个静止的导体回路，当它包围的磁场发生变化时，穿过它的磁通量就会发生变化，这时回路中产生的感应电动势称为感生电动势。

我们知道，电源中都有一种非静电力，它使单位正电荷从负极通过电源内部移动到正极所做的功称为电源电动势。做功本领的大小用电动势来描述。那么产生感生电动势的非静电力是什么呢？麦克斯韦在分析、总结法拉第等人在电磁学方面的成就后，提出如下假设：**变化的磁场在其周围空间要激发一种电场**，这种电场叫作**感生电场**，也称**涡旋电场**，用 $\boldsymbol{E}_K$ 表示。当闭合导线处在变化的磁场中时，感生电场作用于导体中的自由电荷，从而产生感生电动势。感生电场与静电场都对电荷有力的作用，都是一种客观存在的物质，但静电场存在于静止电荷周围的空间内，是由静止电荷所产生的场，而感生电场则是由变化磁场所激发的。

感生电场的存在早已为实验所证实。电磁波的产生和传播、电子感应加速器的成功应用等都是感生电场存在的例证。

由电动势的定义，结合法拉第电磁感应定律，变化的磁场在任意闭合回路内产生的感生电动势为

$$\mathscr{E}_{\mathrm{i}} = \oint_L \boldsymbol{E}_{\mathrm{K}} \cdot \mathrm{d}\boldsymbol{l} = -\frac{\mathrm{d}\Phi_{\mathrm{m}}}{\mathrm{d}t} \tag{9-8}$$

这个感生电动势表达式不只对由导体所构成的闭合回路适用，对真空中的回路也适用。这就是说，只要穿过空间内某一闭合回路所围面积的磁通量发生变化，那么此闭合回路上的感生电动势总是等于感生电场 $\boldsymbol{E}_{\mathrm{K}}$ 对该回路的环流。如果闭合回路中有可以自由移动的电荷，在回路中就形成感应电流，反之则只产生感生电动势。

另外，静电场的电场线是始于正电荷、终止于负电荷（电场线不闭合），沿任意闭合回路静电场的电场强度（用 $\boldsymbol{E}_{\mathrm{e}}$ 表示，以示区别）环流恒为零，即 $\oint_L \boldsymbol{E}_{\mathrm{e}} \cdot \mathrm{d}\boldsymbol{l} = 0$，说明静电场是有源无旋场，是保守场。而感生电场与静电场不同，感生电场的电场线是闭合的，它沿任意闭合回路的环流一般情况下不等于零，即 $\oint_L \boldsymbol{E}_{\mathrm{K}} \cdot \mathrm{d}\boldsymbol{l} \neq 0$，是有旋无源场，是非保守场。

进一步讨论式（9-8）。对于 L 围成的面积 S，磁通量为

$$\Phi_{\mathrm{m}} = \int_S \boldsymbol{B} \cdot \mathrm{d}\boldsymbol{S}$$

这样，感应电动势也可写成

$$\mathscr{E}_{\mathrm{i}} = \oint_L \boldsymbol{E}_{\mathrm{K}} \cdot \mathrm{d}\boldsymbol{l} = -\frac{\mathrm{d}}{\mathrm{d}t}\int_S \boldsymbol{B} \cdot \mathrm{d}\boldsymbol{S}$$

若闭合回路是静止的，它所围的面积 S 也不随时间变化，可以把对时间的求导和对曲面的积分两个运算的顺序交换，写成偏微商形式，则有

$$\oint_L \boldsymbol{E}_{\mathrm{K}} \cdot \mathrm{d}\boldsymbol{l} = -\int_S \frac{\partial \boldsymbol{B}}{\partial t} \cdot \mathrm{d}\boldsymbol{S} \tag{9-9}$$

式中，$\partial \boldsymbol{B}/\partial t$ 是闭合回路所围面积内面元 $\mathrm{d}\boldsymbol{S}$ 所在处的磁感应强度随时间的变化率。上式是法拉第电磁感应定律的积分形式。

如果空间同时存在静电场 $\boldsymbol{E}_{\mathrm{e}}$，则空间总电场 $\boldsymbol{E} = \boldsymbol{E}_{\mathrm{e}} + \boldsymbol{E}_{\mathrm{K}}$。考虑到 $\oint_L \boldsymbol{E}_{\mathrm{e}} \cdot \mathrm{d}\boldsymbol{l} = 0$，有

$$\oint_L \boldsymbol{E} \cdot \mathrm{d}\boldsymbol{l} = -\int_S \frac{\partial \boldsymbol{B}}{\partial t} \cdot \mathrm{d}\boldsymbol{S} \tag{9-10}$$

这是麦克斯韦方程组的基本方程之一。

例 9-5 在半径为 R 的圆柱形空间内存在轴向均匀磁场 $\boldsymbol{B}$，柱外磁场为零，如图 9-8 所示。若 $\boldsymbol{B}$ 的变化率为 $\mathrm{d}B/\mathrm{d}t$（>0），求圆柱形空间内、外的感生电场分布。

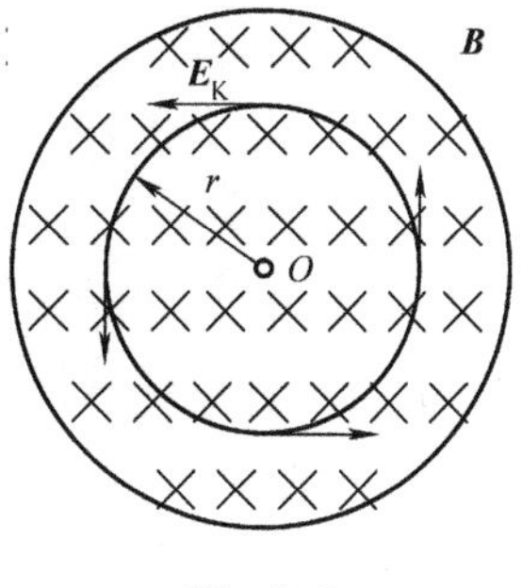

图 9-8

解：因为磁场分布是柱对称的，在截面图上由变化磁场产生的感生电场 $\boldsymbol{E}_{\mathrm{K}}$ 电场线是一系列以 O 为圆心的同心圆，同一圆周上各点电场强度的大小相同，方向沿圆周切线方向（即与径矢垂直）。

（1）在圆柱形空间内，以 O 为圆心取一半径为 r 的圆形回路，回路上各点电场强度的大小相同。由于 $\mathrm{d}B/\mathrm{d}t>0$，即穿过回路的磁通量随时间增加，根据楞次定律，如果回路中有自由电荷，形成的

感应电流要阻碍这种变化，所以感应电流的方向为逆时针方向，进而可判断出回路上各点感生电场的方向沿逆时针的切线方向。

取半径为 r 的圆形回路回转方向为逆时针方向，由式（9-9）计算感生电场 $\boldsymbol{E}_{\mathrm{K}}$ 的大小，有

$$\oint_L \boldsymbol{E}_{\mathrm{K}} \cdot \mathrm{d}\boldsymbol{l} = E_{\mathrm{K}} \cdot 2\pi r$$

$$\int_S \frac{\partial \boldsymbol{B}}{\partial t} \cdot \mathrm{d}\boldsymbol{S} = \int_S \frac{\mathrm{d}B}{\mathrm{d}t} \cdot \mathrm{d}S = \frac{\mathrm{d}B}{\mathrm{d}t} \cdot \pi r^2$$

联立求解，得

$$E_{\mathrm{K}} = \frac{r}{2}\frac{\mathrm{d}B}{\mathrm{d}t} \quad (r < R)$$

（2）同样，在圆柱形空间外取一圆心为 O、半径为 r 的圆形回路，同样可以判断出 $\mathrm{d}B/\mathrm{d}t > 0$ 时，圆形回路上各点感生电场的方向沿逆时针的切线方向。

感生电场 $\boldsymbol{E}_{\mathrm{K}}$ 大小的计算：

取回路的回转方向为逆时针方向，有

$$\oint_L \boldsymbol{E}_{\mathrm{K}} \cdot \mathrm{d}\boldsymbol{l} = E_{\mathrm{K}} \cdot 2\pi r$$

$$\int_S \frac{\partial \boldsymbol{B}}{\partial t} \cdot \mathrm{d}\boldsymbol{S} = \frac{\mathrm{d}B}{\mathrm{d}t} \cdot \pi R^2$$

联立求解，得

$$E_{\mathrm{K}} = \frac{R^2}{2r}\frac{\mathrm{d}B}{\mathrm{d}t} \quad (r > R)$$

三、感生电场的应用

1. 电子感应加速器

电子感应加速器简称感应加速器，它是由美国物理学家克斯特（D. W. Kerst）在 1940 年研制成功的。它是利用变化磁场激发的感生电场来加速电子以获得高能电子的一种装置。

图 9-9 是电子感应加速器基本结构的原理图，在圆形电磁铁的 N、S 磁极间放一个环形真空室，电磁铁是由频率为几十赫兹的强大交变电流来激磁的，磁极间的磁场呈对称分布。当两磁极间的磁场发生变化时，在环形真空室内激起感生电场，感生电场线是圆形的。此时若用电子枪将电子沿切线方向射入环形真空室，电子将受到感生电场力作用和空间磁场对它的洛伦兹力作用。感生电场力可以使电子改变速度，洛伦兹力可以使电子做圆周运动。当电子运动方向与感生电场方向相反时，电子在环形真空室内做加速圆周运动，速度才能得到提高。

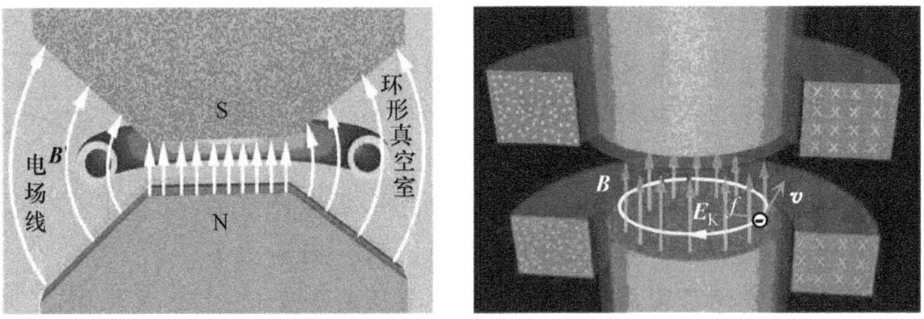

图 9-9　电子感应加速器基本结构原理图

所以每次电子束注入并得到加速后，要在感生电场方向改变前及时引出。容易分析出，电子做加速圆周运动的时间最长只有交变电流周期的四分之一。这个时间看起来虽然短，但在这段

时间内电子已在环形真空室内加速绕行了几十万圈，速度可以接近光速。小型电子感应加速器可把电子加速到0.1～1MeV，用来产生X射线。大型的加速器能量可达数百兆电子伏特，用于科学研究。

2. 涡电流

当导体处在变化的磁场中时，在导体内部会自成闭合回路产生感应电流。这种在导体内流动的感应电流叫作**涡电流**，简称**涡流**。由于金属的电阻很小，所以涡电流可能达到很大的数值。

涡电流在工程技术上有广泛的应用。

（1）涡电流的热效应　利用涡电流的热效应可以使金属导体被加热。如图9-10a所示，在一个绕有线圈的铁心上端放置一个盛有冷水的铜杯，把线圈的两端接到交流电源上，过几分钟，杯内的冷水就变热，甚至沸腾起来。这是因为，当绕在铁心上的线圈中通有交流电时，穿过铜杯中每个回路包围面积的磁通量都在不断地变化，因此，在这些回路中便产生感应电动势，在铜导体中产生涡电流，所以能够产生大量热量，使杯中的冷水变热。

工厂中冶炼金属时常用的高频感应炉，也是利用金属块中涡流使金属块熔化的；在真空技术方面，也广泛利用涡电流给待抽真空仪器内的金属部分加热；家用电磁炉也是利用涡电流的热效应给金属锅具加热的，图9-10b是电磁炉所使用的线圈。

涡电流的热效应也有不利的一面，在发电机和变压器的铁心中就有这种能量损失，称为涡流损耗。如图9-11所示，为了减少涡电流的热损失，我们可以把变压器的铁心做成层状，层与层之间用绝缘材料隔开，以减少涡电流。变压器铁心做成叠片式就是这个道理。另外，为减小涡电流，应增大铁心电阻，所以常用电阻率较大的硅钢作为铁心材料。

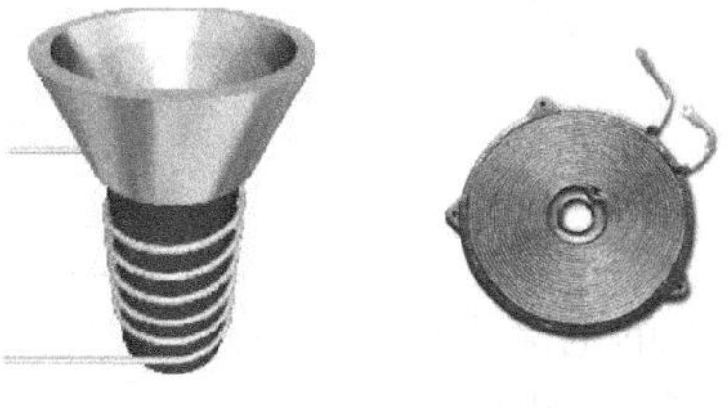

a)　　b)

图9-10　涡电流的热效应

图9-11　变压器的铁心

（2）涡电流的机械效应　导体在不均匀或变化的磁场中运动时，导体中会产生涡电流。反过来，有涡电流的导体又受到磁场对它的安培力作用。如图9-12所示为阻尼摆的示意图。在整片金属导体进入下方的磁场区域过程中，由于磁通量的变化，在金属片中产生涡电流，涡电流又受到磁场的安培力作用，这个力一定是阻碍金属导体在磁场中的运动，这就是电磁阻尼原理。一般的电磁测量仪器中，都设计有电磁阻尼装置。

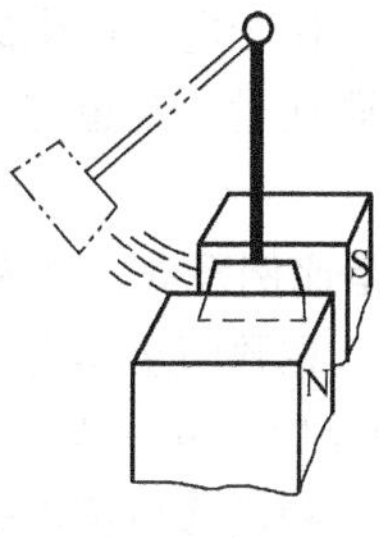

图9-12　阻尼摆

（3）涡电流的趋肤效应　一段柱状的均匀导体通过直流电流时，电流密度是均匀分布的。然而，交流电流通过柱状导体时，由于交变电流激发的交变磁场会在导体中产生涡电流，涡电流使得交变电流在导体的横截面上不再均匀分布，而是越靠近导体表面处电流密度越大。这种交变电流集中于导体表面的效应叫趋肤效应。趋肤效应使得我们在高频电路中可以用空心导线代替实心导线。在工业应用方面，利用趋肤效应可以对金属进行表面淬火。

3. 金属探测器

在很多场所需要探测金属物体的有无，如考场、机场和车站等地方的安全检查和敌方埋藏的具有金属零部件的地雷或地下其他金属物的探测等。

金属探测器就是利用涡电流原理设计制成的。其基本工作原理是金属探测器中的振荡器激励发射线圈产生一个交变的电磁场，当探测器接近金属物时，交变电磁场在金属物内感应产生涡电流，涡电流辐射的二次场被接收线圈接收，经高灵敏度的取样检波电路检出该信号，再经过电子线路处理，由发声或发光器件发出报警信号，图 9-13 是某种金属探测器的照片。

图 9-13 金属探测器

4. 磁感应水雷

水雷是一种具有悠久历史的兵器，在我国明代嘉靖二十八年（公元 1549 年）唐荆川编著的《武论》一书中就有过使用水雷的记载。几百年来，特别是第一次世界大战以来，人类在战争中布设的水雷有几十万、甚至上百万颗。

随着科学技术的发展，水雷的种类也日新月异。有一种水雷，其引爆的原理利用的就是感生电场。我们知道，现代舰船是由钢铁材料制成的。在地球磁场的作用下，舰船被磁化，成为一个在水面上移动的“磁铁”。磁感应水雷中装有由几万圈导线做成的磁感应线圈。当移动的舰船经过水雷附近时，舰船的磁场扫过感应线圈，穿过线圈的磁通量就会发生改变，在线圈中产生感应电动势，出现感应电流。水雷利用这个信号接通引爆电路，使水雷爆炸，从而炸毁舰船。

第三节 自感与互感

一、自感

如图 9-14 所示，当一个线圈（或线圈绕组）中的电流 I 发生变化时，由于磁场的变化，通过线圈自身的磁通量 Φ_m 也随之而变化，于是线圈自身便出现感应电动势——我们称之为**自感电动势**，这种现象称为**自感现象**。

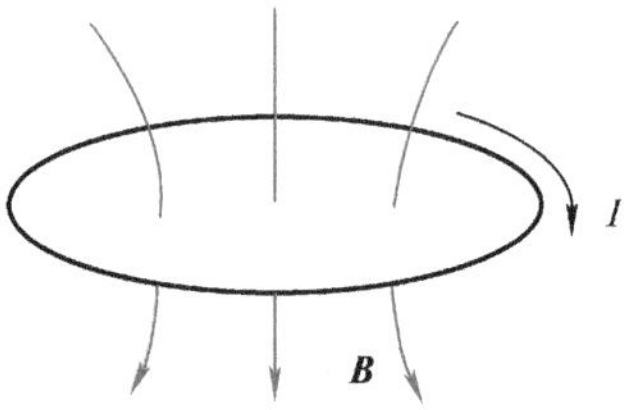

图 9-14 自感现象

由于电流产生的磁场总是正比于电流，因此，通过线圈自身的磁通量一定也与电流成正比，写成等式有

$$\Phi_m = LI \tag{9-11}$$

L 是比例系数，称为该线圈的**自感**。其数值与回路的大小、几何形状、匝数及磁介质的性质有关，在数值上等于电流为 1A 时通过自身回路的磁通量。自感的单位是亨利（H），简称亨，$1H = 1T \cdot m^2 \cdot A^{-1}$。常要用到毫亨（mH）和微亨（μH），$1mH = 10^{-3}H$，$1\mu H = 10^{-6}H$。

利用法拉第电磁感应定律可以求得自感电动势为

$$\mathscr{E}_L = -\frac{d\Phi_m}{dt} = -\frac{d(LI)}{dt} = -\left(L\frac{dI}{dt} + I\frac{dL}{dt}\right)$$

如果回路的形状、大小和周围介质的磁导率不变，则 dL/dt 为零，于是，上式又可写为

$$\mathscr{E}_L = -L\frac{dI}{dt} \tag{9-12}$$

式中，负号是楞次定律的数学表示，它表明自感电动势将反抗回路中电流的改变。也就是说，电

流增加时，自感电动势与原有电流的方向相反；电流减小时，自感电动势与原有电流的方向相同。可见，要使任何回路中的电流发生变化，都会引起自感电动势阻碍电流的变化，回路的自感越大，自感的作用就越强，改变回路中的电流也越难。自感这种具有保持回路中原有电流不变的性质，与力学中的惯性类似，所以又称为“电磁惯量”。

对于 N 匝线圈，以上公式中的磁通量 Φ_m 用磁链 $\Psi_m = N\Phi_m$ 表示。

例 9-6　有一长直密绕螺线管，长度为 l，截面积为 S，线圈的总匝数为 N，管中磁介质的磁导率为 μ，求其自感。

解：设螺线管通以电流 I，螺线管在内部产生的磁场为匀强磁场，磁感应强度的大小为

$$B = \mu \frac{N}{l} I$$

则通过螺线管的磁链为

$$\Psi_m = NBS = N\mu \frac{N}{l} IS = \mu \frac{N^2}{l^2} IV$$

其自感 L 为

$$L = \frac{\Psi_m}{I} = \mu n^2 V \tag{9-13}$$

式中，V 为螺线管内的体积，即空间磁场的体积（忽略边缘效应）；n 为螺线管单位长度的匝数。

由上式可见，自感 L 仅取决于该器件的自身情况——与线圈的几何形状、尺寸、匝数和线圈内的磁介质有关，与通过线圈的电流无关（如果介质是铁磁质，与电流有关）。对于任意形状线圈的自感不易计算，往往由测量得出。

自感现象在电工和电子技术中有着广泛的应用。荧光灯镇流器是自感现象应用中最简单的例子。利用线圈阻碍其自身电流变化的性质来稳定电流；自感与电容还可以构成谐振电路和滤波器等。

自感现象也有危害，如在供电系统中，接通或切断载有大电流的电路时，由于电路中自感器件的作用，开关触头处会出现强烈的弧光放电现象，容易危及设备及人身安全。为此，必须使用带有灭弧结构的特殊开关。

二、互感

一个线圈中的电流发生了变化，将导致附近另一个线圈出现感应电动势，我们把这种现象称为**互感现象**，线圈中出现的感应电动势称为**互感电动势**。

设有两个相邻近的线圈 1 和 2，当线圈 1 中通过的电流 I_1 发生变化时，会在线圈 2 中产生感应电动势 $\mathscr{E}_{21}$，如图 9-15 所示；反之，设想当线圈 2 中通过的电流 I_2 发生变化时，也定会在线圈 1 中产生感应电动势 $\mathscr{E}_{12}$。

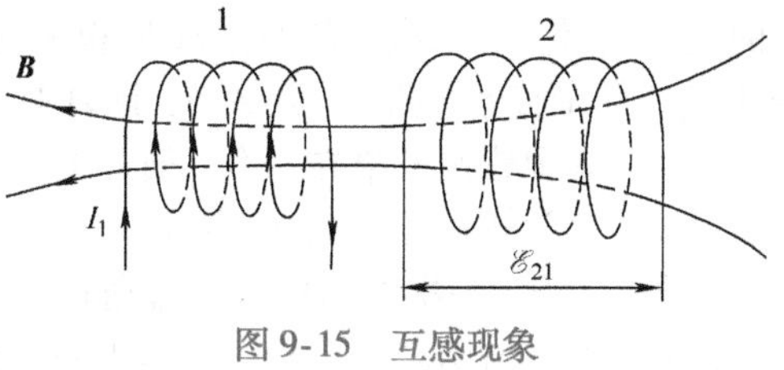

图 9-15　互感现象

在两线圈的形状、空间的相对位置保持不变时，线圈 1 中的电流 I_1 在线圈 2 中产生的磁链 Ψ_{21} 与 I_1 成正比，写成等式为

$$\Psi_{21} = M_{21} I_1 \tag{9-14}$$

同理，线圈 2 的电流 I_2 与在线圈 1 中产生的磁链 Ψ_{12} 的关系为

$$\Psi_{12} = M_{12} I_2 \tag{9-15}$$

式中，M_{21}和M_{12}为比例系数。可以证明，$M_{21}=M_{12}$，统一用M表示，称为两线圈的**互感**。它与线圈的几何形状、大小、匝数、相对位置以及周围的磁介质有关。互感的单位与自感相同。

利用法拉第电磁感应定律，可得互感电动势

$$\mathscr{E}_{21}=-M\frac{\mathrm{d}I_1}{\mathrm{d}t} \tag{9-16}$$

$$\mathscr{E}_{12}=-M\frac{\mathrm{d}I_2}{\mathrm{d}t} \tag{9-17}$$

可以看到，当一个线圈的电流变化率给定时，互感M越大，在另一个线圈中产生的感应电动势也越大，这表明M反映了两个线圈的互耦合程度。

例9-7 一矩形线圈长为a，宽为b，由N匝表面绝缘的导线组成，放在一根很长的导线旁边并与之共面。求图9-16中a、b两种情况下线圈与长直导线之间的互感。

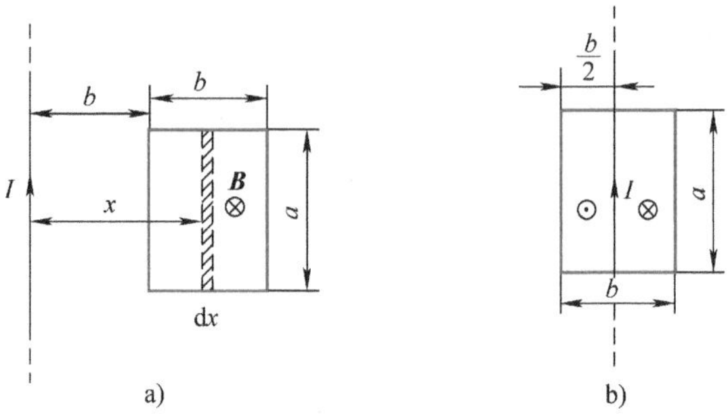

图 9-16

解：设直导线通以电流I，如图a所示，导线在矩形线圈x处产生的磁感应强度为

$$B=\frac{\mu_0 I}{2\pi x}$$

通过矩形线圈的磁链为

$$\Psi_{\mathrm{m}}=\int_b^{2b}N\frac{\mu_0 I}{2\pi x}a\mathrm{d}x=N\frac{\mu_0 Ia}{2\pi}\ln 2$$

由互感的定义，线圈与长直导线间的互感为

$$M=\frac{\Psi_{\mathrm{m}}}{I}=N\frac{\mu_0 a}{2\pi}\ln 2$$

图9-16b中，直导线两边的磁感应强度方向相反且以导线为轴对称分布，通过矩形线圈的磁通量为零，所以$M=0$。这是消除互感的方法之一。

利用互感现象可以将电能从一个回路转移到另一个回路，这种能量转移的方法在电工、无线电技术中有广泛的应用。例如，电业部门输变电工程中用的电力（升压、降压）变压器，电子仪器设备中用的电源变压器，用来测量高电压、大电流的互感器，在生活和生产中使用的煤气点火器，汽车发动机的点火装置等，都是利用互感原理制成的。

感应圈是一种用低压直流电源获得高电压的一种装置，它的结构示意图如图9-17所示。在铁心上绕有两个线圈，一次线圈的匝数N_1较少，二次线圈的匝数N_2很大（$N_2 \gg N_1$）。一次线圈N_1、低压直流电源$\mathscr{E}$、开关S、螺钉D、软铁M组成一个闭合回路。其中软铁M装在一个弹簧片上，螺钉D的横向进度可以调节。开关断开时，M、D接通。

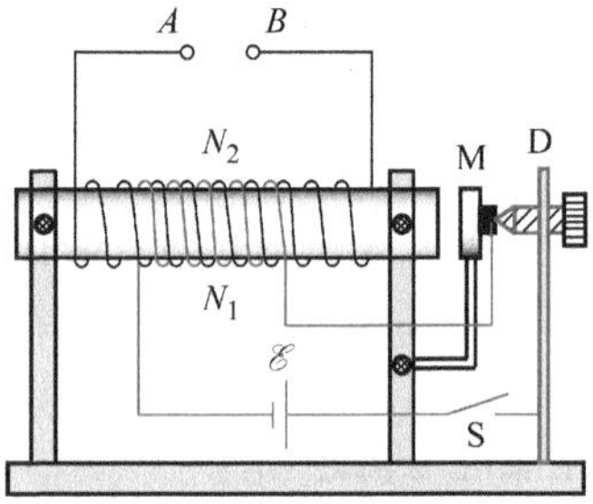

图9-17 感应圈

闭合开关S，一次线圈中有电流通过，铁心因被磁化而吸引软铁M，使之与螺钉D分离，于是电路被切断，铁心的磁性随之消失。这时，软铁M在弹簧片的弹力作用下又重新和螺钉D相接触，电路又被接通。这个过程将自动地、反复地进行。由于M、D的时通时断，使一次线圈中电流也不断地时有时无，通过线圈的互感在二次线圈中产生感应电动势。由于二次线圈的匝数比一次线圈的匝数多得多，所以在二次线圈中能获得高达上万伏、甚至几万伏的电压。如果二次线圈的A、B两端离的较

近，在 A、B 之间会产生火花放电现象。如果 A、B 之间有可燃气体，可燃气体将被点燃。

互感也有害处，应尽量避免。例如，电路之间的互感会使电路相互干扰，影响仪器的正常工作。这时，可用磁屏蔽等方法进行屏蔽，以减少相互干扰。

第四节 磁场的能量

与电场一样，磁场也有能量。下面用一自感线圈通电的例子来说明。如图 9-18 所示，我们以 RL 电路为例，分析其充电过程。在电键 S 未闭合时，电路中没有电流，线圈内也没有磁场。电键闭合后，线圈中的电流逐渐增大，最后达到稳定值 I。在电流增大的过程中，线圈中有自感电动势，它会阻碍线圈中磁场的建立，与此同时，在电阻 R 上释放出焦耳热。因此，电流在线圈内建立磁场的过程中，电源供给的能量分成两个部分：一部分转换为热能，另一部分则转换成线圈内的磁场能量。

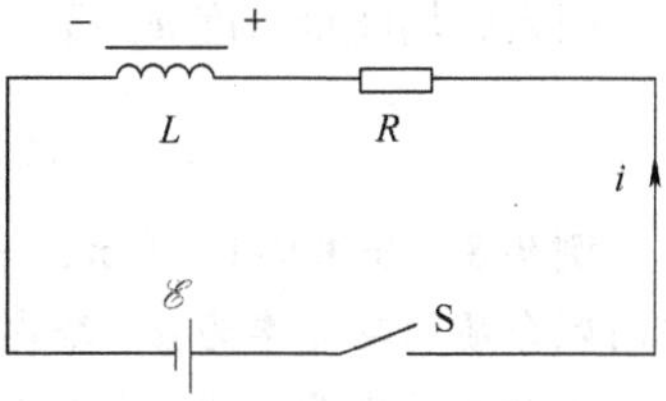

图 9-18 RL 电路

设充电过程中某瞬时电流为 i，有

$$\mathscr{E} - L\frac{\mathrm{d}i}{\mathrm{d}t} = iR$$

将上式移项，两边同乘以 $i\mathrm{d}t$，有

$$\mathscr{E} i\mathrm{d}t = Li\mathrm{d}i + i^2 R\mathrm{d}t$$

当 $t=0$ 时，$i=0$。若在 t 时，电流增长到稳定电流 I，对上式积分

$$\int_0^t \mathscr{E} i\mathrm{d}t = \int_0^I Li\mathrm{d}i + \int_0^t i^2 R\mathrm{d}t$$

即

$$\int_0^t \mathscr{E} i\mathrm{d}t = \frac{1}{2}LI^2 + \int_0^t i^2 R\mathrm{d}t \tag{9-18}$$

式中，$\int_0^t \mathscr{E} i\mathrm{d}t$ 为电源从 0 到 t 这段时间内所做的功，也就是电源所供给的总能量；$\int_0^t i^2 R\mathrm{d}t$ 是在这段时间内回路中的电阻所放出的焦耳热；而 $LI^2/2$ 也是能量项，为相同时间内电源反抗自感电动势所做的功。当电路中的电流从零增长到 I 时，在线圈中建立一定强度的磁场，没有其他变化。所以电源因自感电动势所做的功转换为线圈中磁场的能量，即线圈中磁场的能量为

$$W_{\mathrm{m}} = \frac{1}{2}LI^2 \tag{9-19}$$

为简单起见，我们以长直螺线管为例进行讨论。若长直螺线管单位长度的匝数为 n，体积为 V，管内磁介质的磁导率为 μ，则它的自感为 $L=\mu n^2 V$。螺线管中通有电流 I 时，螺线管中的磁感应强度为 $B=\mu nI$。把它们代入上式，可得螺线管内磁场的能量为

$$W_{\mathrm{m}} = \frac{1}{2}LI^2 = \frac{1}{2}\cdot \mu n^2 V \cdot \left(\frac{B}{\mu n}\right)^2 = \frac{1}{2}\frac{B^2}{\mu}V \tag{9-20}$$

上式表明，磁场能量与磁感应强度、磁导率和磁场空间的体积有关。由此又可得出单位体积磁场的能量——磁场能量密度 w_{m} 为

$$w_{\mathrm{m}} = \frac{W_{\mathrm{m}}}{V} = \frac{1}{2}\frac{B^2}{\mu} \tag{9-21}$$

上式表明，磁场能量密度与磁感应强度的二次方成正比。对于各向同性的均匀磁介质，磁感应强度和磁场强度的关系为 $\boldsymbol{B}=\mu\boldsymbol{H}$。代入上式，有

$$w_{\mathrm{m}}=\frac{1}{2}\mu H^2=\frac{1}{2}\boldsymbol{B}\cdot\boldsymbol{H} \tag{9-22}$$

需要指出，上式虽然是从长直螺线管这一特例导出的，但具有普遍性，即任意磁场某处的磁场能量密度都可以用上式表示。

引入磁场能量密度 w_{m} 后，体积为 V 的磁场能量为

$$W_{\mathrm{m}}=\int_V w_{\mathrm{m}}\mathrm{d}V=\int_V\frac{1}{2}\frac{B^2}{\mu}\mathrm{d}V \tag{9-23}$$

例 9-8 如图 9-19 所示，一根很长的同轴电缆，内芯线的半径为 R_1，外芯线的半径为 R_2，中间磁介质的磁导率为 μ。给内、外芯线通上大小相等、方向相反的电流。求（1）：长度为 l 的一段同轴电缆内两芯线之间的磁场所储藏的能量；（2）长度为 l 的该种同轴电缆的自感。

解：（1）由安培环路定理可求得在电缆内距轴线为 r 处的磁感应强度为

$$B=\frac{\mu I}{2\pi r}\ (R_1<r<R_2)$$

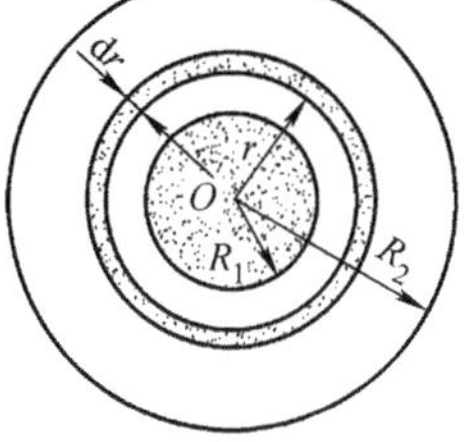

图 9-19 同轴电缆

磁场能量密度为

$$w_{\mathrm{m}}=\frac{1}{2}\frac{B^2}{\mu}=\frac{\mu I^2}{8\pi^2r^2}$$

可见，磁场的空间中不同 r 处磁场能量密度不同。

对于长度为 l 的电缆，取 $r\sim r+\mathrm{d}r$ 一薄层圆筒形体积元，该体积元为 $\mathrm{d}V=l\cdot\mathrm{d}S=l\cdot2\pi r\cdot\mathrm{d}r$，则长度为 l 的一段同轴电缆内两芯线之间的磁场所储藏的能量为

$$W_{\mathrm{m}}=\int_V w_{\mathrm{m}}\mathrm{d}V=\int_{R_1}^{R_2}\frac{\mu I^2 l}{8\pi^2r^2}\cdot2\pi r\mathrm{d}r=\frac{\mu I^2 l}{4\pi}\ln\frac{R_2}{R_1}$$

（2）由磁能公式 $W_{\mathrm{m}}=LI^2/2$，可得这种长度为 l 同轴电缆的自感为

$$L=\frac{\mu l}{2\pi}\ln\frac{R_2}{R_1}$$

可见，自感只与电缆的结构及介质情况有关。

第五节 位移电流 麦克斯韦方程组

麦克斯韦（James Clerk Maxwell，1831—1879），19 世纪伟大的英国物理学家、数学家，经典电磁理论的奠基人，气体动理论的创始人之一。

图 9-20 麦克斯韦

他提出了涡旋电场和位移电流概念，建立了经典电磁理论，并预言了电磁波的存在。他的《电磁学通论》与牛顿时代的《自然哲学的数学原理》并驾齐驱，是人类探索电磁规律的一个里程碑。在气体动理论方面，他还提出气体分子按速率分布的统计规律。

一、位移电流

在稳恒条件下，无论磁场空间是真空还是有磁介质，磁场的安培环路定理都可以表示为

$$\oint_l \boldsymbol{H} \cdot \mathrm{d}\boldsymbol{l} = \sum I$$

这个定理表明，磁场强度沿任一闭合回路的环流等于穿过此闭合回路电流的代数和。这里所指的电流是由电荷的定向运动形成的，称为**传导电流**。

设以闭合回路 l 为边界所围的面积为 S，则穿过该 S 面的传导电流的代数和等于传导电流密度 $\boldsymbol{j}$ 在 S 面上的通量，即

$$\sum I = \int_S \boldsymbol{j} \cdot \mathrm{d}\boldsymbol{S}$$

在非稳恒条件下，这个定理是否仍然成立呢？我们来分析电容器的充电电路，如图 9-21 所示。

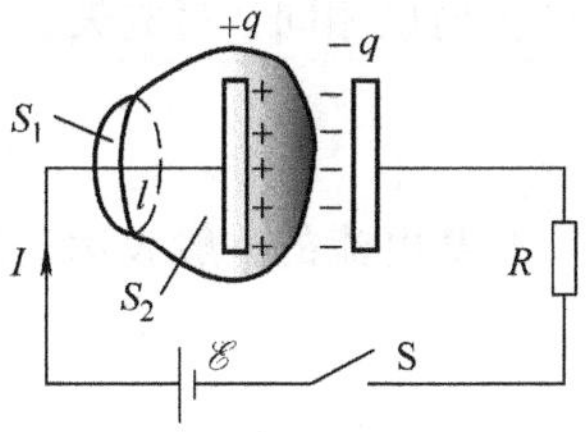

图 9-21　电容器充电电路

显然，电容器的充电过程是非稳恒过程，因为导线中的电流 I 是非恒定电流，它随时间而变化。

若在正极板附近取一个闭合回路 l，则以此回路 l 为边界可作两个曲面 S_1 和 S_2，其中 S_1 与导线相交，S_2 穿过两极板之间的空间，把正极板包围在其中，并不与导线相交；S_1 和 S_2 构成一个闭合曲面。

下面分析有无电流穿过回路 l。从 S_1 曲面来看，有传导电流穿过，得

$$\oint_l \boldsymbol{H} \cdot \mathrm{d}\boldsymbol{l} = \int_{S_1} \boldsymbol{j} \cdot \mathrm{d}\boldsymbol{S} = I$$

若从 S_2 曲面来看，则没有传导电流通过曲面 S_2，于是便有

$$\oint_l \boldsymbol{H} \cdot \mathrm{d}\boldsymbol{l} = \int_{S_2} \boldsymbol{j} \cdot \mathrm{d}\boldsymbol{S} = 0$$

得到不一致的结果。

上述分析表明，在非稳恒磁场中磁场强度沿回路 l 的环流与如何选取以闭合回路 l 为边界的曲面有关。选取不同的曲面，环流有不同的值。这说明，在非稳恒磁场的情况下安培环路定理不适用。

麦克斯韦对上述情况做进一步的分析后，提出位移电流的假设，对安培环路定理进行了修正，使之也适合非稳恒磁场的情形。

在电容器充电过程中，设某一时刻 t 电容器的正极板上有电荷 $+q$，电荷面密度为 $+\sigma$；负极板上有电荷 $-q$，电荷面密度为 $-\sigma$。经 $\mathrm{d}t$ 时间，有电荷量 $\mathrm{d}q$ 的正电荷由负极板沿导线、经电源内部移动到正极板，使正极板的电荷量增加。导线中有传导电流通过，传导电流在正负极板上终止，在两极板之间没有传导电流通过。从整个电路看，传导电流不连续。

若设电容器极板的面积为 S，极板间电位移矢量为 $\boldsymbol{D}$，有

$$q = S\sigma = SD = \Psi, \quad D = \varepsilon E = \sigma$$

Ψ 是通过极板间截面的电位移通量，它也等于通过 S_2 面的电位移通量。

导线或极板内的传导电流 I 等于极板上电荷 q 的变化率，即

$$I = \frac{\mathrm{d}q}{\mathrm{d}t} = \frac{\mathrm{d}(S\sigma)}{\mathrm{d}t} = S\frac{\mathrm{d}\sigma}{\mathrm{d}t} = Sj = S\frac{\mathrm{d}D}{\mathrm{d}t} = \frac{\mathrm{d}\Psi}{\mathrm{d}t}$$

j 是极板上的传导电流密度值，方向由电容器的正极板指向负极板。

分析上式中的两个等式

$$\frac{\mathrm{d}D}{\mathrm{d}t} = j \tag{9-24}$$

$$\frac{\mathrm{d}\Psi}{\mathrm{d}t} = I \tag{9-25}$$

这两个等式说明，在电容器的充电过程中，极板间电位移矢量随时间的变化率在数值上等于极板内的传导电流密度；极板间电位移通量随时间的变化率，在数值上等于极板内（或导线中）的传导电流。

如果把 $\mathrm{d}\Psi/\mathrm{d}t$ 也看成电流的话，那么从 S_1 曲面来看，有传导电流 I 穿过；从 S_2 曲面来看，虽然没有传导电流通过，但有 $\mathrm{d}\Psi/\mathrm{d}t$ 穿过。这样，在电容器极板间中断了的传导电流被 $\mathrm{d}\Psi/\mathrm{d}t$ 接续下来，从而保持了整个回路电流的连续性。麦克斯韦把它定义为**位移电流**。位移电流的方向与传导电流一致。相应地把 $\mathrm{d}D/\mathrm{d}t$ 称为位移电流密度。考虑到位移电流密度的方向与传导电流密度的方向也相同，写成矢量式为

$$\frac{\mathrm{d}\boldsymbol{D}}{\mathrm{d}t}=\boldsymbol{j} \tag{9-26}$$

位移电流的一般表达式为

$$\frac{\mathrm{d}\Psi}{\mathrm{d}t}=\frac{\mathrm{d}}{\mathrm{d}t}\int_S \boldsymbol{D}\cdot\mathrm{d}\boldsymbol{S}=\int_S \frac{\partial \boldsymbol{D}}{\partial t}\cdot\mathrm{d}\boldsymbol{S} \tag{9-27}$$

就一般情况来说，麦克斯韦认为电路中可同时存在传导电流和位移电流，二者之和叫作**全电流**。这样就推广了电流的概念，以回路 l 为边界无论取 S_1 截面还是取 S_2 截面，结果都是一样的。

于是，磁场中的安培环路定理可修正为

$$\oint_l \boldsymbol{H}\cdot\mathrm{d}\boldsymbol{l}=\sum I+\int_S \frac{\partial \boldsymbol{D}}{\partial t}\cdot\mathrm{d}\boldsymbol{S} \tag{9-28}$$

称为**全电流安培环路定理**，也称麦克斯韦的全电流定律。

对位移电流的认识：

1）$\partial D/\partial t$ 在激发磁场方面与真正的电流是等效的，而且具有电流密度的量纲，所以都称为位移电流。

2）位移电流是变化的电场，无宏观电荷运动，也不会产生焦耳热，位移电流可以存在于真空、导体和电介质中。

3）位移电流的引入揭示了电场和磁场的内在联系，反映了自然界的对称性：变化的磁场产生涡旋电场，变化的电场产生涡旋磁场。两种变化的场永远相互联系着，形成统一的电磁场。

二、麦克斯韦方程组

在研究静电场和稳恒磁场过程中，我们曾得出四个基本方程：

1. 静电场的高斯定理

$$\oint_S \boldsymbol{D}\cdot\mathrm{d}\boldsymbol{S}=\sum_{S内} q$$

2. 静电场的环路定理

$$\oint_l \boldsymbol{E}\cdot\mathrm{d}\boldsymbol{l}=0$$

3. 磁场的高斯定理

$$\oint_S \boldsymbol{B}\cdot\mathrm{d}\boldsymbol{S}=0$$

4. 安培环路定理

$$\oint_l \boldsymbol{H}\cdot\mathrm{d}\boldsymbol{l}=\sum I$$

麦克斯韦在这些定理的基础上，综合前人的知识成果，提出涡旋电场和位移电流的两个假设，对上述四个方程中的两个加以修正：将静电场的环路定理修改为

$$\oint_l \boldsymbol{E}\cdot \mathrm{d}\boldsymbol{l} = -\int_S \frac{\partial \boldsymbol{B}}{\partial t}\cdot \mathrm{d}\boldsymbol{S}$$

将安培环路定理修改为

$$\oint_l \boldsymbol{H}\cdot \mathrm{d}\boldsymbol{l} = \sum I + \int_S \frac{\partial \boldsymbol{D}}{\partial t}\cdot \mathrm{d}\boldsymbol{S}$$

使它们适用于一般情况：变化的电场和变化的磁场。

修改后的四个方程，我们称为麦克斯韦方程组的积分形式，即

$$\begin{cases}\oint_S \boldsymbol{D}\cdot \mathrm{d}\boldsymbol{S} = \sum\limits_{S内} q \\ \oint_l \boldsymbol{E}\cdot \mathrm{d}\boldsymbol{l} = -\int_S \frac{\partial \boldsymbol{B}}{\partial t}\cdot \mathrm{d}\boldsymbol{S} \\ \oint_S \boldsymbol{B}\cdot \mathrm{d}\boldsymbol{S} = 0 \\ \oint_l \boldsymbol{H}\cdot \mathrm{d}\boldsymbol{l} = \sum I + \int_S \frac{\partial \boldsymbol{D}}{\partial t}\cdot \mathrm{d}\boldsymbol{S}\end{cases} \tag{9-29}$$

麦克斯韦电磁场理论完美地概括了静电场、稳恒磁场和电磁感应现象等电磁现象及规律，指出变化的电场要激发涡旋磁场，变化的磁场要激发涡旋电场，揭示了电场和磁场之间的内在联系，预言了电磁波的存在，即变化的电磁场是以波的形式在空间传播，传播速度为光速，指出光是电磁波。

麦克斯韦电磁理论的建立是19世纪物理学发展史上又一个重要的里程碑。正如爱因斯坦所说："这是自牛顿以来物理学所经历的最深刻和最有成果的一项真正观念上的变革"。所以人们常称麦克斯韦是电磁学上的牛顿。

第六节 电 磁 波

一、电磁波的产生与传播

麦克斯韦电磁理论告诉我们，如果空间有交变电流产生的变化的电场，就要在邻近空间激发变化的磁场，变化的磁场在邻近空间再激发变化的电场，变化的电场在较远的空间再激发变化的磁场，这样依次下去，在空间变化的电场和变化的磁场由近及远向外传播出去，形成电磁波。

下面从 LC 振荡电路开始，分析振荡电偶极子在空间形成电磁波的过程。

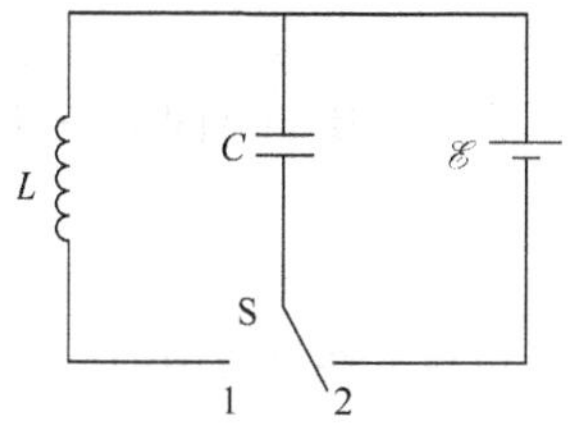

图 9-22 LC 振荡电路

如图9-22所示，开关S与2接通时，电源给电容器 C 充电。充电结束后将开关S与1接通，这时电容器 C 通过线圈 L 放电，在 L 和 C 组成的回路中有电流通过，这个回路我们称为 LC 振荡电路。

电容器 C 在放电过程中，线圈中产生的自感电动势要阻碍回路中电流的变化，电流从零逐渐增加。当电容器极板上的电荷量为零时，放电结束，回路中电流达到最大值。这时电容器中电场的能量全部转化为线圈中磁场的能量。

由于线圈中自感电动势的存在，接下来自感电动势给电容器 C 反方向充电，使电容器的两

极板带相反的电荷，电流由大到小。当电流减到零时，反方向充电结束，电容器极板上的电荷量达到最大值，线圈中磁场的能量全部转化为电场的能量。

然后，电容器又通过线圈放电，只不过这次回路中电流的方向与前面的电容器放电方向相反。其他量的变化情况相同。

此后，线圈中自感电动势又给电容器充电。同样，这次电流的方向与前面的线圈给电容充电的方向相反，其他量的变化情况也相同。

由上所述可知，在 LC 振荡电路中形成周期性变化的电流。通过计算可得电流变化的周期为

$$T=2\pi\sqrt{LC} \tag{9-30}$$

称为 LC 电磁振荡，也称为**无阻尼自由电磁振荡**。

可见，在 LC 电磁振荡电路中，电容器中的电场能量与线圈中磁场的能量相互转换，电场和磁场也只存在于电容器和线圈中，并没有向外传播。

为了使变化的电场和变化的磁场向外空间传播出去形成电磁波，我们把电容器的两个极板面积缩小、距离拉开，同时为了增大频率减小线圈的匝数，这样敞开的 LC 振荡电路可以使变化的电场和磁场分散到周围的空间，形成电磁波，变化过程如图 9-23 所示。改造后的 LC 振荡电路称为**振荡电偶极子**。振荡电偶极子可以作为电磁波的发射天线。

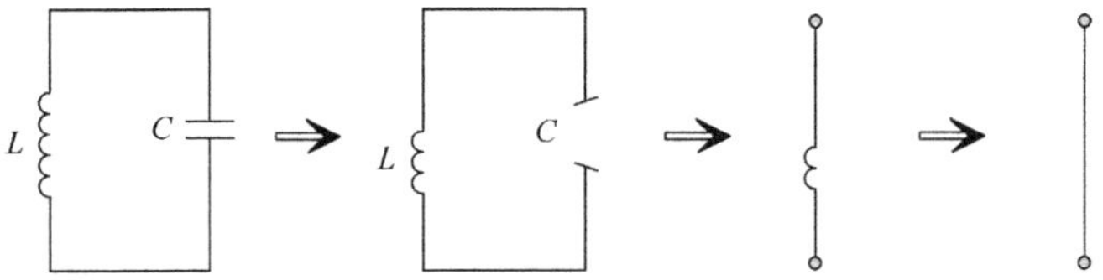

图 9-23 电磁波的形成过程

二、电磁波的基本性质

根据麦克斯韦的电磁理论，可得到平面电磁波的一些基本性质：

1. 平面电磁波是横波

振动量电场强度 $\boldsymbol{E}$ 和磁场强度 $\boldsymbol{H}$ 都垂直于传播方向 $\boldsymbol{x}$，所以说电磁波是横波，$\boldsymbol{E}$、$\boldsymbol{H}$、$\boldsymbol{x}$ 三者方向构成右手螺旋关系。$\boldsymbol{E}$ 和 $\boldsymbol{H}$ 在各自的平面内振动这一特性，我们称为横波的偏振性。

2. E 和 H 同相位

电场强度 $\boldsymbol{E}$ 和磁场强度 $\boldsymbol{H}$ 是同步变化，即同时达到最大值，同时达到最小值。

3. E 和 H 的大小成正比例

在有介质的空间某一点，$\boldsymbol{E}$ 和 $\boldsymbol{H}$ 的大小关系是

$$\sqrt{\varepsilon}E=\sqrt{\mu}H \tag{9-31}$$

4. 电磁波的传播速度

电磁波在介质中的传播速度为

$$v=\frac{1}{\sqrt{\varepsilon\mu}} \tag{9-32}$$

在真空中传播的速度为光速，即

$$c=\frac{1}{\sqrt{\varepsilon_0\mu_0}}=2.998\times10^8\,\mathrm{m\cdot s^{-1}} \tag{9-33}$$

5. 电磁波传播的能量

电磁波的传播过程是变化的电场和磁场向外空间传播的过程，而电场和磁场是有能量的，

因此，电磁波的传播过程是能量的传播过程。设电磁波传播的能量密度为 S，如果考虑到传播方向，写成矢量形式 $\boldsymbol{S}$，称为玻印亭矢量。计算可得

$$\boldsymbol{S}=\boldsymbol{E}\times\boldsymbol{H} \tag{9-34}$$

三、电磁波谱

按照波长或频率的顺序把电磁波排列起来，就是电磁波谱。如果把每个波段的频率由低至高依次排列的话，它们是工频电磁波、无线电波、红外线、可见光、紫外线、X 射线及 γ 射线。以无线电的波长最长，γ 射线的波长最短。图 9-24 是电磁波谱图。可见光的波长范围见表 9-1。

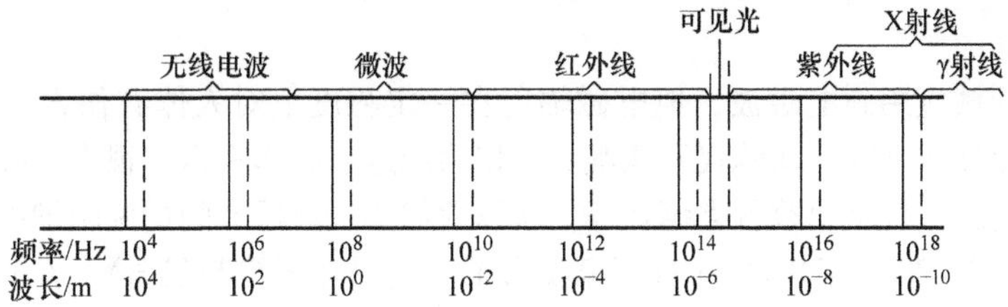

图 9-24　电磁波谱

表 9-1　可见光的波长范围

可见光	波长范围
红	622 ~ 760nm
橙	597 ~ 622nm
黄	577 ~ 597nm
绿	492 ~ 577nm
青	450 ~ 492nm
蓝	435 ~ 450nm
紫	390 ~ 435nm

四、电磁波的应用与防护

1. 电磁波的应用

电磁波的应用非常广泛，按频率的高低主要有：

1）无线电波用于广播、电视、通信和导航等，详见表 9-2；

2）微波用于微波炉、卫星通信、雷达等；

3）红外线用于遥控与遥感、热成像仪、红外制导导弹、红外理疗等；

4）可见光是我们用来观察事物的基础；

5）紫外线用于医用消毒、验证假钞、测量距离等；

6）X 射线用于 CT 照相、工程上的探伤、晶体结构和材料成分的分析等；

7）γ 射线用于放疗、使原子发生跃迁从而产生新的射线等。

表 9-2　各种无线电波的范围和用途

波段	波长/m	频率/kHz	主要用途
超长波	100000 ~ 10000	3 ~ 30	海岸 – 潜艇通信、海上导航
长波	10000 ~ 1000	30 ~ 300	地下通信、海上导航

（续）

波段	波长/m	频率/kHz	主要用途
中波	1000～100	300～3000	广播、海上导航
短波	100～10	$3\times10^3 \sim 3\times10^4$	广播
超短波（米波）	10～1	$3\times10^4 \sim 3\times10^5$	广播、导航
分米波	1～0.1	$3\times10^5 \sim 3\times10^6$	广播、通信
微波（厘米波）	0.1～0.01	$3\times10^6 \sim 3\times10^7$	通信
毫米波	0.01～0.001	$3\times10^7 \sim 3\times10^8$	通信

2. 电磁波的防护

虽然在很多领域应用到电磁波，但电磁辐射在一定程度上对人体有伤害，如长期接受电磁辐射会造成人体免疫力下降、新陈代谢紊乱、记忆力减退、心率失常、视力下降、听力下降、血压异常、流产、畸胎，甚至导致各类癌症等，所以我们要采取适当的措施防护电磁波。

1）标准的制定：2014 年 9 月 23 日国家发布了《电磁环境控制限值》（GB8702—2014）；我国有关部门制订了《电视塔辐射卫生防护距离标准》；国家环保局也颁布了《电磁辐射环境保护管理办法》等。

2）根据电磁波随距离衰减的特性，为减少电磁波对居民的危害，应使发射强电磁波的工作场所和设施，如电视台、广播电台、雷达通信台站、移动通信基站、微波传送站等，尽量设在远离居住区的远郊或地势高的地区。必须设置在城市内、邻近居住区域和居民经常活动场所范围内的设施，如变电站等，应与居住区间保持一定安全防护距离，保证其边界符合环境电磁波卫生标准的要求。同时，对电磁波辐射源需选用能屏蔽、反射或吸收电磁波的铜、铝、钢等金属丝或高分子膜等材料制成的物品进行电磁屏蔽，将电磁辐射能量限制在规定的空间之内。

3）高压特别是超高压输电线路应远离住宅、学校、运动场等人群密集区。

4）使用计算机时，应选用低辐射显示器，持续使用时间不宜过长，并保持人体与显示屏正面不少于 75cm 的距离，侧面和背面不少于 90cm，最好加装屏蔽装置。

5）为减轻家庭居室内电磁污染及其有害作用，应科学使用家用电器。例如观看电视或家庭影院、收听组合音响时，应保持较远距离，并避免各种电器同时开启。

6）使用手机时，尽量减少通话时间；手机天线顶端要尽可能偏离头部；尽量使用耳机接打电话。携带手机时应尽量远离心脏、肾脏等重要人体器官。

7）经常在有较强的电磁辐射环境中生活和工作的人饮食中注意多吃一些富含维生素 A、C 和蛋白质的食物，可在一定程度上起到积极预防和减轻电磁辐射对人体造成的伤害。

电磁波辐射是近三四十年才被人们认识的一种新的环境污染，现在人们对电磁辐射的危害及程度仍处于认识和研究阶段。在人们越来越注重生活质量的今天，防患于未然还是非常有必要的。

本章提要

一、电磁感应基本定律

1. 法拉第电磁感应定律 $\mathscr{E}_i = -\dfrac{d\Phi_m}{dt}$

2. 楞次定律：闭合回路中感应电流的方向，总是使它所激发的磁场来阻碍或反抗引起感应电流的磁通量的变化。

二、动生电动势与感生电动势

1. 动生电动势：$\mathscr{E}_{\mathrm{i}} = \int_L (\boldsymbol{v} \times \boldsymbol{B}) \cdot \mathrm{d}\boldsymbol{l}$。

2. 感生电动势：$\mathscr{E}_{\mathrm{i}} = \oint_L \boldsymbol{E}_{\mathrm{K}} \cdot \mathrm{d}\boldsymbol{l} = -\int_S \frac{\partial \boldsymbol{B}}{\partial t} \cdot \mathrm{d}\boldsymbol{S}$。

三、自感与互感

1. 自感：$L = \frac{\psi_{\mathrm{m}}}{I}$。

自感电动势：$\mathscr{E}_{\mathrm{L}} = -L\frac{\mathrm{d}I}{\mathrm{d}t}$。

2. 互感：$M = \frac{\Psi_{21}}{I_1} = \frac{\Psi_{12}}{I_2}$。

互感电动势：$\mathscr{E}_{21} = -M\frac{\mathrm{d}I_1}{\mathrm{d}t}$，$\mathscr{E}_{12} = -M\frac{\mathrm{d}I_2}{\mathrm{d}t}$。

四、磁场的能量

1. 自感磁能：$W_{\mathrm{m}} = \frac{1}{2}LI^2$。

2. 磁场能量密度：$w_{\mathrm{m}} = \frac{1}{2}\frac{B^2}{\mu} = \frac{1}{2}\mu H^2 = \frac{1}{2}\boldsymbol{B} \cdot \boldsymbol{H}$。

五、麦克斯韦电磁场理论

1. 涡旋电场：$\oint_l \boldsymbol{E} \cdot \mathrm{d}\boldsymbol{l} = -\int_S \frac{\partial \boldsymbol{B}}{\partial t} \cdot \mathrm{d}\boldsymbol{S}$。

2. 位移电流

（1）位移电流密度：$j = \frac{\mathrm{d}D}{\mathrm{d}t}$。

（2）位移电流：$I = \frac{\mathrm{d}\Psi}{\mathrm{d}t} = \int_S \frac{\partial \boldsymbol{D}}{\partial t} \cdot \mathrm{d}\boldsymbol{S}$。

3. 麦克斯韦方程组

$$
\begin{cases}
\oint_S \boldsymbol{D} \cdot \mathrm{d}\boldsymbol{S} = \sum\limits_{S内} q; \\
\oint_l \boldsymbol{E} \cdot \mathrm{d}\boldsymbol{l} = -\int_S \frac{\partial \boldsymbol{B}}{\partial t} \cdot \mathrm{d}\boldsymbol{S}; \\
\oint_S \boldsymbol{B} \cdot \mathrm{d}\boldsymbol{S} = 0; \\
\oint_l \boldsymbol{H} \cdot \mathrm{d}\boldsymbol{l} = \sum I + \int_S \frac{\partial \boldsymbol{D}}{\partial t} \cdot \mathrm{d}\boldsymbol{S}。
\end{cases}
$$

思考与练习（九）

一、单项选择题

9-1. 当一圆形线圈在磁场中做下列运动时，哪些情况会产生感应电流（　　）。

（A）沿垂直磁场方向平移　　（B）以直径为轴转动，轴跟磁场垂直

（C）沿平行磁场方向平移　　（D）以直径为轴转动，轴跟磁场平行

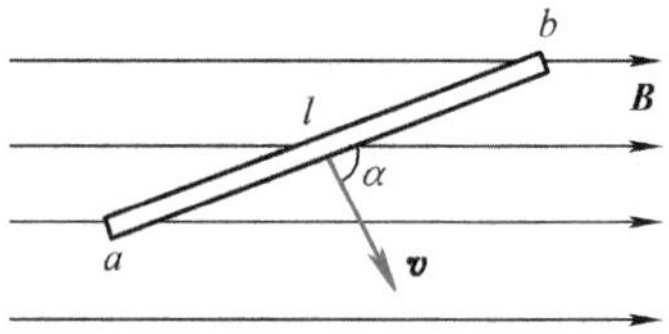

选择题 9-2 图

9-2. 如选择题 9-2 图所示，长度为 l 的直导线 ab 在均匀磁场 $\boldsymbol{B}$ 中以速度$\boldsymbol{v}$移动，直导线 ab 中的电动势为（　　）。

(A) Blv　　(B) $Blv\sin\alpha$

(C) $Blv\cos\alpha$　　(D) 0

9-3. 下列矢量场为保守力场的是（　　）。

(A) 静电场　　(B) 稳恒磁场

(C) 感生电场　　(D) 变化的磁场

9-4. 一无铁心的长直螺线管，在保持其半径和长度不变的情况下，若减少线圈的匝数，则它的自感将（　　）。

(A) 增大　　(B) 减小　　(C) 不变　　(D) 不能确定

9-5. 对于涡旋电场，下列说法不正确的是（　　）。

(A) 涡旋电场对电荷有作用力　　(B) 涡旋电场由变化的磁场产生

(C) 涡旋场由电荷激发　　(D) 涡旋电场的电力线闭合的

9-6. 尺寸相同的铁环和铜环所包围的面积中，通以相同变化率的磁通量，环中（　　）。

(A) 感应电动势不同，感应电流不同　　(B) 感应电动势相同，感应电流相同

(C) 感应电动势不同，感应电流相同　　(D) 感应电动势相同，感应电流不同

9-7. 下列叙述中，正确的是（　　）。

(A) 流过线圈的电流为 I 时，通过该线圈的磁通量 $\Phi_m = LI$，因而线圈的自感与回路的电流成反比

(B) 由 $\Phi_m = LI$ 可知，通过回路的磁通量越大，回路的自感也一定大

(C) 感应电场的电场线是一组闭合曲线

(D) 感应电场是保守场

9-8. 用线圈的自感 L 来表示载流线圈磁场能量的公式 $W_m = LI^2/2$（　　）。

(A) 只适用于无限长密绕螺线管

(B) 只适用于单匝圆线圈

(C) 只适用于一个匝数很多，且密绕的螺绕环

(D) 适用于自感 L 一定的任意线圈

9-9. 感生电动势的表达式为$\oint_L \boldsymbol{E}_K \cdot \mathrm{d}\boldsymbol{l} = -\int_S \frac{\partial \boldsymbol{B}}{\partial t} \cdot \mathrm{d}\boldsymbol{S}$，式中 $\boldsymbol{E}_K$ 为感生电场，此式表明（　　）。

(A) 闭合曲线 L 上 $\boldsymbol{E}_K$ 处处相等

(B) 感生电场不能像静电场那样引入电势的概念

(C) 感生电场是保守力场

(D) 感生电场的电场线不闭合

9-10. 关于位移电流，下述说法正确的是（　　）。

(A) 位移电流服从传导电流遵循的所有规律

(B) 位移电流和传导电流一样是定向运动的电荷产生的

(C) 位移电流的实质是变化的电场

(D) 位移电流的磁效应不服从安培环路定理

二、填空题

9-1. 感应电动势根据磁场的变化和回路所围面积的变化，分为两种，一种是________；另一种是________。

9-2. 产生动生电动势的非静电场力是________，产生感生电动势的非静电场力是________，激发感生电场的场源是________。

9-3. 将金属圆环从磁极间沿与磁感应强度垂直的方向抽出时，圆环将受到________。

9-4. 长为 l 的金属直导线在垂直于均匀的磁场平面内以角速度 ω 转动，如果转轴的位置在金属直导线

的________点，这个导线上的电动势最大，数值为________；如果转轴的位置在________点，整个导线上的电动势最小，数值为________。

9-5. 已知通过一线圈的磁通量随时间变化的规律为 $\Phi_m = 6t^2 + 9t + 2$，则当 $t = 2s$ 时，线圈中的感应电动势为________。

9-6. 麦克斯韦提出了________和________两个假设，揭示了电场和磁场之间的内在联系。

9-7. 电磁感应现象的发现改变了人类的生活。在我们的生活和生产中利用这个基本物理知识的例子很多，如________、________、________。

9-8. 真空中一长直螺线管通有电流 I_1 时，储存的磁能为 W_1，若螺线管中充以相对磁导率 $\mu_r = 4$ 的磁介质，且电流增加为 $I_2 = 2I_1$，螺线管中储存的能量为 W_2，则 $W_1 : W_2 =$________。

三、问答题

9-1. 电磁感应现象是怎么产生的？举例说明。

9-2. 什么是自感现象？什么是互感现象？

9-3. 什么叫位移电流？位移电流与传导电流有什么异同？

9-4. 在磁感应强度 $\boldsymbol{B}$ 为 0.4T 的均匀磁场中放置一圆形回路，回路平面与 $\boldsymbol{B}$ 垂直，回路的面积与时间的关系为 $S = (5t^2 + 3)\,\text{cm}^2$，求 $t = 2s$ 时回路中感应电动势的大小。

9-5. 如问答题 9-5 图所示，长直导线中通有电流 $I = 5.0A$，在与其相距 $d = 0.5cm$ 处放有一矩形线圈，共 1000 匝，设线圈长 $l = 4.0cm$，宽 $a = 2.0cm$。不计线圈自感，若线圈以速度 $v = 3.0cm \cdot s^{-1}$ 沿垂直于长导线的方向向右运动，线圈中产生的感生电动势多大？

9-6. 如问答题 9-6 图所示，在两平行载流的无限长直导线的平面内有一矩形线圈，两导线中的电流方向相反、大小相等，且电流以 dI/dt 的变化率增大，求：(1) 任一时刻线圈内所通过的磁通量；(2) 线圈中的感应电动势。

9-7. 磁感应强度为 $\boldsymbol{B}$ 的均匀磁场充满一半径为 R 的圆柱形空间，一金属杆 AB 长为 R，放在如问答题 9-7 图所示位置。当磁场匀速率变化时 ($dB/dt > 0$)，求杆两端的感生电动势的大小和方向。

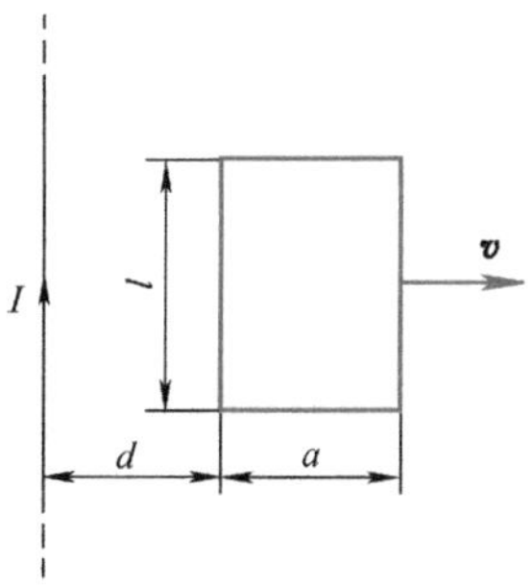

问答题 9-5 图

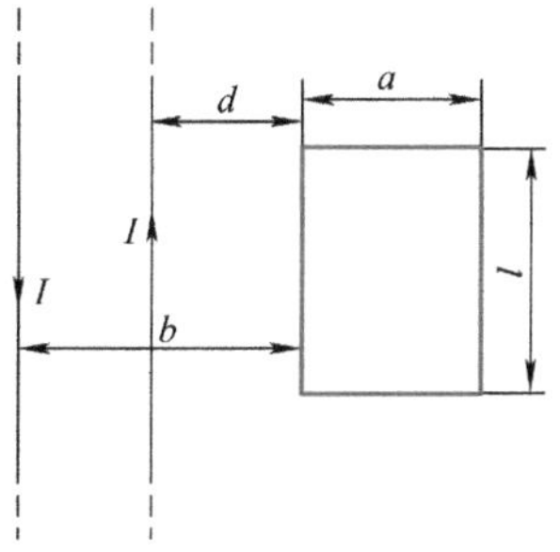

问答题 9-6 图

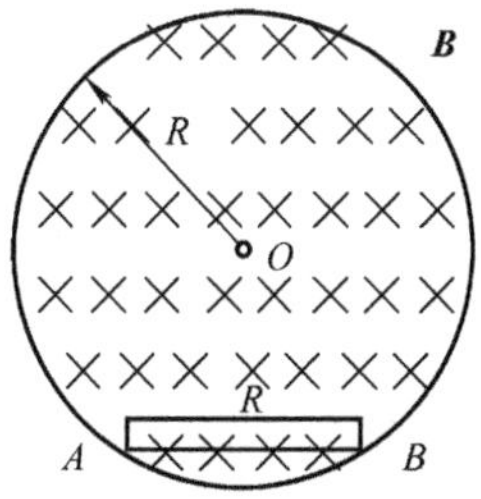

问答题 9-7 图

9-8. 长度为 l 的金属杆 ab 以速率 v 在导电轨道 $abcd$ 上平行移动。已知导轨处于均匀磁场 $\boldsymbol{B}$ 中，$\boldsymbol{B}$ 的方向与回路的法线成 60°角，$\boldsymbol{B}$ 的大小为 $B = kt$ (k 为常数)。设 $t = 0$ 时杆位于 cd 处，求任一时刻 t 导线回路中感应电动势的大小和方向。

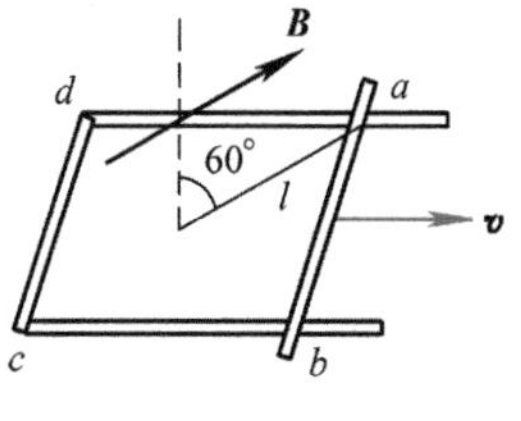

问答题 9-8 图

9-9. 一矩形导线框以恒定的加速度向右穿过一均匀磁场区，$\boldsymbol{B}$ 的方向如问答题 9-9 图所示。取逆时针方向为电流正方向，画出线框中电流与时间的关系（设导线框刚进入磁场区时 $t = 0$）。

9-10. 导线 ab 长为 l，绕过 O 点的垂直轴以匀角速 ω 转动。$aO = l/3$，磁感应强度 $\boldsymbol{B}$ 平行于转轴，如问答题 9-10 图所示。(1) 求 ab 两端的电势差；(2) 问 a、b 两端哪一点电势高？

9-11. 一矩形截面的螺绕环如问答题9-11图所示，共有N匝。(1) 求螺绕环的自感；(2) 若导线内通有电流I，环内磁能为多少？

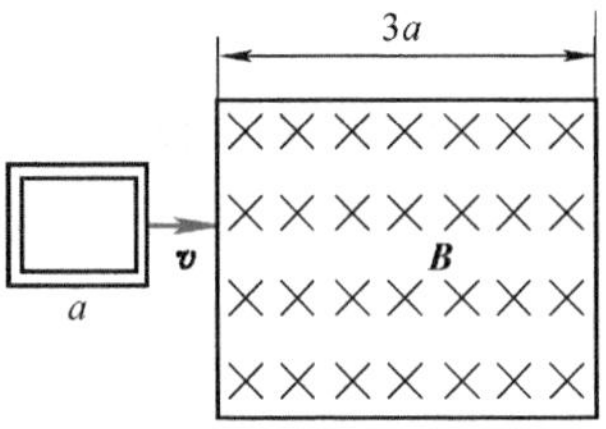

问答题9-9图

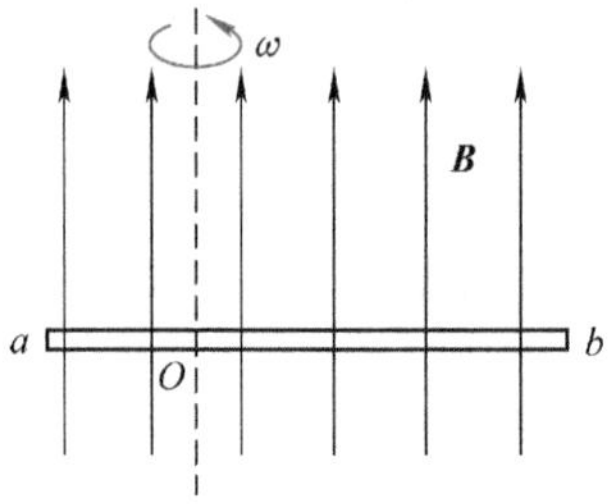

问答题9-10图

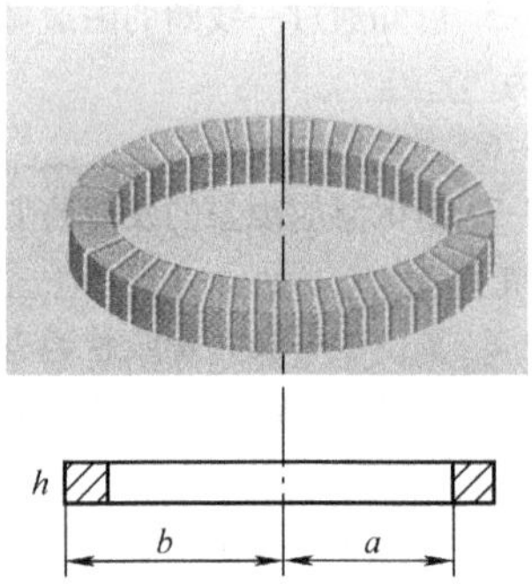

问答题9-11图

9-12. 一个螺线管的自感为10mH，通过线圈的电流为4A，求它所储存的磁能。

9-13. 假定从地面到海拔6×10^{6}m的范围内，地磁场为0.5×10^{-4}T，试粗略计算在这区域内地磁场的总磁能。

光学是一门具有悠久历史的学科。古代中国就记载了许多光学的现象，例如：光的反射、光的直线传播、光与影的关系、小孔成像、平面镜成像等。光学发展史也是人类对光的本性不断探索和认识的历史。以牛顿（I. Newton，1643.01—1727.03）为代表的“微粒说”认为，光是光源发射出来的一束速度极快的微粒流，微粒在均匀物质内按力学规律做等速直线运动。与牛顿同时代的惠更斯（C. Huygens，1629.04—1695.07）则提出了光的“波动说”。由于牛顿在科学界的权威性，早期占统治地位的是光的微粒学说。1801 年托马斯·杨（T. Young，1773.06—1829.05）成功演示了干涉实验，对波动说给予了成功解释，逐渐形成了波动光学体系。光的波动理论成功地解释了光的干涉、衍射和偏振等现象。光的“波动说”在两种学说的抗衡中取得了决定性的胜利，并确认可见光是波长在400 ~ 760nm之间的电磁波。

本章将从波动的角度来研究光的性质，主要内容包括：双缝干涉、薄膜的等倾干涉和等厚干涉、单缝和圆孔的夫琅禾费衍射、光学仪器的分辨本领、光栅衍射、偏振光及其获得方法。

第十章　波动光学

第一节　杨氏双缝干涉

一、光的相干性

干涉现象是波动过程的基本特征之一，在第四章已经指出：由频率相同、振动方向相同、相位差恒定的两个波源所发出的波才能产生相干现象。在两相干波相遇的区域内，有些点的振动始终加强，有些点的振动始终减弱或完全抵消，即产生干涉现象。但是经验告诉我们，屋里点着两盏灯，我们并不会在地面上看到两盏灯的干涉现象，这跟光源的发光特点有关。

能发光的物体称为光源。常用的光源有两类：普通光源和激光光源。普通光源有热光源（由热能激发，如白炽灯、太阳）、冷光源（由化学能、电能或光能激发，如荧光灯、气体放电管）等。各种光源的激发方式不同，辐射机理也不相同。在热光源中，大量分子或原子在热能的激发下处于高能量的激发态，当它从激发态返回到较低能量状态时，就把多余的能量以光波的形式辐射出来，这便是普通**光源的发光机理**。因此普通光源发光具有两个特点：

1）间歇性：这些分子或原子间歇地向外发光，发光时间极短，仅持续大约 10^{-11} ~ 10^{-8}s，因而它们发出的光波在空间中为有限长的一串串波列，如图 10-1 所示。

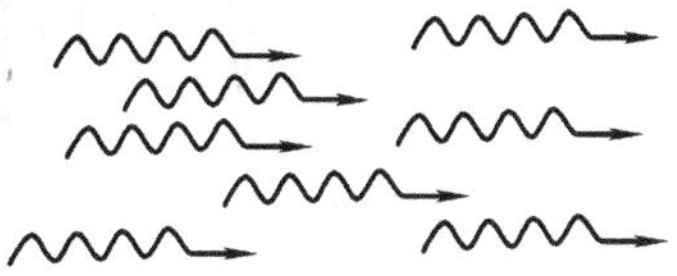

图 10-1　普通光源的各原子或分子所发出的光波图

2）随机性：由于各个分子或原子的发光彼此独立，互不相关，因而在同一时刻，各个分子或原子发出波列的频率、振动方向和相位都不相同。即使是同一个分子或原子，在不同时刻所发出的波列的频率、振动方向和相位也不尽相同。

因此，光源中原子 1 和原子 2 各自发出一系列的波列，当它们到达某点时，由于光源的发光特性，相遇的两个光波列不符合相干条件，故不会产生干涉。所以，两个独立的光源不是相干光源。

怎样才能获得两束相干光呢？思路是将光源发出的同一光波列分成两束，使之经历不同的路径再汇合叠加。由于这两束光波列是来自于同一发光原子或分子的同一波列，所以它们的频率和初相位必然完全相同，在相遇点，这两光波列的相位差是恒定的，而振动方向一般总有相互平行的振动分量，从而满足相干条件，可以产生干涉现象。获得相干光的具体方法有两种：**分波阵面法和分振幅法**。前者是从同一波阵面上的不同地方产生的次级波相干，如下面将要讨论的杨氏双缝干涉；后者是利用光在透明介质薄膜表面的反射和折射将同一光束分成振幅较小的两束相干光，如后面要介绍的薄膜干涉。

二、杨氏双缝干涉

托马斯·杨（T. Young，1773.06—1829.05），如图 10-2 所示，想象力极为丰富，博学通才，1799 年剑桥大学毕业，对眼睛生理、解剖、颜色的视觉相当有研究。读过牛顿力学和光学，1801 年成功演示了干涉现象，并用波动说给予成功解释。这是波动说战胜微粒说得最好例证。

图 10-2

图 10-3a 是杨氏双缝干涉实验的装置示意图，单色光源 S_0 发出的光经过透镜形成平行光，照射到开有单缝 S 的遮光板上，单缝后放置开有双狭缝 S_1 和 S_2 的板，两缝等宽、均与缝 S 平行，且 $\overline{SS_1}=\overline{SS_2}$。当这些缝足够小时，屏上就会呈现出一组明暗相间的条纹，如图 10-3b 所示。

我们可以用惠更斯原理来解释干涉现象。波传播到的任一点都可以看成是新的子波波源，因此，单缝 S 作为新的波源发出柱面波传到双缝 S_1 和 S_2，双缝又作为新的波源各自发出柱面波。显然，这对新的波源取自同一波阵面，满足相干光条件，是相干光源。这种获得相干光的方法就是典型的分波阵面法。现在做杨氏双缝干涉实验，是利用激光的相干性好和高亮度特性，用激光束直接照射双缝，便可在屏幕上获得清晰明亮的干涉条纹。

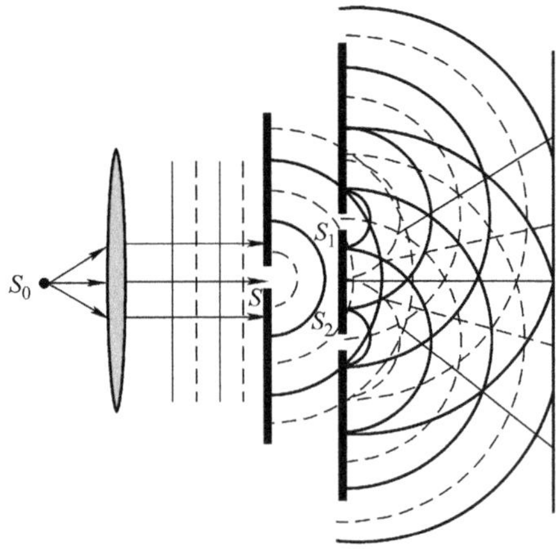

a) 杨氏双缝干涉实验装置

b) 干涉条纹

图 10-3 杨氏双缝干涉实验

如何精确地确定干涉条纹的位置呢？我们利用图 10-4 来分析。

设双缝之间的距离为 d，屏与双缝之间的距离为 D，且 $D >> d$，S_1、S_2 到 P 点的距离分别为 r_1 与 r_2，结合第四章所讲述的相干波干涉加强或减弱的条件可知，从 S_1、S_2 两个光源传到 P 点

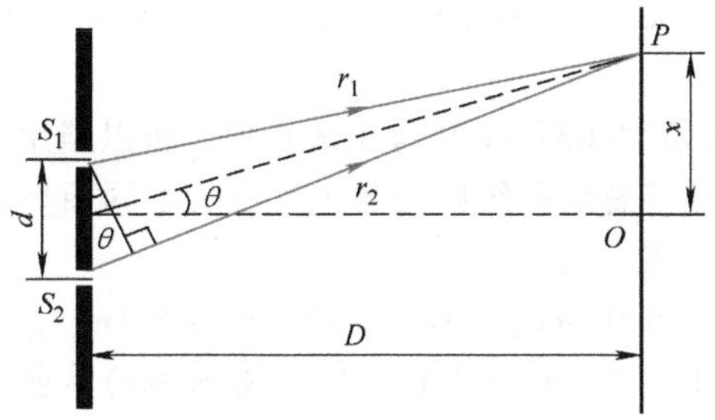

图 10-4 双缝干涉条纹分析

的两列光波的干涉加强或减弱的相位差条件为

$$\Delta\varphi = \varphi_2 - \varphi_1 - \frac{2\pi}{\lambda}(r_2 - r_1) = \begin{cases} \pm 2k\pi & \text{干涉加强} \\ \pm(2k+1)\pi & \text{干涉减弱} \end{cases} \quad k = 0, 1, 2, \cdots \tag{10-1}$$

由于$\overline{SS_1} = \overline{SS_2}$，因此 $\varphi_1 = \varphi_2$，上式可简化为

$$\Delta\varphi = \frac{2\pi}{\lambda}(r_2 - r_1) = \begin{cases} \pm 2k\pi & \text{干涉加强} \\ \pm(2k+1)\pi & \text{干涉减弱} \end{cases} \quad k = 0, 1, 2, \cdots \tag{10-2}$$

从 S_1、S_2 发出的光到达 P 点的波程差的判别条件为

$$\Delta = r_2 - r_1 = \begin{cases} \pm k\lambda & \text{干涉加强} \\ \pm(2k+1)\dfrac{\lambda}{2} & \text{干涉减弱} \end{cases} \quad k = 0, 1, 2, \cdots$$

为了便于讨论，设 P 点到 O 点的距离为 x。利用三角形关系，且 $d \ll D$，θ 很小，则 $\sin\theta \approx \tan\theta = x/D$，有

$$\Delta = r_2 - r_1 = \frac{d}{D}x$$

由此得到明、暗条纹中心的位置为

$$x = \begin{cases} \pm k\dfrac{D}{d}\lambda & \text{明条纹中心} \\ \pm(2k+1)\dfrac{D}{d}\dfrac{\lambda}{2} & \text{暗条纹中心} \end{cases} \quad k = 0, 1, 2, \cdots \tag{10-3}$$

式中的正负号表示屏上干涉条纹在中轴线两侧呈对称分布。

对明条纹的讨论：由上式可知，当 $k = 0$ 时，$x = 0$，对应屏幕中心 O 点，为明条纹，称为零级明条纹，它所对应的波程差为 $\Delta = 0$；当 $k = 1$，2，…时，对应的明条纹分别称为 1 级明条纹（为了便于区分，O 点上下两侧分别称为正、负 1 级明纹，下同），2 级明纹，……对应的波程差分别为 $\Delta = \pm\lambda$，$\pm 2\lambda$，…，明条纹中心所在位置分别为 $x_1 = \pm D\lambda/d$，$x_2 = \pm 2D\lambda/d$，…。

同理，也可根据式（10-3）给出暗条纹中心的位置，分别为 $x_1 = \pm D\lambda/2d$（1 级暗条纹，取负值时也称负 1 级暗条纹），$x_2 = \pm 3D\lambda/2d$（2 级暗纹），…。

双缝干涉条纹有以下特征：

1）由上述条纹的位置，我们可以计算出相邻两明条纹或相邻两暗条纹中心的间距均为

$$\Delta x = x_{k+1} - x_k = \frac{D}{d}\lambda \tag{10-4}$$

它反映干涉条纹的疏密程度。上式表明，当干涉装置和入射光波长一定，即 D、d、λ 一定时，Δx 也一定，双缝干涉条纹是明暗相间等间距的。

2）当 D、λ 一定时，Δx 与 d 成反比。所以观察双缝干涉条纹时，双缝间距要足够小，否则

会因条纹过密而不能分辨。例如 $\lambda=500\text{nm}$、$D=1\text{m}$，而要求 $\Delta x>0.5\text{mm}$ 时，必须有 $d<1\text{mm}$，这也正是要求 $D>>d$ 的缘故。

3）因条纹中心位置 x 和条纹间距 Δx 都与 λ 成正比，所以当用白光照射时，除屏幕中央因各色光重叠仍为白光外，两侧任意级条纹则因各色光波长不同而呈现出彩色条纹，并且同一级明条纹呈现内紫外红的彩色光谱。

例 10-1 用单色光照射相距 0.4mm 的双缝，缝屏间距为 1m。(1) 从第 1 级明条纹到同侧第 5 级明条纹的距离为 6mm，求此单色光的波长；(2) 若入射的单色光波长为 400nm 的紫光，求相邻两明条纹中心间的距离。

解：(1) 由双缝干涉明暗条纹间距公式 $\Delta x=D\lambda/d$，可得

$$\lambda=\frac{d}{D}\Delta x=\frac{0.4\times10^{-3}}{1}\times\frac{6\times10^{-3}}{5-1}\text{m}=6\times10^{-7}\text{m}=600\text{nm}\ (\text{橙色})$$

(2) 当 $\lambda=400\text{nm}$ 时，相邻两明条纹间距为

$$\Delta x=\frac{D}{d}\lambda=\frac{1\times400\times10^{-9}}{0.4\times10^{-3}}\text{m}=1.0\times10^{-3}\text{m}=1.0\text{mm}$$

例 10-2 用白光做双缝干涉实验时，能观察到几级清晰可辨的彩色光谱？

解：用白光照射时，除中央明条纹为白色光外，两侧形成内紫外红的对称彩色光谱。当第 k 级红色明条纹位置 $x_{k红}$ 大于 $k+1$ 级紫色明条纹位置 $x_{(k+1)紫}$ 时，光谱就会发生重叠。根据式 (10-3)，由 $x_{k红}=x_{(k+1)紫}$ 的临界条件可得

$$k\lambda_{红}=(k+1)\lambda_{紫}$$

将 $\lambda_{红}=760\text{nm}$，$\lambda_{紫}=400\text{nm}$ 代入得 $k=1.1$。因 k 只能取整数，所以 $k=1$。

这一结果表明，在中央白色明条纹两侧，只有第 1 级彩色光谱清晰可辨。

利用分波阵面法产生相干光的实验还有菲涅耳双镜实验和劳埃德镜实验等。其中劳埃德镜实验除了具有与杨氏干涉实验同样重要的意义之外，还给出了光由光疏介质射向光密介质时，反射光的相位发生突变的实验验证。

三、劳埃德镜实验

劳埃德镜实验是利用从一个光源直接发出的光线与它在一个平面镜上的反射光线构成相干光，实验装置如图 10-5 所示。由光源 S 发出的光一部分直接射到屏 C 上，一部分光射到平面镜 M，经平面镜反射后射到屏 C 上，反射光可看成是光源 S 在镜中的虚像 S' 发出的，S 和 S' 是相干光源。图中阴影区域表示光在空间叠加的区域，将屏放入时，在屏幕上的阴影区域可以观察到明暗相间的干涉条纹。

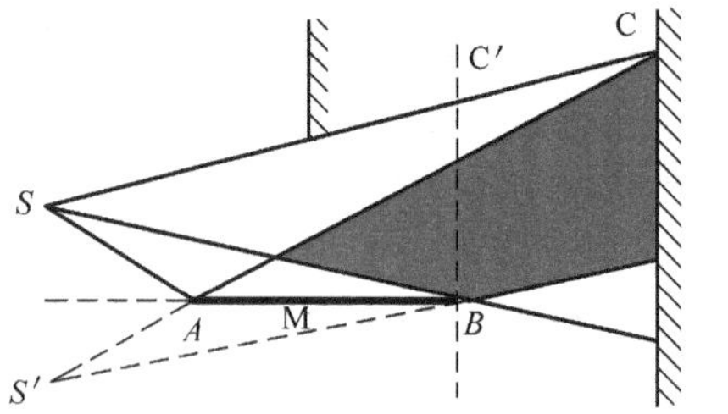

图 10-5

在劳埃德镜实验中，若把屏幕移到与镜面相接触，即图中 C′的位置时，此时从 S 和 S' 发出的光到屏与镜面接触点 B 处的距离相等，在 B 处应该出现明条纹，但实验中观察到的却是暗条纹。这表明直接射到屏上的光与由镜面反射出来的光在 B 处的相位相反，即相位差为 π。由于直接射到屏上的光不可能有相位变化，所以只能是反射光的相位产生 π 的突变。从波程的角度看，相当于改变了半个波长，这一现象称为**半波损失**。上述实验证明了这样一个事实：

光从折射率较小的光疏介质向折射率较大的光密介质表面入射时，反射光产生相位 π 的改变。这一现象在理论上可以证明。

第二节　光程和光程差

一、光程

我们知道，干涉现象的产生取决于两束相干光波的相位差。当两相干光都在同一均匀介质中传播时，它们在相遇处叠加时的相位差仅决定于两束光之间的几何路程之差。但是，当两束相干光通过不同的介质时，例如，光从空气射入薄膜，这时，两相干光间的相位差就不能单纯由它们的几何路程之差来决定。为此，我们引入光程与光程差的概念。

单色光的频率不论在何种介质中传播都恒定不变，始终等于光源的频率 ν。由波速、波长与频率的关系可知，若光在真空中的传播速度为 c，则真空中的波长为 $\lambda=c/\nu$。而光在介质中的传播速度 $u=c/n$，所以它在折射率为 n 的介质中的波长为

$$\lambda_n=\frac{u}{\nu}=\frac{c}{n\nu}=\frac{\lambda}{n}$$

上式表明，光在折射率为 n 的介质中传播时，其波长只有真空中波长的 $1/n$。由于光每传播一个波长的距离，相位改变 2π，若光在介质中传播的几何路程为 r，那么对应的相位改变量为

$$2\pi\frac{r}{\lambda_n}=\frac{2\pi}{\lambda}nr$$

由此可见，当光在不同的介质中传播时，即使传播的几何路程相同，但相位的变化是不同的。

如图 10-6 所示，从初相位相同的相干光源 S_1、S_2 发出的两相干光分别在折射率为 n_1 和 n_2 的介质中传播，相遇点 P 与光源 S_1 和 S_2 的距离分别为 r_1 和 r_2，则两光束到达 P 点的相位变化之差为

$$\Delta\varphi=2\pi\frac{r_1}{\lambda_1}-2\pi\frac{r_2}{\lambda_2}=\frac{2\pi}{\lambda}(n_1r_1-n_2r_2) \tag{10-5}$$

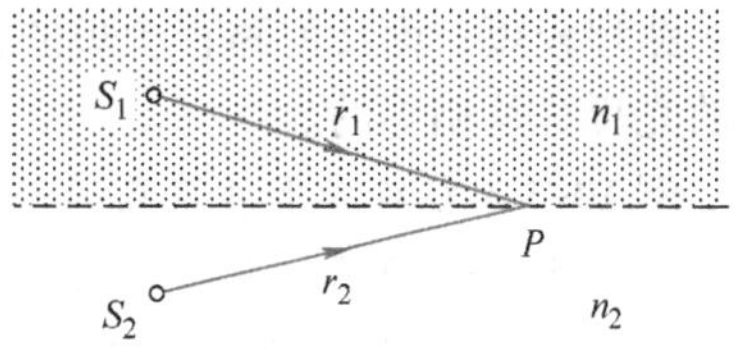

图　10-6

注意：λ 为光线在真空中传播时的波长。

上式表明，两相干光束通过不同的介质时，决定其相位变化之差的因素有两个：一是两束光经历的几何路程 r_1 和 r_2；二是所经介质的性质即折射率 n_1 和 n_2。我们把光在某一介质中所经过的几何路程 r 和该介质的折射率 n 的乘积 nr 定义为**光程**。

在折射率为 n 的均匀介质中，光线传播的距离是 r，用的时间是 t。光程 $nr=cr/u=ct$，可见，光程等于相同时间间隔内光线在真空中传播的距离，这就是光程的含义。

引进光程的概念后，我们就可将某一段时间间隔内光在介质中传播的路程折算为光在真空中传播的路程，这样便可统一用真空中的波长 λ 来比较两束光经历不同介质时所引起的相位改变。若用 $\Delta=(n_1r_1-n_2r_2)$ 表示两束光到达 P 点的**光程差**，则两光束在 P 点的相位差为

$$\Delta\varphi=\frac{2\pi}{\lambda}\Delta \tag{10-6}$$

这是考虑光的干涉问题时常用的一个基本关系式。应该注意，**引进光程后，不论光在什么介质中传播，上式中的 λ 均是光在真空中的波长**。此外，上式仅考虑两束光经历不同介质不同路程引起的相位差，如果两相干光源初相位是不同的，则上式还应加上两相干光源的初相位差才是两束光在 P 点的相位差。

这样，对于两个初相相同的相干光源发出的两相干光，其干涉条纹的明暗条件便由两光的光程差Δ决定，即

$$\Delta=\begin{cases}\pm k\lambda & \text{明条纹}\\ \pm(2k+1)\dfrac{\lambda}{2} & \text{暗条纹}\end{cases}\quad k=0,1,2,\cdots \tag{10-7}$$

二、薄透镜不产生附加光程差

在观察干涉、衍射现象时，经常要用到透镜。不同光线通过透镜可改变传播方向，但是透镜不会引起附加的光程差。

如图 10-7 所示，一个中央厚度比球面半径小得多的透镜，称为薄透镜。这是常用的光学元件，它可以改变光的传播方向，对光进行会聚、发散，或产生平行光。近轴平行光经透镜后，会聚于焦平面的P点。P点的位置可由作图确定：作通过透镜光心O且平行于入射光的辅助线，该线与焦平面的交点即为P点。

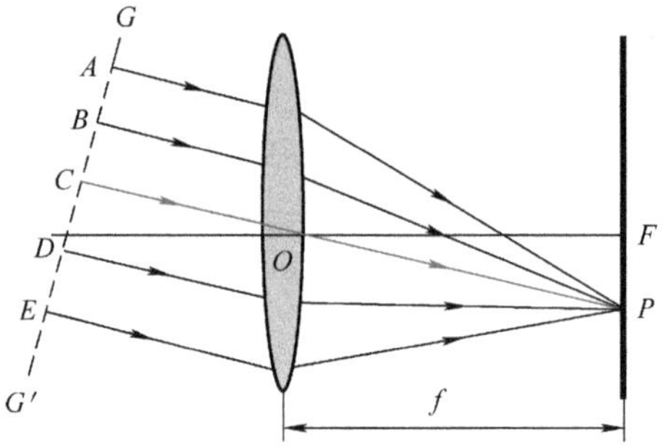

图 10-7

理论和实验都证明，标准的薄透镜具有等光程性。即当光路中放入薄透镜后，通过透镜的近轴光线不会因为透镜而产生附加光程差。在图中，垂直于平行光的GG'面是同相面，从同相面上的A、B、C、D、E各点经透镜到达P点的各光线，虽然几何路程长度不等，但几何路程较长的在透镜内的路程较短，而几何路程较短的在透镜内的路程较长，其总的效果是：从同相面上各点到达P点的光程总是相等的。

例 10-3 当双缝干涉装置的一条狭缝后面盖上折射率为$n=1.58$的云母薄片时，观察到屏幕上干涉条纹移动了 9 个条纹间距。已知$\lambda=550\text{nm}$，求云母片的厚度b。

解：如图 10-8 所示，未盖云母片时，零级明条纹在O点，相干光源光线到达O点的光程差等于零。

当S_1缝盖上云母片后，光线 1 的光程增大。因零级明条纹所对应的光程差为零，所以这时零级明条纹只有移动到O点上方才能使光线 2 的光程也增大，从而使光线 1 和 2 的光程差为零。

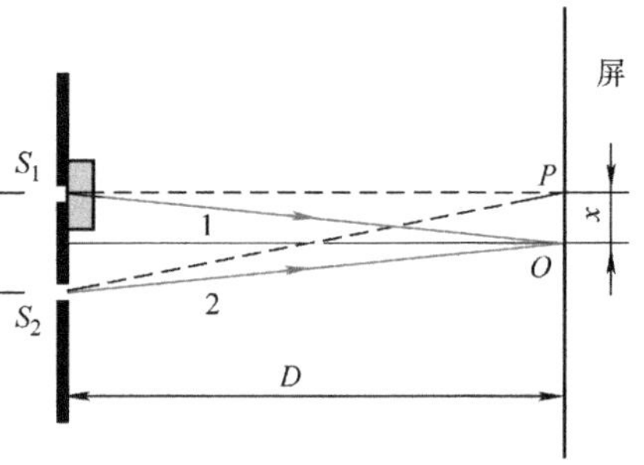

图 10-8

由于$D>>d$，且屏幕上一般只能在O点两侧有限的范围内才呈现清晰可辨的干涉条纹，即x值较小，因此，由S_1发出的光可近似看成垂直通过云母片，假想也有一个与云母厚度相同的空气膜遮盖在S_2上，此时，光线 1 和 2 到达P点的光程差$\Delta=nb-b=b(n-1)$。

光线 1 和 2 的光程差每改变一个波长λ，条纹移动一个，现在零级明条纹由O点向上移动到原来第 9 级明条纹所在的P点，则有

$$(n-1)b=9\lambda$$

由此解得

$$b=\frac{9\lambda}{n-1}=\frac{9\times550\times10^{-9}}{1.58-1}\text{m}=8.53\times10^{-6}\text{m}$$

第三节 薄膜的等倾干涉

当太阳光照射在肥皂泡或水面上的油膜上时，我们常会在其表面上看到彩色的花纹，如图10-9所示。这些花纹就是太阳光在透明薄膜的表面上反射后相互干涉的结果，这类现象叫作**薄膜干涉**。它是我们在本章第一节中提到的**分振幅法**获得相干光的方法。这里的薄膜是指厚度很薄的一层透明介质膜，其厚度一般是与所涉及的光的波长同数量级的，因为较大的厚度会超出相干长度，而不相干。本节将介绍薄膜干涉所遵从的规律和它的实际应用。

图 10-9

一、薄膜干涉

当一束光射到两种透明介质的分界面上时，将被分成两束，一束为反射光，另一束为折射光。由于光强与振幅平方成正比，从能量守恒的角度来看，反射光和折射光的振幅都小于入射光的振幅，这相当于振幅被“分割”了，因而这种方法被称为分振幅法。

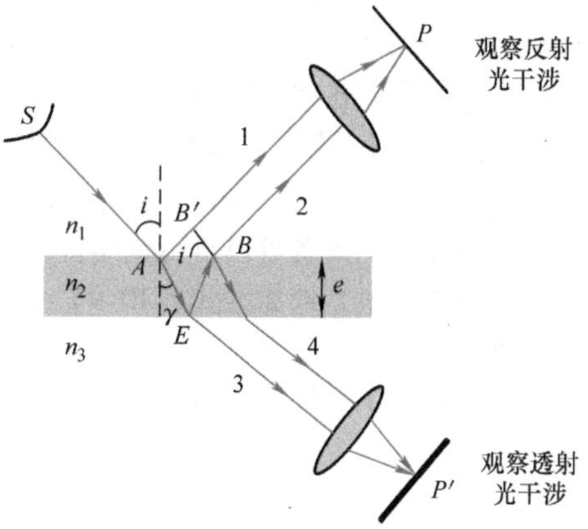

图 10-10

如图10-10所示，有一厚度 e 处处相等、折射率为 n_2 的薄膜，薄膜上方介质的折射率为 n_1，下方介质的折射率为 n_3，设 $n_1 < n_2 > n_3$。有一单色线光源，其上 S 点发出的光束以入射角 i 射到薄膜上表面 A 点后，分成两束光，一束是直接由上表面反射的光束1，另一束是以折射角 γ 折入薄膜后，由下表面 E 点反射到 B 点，再折射到 n_1 介质而成的光束2。光束1和2平行，由透镜会聚于焦平面的屏幕上的 P 点。1和2来自同一波列，为相干光，可在屏幕上产生干涉图样。从 B 点作 $BB' \perp AB'$。由于透镜不产生附加光程差，所以由 B 和 B' 到 P 点的光程相等。光束1和2的光程差仅为光束1从 A 点反射后到 B' 的光程和光束2从 A 到 E 再到 B 的光程之差，即

$$\Delta = n_2(\overline{AE} + \overline{EB}) - n_1\overline{AB'} + \frac{\lambda}{2}$$

式中 $\lambda/2$ 的修正，是因为光线1从光疏介质 n_1 射向光密介质 n_2 的反射光，存在半波损失，故光程差中要另外计入这一项，称为附加光程差。根据几何关系，有

$$\overline{AE} = \overline{EB} = \frac{e}{\cos\gamma}$$

$$\overline{AB'} = \overline{AB}\sin i = 2e\tan\gamma\sin i$$

可得

$$\Delta = 2n_2\overline{AE} - n_1\overline{AB'} + \frac{\lambda}{2} = 2n_2\frac{e}{\cos\gamma} - 2n_1 e\tan\gamma\sin i + \frac{\lambda}{2}$$

利用折射定律 $n_1\sin i=n_2\sin\gamma$，有

$$\Delta=2n_2\frac{e}{\cos\gamma}(1-\sin^2\gamma)+\frac{\lambda}{2}=2n_2e\cos\gamma+\frac{\lambda}{2} \tag{10-8}$$

由此得 P 点的明暗条纹的条件为

$$\Delta=2n_2e\cos\gamma+\frac{\lambda}{2}=\begin{cases}k\lambda & k=1,2,\cdots\quad(明条纹)\\(2k+1)\dfrac{\lambda}{2} & k=0,1,2,\cdots\quad(暗条纹)\end{cases} \tag{10-9}$$

在明条纹条件中，$k\neq0$ 是因为等式不成立。

特殊地，当入射角 $i=0$，即垂直入射时，折射角 $\gamma=0$，式（10-9）可写为

$$\Delta=2n_2e+\frac{\lambda}{2}=\begin{cases}k\lambda & k=1,2,\cdots\quad(明条纹)\\(2k+1)\dfrac{\lambda}{2} & k=0,1,2,\cdots\quad(暗条纹)\end{cases} \tag{10-10}$$

另外，图 10-10 中光线 3、4 也是相干光，可以通过类似上面计算光程差的方法计算透射光的光程差，或直接依据能量守恒定律得到光程差。结果表明，透射光的光程差与反射光的光程差总是相差 $\lambda/2$。有兴趣的读者可以自行证明。

在式（10-9）中，$\lambda/2$ 这一项是因为光束 1 在 A 点反射时发生了半波损失，使光束 1 和 2 的光程差加大了 $\lambda/2$。在其他的情况下，如果两束光线 1 和 2 都没有发生半波损失或两束光都发生了一次半波损失，光程差不用计入 $\lambda/2$ 项。据此，可以得出如下规律：

1）$n_1<n_2<n_3$ 或 $n_1>n_2>n_3$，不计半波损失。

2）$n_1<n_2>n_3$ 或 $n_1>n_2<n_3$，计入半波损失。

以上两种情况读者可以自行证明。在计半波损失时，加和减是一样的，只是 k 的取值不同，并不影响干涉结果，例如在式（10-9）中，如果 $\Delta=2n_2e\cos\gamma-\lambda/2$，则明暗条纹条件中的 k 都可以从 0 取值。

一般的薄膜干涉问题比较复杂。式（10-8）中光程差可以写成

$$\Delta=2n_2e\cos\gamma+\frac{\lambda}{2}=2e\sqrt{n_2^2-n_1^2\sin^2 i}+\frac{\lambda}{2}$$

由上式可见，当薄膜的折射率和周围介质确定后，对某一波长的光来说，两相干光的光程差取决于薄膜的厚度 e 和入射角 i。因此薄膜干涉有两种简单的特例。一种是薄膜厚度均匀，干涉条纹仅由入射角 i 确定，在干涉结果中，同一入射角 i 对应同一级干涉条纹，这种干涉称为**等倾干涉**；另一种是以平行光入射（入射角均相同），干涉条纹级次仅由膜厚 e 确定，这种干涉称为**等厚干涉**。

例 10-4 如图 10-11 所示，在折射率为 1.50 的平板玻璃板表面有一层厚度为 300nm、折射率为 1.22 的均匀透明油膜。用白光垂直射向油膜。问（1）哪些波长的可见光在反射光中产生干涉加强？（2）哪些波长的可见光在透射光中产生干涉加强？（3）若要使反射光中 $\lambda=550\text{nm}$ 的光产生干涉减弱，油膜的最小厚度为多少？

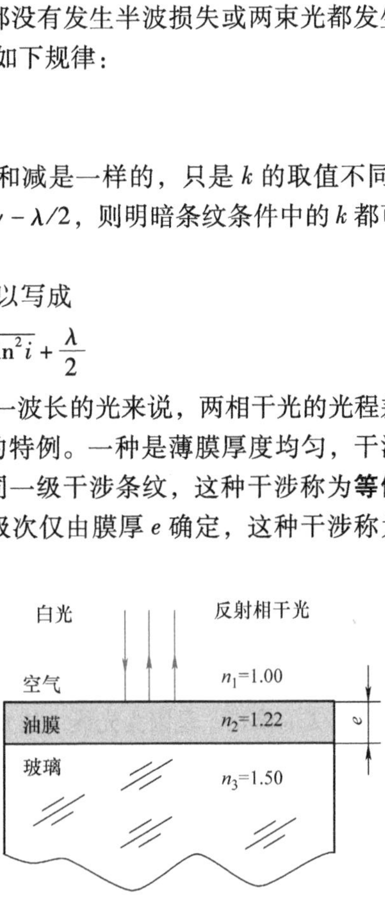

图 10-11

解：由于是垂直入射，反射光与折射光重合，为使问题表述得更清楚，我们将油膜上下两个表面的反射光分别向右移开一段距离——分开描述，如图 10-11 所示。

（1）因为 $n_1<n_2<n_3$，两束光的反射条件相同，均发

生了一次半波损失，所以反射光的光程差中不计半波损失。垂直入射时 $i=0$，反射光干涉加强的条件为

$$\Delta_{反}=2n_2e=k\lambda$$

由上式得

$$\lambda=\frac{2n_2e}{k}$$

若 $k=0$，没有意义，所以 $k=1$，2，…。当 $k=1$ 时，$\lambda_1=2\times1.22\times300\text{nm}=732\text{nm}$，是红光；当 $k=2$ 时，$\lambda_2=1.22\times300\text{nm}=366\text{nm}$，不是可见光，故反射光中只有红光产生干涉加强。

（2）因透射的两束光的反射条件不同，故透射光的光程差中应计入半波损失，透射光干涉加强的条件为

$$\Delta_{透}=2n_2e+\frac{\lambda}{2}=k\lambda$$

可得

$$\lambda=\frac{4n_2e}{2k-1}\quad k=1,2,\cdots$$

当 $k=1$ 时，$\lambda_1=4n_2e=4\times1.22\times300\text{nm}=1464\text{nm}$，不是可见光；当 $k=2$ 时，$\lambda_2=\lambda_1/3=488\text{nm}$，是青色光；当 $k=3$ 时，$\lambda_3=\lambda_1/5=293\text{nm}$，不是可见光。故透射光中青色光产生干涉加强。

（3）由反射光干涉减弱条件

$$\Delta_{反}=2n_2e=(2k+1)\frac{\lambda}{2}$$

得

$$e=\frac{(2k+1)\lambda}{4n_2}\quad k=0,1,2,\cdots$$

显然 $k=0$ 时所对应的厚度最小，故

$$e_{\min}=\frac{\lambda}{4n_2}=\frac{550\text{nm}}{4\times1.22}=113\text{nm}$$

二、增透膜和增反膜

在现代光学仪器中，为减少入射光能量在透镜等光学元件的玻璃表面上反射引起的损失，常在镜面上镀一层厚度均匀的透明薄膜（如氟化镁 MgF_2），其折射率介于空气和玻璃之间。膜的厚度适当时，可使某种波长的反射光因干涉而减弱，从而使该波长更多的光透过元件。这种使透射光增强的薄膜称为**增透膜**。

在眼镜、照相机、电视摄像机、潜望镜等光学仪器的镜头表面镀上 MgF_2 薄膜后，能使对人眼视觉最灵敏的黄绿光反射减弱而透射光增强。这样的镜头在白光照射下，常给人以蓝紫色的视觉，这是因为其反射光中缺少了黄绿光的缘故。

同理，还可用类似的方法制成增反膜，即所镀膜的厚度适当时，可使某种波长的反射光因干涉而加强，从而使该波长的光更多地反射回去。

增透膜和增反膜是对特定波长的光来说的。对某个波长来说所镀的膜是增透膜，对其他波长的光来说可能是增反膜。

光学仪器玻璃表面的增透膜或增反膜，往往是交替镀上多层高折射率和低折射率的膜层，

如图 10-12 所示。由于薄膜中 $n_0 < n_1 > n_2 < n_3 > n_4$ 的关系，入射光在某些膜层的分界面上反射时反射光存在$\lambda/2$的附加光程差，在某些分界面上反射时反射光不存在 $\lambda/2$ 的附加光程差。如果反射光由于干涉而加强，由能量守恒定律可知，透射光就会因干涉而减弱，反之也成立。

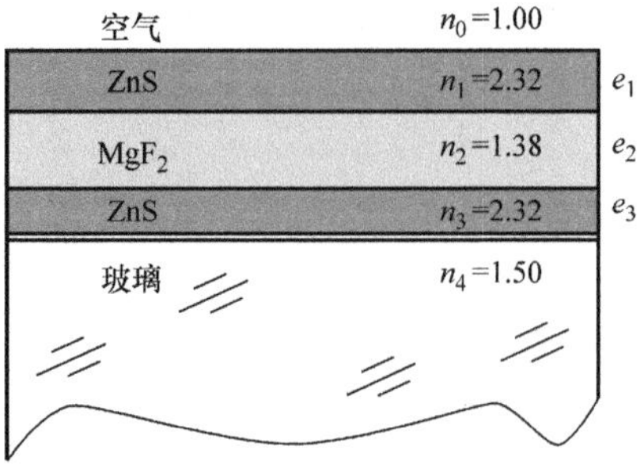

图 10-12

当玻璃表面不镀膜时，反射率小于 5%。镀上如图 10-12所示的三层增反膜时，反射率可达 70%。有些光学器件的镀膜多达 15 层，反射率可高达 99%，入射光几乎全部被反射。

第四节 劈尖干涉 牛顿环

上节我们讨论了薄膜厚度均匀时的等倾干涉现象，本节讨论等厚干涉，即对某一波长 λ 来说，两相干光的光程差 Δ 只由薄膜的厚度决定，因此膜厚相同处的反射相干光将有相同的光程差，产生同一级干涉条纹。或者说，同一级干涉条纹是由薄膜上厚度相同处薄膜所产生的反射光形成的，这样的条纹称为等厚干涉条纹。

薄膜的等厚干涉是测量和检验精密机械零件和光学元件的重要方法，在现代科学技术中有广泛的应用。

一、劈尖干涉

两块平面玻璃片，将它们的一端互相叠合，另一端垫入一薄纸片或一细丝，如图 10-13 所示，则在两玻璃片间就形成一端薄、一端厚的空气薄层，这是一个劈尖形的空气膜，叫作**空气劈尖**。空气膜的两个表面即两块玻璃片的内表面，两玻璃片叠合端的交线称为棱边，其夹角 θ 称**劈尖角**。在平形于棱边的直线上各点，空气膜的厚度 e 是相等的。

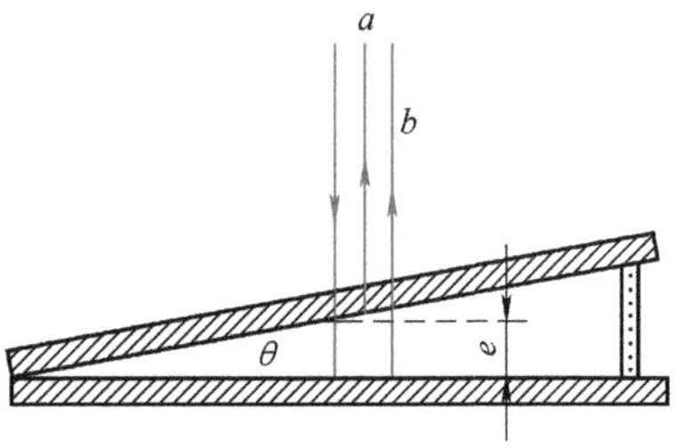

图 10-13 空气劈尖

当用单色平行光垂直照射玻璃片时，就可在劈尖表面观察到明暗相间的干涉条纹，如图 10-14 所示。这是由光线在空气膜的上、下表面反射出来的两列光波 a 和 b（错开画出）干涉形成的。由式（10-10）可得因干涉而产生明暗条纹的条件为

$$\Delta = 2ne + \frac{\lambda}{2} = \begin{cases} k\lambda & k=1,2,\cdots \quad (\text{明条纹}) \\ (2k+1)\dfrac{\lambda}{2} & k=0,1,2,\cdots \quad (\text{暗条纹}) \end{cases} \tag{10-11}$$

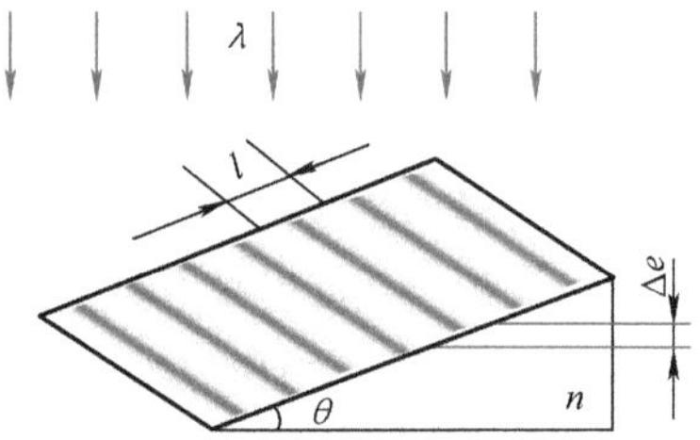

图 10-14 劈尖条纹

式中，n 为劈尖介质的折射率，此处为空气的折射率（$n \approx 1$）。在计算光程差时一定要注意分析劈尖与相邻介质折射率之间的大小关系，以便确认在光程差中是否计入半波损失。

设相邻明条纹或相邻暗条纹之间劈形膜的厚度差为 Δe，则由式（10-11），可得

$$\Delta e = e_{k+1} - e_k = \frac{\lambda}{2n} \tag{10-12}$$

在没有半波损失，即 $\Delta = 2ne$ 时，上式也成立。

设明条纹或暗条纹间距为 l，则有

$$\Delta e = l\sin\theta \approx l\theta$$

由此得

$$l = \frac{\lambda}{2n\theta} \tag{10-13}$$

显然，劈尖角 θ 越大则条纹越密，条纹过密则不能分辨。通常 $\theta < 1°$。

图 10-15a 为空气劈尖，因空气的折射率 $n \approx 1$，固有 $\Delta e = \lambda/2$。这表明相邻明条纹或相邻暗条纹所对应的空气层厚度差等于半个波长。空气劈尖的条纹间距为 $l = \lambda/2\theta$。

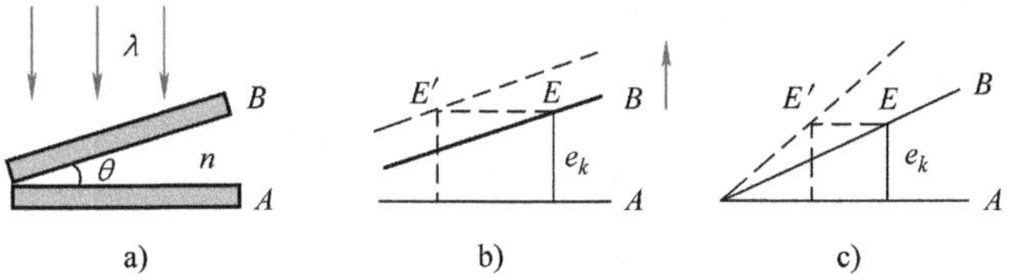

图 10-15

在空气劈尖的棱边即两块玻璃板相交处，$e = 0$，$\Delta = \lambda/2$，满足暗条纹条件，所以棱边呈现暗条纹。当将玻璃板 B 向上平移时，如图 10-15b 所示，空气层厚度增大，原来处在厚度 e_k 处的条纹 E 向左移动到了 E'位置。所以，当空气层厚度增加时，等厚干涉条纹向棱边方向移动。反之，当厚度减小时，条纹将向远离棱边方向移动。当玻璃板 B 绕棱边向上转动时，如图 10-15c 所示，条纹在向棱边移动的同时，由式（10-13）可知，条纹间距也在缩小。

例 10-5 为了测量一根金属细丝的直径 D，按图 10-16 所示的方法形成空气劈尖。用单色光照射形成等厚干涉条纹，用读数显微镜测出干涉条纹的间距后进一步可以算出 D。已知 $\lambda = 589.3\text{nm}$，测量的结果是：金属丝距劈尖顶点 $L = 28.880\text{mm}$，第 1 条明条纹到第 31 条明条纹的距离为 4.295mm，求 D。

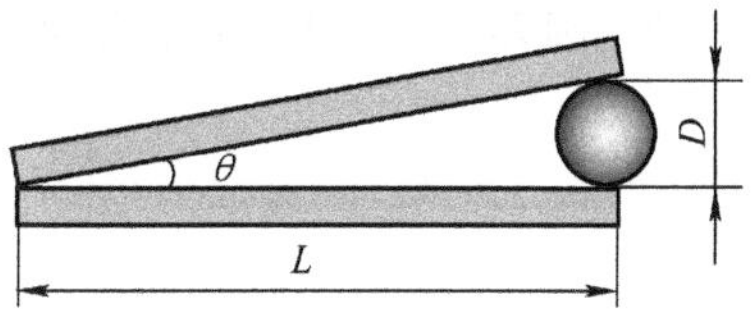

图 10-16

解：第 1 条到第 31 条之间距离等于 30 个条纹间距。由题意得相邻明条纹的间距为

$$l = \frac{4.295\text{mm}}{30} = 0.14317\text{mm}$$

因劈尖角 θ 很小，故可取 $\theta \approx \sin\theta \approx \tan\theta = D/L$。由式（10-13）有

$$\theta = \frac{\lambda}{2nl} = \frac{\lambda}{2l}$$

故金属丝的直径为

$$D = \frac{L}{l} \cdot \frac{\lambda}{2} = \frac{28.880}{0.14317} \times \frac{1}{2} \times 589.3 \times 10^{-6}\text{mm} = 0.05944\text{mm}$$

例 10-6 用干涉膨胀仪可测定固体的线胀系数，其构造如图 10-17 所示。在平台 D 上放置一上表面磨成稍微倾斜的待测样品 W，W 罩一个热膨胀系数很小的石英制成的圆环 C，环顶上放一平板玻璃 A，它与样品的上表面构成一空气劈尖。以波长为 λ 的单色光自 A 板垂直入射到这

空气劈尖上，将产生等厚干涉现象。当样品受热膨胀时，劈尖的下表面位置上升，使干涉条纹移动。设温度为 t_0 时，样品的高度为 L_0，温度升高到 t 时，样品的高度增为 L，在此过程中，通过视场某一刻线移动的条纹数目为 N。求样品的线胀系数 β。

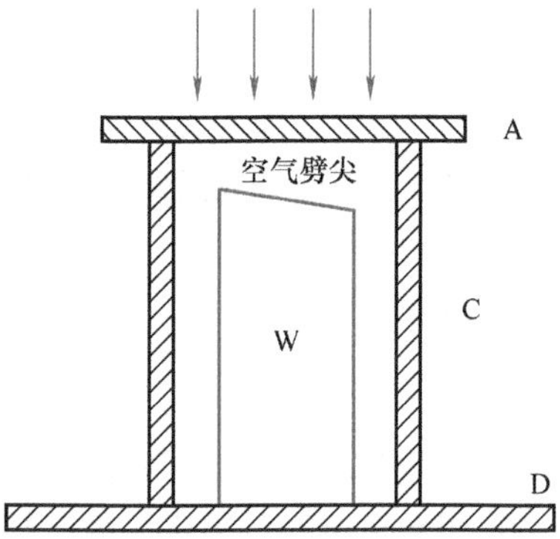

图 10-17

解：在劈尖干涉的等厚条纹中，设温度为 t_0 时，第 k 级暗条纹所在处的空气层厚度为

$$e_k = k\frac{\lambda}{2}$$

当温度升高到 t 时，劈尖同一处的空气层厚度为

$$e_{k-N} = (k-N)\frac{\lambda}{2}$$

两温度下空气层的厚度差为

$$L - L_0 = e_k - e_{k-N} = N\frac{\lambda}{2}$$

由固体线胀系数的定义，得

$$\beta = \frac{L-L_0}{L_0}\cdot\frac{1}{t-t_0} = \frac{N\lambda}{2L_0(t-t_0)}$$

二、牛顿环

将一曲率半径很大的平凸透镜的曲面与一平板玻璃接触，在其中间会形成一层平凹球面形的薄膜，如图 10-18a 所示。显然，这种薄膜厚度相同处的轨迹是以接触点 O 为中心的同心圆。因此，若以单色平行光垂直照射于透镜上，则会在反射光中观察到一系列以 O 为中心的明暗相间的同心圆环，称为牛顿环，干涉条纹如图 10-18b 所示。

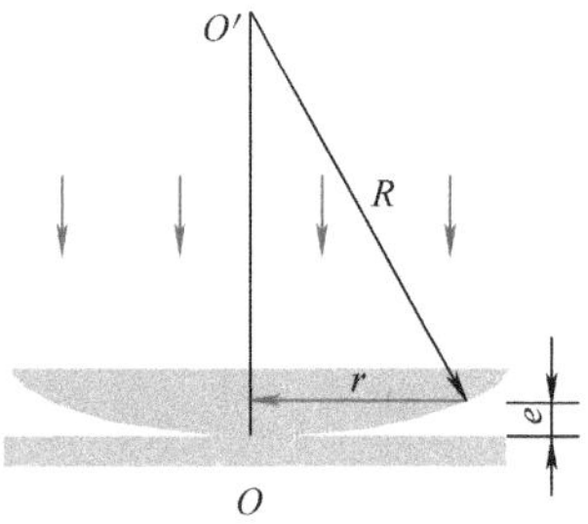

a)

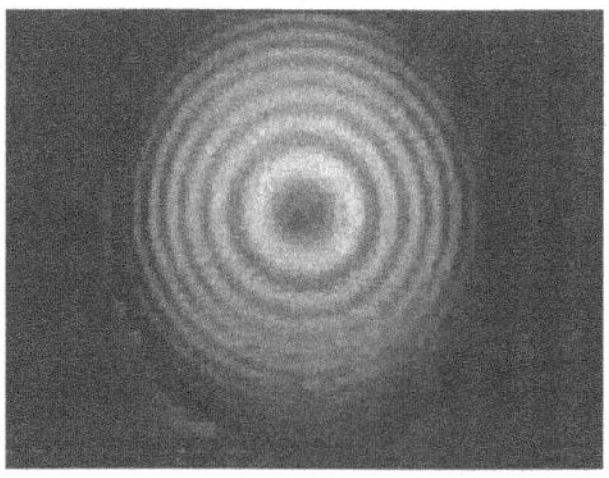
b)

图 10-18

设透镜球面的球心为 O'，半径为 R，距 O 为 r 处薄膜厚度为 e。由几何关系得

$$(R-e)^2 + r^2 = R^2$$

因为 $R >> e$，所以上式展开后略去高阶小量 e^2，可得 $e = r^2/2R$。设薄膜折射率为 n，则在有半波损失时光程差 Δ 与 r 的关系为

$$\Delta = 2ne + \frac{\lambda}{2} = \frac{nr^2}{R} + \frac{\lambda}{2}$$

将干涉加强条件 $\Delta = k\lambda$ 及干涉减弱条件 $\Delta = (2k+1)\lambda/2$ 分别代入上式，可得牛顿环半径为

$$r=\begin{cases}\sqrt{\left(k-\dfrac{1}{2}\right)\dfrac{R\lambda}{n}} & k=1,2,\cdots\quad（明环）\\ \sqrt{k\dfrac{R\lambda}{n}} & k=0,1,2,\cdots\quad（暗环）\end{cases}\tag{10-14}$$

由此可见，暗环的半径 r 与 k 的二次方根成正比，随着 k 的增加，相邻明环或暗环的半径之差越来越小，所以牛顿环是一系列内疏外密的同心圆环。

如果连续增大平凸透镜与平板玻璃间的距离，则能观察到圆环条纹向内收缩，不断向中心湮灭，反之，则观察到圆环条纹一个个从中心冒出，并向外扩张。

例 10-7　在牛顿环实验中，透镜的曲率半径为 5.0m，圆平面直径为 2.0cm。

（1）用波长 $\lambda=589.3\text{nm}$ 的单色光垂直照射时，可看到多少条干涉条纹？

（2）若在空气层中充以折射率为 n 的液体，可看到 46 条明条纹，求液体的折射率（玻璃的折射率为 1.5）。

解：（1）由牛顿环明环半径公式，得

$$r=\sqrt{\frac{2k-1}{2}R\lambda}$$

可见条纹级次越高，条纹半径越大，由上式得

$$k=\frac{r^2}{R\lambda}+\frac{1}{2}=\frac{(1.0\times10^{-2})^2}{5\times5.589\times10^{-7}}+\frac{1}{2}=34.4$$

可以看到 34 条明条纹。

（2）若在空气中充以液体，则明环半径为

$$r=\sqrt{\frac{2k-1}{2n}R\lambda}$$

故

$$n=\frac{(2k-1)R\lambda}{2r^2}=\frac{(2\times46-1)\times5\times5.893\times10^{-7}}{2\times(1.0\times10^{-2})^2}=1.33$$

可见牛顿环中充以液体后，干涉条纹变密。

第五节　迈克耳孙干涉仪

在现代科学技术中，广泛应用干涉原理来测量微小长度、角度等，迈克耳孙干涉仪就是一种典型的精密测量仪器，它的构造原理如图 10-19 所示。

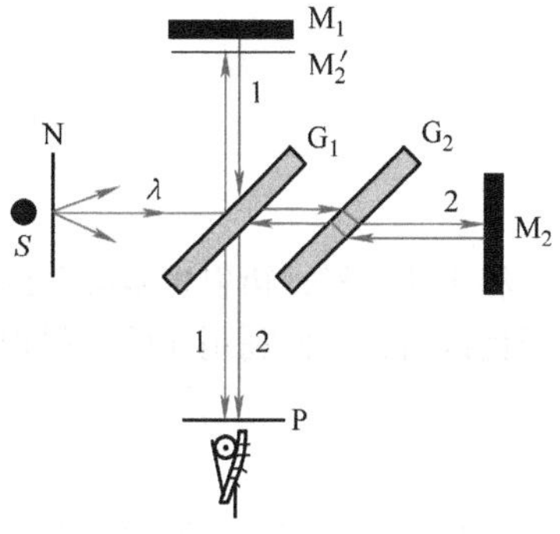

图 10-19　迈克耳孙干涉仪

图中 S 为光源，N 为毛玻璃片，M_1 和 M_2 是两块精密磨光的平面反射镜，分别安装在相互垂直的两臂上。其中 M_1 固定，M_2 通过精密丝杠的带动，可以沿臂轴方向移动。在两臂相交处放一与两臂成 45°角的平行平面玻璃板 G_1。在 G_1 的后表面镀有一层半反射的薄银膜，银膜的作用是将入射光束分成振幅近似相等的反射光束 1 和透射光束 2。因此，G_1 称为分光板。

由扩展面光源 S 发出的光，射向分光板 G_1，经分光后形成两部分。反射光 1 垂直地射到平面反射镜 M_1 后，经 M_1 反射透过 G_1 射到 P 处。透射光 2 通过另一块与 G_1 完全相同且

平行于 G_1 放置的玻璃板 G_2（无银膜）射向 M_2，经 M_2 反射后又经过 G_2 到达 G_1，再经半反射后到达 P 处。在 P 处可以观察两相干光束 1 和 2 的干涉图样。

由光路图可以看出，因玻璃板 G_2 的插入，光束 1 和光束 2 通过玻璃板的次数相同，都为 3 次。这样一来，两束光的光程差就和玻璃板中的光程无关。因此，称玻璃板 G_2 为补偿板。

由于分光板第二平面的半反射膜实质上是反射镜，它使 M_2 在 M_1 附近形成一个虚像 M_2'。因而，光在迈克耳孙干涉仪中自 M_1 和 M_2 的反射，相当于自 M_1 和 M_2' 的反射。于是，迈克耳孙干涉仪中所产生的干涉图样就如同由 M_1 和 M_2' 之间的空气薄膜产生的一样。当 M_1 和 M_2 严格垂直时，M_1 和 M_2' 之间形成平行平面空气膜，这时可以观察到等倾干涉条纹；当 M_1 和 M_2 不严格垂直时，M_1 和 M_2' 之间形成空气劈尖，则可观察到等厚干涉条纹。

因干涉条纹的位置取决于光程差，所以当 M_2 移动时，在 P 处能观察到干涉条纹位置的变化。当 M_1 和 M_2' 严格平行时，这种位置变化表现为等倾干涉的圆环形条纹不断地从中心冒出或向中心收缩。当 M_1 和 M_2' 不严格平行时，则表现为等厚干涉条纹（平行直条纹）相继移过视场中的某一标记位置。由于光在空气膜中经历往返过程，因此，当 M_2 平移 $\lambda/2$ 距离时，相应的光程差就改变一个波长 λ，条纹将移过一个条纹间距。由此得到动镜 M_2 平移的距离与条纹移动数 N 的关系为 $d=N\lambda/2$。

迈克耳孙干涉仪的最大优点是两相干光束在空间是完全分开的，互不扰乱，因此可用移动反射镜或在单独的某一光路中加入其他光学元件的方法改变两光束的光程差，这就使干涉仪具有广泛的应用。如用于测长度、测折射率和检查光学元件表面的平整度等，测量的精度很高。迈克耳孙干涉仪及其变形在近代科技中所展示的功能也是多种多样的。例如，光调制的实现、光拍频的实现以及激光波长的测量等等。

例 10-8 在迈克耳孙干涉仪的两臂中，分别放入长 10cm 的玻璃管，一个抽成真空，另一个充以一个大气压的空气。设所用光波波长为 546nm，在向真空玻璃管中逐渐充入一个大气压空气的过程中，观察到有 107.2 个条纹移动。试求空气的折射率 n。

解：设玻璃管 A 和 B 的管长为 l，当管 A 内为真空、管 B 内充有空气时，两臂间的光程差为 Δ_1；在管 A 内充入空气后，两臂间的光程差为 Δ_2，其变化为

$$\Delta_2-\Delta_1=2nl-2l=2(n-1)l$$

由于条纹每移动一条时所对应的光程差变化为一个波长，所以移动 107.2 个条纹时，对应的光程差的变化为

$$2(n-1)l=107.2\lambda$$

因此，空气的折射率为

$$n=1+\frac{107.2\lambda}{2l}=1.0002927$$

第六节 光的衍射

和干涉一样，衍射也是波动的一个重要基本特征，它为光的波动说提供了有力的证据。当激光问世以后，人们利用光的衍射现象开辟了许多新的领域。

一、光的衍射现象

在日常生活中，人们对水波和声波的衍射现象是比较熟悉的。在房间里，人们即使不能直接看见窗外的发声物体，却能听到从窗外传来的喧闹声。在一堵高墙两侧的人，也能听到对方说的

话，这是声波的衍射现象。

光波的衍射现象在生活中并不容易观察到。当一束平行光通过一个宽度可调的狭缝时，若缝的宽度比光的波长大很多，则屏上会呈现出与缝等宽且边界清晰的光斑，两侧是几何阴影，如图 10-20a 所示，这是光的直线传播性质的表现。若将缝的宽度不断缩小，当缝宽达到很窄时，光将进入几何阴影区域，这时光斑亮度降低而范围扩大，并且在中央亮斑两侧的阴影区域出现明暗相间的条纹，如图 10-20b 所示。这种光波遇到障碍物时偏离直线传播而进入几何阴影区域，使光强重新分布的现象称为**光的衍射**。

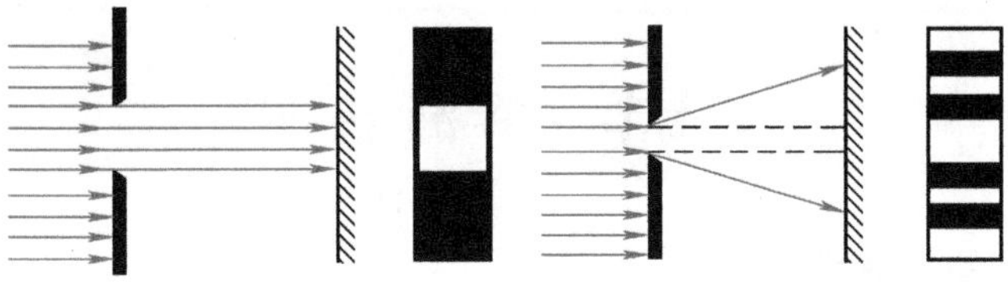

a) b)

图 10-20

光遇到小孔、小圆屏等其他障碍物时也能发生衍射。衍射现象是否显著，取决于障碍物的线度 ρ，还与观察的距离和方式、光源的强度等多方面的因素有关。ρ 的数量级大体可做如下划分：

线度 $\rho > 10^3\lambda$，衍射效应不明显，近乎直线传播；当线度在 $10 \sim 10^3\lambda$ 时，衍射现象明显，光分布突破上述阴影区，但亮度逐渐降低，呈明暗相间分布；线度 $\rho < 10\lambda$，衍射向散射过度，衍射范围弥漫整个视场。

正因为这样，在日常生活中，光的衍射现象不易为人们所察觉。与此相反，光的直线传播行为给人们的印象却很深。这是由于光的波长很短，以及普通光源是不相干的面光源的原因。以上两方面的原因使得在通常条件下光的衍射现象很不显著。

二、惠更斯 - 菲涅耳原理

我们知道，惠更斯原理可以定性地从某时刻的已知波阵面分析出其后另一时刻的波阵面。但因惠更斯原理的子波不涉及强度和相位，所以不能解释衍射形成的光强不均匀的分布现象。菲涅耳（A. J. Fresnel）在惠更斯原理的基础上，提出了“子波相干叠加”的思想，从而建立了反映光的衍射规律的惠更斯 - 菲涅耳原理。该原理指出：**波阵面上任一点均可视为能发射子波的波源，各子波在传播过程中相遇，相遇处各点的强度由各子波在该点的相干叠加所决定。**

三、衍射的分类

根据光源、障碍物、观察屏三者的相对位置，可将衍射分为两类。当光源和屏，或两者之一与障碍物之间的距离为有限远时，所产生的衍射称为**菲涅耳衍射**，如图 10-21a 所示。当光源和屏与障碍物之间的距离均为无限远时，所产生的衍射称为**夫琅禾费**衍射，如图 10-21b 所示。这时，光到达障碍物和到达观察屏的都是平行光。显然可用透镜实现夫琅禾费衍射，如图 10-21c 所示，这种衍射称作实验室中的夫琅禾费衍射。本章只讨论夫琅禾费衍射，因为这种衍射计算比较简单，且有一定的实用价值。

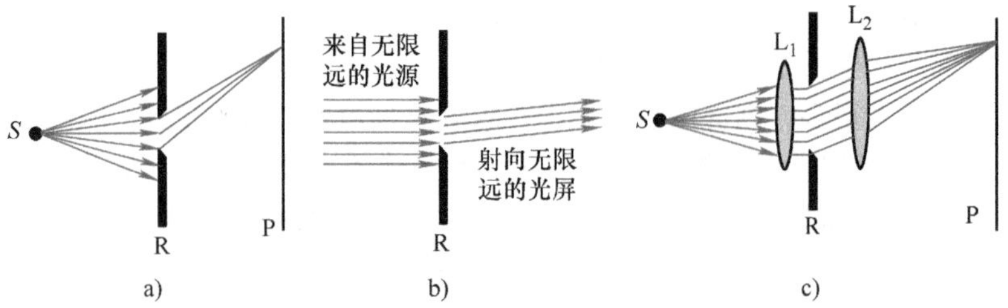

图 10-21

第七节 单缝衍射

一、单缝的夫琅禾费衍射

夫琅禾费单缝衍射实验装置如图 10-22 所示。当单色平行光垂直入射到单缝上，由缝平面上各面元发出的、向不同方向传播的平行光束被透镜 L_2 会聚到焦平面上，在位于焦平面的观察屏 H 上形成一组平行于狭缝的明暗相间的衍射条纹，中央明条纹最宽最亮，其他明条纹的光强随级次增大而迅速减小。

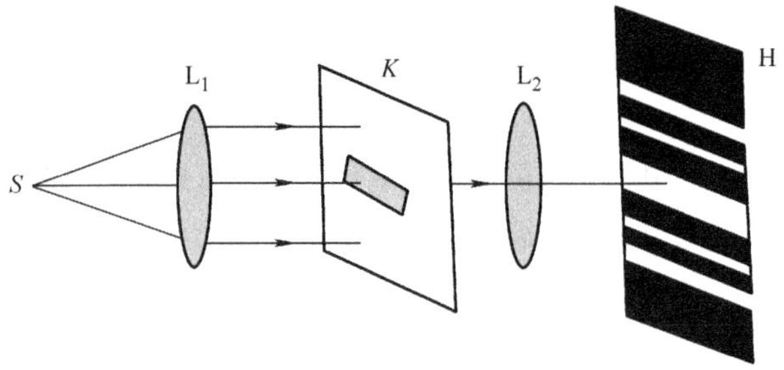

图 10-22

二、半波带法

根据惠更斯 - 菲涅耳原理，单缝面上每一个面元都是子波源，他们各自向不同方向发出子波，形成衍射光线。衍射光线与缝面法线的夹角，称为**衍射角**，记为 θ。经透镜会聚后，凡是有相同衍射角的光线将会聚于屏上的同一点。如图 10-23 所示，其中平行光束 1 的衍射角 $\theta=0$，经透镜后聚焦于屏幕上的 O 点。由于这组平行光在单缝处的波振面相位相同，因此它们到达 O 点的光程差相等，因而互相加强，在 O 点形成中央明条纹。

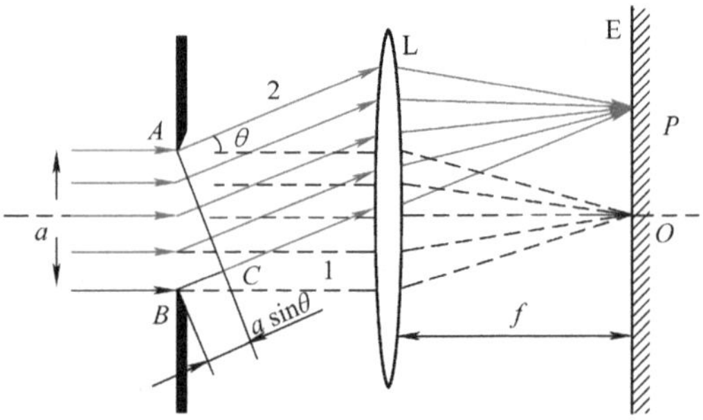

图 10-23 单缝衍射

衍射角为 θ 的平行光束 2 经透镜后会聚于 P 点。作 $AC\perp BC$，则由 AC 面上各点到达 P 点的光程相等，因而这组平行光不同光线到达 P 点的光程差仅取决于它们从缝面各点到达 AC 面时的光程差，其中从单缝两端 A 和 B 发出的两束光的光程差最大。设缝宽为 a，则最大光程差为 $BC=a\sin\theta$。

下面我们应用半波带法来讨论单缝衍射条纹的分布。

取一束衍射角为 θ 的平行光，我们在垂直于平行光的方向上作若干个彼此相距为 $\lambda/2$ 的平面，如图 10-24 中的虚线所示。平面与 AC 平行，且把 BC 分成若干份，同时这些平面也把单缝处波面 AB 切割成若干份，波面 AB 上的每一个整份称为**半波带**。

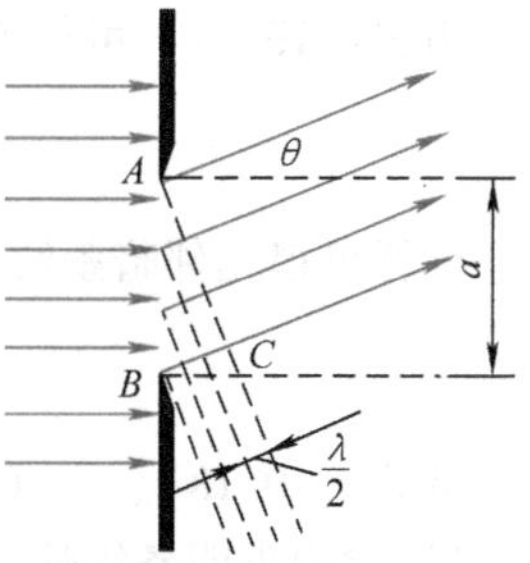

图 10-24 半波带法

若 BC 长度恰好等于半波长的偶数倍，即单缝恰好能分成偶数个半波带。两个相邻半波带上的任意两个**对应点**所发出的衍射光到达 P 点时，光程差都是 $\lambda/2$，叠加后将相互干涉抵消。因此，**两个相邻半波带所发出的衍射光在 P 点都将干涉相消**。所以，BC 长度等于半波长的偶数倍时，屏幕上的 P 点是暗条纹中心。

若 BC 的长度恰好等于半波长的奇数倍，即单缝恰好可以分成奇数个半波带时，结果是除了两两相邻半波带发出的光相抵消外，总要剩下一个波带发出的光线在会聚点没被抵消，因此在该点处出现明条纹。图 10-24 表示单缝正好分成 3 个半波带时的情况，P 点处是明条纹中心。

若 BC 不能被分成整数个半波带，则屏幕上的对应点将介于明暗之间。

三、单缝衍射条纹的特点

由上述讨论结果，可用数学式表示屏幕上条纹分布情况：

$$a\sin\theta=\begin{cases}0 & \text{（中央明条纹）}\\ \pm 2k\dfrac{\lambda}{2} \quad k=1,2,\cdots & \text{（暗条纹）}\\ \pm(2k+1)\dfrac{\lambda}{2} \quad k=1,2,\cdots & \text{（明条纹）}\\ \neq k\dfrac{\lambda}{2} \quad k=1,2,\cdots & \text{（明暗之间）}\end{cases} \tag{10-15}$$

当 $a\sin\theta=0$ 时，$\theta=0$，对应屏幕中心位置 O 点，对应的明条纹称为中央明条纹中心；$k=1$，2，…，分别叫第 1 级明（暗）条纹中心，第 2 级明（暗）条纹中心，……。式中正负号表示各级明暗条纹对称分布在中央明条纹两侧；

对第 k 级暗条纹，单缝上分出的半波带数目是 $2k$；对第 k 级明条纹，单缝上分出的半波带数目是 $2k+1$。

为了便于理解，设 P 到 O 点的距离为 x，并设透镜的焦距为 f，利用三角形关系，可得

$$\tan\theta=\frac{x}{f}\approx\sin\theta\approx\theta$$

则式（10-15）变换为

$$a\frac{x}{f}=\begin{cases}\pm 2k\dfrac{\lambda}{2} \quad k=1,2,\cdots & \text{（暗条纹）}\\ \pm(2k+1)\dfrac{\lambda}{2} \quad k=1,2,\cdots & \text{（明条纹）}\end{cases} \tag{10-16}$$

将单缝宽度 a 和透镜焦距 f 移到右边的判别条件中，可得到明暗条纹在光屏上的位置表达式

$$x=\begin{cases}\pm k\dfrac{f\lambda}{a} \quad k=1,2,\cdots & \text{（暗条纹）}\\ \pm(2k+1)\dfrac{f\lambda}{2a} \quad k=1,2,\cdots & \text{（明条纹）}\end{cases} \tag{10-17}$$

由式（10-17）可得 O 点两侧两条1级暗条纹的间距，即中央明条纹的线宽度为

$$\Delta x_0 = 2\frac{f\lambda}{a} \tag{10-18}$$

同样可得相邻暗条纹，或除中央明条纹以外其他级相邻明条纹的间距为

$$\Delta x = \frac{f\lambda}{a} \tag{10-19}$$

从式（10-18）、式（10-19）可知，单缝干涉条纹具有如下的特点：

1）除中央明条纹外，**其他所有明条纹均有同样的宽度，而中央明条纹的宽度为其他明条纹宽度的两倍**。

2）**由中央到两侧，条纹级次由低到高，光强迅速下降**。

如图10-25所示，中央明条纹集中了大部分光能量，而两侧第1级和第2级明条纹的光强仅占中央明条纹的4.7%和1.7%。对此定性的解释是：衍射角 θ 越大，k 越大，AB 波面被分成的半波带数越多，未被抵消的半波带面积越小，所以这个半波带上发出的光在屏幕上产生的明条纹的光强也越小。

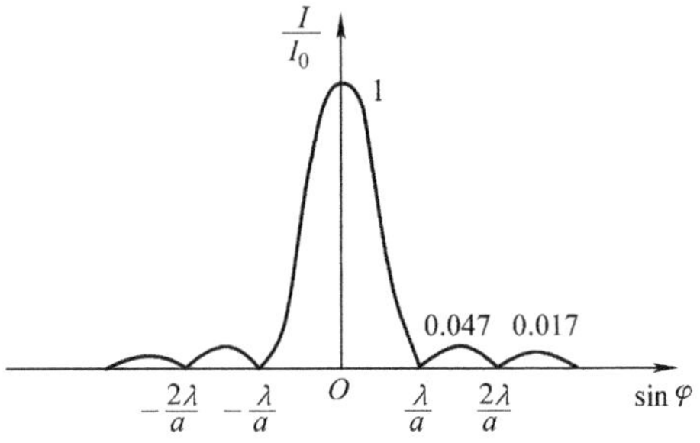

图10-25 单缝衍射的相对光强度分布

3）**当入射光波长一定时，条纹间距 Δx 与单缝宽度 a 成反比关系**。单缝宽度 a 越小，条纹分布越疏，光的衍射现象越明显。当 a 变大时，条纹变密；当单缝很宽（$a >> \lambda$）时，各级衍射条纹都密集于中央明条纹附近而分辨不清，只能观察到一条亮条纹，它就是单缝的像。这时的光可以看作是直线传播。

4）**当缝宽 a 一定时，条纹间距 Δx 与入射光波长 λ 成正比关系**。入射光的波长 λ 越大，条纹间距越大。因此，若以白光照射，因各种波长的光在屏上 O 点都因干涉而加强，所以中央明条纹将是白色的，而其两侧则呈现出一系列内紫外红的彩色条纹。

例10-9 用单色平行可见光垂直照射到缝宽为 $a = 0.5\text{mm}$ 的单缝上，在缝后放一焦距 $f = 100\text{cm}$ 的透镜，则在位于焦平面的观察屏上形成衍射条纹。已知屏上距中央明条纹中心1.5mm处的 P 点为明条纹，求：（1）入射光的波长；（2）此时单缝波面可分出的半波带数；（3）中央明条纹的宽度。

解：（1）对于 P 点，有

$$\tan\theta = \frac{x}{f} = \frac{1.5\text{mm}}{1000\text{mm}} = 1.5 \times 10^{-3}$$

可见 θ 角很小，因而 $\tan\theta \approx \sin\theta \approx \theta$。根据明条纹条件，可得

$$\lambda = \frac{2a\sin\theta}{2k+1} = \frac{2a\tan\theta}{2k+1}$$

k 取不同值，代入上式，当 $k=1$ 时，有

$$\lambda_1 = \frac{2a\tan\theta}{2k+1} = \frac{2 \times 0.5\text{mm} \times 1.5 \times 10^{-3}}{2 \times 1 + 1} = 500\text{nm}$$

当 $k=2$ 时，可算出 $\lambda_2 = 300\text{nm}$。显然，λ_2 不是可见光，则得入射光波长为500nm。

（2）因 $k=1$，故 P 点明条纹为第1级明条纹，其衍射角为

$$\theta \approx \sin\theta = \frac{(2k+1)\lambda}{2a} = \frac{3 \times 500 \times 10^{-9}}{2 \times 0.5 \times 10^{-3}}\text{rad} = 1.5 \times 10^{-3}\text{rad}$$

与该衍射角处明纹对应的半波带数为

$$2k+1=3$$

(3) 中央明条纹的宽度为

$$\Delta x_0 = 2\frac{f\lambda}{a} = 2\times\frac{1.0\times500\times10^{-9}}{0.5\times10^{-3}}\text{mm} = 2.0\text{mm}$$

第八节　光学仪器的分辨本领

一、夫琅禾费圆孔衍射

将夫琅禾费衍射中的单缝改作圆孔，圆孔直径为 D，则可发现观察屏上形成的并不是简单的圆斑，而是一些明暗相间的同心圆环，如图 10-26 所示。这种现象称为**夫琅禾费圆孔衍射**。在圆孔衍射中，圆环中心的亮斑最亮，称为**爱里**（Airy）**斑**。设爱里斑的直径为 d，其相对透镜 L_2 中心张角的一半为 θ_0。由理论计算可得

$$2\theta_0 \approx 2\sin\theta_0 \approx 2\tan\theta_0 = \frac{d}{f} = 2.44\frac{\lambda}{D} \tag{10-20}$$

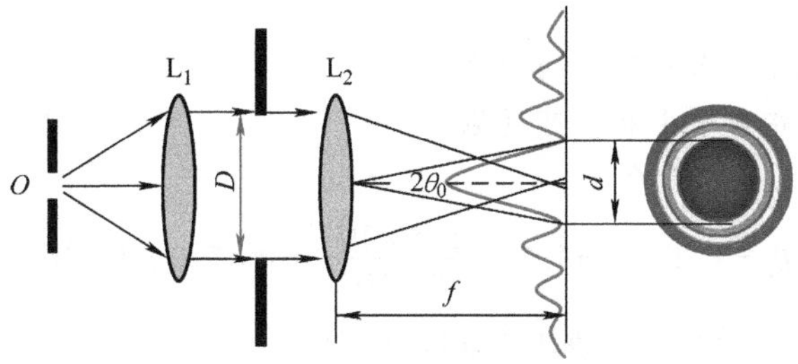

图　10-26

在夫琅禾费圆孔衍射中，有 84% 左右的光能集中在爱里斑区域，所以我们通常只关心该斑。

二、光学仪器的分辨本领

光学仪器中的透镜、光阑等都相当于一个透光的小圆孔，而光在通过圆孔时发生衍射，物点不再成像为一个点，而是一个斑，而斑的重叠程度就影响了仪器对像的分辨。通常用发光强度相同的两个物点 S_1、S_2 对透镜光心的张角 θ 的大小衡量爱里斑的重叠程度。当 θ 大于爱里斑的半角宽度 θ_0 时，两爱里斑只有小部分重叠，因而可以分辨出这是两个物点形成的爱里斑，如图 10-27a所示。当 $\theta<\theta_0$ 时，如图 10-27c 所示，两爱里斑因重叠过多而无法分辨。当 $\theta=\theta_0$ 时，如图 10-27b 所示，从衍射图样来看，这时 S_1 的爱里斑中心恰好与 S_2 的第 1 级暗环重合，而 S_2 的爱里斑中心恰好与 S_1 的第 1 级暗环重合。也就是说，一个爱里斑的中心恰好落在另一个爱里斑的边缘。这时，两个衍射图样重叠中心处的光强约为单个衍射图样最大光强的 80% 左右。在这种情况下，对视力正常的人来说，恰好能分辨出是两个物点。瑞利（L. Rayleigh）据此提出了将其作为确定光学仪器分辨极限的标准，称为瑞利判据。这个判据规定：**如果一个物点衍射图样的中央最亮处，恰好与另一个物点衍射图样的第 1 级暗条纹重合，则这两个物点恰好能被光学仪器所分辨**。这时两物点对透镜光心的张角 θ_0 称为光学仪器的**最小分辨角**，其倒数 $1/\theta_0$ 称为**光学仪器的分辨本领**或分辨率。显然，θ_0 等于爱里斑半径对透镜光心的张角，由式（10-20）可得最小分辨角为

$$\theta_0 = 1.22\frac{\lambda}{D} \tag{10-21}$$

分辨本领为

$$\frac{1}{\theta_0} = \frac{D}{1.22\lambda} \tag{10-22}$$

由式（10-22）可知，提高光学仪器的分辨本领可以通过增大透镜的直径或减小入射光的波长来实现。电子显微镜由于它的波长较短，可以观察更细微的结构。

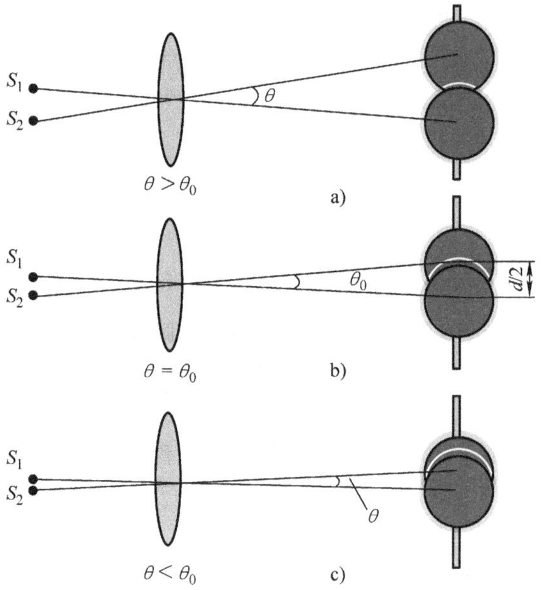

图 10-27

例 10-10 设人眼在正常照度下的瞳孔直径约为 $D = 3\text{mm}$，而在可见光中，对人眼最敏感的波长是 $\lambda = 550\text{nm}$（黄绿光）。问：(1) 人眼的最小分辨角多大？(2) 教室黑板上有一等于号“=”，在什么情况下，在 10m 远处的学生才不至于将“=”看成“-”。

解：(1) 通常情况下，人眼观察的距离远大于瞳孔直径，瞳孔相当于小孔。可近似用瑞利判据计算瞳孔的最小分辨角

$$\theta_0 = 1.22\frac{\lambda}{D} = 1.22 \times \frac{5.5 \times 10^{-7}}{3 \times 10^{-3}}\text{rad} = 2.2 \times 10^{-4}\text{rad}$$

(2) 在 $l = 10\text{m}$ 处，等号中两个横线的最短距离为

$$s = l\theta_0 = 10 \times 2.2 \times 10^{-4}\text{m} = 2.2\text{mm}$$

第九节 光栅衍射

从单缝衍射条纹宽度 $\Delta x_0 = 2\lambda f/a$ 和 $\Delta x = \lambda f/a$ 看，减小缝宽，可使条纹宽度增大，便于观察和测量。但由于透光量大大减少，明条纹的亮度减弱，能够看到的条纹级次减少；而增加缝宽，相邻明条纹的间隔又很窄而不易分辨，不便做光学测量、光谱分析。为解决此矛盾，我们利用光栅衍射来获得衍射条纹。因为光栅衍射条纹既亮又窄，且相邻明条纹又能分得很开。

一、光栅衍射现象

由一组相互平行的等宽、等间隔的狭缝构成的光学器件就是**光栅**。用于透射光衍射的叫透射光栅，用于反射光衍射的叫反射光栅。

常用的透射光栅是在一块玻璃片上刻画许多等间距、等宽度的平行刻痕，刻痕处相当于毛玻璃而不易透光，刻痕之间的光滑部分可以透光，相当于一个单缝。如图 10-28 所示，设透光部分宽为 a，不透光部分宽为 b，$d = a + b$ 为光栅常数。d 也是相邻两缝对应点之间的距离。通常光栅常数很小，如在 1cm 内刻有 400 条狭缝，则 $d = 1/400\text{cm} = 2.5 \times 10^{-3}\text{cm}$。一般的光栅常数约为 $10^{-5} \sim 10^{-6}\text{m}$ 的数量级。

平行单色光垂直照射到光栅上，由光栅射出的光线经透镜 L 后会聚于屏幕上，因而在屏幕上出现平行于狭缝的明暗相间的光栅衍射条纹。这些条纹的特点是：明条纹很亮很窄，相邻明条纹

间的暗区很宽，衍射图样十分清晰。

二、光栅衍射的规律

光栅衍射条纹的分布规律，可以利用惠更斯－菲涅耳原理做定量计算后分析得出。这里我们采用较简单的方法来分析光栅衍射亮暗条纹的分布情况。

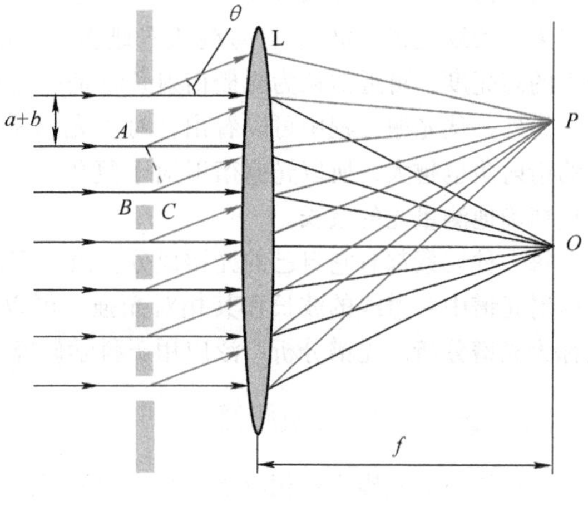

图 10-28

光栅可以看成是由 N 条单缝组成的，每个缝都在屏幕上各自形成单缝衍射图样，由于各缝的宽度均为 a，故它们形成的衍射图样都相同，且在屏幕上相互间重合。另一方面，各单缝的衍射光在屏幕上重叠时，由于它们都是相干光，所以缝与缝之间的衍射光将产生干涉，其干涉条纹的明暗分布取决于相邻两缝到会聚点的光程差。因此，分析屏幕上形成的光栅衍射条纹，既要考虑到各单缝的衍射，又要考虑到各缝之间的干涉，即考虑单缝衍射和多缝干涉的总效果。

如图 10-28 所示，平行单色光垂直照射到光栅上，从各缝发出的衍射角 θ 相同的平行光通过透镜 L 会聚在焦平面处屏上同一点，衍射角不同的各组平行光则会聚于不同的点，从而形成衍射图样。

设衍射角为 θ 的衍射光经透镜会聚于 P 点，其中任意两个相邻狭缝发出的光到达 P 点的光程差为 BC（空气的折射率取 1），即光程差 $\Delta = d\sin\theta = (a+b)\sin\theta$。若这一光程差等于入射光波长 λ 的整数倍，会聚于 P 点的衍射光因相干叠加得到加强，从而在 P 点形成明条纹。因此，光栅缝间干涉的明条纹条件为

$$d\sin\theta = \pm k\lambda, k=0,1,2,\cdots \tag{10-23}$$

上式称为**光栅方程**。在 $k=0$ 处，对应 O 点处的中央明条纹（又称中央主极大），k 取 1，2，…，对应的明条纹称为第 1 级主极大，第 2 级主极大，……。± 表示各级主极大在中央主极大两侧对称分布。图 10-29 所示为 $N=4$、$d=5a$ 的光栅衍射相对光强分布图。

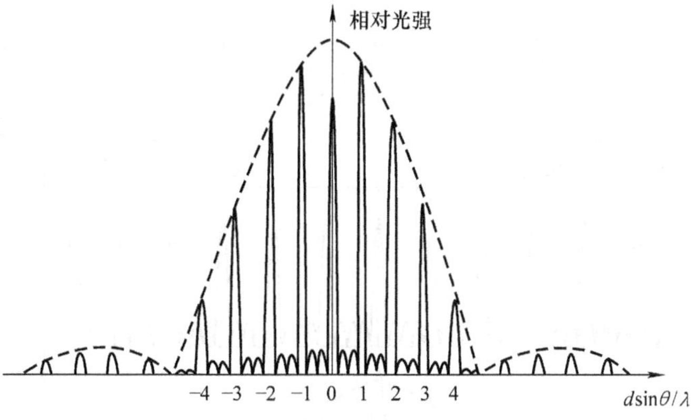

图 10-29 光栅衍射

在图中可以发现，在单缝衍射（虚线）的中央明条纹到第 1 级暗条纹之间有 4 条主极大，相邻两条主极大之间还有 $N-2=2$ 个次极大，相邻次极大之间还有暗条纹。在光栅衍射中，由于次极大和暗条纹的讨论繁琐，这里一并略去。

通常衍射光栅的缝数 N 很大，光栅衍射主极大是细而亮（采用同样的光源照射，比单缝衍射中央明条纹亮很多倍），并且缝数 N 越多，主极大越细，相邻主极大之间的背景越暗。由于主极大的高亮度，可近似认为光栅衍射条纹是一组平行的、等亮度、分得很开、很细的亮线。

另外，从光栅方程中可以看出，对于光栅常数一定的光栅，入射光波长 λ 越大，各级主极大的衍射角也越大，所以光栅衍射对于复色光而言具有色散的作用，可以利用光栅衍射的这些特点精确地测量光的波长。

每一种元素都有它自己的光谱成分。由一定物质发出的光，其衍射光谱是一定的，测定其光栅衍射光谱中各谱线的波长和其相对光强，可以确定发光物质的成分和含量，这种物质分析方法称为**光谱分析**。光谱分析广泛应用于科学研究和工业技术等方面。

三、光栅衍射的缺级现象

上面研究的光栅方程相应于衍射图样中主极大的出现，只是产生主极大的必要条件。也就是说，在实际光栅衍射图样中，对应于光栅方程确定的主极大的位置并不都有主极大出现。其原因在于研究光栅方程时只注意了不同缝之间光的相互干涉，而未注意单缝的衍射作用对光栅衍射图样的影响。设想光栅上只一条缝透光，其余全部遮住，这时屏幕上呈现的是单缝衍射的条纹图样，不论光栅上留下哪一条缝透光，屏幕上的单缝衍射图样都一样，而且条纹位置也完全重合，这是因为同一衍射角 θ 的平行光经过透镜都聚焦于同一点。因此，若某一束衍射光线的衍射角 θ 满足光栅方程的同时，也满足单缝衍射的暗条纹条件，即

$$d\sin\theta = \pm k\lambda, k = 1, 2, \cdots$$

$$a\sin\theta = \pm k'\lambda, k = 1, 2, \cdots$$

则对应于这一衍射角 θ 方向的缝与缝间出射光干涉加强的主极大将不存在，即虽然满足光栅方程，但是相应的主极大并不出现，这种现象称为衍射光谱线的**缺级现象**。当光栅常数已知时，光栅衍射光谱线缺级的级数为

$$k = \pm \frac{d}{a}k', k' = 1, 2, \cdots \tag{10-24}$$

式（10-24）称为**缺级条件**。例如：$d/a = 3$，则 $k = 3k'$，$k' = 1$，2，…时，$k = 3$，6，9，…，出现缺级现象，如图 10-30 所示。这种现象也可解释为多缝出射光的相互干涉结果要受单缝衍射结果的调制。

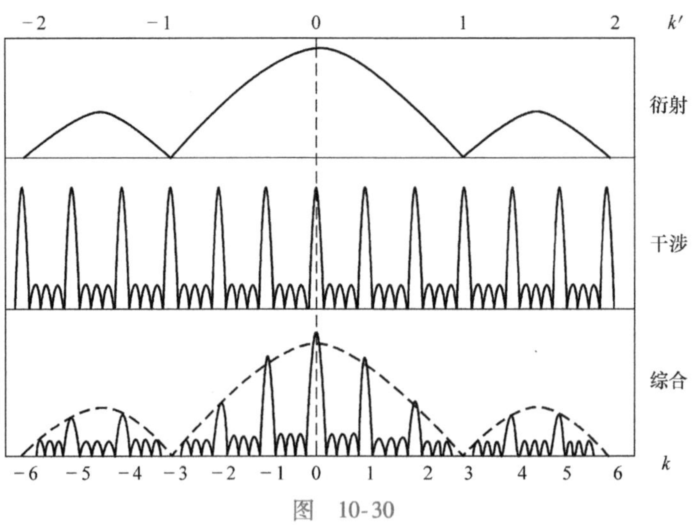

图 10-30

例 10-11　用波长为 500nm 的单色光垂直照射到每毫米有 500 条刻痕的光栅上，(1) 求第 1 级和第 3 级明条纹的衍射角；(2) 若缝宽与缝间距相等，那么用此光栅最多能看到几条明条纹？

解：(1) 光栅常数即每个透光与不透光的单元宽度，一毫米有 500 个这样的单元，所以光栅常数为

$$d=\frac{1\times10^{-3}\mathrm{m}}{500}=2\times10^{-6}\mathrm{m}$$

光栅方程为

$$d\sin\theta=\pm k\lambda$$

将 $k=1$，3 分别代入光栅方程，可得第 1 级和第 3 级明条纹的衍射角为

$$\sin\theta_1=\pm\frac{\lambda}{d}=\pm0.25，\ \theta_1=\pm14°28'$$

$$\sin\theta_3=\pm\frac{3\lambda}{d}=\pm0.75，\ \theta_3=\pm48°35'$$

(2) 理论上能看到的最高级谱线极限对应于 $\theta=90°$，代入光栅方程得

$$k_{\max}=\frac{d}{\lambda}=4$$

这表明最多能看到 4 级明条纹，考虑实际出现多少明条纹时，还需要考虑是否缺级。因 $a=b$，所以 $d=a+b=2a$，由缺级条件得 $k=2k'$，$k'=1$，2，…时，可见第 2 级、第 4 级缺级。所以，只能看到 0，±1，±3 级，共 5 条条纹。

第十节　光的偏振性　马吕斯定律

干涉和衍射是波动的共同特征。前面所讨论的光的干涉和衍射有力地证明了光具有波动性。由于电磁波是横波，所以光波中光矢量的振动方向和光的传播方向垂直，由于在传播过程中总要遇到介质而发生反射、折射等现象，引起光振动相对于传播方向的不对称性，这种不对称性称为光的偏振，偏振是横波特有的属性。根据光矢量对传播方向的对称情况，可分为自然光、线偏振光、部分偏振光以及椭圆偏振光和圆偏振光。

一、自然光

一个原子或分子在某一瞬间发出的光是有确定光振动方向的光波列，但由于普通光源中大量分子或原子发光是无序、间歇和随机的，所以平均看，光矢量相对于传播方向呈轴对称分布，没有哪一个方向的光振动更有优势，光矢量的分布各向均匀，各个方向光振动的振幅都相同。这种光称为自然光，面对光的传播方向看，如图 10-31a 所示。将自然光中各光矢量沿两个相互垂直方向分解，所以，从垂直于光的传播方向看，自然光也可以表示成如图 10-31b 所示的形式。两个相互垂直方向的光振动没有固定的相位关系。

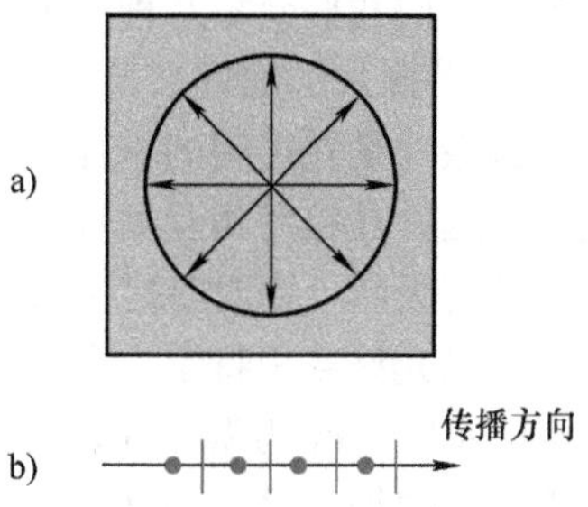

图　10-31

二、线偏振光

如果光矢量只沿一个固定的方向振动，这种光就是**线偏振光**，又称为平面偏振光或完全偏振光，简称偏振光。线偏振光的光矢量方向和光的传播方向构成的平面叫作**振动面**，如

图 10-32a所示。图 10-32b 是线偏振光的表示方法，短线表示光的光振动面在纸面内，圆点表示光振动垂直于纸面。显然，发光体中一个原子发出的一列光波是线偏振光，激光是良好的线偏振光光源。

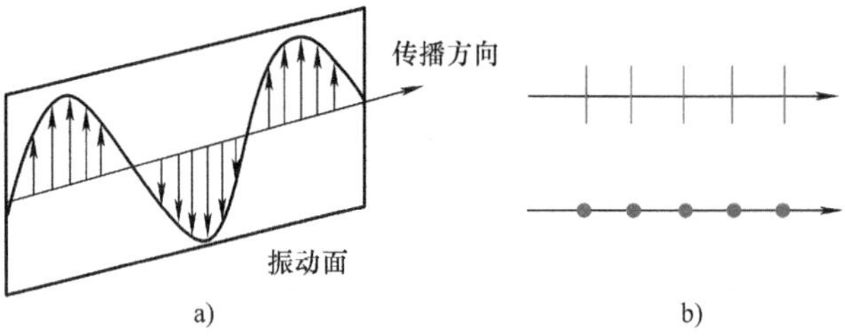

图 10-32

三、部分偏振光

若在垂直于光传播方向的平面内各个方向的光振动都存在，但不同方向的振幅不等，在某一方向的振幅最大，而在与之垂直的方向上的振幅最小，则这种光称为**部分偏振光**，如图 10-33a 所示，表示方法如图 10-33b 所示。显然，部分偏振光介于线偏振光与自然光之间，可看成由自然光和线偏振光混合而成。对于部分偏振光，两个相互垂直的光振动也没有固定的相位关系。

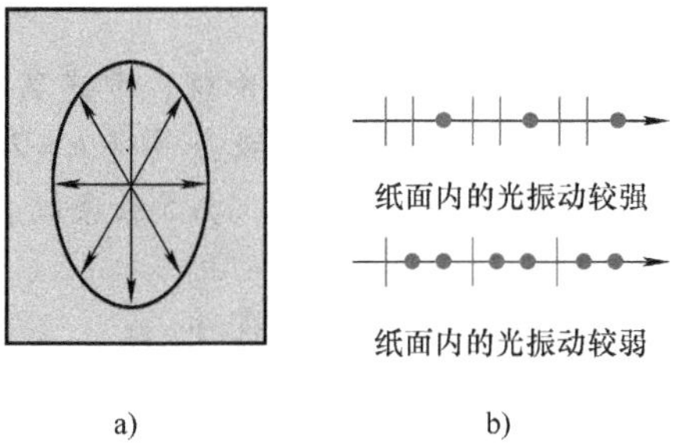

图 10-33

若与最大振幅和最小振幅对应的光强分别为 I_{max} 和 I_{min}，则**偏振度**定义为

$$P=\frac{I_{max}-I_{min}}{I_{max}+I_{min}}$$

自然光 $I_{max}=I_{min}$，偏振度为零；线偏振光 $I_{min}=0$，$P=1$，偏振度最大；部分偏振光 $0<P<1$。

四、起偏和检偏　马吕斯定律

普通光源发出的光都是自然光，从自然光中获得偏振光的装置叫作起偏器，利用偏振片从自然光获取偏振光是最简便的方法。除此之外，利用光的反射和折射或晶体棱镜也可以获取偏振光。下面我们介绍几种产生和检验偏振光的方法。

1. 偏振片的起偏和检偏

偏振片是在透明的基片上蒸镀一层某种物质（如硫酸金鸡钠碱，碘化硫酸奎宁等）晶粒制成的。这种晶粒对相互垂直的两个分振动光矢量具有选择吸收的性能，即对某一方向的光振动有强烈的吸收，而对与之垂直的光振动则吸收很少，晶粒的这种性质称为**二向色性**。因此偏振片基本上只允许某一特定方向的光振动通过，这一方向称为偏振片的**偏振化方向**，也叫**透光轴**。在图 10-34 中，P_1 为偏振片，“↕”表示偏振化方向。当光强为 I_0 的自然光入射到偏振片 P_1 时，若不考虑偏振片 P_1 对平行于偏振化方向光振动分量的吸收和介质表面的反射，则从 P_1 出射的光变成光强为 $I_1=I_0/2$ 的线偏振光，通常我们称偏振片 P_1 为起偏器。

偏振片不但能使自然光变为线偏振光，还可以用来检验某束光是否为线偏振光。在图 10-34 中，若偏振片 P_1、P_2 的偏振化方向相互平行，则透过 P_1 的线偏振光将全部透过 P_2，透射光强最强，照射到 P_2 后面的屏幕上则为最明；若 P_1、P_2 的偏振化方向相互垂直，则透过 P_1 的线偏振光

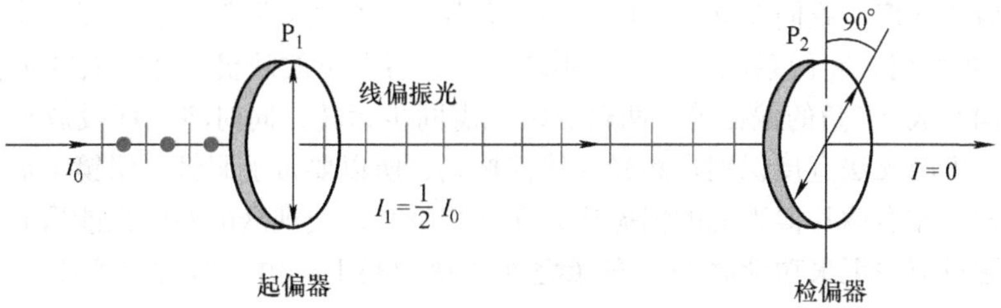

图 10-34

完全不能透过 P_2，透射光强为零，我们称该情况为消光现象。若 P_1、P_2 的偏振化方向成其他的角度，则光屏上将会出现不同光强的光斑。

利用偏振片可以检验光的偏振属性。将偏振片 P_2 以光的传播方向为轴旋转，如果透过 P_2 的光强呈现出“最明→消光→最明”交替变化，那么照射到 P_2 上的光就是线偏振光；如果透过 P_2 的光强没有变化，那么照射到 P_2 上的光就是自然光（或圆偏振光，本书不涉及）；如果透过 P_2 的光强呈现出“最明→变暗→最明”交替变化，那么，照射到 P_2 上的光就是部分线偏振光（或椭圆偏振光，本书不涉及）。这时我们称 P_2 为检偏器。

需要说明的是光是自然光，还是部分偏振光，还是线偏振光，用肉眼直接观察是分辨不出来的，只能用检偏器检验。

2. 马吕斯定律

如图 10-35a 所示，起偏器 P_1 与检偏器 P_2 的偏振化方向的夹角为 α。自然光通过 P_1 后为线偏振光，以 A_0 表示通过 P_1 后的线偏振光光矢量的振幅。将 A_0 分解为平行和垂直 P_2 的偏振化方向的两个分量，如图 10-35b 所示。所以有

$$A_{//}=A_0\cos\alpha,\ A_{\perp}=A_0\sin\alpha$$

由于只有平行分量可通过检偏器，故通过 P_2 的透射光的振幅为 $A_0\cos\alpha$。因此，以 I_0 表示入射线偏振光的光强，则透过检偏器后的光强为

$$I=I_0\cos^2\alpha \tag{10-25}$$

上式叫作**马吕斯定律**。式中 α 为起偏器与检偏器偏振化方向之间的夹角。

由马吕斯定律可看出，当起偏器与检偏器的偏振化方向平行，即 $\alpha=0$ 或 $\alpha=\pi$ 时，$I=I_0$，光强最大。若起偏器与检偏器的偏振化方向互相垂直，即当 $\alpha=\pi/2$ 或 $\alpha=3\pi/2$ 时，$I=0$，光强为零，这时没有光从检偏器中射出。若 α 介于上述各值之间，则光强在最大和零之间。因此我们可以利用检偏器来检查入射光是否为偏振光，并且还可以确定出偏振化的方向。

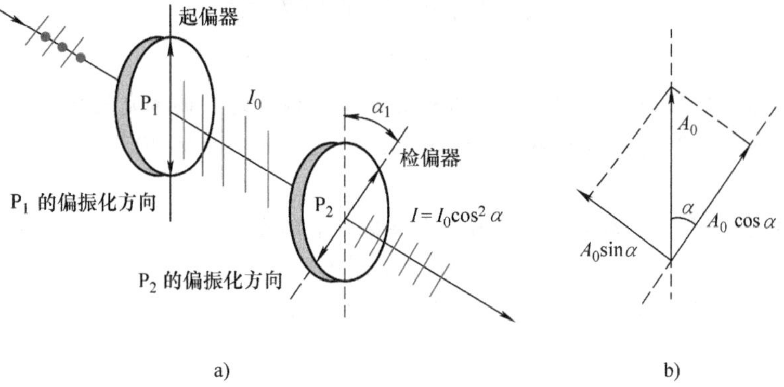

图 10-35

偏振片的应用很广。我们在立体电影院中，会戴上一个立体眼镜，就可以观赏立体电影的效果。在放映3D电影时，将两条电影影片分别装入左、右电影放映机，并在放映镜头前分别装置两个偏振化方向互成90°角的偏振镜，两台放映机需同步运转，同时将画面投放在银幕上，形成左像右像双影。人眼无法直接识别自然光和线偏振光，所以要带上眼镜，眼镜上面的偏振片的作用相当于起偏器。左右两片偏光镜的偏振化方向互相垂直，使观众的左眼只能看到左像、右眼只能看到右像，通过双眼汇聚功能将左、右像叠加在视网膜上，由大脑神经产生三维立体的视觉效果。

偏振片也可用于制成照相机的滤光镜。在拍摄表面光滑的物体，如玻璃，水面等，常常会出现反光，这是由于光线的反射而引起的。由于反射光为线偏振光或部分偏振光（后面我们会加以说明），在拍摄时加用偏振镜，并适当地旋转偏振镜面，就能够有效阻挡这些反射光，借以消除或减弱这些光滑物体表面的反光。如图10-36所示。有些太阳镜上也加装了偏振片，可以减弱反射光对眼睛的影响。

照相机镜头前没加偏振片

照相机镜头前加偏振片

图 10-36

例10-12 光强为 I_0 的自然光连续通过两个偏振片后，光强变为原来的1/5，求这两个偏振片偏振化方向之间的夹角。

解：光强为 I_0 的自然光通过第一个偏振片后变为光强 $I_0/2$ 的线偏振光，如果它的偏振方向与第二个偏振片偏振化方向之间的夹角为 θ，根据马吕斯定律，那么出射光的光强为

$$I=\left(\frac{I_0}{2}\right)\cos^2\theta$$

当出射光的光强变为原来的1/5，那么

$$\frac{I_0}{5}=\left(\frac{I_0}{2}\right)\cos^2\theta \text{ 即 } \cos^2\theta=\frac{2}{5}$$

解得

$$\theta=50.8°$$

例10-13 当一光强为 I_0 的偏振光相继通过两个偏振片时，偏振光的光矢量方向与第一个偏振片的偏振化方向成50°角，两个偏振片偏振化方向之间的夹角为40°，求通过这两个偏振片后透射光的强度。

解：根据马吕斯定律，偏振光经过第一个偏振片后的光强为

$$I_1=I_0\cos^2 50°$$

两个偏振片偏振化方向之间的夹角为40°，那么，经过第二个偏振片后的光强为

$$I_2=I_1\cos^2 40°=I_0\cos^2 50°\cos^2 40°=0.24I_0$$

第十一节　反射光和折射光的偏振　布儒斯特定律

一、反射和折射时的偏振

从大量的实验中发现，当自然光在两种介质的分界面被反射和折射时，反射光和折射光都是部分偏振光。反射光中垂直于入射面的光振动强于平行入射面的光振动，而折射光中平行入射面的光振动强于垂直入射面的光振动，如图 10-37 所示。

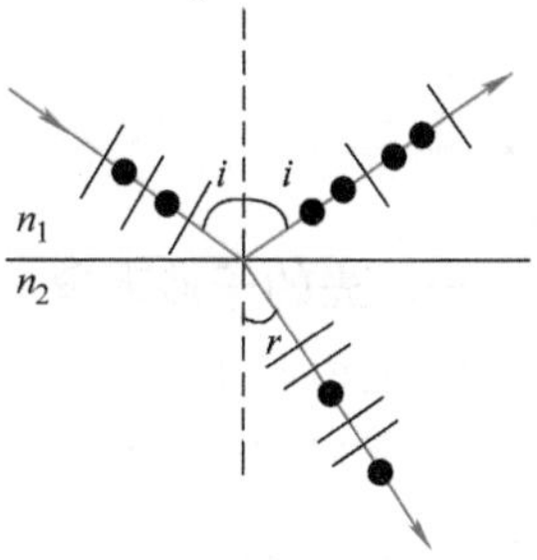

图　10-37

二、布儒斯特定律

理论和实验都证明，反射光的偏振化程度和入射角有关。当入射角等于某一特定值 i_0 时，反射光和折射光的传播方向相互垂直，这时反射光是光振动垂直于入射面的线偏振光，如图 10-38 所示。这个特定的入射角 i_0 称为**起偏角**，或称为**布儒斯特角**。

有

$$i_0 + r = 90°$$

根据折射定律，得

$$n_1 \sin i_0 = n_2 \sin r = n_2 \cos i_0$$

即

$$\tan i_0 = \frac{n_2}{n_1}$$

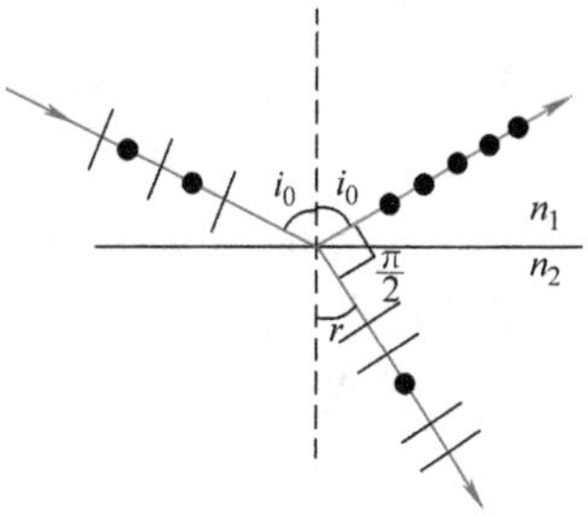

图　10-38

上式称为**布儒斯特定律**，n_1 和 n_2 分别为入射光和折射光所在介质的折射率。

对于不同的介质，布儒斯特角是不同的。自然光从空气射到折射率为 1.50 的玻璃片上，根据上式算得布儒斯特角为 56.3°；自然光从空气射到折射率为 1.33 的水上，布儒斯特角为 53.1°。当自然光以布儒斯特角 i_0 入射时，由于反射光中只有垂直于入射面的光振动，所以入射光中平行于入射面的光振动全部被折射。又由于垂直于入射面的光振动也大部分被折射，而反射的仅是其中的一部分，所以，反射光虽然是线偏振光，但光强较弱，而折射光是部分偏振光，光强却很强。为了增加反射光的光强和折射光的偏振化程度，把许多相互平行的玻璃片叠放在一起，构成一玻璃片堆，如图 10-39 所示。当自然光以布儒斯特角 i_0 入射玻璃片堆时，光在各层玻璃面上反射和折射，这样就可以使反射光的光强得到加强，同时折射光中的垂直分量也因多次被反射而减小。当玻璃片足够多时，透射光就接近线偏振光了，而且透射偏振光的振动面和反射偏振光的振动面相互垂直。利用玻璃片堆可做起偏器，也可做检偏器。

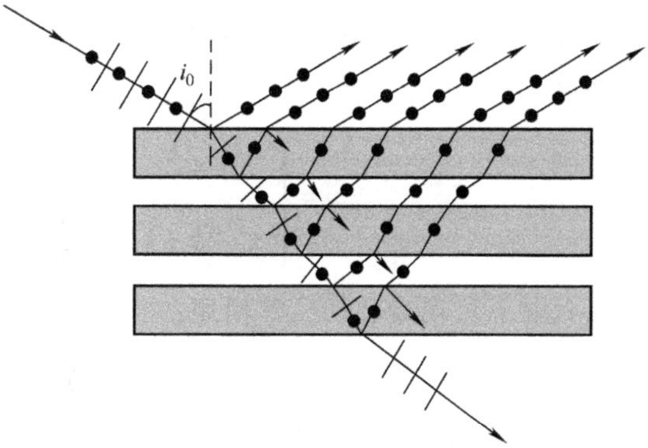

图　10-39

例 10-14　利用布儒斯特定律可以测定不透明介质的折射率。当一束平行自然光从空气中以

58°的角入射到某介质材料表面上时，检验出反射光是线偏振光，求该介质的折射率。

解：根据布儒斯特定律

$$\tan i_0=\frac{n_2}{n_1}$$

所以有

$$n_2=n_1\tan i_0=\tan 58^\circ=1.60$$

本章提要

一、光的干涉现象

1. 光的相干条件：两光波必须频率相同，振动方向相同，相位差恒定。

2. 获取相干光的方法：将同一光源同一点发出的光波分成两束，在空间经过不同路径传播后再使它们相遇。分法有两种，即分波阵面法和分振幅法。

3. 光程：若光在折射率为 n 的介质中经过的几何路程为 r，则相应的光程为 nr。

二、干涉明暗条纹的条件

两束相干光在空间某点相遇：

若相位差 $\Delta\varphi=\pm 2k\pi$，对应光程差为 $\Delta=\pm k\lambda\,(k=0,1,2,\cdots)$，相遇点为明条纹中心；

若相位差 $\Delta\varphi=\pm(2k+1)\pi$，对应光程差为 $\Delta=\pm(2k+1)\lambda/2\,(k=0,1,2,\cdots)$，相遇点为暗条纹中心。

1. 杨氏双缝干涉（分波阵面法）

光程差条件：

$$\Delta=n_2r_2-n_1r_1=\begin{cases}\pm k\lambda & \text{干涉加强}\\ \pm(2k+1)\dfrac{\lambda}{2} & \text{干涉减弱}\end{cases}\quad k=0,1,2,\cdots$$

当介质是空气时，取 $n_2=n_1=1$。

条纹位置

$$x=\begin{cases}\pm k\dfrac{D}{d}\lambda & \text{明条纹}\\ \pm(2k+1)\dfrac{D}{d}\dfrac{\lambda}{2} & \text{暗条纹}\end{cases}\quad k=0,1,2,\cdots$$

条纹特点：明暗相间，等间距：

$$\Delta x=\frac{D}{d}\lambda$$

2. 薄膜干涉（包括劈尖、牛顿环）

（1）等倾干涉（膜厚均匀）：

$$\Delta=2n_2e\cos\gamma+\frac{\lambda}{2}=\begin{cases}k\lambda & k=1,2,\cdots\quad\text{（明条纹）}\\ (2k+1)\dfrac{\lambda}{2} & k=0,1,2,\cdots\quad\text{（暗条纹）}\end{cases}$$

（2）等厚干涉（膜厚不均匀）：

$$\Delta=2ne+\frac{\lambda}{2}=\begin{cases}k\lambda & k=1,2,\cdots \quad (\text{明条纹})\\(2k+1)\dfrac{\lambda}{2} & k=0,1,2,\cdots \quad (\text{暗条纹})\end{cases}$$

（3）牛顿环干涉：

$$r=\begin{cases}\sqrt{\left(k-\dfrac{1}{2}\right)\dfrac{R\lambda}{n}} & k=1,2,\cdots \quad (\text{明环})\\\sqrt{k\dfrac{R\lambda}{n}} & k=0,1,2,\cdots \quad (\text{暗环})\end{cases}$$

三、光的衍射

1. 惠理斯－菲涅耳原理：波阵面上各点都可以看成子波的波源，其后波场中各点波的强度由各子波在该点的相干叠加决定。

2. 单缝衍射：用半波带法对衍射条纹的分布规律进行解释。

判别条件

$$a\sin\theta=\begin{cases}0 & & (\text{中央明条纹中心})\\\pm 2k\dfrac{\lambda}{2} & k=1,2,\cdots & (\text{暗条纹中心})\\\pm(2k+1)\dfrac{\lambda}{2} & k=1,2,\cdots & (\text{明条纹中心})\\\neq k\dfrac{\lambda}{2} & k=1,2,\cdots & (\text{明、暗条纹之间})\end{cases}$$

条纹位置

$$x=\begin{cases}\pm k\dfrac{f\lambda}{a} & k=1,2,\cdots \quad (\text{暗条纹})\\\pm(2k+1)\dfrac{f\lambda}{2a} & k=1,2,\cdots \quad (\text{明条纹})\end{cases}$$

条纹特点：中央明条纹宽而亮，宽度为

$$\Delta x_0=2\frac{f\lambda}{a}$$

其他条纹明暗相间，等间距，间距为

$$\Delta x=\frac{f\lambda}{a}$$

3. 光学仪器的分辨本领为

$$\frac{1}{\theta_0}=\frac{D}{1.22\lambda}$$

4. 光栅衍射：光栅衍射图样是单缝衍射和多缝干涉的综合效应。

光栅衍射方程

$$d\sin\theta=\pm k\lambda, k=0,1,2,\cdots$$

缺级的条件为

$$k=\pm\frac{d}{a}k', k'=1,2,\cdots$$

四、光的偏振现象

1. 自然光和偏振光：光是横波。在垂直于光的传播方向的平面内，光振动各方向振幅都相等的光为自然光；只在某一方向有光振动的光称为线偏振光；各方向光振动都有，但振幅不同的光叫部分偏振光。

2. 起偏与检偏：自然光通过偏振片这种装置成为偏振光叫作起偏，这时的偏振片叫作起偏器，其中允许光通过的方向称为偏振片的偏振化方向。偏振片也可用作检偏器来检验偏振光。

3. 马吕斯定律

$$I = I_0 \cos^2\alpha$$

4. 布儒斯特定律

$$\tan i_0 = \frac{n_2}{n_1}$$

思考与练习（十）

一、单项选择题

10-1. 在双缝干涉实验中，为使屏上的干涉条纹间距变大，可以采取的办法是（　　）。

（A）使屏靠近双缝　　（B）使两缝的间距变小

（C）把两个缝的宽度稍微调窄　　（D）改用波长较小的单色光源

10-2. 在杨氏双缝干涉实验中，如果缩短双缝间的距离，下列陈述正确的是（　　）。

（A）相邻明（暗）条纹间距减小　　（B）相邻明（暗）条纹间距增大

（C）相邻明（暗）条纹间距不变　　（D）不能确定明（暗）条纹间距变化

10-3. 两块平玻璃构成空气劈形膜，左边为棱边，用单色平行光垂直入射，若上面的平玻璃以棱边为轴，沿逆时针方向做微小转动，则干涉条纹的（　　）。

（A）间隔变小，并向棱边方向平移　　（B）间隔变大，并向远离棱边方向平移

（C）间隔不变，向棱边方向平移　　（D）间隔变小，并向远离棱边方向平移

10-4. 在夫琅禾费单缝衍射实验中，对于给定的入射单色光，当缝宽度变小时，除中央亮纹的中心位置不变外，各级衍射条纹（　　）。

（A）对应的衍射角变小　　（B）对应的衍射角变大

（C）对应的衍射角不变　　（D）光强不变

10-5. 波长 $\lambda = 500\text{nm}$ 的单色光垂直照射到宽度 $a = 0.25\text{mm}$ 的单缝上，单缝后面放一凸透镜，在凸透镜的焦平面上放置一屏幕，用以观测衍射条纹，今测得屏幕上中央明条纹的一侧第三个暗条纹和另一侧第三个暗条纹之间的距离为 $d = 12\text{mm}$，则凸透镜的焦距是（　　）。

（A）2m　　（B）1m　　（C）0.5m　　（D）0.2m

10-6. 如选择题 10-6 图所示，折射率为 n_2、厚度为 e 的透明介质薄膜的上方和下方的透明介质折射率分别为 n_1 和 n_3，已知 $n_1 < n_2 < n_3$。若用波长为 λ 的单色平行光垂直入射到该薄膜上，则从薄膜上、下两表面反射的光束①与②（分开画出）的光程差是（　　）。

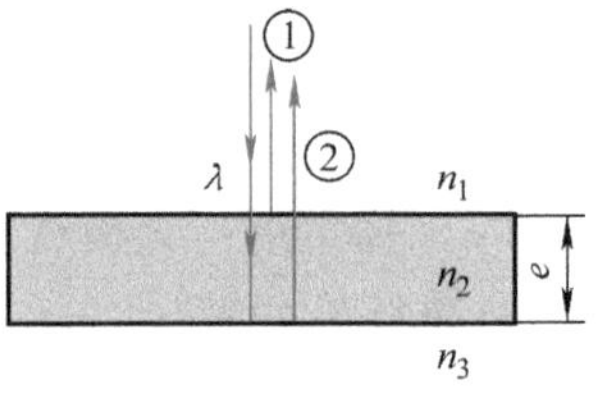

选择题 10-6 图

（A）$2n_2e$　　（B）$2n_2e - \frac{\lambda}{2}$

（C）$2n_2e - \lambda$　　（D）$2n_2e - \frac{\lambda}{2n_2}$

10-7. 一束波长为 λ 的单色光由空气垂直入射到折射率为 n 的透明薄膜上，透明薄膜放在空气中，要使反射光得到干涉加强，则薄膜最小的厚度为（　　）。

(A) $\lambda/4$ (B) $\lambda/4n$ (C) $\lambda/2$ (D) $\lambda/2n$

10-8. 一束平行单色光垂直入射在光栅上，当光栅常数 d 为下列哪种情况时（a 是每条缝宽度，b 为刻痕宽度），$k=2$，4，6，…等级次的主极大均不出现（ ）。

(A) $d=2a$ (B) $d=3a$ (C) $d=4a$ (D) $d=2b$

10-9. 某单色光垂直入射到每厘米有 5000 条狭缝的光栅上，在第 4 级明纹中观察到的最大波长小于（ ）。

(A) 400nm (B) 450nm (C) 500nm (D) 550nm

10-10. 设光栅平面、透镜均与屏幕平行，则当入射的平行单色光从垂直于光栅平面入射变为斜入射时，能观察到的光谱线的最高级次 k（ ）。

(A) 变小 (B) 变大 (C) 不变 (D) 无法判断改变与否

10-11. 自然光以布儒斯特角由空气入射到一玻璃表面上，反射光是（ ）。

(A) 在入射面内振动的线偏振光

(B) 平行于入射面的振动占优势的部分偏振光

(C) 垂直于入射面振动的线偏振光

(D) 垂直于入射面的振动占优势的部分偏振光

二、填空题

10-1. 光的干涉、衍射和偏振现象说明光具有________性。光的偏振现象说明光波是________波。

10-2. 将同一列的光“一分为二”成为两个相干光，获得相干光的途径有 ________、________。

10-3. 在杨氏双缝干涉实验中，光源做平行于缝 S_1、S_2 连线方向向下的微小移动，则屏幕上的干涉条纹将向________方移动。

10-4. 在杨氏双缝干涉实验中，用一块透明的薄云母片盖住下面的一条缝，则屏幕上的干涉条纹将向________方移动。

10-5. 将波长为 λ 的平行单色光垂直投射于一狭缝上，若对应于衍射图样的第 1 级暗条纹的衍射角的绝对值为 θ，则缝的宽度等于________。

10-6. 波长为 λ 的单色光垂直入射在缝宽 $a=4\lambda$ 的单缝上。对应于衍射 $\theta=30°$，单缝处的波面可划分为________ 个半波带。

10-7. 在夫琅禾费单缝衍射实验中，当缝宽变窄，则衍射条纹变________；当入射波长变长时，则衍射条纹变________。(填疏或密)

三、问答题

10-1. 为什么在普通光源中常用分振幅法或分波阵面法获得相干光？并且只通过计算光程差来计算干涉结果？

10-2. 如果将劈尖干涉装置放入水中，条纹发生怎样变化？如果将双缝其中的一个缝用玻璃片遮盖，条纹又将怎样变化？

10-3. 衍射的本质是什么？衍射和干涉有什么区别和联系？

10-4. 什么是半波带？单缝衍射中半波带是如何划分的？对应于单缝衍射第 3 级明条纹和第 4 级暗条纹，单缝处被分成几个半波带？

10-5. 对应于 30°衍射角处，如果调整缝宽，使其分别为 3λ、4λ，则缝被分成几个半波带？屏上对应位置是明条纹还是暗条纹？

10-6. 单缝衍射中，为什么级次越高，条纹亮度越低？

10-7. 单缝衍射中的暗条纹条件与光栅衍射或双缝干涉的明条纹条件类似，两者相互矛盾吗？如何加以说明？

10-8. 玻璃是透明的介质板，在日光照射下，你为何看不到干涉现象？

10-9. 在双缝干涉实验中，双缝间距为 0.30mm，用单色光垂直照射双缝，在离缝 1.2m 的屏上测得中央明条纹一侧第五条暗条纹与另一侧第五条暗条纹的距离为 22.78mm，问所用的光波波长为多少？该光是什么颜色？

10-10. 将一折射率 $n=1.58$ 的云母片遮盖在双缝干涉实验装置下面的缝上，使得屏上原中央明条纹处被第 5 级明条纹占据，如果入射光波长 $\lambda=550\text{nm}$，（1）条纹如何移动？条纹间距是否变化？（2）求云母片的厚度。

10-11. 照相机镜头是折射率为 1.58 的玻璃，上面镀有折射率为 1.38 的透明氟化镁薄膜。在初夏，户外背景以黄绿光为主，若要使垂直入射到镜头的黄绿光（波长约为 550nm）最大限度进入镜头，所镀膜厚至少为多少？

10-12. 单色平面光波垂直入射到宽度为 0.5mm 的单缝上，缝后置一焦距为 1m 的透镜，在焦平面上观察衍射条纹。若中央明条纹线为 2mm，求（1）该光波长；（2）中央明条纹与第 3 级暗条纹间的距离。

10-13. 在白光形成的单缝衍射中，某一波长的第 2 级明纹与波长为 500nm 的第 3 级明条纹重合，求该波长。

10-14. 老鹰眼睛瞳孔直径约为 6mm，问其最高飞翔多高时能看清地面上身长为 5cm 的小鼠？设光在空气中波长为 600nm。

10-15. 用 $\lambda=600\text{nm}$ 的单色光垂直照射在宽为 3cm、共有 5000 条缝的光栅上。问：（1）光栅常数是多少？（2）第 2 级主极大的衍射角 θ 为多少？（3）光屏上可以看到的条纹的最大级次是多少？

10-16. 一束平行光垂直入射到某个光栅上，该光束含有两种波长的光：$\lambda_1=440\text{nm}$ 的蓝光和 $\lambda_2=660\text{nm}$ 的红光。实验发现，两种波长的谱线（不计中央明条纹）第二次重合于 $\theta=60°$ 的方向上，求此光栅的光栅常数。

量子物理是研究微观粒子运动规律及物质的微观结构的理论。量子论和相对论是20世纪初的重大理论成果，是近代和现代物理学的理论支柱。

1900年12月24日普朗克用能量量子化的假说，成功地解释了黑体辐射规律，标志着量子论的诞生。1905年爱因斯坦提出了光量子的概念，成功地解释了光电效应。1913年玻尔在卢瑟福原子的有核模型的基础上，应用量子化概念，解释了氢原子光谱的规律。1922年康普顿进一步证实了光的量子性。至此，这一时期的量子论，对微观粒子的本性还缺乏全面认识，称为早期量子论。

1924年德布罗意提出微观粒子的波粒二象性的假说，指出微观粒子也具有波动性。1927年戴维孙和革末的电子衍射实验证实了电子具有波动性。1926年薛定谔发表《波动力学》，提出微观实物粒子所遵守的波动方程，即薛定谔方程。1925年海森伯建立的矩阵力学和薛定谔的波动力学是等价的，它们是量子力学最初的两种不同形式。1926年玻恩对物质波做出统计解释。1927年海森伯提出测不准关系。1928年狄拉克把量子力学和狭义相对论相结合，创立了相对论量子力学。至此，量子力学的体系基本完成。

量子力学的建立开辟了人们认识微观世界的道路，找到了探索原子、分子的微观结构及在原子、分子水平上研究物质结构的理论武器。1927年以后，量子力学被广泛地用来研究微观物理学的各领域，如原子、原子核、固体、半导体等，都取得了巨大成就。这些研究成果推进了新技术的发明，促进了生产力的发展。

量子论在解决实际问题中不断发展。现在，从粒子物理到天体物理、从化学到生物和医学、从晶体管到大规模集成电路、从激光到超导材料，几乎一切高新技术都离不开量子论。可以说，人们的日常生活与量子论密切相关，如果没有量子论就没有现代人类的物质文明。

本章将介绍黑体辐射规律、光的波粒二象性、测不准关系、玻尔氢原子理论以及描述微观粒子运动的波函数和粒子运动所遵循的方程——薛定谔方程。

第十一章　量子物理基础

第一节　黑体辐射　普朗克量子假设

一、热辐射　黑体

光的量子性的发现和研究，在历史上是从探索不透明物体的热辐射规律开始的。任何温度下，一切宏观物体都将向外辐射各种波长的电磁波。冬天，人们靠火炉、暖气取暖时，接收的就是包含着各种波长的电磁波能量。比红光波长更长的红外光和比紫光波长更短的紫外光是不可见光。所接收的能量与温度有关，物体温度越高，辐射能量越多，物体颜色也将不断变化。例如，加热铁块，开始时发出不可见红外光，逐渐变暗红、赤红、橙色最后成黄白色。这种颜色变化是因为在不同温度时所发出的电磁波能量按波长有不同的分布造成的。可见，物体向周围辐射的电磁波的能量多少以及能量按波长分布都与温度有关。这种与温度有关的电磁辐射称为**热辐射**。

实验表明，物体在任何温度下不但能辐射电磁波，也能吸收电磁波。辐射性能好的物体，吸收电磁波性能也好。如果在某一时间间隔内物体向外界辐射的能量刚好等于它从外界吸收的能量，则称物体的热辐射达到动态平衡，这时物体温度保持恒定，所以称为**平衡热辐射**。

一个物体的颜色取决于它对各种波长电磁波的反射能力。我们看到树叶是绿色，是因为它反射更多的是绿光。看到一个物体是白色，就因为它反射了所有波长的电磁波。如果一物体吸收所有波长的电磁波而不反射，该物体就是黑色。当然，这都是指在某一确定温度下观察。如果一个物体在任何温度下，对任何波长的电磁波都能完全吸收，而不反射和透射，该物体称**绝对黑体**，简称**黑体**。

显然，这是我们抽象出来的又一理想化模型。不同物体在相同温度下，辐射电磁波的能力以及能量按波长分布各不相同。但对于黑体，辐射和吸收电磁波的能力最强。无论组成黑体材料如何，它们辐射规律是相同的，所以研究黑体辐射有重要意义和实用价值。

自然界中，绝对黑体并不存在，但可以人工制造黑体，如图 11-1 所示。将一物体制成密闭空腔，其上开一小孔，光投射到小孔上经多次反射后很难再反射出来，小孔就是这一黑体的表面。如果将空腔壁均匀加热提高温度，并使腔壁和腔内空间达到热平衡，腔壁将向腔内发生热辐射，而其中一部分将从小孔射出，由于在小孔处从外界接收的电磁波经腔内壁漫反射已无法逃逸，这些从小孔射出的辐射波谱就没有包含这部分，所以，这种辐射就单独表征了黑体辐射的特点，即这些辐射相当于从小孔表面（黑体）上发射出来的。煤灰、高楼窗口，甚至是太阳都可近似认为是黑体。

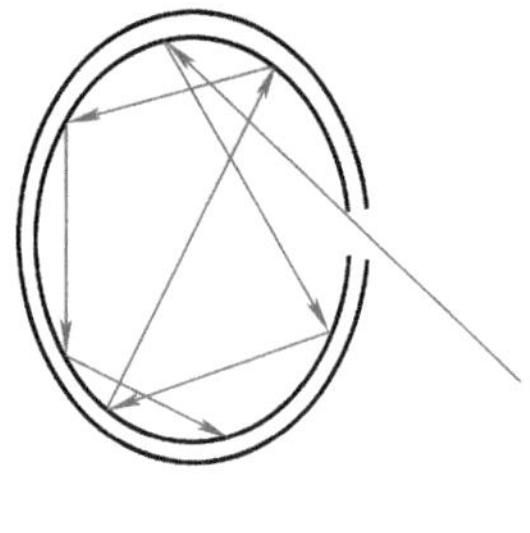

图 11-1　绝对黑体的模型

二、黑体单色辐出度　黑体辐射的实验规律

为研究黑体辐射按波长分布规律，引入黑体单色辐出度和黑体辐出度。

黑体单色辐出度：在单位时间内，温度为 T 的黑体单位面积上，波长在 λ 到 $\lambda+\mathrm{d}\lambda$ 范围内辐射能与波长间隔 $\mathrm{d}\lambda$ 的比值，或称在波长 λ 附近单位波长间隔内，单位时间单位面积上辐射出的能量，用 $W(\lambda,T)$ 表示，即

$$W(\lambda,T)=\frac{\mathrm{d}W_\lambda}{\mathrm{d}\lambda} \tag{11-1}$$

单色辐出度的国际单位制单位为瓦每三次方米（$\mathrm{W\cdot m^{-3}}$）。

黑体辐出度：黑体在单位时间、单位面积上发射的各种波长电磁波的总辐射能，用 $W(T)$ 表示。

$$W(T)=\int_0^\infty W(\lambda,T)\,\mathrm{d}\lambda \tag{11-2}$$

黑体辐出度的国际单位制单位为瓦每二次方米（$\mathrm{W\cdot m^{-2}}$）。

黑体单色辐出度 $W(\lambda,T)$ 随波长变化关系的实验曲线如图 11-2 所示，在温度一定时，黑体单色辐出度 $W(\lambda,T)$ 有一最大值，与这一最大值相对应的波长称为辐射的**峰值波长**。温度越高，峰值波长越短，热辐射中短波成分就越多，且各种波长的单色辐出度 $W(\lambda,T)$ 也随之升高，辐出度 $W(T)$（曲

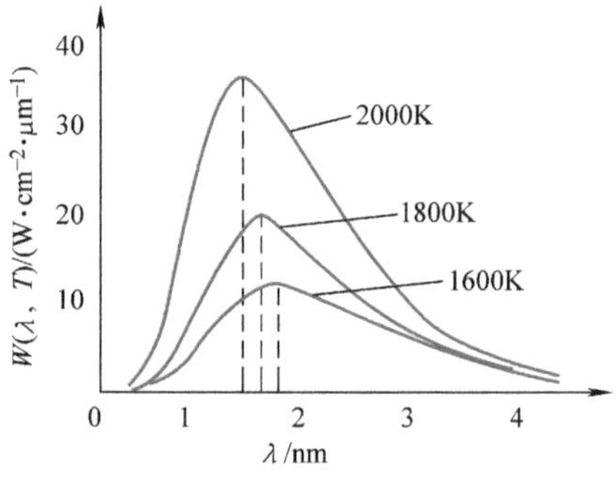

图 11-2　黑体单色辐出度按波长的分布曲线

线下包围的面积）越大，总辐射也越多。而在 λ 很小或很大时，单色辐出度都趋于零。

根据实验曲线，人们总结出关于黑体辐射有如下规律：

1. 斯忒藩－玻耳兹曼定律

$$W(T)=\sigma T^4 \tag{11-3}$$

黑体辐出度 $W(T)$ 与其绝对温度 T 的四次方成正比。式中 σ 称斯忒藩常量，可由实验确定，其值为：$\sigma=5.67\times10^{-8}\mathrm{W\cdot m^{-2}\cdot K^{-4}}$。从该定律看出，黑体辐出度随温度升高迅速增大。

2. 维恩位移定律

在任意温度下，黑体的辐射本领都有一个极大值，这个极大值对应的波长用 λ_m 表示，称为峰值波长。λ_m 与温度 T 有如下确定的关系

$$T\lambda_m=b \tag{11-4}$$

黑体辐射的峰值波长与黑体绝对温度成反比。b 称为维恩系数，它与温度无关，$b=2.898\times10^{-3}\mathrm{m\cdot K}$。该定律表明，随着黑体温度升高，最强辐射（单色辐出度最大值）峰值波长越短。加热铁块时铁的颜色随温度变化恰恰符合这一规律。黑体辐射规律在现代科学技术中的应用非常广泛，它是高温测量、遥感、红外成像及追踪等技术的物理基础。比如通过冶炼炉上开的小孔测其辐射强度或峰值波长，就可算出炉内温度等。

我们通过下面两个小例子来体会这两条实验定律的实际意义。

例 11-1　夜间地面由于辐射而损失能量，假设这种辐射与黑体辐射相似，那么，地面温度为 10℃时，单位时间内在单位面积上由于辐射而损失的能量是多少？

解：根据斯忒藩－玻耳兹曼定律可得地面在单位时间单位面积上辐射出的能量，即辐出度

$$W(T)=\sigma T^4=5.67\times10^{-8}\times283^4\mathrm{W\cdot m^{-2}}=364\mathrm{W\cdot m^{-2}}$$

例 11-2　把太阳看作是黑体，太阳最大单色辐出度对应的波长（峰值波长）为 $\lambda_m=4.70\times10^{-7}\mathrm{m}$，求太阳表面温度。

解：由维恩位移定律可得太阳表面温度为

$$T=\frac{b}{\lambda_m}=\frac{2.898\times10^{-3}}{4.70\times10^{-7}}\mathrm{K}=6.17\times10^3\mathrm{K}$$

三、普朗克量子假设

上述斯忒藩－玻耳兹曼定律和维恩位移定律都是实验结果的总结。具体说，这两条定律只是总结或反映了黑体辐射的总体特征，并没有给出黑体单色辐出度随波长和温度变化的具体函数关系。当初，许多物理学家企图从经典理论出发导出与实验符合的理论公式，但都只是取得有限成功。最具代表性的工作是由维恩以及瑞利和金斯完成的。

1896 年，德国物理学家维恩借助玻耳兹曼关于速率分布思想得到一个经验公式

$$W(\lambda,T)=C_1\lambda^{-5}e^{-\frac{C_2}{\lambda T}} \tag{11-5}$$

式（11-5）称为维恩公式。式中，C_1、C_2 都是常数。这个公式只在波长较短时与实验曲线符合得很好，而在长波段发生明显偏离。

这一结论引起了英国人瑞利的注意，他试图修改该定律以求完美。他抛弃了分子运动假设，想从麦克斯韦电磁理论出发，并得出自己的公式（现在称瑞利－金斯公式），其中还用到了能量按自由度均分定理。这个公式可表示为

$$W(\lambda,T)=C_3\lambda^{-4}T \tag{11-6}$$

式中，C_3 是常数。式(11-6)与维恩的经验公式恰恰相反，它在长波段与实验曲线很好地符合，在短

波段与实验完全不符,这就是现在称呼的"**紫外灾难**"。

纵观这两个公式,就像你有两套衣服,一套上装得体,裤子太长;另一套裤子合身但上衣太小,最要命的是两套衣服根本无法混穿,因为一套是西服,而另一套却是唐装,无法调和。

1900 年,另一位德国杰出的物理学家普朗克(M·Planck,1858—1947)登上历史舞台,微观世界的神秘之门即将开启,物理学伟大的变革就此拉开帷幕。

普朗克利用内插法凑出一个公式(后来称为普朗克公式)

$$W(\lambda,T)=\frac{2\pi hc^2}{\lambda^5}\frac{1}{e^{hc/\lambda kT}-1} \tag{11-7}$$

式中,h 是普朗克常量;c 是光速;k 是玻耳兹曼常数。

当 λ 很小,$hc>>\lambda kT$ 时,式(11-7)化到维恩公式。当 λ 很大,$hc<<\lambda kT$ 时,式(11-7)又可化到瑞利-金斯公式,如图 11-3 所示。

但这些公式毕竟都是经验公式。但这不是偶然,在这个公式背后,一定隐藏着不为人知的秘密,应该、也必定有一个普适的原则在支持着它,才使得它展现出如此强大的力量。

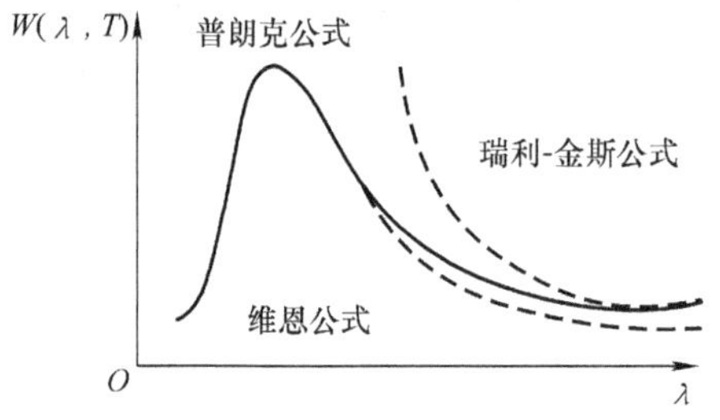

图 11-3

为了推导出这个公式,普朗克做了如下两条假设:

1)辐射场中包含大量的线性谐振子,这些谐振子通过辐射和吸收电磁波与辐射场交换能量,以达到稳定的平衡。

2)这些谐振子在吸收和发射能量时是一份一份分立的,而不是连续的。每一份能量单元为

$$\varepsilon=h\nu \tag{11-8}$$

称为能量子。谐振子的能量是这一能量单元的整数倍,即

$$E=n\varepsilon \quad n=1,2,3,\cdots$$

n 只能取正整数。式中,ν 为谐振子频率;h 是普朗克常量。当时根据黑体辐射的测量数据而得到的数值 $h=6.55\times10^{-34}\mathrm{J\cdot s}$,与现在精确的数值 $h=6.63\times10^{-34}\mathrm{J\cdot s}$ 已经很接近。这个很小的常数是微观世界一个具有代表性的特征量,它与引力常量、光速并称为自然界三大基本常量。

这就是著名的普朗克能量子假设(或称能量量子化假设)。普朗克基于这一假设,于 1900 年 12 月 14 日,在德国物理学会的例会上报告称,他严格推导出了上述普朗克公式(11-7)。也正是由于他的这一假设,使物理学从"经典幼虫"变成"现代蝴蝶"。

1918 年,普朗克得到了物理学的最高荣誉奖——诺贝尔物理学奖。1926 年,普朗克被推举为英国皇家学会的最高级名誉会员,美国选他为物理学会的名誉会长。1930 年,普朗克被德国科学研究的最高机构——威廉皇家促进科学协会选为会长。普朗克去世后,他的墓设在哥庭根市公墓内,其标志是一块简单的矩形石碑,上面还有一行字:$h=6.63\times10^{-34}\mathrm{J\cdot s}$,这也许是对他毕生最大贡献——提出能量子假设的怀念吧!

这是一场革命,是物理学发展史上一场最为彻底、最具反叛性、也是最富有传奇和史诗般色彩的革命。请大家记住并怀念这个日子——1900 年 12 月 14 日,这一天被确定为量子物理诞辰日。

例 11-3 一竖直悬挂的弹簧谐振子质量 $m=0.3\mathrm{kg}$,劲度系数 $k=3.0\mathrm{N\cdot m^{-1}}$,以初始振幅 $A=0.10\mathrm{m}$ 开始振动。在阻尼作用下,振动逐渐衰减,假设振子能量以量子单元 $h\nu$ 衰减,试讨论振子能量变化的连续性。

解:振子的固有频率为

$$\nu = \frac{1}{2\pi}\sqrt{\frac{k}{m}} = 0.50\text{Hz}$$

初始能量为

$$E_0 = \frac{1}{2}kA^2 = 1.5 \times 10^{-2}\text{J}$$

振子能量消耗时，以最小能量单元一份一份不连续减少，即每辐射一个能量子，能量消耗

$$\varepsilon = h\nu = 3.3 \times 10^{-34}\text{J}$$

这一最小能量单元与最初能量的比值为

$$\frac{\varepsilon}{E_0} = \frac{3.3 \times 10^{-34}}{1.5 \times 10^{-2}} = 2.2 \times 10^{-32}$$

结果表明，要想观察能量变化的量子性，仪器要能精确测量到10^{-32}数量级，这恐怕即使在可以预期的将来也无法达到。正是因为 h 值太小，所以把宏观尺度下的不连续性掩盖了，才使人们有了能量连续变化这一观念。

第二节　光的波粒二象性

一、光电效应

关于光的本性之争由来已久，自 1801 年杨氏双缝干涉实验到 1818 年菲涅耳圆屏衍射实验的成功，似乎光的波粒之争的世界大战以波动说大获全胜而偃旗息鼓并完美收官了。然而，在波动说占统治地位约 100 年后，显示光粒子性的新的实验——光电效应实验出现了。对此，经典的电磁场理论又一次显得无能为力。

当光照射到金属表面时，金属中的电子吸收光的能量可以逸出金属表面。图 11-4 为研究光电效应的实验装置示意图。图示 S 是一个抽成真空的玻璃管，K 为发出电子的阴极，A 为阳极。石英玻璃窗对紫外线吸收很小（光电效应的入射光一般为可见光到紫外光）。当用单色光照射 K 时，金属释放出光电子。KA 之间加上一定的电势差，光电子由 K 飞向 A，回路中形成电流称为**光电流**。从实验结果得到如下规律：

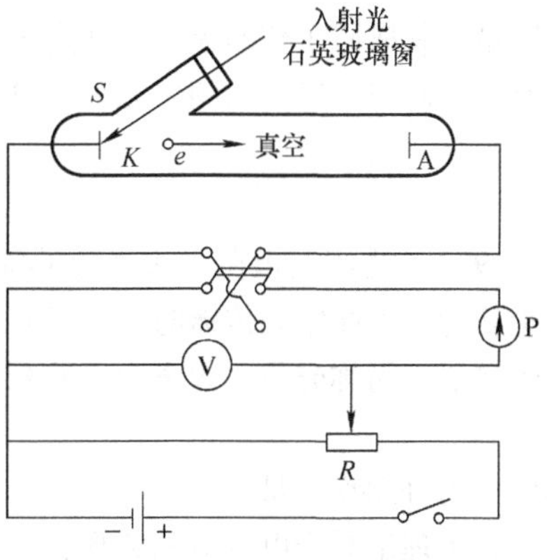

图 11-4　光电效应实验图

1）保持入射光的频率不变且光强一定时，光电流 I 和两极 AK 之间的电势差 U 的关系为如图 11-5 所示的一条伏安特性曲线，表明光电流 I 随 U 增加而增加，但当 U 增大到一定值时，光电流不再增加而达到一饱和值 I_S。饱和现象说明这时单位时间内从阴极 K 逸出的光电子已全部被阳极 A 接收了。改变光强，实验表明，饱和电流与光强成正比，即**单位时间内从阴极逸出的光电子数与入射光的光强成正比。**

2）从图 11-5 所示的实验曲线可以看出，当电势差 U 减小到零时，光电流 I 并不等于零，仅当电势差 $U = U_A - U_K$ 变为负值时，光电流 I 才迅速减小为零。当逸出金属后具有最大初动能的光电子也不能到达阳极 A 时，该电势差 U_a 称为**遏止电势差**，此时有

$$\frac{1}{2}mv_m^2 = e\,|\,U_a\,| \tag{11-9}$$

式中，m 为电子质量；v_m 为光电子的最大初速度；e 为电子的电荷量。实验表明，U_a（对应于光电子的最大初动能）与光强无关，与入射光的频率成线性关系，如图 11-6 所示。用数学式表示

$$U_a = k\nu - U_0 \tag{11-10}$$

k 是直线斜率，它是与金属材料无关的常量；U_0 对同一种金属是一个常量，不同金属的 U_0 值不同。将式（11-10）代入式（11-9），可得

$$\frac{1}{2}mv_m^2 = ek\nu - eU_0 \tag{11-11}$$

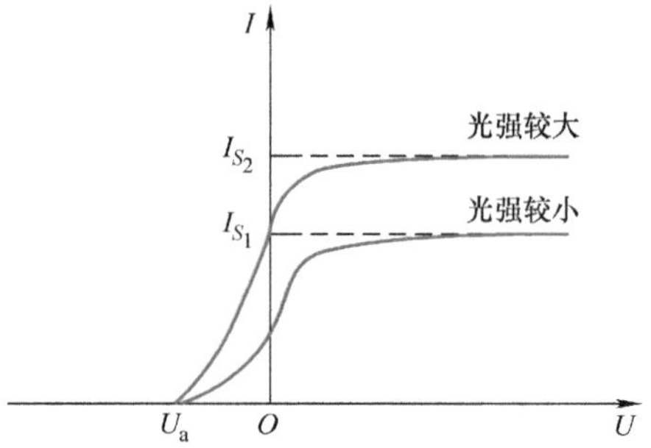

图 11-5　光电效应的伏安特性曲线

由式（11-11）可以看出，$(mv_m^2/2) \geqslant 0$，入射光频率 ν 必须 $\nu \geqslant (U_0/k)$。即当 $\nu \geqslant \nu_0 = U_0/k$ 时，才有光电子产生，ν_0 称为光电效应的**红限频率**，相应的波长称为**红限波长**。也就是说，**当光照射某一给定的金属时，如果入射光的频率小于这种金属的红限频率 ν_0，则无论光强如何，都不会产生光电效应。**

3）光电效应具有瞬时性。只要有光照到金属表面，不管光强如何，就有电子逸出，时间滞后不超过 10^{-9} s。

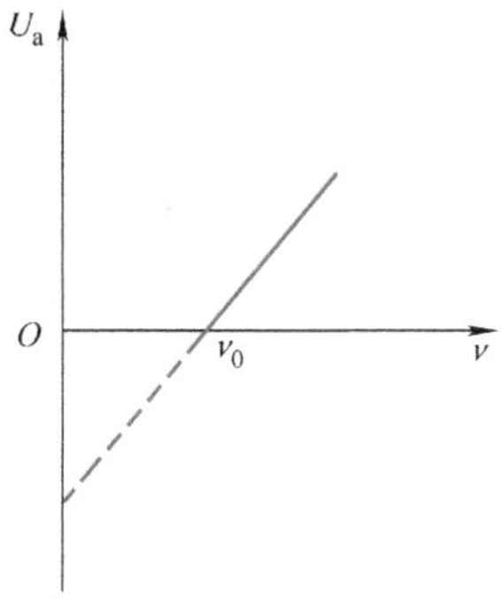

图 11-6　遏止电势差与入射光频率的关系

光电效应的这些实验规律无法用光的波动理论解释。按照光的波动理论，金属中的电子是在光波作用下做受迫振动，其振动频率就是入射光的频率。由于光强与入射光振幅的二次方成正比，因此无论入射光的频率多么低，只要光强足够大（振幅足够大），光照时间足够长，电子就能从入射光中获得足够的能量而脱离原子核的束缚，并逸出金属表面产生光电效应。即光电效应只与入射光强、光照时间有关，而与入射光的频率无关。可见，要解释光电效应必须用新的理论。

二、爱因斯坦方程　光的波粒二象性

1905 年爱因斯坦在普朗克量子概念的基础上提出了光子理论，圆满地解释了光电效应。该理论认为，光在空间传播时，也具有粒子性，一束光就是一束以光速运动的粒子流。这些粒子称为**光量子**，简称**光子**。频率为 ν 的光的一个光子具有的能量为

$$\varepsilon = h\nu \tag{11-12}$$

其中 h 为普朗克常量。

光子理论对光电效应的解释：

用频率为 ν 的单色光照射金属时，一个光子瞬间被一个处于金属表面附近的电子吸收而使电子能量增加 $h\nu$。能量增大的电子，将其能量的一部分用于脱离金属表面时所需的**逸出功** W，另一部分则成为电子离开金属表面后的最大初动能。根据能量守恒定律，得

$$\frac{1}{2}mv_m^2 = h\nu - W \tag{11-13}$$

或者

$$h\nu = \frac{1}{2}mv_m^2 + W$$

这就是**爱因斯坦光电效应方程**。

将式（11-13）与式（11-11）比较，可得

$$h = ek$$

1916 年密立根曾利用式（11-10）从直线斜率 k 算出普朗克常量 h 数值和当时用其他方法测得的值符合。这也是爱因斯坦光子理论正确性的一个证明。

$$W = eU_0$$

则

$$\nu_0 = \frac{U_0}{k} = \frac{W}{h}$$

说明红限频率与逸出功的关系。可由红限频率算出逸出功 $W = h\nu_0$。同一种金属的 W 具有确定值，光子能量 $h\nu < W$ 时，不能产生光电效应。表 11-1 是几种金属的红限频率和逸出功值。

表 11-1 几种金属的红限频率和逸出功

金属	钨	钙	钠	钾	铷	铯
红限频率 $\nu_0/(\times 10^{14}\text{Hz})$	10.95	7.73	5.53	5.44	5.15	4.69
逸出功 W/eV	4.54	3.20	2.29	2.25	2.13	1.94

饱和电流和光强成正比的解释是：入射光强决定于单位时间内通过垂直于光传播方向单位面积的能量。设单位时间内通过单位面积的光子数为 N，则入射光的能流密度为 $Nh\nu$。当 ν 一定时，入射光越强，N 越大，照射到阴极 K 光子数越多，逸出的光电子数越多，因此饱和电流越大。

光电效应的迟延时间非常短是因为光子被电子一次性吸收而增大能量的过程时间很短，几乎是瞬时的。

在波动光学中讲过，实验证明光是一种波动——光波。进入 20 世纪后，又认识到光是粒子——光子。综合起来，光既有波动性，又有粒子性，即光具有**波粒二象性**。

光在传播时显示出波动性，在与物质相互作用而交换能量和动量时则显示出粒子性，两者不会同时显示出来。由相对论的质能关系 $\varepsilon = mc^2$，可以得到光子的质量为

$$m = \frac{\varepsilon}{c^2} = \frac{h\nu}{c^2} \tag{11-14}$$

从粒子的质速关系式

$$m = \frac{m_0}{\sqrt{1 - \frac{v^2}{c^2}}}$$

可知，对光子 $v = c$，而 m 是有限的，只有光子静止质量 m_0 为零。

光子的动量为 $p = mc$，将式（11-14）代入可得

$$p = \frac{h\nu}{c} = \frac{h}{\lambda} \tag{11-15}$$

从式（11-14）和式（11-15）我们看到，等式左端标志粒子性的质量和动量与等式右端标志波动性的频率和波长通过 h 有机结合起来。自然界的和谐与统一又一次展现在我们面前。

例 11-4 已知一单色点光源的功率 $P = 1\text{W}$，光波波长 589nm。在离点光源距离为 $R = 3\text{m}$ 处放一块金属板，求单位时间内打到金属板单位面积上的光子数。

解：单位时间内照射到金属板单位面积上的光能量为

$$E=\frac{P}{4\pi R^2}=\frac{1}{4\pi\times3^2}\text{J}\cdot\text{m}^{-2}\cdot\text{s}^{-1}=8.8\times10^{-3}\text{J}\cdot\text{m}^{-2}\cdot\text{s}^{-1}=5.5\times10^{16}\text{eV}\cdot\text{m}^{-2}\cdot\text{s}^{-1}$$

每个光子的能量为

$$\varepsilon=h\nu=\frac{hc}{\lambda}=\frac{6.63\times10^{-34}\times3.0\times10^{8}}{5.89\times10^{-7}}\text{J}=3.4\times10^{-19}\text{J}=2.1\text{eV}$$

所以单位时间内打到金属板单位面积上的光子数为

$$N=\frac{E}{\varepsilon}=\frac{5.5\times10^{16}}{2.1}=2.6\times10^{16}\text{s}^{-1}$$

第三节　玻尔氢原子理论

一、氢原子光谱的实验规律

光谱是电磁辐射的波长成分和光强分布的记录；有时只是波长成分的记录。原子光谱的规律性提供了原子内部结构的重要信息。氢原子是结构最简单的原子，历史上就是从研究氢原子光谱规律开始研究原子的。在可见光和近紫外区，氢原子的谱线如图 11-7 所示。其中 H_α、H_β、H_γ、H_δ 均在可见光区。由图可见，谱线是线状分立的，光谱线从长波方向的 H_α 线起向短波方向展开，谱线的间距越来越小，最后趋近一个极限位置，称为线系限，用 H_∞ 表示。1885 年巴耳末（Balmer）发现这些谱线的波长 λ 可用简单的整数关系公式计算出来

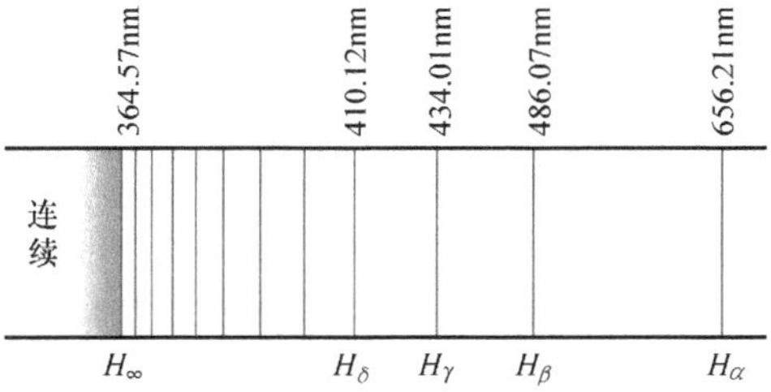

图 11-7　氢原子光谱巴耳末系谱线图

$$\lambda=B\frac{n^2}{n^2-4}$$

式中，$B=364.57\text{nm}$，当 $n=3，4，5，6，\cdots$ 正整数时，就可以算出 H_α，H_β，H_γ，H_δ，…的波长。这个公式称为巴耳末公式。公式值与实验值符合得很好。

光谱学上常用波长的倒数表征谱线，称为**波数**，用 $\tilde{\nu}$ 表示。它的物理意义是**单位长度内所包含完整波长的数目**，则巴耳末公式可写成

$$\tilde{\nu}=\frac{1}{\lambda}=R\left(\frac{1}{2^2}-\frac{1}{n^2}\right)\quad n=3,4,5,6,\cdots$$

式中

$$R=\frac{4}{B}=1.097\times10^{7}\text{m}^{-1}$$

称为氢原子的**里德伯常量**。近代测定值为 $R=1.0973731534(13)\times10^{7}\text{m}^{-1}$，一般计算取上式值。

后来又在光谱的紫外区、红外区及远红外区发现了其他线系，它们的波数公式也有类似的形式。这些线系有

莱曼（Lyman）系：　$\tilde{\nu}=R\left(\frac{1}{1^2}-\frac{1}{n^2}\right)$，$n=2，3，4，\cdots$ 在紫外区

帕邢（Paschen）系：　$\tilde{\nu}=R\left(\frac{1}{3^2}-\frac{1}{n^2}\right)$，$n=4，5，6，\cdots$ 在近红外区

布喇开（Brackett）系：$\widetilde{\nu}=R\left(\frac{1}{4^2}-\frac{1}{n^2}\right)$，$n=5$，6，7，…在红外区

普芳德（Pfund）系：　$\widetilde{\nu}=R\left(\frac{1}{5^2}-\frac{1}{n^2}\right)$，$n=6$，7，8，…在红外区

这些线系可统一用一个公式表示为

$$\widetilde{\nu}=R\left(\frac{1}{k^2}-\frac{1}{n^2}\right) \tag{11-16}$$

$$k=1,2,3,\cdots,\quad n=k+1,\ k+2,\ k+3,\ \cdots$$

此式称为广义巴耳末公式。再将它改写成

$$\widetilde{\nu}=T(k)-T(n)$$

其中 $T(k)=R/k^2$，$T(n)=R/n^2$ 称为**光谱项**。可见氢原子光谱的任何一条谱线的波数都可由两个光谱项之差表示。改变前项 $T(k)$ 中的整数 k 可给出不同的谱线系；前项中整数保持定值，后项 $T(n)$ 中整数 n 取不同数值，给出同一谱线系中各谱线的波数。不同的线系中可以有共同的光谱项。

二、玻尔氢原子结构模型基础

原子光谱的实验规律确定之后，许多人尝试为原子的内部结构建立一个模型，以解释光谱的实验规律。1912 年卢瑟福根据 α 粒子散射实验结果建立了原子的有核模型。原子的中心有一带正电荷 Ze 的原子核，其线度不超过10^{-15}m，却集中了原子质量的绝大部分，原子核外有 Z 个带负电的电子，它们围绕着原子核运动。从经典电磁学看来，电子绕核的加速运动应该产生电磁辐射，所辐射的电磁波的频率等于电子绕核转动的频率。由于电子辐射电磁波，电子能量逐渐减少，运动轨道越来越小，相应的转动频率越来越高。因而结论是原子光谱应该是连续谱，而电子最终落到核上，原子系统是一个不稳定系统。但实验事实表示，原子光谱是线状光谱，原子一般处于某一稳定状态。可见经典理论不可能找出原子光谱和原子内部电子运动的联系。

为了解决经典理论所遇到的困难，玻尔于 1913 年在卢瑟福原子的有核模型基础上，把普朗克能量子的概念和爱因斯坦光子的概念运用到原子系统，提出了三条基本假设：

1）**定态条件假设**：原子系统存在一系列不连续的能量状态，处于这些状态的原子中的电子只能在一定的轨道上绕核做圆周运动，但不辐射能量，这些状态为原子系统的稳定状态，简称定态，相应的能量只能是不连续的值 E_1，E_2，E_3，…。

2）**频率条件假设**：当电子从一个定态 E_m 跃迁到另一定态 E_n 时，会以电磁波的形式吸收或放出能量

$$|E_m-E_n|=h\nu \tag{11-17}$$

而电子究竟在哪一轨道稳定，是由类似驻波条件的 $2\pi r_n=n\lambda$ 决定（r_n 为轨道半径），n 为正整数，因为驻波的能量是不向外传播（辐射）的。

3）**轨道角动量量子化假设**：轨道角动量

$$L_n=mv_nr_n=n\frac{h}{2\pi}\quad n=1,2,3,\cdots \tag{11-18}$$

n 只能取不为零的正整数，称为**量子数**。此式也称为**轨道角动量量子化条件**。

玻尔根据上述假设计算了氢原子在稳定态中的轨道半径和能量，他认为原子核不动，电子

以核为中心做半径为 r 的圆周运动。电子质量为 m，速率为 v，向心加速度为 v^2/r，向心力为库仑引力，根据牛顿第二定律有

$$m\left(\frac{v^2}{r}\right)=\frac{e^2}{4\pi\varepsilon_0 r^2} \tag{11-19}$$

又根据式（11-18），得

$$r_n=n^2\left(\frac{\varepsilon_0 h^2}{\pi me^2}\right)=n^2 r_1 \tag{11-20}$$

式中，$r_1=\varepsilon_0 h^2/\pi me^2=5.29\times10^{-11}\,\mathrm{m}$ 称为**第一玻尔轨道半径**，是氢原子核外电子最小的轨道半径。

玻尔还认为原子系统的能量等于电子动能和电子与核的势能之和，即

$$E_n=\frac{1}{2}mv_n^2-\frac{e^2}{4\pi\varepsilon_0 r_n} \tag{11-21}$$

由式（11-19）可知

$$\frac{1}{2}mv_n^2=\frac{e^2}{8\pi\varepsilon_0 r_n}$$

将上式代入式（11-21）中，再将式（11-20）代入，得

$$E_n=-\frac{e^2}{8\pi\varepsilon_0 r_n}=-\frac{1}{n^2}\left(\frac{me^4}{8\varepsilon_0^2 h^2}\right) \tag{11-22}$$

$n=1, 2, 3, \cdots$，可见**能量是量子化的**。这些分立的能量值 E_1，E_2，E_3，…称为**能级**。当 $n=1$ 时，得

$$E_1=-\frac{me^4}{8\varepsilon_0^2 h^2}=-13.58\,\mathrm{eV} \tag{11-23}$$

则有

$$E_n=-\frac{13.58}{n^2}\,\mathrm{eV}$$

当取 $n=1$ 时，E_1 为能量最小值，即原子处于能量最低的状态，称为基态。当 $n=2, 3, 4, \cdots$，对应的能量分别为 E_2，E_3，E_4，…，分别称为第一激发态、第二激发态，……。当 $n\to\infty$ 时，$E_\infty=0$，这时电子已脱离原子核成为自由电子。基态和各激发态中电子都没脱离原子，统称为**束缚态**。能量在 $E_\infty=0$ 以上时，电子脱离了原子，这种状态对应的原子称为**电离态**。此时电子的能量是连续的，不受量子化条件限制。电子从基态到脱离原子核的束缚所需要的能量称为**电离能**。可见，氢原子的电离能为 13.58eV。

根据玻尔的频率条件假设，则

$$\nu=\frac{E_n-E_k}{h}=\frac{me^4}{8\varepsilon_0^2 h^3}\left(\frac{1}{k^2}-\frac{1}{n^2}\right) \tag{11-24}$$

用波数表示，则

$$\tilde{\nu}=\frac{\nu}{c}=\frac{me^4}{8\varepsilon_0^2 h^3 c}\left(\frac{1}{k^2}-\frac{1}{n^2}\right)$$

与式（11-16）比较，得到里德伯常量

$$R=\frac{me^4}{8\varepsilon_0^2 h^3 c}$$

于是，氢原子能量式（11-22）可写为

$$E_n = -\frac{Rch}{n^2} \tag{11-25}$$

要产生氢原子光谱，就要使氢原子从激发态跃迁到低能级态。从 $n>1$ 的能级向 $n=1$ 的能级跃迁，产生莱曼系各谱线；从 $n>2$ 的能级向 $n=2$ 的能级跃迁，产生巴耳末系各谱线；从 $n>3$ 的能级向 $n=3$ 的能级跃迁，产生帕邢系各谱线；其余线系依此类推。氢原子每一次跃迁只发出一条谱线，而实验中是大量原子处于不同的激发态向低能级跃迁，所以能同时观察到全部发射谱线。

例 11-5　计算氢原子的电离电势和第一激发电势。

解：由氢原子能级公式

$$E_n = -\frac{13.58}{n^2}\text{eV}$$

电离能为

$$E_{电离} = E_\infty - E_1 = 0 - \left(-\frac{13.58}{1^2}\right)\text{eV} = 13.58\text{eV}$$

电离电势为

$$V_{电离} = \frac{E_{电离}}{e} = 13.58\text{V}$$

从基态到第一激发态所需能量为

$$E_2 - E_1 = \left(-\frac{13.58}{2^2}\right)\text{eV} - \left(-\frac{13.58}{1^2}\right)\text{eV} = 10.2\text{eV}$$

所以第一激发电势为 10.2V。

三、玻尔模型的局限与哥本哈根精神

玻尔模型给出了量子化的原子结构，成功对氢原子结构进行了量化描述，揭开了 30 年来令人费解的氢原子光谱之谜。这一理论受到爱因斯坦、卢瑟福等人的赞许和肯定，爱因斯坦评价说：“这是非常出色的！这中间一定大有文章……” 他直到年迈时，对玻尔理论仍给予极高评价：“即便在今天，在我看来，也是一个奇迹！这简直是思维上最和谐的乐章。” 卢瑟福对玻尔理论也表示赞赏，但在给玻尔的信中也毫无保留地指出玻尔模型存在的问题：“你对氢光谱产生的论点非常有独创性，工作也非常出色；但是，把普朗克的思想跟旧的力学混为一谈，使人很难理解，究竟什么是这种物理思想的基础。” 的确，玻尔把电子看作经典的粒子，还在电力作用下做圆周运动，而这种加速运动又不辐射电磁波，能量、轨道、角动量等却又都披上量子化外衣，引起了连续性和量子性的直接碰撞，由此导致一系列的不协调。当时玻尔也认识到了这些困难的存在，所以在 1922 年领取诺贝尔奖时谦虚地说：“这一理论还是十分初步的，许多基本问题还有待解决。”

玻尔理论成功后，各发达国家的许多著名大学和研究所都纷纷邀请他，但他却一心致力于在自己的祖国建立一个哥本哈根大学理论物理研究所（后来更名为尼尔斯·玻尔研究所）。在成立大会上这位年仅 35 岁的所长指出，研究所不仅是科学研究的场所，也是教育的中心。他说，“科学的道路从来都不是平坦的，只有不断引进崭新的思想才能实现科学的进步”。因此，“极端重要的是，不仅要依靠少数科学家的才能，而是要不断吸收相当数量的年轻人，让他们熟悉科学研究的结果和方法，只有这样才能在最大限度上不断地提出新问题。更重要的是，通过年轻人自己的贡献，新的血液和新的思想就不断涌入科研工作。” 正因为这样，玻尔研究所吸引了世界上一大批优秀的青年科学家来此工作访学。经过不懈努力，该所很快便成为国际上著名的理论物理研究中心，哥本哈根也被许多著名物理学家誉为“世界物理学界的朝拜胜地”。

什么是哥本哈根精神？老玻尔之子奥格·玻尔在为《玻尔研究所的早年岁月》一书写的前言中曾有这样两段话：“……，新的量子论正是通过这样合作而创立的”。“……，不论是处理科学问题，还是处理实际问题，我父亲都是在与亲密同事的交谈中受到鼓舞。正是通过这样的交谈，他自己的想法得到了发展，并变得更为清晰。这种公开和非正式的交换思想和协作形式，恰是在研究所内发展起来的生气勃勃的国际合作的决定性因素，我父亲把这种合作视为头等重要的事情。”这两段话道出哥本哈根精神最基本内涵：**科学国际主义、独特的研究风格**。这也就不难理解哥本哈根为什么能成为“世界物理学界的朝拜圣地”了。

第四节 实物粒子的波动性

一、德布罗意波

光的波粒二象性的提出，圆满解释了光电效应的困难，实现了光的波动性和粒子性的统一。当时，法国巴黎大学的博士生德布罗意是爱因斯坦的狂热崇拜者，他领悟到了爱因斯坦深刻的思维方式，体会到波粒二象性乃是遍及整个物理世界的一种绝对普遍现象。于是，他勇敢地发展了爱因斯坦的思想。

玻尔理论中，经典-量子的双重性是显而易见的。为了克服这一困难，对电子的稳定性做出合理解释，德布罗意在没有任何实验例证的情况下，从自然界普遍的对称性出发，把光的波粒二象性推广到实物粒子，在 1924 年提出如下假设：实物粒子也具有波动性，与实物粒子相联系的波频率和波长与实物粒子的能量和动量关系为

$$E = mc^2 = h\nu \tag{11-26}$$

$$p = mv = \frac{h}{\lambda} \tag{11-27}$$

这就是著名的德布罗意公式。与实物粒子相联系的这种波称为**德布罗意波或物质波**。德布罗意在他的博士论文中提出：“任何物体伴随以波，而且不可能将物体的运动与波的传播分开。”

德布罗意在 1929 年领取诺贝尔奖时曾回忆当时提出物质波时的想法：“在原子中电子稳定运动的确立，引入了整数；到目前为止，在物理学中涉及整数现象只有干涉和振动的简正模式，这一事实使我产生了这样的想法：不能把电子视为简单的微粒，必须同时赋予它周期性。”也就是说，为了使电子在分立的轨道上稳定地运动，必须要赋予电子以波动性。德布罗意认为，玻尔模型中这些电子轨道的周长应该是电子波长的整数倍，即满足驻波要求。就像是在闭合弦上的驻波，如图 11-8 所示。这样便有

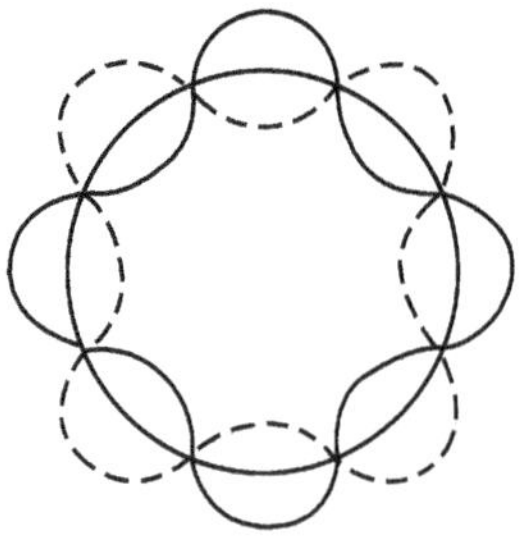

图 11-8

$$2\pi r = n\lambda = n\frac{h}{p}$$

所以，角动量可以写为 $L_n = mv_n r_n = nh/2\pi$。这样一来，玻尔的两个假设和角动量量子化也就顺理成章了。

如果物体运动速度远小于光速，且质量很大，由式（11-27）知 $\lambda = h/mv$ 很小，即宏观尺度的物体波动性不明显。例如，一粒质量为 1g 的子弹以 $10^2\,\mathrm{m\cdot s^{-1}}$ 速度射出，$\lambda = 6.6\times10^{-33}\,\mathrm{m}$，我

们当然观测不出这样短的波长。对于电子这样轻的粒子用150V 电场加速，可得

$$\frac{1}{2}m_0v^2 = eU$$

所以

$$\lambda = \frac{h}{p} = \frac{h}{m_0v}$$

将上两式消去 v，得

$$\lambda = \sqrt{\frac{h^2}{2m_0eU}} = \sqrt{\frac{(6.63\times10^{-34})^2}{2\times9.11\times10^{-31}\times1.60\times10^{-19}}}\frac{1}{\sqrt{U}}$$

$$= \frac{1.23\times10^{-9}}{\sqrt{U}}\text{m} = \frac{1.23}{\sqrt{U}}\text{nm}$$

若 $U=150\text{V}$，则 $\lambda=0.1\text{nm}$，这与 X 射线波长大致相同。可见微粒的德布罗意波长一般非常短。

德布罗意假设为许多实验所证实。1927 年，戴维孙和革末做了电子束在晶体表面的散射实验，证实了电子的波动性。同年，汤姆孙做了电子透射衍射实验。他让电子束穿过金属片（多晶膜），在感光片上产生圆环衍射图，这个电子衍射图和 X 光通过多晶膜产生的衍射图样极其相似。后来，人们又做了中子、质子、原子和分子的衍射实验，都说明这些粒子具有波动性。波粒二象性是光子和一切微观粒子共同具有的特性，德布罗意公式是描述微观粒子波粒二象性的基本公式。

例 11-6 计算质量 $m=0.01\text{kg}$，速率 $v=300\text{m}\cdot\text{s}^{-1}$子弹的德布罗意波长。

解：根据德布罗意公式，可得

$$\lambda = \frac{h}{mv} = \frac{6.63\times10^{-34}}{0.01\times300}\text{m} = 2.21\times10^{-34}\text{m}$$

可以看出，因为普朗克常数很小，所以宏观物体的波长小到实验难以测量的程度，因而宏观物体仅表现出粒子性。

二、德布罗意波的统计解释

对于实物粒子波动性的解释，是 1926 年玻恩提出概率波的概念而得到一致公认的。

对比光和实物粒子的衍射图像，可以看出实物粒子的波动性和粒子性之间的联系。光强问题，爱因斯坦已从统计学的观点提出：光强的地方，光子到达的概率大；光弱的地方，光子到达的概率小。玻恩用同样的观点来分析戴维孙——革末实验（电子衍射图样），认为：电子流出现峰值处电子出现的概率大；而不是峰值处，电子出现的概率小。对其他微观粒子也一样。至于个别粒子在何处出现，有一定的偶然性；但是大量粒子在空间何处出现的空间分布却服从一定的统计规律。物质波的这种统计性解释把粒子的波动性和粒子性正确地联系起来了，成为量子力学的基本观点之一。

有人让电子一个一个地照射金箔做汤姆孙电子衍射实验。发现一个一个的衍射电子出现在感光片上的位置好像是无规律的，但长时间照射，衍射电子越来越多，大量的衍射电子才形成了确定的衍射图样。1909 年泰勒用极弱的光照射缝衣针，曝光三个月才获得衍射图样，和用强光短时间曝光结果相同。这些实验都说明了德布罗意波是统计波，是概率波。

第五节 测不准关系

在经典力学中，一个粒子的运动状态是用位置和速度来描述的，因而质点的运动也就具有

确定的轨道。但对微观粒子来说就不能用位置和速度来描述了，因为微观粒子的空间位置需要用概率波来描述，而概率波只能给出粒子在各处出现的概率，所以任一时刻粒子不具有确定的位置，与此相联系，粒子在各时刻也不具有确定的动量。

1927 年，海森伯给出了粒子位置的不确定量与动量的不确定量的关系，称为**海森伯测不准关系**。

量子力学认为，这种位置和动量的不能同时测定性，不是由于仪器和测量方法引起的，而完全是由于微观粒子的波粒二象性造成的。如果仍然使用坐标和动量来描写微观粒子的运动，则必然存在这种不确定性，因此把这一关系又称为不确定关系。下面以电子的单缝衍射为例来说明这一关系。

图 11-9 表示一束波长为 λ 的电子束沿 y 方向入射到缝宽为 Δx 的单缝上，通过缝后在屏幕上观测其衍射条纹。

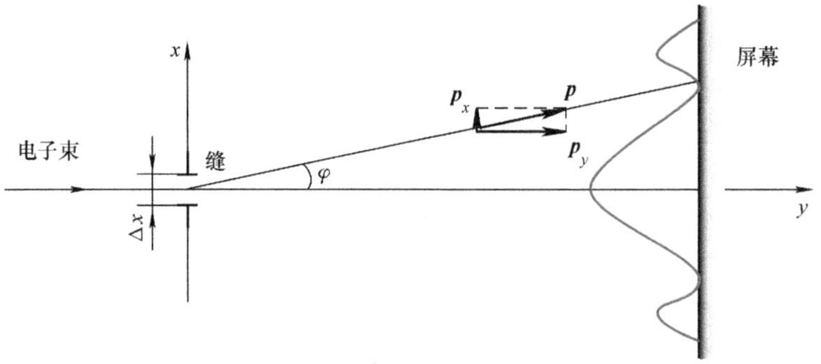

图 11-9 电子的单缝衍射

对于一个电子来说，不能确定地说它从缝中哪一点通过，而只能说它是从宽为 Δx 的缝中通过的，因此它在 x 方向的位置不确定量为 Δx。衍射图样表明，电子通过缝后在 x 方向的动量 p_x 不为零了。因为如果 p_x 为零，只能观测到与缝同宽的一条明条纹，而实际衍射条纹比缝宽大得多。

我们考虑中央明条纹的宽度。其半角宽 φ（第 1 级暗纹的衍射角）根据单缝衍射公式有

$$\Delta x\sin\varphi = \lambda \tag{11-28}$$

对应于该衍射方向，电子在 x 方向的动量为 $p_x = p\sin\varphi$。所以 p_x 的不确定量

$$\Delta p_x \approx p_x = p\sin\varphi \tag{11-29}$$

以上两式联立得

$$\Delta p_x \approx p\,\frac{\lambda}{\Delta x}$$

再利用德布罗意公式 $\lambda = h/p$，可得

$$\Delta x\Delta p_x \approx h$$

再考虑一级以上的条纹，则得

$$\Delta x\Delta p_x \geqslant h \tag{11-30}$$

量子力学给出的理论证明为

$$\Delta x\Delta p_x \geqslant \frac{\hbar}{2} \tag{11-31}$$

其中

$$\hbar = \frac{h}{2\pi} = 1.054588\times10^{-34}\,\mathrm{J\cdot s}$$

称为约化普朗克常量，或普朗克常量。式（11-31）称为**海森伯测不准关系式**。

对于其他方向，同样可以得出类似的关系式。

测不准关系表明，某一方向上粒子的位置和动量不可能同时精确地测定，也就是说沿某一方向位置越准确，该方向动量就越不准确；反过来说，沿某一方向动量越准确，则此方向位置就越不准确。这和衍射实验的结果是一致的——单缝宽 Δx 越小，衍射条纹越宽，则 Δp_x 越大。

由位置和动量的不确定关系，可以证明能量和时间也有类似的测不准关系

$$\Delta E \Delta t \geqslant \frac{\hbar}{2} \tag{11-32}$$

例 11-7　原子的线度为 10^{-10}m，求原子中电子速度的不确定量。

解：“电子在原子中”就意味着电子的位置不确定量为 $\Delta x = 10^{-10}$m。根据测不准关系可得

$$\Delta v_x = \frac{\hbar}{m\Delta x} = \frac{1.05 \times 10^{-34}}{9.11 \times 10^{-31} \times 10^{-10}} \mathrm{m \cdot s^{-1}} = 1.2 \times 10^6 \mathrm{m \cdot s^{-1}}$$

按玻尔理论计算氢原子中轨道运动速度约为$10^6 \mathrm{m \cdot s^{-1}}$。它与上面计算的速度不确定量同数量级。因此对于在原子中的电子，说它的轨道与速度是没有实际意义的。

第六节　波函数　薛定谔方程

一、波函数

我们已经知道微观粒子具有波粒二象性，因此，它的运动状态的描述无法用经典力学中的位置和动量来准确描述，而要用概率波来描述。

薛定谔认为既然像电子、质子、中子等微观粒子具有波粒二象性，也可像声波或光波那样用波函数来描述它们的波动性。只不过电子波函数中的频率和能量的关系、波长和动量的关系，应如同光的二象性那样，遵从德布罗意提出的物质波关系式而已。

微观粒子的波动性与机械波的波动性有本质的不同。在经典物理中，粒子和波动是两个完全不同的概念，粒子是分立的而波是连续的，而微观粒子波粒二象性是一体的。但目前为了较直观地得出电子等微观粒子的波函数，我们不妨先从机械波的波函数出发，最终结果正确与否，还是需要由实验来检验。

一列平面简谐波 x 正向传播，其波函数为

$$y(x,t) = A\cos 2\pi\left(\nu t - \frac{x}{\lambda}\right)$$

用复数形式表示为

$$y(x,t) = A\mathrm{e}^{-\mathrm{i}2\pi(\nu t - \frac{x}{\lambda})}$$

其实数部分就是平面简谐波的波函数。

对一个不受作用力的自由粒子，动量和能量为常量。根据德布罗意关系，其频率 $\nu = E/h$、波长 $\lambda = h/p$ 也是不变的，可以认为是一个单色平面波。把频率 ν 和波长 λ 代入复数形式的波函数中，并用 ψ 表示，则得

$$\psi(x,t) = \psi_0 \mathrm{e}^{-\mathrm{i}\frac{2\pi}{h}(Et - px)} = \psi_0 \mathrm{e}^{-\frac{\mathrm{i}}{\hbar}(Et - px)} \tag{11-33}$$

这便是描述一维空间能量为 E、动量为 p 的**自由粒子的波函数**。

当我们研究的系统能量为确定值而不随时间变化时，该波函数可写成

$$\psi(x,t) = \varphi(x)\mathrm{e}^{-\frac{\mathrm{i}}{\hbar}Et} \tag{11-34}$$

其中

$$\varphi(x)=\psi_0 e^{\frac{i}{\hbar}px}$$

如果自由粒子的运动是三维的，则其波函数可写成

$$\psi(\boldsymbol{r},t)=\psi_0 e^{-\frac{i}{\hbar}(Et-\boldsymbol{p}\cdot\boldsymbol{r})} \tag{11-35}$$

波函数一般是时间和空间的函数，波动性反映在函数形式上，同时能量 E 和动量 p 又体现其粒子性。因此，波函数 $\psi(\boldsymbol{r},t)$ 可以用来描述微观粒子的运动状态。

说明波函数物理意义的是玻恩统计解释。波函数 $\psi=\psi(x,y,z,t)$ 是描述单个粒子的，而不是大量粒子的体系。例如电子衍射实验，可以把入射电子束的强度减弱到每次只有一个电子入射，以保证相继两个电子之间没有任何关联。用照片记录衍射电子，发现就单个电子而言，落在照片上的位置是随机的。而长时间照射，就大量电子而言，照片上得到的是有规律的衍射图像。

在物理上有测量意义的是波函数模的二次方，而不是波函数本身。在讨论德布罗意波的统计意义时曾指出，微观粒子分布多的地方，粒子的德布罗意波的强度大，而粒子在空间分布数量的多少，是和粒子在该处出现的概率成正比的，因此 t 时刻在空间 (x,y,z) 附近的体积元 $dV=dxdydz$ 内测到粒子的概率正比于 $|\psi|^2dV$，其中 $|\psi|^2=\psi\psi^*$，ψ^* 是 ψ 的共轭复数。因此 $|\psi|^2$ 表示 t 时刻在空间 (x,y,z) 附近单位体积内测到粒子的概率，称为**概率密度**。就是说如果在空间 (x,y,z) 附近 $|\psi|^2$ 的值越大，粒子出现在该处的概率越大，$|\psi|^2$ 的值越小，则粒子出现在该处的概率就越小。

总起来说，**在空间 (x,y,z) 附近波函数的二次方跟粒子在该处出现的概率成正比，这就是波函数的统计意义。**

由于粒子要么出现在空间的这个区域，要么出现在其他区域，所以某时刻在整个空间内发现粒子的概率应为 1，即

$$\int_V |\psi|^2 dV = 1 \tag{11-36}$$

称为波函数的归一化条件。

由于一定时刻在空间给定点粒子出现的概率应该是唯一的，并且是有限的，概率的空间分布不能发生突变，所以波函数必须满足单值、有限、连续三个条件。一般称这三个条件为波函数的标准条件。

二、薛定谔方程

在经典力学中，如果知道质点的受力情况以及质点在起始时刻的位置坐标和速度，那么由牛顿运动方程可求得质点在任何时刻的运动状态。在量子力学中，微观粒子的状态是由波函数描述的，如果我们知道它所遵循的运动方程，那么由起始状态和能量就可以求解粒子的状态。下面我们讨论微观粒子所遵循的方程——薛定谔方程。

薛定谔方程是 1926 年薛定谔建立的，是量子力学的一个基本假设，它既不可能从已有的经典规律推导出来，也不可能直接从实验事实总结出来（因为波函数本身是不可观测量）。方程的正确性只能靠实践检验。到目前为止，实践检验证明它是正确的。下面不是推导，而是便于初学者接受的一种引导。

在非相对论情况下，设有一质量为 m、能量为 E、动量为 p 的自由粒子沿 x 方向运动，有关系式 $E=p^2/2m$。对一维自由粒子的波函数式（11-33）做如下运算：

$$\frac{\partial\psi}{\partial t}=-\frac{i}{\hbar}E\psi$$

$$\frac{\partial^2\psi}{\partial x^2}=-\frac{p^2}{\hbar^2}\psi$$

将以上两式代入 $E=p^2/2m$，即得到

$$i\hbar\frac{\partial\psi}{\partial t}=-\frac{\hbar^2}{2m}\frac{\partial^2\psi}{\partial x^2} \tag{11-37}$$

这就是一维自由粒子波函数所遵从的微分方程，其解便是一维自由粒子的波函数。

一般情况，粒子在外力场中运动。假定外力场是保守力场，粒子在外力场中的势能是 E_p，则粒子的总能量为

$$E=\frac{p^2}{2m}+E_p$$

做类似上述的运算并推广，可得

$$i\hbar\frac{\partial}{\partial t}\psi=-\frac{\hbar^2}{2m}\frac{\partial^2}{\partial x^2}\psi+E_p\psi \tag{11-38}$$

当粒子在三维空间中运动时，上式推广为

$$i\hbar\frac{\partial}{\partial t}\psi=-\frac{\hbar^2}{2m}\nabla^2\psi+E_p\psi \tag{11-39}$$

式中，∇^2称为**拉普拉斯算符**，在直角坐标系中$\nabla^2=\frac{\partial^2}{\partial x^2}+\frac{\partial^2}{\partial y^2}+\frac{\partial^2}{\partial z^2}$

式（11-39）可简写为

$$i\hbar\frac{\partial}{\partial t}\psi=\widehat{H}\psi \tag{11-40}$$

式中，$\widehat{H}=-\frac{\hbar^2}{2m}\nabla^2+E_p$，称为**哈密顿算符**。式（11-39）和式（11-40）均称为**薛定谔方程**。

薛定谔方程是量子力学的动力学方程，其地位相当于经典力学中的牛顿运动方程。如果已知粒子的质量 m 和粒子在外力场中势能 E_p 的具体形式，就可以写出具体的薛定谔方程。量子力学对于粒子运动的研究则最终归结为求各种条件下的薛定谔方程的解。详细求解与讨论微观粒子的运动特征是量子力学课程的任务，本书不做介绍。

本章提要

一、黑体辐射　普朗克量子假设

1. 黑体辐出度：

$$W(T)=\int_0^\infty W(\lambda,T)\mathrm{d}\lambda$$

2. 黑体辐射的实验规律：

斯忒藩-玻耳兹曼定律：$W(T)=\sigma T^4$。

维恩位移定律：$T\lambda_m=b$。

3. 普朗克量子假设：黑体是由带电谐振子组成。谐振子的能量是不连续的。只能取最小能量 $\varepsilon=h\nu$ 的整数倍；谐振子在发射和吸收能量时是以 $h\nu$ 为单元，一份一份进行的，$h\nu$ 为能量子。

二、光的波粒二象性

1. 光电效应：光是以光速运动的粒子流，这些粒子称为光量子，每个光子具有能量 $\varepsilon=h\nu$。光电效应方程：$h\nu=\frac{1}{2}mv_m^2+W$。

2. 红限频率：$\nu_0=\frac{U_0}{k}=\frac{W}{h}$。

三、玻尔氢原子理论

1. 氢原子光谱的实验规律：$\tilde{\nu}=R\left(\frac{1}{k^2}-\frac{1}{n^2}\right)$ $k=1, 2, 3, \cdots, n=k+1, k+2, k+3, \cdots$。

2. 玻尔氢原子基本结构：三个假设

定态假设：氢原子系统只能稳定地存在于与分立能量对应的一系列状态中，这些状态称为定态。

频率假设：$|E_m-E_n|=h\nu$。

轨道角动量量子化假设：$L_n=mv_nr_n=n\frac{h}{2\pi}$ $n=1, 2, 3, \cdots$。

四、实物粒子的波动性

1. 德布罗意波：$E=mc^2=h\nu$，$p=mv=\frac{h}{\lambda}$。

2. 德布罗意波的统计解释：概率波。

五、测不准关系

1. 位置与动量的测不准关系：$\Delta x\Delta p_x\geqslant\frac{\hbar}{2}$。

2. 时间与能量的测不准关系：$\Delta E\Delta t\geqslant\frac{\hbar}{2}$。

六、波函数　薛定谔方程

1. 波函数：$\psi(x,t)=\psi_0\mathrm{e}^{-\mathrm{i}\frac{2\pi}{h}(Et-px)}=\psi_0\mathrm{e}^{-\frac{\mathrm{i}}{\hbar}(Et-px)}$。

2. 薛定谔方程：$\mathrm{i}\hbar\frac{\partial}{\partial t}\psi=-\frac{\hbar^2}{2m}\nabla^2\psi+E_\mathrm{p}\psi$。

思考与练习（十一）

一、单项选择题

11-1. 用一定频率的单色光照射在某种金属上，测出其光电流 I 与电势差 U 的关系曲线如选择题 11-1 图中实线所示。然后在光强 I 不变的条件下增大照射光的频率，测出其光电流与电势差的关系曲线用虚线表示。符合题意的图是（　　）。

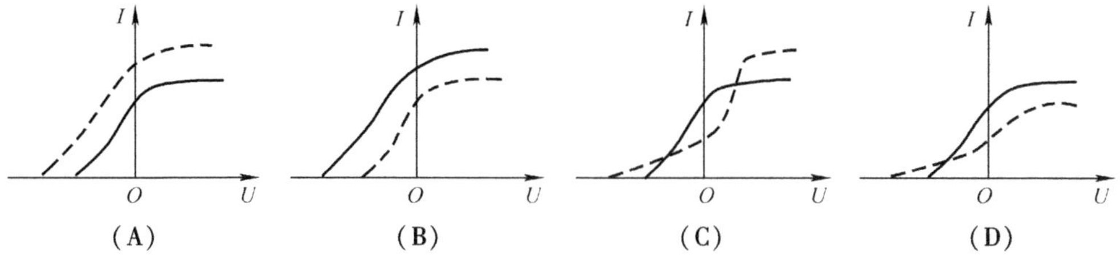

选择题 11-1 图

11-2. 假定氢原子是静止的，质量为 $1.67\times10^{-27}\mathrm{kg}$，则氢原子从 $n=3$ 的激发状态直接通过辐射跃迁到基态时的反冲速度大约是（　　）。

(A) $4\mathrm{m\cdot s^{-1}}$　　(B) $10\mathrm{m\cdot s^{-1}}$　　(C) $100\mathrm{m\cdot s^{-1}}$　　(D) $400\mathrm{m\cdot s^{-1}}$

11-3. 关于不确定关系 $\Delta x\Delta p_x\geqslant(\hbar/2)$，有以下几种理解：

(1) 粒子的动量不可能确定；

(2) 粒子的坐标不可能确定；

(3) 粒子的动量和坐标不可能同时准确地确定；

（4）不确定关系不仅适用于电子和光子，也适用于其他粒子。

其中正确的是（　　）。

（A）（1）、（2）是正确的　　（B）（3）、（4）是正确的

（C）（1）、（4）是正确的　　（D）（2）、（4）是正解的

二、填空题

11-1. 氢原子从能量为 -0.85eV 的状态跃迁到能量为 -3.4eV 的状态时，所发射的光子能量是________eV，这是电子从 $n=$________的能级到 $n=2$ 的能级的跃迁。

11-2. 光子波长为 λ，则其能量 $\varepsilon=$________；动量的大小 $p=$________；质量 $m=$________。

11-3. 设描述微观粒子运动的波函数为 $\psi(r,t)$，则 $\psi\psi^*$ 表示________；$\psi(r,t)$ 须满足的条件是________；其归一化条件是________。

三、问答题

11-1. 将星球看作绝对黑体，利用维恩位移定律测量 λ_m 便可求得 T。这是测量星球表面温度的方法之一。设测得：太阳的 $\lambda_m=0.55\mu m$，北极星的 $\lambda_m=0.35\mu m$，天狼星的 $\lambda_m=0.29\mu m$，试求这些星球的表面温度。

11-2. 用辐射高温计测得炉壁小孔的辐射出射度（总辐射本领）为 $22.8W/cm^2$，求炉内温度。

11-3. 从铝中移出一个电子需要 4.2eV 的能量，今有波长为 200nm 的光投射到铝表面。试问：（1）由此发射出来的光电子的最大动能是多少？（2）遏止电势差为多大？（3）铝的红限波长是多大？

11-4. 在一定条件下，人眼视网膜能够对 5 个蓝绿光光子（$\lambda=500$nm）产生光的感觉。此时视网膜上接收到光的能量为多少？如果每秒钟都能吸收 5 个这样的光子，则到达眼睛的功率为多大？

11-5. 设太阳照射到地球上的光强为 $8J\cdot s^{-1}\cdot m^{-2}$，如果平均波长为 500nm，那么每秒钟落到地面上 $1m^2$ 的光子数量多少？若人眼瞳孔直径为 3mm，每秒钟进入人眼的光子数是多少？

11-6. 若一个光子的能量等于一个电子的静能，试求该光子的频率、波长、动量。

11-7. 实验发现基态氢原子可吸收能量为 12.75eV 的光子。试问：

（1）氢原子吸收光子后将被激发到哪个能级？

（2）受激发的氢原子向低能级跃迁时，可发出哪几条谱线？请将这些跃迁画在能级图上。

11-8. 以动能 12.5eV 的电子通过碰撞使氢原子激发时，最高能激发到哪一能级？当回到基态时能产生哪些谱线？

11-9. 处于基态的氢原子被外来单色光激发后发出巴尔末线系中的两条谱线，试求这两条谱线的波长及外来光的频率。

11-10. 当基态氢原子被 12.09eV 的光子激发后，其电子的轨道半径将增加多少倍？

11-11. 为使电子的德布罗意波长为 0.1nm，需要多大的加速电压？

11-12. 具有能量 15eV 的光子，被氢原子中处于第一玻尔轨道的电子所吸收，形成一个光电子。问：此光电子远离质子时的速度为多大？它的德布罗意波长是多少？

11-13. 光子与电子的波长都是 0.2nm，它们的动量和总能量各为多少？

11-14. 已知中子的质量 $m_n=1.67\times10^{-27}$kg，当中子的动能等于温度为 300K 处于热平衡中气体的平均动能时，其德布罗意波长为多少？

11-15. 一个质量为 m 的粒子，约束在长度为 L 的一维线段上。试根据测不准关系估算这个粒子所具有的最小能量的值。

11-16. 一波长为 300nm 的光子，假定其波长的测量精度为百万分之一，求该光子位置的测不准量。

11-17. 波函数的空间各点的振幅同时增大 D 倍，那么粒子在空间分布的概率会发生什么变化？

附　　录

附录A　矢 量 基 础

描述物质运动的特征和规律需要借助物理量。物理量可分为矢量、标量和张量，后者不常用。标量可分为两类：一类有大小没有正负，如时间、质量、体积等，遵循代数运算法则；另一类不仅有大小还有正负，如功、通量等。而矢量要遵循矢量代数运算法则。

一、矢量及其表示法

1. 矢量的定义

有大小、有方向的量称为矢量，通常用黑体字母 $\boldsymbol{A}$ 或带有箭头的字母 $\vec{A}$（手写体）来表示。作图时采用几何表示法，用有向线段来表示：线段长短代表矢量的大小，箭头的方向代表矢量的方向，图 A-1 所示为 4 个单位的矢量。在物理学运算中还常用解析法来表示矢量，以便于利用相关的定理、定律和公式，对未知物理量进行量化计算，方法如下：

图　A-1

将矢量在选定的坐标轴上进行分解，如图 A-2 所示。在直角坐标系下，

$$\boldsymbol{A} = A_x\boldsymbol{i} + A_y\boldsymbol{j} + A_z\boldsymbol{k} \quad (A\text{-}1)$$

式中，A_x、A_y 和 A_z 分别是 x 轴、y 轴和 z 轴的分量；$\boldsymbol{i}$，$\boldsymbol{j}$，$\boldsymbol{k}$ 分别是沿 x 轴、y 轴和 z 轴方向的单位矢量，其大小为一个单位，方向沿轴的正方向。在自然坐标系下

$$\boldsymbol{A} = A_\tau\boldsymbol{\tau} + A_n\boldsymbol{n} \quad (A\text{-}2)$$

其中 A_τ，A_n 分别是切向和法向的分量；$\boldsymbol{\tau}$，$\boldsymbol{n}$ 分别表示切向和法向的单位矢量。

2. 模

矢量的大小叫做矢量的模，常用 $|\boldsymbol{A}|$ 或 A 来表示。模的解析表示分别为

直角坐标系：
$$A = \sqrt{A_x^2 + A_y^2 + A_z^2} \quad (A\text{-}3a)$$

自然坐标系：
$$A = \sqrt{A_\tau^2 + A_n^2} \quad (A\text{-}3b)$$

矢量 $\boldsymbol{A}$ 的方向可用该矢量与各轴的夹角余弦值来确定，有

$$\cos\alpha = \frac{A_x}{A},\ \cos\beta = \frac{A_y}{A},\ \cos\gamma = \frac{A_z}{A} \quad (A\text{-}4)$$

显然有 $\cos^2\alpha + \cos^2\beta + \cos^2\gamma = 1$。

3. 矢量性质

如果有一个矢量，其模与矢量 $\boldsymbol{A}$ 的模相等，但是方向相反，就可用 $-\boldsymbol{A}$ 来表示这个矢量，$\boldsymbol{A}$ 和 $-\boldsymbol{A}$ 互为反矢量。如图 A-1 所示。

如果把矢量 $\boldsymbol{A}$ 在空间进行平移，矢量 $\boldsymbol{A}$ 的大小和方向都不会因平移而改变，如图 A-3 所示。矢量的这个性质称为**矢量的平移不变性**。

4. 单位矢量

大小为一个单位、方向沿该矢量的方向，称为该矢量的单位矢量，简称单位矢。通常用 $\boldsymbol{A}^0$

或 $\hat{A}$ 表示，有

$$\boldsymbol{A}^0 = \frac{\boldsymbol{A}}{|\boldsymbol{A}|} = \frac{\boldsymbol{A}}{A}$$

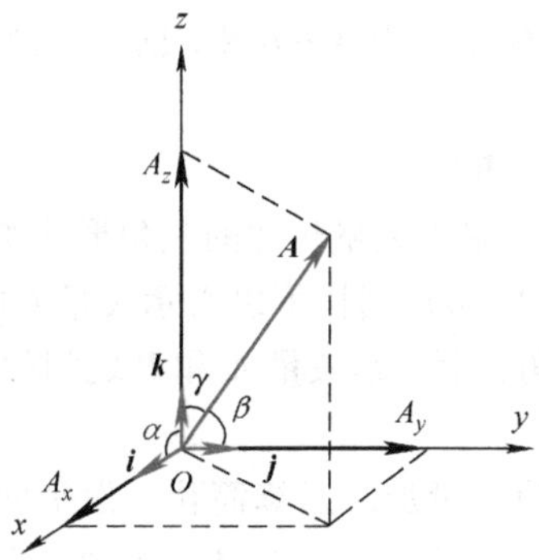

图　A-2

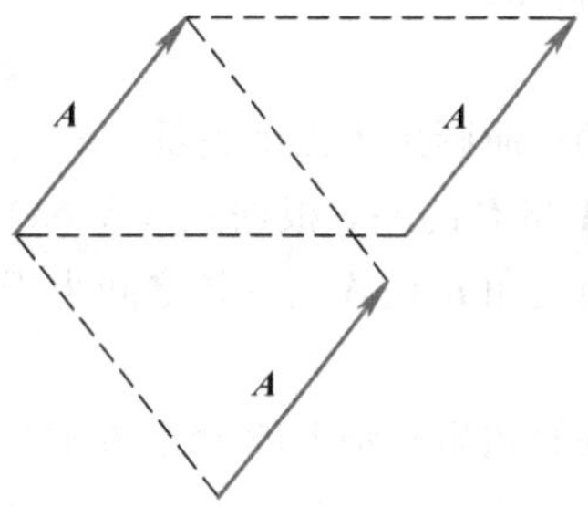

图　A-3

二、矢量的合成

1. 几何法

（1）矢量相加　设一质点最初位于点 a，然后到达点 b，最后到达点 c。它从 a 到 b 的位移为 $\boldsymbol{A}$，从 b 到 c 的位移为 $\boldsymbol{B}$，质点从 a 直接到 c 的位移为 $\boldsymbol{C}$，如图 A-4 所示。则有

$$\boldsymbol{A} + \boldsymbol{B} = \boldsymbol{C} \tag{A-5}$$

即位移 $\boldsymbol{C}$ 等于位移 $\boldsymbol{A}$ 和 $\boldsymbol{B}$ 的矢量和。图 A-4 所示的矢量相加也常叫作矢量相加的**三角形法则**。即自矢量 $\boldsymbol{A}$ 的始端到矢量 $\boldsymbol{B}$ 的末端画出矢量 $\boldsymbol{C}$，$\boldsymbol{C}$ 即为 $\boldsymbol{A}$ 和 $\boldsymbol{B}$ 的矢量和。

如果利用矢量的平移不变性，可把图 A-4 中的矢量 $\boldsymbol{B}$ 的始端平移到点 a，如图 A-5 所示。这样，点 a 就是 $\boldsymbol{A}$ 和 $\boldsymbol{B}$ 的交点。从图中可以看出，$\boldsymbol{C}$ 是以 $\boldsymbol{A}$ 和 $\boldsymbol{B}$ 为邻边所组成的平行四边形的对角线，也就是矢量 $\boldsymbol{A}$ 和矢量 $\boldsymbol{B}$ 相加的合矢量是以这两个矢量为邻边的平行四边形的对角线矢量 $\boldsymbol{C}$。利用平行四边形求矢量和的方法叫作矢量相加的**平行四边形法则**。需要注意，在作平行四边形时，三个矢量的始端应在同一点。

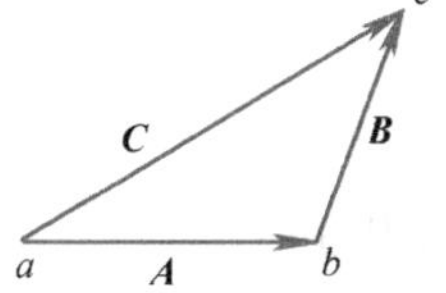

图　A-4

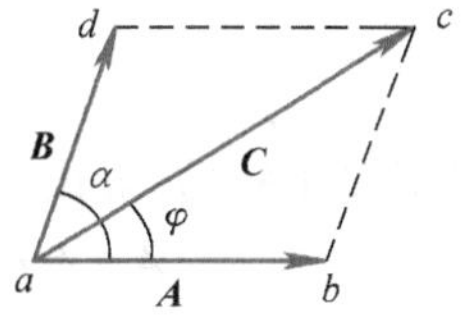

图　A-5

除了几何作图法之外，合矢量的大小和方向还可由计算求得。设 α 为矢量 $\boldsymbol{A}$ 和 $\boldsymbol{B}$ 之间小于 π 的夹角，合矢量 $\boldsymbol{C}$ 与矢量 $\boldsymbol{A}$ 的夹角为 φ，则有

$$C = \sqrt{A^2 + B^2 + 2AB\cos\alpha} \tag{A-6a}$$

$$\varphi = \arctan\frac{B\sin\alpha}{A + B\cos\alpha} \tag{A-6b}$$

对于同一平面上多个矢量相加，可以逐次采用三角形法则，如图 A-6 所示。若要求 $\boldsymbol{A}$、$\boldsymbol{B}$、

C、**D** 四个矢量的和，可以从 **A** 出发，利用矢量平移不变性，首尾相接地依次画出 **B**、**C**、**D** 各矢量，然后由第一个矢量的始端到最后一个矢量的末端连一有向线段 **R**，这个矢量 **R** 即为四个矢量的合矢量。

（2）矢量相减　两个矢量 **A** 与 **B** 的差也是一个矢量，用 **A** - **B** 来表示。也可理解为矢量 **A** 与矢量 -**B** 的和，即

$$\boldsymbol{A}-\boldsymbol{B}=\boldsymbol{A}+(-\boldsymbol{B}) \tag{A-7}$$

利用矢量相反的性质画出第二个矢量 -**B**，这样就可以采用矢量相加的三角形法则或平行四边形法则求出矢量 **A** 与 **B** 的差。根据式（A-6a）和式（A-6b）同样可以表示矢量差的大小和方向，但要注意，此时的角 α 是 **A** 与 -**B** 之间小于 π 的夹角，而不是矢量 **A** 和 **B** 之间的夹角。

2. 解析法

运用矢量在直角坐标轴上的分量表示法，可以使矢量加减运算简化。设平面直角坐标系下有矢量 **A** 和 **B**，他们与 x 轴夹角分别为 α 和 β，如图 A-7 所示。矢量 **A** 和 **B** 在坐标轴上的分量分别为

$$\begin{cases}A_x=A\cos\alpha\\A_y=A\sin\alpha\end{cases}\text{及}\begin{cases}B_x=B\cos\beta\\B_y=B\sin\beta\end{cases}$$

由图 A-7 可以看出，合矢量 **C** 在两坐标轴的分量 C_x 和 C_y 与矢量 **A** 和 **B** 的分量之间的关系为

$$\begin{cases}C_x=A_x+B_x\\C_y=A_y+B_y\end{cases} \tag{A-8}$$

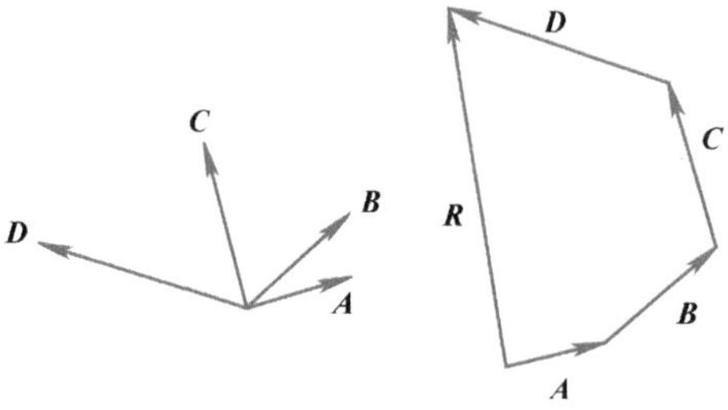

图 A-6

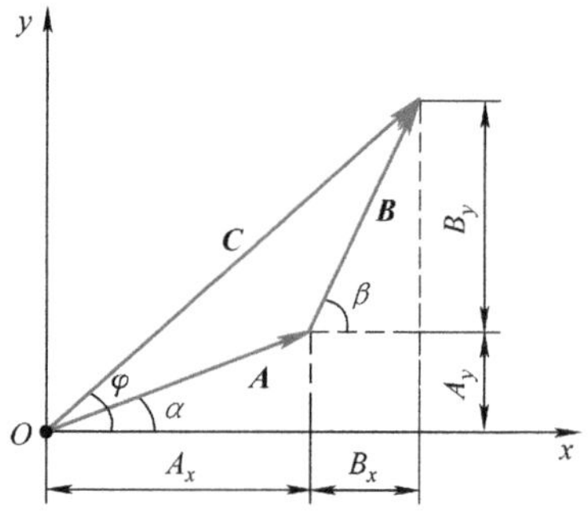

图 A-7

式（A-8）也可以用式（A-1）导出，有

$$\boldsymbol{A}=A_x\boldsymbol{i}+A_y\boldsymbol{j},\boldsymbol{B}=B_x\boldsymbol{i}+B_y\boldsymbol{j}$$

$$\boldsymbol{C}=\boldsymbol{A}+\boldsymbol{B}=(A_x+B_x)\boldsymbol{i}+(A_y+B_y)\boldsymbol{j}=C_x\boldsymbol{i}+C_y\boldsymbol{j}$$

故有

$$\begin{cases}C_x=A_x+B_x\\C_y=A_y+B_y\end{cases}$$

合矢量 **C** 的大小和方向分别为

$$\begin{cases}C=\sqrt{C_x^2+C_y^2}\\\varphi=\arctan\dfrac{C_y}{C_x}\end{cases} \tag{A-9}$$

三、矢量的乘积

在物理学中，除经常遇到矢量的加减外，还经常遇到矢量的乘积。矢量的乘积常见的有两种：标积和矢积。例如，功是力和位移两矢量的标积，而力矩则是位置矢量和力两矢量的矢积。

1. 矢量的标积（点积）

设两矢量 $\boldsymbol{A}$ 和 $\boldsymbol{B}$ 之间小于 π 的夹角为 α，则矢量 $\boldsymbol{A}$ 和 $\boldsymbol{B}$ 的标积用符号 $\boldsymbol{A}\cdot\boldsymbol{B}$ 来表示，定义为

$$\boldsymbol{A}\cdot\boldsymbol{B}=AB\cos\alpha \tag{A-10}$$

即两矢量的标积等于两矢量的大小与两矢量夹角余弦之积，其结果为一标量。如图 A-8 所示，$\boldsymbol{A}\cdot\boldsymbol{B}$ 也相当于 $\boldsymbol{A}$ 的大小与 $\boldsymbol{B}$ 沿 $\boldsymbol{A}$ 方向分量的乘积（或 $\boldsymbol{B}$ 的大小与 $\boldsymbol{A}$ 沿 $\boldsymbol{B}$ 方向分量的乘积）。当 $\boldsymbol{A}$ 与 $\boldsymbol{B}$ 同向，即 $\alpha=0°$ 时，$\boldsymbol{A}\cdot\boldsymbol{B}=AB$；当 $\boldsymbol{A}$ 与 $\boldsymbol{B}$ 反向，即 $\alpha=180°$ 时，$\boldsymbol{A}\cdot\boldsymbol{B}=-AB$；当 $\boldsymbol{A}$ 与 $\boldsymbol{B}$ 垂直，即 $\alpha=90°$ 时，$\boldsymbol{A}\cdot\boldsymbol{B}=0$。

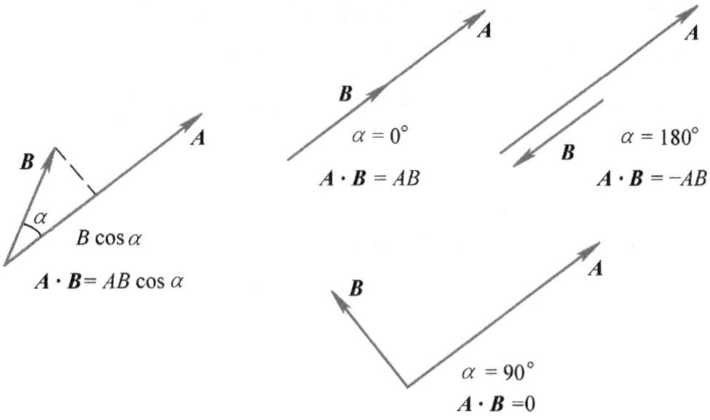

图　A-8

矢量的标积具有如下的性质：

1）标积遵从交换律　　$\boldsymbol{A}\cdot\boldsymbol{B}=AB\cos\alpha=BA\cos\alpha=\boldsymbol{B}\cdot\boldsymbol{A}$　　(A-11)

2）标积遵从分配律　　$(\boldsymbol{A}+\boldsymbol{B})\cdot\boldsymbol{C}=\boldsymbol{A}\cdot\boldsymbol{C}+\boldsymbol{B}\cdot\boldsymbol{C}$　　(A-12)

在直角坐标系中，两矢量的解析表示分别为

$$\boldsymbol{A}=A_x\boldsymbol{i}+A_y\boldsymbol{j}+A_z\boldsymbol{k},\ \boldsymbol{B}=B_x\boldsymbol{i}+B_y\boldsymbol{j}+B_z\boldsymbol{k}$$

则二者的标积为

$$\begin{aligned}\boldsymbol{A}\cdot\boldsymbol{B}&=(A_x\boldsymbol{i}+A_y\boldsymbol{j}+A_z\boldsymbol{k})\cdot(B_x\boldsymbol{i}+B_y\boldsymbol{j}+B_z\boldsymbol{k})=A_xB_x\boldsymbol{i}\cdot\boldsymbol{i}+A_yB_y\boldsymbol{j}\cdot\boldsymbol{j}+A_zB_z\boldsymbol{k}\cdot\boldsymbol{k}\\&\quad+A_xB_y\boldsymbol{i}\cdot\boldsymbol{j}+A_xB_z\boldsymbol{i}\cdot\boldsymbol{k}+A_yB_x\boldsymbol{j}\cdot\boldsymbol{i}+A_yB_z\boldsymbol{j}\cdot\boldsymbol{k}+A_zB_x\boldsymbol{k}\cdot\boldsymbol{i}+A_zB_y\boldsymbol{k}\cdot\boldsymbol{j}\end{aligned}$$

利用上述标积的性质，有 $\boldsymbol{i}\cdot\boldsymbol{i}=\boldsymbol{j}\cdot\boldsymbol{j}=\boldsymbol{k}\cdot\boldsymbol{k}=1$，$\boldsymbol{i}\cdot\boldsymbol{j}=\boldsymbol{j}\cdot\boldsymbol{i}=\boldsymbol{i}\cdot\boldsymbol{k}=\boldsymbol{k}\cdot\boldsymbol{i}=\boldsymbol{j}\cdot\boldsymbol{k}=\boldsymbol{k}\cdot\boldsymbol{j}=0$，则上式为

$$\boldsymbol{A}\cdot\boldsymbol{B}=A_xB_x+A_yB_y+A_zB_z \tag{A-13}$$

2. 矢量的矢积（叉积）

设两矢量 $\boldsymbol{A}$ 和 $\boldsymbol{B}$ 之间小于 π 的夹角为 α，则矢量 $\boldsymbol{A}$ 和 $\boldsymbol{B}$ 的矢积用符号 $\boldsymbol{A}\times\boldsymbol{B}$ 来表示，并定义为另一矢量 $\boldsymbol{C}$，即

$$\boldsymbol{C}=\boldsymbol{A}\times\boldsymbol{B} \tag{A-14}$$

矢量 $\boldsymbol{C}$ 的大小为

$$C=AB\sin\alpha \tag{A-15}$$

矢量 $\boldsymbol{C}$ 的方向垂直于 $\boldsymbol{A}$ 和 $\boldsymbol{B}$ 所在的平面，指向用**右手螺旋法则**确定。如图 A-9 所示，右手四指从第一个矢量 $\boldsymbol{A}$ 经小于 π 的夹角 α 转向第二个矢量 $\boldsymbol{B}$，右手拇指则为矢量 $\boldsymbol{C}$ 的方向。

矢量的矢积具有如下的性质：

1）$\boldsymbol{A}\times\boldsymbol{B}=-\boldsymbol{B}\times\boldsymbol{A}$

由于 $\boldsymbol{A}\times\boldsymbol{B}$ 的大小 $AB\sin\alpha$ 与 $\boldsymbol{B}\times\boldsymbol{A}$ 的大小 $BA\sin\alpha$ 相同，但是 $\boldsymbol{A}\times\boldsymbol{B}$ 和 $\boldsymbol{B}\times\boldsymbol{A}$ 的方向相反，所以

$$\boldsymbol{A}\times\boldsymbol{B}=-\boldsymbol{B}\times\boldsymbol{A} \tag{A-16}$$

即矢量的矢积不遵从交换律。

2）如果矢量 $\boldsymbol{A}$ 和 $\boldsymbol{B}$ 是平行或反平行，即它们之间的夹角 α 为 0°或 180°时，由于 $\sin\alpha=0$，所以 $\boldsymbol{B}\times\boldsymbol{A}=0$。

3）矢积遵从分配律，即

$$\boldsymbol{C}\times(\boldsymbol{A}+\boldsymbol{B})=\boldsymbol{C}\times\boldsymbol{A}+\boldsymbol{C}\times\boldsymbol{B} \tag{A-17}$$

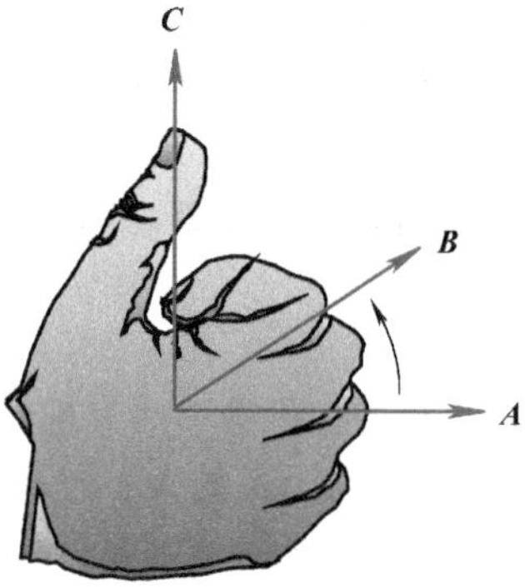

图 A-9

考虑到 $\boldsymbol{i}\times\boldsymbol{j}=\boldsymbol{k}$，$\boldsymbol{i}\times\boldsymbol{k}=-\boldsymbol{j}$，$\boldsymbol{i}\times\boldsymbol{i}=0$，以及相应的项，有

$$\begin{aligned}\boldsymbol{A}\times\boldsymbol{B}&=(A_x\boldsymbol{i}+A_y\boldsymbol{j}+A_z\boldsymbol{k})\times(B_x\boldsymbol{i}+B_y\boldsymbol{j}+B_z\boldsymbol{k})\\&=(A_yB_z-A_zB_y)\boldsymbol{i}+(A_zB_x-A_xB_z)\boldsymbol{j}+(A_xB_y-B_xA_y)\boldsymbol{k}\end{aligned} \tag{A-18a}$$

或写成行列式形式

$$\boldsymbol{A}\times\boldsymbol{B}=\begin{vmatrix}\boldsymbol{i}&\boldsymbol{j}&\boldsymbol{k}\\A_x&A_y&A_z\\B_x&B_y&B_z\end{vmatrix} \tag{A-18b}$$

四、矢量的导数和积分

1. 矢量的导数

设在直角坐标系中有一矢量 $\boldsymbol{A}$，为时间的函数。如图 A-10 所示，设 t 时刻，矢量为 $\boldsymbol{A}_1(t)$，$t+\Delta t$ 时刻，矢量为 $\boldsymbol{A}_2(t+\Delta t)$。这样，在 Δt 的时间间隔内，其增量为

$$\Delta\boldsymbol{A}=\boldsymbol{A}_2(t+\Delta t)-\boldsymbol{A}_1(t)$$

当 $\Delta t\to0$ 时，$\Delta\boldsymbol{A}/\Delta t$ 的极限值为

$$\lim_{\Delta t\to0}\frac{\Delta\boldsymbol{A}}{\Delta t}=\frac{\mathrm{d}\boldsymbol{A}}{\mathrm{d}t} \tag{A-19}$$

式中，$\frac{\mathrm{d}\boldsymbol{A}}{\mathrm{d}t}$为矢量 $\boldsymbol{A}$ 对时间的一阶导数。在直角坐标系下，也常用矢量分量的导数来表示，即

$$\frac{\mathrm{d}\boldsymbol{A}}{\mathrm{d}t}=\frac{\mathrm{d}A_x}{\mathrm{d}t}\boldsymbol{i}+\frac{\mathrm{d}A_y}{\mathrm{d}t}\boldsymbol{j}+\frac{\mathrm{d}A_z}{\mathrm{d}t}\boldsymbol{k} \tag{A-20}$$

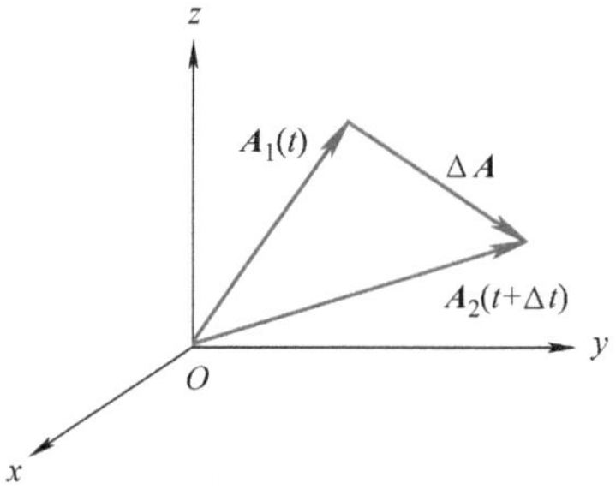

图 A-10

利用矢量导数的公式可以证明下列公式：

1）$\frac{\mathrm{d}}{\mathrm{d}t}(\boldsymbol{A}+\boldsymbol{B})=\frac{\mathrm{d}\boldsymbol{A}}{\mathrm{d}t}+\frac{\mathrm{d}\boldsymbol{B}}{\mathrm{d}t}$

2）$\frac{\mathrm{d}(C\boldsymbol{A})}{\mathrm{d}t}=C\frac{\mathrm{d}\boldsymbol{A}}{\mathrm{d}t}$（$C$ 为一常数）

3）$\frac{\mathrm{d}}{\mathrm{d}t}(\boldsymbol{A}\cdot\boldsymbol{B})=\boldsymbol{A}\cdot\frac{\mathrm{d}\boldsymbol{B}}{\mathrm{d}t}+\boldsymbol{B}\cdot\frac{\mathrm{d}\boldsymbol{A}}{\mathrm{d}t}$

4）$\frac{\mathrm{d}}{\mathrm{d}t}(\boldsymbol{A}\times\boldsymbol{B})=\boldsymbol{A}\times\frac{\mathrm{d}\boldsymbol{B}}{\mathrm{d}t}+\frac{\mathrm{d}\boldsymbol{A}}{\mathrm{d}t}\times\boldsymbol{B}$

2. 矢量的积分

矢量的积分相对比较复杂，设矢量 $\boldsymbol{A}$ 和 $\boldsymbol{B}$ 均在同一平面直角坐标系内，且 $\frac{\mathrm{d}\boldsymbol{B}}{\mathrm{d}t}=\boldsymbol{A}$，即 $\mathrm{d}\boldsymbol{B}=\boldsymbol{A}\mathrm{d}t$，两边积分并略去积分常数，得

$$\boldsymbol{B}=\int\boldsymbol{A}\mathrm{d}t=\int(A_x\boldsymbol{i}+A_y\boldsymbol{j})\mathrm{d}t=(\int A_x\mathrm{d}t)\boldsymbol{i}+(\int A_y\mathrm{d}t)\boldsymbol{j}=\boldsymbol{B}_x\boldsymbol{i}+\boldsymbol{B}_y\boldsymbol{j} \tag{A-21}$$

式中，$B_x=\int A_x\mathrm{d}t$，$B_y=\int A_y\mathrm{d}t$。

例如，有一变力 $\boldsymbol{F}$，物体在该力作用下沿图 A-11 所示的曲线运动，求这一过程力所做的功。

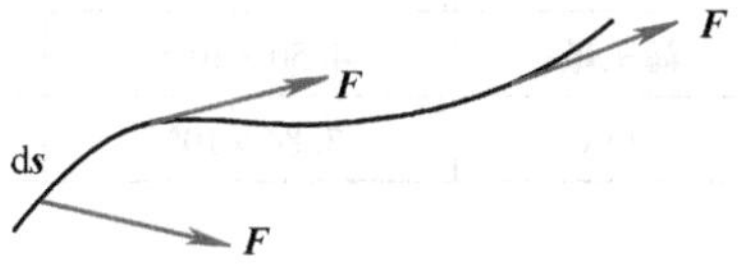

图　A-11

由于

$$\boldsymbol{F}=F_x\boldsymbol{i}+F_y\boldsymbol{j}+F_z\boldsymbol{k}$$
$$\mathrm{d}\boldsymbol{s}=\mathrm{d}x\boldsymbol{i}+\mathrm{d}y\boldsymbol{j}+\mathrm{d}z\boldsymbol{k}$$

所以功

$$W=\int\boldsymbol{F}\cdot\mathrm{d}\boldsymbol{s}=\int(F_x\boldsymbol{i}+F_y\boldsymbol{j}+F_z\boldsymbol{k})\cdot(\mathrm{d}x\boldsymbol{i}+\mathrm{d}y\boldsymbol{j}+\mathrm{d}z\boldsymbol{k})$$

考虑到 $\boldsymbol{i}\cdot\boldsymbol{i}=\boldsymbol{j}\cdot\boldsymbol{j}=\boldsymbol{k}\cdot\boldsymbol{k}=1$，$\boldsymbol{i}\cdot\boldsymbol{j}=\boldsymbol{j}\cdot\boldsymbol{k}=\boldsymbol{k}\cdot\boldsymbol{i}=0$，得

$$W=\int\boldsymbol{F}\cdot\mathrm{d}\boldsymbol{s}=\int F_x\mathrm{d}x+\int F_y\mathrm{d}y+\int F_z\mathrm{d}z \tag{A-22}$$

式（A-22）即为变力做功在直角坐标系下的表达式。

附录 B　常　用　数　据

表 B-1　空气和水的常用数据（20°C、1.013×10^5Pa）

常数	空气	水
密度	$1.20\mathrm{kg\cdot m^{-3}}$	$1.00\times10^3\mathrm{kg\cdot m^{-3}}$
比热容	$1.00\times10^3\mathrm{J\cdot kg^{-1}\cdot K^{-1}}$	$4.18\times10^3\mathrm{J\cdot kg^{-1}\cdot K^{-1}}$
声速	$343\mathrm{m\cdot s^{-1}}$	$1.26\times10^3\mathrm{m\cdot s^{-1}}$

表 B-2　地球的常用数据

密度	$5.49\times10^3\mathrm{kg\cdot m^{-3}}$
半径	$6.37\times10^6\mathrm{m}$
质量	$5.98\times10^{24}\mathrm{kg}$
大气压强（地球表面）	$1.01\times10^5\mathrm{Pa}$
地球与太阳间的平均距离	$1.50\times10^{11}\mathrm{m}$

表 B-3　太阳系的常用数据

星体	平均轨道半径/m	星体半径/m	轨道周期/s	星体质量/kg
太阳		6.96×10^8	8×10^{15}	1.99×10^{30}
水星	5.79×10^{10}	2.42×10^6	7.51×10^6	3.31×10^{23}
金星	1.08×10^{11}	6.10×10^6	1.94×10^7	4.87×10^{24}

（续）

星体	平均轨道半径/m	星体半径/m	轨道周期/s	星体质量/kg
地球	1.50×10^{11}	6.38×10^{6}	3.15×10^{7}	5.98×10^{24}
火星	2.28×10^{11}	3.38×10^{6}	5.94×10^{7}	6.42×10^{23}
木星	7.78×10^{11}	7.13×10^{7}	3.74×10^{8}	1.90×10^{27}
土星	1.43×10^{12}	6.04×10^{7}	9.35×10^{8}	5.69×10^{26}
天王星	2.87×10^{12}	2.38×10^{7}	2.64×10^{9}	8.71×10^{25}
海王星	4.50×10^{12}	2.22×10^{7}	5.22×10^{9}	1.03×10^{26}
月球	3.84×10^{8}	1.74×10^{6}	2.36×10^{6}	7.35×10^{22}

附录 C 常用数学公式

一、级数公式

1. $\sin\theta=\theta-\dfrac{\theta^3}{3!}+\dfrac{\theta^5}{5!}-\cdots$

2. $\cos\theta=\theta-\dfrac{\theta^2}{2!}+\dfrac{\theta^4}{4!}-\cdots$

二、三角函数公式

1. $\sin(\alpha\pm\beta)=\sin\alpha\cos\beta\pm\cos\alpha\sin\beta$
2. $\cos(\alpha\pm\beta)=\cos\alpha\sin\beta\mp\sin\alpha\cos\beta$
3. $\tan(\alpha\pm\beta)=\dfrac{\tan\alpha\pm\tan\beta}{1\mp\tan\alpha\tan\beta}$
4. $\sin2\alpha=2\sin\alpha\cos\alpha$
5. $\sin^2\alpha+\cos^2\alpha=1$
6. $\cos2\alpha=\cos^2\alpha-\sin^2\alpha=1-2\sin^2\alpha=2\cos^2\alpha-1$
7. $\tan2\alpha=\dfrac{2\tan\alpha}{1-\tan^2\alpha}$
8. $2\sin\alpha\cos\beta=\sin(\alpha+\beta)+\sin(\alpha-\beta)$
9. $2\cos\alpha\cos\beta=\cos(\alpha+\beta)+\cos(\alpha-\beta)$
10. $2\sin\alpha\sin\beta=\cos(\alpha-\beta)-\cos(\alpha+\beta)$

三、导数公式

1. $(uv)'=uv'+vu'$
2. $(x^n)'=nx^{n-1}$（n 为整数）
3. $(\ln x)'=\dfrac{1}{x}$
4. $(e^x)'=e^x$
5. $(\sin x)'=\cos x$

6. $(\cos x)' = -\sin x$
7. $(\tan x)' = \sec^2 x$
8. $(\cot x)' = -\csc^2 x$

四、积分公式

1. $\int dx = x + C$

2. $\int x^n dx = \dfrac{x^{n+1}}{n+1} + C \quad (n \neq -1)$

3. $\int \dfrac{dx}{x} = \ln x + C$

4. $\int e^x dx = e^x + C$

5. $\int \cos x dx = \sin x + C$

6. $\int \sin x dx = -\cos x + C$

7. $\int u dv = uv - \int v du$

8. $\int \sin^2 x dx = \dfrac{x}{2} - \dfrac{\sin 2x}{4} + C$

9. $\int \cos^2 x dx = \dfrac{x}{2} + \dfrac{\sin 2x}{4} + C$

10. $\int \tan^2 x dx = \tan x - x + C$

附录 D　思考与练习部分答案

思考与练习（一）答案

一、单项选择题

1-1. D；　1-2. B；　1-3. C；　1-4. C；　1-5. D；　1-6. C。

二、填空题

1-1. $\boldsymbol{r} = 2\boldsymbol{i} + 3\boldsymbol{j}$；
1-2. 直线，抛物线；
1-3. 圆周运动；
1-4. $\boldsymbol{v} = v_x\boldsymbol{i} + v_y\boldsymbol{j} + v_z\boldsymbol{k}$ 或 $\boldsymbol{v} = \boldsymbol{v}_x + \boldsymbol{v}_y + \boldsymbol{v}_z$，$\boldsymbol{v} = v\boldsymbol{\tau}$；
1-5. $\boldsymbol{v} = -50\sin 5t\boldsymbol{i} + 50\cos 5t\boldsymbol{j}$，0，$x^2 + y^2 = 100$；
1-6. 10m，$5\pi m$；
1-7. $23m \cdot s^{-1}$。

三、问答题

1-4. (1) $y=2-\frac{x^2}{4}$;　　(2) $\bar{\boldsymbol{v}}=(2\boldsymbol{i}-3\boldsymbol{j})\ \mathrm{m\cdot s^{-1}}$;

(3) $\boldsymbol{v}=2\boldsymbol{i}-2t\boldsymbol{j}$;

(4) $\boldsymbol{a}_1=\boldsymbol{a}_2=-2\boldsymbol{j}\mathrm{m\cdot s^{-2}}$。

1-5. $\boldsymbol{v}=-a\omega\sin\omega t\boldsymbol{i}+b\omega\cos\omega t\boldsymbol{j}$; $\boldsymbol{a}=-a\omega^2\cos\omega t\boldsymbol{i}-b\omega^2\sin\omega t\boldsymbol{j}$; $\frac{x^2}{a^2}+\frac{y^2}{b^2}=1$。

1-6. (1) $\boldsymbol{v}_0=(-10\boldsymbol{i}+15\boldsymbol{j})\ \mathrm{m\cdot s^{-1}}$; (2) $\boldsymbol{a}=(60\boldsymbol{i}-40\boldsymbol{j})\ \mathrm{m\cdot s^{-2}}$。

1-7. 速度表达式：$v=\frac{v_0}{1+v_0kt}$；质点的运动方程：$x=x_0+\frac{1}{k}\ln(1+v_0kt)$。

1-8. $v=-\left[2k\left(\frac{1}{x}-\frac{1}{x_0}\right)\right]^{\frac{1}{2}}$。

1-9. (1) $t=2\mathrm{s}$; (2) 4m。

1-10. $v=4t^3-\frac{15}{2}t^2\ (\mathrm{m\cdot s^{-1}})$　　$a_n=\frac{16}{3}t^6-20t^5+\frac{75}{4}t^4\ (\mathrm{m\cdot s^{-2}})$

1-11. (1) 8m;

(2) $v=4\mathrm{m\cdot s^{-1}}$, $a_\tau=2\mathrm{m\cdot s^{-2}}$, $a_n=2\mathrm{m\cdot s^{-2}}$, $a=(a_\tau^2+a_n^2)^{\frac{1}{2}}=2\sqrt{2}\mathrm{m\cdot s^{-2}}$。

1-12. (1) $t=2\mathrm{s}$，切向加速度为 $a_{\tau 2}=4.8\mathrm{m\cdot s^{-2}}$，法向加速度为 $a_{n2}=230.4\mathrm{m\cdot s^{-2}}$;

(2) $\theta=2\frac{2}{3}=2.67\mathrm{rad}$

思考与练习（二）答案

一、单项选择题

2-1. C;　2-2. C;　2-3. D;　2-4. C。

二、填空题

2-1. 290J;

2-2. $v^2/2s$, $v^2/2gs$;

2-3. E_k, $\frac{2}{3}E_\mathrm{k}$;

2-4. 与质点经过的路径无关，只与质点所在的始末位置有关；

2-5. $mg\pi R/v$, $2mv$。

三、问答题

2-10. $x=x_0+\frac{kt^4}{12m}$。

2-11. $v=\frac{mg}{k}(1-\mathrm{e}^{-\frac{kt}{m}})\ \mathrm{m\cdot s^{-1}}$。

2-12. (1) $I=140\mathrm{N\cdot s}$;　(2) $v_2=24\mathrm{m\cdot s^{-1}}$

2-13. (1) $I=356\mathrm{N\cdot s}$;　(2) $160\mathrm{kg\cdot m\cdot s^{-1}}$。

2-14. $\Delta p=2mv=1.5\times10^{26}\text{kg}\cdot\text{m}\cdot\text{s}^{-1}$。

2-15. $-3.04\times10^{-4}\text{N}$。

2-16. $v=-\dfrac{mu}{m'+m}$。

2-17. $v=-mu/m'+m$。

2-18. -300J。

2-19. 729J。

2-20. 0.75J。

2-21. (1) 202.5J; (2) 202.5J; (3) 405W。

2-22. 882J。

2-23. $\dfrac{k}{2r^2}$。

2-24. $\Delta p=-\sqrt{mk}A$，$\Delta E_k=\dfrac{1}{2}kA^2$。

2-25. $x=\dfrac{3+2\cos\theta}{5}l$

2-26. (1) -16J; (2) 0.27。

2-27. (1) $v=\sqrt{2gl\sin\theta}$; (2) $x=\dfrac{mg\sin\theta+\sqrt{m^2g^2\sin^2\theta+2kmgl\sin\theta}}{k}$。

2-28. $x=\sqrt{\dfrac{mm'}{k(m+m')}}v$。

2-29. $v=\dfrac{2m'}{m}\sqrt{5gl}$。

思考与练习（三）答案

一、单项选择题

3-1. A;　3-2. C;　3-3. B;　3-4. B;　3-5. D;　3-6. B;　3-7. C;　3-8. D;
3-9. D。

二、填空题

3-1. 尽量使质量分布在外围，即圆心处薄，外端厚；

3-2. 描述刚体转动的惯性；

3-3. $\dfrac{1}{6}ml^2\omega^2$，$\dfrac{1}{3}ml^2\omega$；

3-4. 增大，保持不变，增大；

3-5. 大小和形状，刚体；

3-6. $v_B=\dfrac{r_A}{r_B}v_A$。

三、问答题

3-8. $25\text{rad}\cdot\text{s}^{-1}$；

3-9. (1) $h=\frac{1}{2}at^2=\frac{25mg}{2\left(m+\frac{1}{2}m'\right)}$;

(2) $F_T=\frac{m'mg}{(2m+m')}$

3-10. (1) $\beta=-\frac{2mg}{(2m+m')\ R}$，负号表示角加速度方向垂直纸面向外；

(2) $h=\frac{(2m+m')\ R^2\omega_0^2}{4mg}$;

(3) $\omega_1=-\sqrt{2\beta\ (-\theta)}=-\omega_0$，方向与转轴正方向相反，垂直纸面向外。

3-11. (1) $15.4\mathrm{rad}\cdot\mathrm{s}^{-1}$;　(2) 15.4rad。

3-12. $\omega=\sqrt{\frac{3g}{l}\ (1-\sin\theta)}$。

3-13. $v=\omega l=\sqrt{3gl}$。

3-14. $\omega=4\omega_0$; $W=\frac{3}{2}mr_0^2\omega_0^2$。

思考与练习（四）答案

一、单项选择题

4-1. B；4-2. B；4-3. B；4-4. B；4-5. D；4-6. C；4-7. C；4-8. A；4-9. C；4-10. D；4-11. B；4-12. A。

二、填空题

4-1. 振幅、周期、频率、相位。

4-2. 4×10^{-2}m；$\pi/2$。

4-3. $-\pi/2$；$2\pi/3$；0。

4-4. $3\pi/2$。

4-5. $y_P=0.2\cos\left(\frac{\pi}{2}t-\frac{\pi}{2}\right)$ (m)。

4-6. 4π。

三、问答题

4-6. (1) 2.72s　(2) ±10.8cm

4-8. (1) $x=2\times10^{-2}\cos\ (8\pi t+\pi)$ (m)；(2) $F=0.126$N

4-9. (1) $T=0.63$s，$\omega=\sqrt{\frac{k}{m}}=10\mathrm{s}^{-1}$；(2) $v_0=-1.3$m/s，$\varphi=\frac{\pi}{3}$；

(3) $x=15\times10^{-2}\cos\left(10t+\frac{\pi}{3}\right)$ (m)

4-10. (1) $x=6\times10^{-2}\cos\left(\frac{5}{6}\pi t-\frac{\pi}{3}\right)$ (m)；(2) $\varphi=\frac{\pi}{3}$，$t=0.8$s。

4-11. (1) $x=\pm4.24\times10^{-2}$m；(2) $t=0.75$s。

4-12. (1) $x=0.112\cos\left(\pi t-\frac{\pi}{3}\right)$ (m);

(2) $x=0.1\text{m}$, $v=-0.19\text{m/s}$, $a=-1.0\text{m/s}^2$;

(3) $t=\frac{5}{6}\text{s}$。

4-13. (1) $E=0.16\text{J}$; (2) $x=0.4\cos\left(2\pi t+\frac{\pi}{3}\right)$ (m)。

4-14. $x=0.05\cos(2\pi t+2.22)$ (m)。

4-15. (1) $A=0.05\text{m}$, $u=2.5\text{m/s}$, $f=5\text{Hz}$, $T=0.2\text{s}$, $\lambda=0.5\text{m}$;

(2) $y=0.05\cos\frac{4\pi}{5}$, $v=-0.5\pi\sin\frac{4\pi}{5}$

(3) $x=1.45\text{m}$

4-16. $y=0.2\cos\left[20\pi\left(t-\frac{x}{200}\right)+\pi\right]$ (m)

4-17. (1) $y=0.06\cos\left(\pi t-\frac{\pi}{3}\right)$ (m);

(2) $y=0.06\cos\left[\pi\left(t-\frac{x}{2}\right)-\frac{\pi}{3}\right]$ (m);

(3) $\lambda=uT=4\text{m}$。

4-18. (1) $y=0.04\cos\left[2\pi\left(\frac{t}{5}-\frac{x}{0.4}\right)-\frac{\pi}{2}\right]$ (m);

(2) $y_p=0.04\cos\left(0.4\pi t-\frac{3}{2}\pi\right)$ (m)。

4-19. (1) $A=0.05\text{m}$, $u=50\text{m/s}$, $f=50\text{Hz}$, $\lambda=1.0\text{m}$;

(2) $\Delta\varphi=-\pi$。

4-20. (1) $y=2\times10^{-3}\cos\left[\pi\left(t-\frac{x}{0.3}\right)+\frac{\pi}{2}\right]$ (m);

(2) $y=2\times10^{-3}\cos(\pi t-\pi)$ (m);

(3) $y=2\times10^{-3}\cos\left(\frac{10}{3}\pi x-\frac{3}{2}\pi\right)$ (m)。

4-21. $\lambda=(1, 3, 5, \cdots, 29)$ m。

4-22. $\Delta r\approx0.57\text{m}$。

思考与练习（五）答案

一、单项选择题

5-1. D; 5-2. B; 5-3. C; 5-4. A; 5-5. C; 5-6. B; 5-7. D; 5-8. B; 5-9. D。

二、填空题

5-1. $3.2\times10^{17}\text{m}^3$。

5-2. 1.33×10^5 Pa。

5-3. (1) 2　, (2) 3　, (3) 6。

5-4. $\frac{3}{2}kT$, $\frac{5}{2}kT$, $\frac{5}{2}\frac{m'}{M_{mol}}RT$。

5-5. 8.31×10^3J， 3.32×10^3J。

5-6. （1）氧，（2）氢。

三、问答题

5-3. （1）$\frac{1}{2}kT$：理想气体在温度为 T 的平衡态下，分子运动的每一个自由度平均分得的能量值；

（2）$\frac{3}{2}kT$：理想气体在温度为 T 的平衡态下，分子的平均平动动能；

（3）$\frac{i}{2}kT$：自由度为 i 的理想气体在温度为 T 的平衡态下，分子的平均总动能；

（4）$\frac{m'}{M_{mol}}\frac{i}{2}RT$：质量为 m'、摩尔质量为 M_{mol}、自由度为 i 的理想气体在温度为 T 的平衡态下理想气体的内能；

（5）$\frac{i}{2}RT$：自由度为 i 的 1mol 理想气体在温度为 T 的平衡态下气体的内能；

（6）$\frac{3}{2}RT$：自由度为 i 的 1mol 单原子理想气体在温度为 T 的平衡态下气体的内能。

5-5. 速率分布函数 $f(v)$ 的物理意义是：温度为 T 的平衡态下，速率 v 附近单位速率区间内的分子数占总分子数的百分比。

（1）$f(v)\mathrm{d}v$：表示一定质量的气体在温度为 T 的平衡态时，速率分布在 $v\sim v+\mathrm{d}v$ 区间内的分子数占总分子数的百分比；（表示一定质量的气体，在温度为 T 的平衡态时，某一个分子在速率 $v\sim v+\mathrm{d}v$ 区间内出现的概率）

（2）$nf(v)\mathrm{d}v$：表示单位体积（$1\mathrm{m}^3$）的气体在温度为 T 的平衡态时，分布在速率 v 附近、速率区间 $\mathrm{d}v$ 内的分子数；

（3）$Nf(v)\mathrm{d}v$：表示一定质量（分子数为 N）的气体在温度为 T 的平衡态时，分布在速率 v 附近、速率区间 $\mathrm{d}v$ 内的分子数；

（4）$\int_0^v f(v)\mathrm{d}v$：表示一定质量的气体在温度为 T 的平衡态时，速率分布在 $0\sim v$ 区间内的分子数占总分子数的百分比；

（5）$\int_0^\infty f(v)\mathrm{d}v$：表示一定质量的气体在温度为 T 的平衡态时，速率分布在 $0\sim\infty$ 区间内的分子数（即全部分子）占总分子数的百分比，这个值等于 100%；

（6）$\int_{v_1}^{v_2} Nf(v)\mathrm{d}v$：表示一定质量的气体在温度为 T 的平衡态时，速率分布在 $v_1\sim v_2$ 区间内的分子数。

5-8. （1）6.21×10^{-21}J，$483\mathrm{m}\cdot\mathrm{s}^{-1}$；（2）300K。

5-9. （1）$2.4\times10^{25}\mathrm{m}^{-3}$；（2）$5.3\times10^{-26}$kg；（3）$1.3\mathrm{kg}\cdot\mathrm{m}^{-3}$。

5-10. （1）1.35×10^5Pa；（2）7.49×10^{-21}J，3.62×10^2K。

5-11. 3739.5J，2493J，6232.5J。

5-12. 1.16×10^7K。

5-13. 1.90kg · m^{-3}。

5-14. 平均自由程 2.1×10^{-3}m，平均碰撞频率 $8.1\times10^{9}s^{-1}$。

思考与练习（六）答案

一、单项选择题

6-1. B; 6-2. D; 6-3. C; 6-4. D; 6-5. B; 6-6. C; 6-7. D; 6-8. D; 6-9. A; 6-10. A; 6-11. D; 6-12. A; 6-13. C; 6-14. A。

二、填空题

6-1. （1） $-|W_1|$；（2） $-|W_2|$。

6-2. $\frac{3}{2}p_1V_1$；　0。

6-3. 124.7J，　84.3J。

6-4. 做功　传热。

6-5. 500J；　700J。

6-6. 内能，内能。

6-7. 对外做功；　热量放出。

6-8. 不可逆。

6-9. 热功转换过程，热传导过程。

三、计算题

6-1. （1）266J；（2）放热，放出308J。

6-2. （1） 1.25×10^4J；（2） $\Delta E=0$；（3） 1.25×10^4J。

6-3. （1） $W=0$，$Q=\Delta E=623.25$J。

（2） $Q==1038.75$J，$\Delta E=623.25$J，$W=415.5$J。

（3） $Q=0$，$W=-\Delta E=-623.25$J。

6-4. 700J。

6-5. （1） $Q=W=2.8\times10^3$J；

（2） $Q=W=2.0\times10^3$J。

6-6. 5.75×10^5J。

6-7. 15%。

思考与练习（七）答案

一、单项选择题

7-1. C; 7-2. A; 7-3. A; 7-4. D; 7-5. D; 7-6. D; 7-7. A; 7-8. D; 7-9. C; 7-10. D; 7-11. C; 7-12. C。

二、填空题

7-1. 点电荷。

7-2. $\dfrac{\sum q}{\varepsilon_0}$。

7-3. 零。

7-4. 0，$\dfrac{Q}{4\pi\varepsilon_0 r^2}$。

7-5. $\dfrac{6q}{4\pi\varepsilon_0 a}$，0。

7-6. 不变，变小，不变，不变。

7-7. 始于正电荷，终于负电荷；不闭合，不相交，电场线不会在没有电荷的地方中断；电场线越密的地方电场强度越大；沿电场线方向电势降落等。

7-8. 电场强度，电势。

7-9. 电场强度的叠加原理，高斯定理，电场强度的定义式等。

7-10. $\dfrac{\sigma}{\varepsilon_0\varepsilon_r}$，$\sigma$。

7-11. $\pi R^2 E$，0。

三、问答题

7-1. 中心处放一个电量为$\dfrac{\sqrt{3}}{3}q$的异号电荷，就可以使这四个电荷都达到平衡；与边长无关。

7-2. 两种说法均错误；$f=\dfrac{q^2}{2\varepsilon_0 S}$。

7-3. $E_P=6.74\times10^2\,\mathrm{N\cdot C^{-1}}$，方向水平向右。

7-4. $E=\dfrac{\lambda}{2\pi\varepsilon_0 R}$，方向沿依据具体坐标系判断。

7-5. $\boldsymbol{E}=\dfrac{\sigma}{4\varepsilon_0}\boldsymbol{i}$。

7-6. $|x|\leqslant\dfrac{d}{2}$，$E=\dfrac{\rho x}{\varepsilon_0}$；$|x|>\dfrac{d}{2}$，$E=\dfrac{\rho d}{2\varepsilon_0}$。

$E-x$ 分布如问答题7-6解答图。

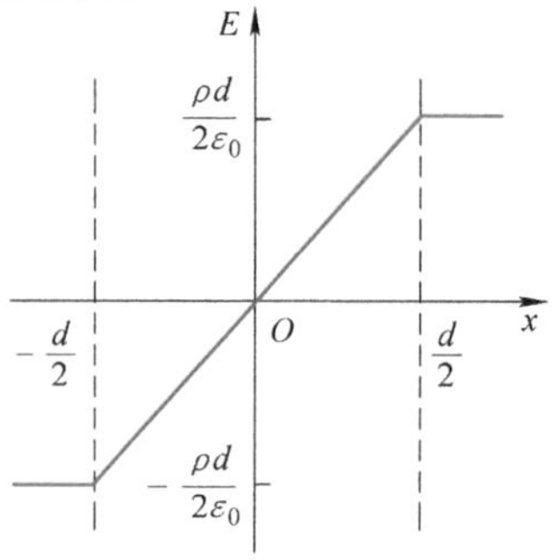

问答题7-6解答图

7-7. （1） $r<R_1$ 时，$E=0$；

（2） $R_1<r<R_2$ 时，$E=\dfrac{\lambda}{2\pi\varepsilon_0 r}$，方向沿径向向外；

（3） $r>R_2$ 时，$E=0$。

7-8. （1） $r<R$，$E=\dfrac{\rho r}{2\varepsilon_0}$；

（2） $r>R$，$E=\dfrac{\rho R^2}{2\varepsilon_0 r}$；关系图如问答题 7-8 解答图。

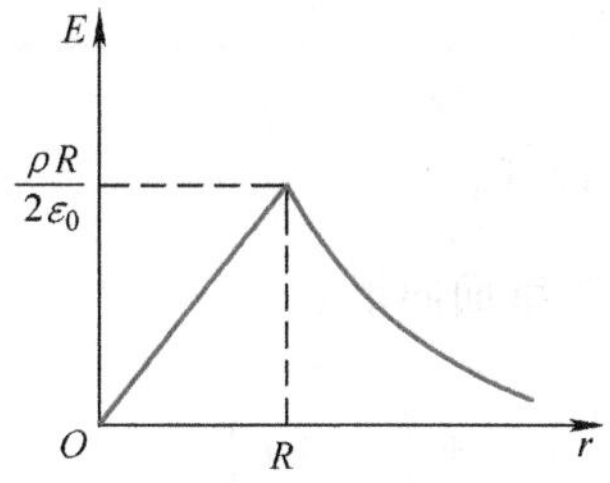

问答题 7-8 解答图

7-9. $E=\dfrac{\sigma}{2\varepsilon_0}\cdot\dfrac{x}{\sqrt{r^2+x^2}}$。

7-10. $\boldsymbol{E}=-\dfrac{\lambda}{2\pi\varepsilon_0 R}\boldsymbol{j}$，$V=\dfrac{\lambda}{2\pi\varepsilon_0}\ln 2+\dfrac{\lambda}{4\varepsilon_0}$。

7-11. $V_r=\dfrac{3Q}{8\pi\varepsilon_0 R}-\dfrac{Qr^2}{8\pi\varepsilon_0 R^3}$。

7-12. $V=\int_{R_1}^{\infty}\boldsymbol{E}\cdot d\mathrm{r}=\int_{R_1}^{\infty}\dfrac{qdr}{4\pi\varepsilon_0 r^2}=\dfrac{q}{4\pi\varepsilon_0 R}$；外球壳不带电，电势为零；$q'=\dfrac{R_1}{R_2}q$，$V_B=\dfrac{(R_1-R_2)q}{4\pi\varepsilon_0 R_2^2}$。

思考与练习（八）答案

一、单项选择题

8-1. C；8-2. D；8-3. B；8-4. D；8-5. B；8-6. A；8-7. C；8-8. C；8-9. B；8-10. A；8-11. C；8-12. B。

二、填空题

8-1. 能，不能。

8-2. 4×10^{-6}。

8-3. $\dfrac{2\sqrt{2}\mu_0 I}{\pi a}$。

8-4. $\dfrac{\mu_0 Il}{2\pi}\ln\dfrac{d+b}{d}$。

8-5. $BI(l+2R)$。

8-6. 铁磁质，顺磁质，抗磁质。

8-7. $B=\mu_0 nI$。

8-8. 5A。

8-9. $\frac{\mu_0 I}{2R}$，$\frac{\mu_0 I}{12R}$。

三、问答题

8-1. 不为零。

8-2. d$\boldsymbol{F}$ 与 $\boldsymbol{I}$dl 正交，d$\boldsymbol{F}$ 与 $\boldsymbol{B}$ 正交，$\boldsymbol{I}$dl 与 $\boldsymbol{B}$ 成任意角度。

8-3. $\oint_{L_1}\boldsymbol{B}\cdot dl=\mu_0 I_1,\oint_{L_2}\boldsymbol{B}\cdot dl=\mu_0 I_2,\oint_{L_3}\boldsymbol{B}\cdot dl=\mu_0(I_2-I_1)=0$；

（1）不相等；（2）不为零。

8-4. （1）0.24Wb；（2）0；

（3）0.24Wb 或 −0.24Wb 均可。

8-5. $B=\frac{\mu_0 I}{2R}\left(\frac{\sqrt{3}}{\pi}-\frac{1}{3}\right)$，方向垂直纸面向里。

8-6. （1）$B_P=B_{P_1}+B_{P_2}=\frac{\mu_0 IR^2}{2}\left\{\left[R^2+\left(\frac{a}{2}+x\right)^2\right]^{-\frac{3}{2}}+\left[R^2+\left(\frac{a}{2}-x\right)^2\right]^{-\frac{3}{2}}\right\}$；

（2）证明略。

8-7. $B_o=\frac{\mu_0 I}{2\pi R}\left(1-\frac{\sqrt{3}}{2}+\frac{\pi}{6}\right)$，方向垂直纸面向里。

8-8. （1）$r<a$，$B=\frac{\mu_0 Ir}{2\pi R^2}$；（2）$a<r<b$，$B=\frac{\mu_0 I}{2\pi r}$；

（3）$b<r<c$，$B=\frac{\mu_0 I\ (c^2-r^2)}{2\pi r\ (c^2-b^2)}$；

（4）$r>c$，$B=0$。

8-9. 6.37×10^{-5}T。

8-10. 1.4×10^{-6}Wb。

8-11. 0.135Wb，0。

8-12. $F=7.2\times10^{-4}$N，方向向左。

8-13. 0。

8-14. 1.73×10^{9}A，方向自西向东。

8-15. 从上往下看，顺时针旋转。

8-16. 洛伦兹力方向为 $q\boldsymbol{v}\times\boldsymbol{B}$ 方向；大小 3.2×10^{-16}，洛伦兹力远大于重力。

8-17. 1.21×10^{-21}kg · m/s，2.35keV。

思考与练习（九）答案

一、单项选择题

9-1. B；9-2. D；9-3. A；9-4. B；9-5. C；9-6. D；9-7. C；9-8. D；9-9. B；9-10. C。

二、填空题

9-1. 感生电动势、动生电动势。

9-2. 洛伦兹力，感生电场力，变化的磁场。
9-3. 安培力（阻力）。
9-4. 端点，$\frac{1}{2}B\omega l^2$，中点，0。
9-5. 33。
9-6. 感生电场，位移电流。
9-7. 发电机、电子感应加速器、高频感应炉。
9-8. 1∶16。

三、问答题

9-4. 8V；
9-5. $\mathscr{E}=1.92\times10^{-4}$V。
9-6. $\Phi_m=\frac{\mu_0 Il}{2\pi}\left[\ln\frac{b+a}{b}-\ln\frac{d+a}{d}\right]$；$\mathscr{E}=\frac{\mu_0 l}{2\pi}\left[\ln\frac{d+a}{d}-\ln\frac{b+a}{b}\right]\frac{dI}{dt}$。
9-7. $\mathscr{E}_{AB}=\frac{\sqrt{3}}{4}R^2\frac{dB}{dt}$，方向由 A 指向 B。
9-8. $-klvt$，顺时针方向。
9-10. $\frac{1}{6}B\omega l^2$，b 点。
9-11. （1）$\frac{\mu_0 N^2 h}{2\pi}\ln\frac{b}{a}$；（2）$\frac{\mu_0 N^2 I^2 h}{4\pi}\ln\frac{b}{a}$。
9-12. $W=\frac{1}{2}LI^2=0.08$J。
9-13. $W=7\times10^{18}$J。

思考与练习（十）答案

一、单项选择题

10-1. B；10-2. B；10-3. A；10-4. B；10-5. B；10-6. A；10-7. B；10-8. A；10-9. C；10-10. B；10-11. C。

二、填空题

10-1. 波动、横。
10-2. 分振幅法，分波振面法。
10-3. 上。
10-4. 下。
10-5. $\lambda/\sin\theta$ 。
10-6. 4。
10-7. 疏、疏。

三、问答题

10-9. 632.8nm；红光。

10-10. (1); (2) 4.74×10^{-6}m。
10-11. 10^2nm。
10-12. (1) 500nm; (2) 3mm。
10-13. 700nm。
10-14. 409.8nm。
10-15. (1) 6×10^{-6}m; (2) $\theta=\arcsin0.2=11.5°$; (3) $k=\pm9$。
10-16. 3.05μm。

思考与练习（十一）答案

一、单项选择题

11-1. D; 11-2. A; 11-3. C。

二、填空题

11-1. 2.55; 4。
11-2. hc/λ; h/λ; $h/(c\lambda)$。
11-3. 粒子在t时刻在（x, y, z）处出现的概率密度；单值、有限、连续；$\int_V|\psi|^2\mathrm{d}V=1$。

三、问答题

11-1. 5.3×10^3K, 8.3×10^3K, 1.0×10^4K。
11-2. 1.42×10^3K。
11-3. (1) 2.0eV (2) 2.0V (3) 0.296μm。
11-4. 1.99×10^{-18}J, 1.99×10^{-18}W。
11-5. $2.01\times10^{19}\mathrm{s^{-1}\cdot m^{-2}}$, $1.42\times10^{14}\mathrm{s^{-1}}$。
11-6. 1.236×10^{20}Hz, 0.002nm, $2.73\times10^{-22}\mathrm{kg\cdot m\cdot s^{-1}}$。
11-7. (1) $n=4$; (2) 略。
11-8. $n=3$, 102.6nm, 121.6nm, 656.3nm。
11-9. 657.3nm, 487.2nm, 3.08×10^{15}Hz。
11-10. 9。
11-11. 150V。
11-12. $7.0\times10^5\mathrm{m\cdot s^{-1}}$, 1.04nm。
11-13. 光子与电子动量相同为$3.3\times10^{-24}\mathrm{kg\cdot m\cdot s^{-1}}$, 6.2×10^3eV, 0.51MeV。
11-14. 0.1456nm。
11-15. $\dfrac{h^2}{2mL^2}$。
11-16. 30cm。
11-17. 不变。

参考文献

［1］康颖．大学物理［M］．2版．北京：科学出版社，2005.
［2］张三慧．大学物理学［M］．3版．北京：清华大学出版社，2005.
［3］范中和．大学物理［M］．2版．西安：西北大学出版社，2008.
［4］哈里德，瑞斯尼克，沃克，等．物理学基础［M］．张三慧，李椿，滕小瑛，等译．北京：机械工业出版社，2005.
［5］HUGH D Y. 西尔斯当代大学物理［M］．北京：机械工业出版社，2010.
［6］WOLFGANG B. 现代大学物理［M］．北京：机械工业出版社，2012.
［7］郭奕玲．物理学史［M］．北京：清华大学出版社，2005.